Zeichenerkennung durch biologische und technische Systeme

Tagungsbericht des 4. Kongresses der Deutschen Gesellschaft für Kybernetik durchgeführt an der Technischen Universität Berlin vom 6.—9. April 1970

Pattern Recognition in Biological and Technical Systems

Proceedings of the 4th Congress of the Deutsche Gesellschaft für Kybernetik held at Berlin, Technical University, April 6—9, 1970

Editors

Otto-Joachim Grüsser · Rainer Klinke

Freie Universität Berlin

Physiologisches Institut

Springer-Verlag Berlin · Heidelberg · New York 1971

Mit 182 Abbildungen

ISBN 3-540-05385-9 Springer-Verlag Berlin · Heidelberg · New York
ISBN 0-387-05385-9 Springer-Verlag New York · Heidelberg · Berlin

Druck: Carl Ritter & Co., Wiesbaden.

Vorwort – Foreword

Auf den vorausgegangenen Kongressen der Deutschen Gesellschaft für Kybernetik wurden Vorträge aus dem Gesamtgebiet der biologischen, psychologischen und technischen Kybernetik gehalten. Für den 4. Kongreß hat das Präsidium erstmals beschlossen, die Themen der Vorträge auf ein Teilgebiet der Kybernetik zu konzentrieren. Das Programmkomitee (O.-J. Grüsser, H. Marko, H. Mittelstaedt) wählte Vorträge über das Problem der Zeichenerkennung aus, da vermutet werden konnte, daß auf diesem Gebiet ein Dialog zwischen technischer, psychologischer und biologischer Forschung besonders sinnvoll ist. Ferner wurde in das Programm ein Vortrag über die Vorgeschichte der Kybernetik aufgenommen und in der gedruckten Fassung an die Spitze des Bandes gestellt. Dieser Beitrag schien uns insbesondere wegen nicht allgemein bekannter Tatsachen über die wissenschaftlichen Leistungen von Felix Lincke (1840—1917) und Herrmann Schmidt (1894—1968) interessant zu sein.

Wir hoffen, daß durch die Herausgabe des Kongreßbandes dem Leser ein umfangreicher Überblick über die verschiedenen Forschungsaspekte auf dem Gebiet der Zeichenerkennung gegeben wird.

Der Kongress wurde durch Beihilfen des Senators für Wirtschaft und des Senators für Wissenschaft und Kunst, Berlin, gefördert, wofür auch an dieser Stelle gedankt sei.

The papers read at the previous meetings of the Deutsche Gesellschaft für Kybernetik encompassed the entire field of biological, psychological and technical cybernetics. For the Fourth Congress, it was decided to concentrate for the first time on one area of cybernetics. The Program Committee (O.-J. Grüsser, H. Marko, H. Mittelstaedt) selected papers on the psychology, biology and technology of pattern recognition in the belief that a common consideration of research in these areas would be especially useful. Additionally, a lecture on the origins of the science of cybernetics was included in the program and is placed at the beginning of this volume. This contribution is of particular interest because the facts concerning the scientific accomplishments of Felix Lincke (1840—1917) and Hermann Schmidt (1894—1968) in this field are not widely known.

We hope that the publication of the Congress Proceedings will give the reader a broad perspective of the various aspects of research concerned with pattern recognition.

The Congress was supported by the Senator für Wirtschaft and the Senator für Wissenschaft und Kunst, Berlin.

Berlin, April 1971 O.-J. Grüsser R. Klinke

Inhaltsverzeichnis – Contents

Autorenverzeichnis – List of Authors

AULHORN, E., Frau Prof. Dr. med., Universitätsaugenklinik, 74 Tübingen

BACH-Y-RITA, P., M. D., Associate Director Smith-Kettlewell Institute of Visual Sciences Pacific Medical Center, San Francisco, California

BREMERMANN, H. J., Prof. Dr., Dept. of Mathematics, University of California, Berkeley

BURCKHARDT, CH. W., Prof. Dr., Ecole polytechnique fédérale de Lausanne, Institute de microtechnique, 12, Avenue Fraisse, Lausanne

CREUTZFELDT, O., Prof. Dr. med., Max-Planck-Institut für Psychiatrie, Neurophysiologische Abt., 8 München 13, Kraepelinstr. 2

DAVID, E., Dr. med., I. Physiologisches Institut der Universität Erlangen-Nürnberg, 852 Erlangen, Universitätsstr. 17

ECKMILLER, R., Dipl.-Ing., Physiologisches Institut der Freien Universität, 1 Berlin 33, Arnimallee 22

ERKE, H., Dr. phil., Psychologisches Institut der T.U., Abtlg. für angewandte Psychologie, 33 Braunschweig, Spielmannstr. 19

EVANS, E. F., Ph. D., University of Keele, Dept. of Communication, Medical Research Council Group, Keele, England

EYSEL, U. TH., Physiologisches Institut, 1 Berlin 33, Arnimallee 22

FINKENZELLER, P., Dr. rer. nat., I. Physiologisches Institut der Universität Erlangen/Nürnberg, 852 Erlangen, Universitätsstr. 17

FREUND, H.-J., Doz. Dr. med., Neurologische Klinik, 78 Freiburg/Br., Hansastraße 9a

GIEBEL, H., Dipl.-Ing., Institut für Nachrichtentechnik der Technischen Hochschule, 8 München 2, Arcisstr. 21

GILOI, W., Prof. Dr.-Ing., Institut für Informationsverarbeitung der Technischen Universität, 1 Berlin 12, Einsteinufer 35—37

GRÜSSER, O.-J., Prof. Dr. med., Physiologisches Institut der Freien Universität, 1 Berlin 33, Arnimallee 22

HAJOS, A., Prof. Dr. phil., Psychologisches Institut der Universität, 63 Gießen, Diezstr. 15

HARMON, L. D., Ph. D., Bell Telephone Laboratory, 600 Mountain Avenue, Murray Hills, N.J. 07974, USA

HENN, V., Dr. med., Physiologisches Institut der Freien Universität, 1 Berlin 33, Arnimallee 22, z. Z. 348 East 58th Street, New York, N.Y. 10022, USA

HOLDERMANN, F., Dr.-Ing., Institut für Nachrichtenverarbeitung und Nachrichtenübertragung der Technischen Hochschule, 75 Karlsruhe, Kaiserstr. 12

JANDER, R., Prof. Dr., University of Kansas, Division of Biology, Lawrence, Kansas 66044

JULESZ, B., Prof. Ph. D., Bell Telephone Laboratory, 600 Mountain Avenue, Murray Hills, N.J. 07974, USA

KALLERT, S., I. Physiologisches Institut der Universität Erlangen/Nürnberg, 852 Erlangen, Universitätsstr. 17

KAZMIERCZAK, H., Dr.-Ing., Institut für Nachrichtenverarbeitung und Nachrichtenübertragung der Technischen Hochschule, 75 Karlsruhe, Kaiserstr. 12

KEIDEL, W. D., Prof. Dr. med., I. Physiologisches Institut der Universität Erlangen/Nürnberg, 852 Erlangen, Universitässtr. 17

KELLER, H., Dr.-Ing., Eidgenössische Technische Hochschule Zürich, Institut für Fernmeldetechnik, Neurologische Universitätsklinik, Zürich, Rämistr. 100 und SCM-Turlabor AG, Zumikon

KLINKE, R., Prof. Dr. med., Physiologisches Institut der Freien Universität, 1 Berlin 33, Arnimallee 22

KRAUSE, M., Dipl.-Ing., Technische Universität Berlin, Straße des 17. Juni 135

LIEDTKE, C. E., Dr., Institut für Informationsverarbeitung, Technische Universität, 1 Berlin 10, Einsteinufer 35—37

MACKAY, D. M , Prof. Dr., University of Keele, Dept. of Communication, Keele, Staffordshire, England

MITTELSTAEDT, H., Dr. phil. nat., Max-Planck-Institut für Verhaltensphysiologie, 8131 Seewiesen über Starnberg

NAKE, F., Dr., Technische Universität, 7 Stuttgart W, Breitscheidstr. 2, z. Z. Department of Computer Science Univ. of British Columbia, Vancouver, Canada

PAULUS, E., Dipl.-Ing., Institut für Datenverarbeitung der Technischen Universität, 8 München 13, Franz-Joseph-Str. 38/I

PLATZER, H., Dipl.-Ing., Institut für Nachrichtentechnik der Technischen Hochschule, 8 München 2, Arcisstr. 21

PÖPPL, E., Dr. phil., Stipendiat der Stiftung Volkswagenwerk, Abteilung für Neurophysiologie, Max-Planck-Institut für Psychiatrie, 8 München, Kraepelinstr. 2

REICHARDT, W., Prof. Dr., Max-Planck-Institut für biologische Kybernetik, 74 Tübingen, Spemannstr. 38

RICHARDS, W., Prof. Ph. D., Dept. of Psychology, MIT, E 10-135 Cambridge, Massachusetts 02139, USA

SCHREIBER, F., Prof. Dr.-Ing., Zentrallaboratorium für Nachrichtentechnik, Siemens AG, 8 München 25, Hofmannstr. 51

SCHÜRMANN, J., Dr., Forschungslabor AEG-Telefunken, 79 Ulm, Postfach 830

SEELEN, W. von, Dr.-Ing., Institut für Informationsverarbeitung der Technischen Hochschule, 75 Karlsruhe-Waldstatt, Breslauer Str. 48

SINGER, W., Dr. med., Abteilung für Neurophysiologie, Max-Planck-Institut für Psychiatrie, 8 München 23, Kraepelinstr. 2

van Steenis, H., Dr., IBM Systems Development Division Laboratory, Uithoorn (Niederlande), Postbus 24

Triendl, E., Dr., Deutsche Forschungs- und Versuchsanstalt für Luft- und Raumfahrt, Institut für Satelliten-Elektronik, 8031 Oberpfaffenhofen, Post Weßling

Wist, E. R., Prof. Dr., Neurologische Univ.-Klinik, 78 Freiburg, Hansastr. 9a, z. Z. Franklin & Marchall College, Dept. of Psychology, Lancaster/PA, 17604

Zwicker, E., Prof. Dr.-Ing., Institut für Elektroakustik der Technischen Hochschule, 8 München 13, Franz-Joseph-Str. 38

The History of Cybernetics in the 19th Century

V. HENN, Berlin

With 1 Figure

The word "cybernetics" was coined in the year 1948 by Wiener:

> "I first looked for a Greek word signifying 'messenger', but the only one I knew was *angelos*. This has in English the specific meaning 'angel', a messenger for God. The word was thus pre-empted and would not give me the right context. Then I looked for an appropriate word from the field of control. The only word I could think of was the Greek word for steersman, *kubernetes*. (...) What recommended the term cybernetics to me was that it was the best word I could find to express the art and science of control over the whole range of fields in which this notion is applicable" (Wiener, 1964).

The two main fields of cybernetics as defined by Wiener are communication and control in the animal and the machine. In this sense the word cybernetics will be used in the paper, i.e., theories that can be applied both to the behavior of organisms and to the operations of machines.

At this time controlling devices had been in use for at least 200 years and some important contributions to the theory of information were already 20 years old. Thus cybernetics was not an invention but rather a new way of looking at and solving problems. The question then arises: why was cybernetics not born until the year 1948, why not 50 or 100 years earlier?

At about the same time Wiener was developing his ideas, another scientist, working independently, came to the same conclusion. He was Hermann Schmidt, professor at the Technische Hochschule in Berlin (now the technical university). He published his ideas in several papers (Schmidt, 1941). Although his interests tended more towards a type of anthropological philosophy, his basic results concerning the theory of control in the animal and the machine were exactly the same as Wiener's, and even though Schmidt published his basic ideas a few years earlier than Wiener, he never achieved his popularity. He was not even well known in Berlin, where he died in 1968. Keeping this in mind, one should not be surprised to find other scientists at a time as far back as the 19th century who developed ideas similar to the basic concepts of cybernetics. The problem of communication was less relevant to 19th century science than control. Thus this review will be confined to the problem of control. (A review of the history of information theory was published by Cherry in 1951.) What was the situation at the end of the 18th century? The whirling regulator or governor (as it was later called) had been in use in windmills in England since about 1750. Two patents had been granted for this invention (Mead, 1787; Hooper, 1789). Watt adopted this mechanism and introduced it in the construction of steam engines. He was not the inventor of the governor, as is sometimes erroneously stated; he only adapted it, after his colleague, Boulton, described this invention to him in a letter (Boulton, 1788). Even at that time the inventor of the governor could only be traced to a drunken wandering millwright who either invented it or at least popularized it in England. Before that time, i.e., about 1750, machines with feedback control had already been used by some mechanics for more than 2000 years. But these mechanical devices were not used in large numbers and were not generally known. Since the skill required to build mechanisms was handed down from craftsman to craftsman, the principle itself was obviously not elaborated on or explored. A detailed history of the early development of feedback mechanisms is given by Mayr (1969). At the beginning of the 19th century steam engines were widely distributed and, along with them, the governor. Although the governor was continuously being improved on, the problem of how to construct regulators had not yet been solved in theory. All regulators for new machines had to be tested first, and quite often they had to be modified.

It was Maxwell (1867/68) who was the first to formulate the problem and Hurwitz (1895) who gave a suitable mathematical solution to the problem. Besides the governor, other regulators were developed during the 19th century, such as thermostats and regulators for fluid levels. The technical side of control was not as easy to solve, although the problem was clear: the engineer had to develop a theory for a regulating mechanism, construct it, and then see whether or not it would work. The problem was far less clear when dealing with organisms. That control mechanisms are essential for life was evident to most people who had dealt with the problem, since the time of Alcmaion of Croton (Diels, 1906/07). But how could one grasp the problem at a time when it had not yet been solved in theory or expressed in a clear and logical manner ? In fact, most scientists were content with the statement that there is some kind of regulation in living organisms without being able to define parameters or state how the mechanisms work. The problems for biologists are quite different from the problems engineers might have: engineers have to construct a control device, so they are familiar with every detail concerning the operation of the machine. On the other hand, biologists see the complex reactions of organisms. They have to explore whether some parameters can be found that are held constant or exhibit patterns of change. An analysis would reveal whether: a) the parameters are controlled with feedback, b) they are controlled without feedback, or c) their constancy is the result of a steady state mechanism. (Strategies to differentiate between these possibilities can be found in Mittelstaedt, 1958). Without having theoretical and mathematical tools one could not expect biologists of the 19th century to give detailed analyses of biological control mechanisms. Yet one can investigate whether they found the behavior of control mechanisms to exhibit certain characteristics and whether they recognized them as something particularly worthy of further research. The phenomena of control which fascinated biologists of the 19th century are the relative constancy of certain parameters, the complex organization of organisms and their teleological behavior.

The anatomist and surgeon Charles Bell devoted most of his time to the research of the complex organization of biological organisms. In his essay, "Animal Mechanics, or, Proofs of Design in the Animal Frame", published in 1827, he compares the structure of bones with gothic architecture, and the heart and vascular system with pumps and pipes. He, unlike others, does not state such comparisons just as odd or curious examples, but rather compares their performances on an abstract level and uses these comparisons directly as explanations. He was familiar with the complex organization of organisms and at the same time was aware that the term organization is no more than a mere word that does nothing to explain how a complex organism functions.

"When we have admired the connections of the several parts, or organs, thus made manifest by comparison with machinery, we may go too far, and say that the material structure and mechanical relation are to be found in still greater minuteness and perfection in the finer textures of the body, proceed to call this organization, and erroneously conclude, that out of organization comes Life". (...) "We here reach the limit of philosophical inquiry. Hitherto all has been flattering to the pride of the creature; but we must now humbly acknowledge the inscrutable ways of the Creator; and ceasing to trace the origin of life, more than we do that of gravitation, we should be occupied in observing its laws, not in exploring its sources" (Bell, 1827).

It is interesting that Bell, who was one of the first to use technical devices as models for explanations, also clearly saw the limits of the value of such models.

Eduard Pflüger, physiologist at the university of Bonn, described very accurately the advantages of feedback control over a simple mechanism without a feedback loop. As an example, he describes the control of the width of the pupil. If there were no feedback, then,

"in different tissues the excitabilities had to change in the same corresponding direction. That would presuppose a prestabilized harmony, that cannot be possible in nature with processes independent of one another" (Pflüger, 1877).

Providing there is feedback control, the situation changes:

"What is actually needed here is the correct degree of stimulation of the optic nerve, as it is best suitable for sharp perception. Thus the excitation of the optic nerve itself regulates the width of the pupil. We therefore observe that the strongest sunlight leaves the pupil motionless if the optic nerve is blinded, whereas under normal conditions every excitement effecting it is instantly followed by an appropriate contraction of the pupil" (Pflüger, 1877).

In this paper: "The Teleological Mechanic of Nature" (1877), he extended these considerations to a general law, the "teleological law of cause: the cause of every need of a living being is at the same time the cause for the fulfillment of this need." So Pflüger formulated an important concept: he states that a very reasonable way to describe and to differentiate feedback mechanisms from other mechanisms is to see whether they exhibit a behavior that can be described as teleological. This concept was one of the main considerations of Rosenblueth, Wiener and Bigelow in their paper 70 years later (1943).

Claude Bernard introduced the term milieu intérieur and proves that its constancy is the preassumption for any sort of life.

"The constancy of the 'milieu intérieur' is the prerequisite for free, independent life: the mechanism enabling this guarantees all conditions necessary for life in the organism. (...) The constancy of the 'milieu intérieur' requires such a perfection of the organism that every change in the environment can be compensated for and balanced. Because of this a highly developed animal is far from being without reactions to its surroundings; on the contrary, it is in such close contact with and sensitive to its environment that it maintains its equilibrium by making constant compensations that are as accurate as a highly sensitive pair of scales" (Bernard, 1878).

Obviously what he had in mind and experimented on was not a feedback mechanism but a steady state as exhibited by the fluids of an organism. Especially the gaseous concentrations, temperature and other parameters that he was able to measure at his time were the objects of his experimental interest.

In quite a different context Herbert Spencer generalized this idea. He derived his ideas mainly from Charles Darwin. He noted that within evolution there are long periods with no definite change. For such a state he introduced the term "equilibrium mobile" or, as it is called today, "steady state".

Summarizing one can state that biologists in the 19th century very clearly saw and described certain aspects of feedback control, but that no biologist formulated the problem in a theory or saw the parallel to technical devices (details can be found in Adolph, 1961).

There are many more biologists who dealt with certain problems of control, and these problems are even found in fiction. Samuel Butler in his book "Erewhon" ("nowhere" backwards) describes a fictitious country where machines developed in a Darwinian way and where, as a result, there were steam engines feeding themselves automatically, being entirely independent of men, and having their own laws of evolution to higher machines.

As far as is known, there is probably only one man who merits the honour of being called a true precursor of Wiener and Schmidt, since he explicitly formulated the theory underlying feedback control in the animal and the machine. He was Felix Lincke, professor of mechanical engineering at the Technische Hochschule (Institute of Technology) in Darmstadt (Henn, 1969). In 1879 he delivered a lecture before the "Verein Deutscher Ingenieure" (Society of German Engineers) entitled "Das mechanische Relais" (The mechanical relay). In this study he reviews the controlling devices available at that time and tries to classify them. Furthermore he gives a theoretical description:

"With a sufficient source of energy the mechanical relay makes possible movements which are executed at another place and which have to overcome unforeseen resistances. These movements are to be executed in direction, quantity and time in such a way as instructed from any location. To solve such a problem seems to be important for engineering, since it enables us to have complete control over machines. We will discuss the practical applications later on."

"A regulator consists of at least the following parts:

1. the indicator, i.e. that part that continuously indicates the value of or the change in the parameter to be regulated;

2. the executive organ, that is, the modificator or moderator, the movement of which directly causes an appropiate change in the variable parameter;

3. the transmitter which establishes the necessary relationship between the movements of the indicator and the modificator;

4. the motor which provides the necessary mechanical energy" (Lincke, 1879).

He proves in theory and empirically that in every feedback mechanism these four elements: indicator, moderator, transmitter and motor, must be present. These elements make the machine independent of chance influences acting upon them. In a further chapter entitled "Man considered as a Machine", he applies these findings to biological problems and gives as an example the control of movement in man.

"The human body as a machine can be differentiated into
1. the mechanical parts: the bony skeleton with the muscles;
2. the energy providing mechanisms: the alimentary tract;

3. the indicatory lines: the nerves of will;

4. the reference lines: the nerves of sensation[1].

The brain is a communication bridge between the nerves of sensation and the nerves of will.

To make the connections of the system of the specialized organs clear, an example is chosen: the machine to move our forearm.

In Fig. 1 a schematic drawing of the arrangement of man as a machine is shown, since it is important for this example.

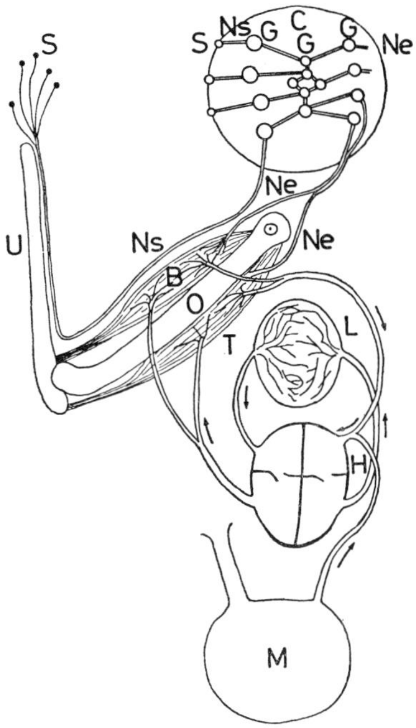

Fig. 1.

The meaning of the letters in this figure are:

O upper arm
U forearm
B flexors of the forearm
T extensors of the forearm
M stomach
H heart
L lung
S sensory endings of the nerves (e.g. touch corpuscles in the hand, the rods and cones in the eye, the nerve endings in the ear, etc.)
N_s nerves of sensation
N_e nerves of will or movement
C brain consisting of ganglion cells and nerve fibres: *G* ganglion cells of the central part."

"The nerve of will branches out in the muscle where it forms the 'end organs'. The brain determines the extent to which the muscle is triggered and regulates the direction, quantity, duration and strength of its movement. At the same time we observe the movement we have

[1] This is an exact translation of what today is called motor nerves or sensory nerves.

induced. The stimuli acting upon the sensory nerve endings, which indicate changes in our relation to the surrounding world, are transmitted by the nerves of sensation to the brain and are brought to consciousness there. As we see, hear, feel, etc., the movements and their accompanying phenomena induced by our 'machine', we are able to bring our actions into harmony with our intentions, or at any time to modify or stop them, if changes occur."

"If we now try to elucidate the process between the input ganglion cells of the nerves of sensation and the output ganglion cells of the nerves of will in the central part of the brain, one can at least recognize that the activity we use to direct our human 'machine' to its goal results from the difference between the will and the observed or imagined reality, i.e., the difference between the intention and the result of the execution" (Lincke, 1879).

Lincke comes to the conclusion that the analysis of technical devices such as feedback mechanisms, not only help us to understand biological mechanisms, but also man himself. Since the technical world is created by man, man's intellect is objectified and projected into the world. If the technical world is a projection and finally an objectification of man's thought process, its analysis can be an important factor in understanding the structure of man. It might be paradigmatic that this same idea was one of the basic thoughts of Schmidt, who stated that feedback mechanisms are the objectification of actions. The analysis of this and of technology in general might contribute towards understanding the mechanisms of our actions. By elaborating these ideas Schmidt wanted to contribute to anthropology, a discipline that up to that time had tended to exclude modern technology from its considerations (Schmidt, 1967).

After so many quotations from Lincke the reader might be interested to learn something more about his life. Unfortunately all the documents were destroyed during the two world wars. Virtually nothing is known so far about his personal life, except that he was professor of mechanical engineering at Darmstadt. The essay quoted in this paper is the only publication where Lincke elaborated his ideas. His other publications were concerned with the more common problems of engineering.

The questions that remain open are: Why was cybernetics not developed as a new science in the year 1879? Why was it that shortly after 1940 Schmidt and Wiener with his coworkers almost simultaneously developed the same ideas that led to the founding of a new science? Do people acknowledge a field of interest more when they are able to give it a name, since that suggests that one has grasped a little of it? This might well exemplify that, although the building of science consists of logical concepts, chance has done a great deal in forming it.

Zusammenfassung

Nach N. Wiener ist Kybernetik Regelung und Nachrichtenverarbeitung in Lebewesen und Maschinen. In dem Vortrag soll die Geschichte der Regelung beschrieben werden.

Systematisch wurden Regler zuerst etwa 1750 beim Windmühlenbau in England angewandt. Von dort wurde der Fliehkraftregler für Dampfmaschinen übernommen. Im 19. Jahrhundert entwickelte sich dann die Regelungstechnik, die mit der exakten mathematischen Beschreibung eines Regelkreises einen ersten Höhepunkt erreichte.

Auf biologischem Gebiet wurden im 19. Jahrhundert erstmals auf Grund experimenteller Arbeiten verschiedene Aspekte der Regelung beschrieben, ohne daß jedoch das allgemeine Prinzip erkannt wurde (Bell, Bernard, Pflüger).

Soweit bekannt, war es nur Felix Lincke (1840 bis 1917, Professor für Maschinenbau an der Polytechnischen Schule Darmstadt), der das allgemeine Phänomen Regelung erkannt hatte und Regelungsvorgänge in Lebewesen und Maschinen vergleichend beschrieb. Seine

Veröffentlichungen gerieten völlig in Vergessenheit, obwohl in ihnen die wesentlichen Elemente der Kybernetik vorweggenommen wurden. Warum diese neuartige Problemstellung damals nicht weiterentwickelt wurde, kann nur andeutungsweise erklärt werden.

References

Adolph, E. F.: Early concepts of physiological regulations. Rev. Physiol. **41**, 737—770 (1961).

Bell, C.: Animal mechanics, or, proofs of desing in the animal frame. London: Baldwin, Cradock and Joy 1827.

Bernard, C.: Lecons sur le phénomènes de la vie communs aux animaux et aux végétaux. Paris: Baillière 1878.

Boulton, M.: letter to J. Watt, 1788. In: James Watt and the steam engine. (Dickinson, H. W., Jenkins, R., Eds.) Oxford: Clarendon Press 1927.

Butler, S.: Erewhon. London 1827.

Cherry, E. C.: A history of the theory of information. Proc. Inst. Elec. Engrs. **98**, 383—393 (1951).

Diels, H.: Die Fragmente der Vorsokratiker. 2. Ed., Berlin: Weidmannsche Buchhandlung 1906/07.

Henn, V.: Materialien zur Vorgeschichte der Kybernetik. Studium Generale **22**, 164—190 (1969).

Hooper, S.: Regulation for wind and other mills; grinding, dressing etc. Patent No. 1706, London 1789.

Hurwitz, A.: Über die Bedingung, unter welcher eine Gleichung nur Wurzeln mit negativen reellen Teilen besitzt. Math. Ann. **46**, 273—284 (1895).

Lincke, F.: Das mechanische Relais. VDI-Zeitschrift **23**, 509—524, 577—616 (1879); and Berlin: Gaertner 1880.

Maxwell, J. C.: On governors. Proc. roy. Soc. **16**, 270—283 (1867/68).

Mayr, O.: Frühgeschichte technischer Regelungen. München: Oldenbourg 1969.

Mead, T.: Regulator for wind and other mills. Patent No. 1628, London 1787.

Mittelstaedt, H.: The analysis of behavior in terms of control systems. Group Processes, Transactions of the 5th conference, Oct. 1958, Princeton. (Schaffer, B., Ed.) New York: Josiah Macy Foundation 1960.

Pflüger, E.: Die teleologische Mechanik der lebendigen Natur. Pflügers Arch. ges. Physiol. **15**, 57—103 (1877).

Rosenblueth, A., Wiener, N., Bigelow, J.: Behavior, purpose and teleology. Phil. Sci. **10**, 18—24 (1943).

Schmidt, H.: Denkschrift zur Gründung eines Instituts für Regelungstechnik. Berlin 1941. Reprint: Quickborn: Schnelle 1961.

— Regelungstechnik. VDI-Zeitschrift **85**, 81—88. (1941). Reprint in: Schmidt, H.: Die anthropologische Bedeutung der Kybernetik. Quickborn: Schnelle 1965.

— Kybernetik als anthropologisches Problem. Pädagogische Arbeitsbl. **19**, 121—133 (1967).

Wiener, N.: Cybernetics. Paris-New York: Freymann 1948.

— I am a mathematician. Garden City, N.J.: Doubleday 1956.

Allgemeine Theorie der Zeichenerkennung
General Theory of Pattern Recognition

Sinn und Wert einer Kybernetik des Zeichenerkennens

Eröffnungsansprache
des Präsidenten der Deutschen Gesellschaft für Kybernetik

H. Mittelstaedt, Seewiesen, Germany

Auf diesem Kongreß der Deutschen Gesellschaft für Kybernetik wird zum ersten Mal nicht über Arbeiten aus dem gesamten Gebiet der Kybernetik berichtet, sondern ausschließlich über Zeichenerkennung.

Warum halten wir Zeichenerkennung für so wichtig?

Nun, darauf findet man mehrere Antworten.

Für den Menschen ist die Fähigkeit zur Zeichenerkennung schlicht lebensnotwendig. Dieser Satz bezieht sich keineswegs bloß auf das rechtzeitige Erkennen der mehr oder weniger ominösen Zeichen, das dem Verkehrsteilnehmer ein vorzeitiges Ende erspart, sondern auf etwas Fundamentales. Zeichen erkennen, das heißt: Gestalten, Formen und Muster, kurz: *Strukturen* wahrnehmen, Gleiches von Ungleichem, Ähnliches von Unähnlichem unterscheiden, Strukturen klassifizieren, auf Grundformen zurückführen, in einen geordneten Zusammenhang bringen — und das teils in aller Naivität und Selbstverständlichkeit, teils erst nach lebenslanger Übung, mit ausgepichter Meisterschaft. Kein Zweifel, diese einzigartige Fähigkeit macht es dem Menschen erst möglich, sich in seiner Welt zurechtzufinden. Eigentlich bräuchte alles, was einem Lebewesen zustößt, in seiner Welt nur durch zwei Etikette gekennzeichnet zu sein: „Dies ist gut" — „Das ist schlecht"; „Tue dies" — „Laß das". In Wahrheit tritt aber, was einem Lebewesen frommt und was ihm schadet, in vielfältigen Verkleidungen auf, noch dazu in um so raffinierteren, je beweglicher, je neugieriger, je anspruchsvoller und je verletzlicher es selber ist.

Lassen Sie uns, um besser zu begreifen, was hier vorliegt, zwei Lebewesen von den beiden Enden der eben angedeuteten Stufenleiter miteinander vergleichen:

Mehr am unteren Ende steht die Gemeine Zecke (Ixodes ricinus L.), ein Tier, das jeder kennt, der an heißen Tagen unter Büschen herumläuft oder wenigstens einen Hund hat, der solches tut. Das begattete Zeckenweibchen kriecht, hungrig wie es ist, auf einen Zweig und wartet dort auf seine Nahrung, das Blut von Säugetieren. Wie erkennt die Zecke das Säugerblut? Nun, unmittelbar überhaupt nicht; denn es fließt ja unter der Haut, und die hinwiederum steckt unter den mannigfaltigsten Verkleidungen, wie jeder weiß, der Säugetiere kennt. Kann die Zecke die Verkleidungen ihrer prospektiven Wirte unterscheiden? Das wäre für sie unnützer Luxus: Sie besitzt eine Art Nachschlüssel zu ihrem Zeckenparadies, einen Schlüssel mit — nach v. Uexküll — nicht mehr als zwei bis allenfalls drei

Zacken. Die Zecke ist empfindlich für in Luft gelöste Buttersäuremolekeln und für Wärme. Riecht sie Buttersäure, läßt sie sich einfach fallen; landet sie auf etwas Warmem, bohrt sie ihren Rüssel hinein. Und dann hat sie ihr Zeichenerkennungsproblem mit einer Wahrscheinlichkeit gelöst, die vom Tertiär bis heute hinreichend groß gewesen sein muß, um für das Überleben derjenigen Art von Zecken zu sorgen, deren Nachkommen das Problem mit derselben Methode zu lösen imstande sind. Denn der Schweiß von Säugern enthält Buttersäure, und warmblütig sind sie auch.

Mein Vergleichsfall vom anderen Ende der Skala soll die Wanderratte sein. Ratten kann man sehr Verschiedenes als Nahrung anbieten, z. B. die für sie lebenswichtigen Aminosäuren getrennt in einer Reihe von Schüsselchen. Nach einigen Tagen ohne jede Dressur stellt man fest (cf. Curt Richter, 1943), daß die Tiere aus jeder Schüssel pro Fütterung gerade soviel fressen, wie für eine normale Eiweißernährung nötig ist. Ratten kann man also Freßbares in den verschiedensten und neuartigsten Verkleidungen anbieten — optischen, geschmacklichen, geruchlichen — sie finden das für sie Richtige binnen kurzem heraus. Mit einem Nachschlüssel, um bei dem gewählten Bild zu bleiben, kommt die Ratte gewiß nicht aus. Sie braucht einen viel komplizierteren, noch dazu einen, an dessen sinnreicher Zähnelung man noch herumfeilen kann. Bei der Zecke wie bei der Ratte findet offensichtlich die vorhin als Minimum geforderte Entscheidung statt, die bestimmt: Dies ist gut, das ist schlecht[1].

Aber bei der Zecke legt das Entscheidungssystem zugleich *inhaltlich* fest, was gut ist: Buttersäure und Wärme (und das impliziert dann, wenn auch nur mit Wahrscheinlichkeit — man könnte auch sagen: das bedeutet — „Säugerblut"). Bei der Ratte hingegen ist, was gut sein soll, inhaltlich überhaupt nicht oder doch nur summarisch festgelegt, etwa als „alles Riechbare", „alles Schmeckbare", „alles Freßbare". Vielmehr zwingt uns das erstaunliche Verhalten des Tieres, mindestens zwei getrennte Prozesse anzunehmen, einen, der die eintreffenden Sinnesdaten filtert, und einen zweiten, der den Filterzustand selbst auf Grund einer Meldung über den Erfolg der ganzen Erkennungsleistung bewertet und gegebenenfalls verändert. Im Prinzip bräuchte hier die entscheidende Instanz nach Ende der Verdauung, etwa auf Grund einer Meldung über die Blutzusammensetzung, lediglich zu bestimmen: „Diejenige Einstellung des Reizfilters, die bei der letzten Fütterung bestand, ist gut; behalte sie bei!" oder: „Jene Einstellung ist schlecht, ändere sie!" In Wirklichkeit haben wir Grund zu vermuten, daß die filternde Instanz außer der schlichten Ja-Nein-Erfolgsmeldung im negativen Fall noch Information darüber bekommt, *wie* das Filter etwa zu ändern wäre. Diese Information könnte aus der individuellen Betriebsgeschichte des Filters oder aus der Stammesgeschichte der Art kommen. Und auch im positiven Fall werden wir erwarten, daß eine zunehmend gute Erfolgsstatistik die Bereitschaft ständig verringert, das Filter gleich nach einer einzigen schlechten Erfahrung wieder zu verwerfen. Vielmehr läßt das Verhalten von Säugetieren vermuten, daß in einem solchen Fall eine inhaltlich festgelegte Sondersperre eingerichtet wird. Ein schönes Beispiel hierzu ist das Verhalten der Kühe gegenüber dem giftigen

[1] K. Lorenz hat, meines Erachtens mit Recht, darauf hingewiesen, daß das richtige Vorzeichen dieser Entscheidung nur in der Phylogenie der Art zustande gekommen sein kann, oder, in seiner Terminologie, angeboren sein muß.

Hahnenfuß. Für ein ungeübtes Auge sieht er auch nicht anders aus als die vielen anderen Butterblumen auf einer üppigen Juniwiese. Man braucht aber nur abzuwarten, bis die Kühe sie bis auf den Grund abgeweidet haben. Dann sieht man, als einziges auf der weiten grünen Fläche, hier, da und dort, den giftigen Hahnenfuß.

Vergleichen wir die beiden Methoden: Die der Zecke leistet in der Tat eine Art simpler Verallgemeinerung (Säugetiere) und die Unterscheidung dieser Klasse von allen anderen. Aber sie verweist ihren Benutzer auf diese eine Art der Nahrung und macht ihn in prekärer Weise davon abhängig, daß die Säugetiere die beiden Schlüsselreize nicht ändern.

Die des Säugetieres leistet sowohl individuelles Erkennen wie Generalisierung und Klassifizierung. Sie macht ihren Benutzer weitgehend unabhängig von Umweltänderungen; sie ist ein Universalinstrument zur Anpassung und zum Überleben.

Beim Menschen hat dieses Instrument in fast allen Sinnesbereichen eine hohe Entwicklungsstufe erreicht, vor allem in denen des Gehörs und des Gesichts.

Ein paar Beispiele:

Scharf sehen wir nur in der Fovea centralis, also in einem Ausschnitt unseres Gesichtsfeldes, der in Armes-Entfernung etwa der Größe eines 5-Pfennig-Stückes entspricht. Dieser winzige Ausschnitt fährt bei unseren gewöhnlichen Blickbewegungen in wilden Sprüngen über die Landschaft. Nähme man einen Film in dieser Weise auf, die Beschauer würden binnen kurzem seekrank. Wir hingegen, mit solchen Eingangsdaten bombardiert, sehen einen ruhenden Raum mit deutlichen Gegenständen darin, jeden noch dazu in ziemlich genau der Richtung, unter der eine objektive Messung ihn relativ zu uns ausweisen würde.

Oder: Ein Gegenstand wie meine Brille ruft auf meiner Retina beim Drehen und Wenden die abenteuerlichsten optischen Konfigurationen hervor, die noch dazu beim Vor- und Zurückfahren beträchtlich schrumpfen und wachsen. Trotzdem sehe ich stets ein und denselben, stets gleichgroßen Gegenstand.

Oder: Wenn man auf einer Cocktailparty einem Besucher zuhört, wird man nicht nur durch chaotischen Krach gestört, sondern durch genau die Art Schallmuster, nämlich Sprachlaute, denen man gerade zuhört. Und das gelingt oft doch.

Oder: Man trifft einen Amerikaner, der vor 30 Jahren Deutschland verlassen hat, wo er aufgewachsen ist. Obwohl er nur Englisch spricht, entdeckt man, während man nur auf das, *was* er spricht, zu hören meint, daß er wohl aus Sachsen-Anhalt stammen muß. Und siehe da, es stimmt!

Tagaus, tagein liefert uns unser einzigartiges Zeichenerkennungsinstrument die Ergebnisse seines wahrhaft erstaunlichen Wirkens. Indessen, *wie* das Ergebnis zustande kommt, darüber taucht gewöhnlich nichts im Bewußtsein auf, darüber erfahren wir unmittelbar gar nichts.

Es leuchtet ein, daß diese unsere Lage sowohl die Neugier des Forschers wie die Phantasie des Erfinders herausfordert. In der Tat findet der analytische Kybernetiker in der Zeichenerkennung ein weites Feld voll kniffliger und faszinierender Probleme. Denn die vorkybernetische Biologie hat zwar eine große Menge wichtiger Kenntnisse zutage gefördert; zur Aufklärung des Wirkungsgefüges der Filterleistung fehlten ihr indessen die geeigneten gedanklichen Werkzeuge. Den synthetischen Kybernetiker reizt die Entwicklung von Geräten, die leisten, was sonst nur Menschen können, etwa Gesprochenes in Schrift oder auf beliebige Weise Geschriebenes oder Gedrucktes in Rede umwandeln. Die vorkybernetische Technik lieferte allenfalls Geräte, die von der Erkennungsleistung der Zecke nicht allzuweit entfernt lagen.

Damit hätten wir gleich zwei Antworten auf die eingangs gestellte Frage nach Sinn und Wert der Kybernetik der Zeichenerkennung: Sie verspricht einerseits Einsichten in eine lebenswichtige Fähigkeit der Organismen, besonders des Menschen. Sie verspricht andererseits neue technische Entwicklungen von — vermutlich — erheblichem Nutzen.

Habe ich damit meine Aufgabe erfüllt?

Rechtfertigen diese Antworten eine intensive Förderung der Kybernetik der Zeichenerkennung? Dieser Anlaß und dieses mein Amt verpflichten mich, glaube ich, die beiden Antworten noch zu hinterfragen. Dabei stößt man auf ebenso schwierige wie allgemein wichtige Probleme. Obwohl meine Argumentation einer ausführlichen Darstellung würdig und bedürftig ist, muß ich sie hier auf das äußerste vereinfachen und verkürzen.

Forschen und erfinden kann man mit wirklichem Erfolg nur spielenderweise. Von Professionals wie Amateuren mit Leidenschaft betrieben und von den Zuschauern gelegentlich, wie von Ihnen hoffentlich in diesen 4 Tagen, mit Spannung verfolgt, gehören diese beiden zu Spielen mit strengen Regeln. Das oberste regulative Prinzip des einen ist: „mehr Wahrheit", das des anderen „bessere Überlebens-Chancen". Bekanntlich haben sich in den letzten Jahrzehnten überwältigende Beweise dafür angesammelt, daß beide Spiele, trotz der trefflichen Prinzipien, gefährlich sind. Die entscheidende Frage ist die nach der Ursache des unerwarteten Ausgangs.

Seit ihrem Beginn verfolgt die physikalische Forschung ihr Ziel, alles objektivierbare Geschehen zu erklären, mit der Strategie, Gesetze zu finden, die in einem immer größeren Bereich gelten, bis hin zum Ideal der allgemeinen Gültigkeit. Dieser Weg der Physik führte dabei von den Concreta des Laborversuchs zu den abstrakten Sachverhalten, von denen die allgemeinen Gesetze handeln. Der Erfolg der Physik hat es einer wissenschaftlichen Technologie ermöglicht, den umgekehrten Weg zu beschreiten, nämlich, in Kenntnis der Gesetze diejenigen Randbedingungen künstlich herzustellen, aus denen sich, bei Gültigkeit der Gesetze, neue erstrebte konkrete Effekte ergeben müssen. Dieser Weg hat so enorme technische Erfolge gezeitigt, daß man geneigt ist, seine streng erweisbaren Begrenzungen zu übersehen.

1. Es ist eigentlich nicht ein zusehen, warum n solchen Fällen, in denen die anzuwendenden Gesetze sämtlich bekannt sind, von der eben skizzierten deduktiven Methode abgewichen wird, die ja die gewünschten Effekte wissenschaftlich genau voraussagt, warum also bei der Entwicklung technischer Geräte in diesem Fall immer noch zusätzliche Empirie getrieben, warum noch herumprobiert werden muß. In Wirklichkeit geschieht das aber, wie jedermann weiß, der die hohen Entwicklungskosten und die langen Entwicklungszeiten technischer Geräte von einigem Komplikationsgrad kennt. Die Antwort lautet: Die erwähnten Randbedingungen werden alsbald so zahlreich und treten zudem miteinander in so komplexe Wechselwirkungen, daß der Endeffekt sich nicht, oder jedenfalls nicht mit praktikablem Aufwand voraussagen läßt.

2. Das fertige technische Instrument bleibt nicht im Labor oder auf dem Prüfstand, allwo es unter kontrollierten Bedingungen schließlich genau den gewünschten Effekt produziert, sondern es wird in eine Umgebung entlassen, in der ein unübersehbarer Komplex von *neuen* Randbedingungen besteht, die außerdem in unübersehbare Wechselwirkungen miteinander treten und sich in der Zukunft in unübersehbarer Weise ändern. In dieser Umwelt produziert das neue Gerät außer den gewünschten, und zwar *naturgesetzlicher*weise, zusätzliche Effekte, die niemand voraussehen konnte. Und etliche solcher „Nebeneffekte" haben sich bekanntlich als außerordentlich gefährlich erwiesen.

3. Außerdem gerät das Instrument gelegentlich unter Randbedingungen, die die erstrebte Wirkung selbst beeinträchtigen. Beispielsweise gibt ein modernes, technisch ausgereiftes Automobil nach einer Nacht mit sibirischen Temperaturen gelegentlich beim Startversuch, zweifellos völlig im Einklang mit den Naturgesetzen, bloß eine Art Stöhnen von sich.

Um den beiden zuletzt genannten höchst unerwünschten Umständen abzuhelfen, verfällt die spezielle Methode zur Weltbewältigung, die wir gerade diskutieren, gewöhnlich auf folgende Auswege. Um mit dem letzten Fall zu beginnen: Es wird nicht das Gerät an die Umwelt angepaßt (dazu brauchte man im Grunde das im Evolutionsprozeß der Lebewesen sichtbare Ingenium, für das die diskutierte Planungsmethode aber nicht hinreicht), sondern umgekehrt die Umwelt an das Gerät. Infolgedessen erhält die Umwelt erwartungsgemäß partiellen Laborcharakter. Recht besehen, verlangt fast jedes technisch hochentwickelte Gerät schon zu seiner normalen Funktion eine solche Verwandlung seiner Umgebung. So müssen wir beispielsweise, um die Funktion des Automobils überhaupt erst zu ermöglichen, große Flächen unserer Umgebung asphaltieren. (Von der Laboratmosphäre ist nicht allein die Umwelt betroffen, sondern auch der Mensch. So verlangt das Autofahren beständige Konzentration auf einen partiell genormten Sehraum und die automatenhafte Befolgung von vorgeschriebenen motorischen Sequenzen.)

Wie bekämpft man — um auf den davor genannten Fall zu kommen — die schädlichen Nebeneffekte des technischen Instruments ? Sie werden gewöhnlich mit im Prinzip gleichen Methoden beseitigt, nämlich durch eine zusätzliche technische Entwicklung für jeden dieser Effekte. Das gelingt in der Tat meist mit der bei dieser Methode zu erwartenden Effizienz. Aber jedes dieser Abhilfsinstrumente produziert seinerseits im allgemeinen wieder eine Reihe von unerwünschten Nebeneffekten. Der Mensch, nur mit dieser Methode gerüstet, gerät wahrhaftig in die Lage des Herakles gegenüber der Hydra, der für jeden abgeschlagenen Kopf neue, giftigere nachwachsen. Auf schlagende Beispiele aus der neueren Geschichte der Bekämpfung der Luft- und Wasserverschmutzung muß ich hier verzichten; die Lektüre ist lehrreich und lohnend.

Was also ist, um meine Frage zu beantworten, die Ursache des spektakulären Versagens der Methode ?

Die hier vorgetragenen Argumente zwingen zu dem Schluß: Es ist die hyperkomplexe Struktur der Randbedingungen, also unserer Umwelt, der wir Leben und Überleben verdanken, deren bisher unübersehbares Wirkungsgefüge aber die Voraussagbarkeit konkreter Effekte in der geschilderten typischen Weise einschränkt.

Und es ist zweitens unsere Dummheit, die das nicht einsehen und keine Konsequenzen daraus ziehen will.

Was wäre denn — falls das alles, mindestens annähernd, wahr ist — die Konsequenz?

Gibt es, wenn unser hochentwickelter technisch-wissenschaftlicher Apparat mit unserer Umwelt nicht ohne Schaden zurechtfindet, gibt es ein System, das das kann? Zweifellos gibt es eines.

Es hat Millionen von Jahren härtester Erprobung und ständiger Verbesserung hinter sich. Es hat extreme Änderungen seiner Umweltbedingungen überstanden. Es existiert in Myriaden von Variationen. Und es hat seinem Benutzer auf die Dauer stets heilsame Ratschläge erteilt darüber, was er tun und was er lassen soll. Es ist, und damit sind wir mitten im Thema dieses Kongresses, *das Zeichenerkennungssystem des Menschen und seiner lebendigen Vorläufer.*

Leider hat es — wie schon erwähnt — einen Nachteil, der anscheinend erst bei dem heutigen Menschen negativ ins Gewicht fällt, nämlich daß sein Träger nicht erfährt, *wie* er zu seinen Erkennungsergebnissen gekommen ist. Der unerklärlich erfolgreiche Züchter mit dem Flair für die richtige Mischung erwünschter Eigenschaften, die Gärtnerin mit dem metaphorischen „grünen Daumen", bei der bis zum ersten Frost noch alles in Blüte steht, der Forstmann, den ein ungutes Gefühl im Magen quält angesichts der Zumutung, ein bestimmtes Revier mit einer angeblich ertragreichen Sorte zu bepflanzen, — sie alle können nicht wissenschaftlich begründen (und wenn, dann oft krass verkehrt), wie sie zu ihren Urteilen gekommen sind.

Es ist klar, daß eine Planung, die stets wissenschaftliche Begründung verlangt, solche Könner auf allen Gebieten von der Entscheidung ausschließen wird. Das wäre also dringend zu ändern zugunsten von ganz neuen Verfahren, z. B. auch der Auslese der wahren Könner. Denn natürlich will man die Geschicke der Menschheit nicht den Wünschelrutengängern, den Obskuranten und den falschen Auguren überantworten; jedenfalls nicht mehr, als das ohnehin schon der Fall ist.

Mein Vorschlag läuft also darauf hinaus, den *ästhetischen* Sinn des Menschen (in der weitesten Bedeutung dieses Wortes) entscheiden oder wenigstens mitentscheiden zu lassen. Das wirft in der Folge viele Fragen auf, die hier nicht beantwortet werden können. Indessen, dieser Gedankengang hat klargemacht, hoffe ich, daß das Zeichenerkennungs-System des Menschen eine zur Zeit unersetzliche Hilfe bei der Beurteilung komplexer Zusammenhänge in der Umwelt ist.

Andererseits wissen wir, daß das System seinem Träger gelegentlich falsche Meldungen liefert, die dem dann ebenso überzeugend vorkommen wie die zutreffenden. Folglich ist es notwendig, das Wirkungsgefüge der Zeichenerkennung aufzuklären, also genau das zu tun, was wir unter anderem auch mit diesem Kongreß zu fördern hoffen.

Diese Argumentation würde gröblich mißverstanden, wenn man meinte, sie werte die Suche nach allgemeinen Gesetzen ab. Die Physik hat mit großem Erfolg von den konkreten speziellen Systemen abstrahiert. Sie sollte ergänzt werden durch die Suche nach allgemeinen Gesetzen des Verhaltens von Systemklassen. Vielleicht lernen wir so am Ende das hyperkomplexe Wirkungsgefüge verstehen, das die Umwelt und alle Lebewesen umfaßt.

Nach den positiven Vorschlägen am Schluß eine Warnung: Es ist vorauszusehen, daß der erhoffte Auftrieb der Kybernetik der Zeichenerkennung auf technischer Seite zunächst Systeme hervorbringen wird, die denen der Zecke sehr viel näher stehen als denen des Säugetieres. An diesem Punkt wird womöglich im Interesse größerer Produktivität und Effektivität die schnelle industrielle Verwertung solcher Primärerzeugnisse gefordert werden. Die unvermeidlichen Nebeneffekte indessen sind diesmal weniger in der Umwelt als beim Menschen selbst zu erwarten. Umweltverwüstung ist schon schlimm genug; eine neue Art der Menschverwüstung — das fehlte uns gerade noch!

Literatur

Commoner, B.: The myth of omnipotence. Environment **11**, 8 (1969).

Environment. Hrsg. v. Committee for Environmental Information. 438 North Skinker Boulevard, St. Louis, Missouri 63130, USA.

v. Holst, E., Mittelstaedt, H.: Das Reafferenzprinzip (Wechselwirkungen zwischen Zentralnervensystem und Peripherie). Naturwissenschaften **37**, 464—476 (1950).

Lorenz, K.: Phylogenetische Anpassung und adaptive Modifikation des Verhaltens. Z. Tierpsychologie **18**, 2 (1961).

Mittelstaedt, H.: Grundprobleme der Analyse von Orientierungsleistungen. Jb. Max-Planck-Gesellschaft **1966**, 121—151.

— Über den Gegenstand der Kybernetik. „Kybernetik 1968". Beih. Elektronische Rechenanlagen Bd. **18**, 15—19, München: R. Oldenbourg 1968.

Richter, C. P.: Total self regulatory functions in animals and human beings. Harvey Lect., Ser. **38**, 63—103 (1942/43).

— The self-selection of diets. Essays in Biology, in honor of H. M. Evans. Univ. of California Press 1943.

— Behavioral regulators of carbohydrate homeostasis. Acta neuroveg. (Wien) **IX**, 247—259 (1954).

v. Uexküll, J.: Umwelt und Innenwelt der Tiere, 1. Aufl. Berlin 1909.

— Umweltforschung. Z. Tierpsychologie **1**, 33 (1937).

Strategien zur Lösung des Problems der Zeichenerkennung*

O.-J. Grüsser, Berlin und Miami, Florida

Kybernetik ist die Lehre von der Informationsaufnahme und Informationsverarbeitung in Organismen und Maschinen. Entsprechend dieser Definition wurde bei den bisherigen Kybernetik-Kongressen in der Bundesrepublik über wissenschaftliche Arbeiten aus einem weiten Forschungsfeld der Biologie und Technik referiert. Zum ersten Mal in der kurzen Tradition der deutschen Kybernetik-Kongresse umfaßt das Thema nur ein Teilgebiet der Kybernetik — ein Teilgebiet allerdings, auf dem sich meines Erachtens erste Anzeichen einer Konvergenz biologischer, psychologischer und technischer Forschung erkennen lassen.

Die Bewältigung der Probleme der automatischen Zeichenerkennung ist eine vorrangige Aufgabe der technischen Forschung von Gegenwart und Zukunft, wobei die bisher gelösten Probleme, z. B. die Erkennung alphanumerischer Zeichen, also der Bau von lesenden Maschinen, nur erste Schritte des sehr viel schwierigeren Problems einer *allgemeinen* Zeichenerkennung sind. Unter dem Problem der allgemeinen Zeichenerkennung sei die Theorie und die technische Realisation von zeichenerkennenden Systemen verstanden, die in ihrer Leistungsfähigkeit der menschlichen Zeichenerkennung funktionell adäquat sind.

Die wohl noch in diesem Jahrhundert zu erwartende Konstruktion eines solchen allgemeine Zeichen erkennenden Automaten, wird vermutlich nicht nur für die Welt der angewandten Technik interessant und nützlich sein, sondern wahrscheinlich auch gesellschaftliche Konsequenzen, insbesondere für die Arbeitswelt des Menschen nach sich ziehen. Hermann Schmidt, einer der Begründer der Kybernetik in Deutschland, sah in der technischen Entwicklung die *fortschreitende Objektivation des menschlichen Arbeitskreises*. Diese Objektivation wird in ihrer letzten Stufe, der Automation, nur dann perfekt sein, wenn der Mensch durch einen, allgemeine Zeichen erkennenden Automaten ersetzt ist. Ich glaube, daß es nützlich und notwendig ist, auch über die allgemeineren gesellschaftlichen und anthropologischen Konsequenzen wissenschaftlicher Arbeit auf dem Gebiet der automatischen Zeichenerkennung nachzudenken oder kritische Vorhersagen zu wagen, soweit der jeweilige Stand der Technik dies erlaubt. Nur so kann den für die Gestaltung unserer gesellschaftlichen Zukunft verantwortlichen Politikern die notwendige Kenntnis für langfristige Planung vermittelt werden.

In den Referaten auf diesem Kongreß wird anschaulich demonstriert, daß je nach Ausbildung und Interesse der einzelnen Wissenschaftler verschiedene Strategien bevorzugt wurden, um Lösungsschritte zur automatischen Zeichenerkennung zu finden. Es wird deutlich, daß die Jahre optimistischer Voraussagen über

---

* Einleitungsvortrag zum Hauptthema des Kongresses.

die Leistung digitaler Rechenmaschinen oder anderer Automaten für die Zeichenerkennung von Jahren mühsamer Detailarbeit an speziellen Problemen abgelöst worden sind. Dreyfus hat schon vor einigen Jahren in seiner Schrift „Alchemy and Artificial Intelligence“ (1965) auf die Diskrepanz großzügiger Voraussagen und späterer Verwirklichung auf dem Gebiet der „Computerintelligenz“ und der automatischen Zeichenerkennung hingewiesen.

Betrachten wir zunächst die Bedingungen, die an die Funktion eines zeichenerkennenden Automaten gestellt werden. Er muß folgende vier Teilaufgaben bewältigen, die auch der Funktion der zeichenerkennenden Systeme in unseren Sinnesorganen und dem Gehirn entsprechen.

1. Das ursprüngliche Zeichen muß in eine maschinell lesbare, codierte Signalserie umgewandelt werden.

2. Diese Signale müssen vorverarbeitet werden, um z. B. Rauschen vom Zeichen zu unterscheiden.

3. Zur Klassifikation müssen Merkmale an Zeichen erzeugt werden.

4. Auf Grund des Vorkommens oder Nichtvorkommens solcher Merkmale muß über die Klassifikation, d. h. die Zuordnung des ursprünglichen Zeichens zu einer endlichen Serie möglicher Klassen entschieden werden.

Betrachten wir diese vier Aufgaben an den Bedingungen einer Maschine, die visuelle Zeichen erkennt, also z. B. lesen kann. In den meisten bisher entwickelten Maschinen zur optischen Erkennung von Buchstaben wird für die maschinengerechte Codierung des Zeichens z. B. ein Raster von 100 bis 400 Punkten benutzt, in welches das für eine endliche Zeit erscheinende Zeichen aufgeteilt und Punkt für Punkt elektronisch abgetastet wird. Für jeden Rasterpunkt wird schließlich in diesem *seriellen* Verfahren ein Speicherplatz im Kernspeicher eines Computers belegt.

Auf der Stufe der *Vorverarbeitung* sind Normierungen vorzunehmen, also Abstraktionen von der Zeichengröße, dem Hell-Dunkelkontrast usw. Diese zweite Stufe ist eng verknüpft mit der dritten Stufe, der *Merkmalsselektion*, für die zahlreiche mathematische Operationen vorgeschlagen wurden. Auch diese mathematischen Operationen werden in der Regel in serieller Form, also in zahlreichen Rechenschritten hintereinander durch das Programm in einem Digitalrechner vorgenommen. An dieser Stelle wird spätestens deutlich, daß keine geschlossene mathematische Theorie für die Zeichenerkennung besteht, welcher der Nachrichtentechniker eine Anweisung entnehmen könnte, welche Merkmalssignale er für seinen zeichenerkennenden Automaten benützen soll. So ist bei der Suche nach Merkmalen z. B. vorgeschlagen worden, Formelelemente (Striche endlicher Dicke, ihre Orientierung nach verschiedenen Richtungen, geöffnete Halbkreise usw.) zu benutzen oder die geometrischen Momente höherer Ordnung aus dem Zahlenfeld der Zeichen zu berechnen, die Autokorrelationsfunktion zu bestimmen usw. Da es keine geschlossene Theorie der Zeichenerkennung gibt, so wird schließlich ausprobiert, was ein vernünftiger, d. h. erfolgbringender Merkmalskatalog sein könnte. Wie an einigen Vorträgen des Kongresses sichtbar wird, sind mit diesem Verfahren praktikable technische Lösungen erzielt worden.

Auch für die vierte Stufe, die Merkmalsbewertung für die Klassifikation eines Zeichens, sind keine eindeutigen Vorschriften für die Rechenverfahren im Automaten vorhanden und die Vermutungen dessen, der das Programm schreibt, sind Ersatz für eine geschlossene Theorie und Wegweiser für sein technisches Experimentieren. Erfolgreich sind auf dieser Stufe adaptive Programme eingesetzt worden.

An dieser Stelle, an der eindeutige, theoretisch begründbare Vorschriften fehlen, wie für die allgemeine Zeichenerkennung bei der Merkmalsselektion und Klassenbildung zu verfahren sei, zeichnet sich für den Erbauer zeichenerkennender Maschinen die Möglichkeit ab, die Ergebnisse der Biologen zu Rate zu ziehen. In den Sinnesorganen und im Nervensystem von Tieren sind Systeme angelegt, die zweifellos Zeichen erkennen, das lehrt uns die tägliche Erfahrung. Der Biologe, der sich mit der Zeichenerkennung befaßt, hat also gegenüber dem Nachrichtentechniker und Ingenieur den Vorteil, daß die von ihm untersuchten Systeme schon Zeichen erkennen, ehe er sie wissenschaftlich befragt. Durch Jahrmillionen Selektion und Mutation wurden im Gehirn der Tiere neuronale Netzwerke und Systeme entwickelt, die nach einem *parallelen* Abfrageverfahren in neuronalen Netzen das von der Technik zu bewältigende Problem der Zeichenerkennung bereits gelöst haben. Hier eröffnet sich also eine ganz andere Strategie, das Problem der Zeichenerkennung zu klären. Man schaut nach, wie es die Natur, d. h. unser Gehirn macht. An einigen Vorträgen des Kongresses ist zu erkennen, daß in der Regel das Problem der Zeichenerkennung durch neuronale Netzwerke ganz anders gelöst ist, als es bisher von den meisten Nachrichtentechnikern für den Bau zeichenerkennender Automaten versucht wurde.

Der Vorteil, den der Biologe bei dieser Aufgabe hat, relativiert sich jedoch sehr rasch, wenn wir uns die Komplexität biologischer Systeme an Hand von einigen Zahlen exemplarisch für die *visuelle Zeichenerkennung* veranschaulichen. Die Netzhaut des menschlichen Auges hat etwa 130 Millionen Photoreceptoren, von denen 4 bis 7 Millionen Zapfen für das Tages- und Farbsehen sind. In der Fovea centralis, also an jener Stelle der Netzhaut, mit der wir fixieren und scharf sehen, befinden sich 100 bis 115000 Photoreceptoren, im innersten Teil der Fovea etwa 3400 Zapfen. Zum Erkennen von einfachen Buchstaben sind allerdings 100 bis 200 Receptoren in der Fovea gerade ausreichend.

Die Signale aus Millionen von Photoreceptoren werden im neuronalen Schaltwerk der Netzhaut verarbeitet und zusammengefaßt in etwa einer Million Ganglienzellen, die von jedem Auge Fasern durch den Sehnerven in das Gehirn senden. In der Sehrinde des Menschen gibt es nach Glezer dagegen etwa 530 Millionen Nervenzellen, die untereinander durch zahlreiche Kontakte, mindestens 20 bis 100 pro Nervenzelle, verbunden sind.

Solche Zahlen stützen sicher nicht die Vermutung, daß die experimentelle Neurophysiologie und Neuroanatomie auch nur einen kleinen Beitrag zur Lösung des Problems der Zeichenerkennung leisten könnte. Es ist daher nicht verwunderlich, daß noch vor 10 bis 15 Jahren die Annahme, daß neurophysiologische Forschung auf diesem Gebiet schließlich zur Lösung allgemeinerer Probleme der Zeichenerkennung führen könnte, vielen Neurophysiologen völlig utopisch erschien.

Die Forschung der letzten Jahre hat jedoch gezeigt, daß der Biologe trotz der vielen Millionen von Nervenzellen, die das Gehirn für die Zeichenerkennung einsetzt, nicht in einer so ungünstigen Lage ist, wie die genannten Zahlen vermuten lassen. Es zeigte sich nämlich, daß z. B. die Millionen Nervenzellen im zentralen visuellen System des Gehirns in eine endliche Zahl von funktionellen Klassen gegliedert werden können. Die Operationen, die — sieht man von Farbproblemen ab — z. B. an den Eingangssignalen des visuellen Systems von den Ganglienzellen der Netzhaut vorgenommen werden, lassen sich durch 2 bis 4 Neuronenklassen und die Annahme einer homogenen Schichtstruktur eindeutig beschreiben. Im zentralen visuellen System des Gehirns werden kaum mehr als 20 bis 40 verschiedene Neuronenklassen vorhanden sein. Geometrisch sind diese Neuronenklassen in Schichten und Säulen in der Sehhirnrinde angeordnet. In diesen Neuronenklassen werden ganz erhebliche Vorverarbeitungen und Merkmalsselektionen für die visuelle Zeichenerkennung in paralleler Arbeitsweise vorgenommen. Die neurophysiologische Forschung ist gerade an der Schwelle zur formalen mathematischen Beschreibung dieser Operationen neuronaler Netzwerke angelangt. Eine solche Beschreibung wurde z. B. in der Theorie homogener Schichten von Marko, Giebel u. Platzer durchgeführt und auch technisch realisiert, worüber auf diesem Kongreß berichtet wird.

Auch der direkte elektronische Nachbau der Schaltungen der Netzhaut und des afferenten visuellen Systems ist inzwischen in ersten Schritten technisch realisiert worden. Resultate dazu aus unserer Berliner Arbeitsgruppe werden in dem Beitrag von Eckmiller dargestellt.

Die verschiedenen Strategien, unter denen zunächst Techniker und Biologen begonnen haben, das Problem der Zeichenerkennung zu bearbeiten, wobei im Bereich der Technik für Merkmalsselektion und Klassifikation eine erhebliche Mannigfaltigkeit von Unterstrategien entwickelt wurde, lassen also Ansätze einer ersten Konvergenz erkennen. Die technologische Forschung kann zurückgreifen auf jene Funktionen, die sich für die Erkennung von Zeichen im Laufe der stammesgeschichtlichen Entwicklung in Millionen von Jahren durch Mutation und Selektion als offensichtlich zweckmäßig erwiesen haben.

Für einfache Probleme der automatischen Zeichenerkennung ist allerdings ein solcher Rückgriff nicht notwendig, wie die Mannigfaltigkeit der Versuche zeigt, das Problem des Baues zeichenerkennender Automaten zu lösen im Vergleich zu den neurophysiologischen oder psychologischen Analysen zeichenerkennender neuronaler Schaltungen, die auf den verschiedenen Vorträgen des Kongresses dargestellt werden.

Als Neurologe habe ich mich bisher vorwiegend von der biologischen Seite mit der Kybernetik befaßt und dabei den Eindruck gehabt, daß eigentlich immer wir Biologen von den Nachrichtentechnikern und Ingenieuren lernten — etwa die Anwendung der Regelungstheorie von Oppelt oder das Verständnis synaptischer Prozesse durch die schönen Neuronenmodelle von Küpfmüller u. Jenik. Die Biologen hatten dagegen den Technikern wenig zu bieten. Ich wage zum Schluß ein bißchen pro domo der biokybernetischen Forschung zu sprechen und hoffe, daß die Referate des Kongresses z. T. zeigen, daß auch die biokybernetische Forschung auf dem Gebiet der Zeichenerkennung einen vielleicht auch technisch verwertbaren Beitrag leisten kann. Um eine sichere Prognose der Leistungsfähigkeit biokybernetischer Forschung für praktisch-technische Probleme zu stellen, ist es sicher noch zu früh. Die letzten Jahre haben uns in der neurophysiologischen

Forschung jedoch einen erheblichen Schritt vorwärts gebracht zum Verständnis, wie die neuronalen Netzwerke im Gehirn arbeiten, um die Gestalteigenschaften von komplexen Signalen zu analysieren.

Der Kybernetik-Kongreß hätte ein gutes Resultat, wenn Hörer, Diskutierende und Referenten wie auch die Leser des Kongreßberichtes übereinstimmen, daß es für alle Seiten sinnvoll ist, den begonnenen Dialog zwischen Technik, Psychologie und Biologie fortzusetzen, wodurch die Kybernetik als fruchtbarer methodischer Ansatz bestätigt würde.

The Human Touch

D. M. MacKay, Keele, England

With 4 Figures

1. Introductory

It is not uncommon for the artificers of pattern-classifying machinery to feel envious of the ease with which human beings recognize the patterns that interest them; and it is tempting for the biologist, perplexed by the intricacies of our sensory machinery, to return the compliment by looking to the artificers for possible explanatory models. The piquancy of the situation is sharpened by those on the touchline who deride both the manifest weaknesses of existing automata and the ineptitude of drawing analogies from them to the workings of the brain [1].

In this introductory session it may be appropriate to take stock of the situation after some 20 years of 'cybernetic' dialogue between biologists and engineers. It seems undeniable that either in the ease with which they are deceived or nonplussed, or in the inelegance of their principles of operation (or both), artificial 'pattern recognizers' today suffer grievously by comparison with human beings. The question is whether with advancing knowledge the gaps between the two have been narrowing or widening. As we learn more about the machinery of the brain, do we see more, or fewer, significant resemblances to our present computing devices ? In particular, can we see any hints as to the directions in which computer technology must develop if our automata are to show more of 'the human touch' ?

To some extent, of course, the question is self-answering, since each new subtlety discovered in sensory information-processing can more or less routinely be imitated, however clumsily, in a general-purpose digital computer programme. This however does not dispose of the issue. The brain, after all, is a special-purpose device, presumably optimized to serve a particular constellation of interlocking functions. It is entirely conceivable that as we understand more of these functions we may find less and less point in designing our automata on similar lines, for the simple reason that we may prefer them not to have some of the capacities that come in the human 'package'; and if so the brain-like solution to the design problem may no longer be optimal. So our question is not an idle one.

2. Feature Extraction

Perhaps the most significant development in sensory physiology over the past decade has been the discovery, in lower animals, of neural units sensitive specifically to abstract features of a sensory stimulus. As later speakers will show, these features include rates of change (gradients) with respect to both space and time, in visual, auditory and other modalities. There is much psychophysical evidence that the human nervous system processes sensory information in analogous ways [2, 3].

It is tempting to conclude at once that human pattern recognition is a matter of internally 'naming' a particular stimulus by a conjunction of characteristic features, each of which is signalled by a corresponding unit. Obviously some kind of hierarchy of feature extractors would be needed, to allow for our ability to recognize complex patterns whose elements are themselves 'features'; but all of those involved in a particular act of recognition would (on this model) converge to activate a single specific neuron or group of neurones which would then serve to release the appropriate response.

While present evidence neither confirms nor rules out this idea, it is possible to question its cogency. For the engineer, the attraction of having one unit to represent one concept is that single paths, easily wired and easily isolated, can then be used to represent connections between concepts. We are ill-equipped both mentally and physically to handle situations in which hundreds or thousands (let alone millions) of simultaneous interactions represent a single relationship — unless of course we can talk about them all under a small number of statistical heads. In the nervous system, on the other hand, the problem is in a sense the converse. It need cost little more, informationally and genetically, to grow a million connections in an array specified by a given number of parameters than to grow just one: it might even cost less. Moreover, sensory information, whether visual or auditory, arrives at the cortex as a spatio-temporal array of parallel activity in millions of fibres. The states of millions of other neurones are going to have to be reset by the act of recognition. Rather than take it for granted that recognition of X should mean activation of a single 'X' neurone or group, it would make equally good sense to ask why and to what extent, if at all, the recognition of X should require that all the rest of the neural population concerned should be inactive.

If our thinking is conditioned by ideas of simple summative interaction between neighbouring neurones, we shall naturally suppose that unless all but a few of the population are silent at one time, there will be a loss of information capacity due to 'blurring' and 'background noise'. But when the interactions between neighbours can be inhibitory as well as excitatory this reasoning fails to apply [4]. Different inputs could in principle be represented centrally by different configurations of activity and excitability in the same neural population, with no more destructive interference than there is between signals at different frequencies sharing a common channel simultaneously, or signals at different points in time sharing a common frequency spectrum. Such pattern discrimination does of course require appropriate connectivity between 'incoming' and 'outgoing' systems (as it would with Fourier transformation for example); but again it is not obvious that the cost in genetic specification need be any greater than on a 'single-line' principle; and there could be additional advantages in relative immunity to the malfunctioning of single units.

My purpose however is not to press this as a hypothesis, but only to keep alternatives alive in our minds at this early stage of the game. We must not ignore the possibility that biological recognition of different patterns may require only the existence of what a physicist would call mutually exclusive 'eigenstates' (stable modes) of coupled activity involving a fair proportion of the neural population. This is not to deny (what we already know) that specific units may be silent unless specific features are present; it means only that their activity may contribute to the moulding of transition-probabilities between dynamically active states of a large population as a whole, rather than by setting the threshold of a single final unit.

This general idea of distributive information-processing, which we cannot now pursue in detail, goes back at least to Lashley [5], and has had a revival of fashion with the emergence of holography. Unlike holography, it requires no assumption of homogeneity in the medium of propagation. It must be sharply distinguished, however, from speculations that in the nervous system connections are distributed at random. The trend of recent evidence seems increasingly to emphasize the degree of inbuilt specificity of connections and neural growth patterns in the CNS [6]. Our biological thinking might be greatly helped if the theorists could determine, even for a few idealised non-biological cases, what kinds of minimal non-randomness of interconnections would be worth having, for a few typical varieties of parallel information processing operations.

3. Perceptual Constancy

A closely related topic is that of perceptual constancy. A character-reading device must normally give the same output for a given input regardless of its size. We perceive approaching or receding objects as constant in size even when their retinal image grows or diminishes. It has seemed natural to many people to regard these as analogous performances, and various kinds of neural scale-changing mechanisms have been postulated to account for size constancy in human vision.

This analogy, however, blurs a fundamental distinction between perceiving a visual image on the one hand and perceiving the object giving rise to it on the other: a distinction which has been greatly clarified by the work of J. J. Gibson [7]. (Fig. 1 shows an example in which object perception so dominates image percep-

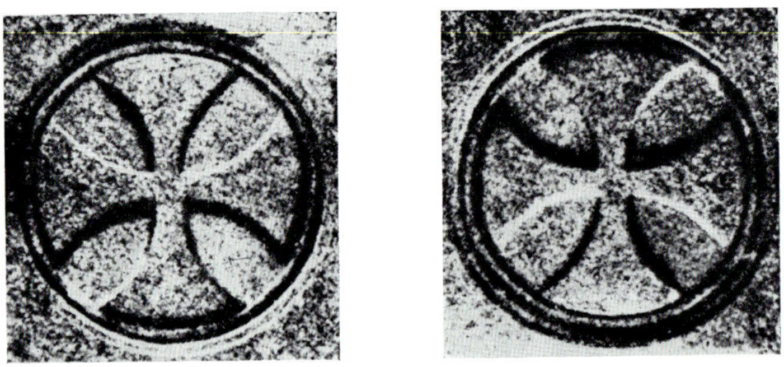

a b

Fig. 1 a and b. Dominance of object-perception over image perception. The retinal image of (b) is identical to that of (a), only inverted. This can be checked by turning the figure upside down. (Reproduced by Livingston, R. B. In: The Neurosciences, (Quarton, Melnechuk and Schmitt, eds.). Rockefeller Univ. Press, 1968, p. 511) tion that we have the greatest difficulty in recognizing the two retinal patterns as the same.) To perceive-an-object is to be conditionally set up to reckon with it, in a great variety of ways other than by giving it the correct name: by grasping it, walking around it, and so forth. These 'conditional readinesses' are some of the operational implications of perceiving-its-size; and just as it requires information to set them up, so it requires information to change them. If an object is approaching us or vice versa, the question to be settled by our cerebral information system is not how to get rid of the change in size of the retinal image, but how to do informational justice to it at the level of our internal state of readiness which implicitly represents the object. In particular, does the change supply information *incompatible* with our previous readiness-for-the-size of the object?

In other words, constancy of the perceived world is a matter, not of compensatory distortion, but of informational evaluation, of the sensory input [8]. It is perfectly possible that an object approaching us is also changing its size. In particular, even an object whose retinal image is constant may be approaching us and shrinking, or receding and expanding. The link between size of retinal image and perceived size of object is logically quite indirect, and there are no grounds *a priori* for requiring scale-changing of the sensory input in order to maintain size-constancy of the perceived object.

It is quite another question whether our feature-analysing machinery might not benefit from a change of scale when dealing with retinal patterns of a particular size. Just as a printed figure ceases to be recognizable when magnified too much or too little, so the scale of a retinal image may be inappropriate for a particular feature analyser. Internal scale adjustment here would be quite analogous to that used in some character-reading devices; but it would have nothing directly to do with perceptual size constancy.

4. The Hypothetico-Deductive Matching Process

What we have suggested so far is that perception in living organisms differs from most 'artificial pattern recognition' in having as its end product an internal representation of the perceived *world* rather than of the sensory *field* presented to the receptors. We could call this the construction of a 'matching model', in the sense not of a neural replica, but rather (as indicated in the last section) of a generative organizing system that maintains an appropriate state-of-conditional-readiness-to-reckon-with the world as perceived [9, 10]. On this basis perceptual constancy (under transformations of sensory input caused by changes in spatial relationship to particular objects) would be the natural result of 'informational inertia' in the organizing system; for if these transformations were completely matched by corresponding locational changes in the 'model', there would be no residual error-information to disturb the 'null-hypothesis' that the objects themselves are stable. In other words, the question asked by such a system is how parsimoniously the 'model' can be altered so as to match the sensory demands. This is, of course, an embodiment of the hypothetico-deductive procedure of science itself. The information-theoretical ideal is that at each trial process: (a) the prior probabilities of the possible outcomes should be equalised as nearly as possible; (b) each outcome in turn should specify a further trial with equiprobable outcomes [11]. Few existing computer programmes, alas, come within orders of magnitude of this ideal.

Clearly the criteria of informational parsimony should take account of both the feedforward from feature-extractors and any past information bearing on relative probabilities; but a rich variety of perceptual illusions bear witness to the fact that the probabilities actually computed by our sensory machinery may have little to do with *conscious* expectations. The well-known demonstrations of Ames [12], for instance, or the illusory 'rubber sheet' effect obtained when the image of a radial-line pattern (Fig. 2) is displaced over the retina [13], are striking cases in which our perceptual experience shows little or no correspondence with any

Fig. 2. When the retinal image of this figure is displaced, by gentle pressure on the open eyelid, the field in the direction of displacement seems to expand and contract in a 'rubbery' manner. If however a 'landmark' such as a pencil is placed on that part of the figure, the effect is abolished

intellectually-probable hypothesis. The study of such illusions may have much yet to tell us about the features and criteria that do determine the activity of our matching-response generator. To give just two further examples, the familiar 'Frazer spiral' of Fig. 3 indicates that pattern recognition is based on *local* feature analysis much more than on *overall* 'template matching': and the persistent visibility of the 'Hidden Man' of Fig. 4 once he has been seen shows that our response mechanism can have considerable *hysteresis*.

All too little is so far known of the neurophysiology of perceptual (as distinct from feature analysing) processes. One of the most significant clues has come from studies of the effects of brain lesions, both in animals and in human patients. It appears that such widely separated regions of the brain as the visual cortex and the superior colliculus are associated respectively with perception of the form and the location of an object [14]. This at least helps to warn us off too literal ideas of

Fig. 3. The 'Frazer Spiral'. The twisted cords in fact lie on concentric circles

Fig. 4. The 'Hidden Man'. Once recognized, the figure of a bearded face (near top centre) becomes insistently visible, indicating some 'hysteresis' in the perceptual machinery (After Porter, P. B. In: Am J. Psychol. **67**, p. 550, 1954)

'internal modelling' of the environment, and encourages the belief that our internal representation may be distributed over not just one but two or more 'visual systems', concerned with different complementary aspects of our state-of-readiness to reckon with the visual world.

It is not difficult to see in general terms the kind of artificial machinery that would lend itself to the spontaneous generation of hypotheses under statistical feedforward and feedback. Because of the number of conditional variables that must interact virtually simultaneously, a serial digital programme would be severely handicapped; and even a parallel device using only conventional all-or-nothing logical elements would be desperately clumsy by comparison with one employing analogue processes (e.g. addition or subtraction of electric currents or light intensities) for the combination of weights.

Sufficient flexibility for the purpose would be offered by a population of neuron-like elements which could act upon one another not only in an all-or-nothing manner but also through continuous computing processes governing relative excitabilities [15]. This however sets us the problem of finding [a] the best (or indeed any) way of computing and applying a mismatch feedback vector with appropriate dimensionality to guide such a model-generator to its matching hypothesis; (b) the best physical configuration in which sensory feedforward should be distributed throughout such a system so as to elicit rapidly and only the matching state-of-readiness for the state of affairs betokened by the input. We seem to be a long way from an answer to such questions; but as it looks as if the problem has been solved in the design of our own perceptual machinery, perhaps the experimentalists will have a sporting chance of beating the theorists to a solution.

5. Recognition of Human Actions

The principle of 'perception by matching response' takes on special significance when the objects in question are the symbolic products of human action, such as handwritten characters or speech sounds. What now requires to be recognized is not their form as objects, but the selective function intended by their originator. Thus instead of developing an internal representation of the product itself, it becomes economical to 'model' the *generative* process: specifically, the *target-settings* of the originator as betokened by the product.

Automatic recognition of human handwriting, for example, is often treated as a problem of classifying *shapes* under symbolic names. The difficulty is to say, at the level of the shapes themselves, precisely what is invariant from one sample to another. Programmes have been written to enable machines to be 'trained' by the presentation of samples correctly named; but the convergence of the training process can be slow and uncertain, especially in the presence of noise.

Once we view the task as one of inverse inference to the generative process, however, an informationally economical procedure suggests itself. It is the originator's targets that (presumably) form a sharply discrete set. By asking 'Of which generative process could this be a product ?', we define a limited set of competitive predictions to be made using the model. Feedforward from feature extractors will eliminate many of these *a priori*, and rank the rest in some order of priority, so that (especially if tests can be run in parallel) convergence to a 'best fit' can be rapid. If it is necessary to 'train' the mechanism, it is this generative model that should be the main object of refinement by trial and error. Admittedly, the mechanism will need to extract features from its input as clues to the required matching response, and the choice of these features may also need refinement. The point is that a set of rather general feature-extractors, quite inadequate in themselves for purposes of unique classification, could on this basis guide the formation and evaluation of a unique generative matching response.

Another merit of pattern-classification on these principles lies in its near-optimal resistance to noise. In this respect it can have the same advantages as a matched filter, since it will be significantly disturbed only by noise components that could have been produced, *together with* the rest of the input, in the course of an attempt to generate one of the characters of the set.

In the field of speech perception, the idea of 'analysis-by-synthesis' has long had its advocates and opponents. Since we are each equipped with hierarchic organizing machinery for speaking, it is tempting to suppose that this machinery itself provides the basis of a generative model to match (in the foregoing sense) the speech signals to which we listen. Tests have shown that the ability to discriminate between speech sounds is very little dependent on ability to reproduce them [16], so that matching can hardly be involved at that level. When it comes to perception of *what the speaker is trying to say*, however, these results offer no evidence against the theory that we 'shadow' his generative activity at the higher levels of organization, making use of our own equipment to provide a predictive model of his. From an information-theoretical standpoint, this would offer a convenient way of exploiting the redundancy in the speech signal due to the constraints of its production, so increasing intelligibility in the presence of noise at various levels; and it would provide us with the most direct apprehension possible of his activity in speaking as well as of the speech he produces.

To be (still more) speculative for a moment, it is tempting to regard this process, in which one's own organizing system serves as a matching predictor of someone else's behaviour, as the physical basis of our normal awareness of one another as persons with thoughts and feelings rather than simply as behaving objects. There are logical peculiarities about this mode of internal representation which need not detain us now, but which seem to correlate well with some of the logical oddities of the concept of a person [17].

6. Patterns Involving 'Non-Events'

We have so far spoken as if pattern recognition were always a matter of extracting relations between *data*. This, however, is too simple — or at least it overlooks a subtlety in the concept of a datum. The trouble is that in many cases (clinical syndromes, for example) the *absence* of a particular element may form a crucial feature of the pattern to be recognized. This may seem trivial. Cannot the absence of an element be a datum just as much as its presence? Indeed it can: but only when it has *occurred* to us that it might have been there.

Take, for example, the case of an empty sky. What are the elements whose absence constitutes data? Aeroplanes? Clouds? Elephants? Newspapers? ... To pretend that an empty sky offers 'data' in this sense is to say that it offers an infinity of data. But then we shall need an infinity of computer time to go through these 'data' looking for relations between them and others. Only when the set of possible features is prespecified can we treat the absence of some of them as data.

Even so — as for example with a computer input screen when the luminance of each element of the field is either 1 or 0 — the combinatorics are still terrifying. For only 16×16 elements, the number of 'negative data' is of the order of the number of particles in the Einstein universe. Mere quantisation is laughably inadequate as a solution.

How then do we human beings cope with this situation when we recognize patterns that include negative data? Subjectively, we say we were 'struck' by the absence of something. 'I noticed that he didn't shake hands', or 'I was struck by the fact that he didn't smile'. There must have been an infinity of other possibilities by whose absence we were not struck. Why, then, were we struck by these?

The answer, presumably, is that we brought our internal matching-response system to the situation in a prepared state, set up with a generative model that would have matched the absent feature; so that in its absence a mismatch signal was generated. Strictly speaking, it is not the absence of the feature, but the presence of the mismatch signal, that constitutes the datum.

This trite observation helps to bring out one further advantage of the active hypothetico-deductive matching approach in pattern recognition. It converts a situation in which there is nothing to *claim the attention* of a pattern-recognizer, into a positive datum that does (rightly or wrongly) claim attention; but it does so without the desperate device of treating *every* absent feature as a datum. Pattern-recognition can be regarded as a process by which most data come to be systematically ignored in favour of a small subset that satisfy certain criteria of recognition, and so have a competitive advantage. The problem is that although for a communication engineer a non-event may have as much *selective-information-content* as an event, from a physical standpoint it lacks the energy of an event, and so is at a competitive disadvantage. A hypothetical match-and-comparison process can be thought of as a selective way of giving a small subset of all the non-events a voice (a physical representation in terms of energy) in the energy-based competition for attention [18].

Once we start thinking along these lines we can see a particular advantage of filters that attenuate the relative physical strength of signals representing *redundant* claims. It is not simply that the energy per bit of information is thereby kept to a minimum. The point is that if recognition of patterns depends in part on an energy-based cerebral competition, it would make sense for the system to tend to equalise the physical advantage of signals of equal potential import for pattern-formation. The wealth of examples presented in this Symposium of contrast-enhancement, OFF- as well as ON-responsive units, adaptation, after-discharge and the like can all be seen in this light as providing better chances for certain classes of non-event to catch the attention of the pattern-sensitive system, and better balanced chances for typical events.

At levels of the nervous system where there is little or no element of competition, however, this argument does not apply, and (as argued in section 2) there may be no advantage in representing a particular concept by the excitation of a single neuron rather than by a particular cooperative state of many simultaneously active elements.

7. Conclusion

It is far from my intention to imply that our automata would always be improved by the addition of 'the human touch'. Spontaneity of matching-response carries with it the risk of prematurely jumping to conclusions; and the principle of informational inertia, though it reduces the probability of absurd solutions and so yields a kind of 'common sense' in speculative situations, can bring also the equivalent of irrational prejudice.

I have focused attention on some points of contrast between brain mechanisms and existing computer technology for two reasons. The first is that in a gathering of this kind we shall all be anxious to avoid the overpressing of superficial analogies between the two. The second is that, as I have tried to indicate, I believe that none of the deficiences we have noted in existing automata are beyond our power to remedy if we are prepared to take the trouble to develop the necessary hardware. The seductive allure of the general-purpose digital machine, which can simulate anything specifiable (given enough time!), seems to have discouraged us from developing the more flexible and immensely faster parallel-hybrid machinery that will be needed if brain-like recognitive performances are to be achieved in anything like real time. In consequence we have hardly begun to develop the kind of theory that will be needed if cerebral functions are ever to be understood mathematically.

I have dealt in earlier papers with the advantages of analogue processes for the computation of transition probabilities in such devices. These include not only economy and speed, but also the possibility of preserving 'neighbourhood relations' between closely related states, sensing the proximity of solutions, and the like [19]. Let me here say only that I think the time is ripe for a reappraisal of the range of small-scale physical processes available to us (some of them probably used in the brain) which could provide analogues of simple low-grade computing operations often required in great numbers, for example in statistical inference based on many variables. The frequently heard objection that 'in analogue devices errors are cumulative' is no excuse in this context, for the effect of physical error in the combination of statistical weights would normally be far smaller than the uncertainty of the weights themselves. Precision would of course be retained in the digital networks whose transition probabilities would be moulded by the analogue processes.

Finally, let me make it clear that I have not suggested (nor do I believe) that we shall ever understand *discursively* what it is to be a man, sufficiently well to specify an artefact that could claim to be 'fully human'. As fast as we can identify explicit features that seem to be important, I see no reason to doubt that they could be simulated; but the process of elucidating these features, like the growth of science itself, is likely in principle to be unending.

Summary

The commonest and most reasonable complaint against most artificial 'pattern recognisers' is that they lack the 'human touch'. Either in the ease with which they are deceived or nonplussed, or in the inelegance of their principles of operation (or both) they suffer grievously by comparison with human beings. It is customary to defend our automata by pleading the contrast in available computing capacity between them and our brains, and the shortness of the time for which they have been under development. My purpose is to suggest that their present inferiority owes more to our neglect of certain key principles which are exemplified in human pattern recognition than to the necessarily limited size of our machines.

Among the test cases considered are the recognition of products of human action such as handwriting or speech, and of patterns involving 'non-events' — as when we are 'struck' by the absence of one particular feature, but not of billions of others that were also absent. Although the process by which relevant features (whether positive or negative) attract our attention is imperfectly understood, a number of hints can be drawn from current knowledge which seem to invite exploitation in the design of automata. In particular, they bring out certain merits of spontaneously active hypothetic-deductive matching procedures, as distinct from and complementary to passive feature filtering.

References

1. Dreyfus, H. L.: Alchemy and artificial intelligence. RAND Memo. P-3244 (1965).
2. MacKay, D. M.: Interactive processes in visual perception. In: Sensory communication, p. 339—355, (Rosenblith, W. A., Ed.). M.I.T. and Wiley 1961.
3. — Visual noise as a tool of research. J. gen. Psychol. **72**, 181—197 (1965).
4. Reichardt, W.: Autocorrelation, a principle for the evaluation of sensory information by the central nervous system. In: Sensory communication, p. 303—317, (Rosenblith, W. A., Ed.). M.I.T. and Wiley 1961.
5. Lashley, K. S.: In search of the engram. In: Physiological mechanisms in animal behaviour, (Danielli, J. F., Brown, R., Eds.). C.U.P. Cambridge 1950.
6. Weiss, P. (Ed.): Specificity in the neurosciences. N.R.P. Bulletin **3**, M.I.T. 1965.
7. Gibson, J. J.: The perception of the visual world. Houghton Mifflin 1950.
   — The senses considered as perceptual systems. Houghton Mifflin 1966.
8. MacKay, D. M.: Theoretical models of space perception. In: Aspects of the theory of artificial intelligence, p. 83—104, (Muses, C. A., Ed.). Plenum Press 1962.
9. — Mindlike behaviour in artefacts. Brit. J. Phil. Sci. **II**, 105—121 (1951); **III**, 352—353 (1953).
10. — Ways of looking at perception. In: Models for the perception of speech and visual form, p. 25—43, (Weiant Wathen-Dunn, Ed.). Boston: M.I.T. Press 1967; reprinted in Perceptual Processing, (Dodwell, P. C., Ed.). Appleton-Century-Crofts 1970.
11. — Towards an information-flow model of human behaviour. Brit. J. Psychol. **47**, 30—43 (1956).
12. Ittelson, W. H. (Ed.): The Ames demonstrations in perception. Princeton University Press 1950.
13. MacKay, D. M.: Modelling of large-scale nervous activity. S.E.B. Symposium: Models and Analogues in Biology. C.U.P. **XIV**, 192—198 (1960).
14. Schneider, G. E.: Two visual systems. Science **163**, 895—902 (1969).
15. MacKay, D. M.: On the combination of digital and analogue computing techniques in the design of analytical engines (20. 5. 49). Mimeographed. Reprinted as an Appendix to Ref. 19.
16. Morton, J., Broadbent, D. E.: Passive versus active recognition models or Is your homunculus really necessary? In: Models for the perception of speech and visual form, p. 103—110, (Weiant Wathen-Dunn, Ed.). Boston: M.I.T. Press 1967.
17. Kochen, M., MacKay, D. M., Maron, M. E., Scriven, M., Uhr, L.: Computers and comprehension. In: The growth of knowledge, p. 230—243, (Kochen, M., Ed.). Wiley 1967.
18. MacKay, D. M.: Recognition and action. In: Methodologies of pattern recognition, p. 409—416, (Watanabe, S., Ed.). Academic Press 1969.
19. See for example "Operational aspects of intellect". In: Mechanization of thought processes, 37—52, (N.P.L. Symp. No. 10, 1958). H.M.S.O., 1959.

What Mathematics Can and Cannot Do for Pattern Recognition

H. J. Bremermann, Berkeley, California

With 6 Figures

1. Introduction

Pattern recognition may on the surface appear to be a simple task. A modern computer can process up to 10^9 bits per second. A digitized character, for example, may contain as little as 400 bits. The task to recognize it, however, involves not only 400 bits but potentially as many as $2^{400} \approx 10^{120}$ bits, (the number of all possible 400 bit patterns).

In fact, many pattern recognition problems remain essentially unsolved. The post office, for example, could benefit from machines that could read addresses on letters, but this problem remains unsolved for handwritten addresses. The recognition of spoken words is another problem where only very limited success has been obtained.

This state of the art is not due to a lack of research efforts. Around the world many laboratories have been working on these problems, in particular since the late 1950s when large computers became available. Professionally the field is well organized: There are several professional societies that are wholly or in part concerned with pattern recognition (such as the Pattern Recognition Society, IEEE, ACM (through its special interest groups, especially SIGART), etc. There ist the Pattern Recognition Journal, there are numerous articles and several books.

Inspite of all these efforts commercially useful systems are few and limited. Operational systems typically deal with well standardized characters, mainly with numerals. The extraordinary pattern recognition capabilities of animals and man demonstrate what is possible and how far artificial pattern recognition has to be improved before it can compete with nature. Knowledge of the functional principles by which brain structures recognize patterns is very incomplete. If such knowledge were available it might help in the building of machines. Conversely, a theoretical understanding of pattern recognition may be helpful to the neurobiologist.

Why is pattern recognition so difficult? It seems in order to take a critical look at fundamentals. A theoretical-mathematical analysis seems in order. This is not to say that any mathematical treatment of pattern recognition problems is automatically valuable. In fact, most theoretical papers on pattern recognition are quite worthless. The difficulties in pattern recognition, quite generally, are *combinatorial*. Almost invariably horrendously large numbers of possible configuratious, possible states, etc. are encountered. The basic problems to be solved are *quantitative*: how to reduce the amount of data processing involved, how to find shortcuts through the chaotic maze of possible states. These difficulties are not solved by most of the qualitative "theorems" that appear in the literature. Nor will they be solved by merely creating general, *formal languages* for pattern recognition.

2. Some Terminology

Since the terminology of pattern recognition varies a few definitions seem in order: Any pattern recognition task is concerned with a collection of objects or possible objects such as speech sounds, characters, etc. The collection of all possible objects is the *universe of discourse*, or *universe* for short. The universe need not be restricted to characters or sounds but can be almost anything: Moves in a chess game, mathematical formulas, cloud pictures taken by a weather satellite, medical symptoms, fingerprints, etc. A *pattern* is a *subset* of the universe. For example a pattern could be all possible appearances of the letter A, all speech sounds "oh", all "good" moves in chess, all mathematical formulas that are true, all cloud pictures that indicate a hurricane, all medical symptom combinations that indicate heart disease, the fingerprints of a person wanted for a crime, etc. An *object* is a particular *element* of the universe, for example a particular handwritten character, a particular speech sound, a particular chess move, etc. In the literature the term "pattern" is also used synonymously with what we have called "object". The object is sometimes referred to as "signal".

A pattern may be defined in various ways, for example by an explicit listing of its elements or by a property such as "good chess move" where "good" means that the move is as good or better as any other move that can be made to win the game.

In some problems like recognition of handwritten characters the patterns are not even well defined. The class that represents "A" is the collection of all characters that people agree to call an A. It is possible to obtain samples, even large samples of such characters but no exact description of what exactly is an A, a B, a C etc. seems to be available. A device that recognizes characters is nevertheless expected to make the same decisions that humans make. Since humans learn and generalize from experience it would seem reasonable to look for artificial pattern recognition machines that do the same.

3. The Capabilities of Perceptrons

Frank Rosenblatt's *perceptron* is a pattern recognition device that learns: Sample characters are shown to the device. When it responds correctly it is reinforced that means that a signal is sent to the device indicating that the response was correct. In the course of learning it gives more and more correct responses until eventually all responses are correct provided that the recognition task is within the perceptrons's capabilities.

Minsky and Papert [13] estimate that at the height of perceptron research as many as 100 groups around the world worked on perceptrons, "adelines", and ,,madelines" (Widrow [21]), "learning matrices" (Steinbuch et al. [17]) and similar

devices. In recent years many of these projects have been transformed or terminated. Nevertheless, the perceptron remains important as a model of a nerve net. As a practical instrument of character recognition or of speech recognition it has proven to be insufficient. A mathematical analysis of the perceptron provides important insights into pattern recognition problems in general.

A simple perceptron has the following structure (Fig. 1):

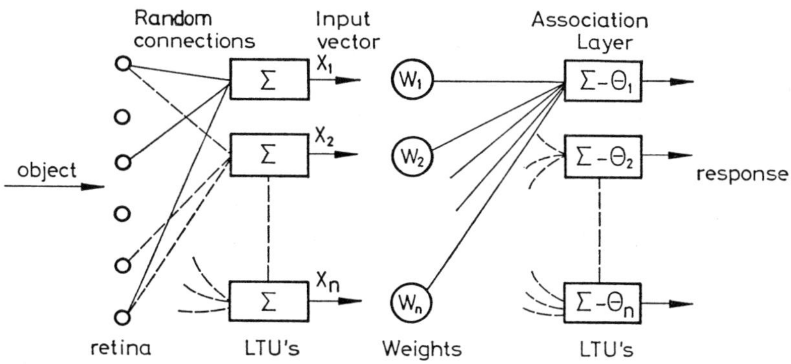

Fig. 1. For explanation see text

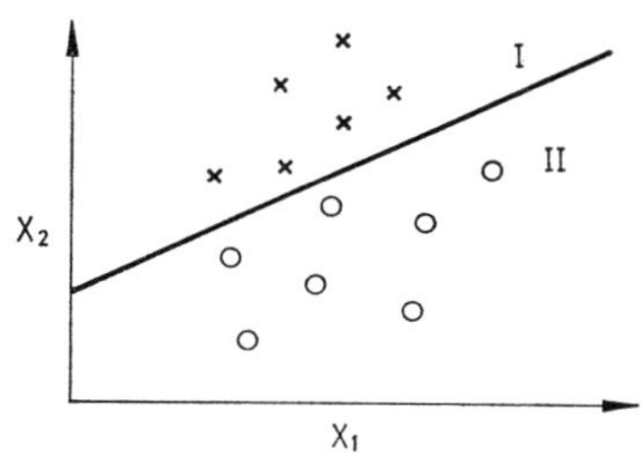

Fig. 2. For explanation see text

The object is projected onto an array of photocells (retina) which are randomly connected to linear threshold elements that "fire" when the sum of the inputs exceeds a certain threshold. The responses are weighted with weights $w_1, \ldots w_n$ and entered into association units (A-units) which are again linear threshold devices that respond when the sum of the inputs exceeds a certain threshold. The performance of the perceptron depends upon the values of the weights. A training algorithm is ı systematic procedure for changing the weights in a reinforcement learning situation. Several such algorithms have been described that ensure convergence to the proper weights, provided that the recognition problem is within the capabilities of the perceptron. The weights can be interpreted as the components of a vector that determines a hyperplane in an Euclidean n-space. Each pattern is mapped into a point in n-space (by means of the outputs of the first layer of linear threshold units or by the output of some other set of transducers). When the objects are to be classified into two classes then solvability of a pattern recognition problem means that there exists a set of weights $w_1 \ldots w_n$ such that all objects of class I lie on one side of the hyperplane determined by the weights and class II on the other (Fig. 2).

When object images are distributed at random, which is usually the case, then the probability that they are separable depends upon their number N and upon n. Cover [7] has shown that for $N > 2n$ this probability is small while for $N < 2n$ it is large. Since for technical reasons n is bounded the capability of a perceptron depends above all on the number of objects in the universe.

Objects on the retina that can be transformed into each other by translations, rotations or dilatations are not automatically put into the same class but must be "learned" as if they were entirely different objects. Even in a very coarse grid (20×20) translations, rotations and dilatations (within limits) account easily for 10^4 variations of an object. Hand printed characters involve numerous additional variations of prototype characters. One can estimate that the number of variations of the prototype exceeds 10^{12} even for the very coarse 20×20 grid. Taken together with the translations, rotations and dilatations the total number of objects in a pattern exceeds 10^{16}. With a finer grid this number increases to astronomical values. Since the number of weights and input units is of the same magnitude as N it is obvious that a perceptron for handwritten characters cannot be built. 10^{16} is much too large for hardware implementations or for computer simulation.

Inspite of this simple combinatorial argument perceptrons have been tried as practical recognition devices and many formal theorems have been proven, in particular about the convergence of training algorithms. Without a quantitative combinatorial analysis, however, most theorems are worthless.

A penetrating and quantitative and qualitative analysis of the capabilities of perceptrons for another class of problems has been done by Minsky and Papert [13]. They consider classifications such as connected — non-connected figures, convex — non-convex. In contrast to handwritten characters these properties have precise mathematical definitions. It turns out that the property of a figure to be *convex* can be recognized by a perceptron of reasonable size, while the property to be *connected* cannot be recognized since the number of weights required increases so fast (as a function of the number of points in the retina) that such perceptrons are physically unrealizable.

4. Multi-layer Perceptrons. Nerve Nets

The perceptron may be considered as an implementation of theories of brain organization. As originally conceived by Rosenblatt it was a net of McCulloch and Pitts neurons implementing ideas suggested by Hebb [11]. Most of the work has concentrated on perceptrons with a single layer of association units (as in our diagram). Many-layer models can easily be described mathematically but have proven to be quite intractable to analysis. They lead to expressions such as

$$H\{\sum_j W_{3kj}\, H\,[\sum_i W_{2ji}\, H(\sum_\varrho W_{1i\varrho} X_\varrho - \theta_{1i}) - \theta_{2j}] - \theta_{3k}\}$$

for a three layer perceptron, where $w_{1i\varrho}$, w_{2ji}, and w_{3kj} are the weights of layers 1, 2 and 3, θ_{1i}, θ_{2j} and θ_{3k} are thresholds the X_ϱ are the input values and H is the Heavyside step function:

$$H(t) = \begin{cases} 1 \text{ for } t > 0 \\ 0 \text{ for } t \leq 0 \end{cases}$$

Expressions for more layers are analogous. While it is easy enough to write such expressions little is known theoretically about them. It is possible, of course, to investigate multi-layer perceptrons by computer simulation or by hardware implementation. The main unsolved problem, however, is the following: According to what criteria should weights and thresholds be altered when the perceptron is being reinforced in a learning situation ? For the single-layer perceptrons training algorithms are known, but not for many-layer perceptrons.

There remains the possibility to change the weights randomly or systematically and to test the performance of the perceptron after each change on a sample of the entire universe of characters. When performance of the perceptrons has increased the changed weights are retained, otherwise they are discarded and another change is tried much as in Darwinian "selection of the fittest". In the course of time the performance of the perceptron will increase.

Unfortunately such a procedure need not converge to the optimal performance of which the device is capable. The procedure is an optimization process based on random (or systematic) changes of the parameters. In general, such procedures stagnate at local maxima. Even when there are no local maxima the process, in general, will stagnate at saddlepoints. Several years ago I have conducted optimization experiments where simpler functions replace the complicated performance function of a perceptron which requires considerable computation even for a single evaluation. In these experiments it turned out that the stagnation phenomenon is extraordinarily common and seems to be a basic property of almost any optimization process Bremermann [3a]. The topologist René Thom [18] [19] has recently developed a very general theory of morphogenesis (including evolution) in which manifolds of saddlepoints play an extraordinary role. They attract and hold at least for prolonged periods of time the states of dynamical or evolving systems.

Thus if evolution experiments with multi-layer perceptrons are undertaken then the performance measured may bear little relation to the performance that is attainable. In the absence of a theory the optimum performance is not known. Theoretical determination of the optimal performance is an unsolved and perhaps even unsolvable problem.

5. Combinatorics and Statistics

Perceptrons would be more effective if objects that belong to the same pattern could be made to cluster in n-space by suitable pre-processing. The same is true for any other method of pattern recognition.

We estimated earlier that handwritten characters on a 20×20 raster have at least 10^{16} possible objects in a pattern class and more when the raster is finer. If they were to be recognized simply by a table look-up, then the table would have to have 10^{16} entries, listing for each of the 10^{16} objects on the raster the corresponding classification. Presently the largest computer memories contain about 10^{12} bits, hence the problem, at least for the time being, cannot be solved by table look-up.

Instead of converting the objects by means of a raster into 400 bits or more tests can be applied to the objects. For example, measurements of the amount of intersection with subsets of the retina (masks, n-tuples) are possible tests. Grey level filters may be used in a similar way. Other tests measure the presence or absence of corners, crossings, concavities, connectivity, etc. Several tests may be combined by logical connectives such as "and", "or". In general a whole battery of tests is needed in order to identify an object.

The results of the test measurements may be fed as initial data into a perceptron, recognition logic, or computer program. The purpose of the tests is to reduce the number of configurations. The results of tests are called *features*, the procedure *feature extraction*. The procedure may be described by the following diagram (Fig. 3).

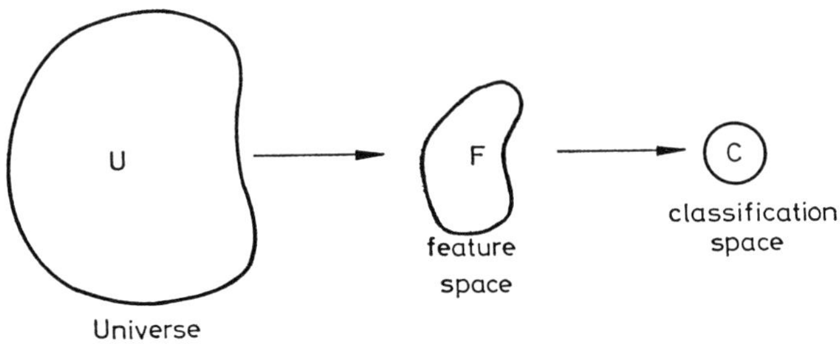

Fig. 3. For explanation see text

The feature space consists of n-tuples of possible test results when n tests are used.

When the tests have been chosen in an ideal way then each pattern (which is a subset of U) maps onto a subset of F such that *the images of disjoint patterns are disjoint*. In this case we say that the tests *separate* the patterns. When the patterns of a given pattern recognition problem are separated by a collection of features and when the feature space contains a sufficiently small number of points, then the problem can be solved by table look-up or by a perceptron, learning matrix, etc.

For example, suppose that a set of characters could be separated by the number of intersections of the character with five horizontal and five vertical lines.

If 0, 1, 2 and 3 or more intersection points per line are distinguished, then F contains $4^{10} \approx 10^6$ points. This number is small enough such that it is possible to tabulate for each point in F the corresponding character and the step from F to C can be accomplished by a table look-up.

Current computer memories accomodate up to 10^{12} bits. Beyond this figure storage becomes excessively expensive and retrieval becomes very slow. While technology may improve and increase the limit of practicality to some higher figure the limit cannot be raised indefinitely. There are fundamental physical limitations (quantum effects) that prevent indefinite improvement of storage.

If in our example it turns out that five horizontal and vertical lines are not enough to separate the patterns and if, for example, 10 lines each and 10 lines at 45° angles would be required, then F would contain $4^{40} \approx 10^{24}$ points. In this case the problem could no longer be solved by table look-up.

In general, when the number of tests is small it is difficult to achieve that the images in F of the various patterns (subsets of U) are disjoint. When the images are no longer disjoint the pattern recognition task can no longer be solved without errors. The minimum error rate that is obtainable in this case is given by the following formula (Bremermann [4]):

$$\sum_{j=1}^{n} q_j \sum_{i=1}^{n} p_j(i) \log p_j(i) ,$$

where q_j is the probability of class j and $p_j(i)$ the probability of an object in class i to be placed into class j; n is the number of classes.

When feature measurements give real numbers with continuous probability densities that overlap then a cut-off line must be drawn. The *maximum likelihood estimate* determines where the line must be drawn in order to minimize the average error of identification. In the case of a *dichotomy* with probability densities $p_{\mathrm{I}}(x_1 \ldots x_n)$ and $p_{\mathrm{II}}(x_1 \ldots x_n)$ the cut-off manifold that minimizes error is given by $p_{\mathrm{I}}(x_1, \ldots x_n) = p_{\mathrm{II}}(x_1, \ldots x_n)$. This is the best possible classification criterion unless context information can be used.

In order to apply the maximum likelihood estimate knowledge of the probability distributions p_{I} and p_{II} is required. In general p_{I} and p_{II} are not known but can be determined approximately through sampling. How many samples should be taken in order to obtain a good approximation of p_{I} and p_{II} is a much studied problem of probability theory. The problem is not confined to pattern recognition but occurs whenever decisions must be made on the basis of measurements (Watanabe [21], Bialasiewicz [2]). Estimation of p_{I} and p_{II} is a difficult or impossible task when the number of observables is large since *the number of sample points required increases exponentially with the dimension of the feature space.* In pattern recognition, unless we have noisy variations of well defined prototypes, it is generally not permissible to make the assumption that the distributions are normal, binomial, Poisson, etc. Such assumptions are often justified for measurements of physical quantities and greatly simplify the problem. In pattern recognition, however, the information to be extracted is contained in the precise shape of the probability distribution of the various features.

In the analysis of measurement data in physics, biology, demoscopic surveys, etc., the observable quantities must be considered as given. Statistical analysis is then applied to the data in order to squeeze a maximum of information from the observations. In character recognition the situation is different. Here one has complete control over what is being measured: Instead of the number of intersections with horizontal and vertical lines innumerable other properties can be chosen for measurement: Connectivity, the number of corners, a histogram of the distances between pairs of points, first and second moments with respect to the x and y axis, higher moments, etc., etc.

Most papers give no reasons for the choice of features. In fact most features in pattern recognition work are chosen on the grounds that the choice is intuitively reasonable. Once the features have been chosen authors apply sophisticated statistical methods in order to minimize errors. In most cases, however, the game has been lost with the choice of features. Unless the features separate the patterns no amount of statistical analysis can untangle the errors that necessarily result when pattern images overlap.

There are pattern recognition problems where there is no control over the features. Medical diagnosis is such an example. Here the features are symptoms such as fever, pulse frequency, blood pressure, pain etc., and laboratory tests such as blood tests, urine analysis, etc. For the interpretation of such data statistical analysis is an important tool. However, when the features can be chosen then the most important task is to chose them such that a) the features separate the patterns, b) their number is as small as possible. We will return to this question in the following section.

Some character recognition schemes try to reduce the error rate of recognition by making use of contextual information. This can be done by taking into account the probabilities of strings of characters. Shannon [16] has estimated that in English redundancy (contextual information) cuts the average information per character from about four bits per character (as computed from single character frequencies) to a little less than two bits. In order to achieve a small reduction in error rate a considerable computational effort is required. The number of character strings increases exponentially with their length.

Humans obviously do not resolve ambiguities in the identification of characters in context by reference to string probabilities. Instead, from the meaning of the sentence they can often guess the meaning of a word and from the meaning of a word they can reconstruct the characters of which it is composed. The present state of the art of Computer Science is such that semantic interpretation of ordinary texts is quite impossible. Only for very restricted situations has it been possible to construct "world models", that is models in which words and sentences of a natural or formal language may be interpreted. Abstract *model theory* is a flourishing branch of mathematical logic. *Dynamic modelling* is the main method of *biomathematics*. Perhaps these disciplines can lead the way towards a better *general theory of models*.

6. Theory of Feature Selection

When the features can be chosen they should be chosen such that they satisfy conditions a) and b). There are pattern recognition problems where this is impossible, for example when the objects are the well-formed formulas of an undecidable mathematical theory (such as first order predicate calculus) and the patterns are the theorems and the non-theorems of the theory. This is a consequence of Gödel's famous undecidability theorems.

We will now limit ourselves in the following to objects that can be represented by real-valued functions in a region R of the plane or in an interval I of the real axis. This class includes characters and speech sounds. Characters can be represented by subsets of R which in turn can be represented by their characteristic function, the function that is 1 on the set and 0 on its complement. Speech sounds may be represented by the electrical recording from a microphone which can be represented by a real valued function. We may assume that our functions are bounded and Lebesgue measurable.

Let $\langle , \rangle$ be a scalar product defined for a function space H on R or I. Let $\phi_\nu(t)$ be a system of orthogonal functions, complete for H. If $f \varepsilon H$, then

$$f(t) = \sum_{\nu=0}^{\infty} a_\nu \, \phi_\nu(t) \,,$$

where

$$a_\nu = \langle f, \phi_\nu \rangle \,.$$

The scalar products are *linear functionals* that are continuous with respect to norm convergence in H. It is easy to see that the coefficients a_ν are not translation, rotation or dilatation invariant unless f or ϕ_ν has these properties. Translation invariant functions are constant. Only one of the ϕ_ν can be a constant. Hence f must be constant when the a_ν are to be translation invariant, but constant f represents a trivial pattern. An analogous argument holds for dilatation invariance while rotation invariance implies that f or ϕ_ν is constant on concentric circles around the center of rotation. These arguments can be extended to general linear functionals (Bremermann [4]).

Consequently linear functionals and in particular coefficients of orthonormal developments do not satisfy condition b).

For character recognition the difficulties that arise from translations, rotations and dilatations can be eliminated by centering and normalizing the character first before applying the linear functionals. Centering can be done by computing the centroid of a character and by moving the character such that its centroid coincides with a fixed point. If $f(x, y)$ is the characteristic function of a character, then the coordinates of the centroid are

$$\bar{x} = \frac{\int_R x \, f(x, y) \, dxdy}{\int_R f(x, y) \, dxdy}$$

and

$$\bar{y} = \frac{\int_R y \, f(x, y) \, dxdy}{\int_R f(x, y) \, dxdy} \,.$$

This operation is clearly non-linear. In a similar way a character can be normalized in size and rotation by the use of higher moments. This operation is also non-linear.

Instead of moving the object to a centered position it is possible to move the recognition apparatus around "looking through a window" at R. This mode of operation requires for each position of translation all the data processing that is required for recognition. Hence this method is feasable only when recognition is very fast. In the following we will assume that the characters or sounds are normalized.

We estimated before that in order that the step from F to C can be accomplished by a table look-up (condition b) F should contain no more than 10^{12} points. The points in F are represented by numbers, usually by an n-tuple. Since

$\log_2 10^{12} \approx 40$ bits the n-tuples should represent no more than 40 bits of information.

The coefficients a_ν, as real numbers, contain infinitely many bits unless they are subject to uncertainties. This is usually the case. When the coefficients a_ν map the pattern such that a_ν is allowed to vary over an interval of length e_ν without disturbing separation, then a_ν contains $\log_2(\|f\|/e_\nu)$ bits of information. This is a consequence of the fact that $|a_\nu| = |\langle f, \phi_\nu \rangle| \leq \|f\|$.

For example, if a coefficient is worth one bit, then no more than 40 coefficients are allowed. If patterns map such that coefficients must be known accurately to three decimals ($\approx$ 10 bits) to maintain separation, then a maximum of only four coefficients can be allowed.

From these considerations it is clear that (trigonometric) Fourier spectra are not suitable as features for speech analysis. Too many coefficients with too high an accuracy are required. (For a more detailed analysis see Bremermann [4].) Fourier expansions of the form

$$f(x, y) = \sum\sum a_{\mu\nu}\, e^{i(\mu x + \nu y)}$$

are even less suitable for the representation of two-dimensional patterns such as characters. The number of coefficients that is required to represent the same accuracy of detail as in one dimension is the square of the corresponding number of coefficients in one dimension. The same is true for orthonormal systems that are direct products of orthonormal systems of functions of one variable. In connection with the solution of Hilbert's 13th problem Kolmogorov [12] and Vitushkin [19] have developed a profound analysis of the information requirements (ε-entropy, also called metric entropy) of representations of functions up to a certain accuracy. Even without going into this theory it is intuitively clear that *for character (handwritten) and speech recognition no system of orthonormal functions exists that can separate the pattern within the 40-bit limitation for the coefficients.* The same remark applies to Taylor expansions, the only difference is that the developing functions are not normalized and in general not orthogonal.

Since linear functionals are insufficient we must turn to non-linear functionals. This world, however, is largely uncharted and an apparent chaos.

7. The Cybernetic (Closed Loop) Method of Pattern Recognition

The methods of pattern recognition that we have discussed so far are open loop methods. They can be characterized by the following diagram (Fig. 4).

In the *cybernetic method* the first step is the same, except that the decision becomes a *conjecture* which subsequently must be *verified. The conjecture is verified by deforming a prototype of the conjectured character until it coincides with the object.* This method can be characterized as follows (Fig. 5).

It is a closed loop method. If the conjecture cannot be verified then an alternate conjecture is called for which then becomes subject to verification.

Of importance is the choice of the function that measures the degree of deformation of a prototype. Normalized to zero when the character is identical with the prototype it should have small values for *permissible deformations,* that is as long as the deformed prototype remains in the same pattern. It should have large values when the deformation is such that it leads outside of the same pattern and in particular when it leads into another pattern.

Mr. Richard Hodges, Berkeley, in a thesis in progress is implementing this method. He has found that deformation functions satisfying the above conditions can easily be defined. The prototypes are composed of line segments and arc segments. The coordinates of the linkage points are the parameters that define deformations. The degree of deformation is computed analogously to the energy of elastic deformations (Fig. 6).

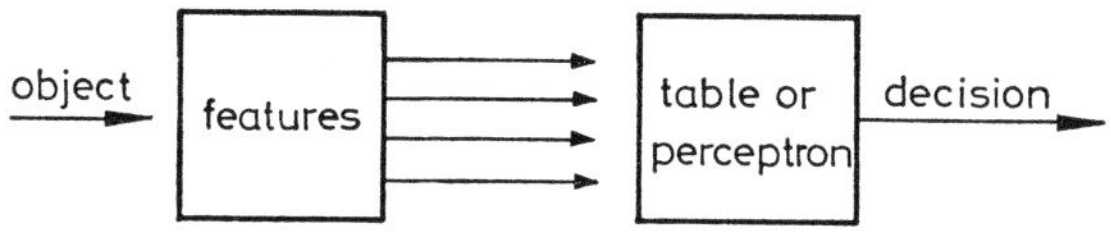

Fig. 4. For explanation see text

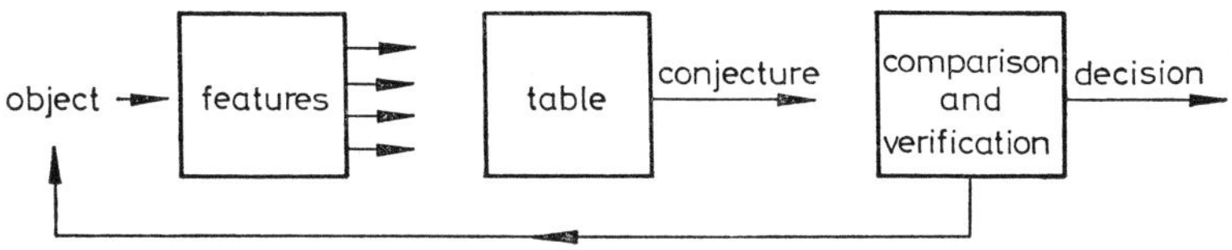

Fig. 5. For explanation see text

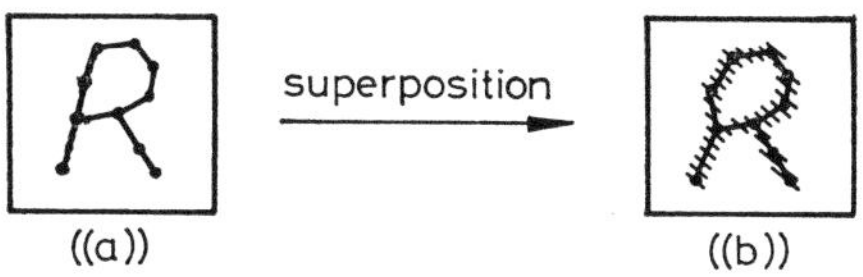

Fig. 6. For explanation see text

Through the matching process the methods become translation and rotation invariant. Dilatation invariance can easily be achieved by permitting lengthening or contraction of the segments without penalty.

Generation of deformed prototypes, however, is only the first step. It is necessary to match the deformed prototypes with the object. To a human observer matching is easy, for a computer it is not. By defining a distance function between object and prototype the matching function can be converted into an optimization problem. Optimization is a fundamental mathematical problem with countless applications to numerical problems, operations research, optimal control, reactor design, etc. Inspite of a rich literature there is a scarcity of really useful numerical optimization algorithms. The matching problem has local minima and steepest descent and other gradient methods do not work. We have developed our own optimization algorithms (Bremermann [5, 6]) which can overcome local minima.

In view of the importance of the matching problem Mr. Hodges has implemented a visual display that shows both the object and the deformed prototype on a display screen. By means of a lightpen an observer can manipulate the prototype and match it to the object as best as he can. The machine can be instructed to display its own matching process and the value of the distance function between object and prototype as well as the value of the prototype distortion. In this way a game can be played between man and machine who can match best. The purpose of the game is to compare different optimization algorithms in their effectiveness and to discover any problems that may arise. This work is in progress.

In case of ambiguity the cybernetic method will attempt to match several prototypes to the object. As its final decision it selects the one that gives a best match with minimum distortion. Instead of giving a single decision it can also give an ordered list of guesses together with their deformation and matching values. If context information is used at a higher level the multiple choices are then reduced to a single choice taking into consideration contextual constraints.

While our matching algorithms do their job they are occasionally time consuming. In the next phase of our work we plan to investigate whether it is possible to identify *character parts* by matching techniques. Most Latin characters can easily be decomposed into more elementary parts. For example: $A = / + \backslash + -$. $R = / + {}^{\supset} + {}_{\backslash}$, etc. Part matching should have fewer local minima and should therefore be faster. After recognizing the parts a *scene analysis* is then called for. There have been many recent publications on *picture grammars*. A picture grammar, however is useless if the elements of a composite scene cannot be identified. Our method of part identification will have many applications beyond characters, for example to the problems discussed by Guzman [10].

8. Fuzzy Sets

The transformations of prototypes do not form a *group*. A transformation group, when acting on a set always gives elements of the set. Deformations of a prototype, however, when applied repeatedly, generate objects that are more and more marginal cases. The elements of a pattern are not all equal. They have varying degrees of similarity to the prototype. In a set all elements are equal. Either they belong to the set or they do not. Therefore the notion of set is not a good mathemathical description of patterns.

The notion of "fuzzy set" introduced by L. Zadeh [23] and generalized by J. Goguen [8, 9], is more suitable. An ordinary set may be described by a *characteristic function* which only assumes the values 0 and 1 depending on whether a point belongs to the set or not. In contrast a fuzzy set is described by a characteristic function with real values between 0 and 1 (inclusively). Zadeh [23] and Goguen [8, 9], have pointed out the importance of fuzzy sets for applications. However few actual operational applications have been made to date.

The deformed prototypes that are generated in Hodges' work form a fuzzy set. If d is the deformation function taking the value zero on the non-deformed prototype, then $1 - \frac{d}{\max d}$ describes a fuzzy set (provided that $\max d$ is finite. This is the case in Hodges' work).

Fuzzy sets have occasionally been critizised as unnecessary on the grounds that the characteristic function could be or should be interpreted as a probability density. Our method shows that the critiques are wrong. It would be quite unreasonable to interprete deformations as probabilities. It might be interesting to develop a *theory of groups acting on fuzzy sets*. Such a theory could accomodate deformations of a prototype as described above.

9. A Remark on Methodology

In a discussion of his general theory of morphogenesis R. Thom [18] writes: "When the mathematician Hermite wrote to Stieltjes 'The numbers seem to me to exist outside ourselves and impose themselves on us with the same necessity, the same inevitableness as sodium and potassium' he did not go far enough to my taste. If sodium and potassium exist it is because there exists a corresponding formal structure which assures the stability of the atoms Na and K; one can explain this formal structure in terms of quantum mechanics for a simple entity, such as the molecule of hydrogen; it is much less well known in the case of the atoms of Na and K, but there is no reason to doubt its existence. I believe, similarly, that in biology there exist formal structures, in fact geometric entities which prescribe the only forms which a dynamic system of auto-reproduction can present in a given environment."

I believe that analogously formal structures exist that govern pattern recognition problems. This is a consequence of the fact that the problems are expressible in mathematical terms. While therefore a formal structure governing pattern recognition exists the same as the set of all theorems of a complete mathematical theory exists, the existence does not imply knowledge of the structure or knowability of the structure.

The exploration of formal structures requires data processing. Data processing involves physical processes that are subject to limitations in accuracy because of Heisenberg's uncertainty principle. Bremermann has shown [3]: A data processing system of mass m, however constructed cannot process more than $m\,c^2/\mathrm{h}$ bits/sec. Here c is the light velocity and h is Planck's constant. c^2/h has the value $1.35 \times 10^{47}\ \mathrm{gm}^{-1}\ \mathrm{sec}^{-1}$.

Consequently pattern recognition problems can be solved neither by unlimited brute force data processing nor can the theory of pattern recognition algorithms be explored in this way. What remains is the creative imagination of researchers and the examples of nature that demonstrate what is possible.

Unfortunately the creative imagination of researchers is not always what it should be. Many papers in pattern recognition are a ritualized waste of time. Often the papers are no more than an exercise in methods that have become respectable or fashionable. Among these methods are the theory of lineary separability, decision theory, spectral analysis. While "mount Bayes is overpopulated" (as a recent SIGART newsletter said) the hard, unsolved problems often receive little attention. This is regrettable, on the other hand it should be a welcome challenge to young researchers.

As other articles in this conference have shown feature extraction plays a role in the visual cortex. While the detailed organization of the brain may appear hopelessly complex, there exist combinatorial constraints that limit the brain's complexity. The organizing information for the brain is encoded in the genome. The limited size of the genome limits the complexity of the brain (Bremermann [24]).

Zusammenfassung

t sec eines Sprachübertragungskanals entsprechen bis zu $2^{t \cdot 30\,000}$ unterscheidbare Konfigurationen. Ein (grobes) 20×20-Bildraster hat 2^{400} mögliche Schwarz-weiß-Konfigurationen — mehr als Protonen im Universum. Sprach- und Zeichenerkennen ist daher (aus kombinatorischen Gründen) durch ausschöpfende Such- und Vergleichsmethoden nicht lösbar. Fast alle Verfahren versuchen, durch Messungen von Eigenschaften (features) das Problem kombinatorisch zu reduzieren. Eine Theorie geeigneter „features" existiert nicht. Es läßt sich im Negativen zeigen, daß lineare Funktionale ungeeignet sind und daß Perceptrons sehr beschränkte Fähigkeiten haben. Statistische Entscheidungstheorie ist nicht in der Lage, die durch ungeschickte Wahl der „features" verursachte Konfusion rückgängig zu machen. Eine Optimierung der „features" durch einen Evolutions- oder ähnlichen Optimierungsprozeß konvergiert nicht in verfügbaren Zeiträumen. Die Lösung einiger Erkennungsprobleme liegt möglicherweise in synthetisch-kybernetischen Verfahren, die eine aktive Wechselwirkung zwischen Erkennungsobjekt und Erkennungsalgorithmus sowie deformierbare Prototypen enthalten. In Berkeley versuchen wir mit solchen Methoden, Probleme der Erkennung handgeschriebener Zeichen zu lösen.

References

1. Bellmann, R., Kalaba, R., Zadeh, L. A.: Abstraction and pattern classification. J. Math. Anal. Appl. **13**, 1—7 (1966).
2. Bialasiewicz, J.: On sufficiency, ε-sufficiency and data reduction algorithms Techn. Report No. 42. Corvallis, Oregon: Dept. Math., Oregon State University 1968.
3. Bremermann, H. J.: Optimization through evolution and recombination. In: Yovits, M. C., Jacobi, G. T., Goldstein, G. D. (Eds.): Self-organizing systems 1962. Washington: Spartan Books 1962.
   — Quantum noise and information. Proceedings of the Fifth Berkeley symposium on Mathematical Statistics and Probability. vol. 4, pp. 15—20. Berkeley: Univ. Calif. Press 1968.
4. — Pattern recognition, functionals, and entropy. IEEE Transactions Bio-Medical Engineering, vol. BME-15, pp. 201—207 (1968).
5. — A method of unconstrained global optimization. To appear in Math. Biosciences 1970 or 1971.
6. — A higher order method of global optimization. Paper in preparation.
7. Cover, T. M.: Geometrical and statistical properties of linear threshold devices. Stanford Electronics Laboratories Technical Report 6107-1, May 1964.
8. Goguen, J. A.: L-fuzzy sets. J. Math. Anal. Appl. **18** (1), 145—174 (1967)
9. — Categories of fuzzy sets: Applications of non-Cantorian set theory, Ph. D. dissertation, Univ. California, Berkeley, May 1968.
10. Guzman, A.: Decomposition of a visual scene into bodies. Proceedings Fall Joint Computer Conference, 1968. Also Ph. D. thesis, Project Mac, Massachusetts Institute of Technology, 1969.
11. Hebb, D. O.: The organization of behavior. New York: Wiley 1949.
12. Kolmogoroff, A. N., Tichomirow, W. M.: Arbeiten zur Informationstheorie, vol. III. Berlin: VEB Deutscher Verlag der Wissenschaften 1960.
13. Minsky, M., Papert, S.: Perceptrons. Cambridge: MIT Press 1969.
14. Nilsson, N. J.: Learning machines. New York: McGraw Hill 1965.
15. Rosenblatt, F.: Principles of neurodynamics. New York: Spartan Books 1962.
16. Shannon, C. E.: Prediction and entropy of printed English. Bell System Tech. J. **30**, 50—64 (1951).

17. Steinbuch, K., Piske, V. A. W.: Learning matrices and their applications. Trans. IEEE on Electr. Computers, vol. EC-12, pp. 846—862 (1963).
18. Thom, R.: Comments by René Thom, pp. 32—41, and: Une théorie dynamique de la morphogénèse, pp. 152—166, and: Correspondence between Waddington and Thom, pp. 166—179. In: Waddington, C. H. (Ed.): Towards a theoretical biology. 1. Prolegomena and IUBS symposium, Aldine Publ. Co., Chicago 1968.
19. Thom, R.: Topological models in biology. Topology 8, 313—335 (1969).
20. Vitushkin: Theory of the transmission and processing of information. New York: Pergamon 1961.
21. Watanabe, M.: Knowing and guessing. New York: Wiley 1969.
22. Widrow, B.: Generalizations and information storage in networks of adaline "neurons". In: Self-organizing systems 1962, p. 442 (Yovits, Jacobi and Goldstein, Eds.). Washington D. C.: Spartan Books 1962.
23. Zadeh, L. A.: Fuzzy sets, Information and control 8, 338—353 (1965).
24. Bremermann, H. J.: Limits of genetic control. IEEE Transactions Milit. Electronis, 1963.

Zeichenerkennung in biologischen und technischen Systemen

Pattern Recognition in Biological and Technical Systems

Visuelle Zeichenerkennung
Visual Pattern Recognition

Visual Pattern Recognition in Animals

R. Jander, Frankfurt a. M.

With 3 Figures

Some two thousand million years ago living organisms initiated the invention of means for detecting optical signals to be reacted to by purposeful actions. This decisive evolutionary step already took place at the primitive organizational level of the bacteria, as may be inferred from present life. In collecting light energy with pigments, some of these micro-organisms swim about, "looking" for properly illuminated places. *Rhodospirillum*, for instance, driven on its spiral course by rotary flagellar action on both of its terminal poles, may suddenly cross the boundary into a shadow. At this instant the sensitive basal area of the leading flagella is suddenly darkened. This particular optical signal sets the switch for reversing the flagellar propulsion, and from then on the opposite pole is leading (Fig. 1). This, the most primitive photosensory system known, is selective as well as adaptive in only responding to the fast decline from average light intensity or to the sudden rise towards damaging intensities. *Chromatium's* manoeuvre to avoid darkness is still less efficient than that of *Rhodospirillum*. This unipolar micro-organism first jumps backward after passing into a shaded area, then it remains immobile for a short period, while Brownian movement and micro-eddies push it about randomly. When it resumes swimming, it may be fortunate enough to remain in the illuminated area whence it came, otherwise the whole procedure has to be repeated after another penetration into the dark area (Fig. 1) (references: Clayton, 1964).

So much for the very beginning of one of the most fascinating evolutionary processes in the long history of life, at the end of which we have to place the most sophisticated system for analysing complex information, the visual systems of higher animals and man. In man this system works so perfectly that, up till now, much of the scientific effort has been concentrated on the discovery of its failures, the optical illusions, rather than on the deeper understanding of its still predominately obscure functioning. Yet, we are now at the turning-point, thanks to new practical techniques and an ever-growing wealth of new cybernetic ideas. In our attempt at understanding visual perception by man, it will certainly be of great help to learn more about the successive evolutionary steps which have led to its perfection. All these steps can be traced and studied in the many different species of the animal kingdom.

You will notice, on a superficial comparison of the morphology of the most primitive and the more evolved visual systems, that imaging optical systems have been evolved; that the number of light-sensitive elements, the receptor cells, at the level of these images has been gradually increased to many millions; and that the number of nerve cells or neurons receiving and processing the signals from these photoreceptors has grown even more during this process. Thus, an immense amount of visual input information can be processed, yet, astonishingly, the amount of the output information relayed from the complex sensory system to the motor system in control of any particular action has scarcely increased beyond that

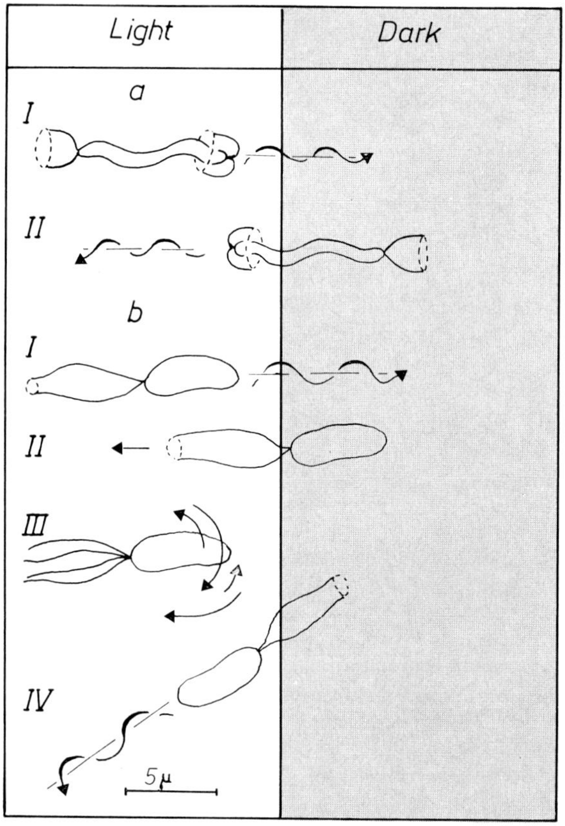

Fig. 1. Swimming responses of *Rhodospirillum* (a) and *Chromatium* (b) after penetrating the dark area from left to right.

found in the most primitive light responses of the bacteria. In higher animals frequently just a switch may be set: the visual stimulus pattern may release an action, or it may not. In many other instances the motor pattern may be visually controlled within just one dimension, say, intensity. True, the number of possible different action patterns under visual control is also increased, so that a whole "switchboard" has to be interposed between the sensory and the motor level.

These fundamental facts have to be accounted for when the functions of visual systems are being studied behaviourally as outlined in the following. Since the bottleneck of the "switchboard" admits so little transinformation, which may additionally be blurred by noise, one invariably has to record quite a large number of visual responses in order to get enough data for inferences about any aspect of the complex interactions in the afferent system. This, however, is not the worst. If there are only, say, 20 independent receptor cells facing in different directions and able to discriminate only between light and dark, then there are 2^{20} or about 1,000,000 different patterns to be discriminated at the level of the retina. To which one of these patterns does the whole system react? Exhaustive testing is really no solution in view of the hundreds of sensory units in even a comparatively simple insect eye. And even if you happen to select an appropriate pattern, your animal may momentarily not be in the mood to react to it.

Biologists know some ways out of this difficulty of finding, among millions of possible patterns, those which bring about some behavioural response. One can score, for instance, how such unspecialized, "open-minded", inquisitive, and mainly visually oriented higher vertebrates as crows or monkeys classify any group of patterns as between "good" ones which they are interested in, as shown by their approach, and "bad" ones which they tend to ignore. Similar experiments can be done with human beings after suitable instruction. In both cases it turns out that probably the most general parameter in classifying patterns is the relative information content or relative redundancy. The good, or redundant, patterns are those in which structural attributes are somehow repeated, as in cases of bilateral and radial symmetry. Unfortunately, very little work has been done on the solution of this highly important question (references: Tigges, 1963; Garner, 1970).

Within the category of redundant patterns there is still an uncountable number of different types, especially so when half-tones and colour are added to black and white. One way of solving this problem which is usually successful is to watch your animal in its natural habitat to learn what visual objects it may react to: you then put these to the test. Thus, you may discover that flying insects in search of shelter are responding to black circular spots. The house-cricket, in flight, will move towards black horizontal bars near the ground, signalling a crevice suitable for hiding. Honey bees in search of flowers prefer radial patterns of black dashes rather than similar orthogonal or parallel arrangements. A caterpillar that fell to the ground from its tree crawls straight towards black vertical bars and climbs up them. Water insects, when flying, react to glittering surfaces underneath them by diving down, etc. (references: v. Frisch, 1965; Carthy, 1958; Jander, 1964).

With most vertebrates, some insects and molluscs (especially Octopus) training procedures with reward and punishment may prove useful in solving some problems of pattern recognition. We have thus learned that at least some of the human capacities for responding to different low-order invariants of visual patterns are also found in most vertebrates, and even in some invertebrates. These include: 1. Size constancy independent of distance. 2. Recognizing certain shapes, like triangle, square or cross, as solid figures as well as outline figures. 3. Recognizing shapes regardless of whether they are exposed as black against a white background or white against a black background. 4. Widespread, too, is some brightness invariance in recognizing shapes. 5. Vertebrates usually have difficulty in recognizing, or are unable to recognize rotated shapes, as is the case with man when exposed to more complicated configurations, unless specifically trained for this task (Sutherland, 1968).

High-order invariants (concept formation) in vision have so far been found only in mammals and birds. Koehler (1943) succeeded in training a raven to discriminate between patterns exclusively in terms of the number of elements present (up to 7). Pigeons readily learn to discriminate between photographs with or without human figures (Hernstein and Loveland, 1970) and monkeys can be trained to pick out the odd shape from three shapes presented, two of which are the same (Harlow, 1958).

It is now generally agreed that all visual systems of living organisms are hierarchically organized. The higher we go up the afferent visual pathway, the less the amount of information we find, and the higher the order of invariants. In trying to understand such systems, we should start at the lowest level where the elementary criteria for pattern recognition are extracted from the total input. The neurosensory mechanisms responding to such elementary attributes of shapes and patterns may be referred to as "detectors". Insects are particularly suitable for use in the search for such elementary detector functions because they have less hierarchically organized levels in their visual system than mammals and birds. Nevertheless, the complexity of insect visual systems should not be underestimated. It is surprising to learn that the honey bee has about 1,000,000 information processing nerve cells in the optic ganglia behind one eye (Witthöft, 1967). To find elementary criteria of form in the visual perception of insects is the aim of our research group at Frankfurt. These are some results so far:

First we are able to discriminate between elementary detector mechanisms which respond either to areas or to boundaries. Within the first category there are three different types: two respond to bright or dark areas respectively, as shown, for instance, by wood ants in their distinct tendency to move towards the center of large white or black areas (Voss, 1967). Ants and wasps readily learn to discriminate between areas having more or less or no small white-black patterns (texture), irrespective of the type of pattern, which may be parallel vertical or horizontal stripes, checkerboard, dots etc. Quite similar performances are known from octopus, goldfish and rats, which discriminate between different shapes along the dimension open-closed (Sutherland, 1963; Voss, 1967; Jander *et al.*, 1970).

Straight boundaries or edges are classified by insects along two dimensions, their direction in space and whether they are smooth or in any way disrupted. Wood ants, for instance, exhibit a great preference for smooth vertical boundaries, irrespective of whether the dark flank is right or left (Voss, 1967).

Several different detectors of this kind may be combined so as to respond specifically to some pattern of higher order. This may be demonstrated with the flightless walking stick insect *(Carausius morosus)* which lives on shrubs and tends to return to these when put on the ground. Down there it is attracted by dark areas, especially those near the ground. Next, smooth vertical boundaries ("stems") are attractive, also disrupted boundaries at an angular deflection of 30° symmetrically upwards to right and left ("branches") (Fig. 2). Any angular change in this pattern or exchange between smooth and disrupted edges greatly reduces its attractiveness. Stick insects approach such patterns and finally climb up them along the dark area beside a vertical edge (Jander and Heinrichs, 1970).

It must now be mentioned that all these types of area and boundary detectors may have either an excitatory or an inhibitory influence on the reaction they govern. There are characteristic spatial relationships between the excitatory and inhibitory receptive fields within any one class of detectors. So far four types of lateral inhibition can be distinguished, three of them concerned with areas (Fig. 3).

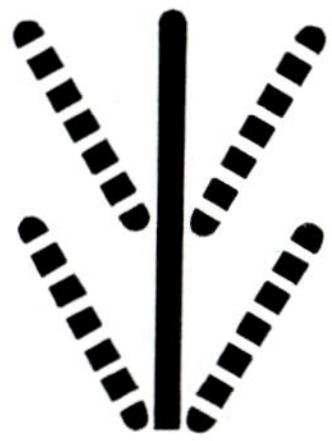

Fig. 2. Optimal pattern to attract the stick insect *Carausius morosus*

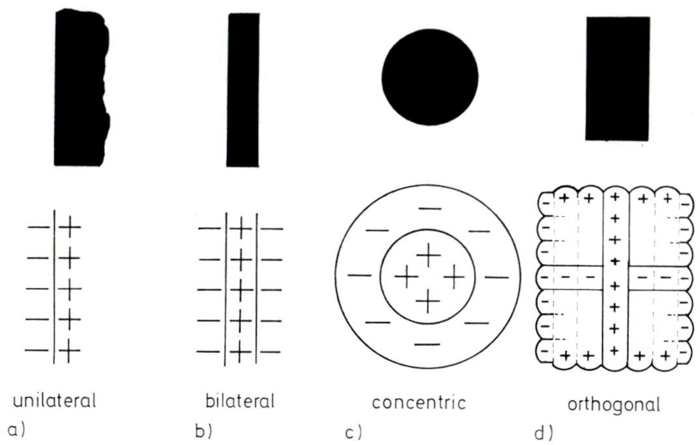

Fig. 3a—d. Four types of lateral inhibition. In a—c the spatial arrangement of extended excitatory (+) and inhibitory (–) receptive visual fields is shown. At the top are three optimally stimulating shapes in cases where the receptive fields underneath respond to "black". The diagram in d demonstrates how in some areas vertical edges excite (+) and horizontal edges inhibit (–). Stimulating this system with an upright rectangle, as seen above, results in some surplus excitation

The unilateral and the bilateral type of lateral inhibition are characterized by a longitudinal excitatory receptive field with one or two adjoining inhibitory fields (Fig. 3a and b). These two types are not yet well established for insect behaviour, but are well known for the vertebrate visual system from the work of Hubel and Wiesel. The commonest type of lateral inhibition is concentric (Fig. 3c). It has frequently been demonstrated in the behaviour of insects through their preferential responses to circular black or white spots of some optimal size.

Finally, we have the orthogonal inhibition which has lately been discovered in the stick insect *(Carausius morosus)*. As already mentioned, vertical smooth edges stimulate this insect's approach to some dark pattern; smooth horizontal edges, however, inhibit it (Fig. 3d). The same angular relationship between excitation and inhibition also holds for the specific perception of disrupted boundaries. Thus, by virtue of orthogonal inhibition, stick insects are able to detect whether, in a given pattern, vertical smooth edges and/or disrupted 30° slanted edges (as in Fig. 2) are more frequent than the corresponding boundaries at right angles to them.

References

Carthy, J. D.: An introduction to the behaviour of invertebrates. London: Allen and Unwin 1958.

Clayton, R. K.: Phototaxis in microorganisms. In: Giese (Ed.): Photophysiology. II. New York: Acad. Press 1964.

Frisch, K. v.: Tanzsprache und Orientierung der Bienen. Berlin-Göttingen-Heidelberg-New York: Springer 1965.

Garner, W. R.: Good patterns have few alternatives. Sci. Amer. **58**, 34—42 (1970).

Harlow, H. F.: The evolution of learning. In: Roe, Simpson (Eds.): Behavior and evolution, p. 269—290. New Haven: Yale Univ. Press 1958.

Herrnstein, R. J., Loveland, D. H.: Complex visual concept in the pigeon. Science **146**, 549—551 (1964).

Jander, R.: Die Detektortheorie optischer Auslösemechanismen. Z. Tierpsychol. **21**, 302—307 (1964).

— Fabritius, M., Fabritius, M.: Die Bedeutung von Gliederung und Kantenrichtung für die visuelle Formunterscheidung der Wespe *Dolichovespula saxonica* am Flugloch. Z. Tierpsychol. **27**, 881—893 (1970).

— Heinrichs, I.: Das strauch-spezifische visuelle Perceptor-System der Stabheuschrecke *(Carausius morosus)*. Z. vergl. Physiol. **70**, 425—447 (1970).

Koehler, O.: „Zähl"-Versuche an einem Kolkraben und Vergleichsversuche an Menschen. Z. Tierpsychol. **5**, 575—712 (1943).

Sutherland, N. S.: Shape discrimination and receptive fields. Nature (Lond.) **197**, 118—122 (1963).

— Outlines of a theory of visual pattern recognition in animals and man. Proc. roy. Soc. B **171**, 297—317 (1968).

Tigges, M.: Muster- und Farbbevorzugung bei Fischen und Vögeln. Z. Tierpsychol. **20**, 129—142 (1963).

Voss, Chr.: Über das Formensehen der roten Waldameise (*Formica rufa*-Gruppe). Z. vgl. Physiol. **55**, 225—254 (1967).

Witthöft, W.: Absolute Anzahl und Verteilung der Zellen im Hirn der Honigbiene. Z. Morph. Tiere **61**, 160—184 (1967).

Visual Detection and Fixation of Objects by Fixed Flying Flies*

W. Reichardt, Tübingen (Germany)

With 4 Figures

Investigations of the behavior of flies *(Musca)* were recently undertaken by Reichardt and Wenking (1969) with the aim of studying and analysing the processes of detection and fixation of elementary visual objects. For this purpose a servo-system was developed which enables a test-fly to operate under "closed-loop" conditions: that is to say, a fly by its flight-torque-response controls the angular velocity of its own surround.

The principal components of the mechano-electronical device are given in Fig. 1. The device consists of a) a torque compensator with linear response characteristics and a cut-off frequency near to 1 kHz, b) a servo-motor whose driving shaft carries a patterned ground glass cylinder and a ring potentiometer which signals the angular position of the patterned cylinder, c) an electronic device which controls the motor speed and direction by the torque signal of a fixed flying test-fly suspended from the torque compensator within the center of the patterned cylinder. The cut-off frequency of the control device is limited to 50 Hz in the experiments described.

If an object (a single black, vertically oriented, stripe) is mounted on the inner surface of the cylinder, no significant indication of any reaction of the fly to the object, irrespective of its angular position, is found in the torque response under open loop condition. If, however, the servo-system driving the cylinder is coupled to the fly's torque response (closed loop condition), the object is moved into the direction of flight where it reaches a stable fixation position.

In Fig. 2 a typical experimental result is presented, giving the probability of object positioning versus the angular position of the object (black stripe of 6° angular width) during the phase of object fixation for different coupling-in conditions. These conditions are expressed by the values of the parameter KF. For a KF = 2/10, a stationary torque signal of 1 dyne · cm drives the patterned cylinder with an angular velocity of 12.24°/sec. Stable fixations are observed for KF values up to 6/50. Higher KF values lead to overcoupling which results in a broadening of the fixation distributions.

In another sequence of experiments, presented in Fig. 3, the angular width of the black stripe was varied from 10° to 360°, the KF value kept at 3/50 throughout the experiment. Up to about 40° stripe width the flies fixate the center of the stripe, whereas between 60° and 320° they prefer to fixate a portion of the stripe

* Lecture was presented at the Congress under the more general title „Quantitative Methoden zur Messung von Gestaltwahrnehmung und Formunterscheidung bei Insekten".

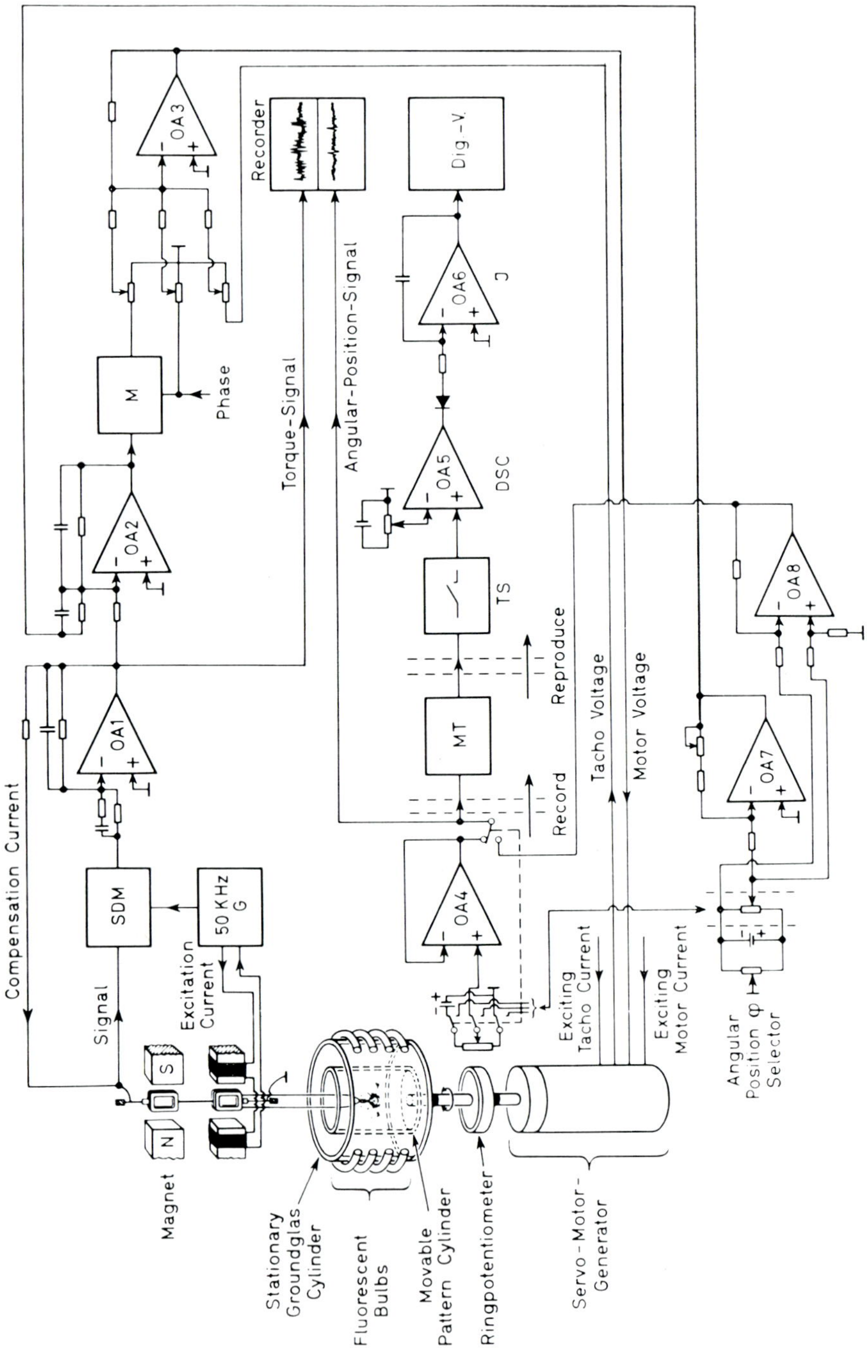

Fig. 1. (Legend see page 57)

near the edges, a result which has been established independently by Wehner, Gartenmann and Jungi (1968). The effect of biased edge fixation is also found with a stripe of 180° angular width, suggesting that the effect is not produced by the non-fixated edge. When a 350° black stripe is presented, the fly is confronted

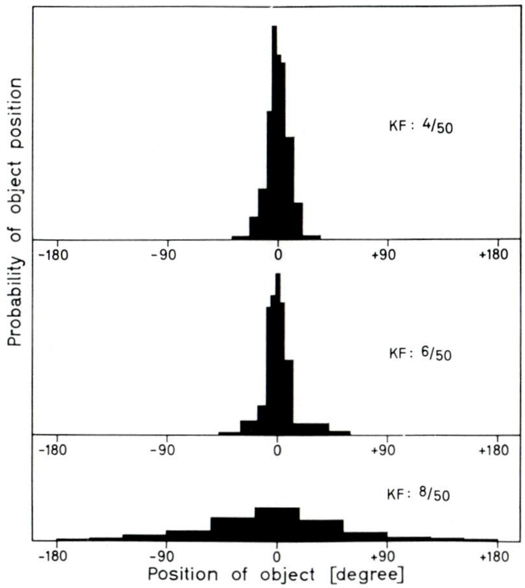

Fig. 2. Experimental results obtained from the instrument described in figure legend 1, in mode (1) operation. The object consists of a single black, vertically oriented stripe of 6° width. The figure gives the probability of object positioning versus the angular position of the object during the phase of object fixation for different coupling-in conditions expressed by the parameter KF. Direction of flight: 0 degree position

with the reversed contrast condition with respect to the 10° stripe experiment. That is to say, a black on white pattern is replaced by a white on black pattern, both with 10° angular width. Whereas the black on white pattern is clearly fixated, the white on black pattern is essentially not, which follows from the nearly flat probability distribution in Fig. 3.

Fig. 1. Mechano-electronical device for the quantitative study of visual detection, fixation and discrimination of objects. The device can be used in two different modes of operation: Free running mode. A constant torque signal generates a constant angular *velocity* of the patterned cylinder. The direction of rotation is determined by the sign of the torque. Stabilized mode. The pattern center is elastically stabilized at a selected angular position. In this mode, a constant torque signal generates a constant angular *displacement* of the patterned cylinder. The direction of the displacement is determined by the direction of the torque. Components: *SDM* Signal-Demodulator. *G* Generator. *OA1—OA8* Operational Amplifiers. *M* Signal-Multiplier. *MT* Magnetic-Tape-Recorder. *TS* Time-Switch. *DSC* Discriminator. *I* Integrator. *Dig.-V.* Digital-Voltmeter

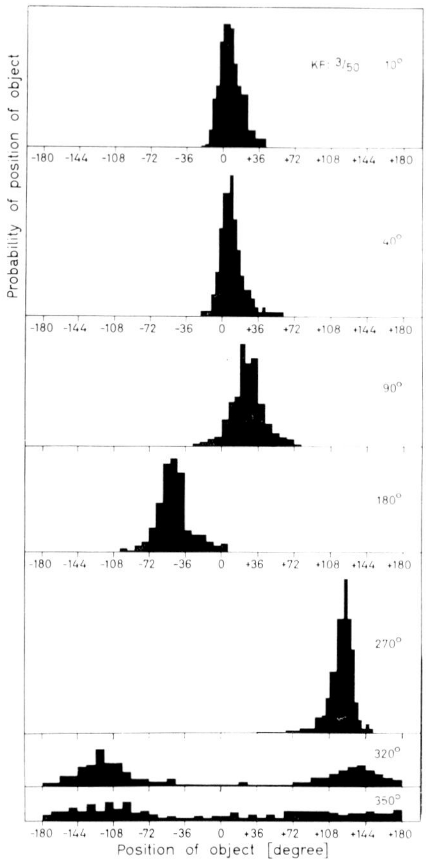

Fig. 3

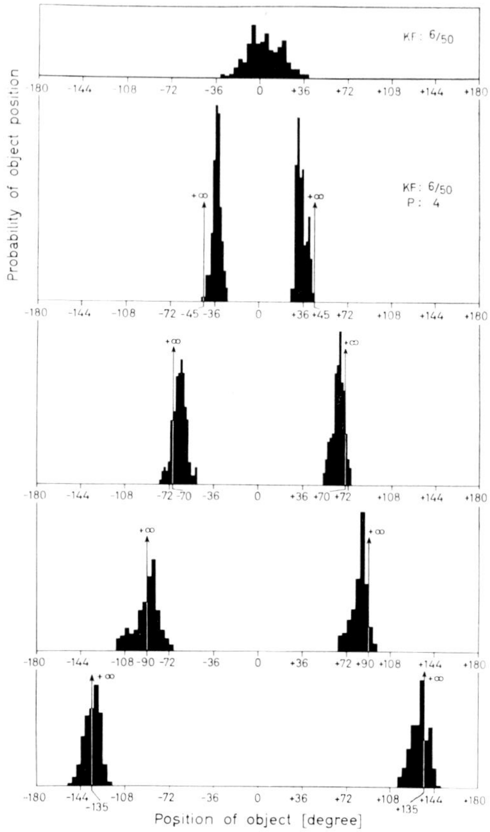

Fig. 4

Fig. 3. Experimental results obtained under mode (1) operation. The object consists of a single black, vertically oriented stripe of different angular widths (10, 40, 90, 180, 270, 320 and 350 degrees). Coupling-in condition is kept constant and amounts to KF = 3/30 throughout the experiments. Direction of flight: 0 degree position. The figure contains the probability of object positioning versus the angular position of the object during the phase of object fixation

Fig. 4. Experimental results obtained under mode (1) and mode (2) operations. The object consists of a single black vertically oriented, stripe of 6° angular width. The coupling-in condition amounts throughout the experiments to KF = 6/50. The probability of object positioning is plotted versus the angular position of the object during the phase of object fixation. The upper distribution was recorded in mode (1) operation. The other distributions were recorded in mode (2) operation. Under this condition the object was elastically stabilized at the angular positions: ± 45, ± 70, ± 90 and ± 135 degrees

The experimental findings suggest that the resulting movement of the object, during the phase of object transfer into the fixation position, results from an asymmetry in the strength of the fly's torque response to progressive and regressive motion of the object relative to the fly's compound eyes. This hypothesis was tested and confirmed with the aid of an additional feedback loop inserted into the control device (see Fig. 1) by means of which the object is elastically stabilized at selected angular positions. If under these conditions the torque response of the test fly is coupled to the cylinder control device (closed-loop condition), the fly generates a probability distribution of object positioning, the maximum of which is displaced to an angular position located between the direction of flight and the stabilized open loop position. Fig. 4 contains measurements with a black stripe of 6° width, taken under stabilized closed loop conditions. The object was stabilized at $\pm 45°$, $\pm 70°$, $\pm 90°$ and $\pm 135°$ positions with respect to the angular position 0° (direction of flight). Throughout the experiments the coupling-in condition was set to KF $= 6/50$ and the constant of elasticity to p $= 4$; under these conditions the object displacement amounts to 15°/1 dyne · cm torque response. From results presented in Fig. 4, it follows that the distributions generated by the test fly are shifted towards the direction of flight. The shift is most pronounced in the frontal parts of the two compound eyes and decreases with increasing angular position of stabilization. The angular displacement reflects the asymmetry of the torque response to progressive and regressive object motion and indicates, for every position, the resulting average response exerted by the test-fly which is responsible for the observed phenomenon of object transfer into the direction of flight. The upper distribution plotted in Fig. 4 represents a control experiment of the same test-fly under normal (mode 1, non-stabilized) fixation conditions.

The method described is presently applied, in both modes of operation, to the analysis of pattern discrimination and perception by insects.

Zusammenfassung

Es wird ein mechanisch-elektronisches Verfahren beschrieben, mit dem in letzter Zeit die visuelle Fixierung von Objekten studiert wurde. Die Untersuchungen wurden an Stubenfliegen (Dipteren) durchgeführt. Das Verfahren besteht darin, daß eine an einem schnellen Drehmomenten-Kompensator fixierte Testfliege die Relativbewegung ihrer optischen Umwelt gegenüber ihren Komplexaugen selbst kontrolliert. Die Methode eignet sich zur quantitativen Messung von Formunterscheidungsmerkmalen und liefert möglicherweise Meßdaten, auf Grund derer eine Analyse der Gestaltwahrnehmung durchführbar ist.

References

Reichardt, W., Wenking, H.: Optical detection and fixation of objects by fixed flying flies. Naturwissenschaften **56**, 424 (1969).

Wehner, R., Gartenmann, G., Jungi, T.: Contrast perception in the eye colour mutants of drosophila melanogaster and drosophila subobscura. J. Insect Physiol. **15**, 815 (1969).

Neurophysiological Basis of Pattern Recognition in the Cat's Visual System*

U. Th. Eysel and O.-J. Grüsser, Berlin and Miami, Florida

With 11 Figures

1. Introduction

Cats are able to discriminate between simple patterns such as dots, circles, bars, triangles etc. Even if the optic nerves are destroyed up to 98% on both sides, cats can be trained to discriminate, for example, the symbol 9 from the symbol 6 with the remaining 2% of optic nerve fibers (Norton, Galambos and Frommer, 1967). The difference thresholds for luminance discrimination are nearly as low in cats as in men, and the same is true of the thresholds for simultaneous contrast (Snigula and Grüsser, 1968). The simultaneous contrast enhancement of light dark borders is one of the essential initial operations for pattern discrimination in the visual system.

From these and other behavioral results one can assume that cats are particularly suitable for investigating the neurophysiological basis of simple visual pattern discrimination. We are restricting our reports to the data obtained with *monocular* stimulation, because the animals can perform simple pattern recognition quite well with only one eye. Binocular interaction in the central visual system will be discussed in the review given at this congress by Freund and Wist (p. 288).

Fig. 1 shows schematically the different parts of the retina and the central visual system, whose function has to be considered if one investigates the neurophysiological basis of pattern recognition.

2. Signal Processing in the Retina

A patterned stimulus can be discriminated from a homogeneously illuminated background by the fact that the light flux of the pattern is higher or lower per unit of space than that of the background. An optical image of the stimulus pattern is generated at the retinal surface and the spatial transfer function of the optical system of the eye (cornea, pupil, lense, vitreous body, retinal tissue) has to be considered for the description of this image. The error introduced by neglecting the optical transfer properties of the cat's eyes, however, is small, if the spatial frequency of the stimulus pattern is above .1°, an artificial pupil is used (1 to 2 mm

* Our own experiments mentioned in this review were supported by grants of the Deutsche Forschungsgemeinschaft (Gr 161) and in part by a Public Health Service Research Grant No NB-07575 and a NCCB-grant (G371) from the National Council to Combat Blindness, New York. The experiments were performed at the Department of Physiology, Freie Universität Berlin and the Bascom Palmer Eye Institute, University of Miami.

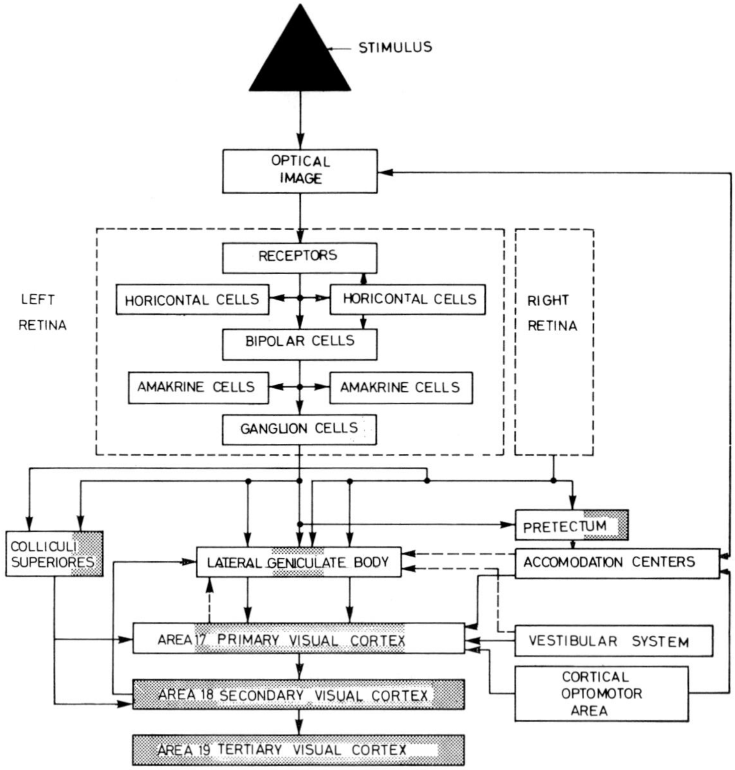

Fig. 1. Block diagram of the different levels for the signal processing in the visual system. The different neuronal layers in the retina, lateral geniculate body and primary visual cortex are only shown for the left side. The right retina is drawn as one block. Binocular interaction is designated by dotted areas

horizontal diameter, 5 mm vertical diameter), accommodation is prevented by local application of atropine to the eye, and the plane of the stimulus pattern is brought into focus by the use of lenses.

After several intermediate steps the absorption of photones by the photopigments in the receptors' outer segment triggers the slow hyperpolarizing "generator potential" of the membrane at the contacts between the receptors and bipolar cells. Between the amplitude of the generator potential and the logarithm of the stimulus intensity a linear function is valid within a range of 2 to 3 $\log_{10}$-units at each level of light adaptation. By means of the primary receptor process the optical image of a stimulus pattern is transformed into an "electrical image", represented by the spatial distribution of the generator potentials of thousands of receptors. This electrical image is further processed by the next layers of the retinal network: horizontal cells, bipolar cells and amacrine cells. In the bipolar cell layer an electrical image is generated again. Besides producing slow membrane potentials, bipolar cells also cause some impulse activity. In the bipolar cell layer one can record at least two types of responses: on-bipolar cells, whose membrane potentials are depolarized by "light-on" and hyperpolarized by "light-off", and off-bipolar cells, which respond in the reversed manner. The signals from the bipolar cells are transmitted to the ganglion cells of the retina. Convergence and divergence of synaptic connections occur at the contacts of bipolar and ganglion cells. Beside these mechanisms of spatial interaction, horizontal elements make lateral connections in two layers (Fig. 1, horizontal cells, amacrine cells). At the output of the retina which can be measured by recording the impulses (action potentials) of single optic nerve fibers (axons of the ganglion cells of the retina), each neuronal unit is activated or inhibited by many receptors. Thus, the interaction of horizontal inhibitory and excitatory connections form the basis of the functional organization of the receptive field of a ganglion cell (Hartline, 1938; Kuffler, 1953). A *receptive field* is a certain region in the visual field or the corresponding region of the retinal surface, from which excitatory or inhibitory responses can be obtained by adequate stimulation. Receptive fields of the ganglion cells in the cat's retina are predominantly of the concentric type and can be classified into two groups: on-center neurons and off-center neurons. A light stimulus to an on-center neuron elicits excitation in the receptive field center and inhibition in the receptive field periphery, while "light-off" has the opposite effect. The functional organization of the receptive fields of the off-center neurons is a mirror image of that of the on-center neurons (Fig. 9a).

At the output level of the retina the original image at the retinal surface is mapped into a spatial and temporal distribution of impulse activity of single nerve cells. This mapping occurs by means of certain spatial and temporal filters which have partially non-linear properties.

In the retina, the distribution of ganglion cells is not uniform and the size of the individual receptive field increases with the distance from the area centralis (Wiesel, 1960). The receptive field centers in the area centralis and the region around the area centralis might be as small as 0.1° in diameter. For a restricted region of the retina, however, the assumption of a homogeneous layer seems to be a reasonable and good approximation.

In our own experiments mentioned in this and the next chapters the activity of single optic nerve fibers, and single neurons of the lateral geniculate body and of the primary, secondary and tertiary visual cortex were recorded by means of microelectrodes. The animals were either in light barbiturate anaesthesia or in an encephale isolé preparation. The light stimuli were projected to a white board or a tangent screen placed at a distance of 190 to 200 cm from the eye. The animals were artificially respirated and immobilized by a mixture of Flaxedil and Curarine.

With respect to pattern recognition two functions of the retinal network seem to be especially important: a) the angle of minimal resolution, b) the enhancement of contrast contours in the signal pattern by means of lateral interaction within the receptive fields.

The first function (a) depends mainly on the spatial transfer function of the optical system of the eye and on the density and diameter of the retinal receptors. The second function (b) depends on a neuronal mechanism for lateral interaction in the retinal network and it is this function which we will describe first.

When a simple visual stimulus such as a triangle, square or bar, which is lighter or darker than the background, is brought into different positions in the

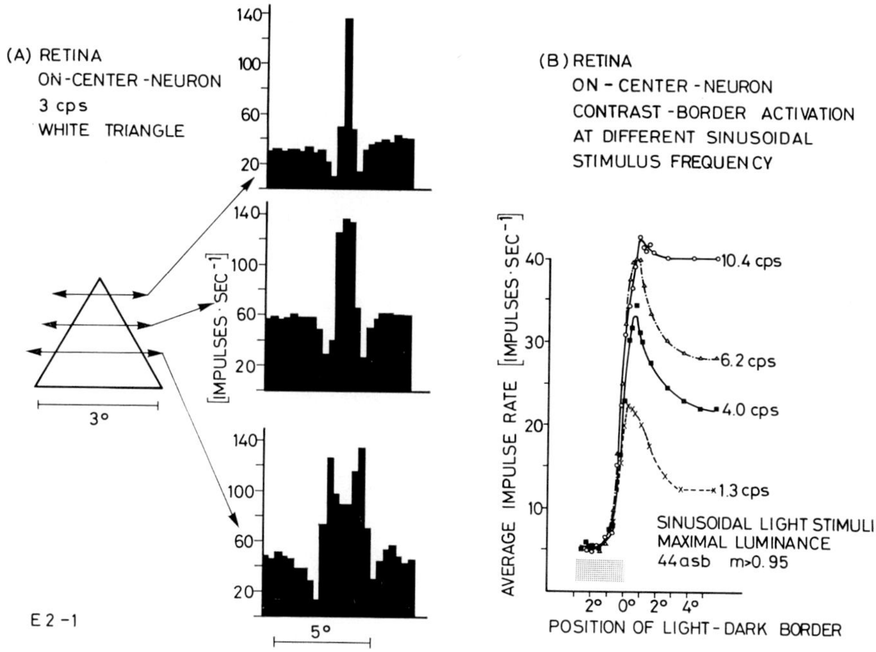

Fig. 2 A and B. Quantitative analysis of the response of retinal on-center neurons elicited by light-dark border at different positions in the receptive field. A The stimulus was a 3 degree triangle, illuminated sinusoidally at 3 cps, m = 0.5, average luminance 88 asb. The triangle was moved very slowly along 3 different paths (< 0.3 degree $\cdot$ sec^{-1}) through the receptive field. The histograms show the dependency of the average neuronal response (ordinate) on the position of the stimulus (abscissa). When the upper corner of the triangle was moved through the RF (upper histogram) a strong inhibition from the RF-surroundings and a strong activation from the RF-center was elicited. If a part of the triangle near the base (lower histogram) crossed the receptive field, the amount of inhibition increased. The neuronal activation was stronger, if the light-dark border crossed the RF-center and if the RF-center was illuminated by the center of the triangle. Diameter of the RF-center about 0.5 degrees. B Response of an on-center neuron in the retina to a stationary light-dark contrast border. The light part of the stimulus was illuminated sinusoidally with different frequencies. A strong enhancement of the response (ordinate) occurred, when the contrast border was at the border of the RF-center. This Mach-band-effect was greater at a low frequency than at a higher frequency. The average neuronal activation, however, increased with an increase in the stimulus frequency up to 10 cps (from unpublished work of Gaedt and Grüsser, 1966)

receptive field, the activation elicited by the stimulus depends on its position with respect to the RF-center. Quantitative data from such an experiment are shown in Fig. 2A. A small triangle of light, whose luminance was sinusoidally modulated (3 cps, degree of modulation about 0.6), was moved very slowly through the RF-center and periphery of an on-center neuron during a 30 sec period (angular velocity $< 0.35° \cdot$ sec^{-1}): The neuronal response depended on the position of the stimulus with respect to the receptive field center. The neuronal activation was greatest when the border of the stimulus was near the border between the RF-periphery and the RF-center. This *contrast enhancement* is shown in another experiment in

Fig. 2B. In this experiment a stationary black-white border brought into different positions with respect to the RF-center and the average neuronal activation was measured. The neuronal activation was greatest when the black-white border was positioned along the RF-center-periphery border, with the light part of the pattern covering the RF-center. The quantitative data shown in Fig. 2A and B are the neurophysiological basis of the Mach-band, i.e., the contrast enhancement seen along a light-dark border. This correlation between neuronal activation and contrast enhancement in psychophysical experiments was first described by Baumgartner and Hakas (1961, 1962). Fig. 2B further shows that the neuronal activation and the relative enhancement of the border contrast depends on the temporal properties of the stimulus. The neuronal activation increases and reaches a maximum between 5 and 15 cps. The simultaneous contrast enhancement, however, reaches a relative maximum between 1 and 5 cps (Gaedt and Grüsser, 1966). This finding indicates the *interaction of spatial and temporal factors for the processing of visual signals in the retina.*

The limited optical transfer function of the eye's optical system is partially compensated for by contrast enhancement (Mach-band). In addition the contrast enhancement performs an important function by preparing the neurophysiological mechanism for pattern recognition: The light-dark contours present in the visual pattern are enhanced in the signal pattern.

3. Contrast and Luminance Detection in the Neurons of the Geniculatum Laterale

The majority of the neurons in the geniculate body have RFs of the concentric type. In addition to on-center and off-center neurons there are units in the Geniculatum laterale which are movement and direction sensitive (Kozak *et al.*, 1965; Eysel and Grüsser, 1970). In dealing with the pattern recognition problem one has to consider the transfer function of the two concentric RF-neurons: With respect to the information about a patterned stimulus processed in these units, one might subdivide each of these neuronal classes into two subclasses: neurons which are activated predominantly or only by a *contrast border* (type 1) and neurons which might carry information about the *average luminance* (type 2) in the receptive field. For the on-center neurons these two subclasses are shown in Fig. 3. Again simple stimuli (dots, squares, triangles etc.) were moved very slowly ($< 0.2° \cdot sec^{-1}$) through the receptive field, while their luminance was modulated sinusoidally. The neurons belonging to the first subclass *(contrast units)* were activated by a black-white or white-black border, while diffuse illumination of the receptive field did not increase or only slightly increased the neuronal activity significantly beyond the spontaneous impulse rate. Neurons of the second subclass *(luminance units)* increased their impulse rate accordingly as a larger part of the RF-center was stimulated by the sinusoidal flickering pattern.

In both subclasses the neuronal activity depended not only on the spatial, but also on the temporal properties of the stimulus. In subclass 1 the contrast enhancing effect, however, was not optimal at 1 to 4 cps, as was the case for retinal neurons, but rather at higher frequencies ranging from 6 to 20 cps. The average activity of neurons in subclass 2 for both on-center and off-center neurons also reached a maximum at this level. The latter observation probably is correlated with the psychophysical finding that, in this frequency range, flickering light appears to be brightest (Brücke-Bartley-effect, c.f. Grüsser and Creutzfeldt, 1957; Reidemeister and Grüsser, 1959).

The information which is present in white-black patterns, i.e., contours and average luminance of larger homogeneous parts, is evidently transmitted separately in the neuronal network of the Geniculatum laterale. Both classes of neurons (contrast units and luminance units) are either of the on-center or of the off-center type and are therefore activated either by an increase or a decrease in the stimulus luminance or by the brighter or the darker part of a contrast border.

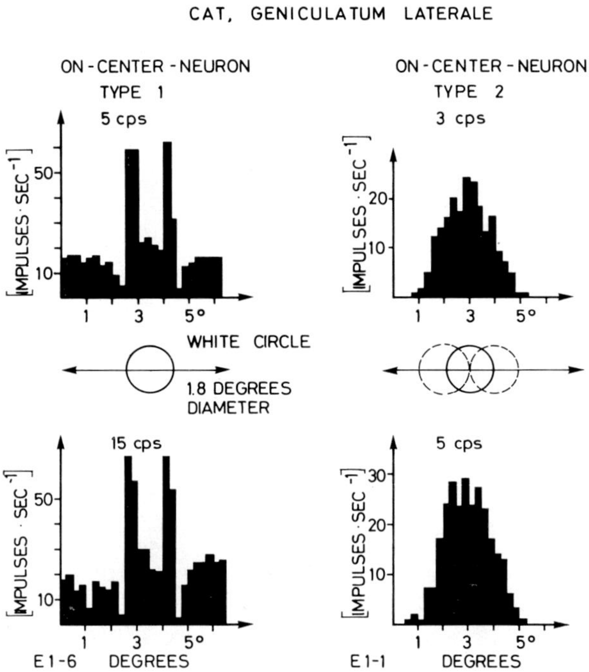

Fig. 3. Responses of two on-center neurons in the cat's geniculate body. Type 1: border contrast neuron, type 2: luminance neuron. A light circle of 1.8 degrees diameter was projected into the RF at different positions (abscissa), average luminance 88 asb, m = 0.5. The average neuronal activation (ordinate) depended on the position of the stimulus in the RF. In the type 1-neuron (contrast unit) a stronger activation was only seen when the contrast border was in the RF-center. The contour enhancing effect was nearly the same at 5 and at 15 cps. In the type 2-neuron (luminance unit) the activation was stronger, if the stimulus covered the RF-center. There was no border enhancing effect. The average neuronal activation increases with an increase in the stimulus frequency from 3 to 5 cps. Note that there was only a very low spontaneous impulse frequency in this unit, if the stimulus was outside of the RF

Beside the third main class of neurons, which have movement and direction sensitivity, larger receptive fields (diameter of RF 5 to 20°) and which evidently do not transmit information about contours in a pattern stimulus, no further class of neurons was found in the geniculate body of the cat. It seems probable, therefore, that the more essential feature extraction about patterned stimuli is performed at the next level of the visual system, the primary visual cortex.

4. Signal Processing in the Primary Visual Cortex

The primary visual cortex receives its main visual input from neurons of the Geniculatum laterale. However, a separate visual input through the Colliculi superiores and non-visual inputs also seem to be present (Fig. 1). In the neurons of the primary visual cortex a further spatial and temporal filter mechanism for the visual input signals is present. Two large classes of units can be discriminated according to the organization of their receptive fields (Hubel and Wiesel, 1959, 1962): a) units with *simple receptive fields*, and b) units with *complex receptive fields*.

Simple receptive fields are either of the concentric type or constructed from elongated on- or off-zones, located parallel to each other. The neurons with concentric receptive fields can be divided into two subclasses: on-center neurons and off-center neurons. Their response is similar to the contrast-units of the Geniculatum laterale (Baumgartner *et al.*, 1965).

In simple receptive field units with parallel on- or off-zones, the axis of the RF has a certain spatial orientation. These units, therefore, respond optimally to straight lines, borders between areas of different brightness, dark- or bright rectangular bars, etc., if the contrast border has a certain orientation with respect to the RF-axis and a certain position within the RF. Their on- and off-zones can be located by the response to small stationary spots of light.

The cortical neurons having *complex receptive fields*, however, do not respond to illumination with small stationary spots of light and their receptive fields can be explored only by stimulus patterns with certain light-dark border orientation. In these units one can also discriminate different parts of the RF:

We proposed the term *excitatory receptive field* (ERF) for that part of the RF in which adequate stimulation elicits excitation, while *inhibitory receptive field* (IRF) that part of the RF is called in which adequate stimulation elicits only inhibition (Grüsser-Cornehls *et al.*, 1963). Due to the low spontaneous activity in many cortical neurons, the inhibitory effect from the ERF is discovered only if adequate stimulation of the ERF is combined with stimulation of the IRF.

Preliminary experiments to determine the distribution of excitatory and inhibitory parts in cortical neurons indicate, that in many units having hypercomplex or complex receptive fields, the ERF is surrounded or flanked by a rather large IRF, as shown in Fig. 4.

The response of most neurons of the primary visual cortex depends on the *orientation* of the contrast borders (Figs. 5, 6). The degree of orientation sensitivity of cortical units having complex receptive fields varies considerably (Grüsser and Grüsser-Cornehls, 1960; Hubel and Wiesel, 1962; Baumgartner *et al.*, 1965; Jung and Baumgartner, 1965, Fig. 5). According to Campbell *et al.* (1968) for about 50% of these orientation sensitive units the angular selectivity was between 14 and 26°. The RF-axis can be oriented in any direction. Campbell *et al.* did not find any preference for vertical or horizontal orientation, while in our own experiments the

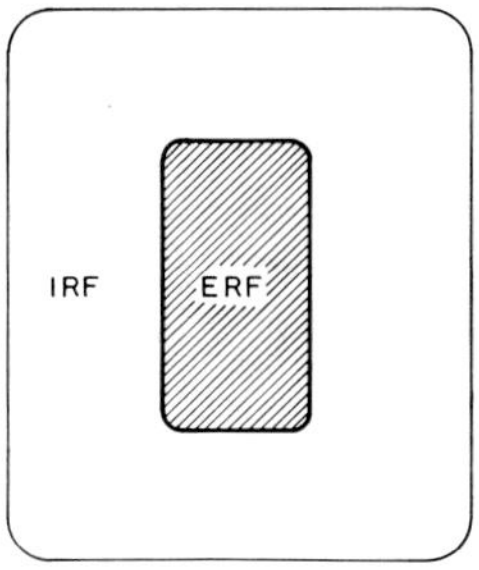

Fig. 4. General organization of the receptive field of cortical neurons. (*ERF* excitatory receptive field, which was frequently specialized [sensitive to orientation, movement, direction of movement, size of stimulus pattern, etc.]). *IRF* inhibitory receptive field. No response was obtained by stimulating the IRF alone. The inhibitory effect of the IRF was seen by simultaneously stimulating the ERF and the IRF

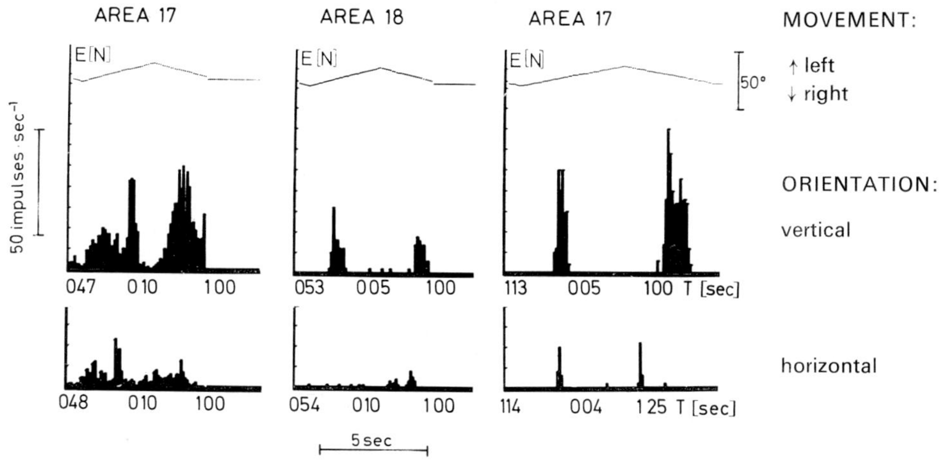

Fig. 5A—C. Responses of neurons of the primary visual cortex (A and C) and of the secondary visual cortex (B) to a light bar (1 × 3.5 degrees 160 asb, background 19 asb) moved slowly through the ERF. The bar was oriented either horizontally or vertically. Photographs of the oscilloscope displays of the computer are shown. Ordinate: neuronal activation (impulses · sec^{-1}). Abscissa: position of the stimulus. The average of 10 neuronal responses are given. The impulse pattern was different, depending on whether the stimulus was moved from the left to the right or from the right to the left. A change in the orientation (vertical to horizontal) of the illuminating light bar, however, had a stronger influence on the neuronal response

optimal orientation of a border was more frequently found to be near the vertical or the horizontal axis, rather than somewhere in between.

The angular selectivity of the neuronal response depends on non-visual inputs. The neurons of the visual cortex receive vestibular signals (Grüsser *et al.*, 1959; Grüsser and Grüsser-Cornehls, 1960). Body tilt can change the direction of the RF-axis with respect to the retinal axes (Horn and Hill, 1969). The purpose of this mechanism is probably to enable the subjective vertical and horizontal axes to be invariant with respect to the tilt of the head.

Visual cortex neurons receive additional signals from the frontal oculomotor eye field (Grüsser and Grüsser-Cornehls, 1961) and from non-specific thalamic nuclei (Creutzfeldt and Akimoto, 1958). The connection between visual motor regions and visual sensory regions might serve as a feedback mechanism that is important for undisturbed perception during smooth or saccadic eye movements.

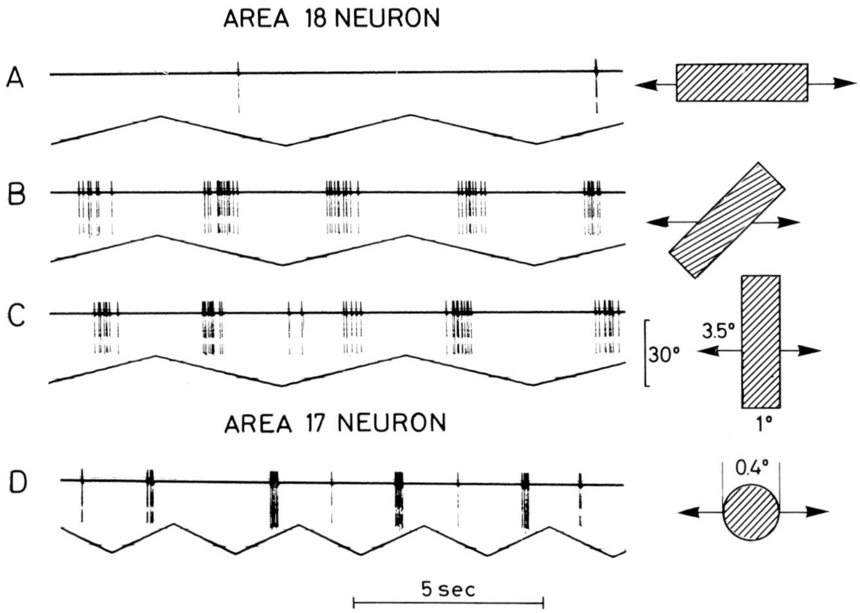

Fig. 6A—D. Responses of a neuron in the primary visual cortex and of a neuron in the secondary visual cortex to a moving light bar (160 asb, background 19 asb). A—C: Response of a neuron in the secondary visual cortex to horizontally moving light bars having different orientation. This neuron was movement sensitive and also sensitive to the orientation of the light-dark border, but was not sensitive to the direction of the movement. D: Neuron from the primary visual cortex (area 17); orientation sensitive response which was simultaneously sensitive to the direction in which the stimulus pattern moved. The response to a bar or a circle (this figure) was stronger during movement to the right than during movement to the left

Neurons with contrast and orientation selectivity frequently show a much stronger response to moving stimuli than to stationary ones (Hubel, 1959; Grüsser and Grüsser-Cornehls, 1960; Baumgartner *et al.*, 1964, 1965). This movement sensitivity is partially due to the fact that disinhibition occurs when the moving contrast leaves inhibiting regions and simultaneously enters the excitatory parts of the RF, and partially it is caused by temporal bandpass properties of the synaptic processes. The movement sensitivity is probably not a mechanism for the detection of motion in the visual world, but rather is an adaptation to the continuous movement of the visual image on the retina, caused by the ever present voluntary and involuntary eye movements (Grüsser and Grüsser-Cornehls, 1969). The perception of a stationary visual world, therefore, has to be established by the brain from a continuously moving optical image on the retina.

One group of orientation sensitive neurons not only has an angular selectivity and is movement sensitive, but also requires a certain *direction* in which a pattern has to be moved to elicit an optimal response (Baumgartner *et al.*, 1964; Campbell *et al.*, 1968). With respect to direction sensitivity, these neurons with complex receptive fields can again be divided into two subclasses according to the *angular response sector:* a) the preferred direction and the null-direction are 90° apart, b) the preferred direction and the null-direction are 180° apart.

The movement direction sensitivity of these cortical neurons might be indirectly important for pattern recognition: voluntary and involuntary eye movements occur at random but depend on the contour orientation of the visual pattern (Yarbus, 1967; St. Cyr and Fender, 1968). Units which are sensitive to contrast borders of a certain spatial orientation and to the direction of movement of the visual pattern might control eye movements for such pattern sampling.

5. Further Feature Extraction, Performed by Neurons in the Secondary and Tertiary Visual Cortex

The secondary and tertiary visual cortex neurons (area 18 and 19) receive their visual input from the primary visual cortex (Hubel and Wiesel, 1965), but probably also from the Geniculatum laterale, the colliculi superiores and from the same area of the contralateral brain (Otsuka and Hassler, 1962, Fig. 1).

Hubel and Wiesel described the functional organization of the receptive fields of these units as being *complex* or *hypercomplex*. Part of the units with complex receptive fields perform operations with the visual input similar to those described for units of the primary visual cortex with complex receptive fields. They respond best to moving stimuli whose main contrast border has a certain spatial orientation (Figs. 5, 6), but can also be activated by stationary visual pattern stimulation, if the appropriate frequency is chosen. In contrast to simple receptive field visual cortex units, they do not respond to a high stimulus frequency. With sinusoidal light stimulation of a visual pattern, a periodic response is seen up to 3 to 5 cps (Fig. 7). This finding corresponds well with the psychophysical observation about pattern recognition during sinusoidal stimulation. With sinusoidal stimuli above 3 to 5 cps the changing flicker of the pattern is visible, although the contours of the pattern are seen to be stabilized, showing only a little change.

The neurons with *hypercomplex receptive fields* are divided by Hubel and Wiesel (1965) again into two subclasses: a) neurons with lower order hypercomplex RFs, and b) neurons with higher order hypercomplex RFs.

The essential features of neurons having hypercomplex receptive fields in contrast to those having complex receptive fields is that, in order to be strongly activated, they not only require a certain orientation of a contrast border, but also a restricted length or width of the patterned stimulus. One class of these units, for example, responds best to corners having a certain spatial orientation. The response is optimal, if the angle of the two contrast borders forming the corner is 90° (Hubel and Wiesel, 1965, Fig. 8).

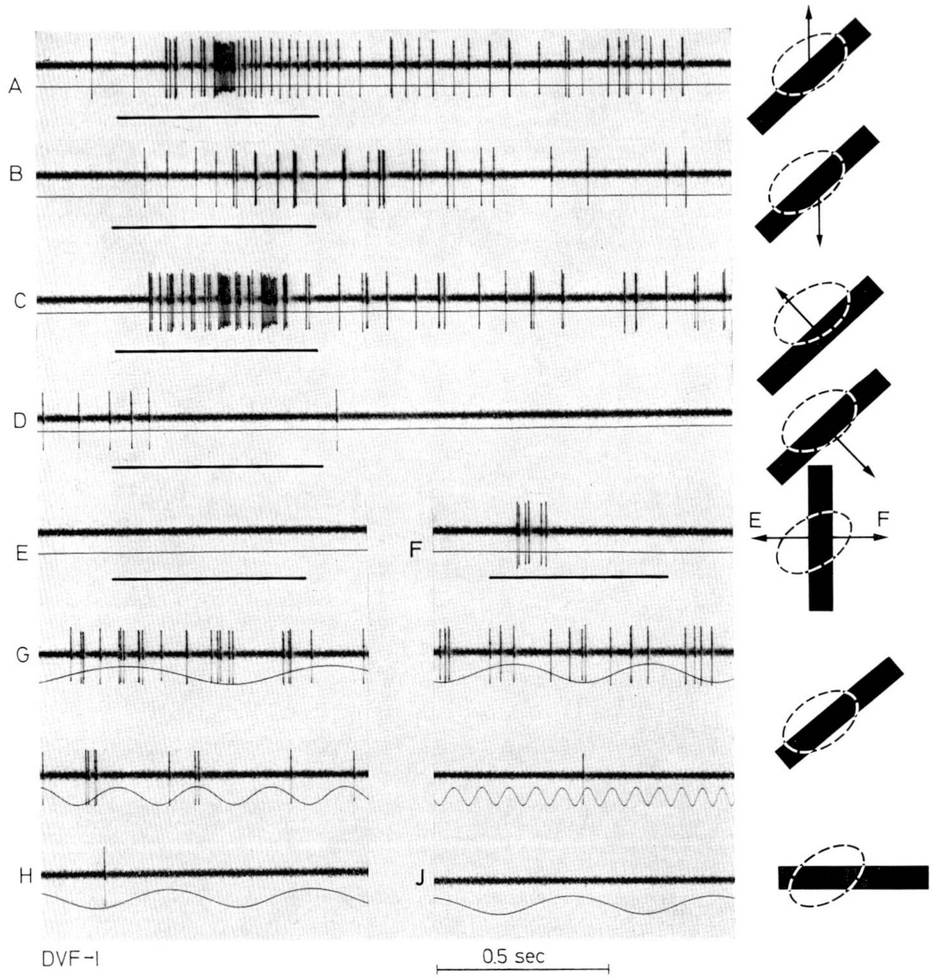

Fig. 7A—H. Response of a neuron of the secondary visual cortex (area 18) to a black bar moved in different directions and with different orientation through the excitatory receptive field (A—F) or illuminated sinusoidally at different frequencies (G—K). A—C Response elicited by black bar oriented at 45 degrees from the vertical to the right, moving upwards (A), downwards (B) and to the left and upwards (C). The black bar was moved about 2 degrees. The duration of movement is marked by a horizontal line. The ERF size was maximal at 5 degrees. In D the bar was moved away from the ERF (inhibition). E—F The black bar was oriented vertically; movement to the left in E: no response. Movement to the right in F: weak response. G Bar stationary in the ERF in optimal position. Illumination with sinusoidally modulated light. There was a strong response to sinusoidal light stimuli below 5 csp. The maximal luminance of the background was about 100 asb. H Orientation of the bar 30 degrees from the vertical to the left: no response. I Horizontal orientation of the bar in the ERF: no response. The optimal response sector of this neuron was between 20 and 75 degrees from the vertical to the right. The maximal response was found with an orientation at 45 degrees (Grüsser and Henn, 1968; from Grüsser, 1969)

Another subclass of hypercomplex neurons are optimally activated by bars which not only have a certain orientation, but also a certain width. One might call these units *oriented line detectors*.

Other neurons respond to a contour having a certain spatial orientation only if the length of the contour does not exceed a certain value: "short, oriented contour detection" (Fig. 8).

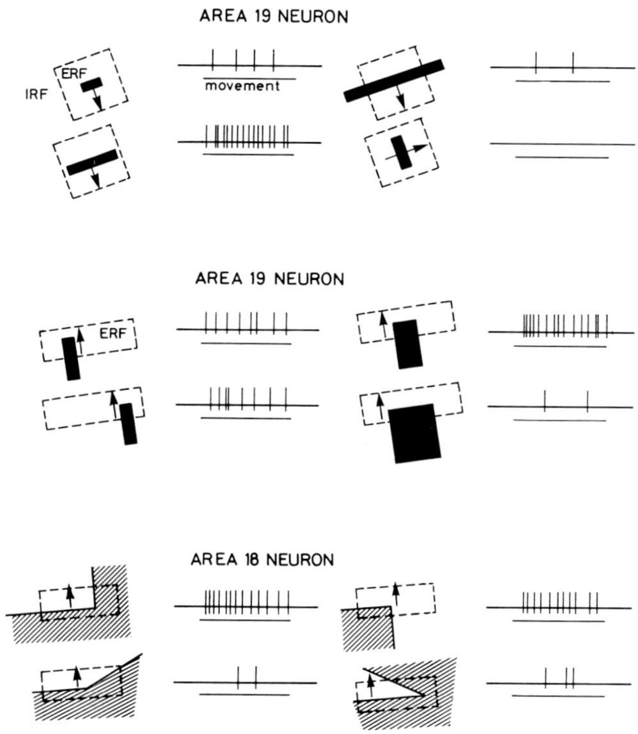

Fig. 8. Schematic drawing of the responses of some hypercomplex neurons in the cats' secondary and tertiary visual cortex (after Hubel and Wiesel, 1965)

In lower order, hypercomplex neurons one specification for an optimal stimulus pattern is that it must have a certain position within the receptive field. Higher order hypercomplex neurons require the same features of the visual pattern for an optimal response. A translation (but not a rotation) of the stimulus pattern within the ERF, however, does not influence the strength of the neuronal response. In other words these higher order hypercomplex neurons exhibit a certain invariance of the response with respect to translation within the RF.

There is good experimental evidence that complex and hypercomplex neurons do have larger receptive fields than neurons with simple RFs located in the same region of the visual field. Hypercomplex neurons seem to "generalize" certain properties of the visual stimulus over a larger area of the visual field than neurons with simple receptive fields.

6. General Organization of the Visual Cortex

Besides the feature detection in all three projection areas of the visual input to the cortex (area 17, 18 and 19) three important basic factors of neuronal organization have to be considered (Hubel and Wiesel, 1963, 1965).

First, the orientation of the main axes of the receptive fields is not distributed at random in cortical neurons, but is fairly well organized for neurons located in anatomical "columns" vertical to the cortical surface: the main axes of the receptive fields of cortical nerve cells lying beneath each other in one column have the same orientation.

Second, the visual world is mapped simultaneously in three different areas of the brain, interconnected with each other. For this mapping a regular retino-cortical projection is present: the retina is mapped onto the cortical surface, but nonlinear spatial distortions are properties of this mapping. One square mm (or square degree in the visual field) of the area centralis of the retina is projected to a much larger part of the cortex than is one square mm from the paracentral or peripheral parts of the retina. Because of this larger retino-cortical magnification factor the area centralis activates many more cortical neurons than a peripheral part of the retina having the same size.

Third, going from the projection region of the area centralis to the periphery of the visual field, the average size of the receptive fields increases.

7. The Formation of the Receptive Fields

For the interpretation of the experimental results obtained for a neuronal network, stimulated by spatially extended patterns, one has to take into consideration the following factors:

a) The *geometry* of the network, i.e., the arrangement of the excitatory and inhibitory connections between the nerve cells.

b) The *type* of excitation and inhibition present in the system:

1. *Postsynaptic inhibition*, which leads to a hyperpolarization of the nerve cells' membranes and counteracts the depolarization of the postsynaptic excitation. The latter leads to an increase in the neuronal impulse rate, if the excitatory post-synaptic potentials (EPSPs) depolarize the membrane above the impulse threshold.

2. *Presynaptic inhibition*, which reduces the size of the EPSPs elicited by excitatory synapses by means of presynaptic inhibitory contacts, located at excitatory synaptic knobs.

c) The *temporal transfer characteristics* of the postsynaptic excitation and post- and presynaptic inhibition.

d) The *threshold* of the single nerve cells for the generation of impulses and the change of this threshold due to repetitive activation.

If all these four factors are known, the main properties of the neuronal network can be simulated by an electronic hardware model. Some of the results gotten from such an electronic model of the retinal network will be presented by Eckmiller at this congress (p. 143).

From the data described in this report one can derive models of synaptic configuration which enable us to understand the functional organization of simple, complex or hypercomplex receptive fields.

7.1 Neurons With Concentric RFs. A concentric RF can be explained by the assumption that the spatial distributions of excitatory and inhibitory processes elicited by light in the RF have different spatial extensions. According to the experimental findings the assumption of two rotated spatial Gaussian distributions of excitation and inhibition, both of which are maximal in the RF-center, is justified. The neuronal response is the sum of excitatory and inhibitory events elicited from all stimulated parts of the RF. The simplified RF-model is supported by experiments in cats, in which the receptive field center of retinal ganglion cells was stimulated by a small spot of light, and the RF-periphery by light-rings having different internal and external diameters (Wuttke and Grüsser, 1966). The relative amount of excitation and inhibition changed with the level of adaptation. Inhibition increases more than excitation when the average luminance of the stimulus pattern increases, and thus the functional size of the receptive field center decreases. This probably is the physiological basis of the improvement of vision with increasing luminance.

The distribution of excitation and inhibition is determined by the spatial extension of the dendritic tree of the ganglion cells and the length of the horizontal connections in the retinal network and the degree to which the synaptic contacts between the receptor and bipolar cells and bipolar cells and ganglion cells converge. The structure of all other types of receptive fields discussed can be ascertained by connecting concentric receptive fields and the next higher order neurons step by step.

7.2 Simple Receptive Fields With Parallel On- and Off-zones. If the synaptic excitatory and inhibitory contacts at cortical nerve cells from on-center and off-center neurons of the geniculate body are organized in a certain geometrical pattern, one will obtain a simple RF with parallel on- and off-zones. In this case on-center neurons of the geniculate body, whose RFs are located in one part of the ERF of the simple cortical cell, have excitatory synaptic contacts and off-center neurons have inhibitory ones, while the contrary is true for geniculate neurons having their RF in the other part of the cortical cells' ERF. If in addition all synaptic contacts of on-center or off-center geniculate body neurons outside of the ERF have inhibiting effects on the cortical cell- thus forming a surrounding IRF—an extended optimally located and oriented black-white contour is less activating than a small contour (Fig. 9a).

7.3 Contour Orientation Detection. When the synaptic contacts of the preceding type of nerve cells with simple RF-organization and parallel on- and off-zones are geometrically organized in such a manner, that neurons having their RF axis oriented in one direction have activating contacts, while synaptic contacts from units with an RF axis perpendicular to the first group are inhibiting, one obtains contour orientation detectors (Fig. 9b). If the contacts from simple field neurons are activating ones regardless of the left-right arrangement of the on- and off-zones, then the contour orientation detection is independent of the distribution of the light-dark contours. The angular distribution of the RF-axes of inhibiting afferent units with parallel on-off-zones determines the degree of angular selectivity of the complex neurons discussed.

7.4 Movement Sensitivity. Neurons are sensitive to movement due to the temporal band pass characteristic of the synaptic transmission. The synaptic process of

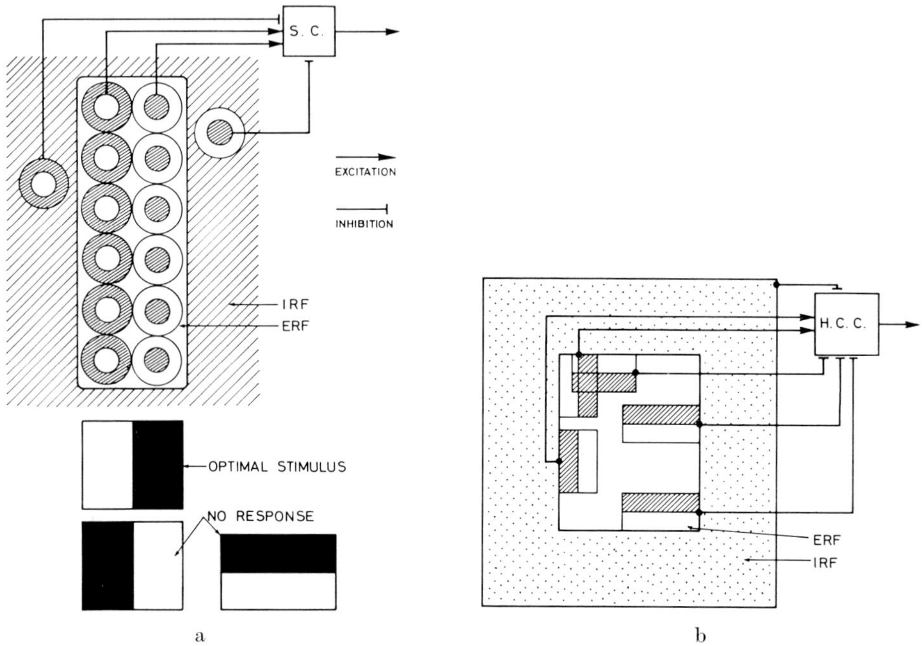

Fig. 9. a Distribution of afferent contacts from on-center and off-center neurons of the geniculate body having concentric receptive fields to a simple cortical cell (S.C.) in area 17. This neuron responds optimally to a stimulus having a white-black border oriented vertically with white on the left side and dark on the right. There is no response to a left-dark, right-white position or to a horizontally oriented contract border. The ERF is assumed to be surrounded by an IRF. If afferent units from the geniculate body having their RF in the IRF of the cortical cell generally inhibit the cortical cell, the optimal response is obtained by light-dark borders oriented vertically and having a length not larger than the ERF. b Afferent connections at a hypercomplex cortical cell from simple RF cortical cells with receptive fields similar to the cell in Fig. 9a. Simple cells whose RFs have vertically oriented main axes will always be activating, regardless of whether the on-off-zones are left-right or right-left, while simple receptive fields with horizontally oriented axes have inhibiting inputs. All afferent inputs from neurons having their receptive field in the surrounding IRF are inhibiting. This hypercomplex cortical cell detects vertical lines or borders independent of its position within the ERF and independent of the left-right arrangement of dark and light zones

these neurons easily becomes accommodated to or fatigated by continuous synaptic excitation. If the visual stimulus moves through the receptive field, the geometry of the synaptic contacts leads to a sequential stimulation of the synapses of cortical nerve cells, whereas a stationary stimulus (if the eyes have been immobilized) always activates the same inhibitory or excitatory synapses. If both the degree of accommodation and the threshold for impulse generation are high, the response of a cortical neuron becomes *movement specific*.

7.5 Movement Direction Sensitivity. This feature of the receptive field organization can be explained by unidirectional conduction of lateral inhibition (Barlow *et al.*, 1967) in connection with movement sensitivity caused by the band pass characteristics of the excitatory synaptic transmission mentioned above.

7.6 Detection of Line Orientation. One class of cortical units responds only to a very narrow contour having a certain orientation. This response of neurons with complex RFs can be explained by the assumption that synaptic contacts from contour orientation detectors are arranged at the membrane of the "line detector cell" in the following way: The RF-axes of activating contour detectors are all oriented in the same direction and are located in a small restricted region of the visual field. All other contour detecting neurons in the same region or in a certain surrounding area have inhibiting contacts.

7.7 Corner Detection. If left-right on-off-zone units (7.2) whose RF-axes are perpendicular to one another have excitatory contacts with a higher order cortical nerve cell and corresponding right-left on-off-zone units have inhibitory contacts, one obtains a receptive field of a neuron which is especially sensitive to a corner having a certain orientation. This corner detection still depends on whether a black on white or a white on black contrast corner is used as stimulus. If the afferents of such corner detecting neurons converge at a next higher order nerve cell, the corner detection might be generalized and does not then depend on whether the contrast is black on white or white on black. It still depends on the angle of the corner and the orientation of the two edges.

7.8 Responses to restricted contours. Some of the neurons described in 7.2 to 7.7 will respond only if an optimally oriented contour does not exceed a certain extension. This can be explained by a simple geometrical arrangement of additional inhibitory inputs from a surrounding inhibitory receptive field (IRF, Fig. 4).

Evidently this geometrical arrangement of inhibitory contacts is widely present in cortical neurons, because during an experiment in cortical visual neurons one observes an optimal response of a cortical neuron quite frequently, only if the size of the stimulus pattern is restricted both in the direction of the main axis and perpendicular to it. The surrounding IRF thus seems to be an important structural characteristic of the receptive fields of cortical neurons. This finding leads to the last consideration about the size constancy of a patterned stimulus.

8. A Possible Neurophysiological Basis for the Constancy of the Size of the Visual World

If one looks at an object in the visual world within the range of accommodation, for example, if an observer sees a telephone lying on the desk in front of him, the perceived size of the telephone is independent of the distance from the telephone, although the angular size of the image on the retina is smaller, when the telephone is farther away. If one observes an after-image of an object, the subjective size of this after-image depends on accommodation and becomes smaller, as the eyes become more accommodated.

In neurons of the human visual cortex, E. Marg et al., found that the receptive field size is smaller in angular units, when the object observed is at a greater distance, i. e., the ERF of these neurons has the same size measured in cm, regardless of the distance from which the object is viewed. This observation indicates that far-accommodation to a distant object does decrease the angular size of the ERF. This mechanism would be a suitable explanation of the psychophysics of the size constancy of visual patterns mentioned above. We want to propose a simple model which might explain these penomena and also help to understand why in

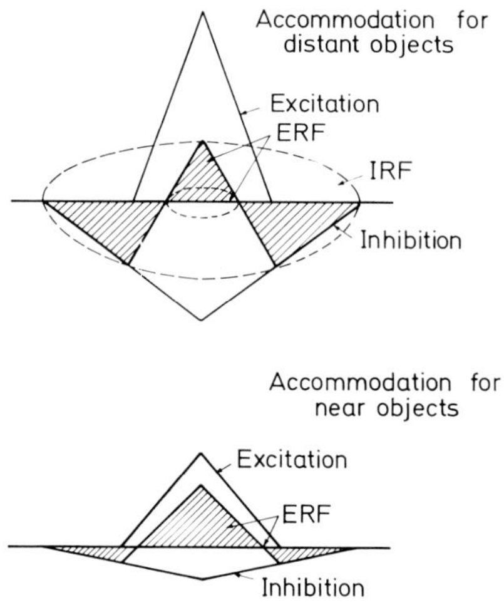

Fig. 10. Change in the functional size of the IRF due to accommodation. It is assumed that accommodation to a nearby object decreases excitation and to an even greater extent, decreases inhibition. Therefore the functional size of the ERF shrinks, when accomodation to a far distant object shifts to accomodation to a less distant object

many cortical neurons the ERF, from which adequate stimulation elicits excitation, is surrounded by an IRF. If one assumes that the relative amount of inhibition and excitation is controlled by afferent connections from the subcortical regions which govern accommodation and convergence of the eyes, one can explain the experimental findings of E. Marg. Fig. 10 shows a simple model of this assumption. As one sees, the inhibitory receptive field has a larger region than the ERF, but excitation, on the aveiage, is stronger in the ERF. Although accommodation decreases excitation and inhibitions there is more of a decrease in the latter. Therefore, the angular size of the ERF will increase when accommodation has taken place to a nearby object. This exactly is the experimental finding of Marg.

9. Conclusions

The experimental findings about signal processing in the afferent visual system and the cortical visual regions in the cat have disclosed a complex functional organization of neuronal behavior. The more neurons there are in the chain between retina and recorded neuron, the optimal stimulus pattern must have more specifications. The visual world is represented in the different levels of the visual system simultaneously in more than 20 different classes of neurons, each representing different features of the stimulus. In Fig. 11 this multiple mapping of the optical image of the visual stimulus into electrical images of neuronal excitation is presented in a simplified diagram for the neuronal activation elicited when the letter *A* is used as a visual input. As one sees, the letter *A* is mapped into

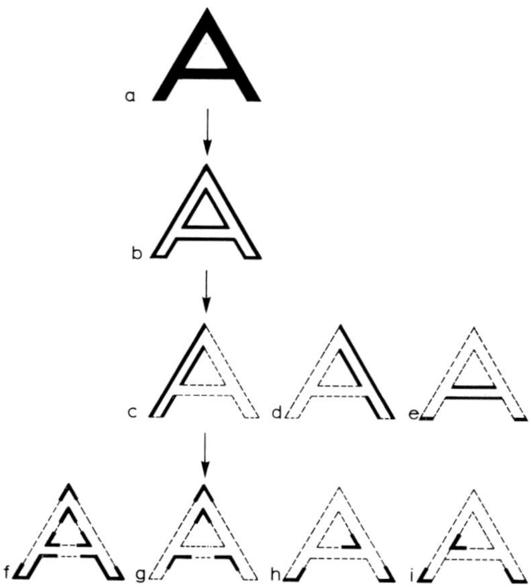

Fig. 11. Schematic drawing of the optical image of the letter A and its representation in the spatial impulse pattern of different neuronal classes in the retina, the geniculate body and the visual cortex. The spatial nonlinear mapping of the electrical images in the different layers of the afferent visual system are disregarded. At the cortical level, only some of the neuronal classes known up to now are drawn. The figure indicate how different features of one single visual object are represented in different layers of nerve cells in the visual brain

different images of neuronal excitation in which the features of the *A*, i.e., the different length or angles of the bars, the contours, the interruptions, and the contour orientation are represented in the excitation of different neuronal classes. At the present level of knowledge it is quite unclear how the invariant *A* is finally formed in the brain. All evidence, however, indicates that there is no such thing as an "*A*-neuron". On the contrary, the activation of millions of nerve cells represent the *A* in the brain and the same millions of nerve cells with another spatial and temporal distribution of the excitation can represent other visual symbols. This hypothesis is supported by findings in simple visual systems (frogs, toads) in which a good correlation has been found between visual input, neuronal responses and behavior (Grüsser and Grüsser-Cornehls, 1970).

Summary

1. The responses of neurons in the visual system of the cat (retina, geniculate body, primary, secondary and tertiary visual cortex) to a simple visual stimulus pattern are described.

2. The image of an object in the visual world at the receptor surface of the retina causes an "electrical image" which is represented by the spatial distribution of the generator potentials of the photoreceptors. This electrical image undergoes a multiple nonlinear mapping process when transmitted from the eye to the brain. The properties of each of these mapping processes are determined by the geometrical arrangement of the inhibitory and excitatory synaptic contacts, converging at each nerve cell of a neuronal layer, the temporal transfer characteristics the synaptic processes and the threshold changes for the generation of impulses at the nerve cells' output. The functional organization of the receptive fields of single visual neurons thus determines which features of the visual stimulus activates a nerve cell optimally.

3. The contours of the visual pattern are enhanced by lateral inhibition in the receptive fields of retinal ganglion cells, but the signal pattern depends mainly on the luminance of the local stimulus in relation to the average retinal adaptation level.

4. The information about light-dark borders and about the average luminance of a stimulus is transmitted by two different neuronal systems of the geniculate body (contour neurons and luminance neurons), both of which can be either of the on-center or off-center type.

5. Besides neuronal responses similar to that of simple receptive field neurons of the geniculate body, an optimal response is elicited in many neurons in the primary, secondary and tertiary visual cortex by more or less restricted features of a stimulus pattern only, such as contours having a certain orientation, restricted edges, corners, contour interruptions, etc. The function of the excitatory receptive fields (ERF) of such specialized neurons might be described as complex and hypercomplex (Hubel and Wiesel).

6. In many cortical neurons one finds an inhibitory receptive field (IRF) surrounding the ERF. The finding of E. Marg that in single neurons of the human visual cortex the ERF-size changes with accommodation is explained by a superposition of excitation and inhibition at the nerve cell's membrane, whereby inhibition is more dependent on accommodation than is excitation. Therefore the overall ERF-size changes with accommodation. This mechanism is proposed as a hypothesis to explain the size constancy of an object seen at different distances.

References

Akimoto, H., Creutzfeldt, O.: Reaktionen von Neuronen des optischen Cortex nach elektrischer Reizung unspezifischer Thalamuskerne. Arch. Psychiat. Nervenkr. **196**, 494—519 (1958).

Barlow, H. B., Levick, W. R.: The mechanism of directionally selective units in the rabbit's retina. J. Physiol. (Lond.) **178**, 477—504 (1965).

Baumgartner, G.: Kontrastlichteffekte an retinalen Ganglienzellen. In: Neurophysiologie und Psychophysik des visuellen Systems. (Jung, R., Kornhuber, H., Hrsg.) Berlin-Göttingen-Heidelberg: Springer 1961.

— Brown, J. L., Schulz, A.: Visual motion detection in the cat. Science **146**, 1070—1071 (1964).

— — — Responses of single units of the cat visual system to rectangular stimulus patterns. J. Neurophysiol. **28**, 1—18 (1965).

— Hakas, P.: Die Neurophysiologie des simultanen Helligkeitskontrastes. Reziproke Reaktionen antagonistischer Neuronengruppen des visuellen Systems. Pflügers Arch. ges. Physiol. **274**, 489—510 (1962).

Büttner, U., Grüsser, O.-J.: Quantitative Untersuchungen der räumlichen Erregungssummation im rezeptiven Feld retinaler Neurone der Katze. I. Reizung mit 2 synchronen Lichtpunkten. Kybernetik **4**, 81—94 (1968).

Campbell, F. W., Cleland, B. G., Cooper, G. F., Enroth-Cugell, C.: The angular selectivity of visual cortical cells to moving gratings. J. Physiol. (Lond.) **198**, 237—250 (1968).

Creutzfeldt, O., Akimoto, H.: Konvergenz und gegenseitige Beeinflussung von Impulsen aus der Retina und den unspezifischen Thalamuskernen an einzelnen Neuronen des optischen Cortex. Arch. Psychiat. Nervenkr. **196**, 520—538 (1958).

— Ito, M.: Functional synaptic organization of primary visual cortex neurones in the cat. Exp. Brain Res. **6**, 324—352 (1968).

Domberg, H., Schnelle, J., Wuttke, W.: Größenänderung der Feldzentren von rezeptiven Feldern der Retina und des Corpus Geniculatum laterale der Katze bei verschiedener Hintergrundbeleuchtung. Pflügers Arch. ges. Physiol. **300**, 108 (1968).

Eysel, U. Th., Grüsser, O.-J.: Quantitative analysis of movement and direction sensitive neurons in the lateral geniculate body of the cat. (1970) (in preparation).

Grüsser, O.-J.: Beispiele für eine systemtheoretische Analyse der Netzhautfunktion. Pflügers Arch. ges. Physiol. **289**, R 85 (1966).

— Menschliche und maschinelle Intelligenz. Studium Generale **22**, 30—48 (1969).

— Creutzfeldt, O.: Eine neurophysiologische Grundlage des Brücke-Bartley-Effektes: Maxima der Impulsfrequenz retinaler und corticaler Neurone bei Flimmerlicht mittlerer Frequenzen. Pflügers Arch. ges. Physiol. **263**, 668—681 (1957).

— Grüsser-Cornehls, U.: Mikroelektrodenuntersuchungen zur Konvergenz vestibulärer und retinaler Afferenzen an einzelnen Neuronen des optischen Cortex der Katze. Pflügers Arch. ges. Physiol. **270**, 227—238 (1960).

— — Reaktionsmuster einzelner Neurone im Geniculatum laterale und visuellen Cortex der Katze bei Reizung mit optokinetischen Streifenmustern. In: Neurophysiologie und Psychophysik des visuellen Systems. Berlin-Göttingen-Heidelberg: Springer 1961.

— — Neurophysiologie des Bewegungssehens. Bewegungsempfindliche und richtungsspezifische Neurone im visuellen System. Ergebn. Physiol. **61**, 178—265 (1969).

— — Neurophysiologie visuell gesteuerter Verhaltensweisen bei Anuren. Verh. Zool. Ges. (1970) (im Druck).

— — Saur, G.: Reaktionen einzelner Neurone im optischen Cortex der Katze nach elektrischer Polarisation des Labyrinths. Pflügers Arch. ges. Physiol. **269**, 593—612 (1959).

— Hellner, K. A., Grüsser-Cornehls, U.: Die Informationsübertragung im afferenten visuellen System. Kybernetik **1**, 175—192 (1962).

— Snigula, F.: Vergleichende verhaltensphysiologische und neurophysiologische Untersuchungen am visuellen System der Katze. II. Simultankontrast. Psychol. Forsch. **32**, 43—63 (1968).

— Wuttke, W., Vierkant, J.: Die räumliche Verteilung und die Ausbreitungsgeschwindigkeit der lateralen Hemmung in den rezeptiven Feldern der Katzenretina. I. Internat. Symposium Biokybernetik. Wiss. Z. Karl-Marx-Univ. Leipzig **2**, 175—178 (1968).

Grüsser-Cornehls, U., Grüsser, O.-J., Bullock, Th. H.: Unit responses in the frog's tectum to moving and nonmoving visual stimuli. Science **141**, 820—822 (1963).

Hartline, H. K.: The response of single optic nerve fibres of the vertebrate eye to illumination of the retina. Amer. J. Physiol. **121**, 400—415 (1938).

Horn, G., Hill, R. M.: Modifications of receptive fields of cells in the visual cortex occuring spontaneously and associated with bodily tilt. Nature (Lond.) **221**, 186—188 (1969).

Hubel, D. H.: Single unit activity in striate cortex of unrestrained cats. J. Physiol. (Lond.) **147**, 226—238 (1959).

— Integrative processes in central visual pathways of the cat. J. Optic. Soc. Amer. **33**, 58—66 (1963).

— Wiesel, T. N.: Receptive fields of single neurones in the cat's striate cortex. J. Physiol. (Lond.) **148**, 574—591 (1959).

— — Receptive fields, binocular interaction and functional architecture in the cat's visual cortex. J. Physiol. (Lond.) **160**, 106—154 (1962).

— — Shape and arrangement of columns in cat's striate cortex. J. Physiol. (Lond.) **165**, 559—568 (1963).

— — Receptive fiels and functional architecture in two non-striate visual areas (18 and 19) of the cat. J. Neurophysiol. **28**, 229—289 (1965).

Jung, R., Baumgartner, G.: Neuronenphysiologie der visuellen und paravisuellen Rindenfelder. Proc. 8. Internat. Congress of Neurology, 47—75 (1965).

Kozak, W., Rodieck, R. W., Bishop, P. O.: Responses of single units in lateral geniculate nucleus of cat to moving visual patterns. J. Neurophysiol. **28**, 19—47 (1965).

Kuffler, S. W.: Discharge patterns and functional organization of mammalian retina. J. Neurophysiol. **16**, 37—68 (1953).

Lunkenheimer, H.-U., Grüsser, O.-J.: Nicht-lineare Übertragungseigenschaften retinaler Neurone der Katze. Pflügers Arch. ges. Physiol. **291**, 88 (1966).

Marg, E., Adams, J. E.: Evidence for a neurological zoom system in vision from angular changes in some receptive fields of single neurons with changes in fixation distance in the human visual cortex. Experientia (Basel) **26**, 270 (1970).

— — Rutkin, B.: Receptive fields of cells in the human visual cortex. Experientia (Basel) **24**, 348—350 (1968).

Motokawa, K., Ogawa, T.: The electrical field in the retina and pattern vision. Tohoku J. exp. Med. **78**, 209—221 (1962).

Norton, Th. T., Galambos, R., Frommer, G. P.: Optic tract lesions destroying pattern vision in cats. Exp. Neurol. **18**, 26—37 (1967).

Otsuka, R., Hassler, R.: Über Aufbau und Gliederung der corticalen Sphäre bei der Katze. Arch. Psychiat. Nervenkr. **203**, 212—234 (1962).

Rabelo, C., Grüsser, O.-J.: Die Abhängigkeit der subjektiven Helligkeit intermittierender Lichtreize von der Flimmerfrequenz (Brücke-Effekt, 'brightness-enhancement') Untersuchungen bei verschiedener Leuchtdichte und Feldgröße. Psychol. Forsch. **26**, 299—312 (1961).

Rackensperger, W., Grüsser, O.-J.: Sinuslichtreizung der rezeptiven Felder einzelner Retinaneurone. Experientia (Basel) **22**, 192 (1966).

Reidemeister, C., Grüsser, O.-J.: Flimmerlichtuntersuchungen an der Katzenretina. I. On-Neurone und on-off-Neurone. Z. Biol. **111**, 241—253 (1969).

Snigula, F., Grüsser, O.-J.: Vergleichende verhaltensphysiologische und neurophysiologische Untersuchungen am visuellen System der Katze. I. Die simultane Helligkeitsschwelle. Psychol. Forsch. **32**, 14—42 (1968).

St. Cyr, G. J., Fender, D. H.: The interplay of drifts and flicks in binocular fixation. Vision Res. **9**, 245—265 (1969).

Wuttke, W., Grüsser, O.-J.: Die funktionelle Organisation der receptiven Felder von on-Zentrum-Neuronen der Katzenretina. Pflügers Arch. ges. Physiol. **289**, R 83 (1966).

— — The conduction velocity of lateral inhibition in the cat's retina. Pflügers Arch. **304**, 253—257 (1968).

Wiesel, T. N.: Recording inhibition and excitation in the cat's retinal aganglion cells with intracellular electrodes. Nature (Lond.) **183**, 264—265 (1959).

— Receptive fields of ganglion cells in cat's retina. J. Physiol. (Lond.) **153**, 583—594 (1960).

Yarbus, A. L.: Eye movements and vision, p. 222. New York: Plenum Press 1967.

Quantitativer Ansatz zur Analyse der funktionellen Organisation des visuellen Cortex (Untersuchungen an Primaten)

O. Creutzfeldt*, E. Pöppl und W. Singer, München

Mit 8 Abbildungen

Die neurophysiologische Analyse des visuellen Systems höherer Wirbeltiere geht meist so vor, daß die optimalen Reizparameter einzelner Neurone gesucht werden. Diese Methode verleitet konsequenter Weise zu einer deterministischen Hypothese der Funktionsweise des Gehirns bei der Mustererkennung. Sie besagt im wesentlichen, daß bestimmte Zellen, Zellgruppen oder Säulen des primären visuellen Cortex aus einem Bild bestimmte „Elemente" herausfiltern und derart klassifiziert an das übrige Gehirn weiterleiten. Das Gesamtbild ergebe sich dann für das Gehirn aus dem Mosaik der herausgefilterten Einzelelemente — wobei in der Regel offen gelassen wird, wie und von wem dieser Elementenkode gelesen wird. Ein solches System der Musteranalyse würde um so effizienter arbeiten, je besser die Filter und je invarianter sie gegenüber anderen Reizvariablen sind. Es soll an Hand der folgenden Befunde gezeigt werden, daß eine derart deterministische Betrachtungsweise sich durch die physiologischen Befunde an corticalen Nervenzellen nicht stützen läßt.

Die Untersuchungen wurden an Affen (Macacus rhesus und Saimiri sciureus) durchgeführt, weil deren visuelle Leistungen bisher am besten untersucht worden sind, und weil die geschichtete Struktur ihrer visuellen Hirnrinde derjenigen des Menschen am nächsten kommt.

Unsere bisherigen Untersuchungen teilten sich in *zwei* Abschnitte. Zunächst wurde an Totenkopfaffen eine systematische Exploration der Hirnrinde durchgeführt, bei der die besten Triggerreize für jede Zelle gesucht wurden. In einer zweiten Versuchsserie wurde an Rhesusaffen jede Zelle quantitativ mit einer Standardreizkombination analysiert. Diese zweite Versuchsserie wurde unter der Vorstellung durchgeführt, daß im Sinne der eingangs kurz skizzierten Hypothese bestimmte corticale Neuronenpopulationen maximal und andere kaum oder gar nicht auf einen Aspekt der angebotenen Standardreizkombination reagieren müßten: gefragt wurde im zweiten Teil nicht mehr, welcher Reiz optimal sei, sondern ob aus einer gegebenen Reizkombination eine Zelle durch einen bestimmten Reiz so selektiv erregt wird, daß diese Erregung mit ausreichender Sicherheit den Reiz signalisiert.

A. Verteilung von neuronalen Reaktionstypen in verschiedenen Cortexschichten

Dieser Versuch wurde an Totenkopfaffen (Saimiri sciureus) durchgeführt, die durch Parkesernyl anästhesiert, durch eine Curare-Flaxedilmischung ruhig gestellt und

* Vortragender.

künstlich beatmet wurden. Von 105 untersuchten Neuronen aus drei sehr gut gelungenen Penetrationen — im ganzen wurden in 13 Versuchen 170 Neurone beschrieben — wurden drei Klassen gebildet. Diese Klassen waren: 1. Neurone, deren rezeptive Felder im wesentlichen konzentrisch waren, mit on- oder off-Zentrum und gegensinnigem Umfeld. Diese Neurone waren nur monocular erregbar. Sie wurden als afferente, geniculo-corticale Fasern klassifiziert. 2. Neurone, die durch relativ einfache, am besten bewegte Reize (Lichtstreifen, Schatten, einfache Kontraste o. ä.) zu erregen waren. Es handelte sich somit in der Regel um

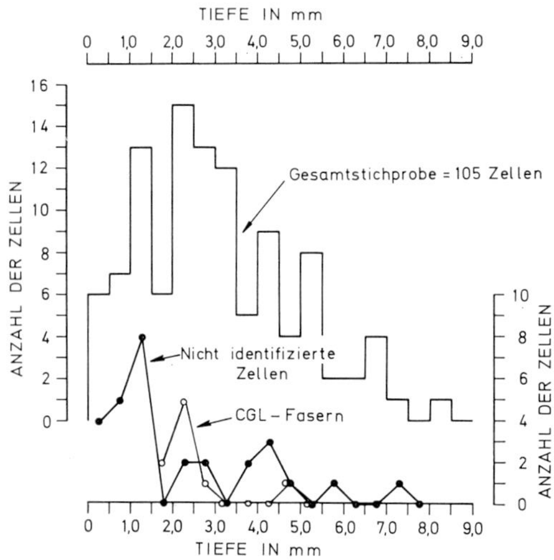

Abb. 1. *Analyse einer Stichprobe von 105 Neuronen im visuellen Cortex von Saimiri sciureus.* Oberes Histogramm und linke Ordinate: Anzahl der untersuchten Zellen. Unteres Histogramm und rechte Ordinate, ausgefüllte Kreise: Anzahl der Zellen, die nicht durch Lichtreize beeinflußt werden konnten; offene Kreise: geniculo-corticale Fasern. Abszisse: Tiefe in mm. Die Affen waren mit Parkesernyl anästhesiert; vermutlich deswegen war es unmöglich, jene Zellen zu beeinflussen, die kompliziertere Reizmuster benötigen. Die Zahl der Zellen, deren funktionelle Eigenschaften durch Lichtreize nicht identifiziert werden konnten, war an der Oberfläche des Cortex größer als in den tieferen Schichten (der Durchmesser des Cortex betrug 2,5 bis 3,0 mm, da die Elektroden nicht vertikal zum Cortex geführt wurden)

einfache Zellen nach der Nomenklatur von Hubel u. Wiesel (1962), doch konnten auch „komplexe Zellen" mit relativ einfach zu definierenden Triggereigenschaften darunter sein. 3. Zellen, deren Aktivität durch schwarz-weiße Lichtreize der verschiedensten Konfigurationen bei längerem Suchen (10 bis 30 min) nicht sicher beeinflußt werden konnten. Eine automatische Analyse mit Mittelung vieler Reizreaktionen wurde in dieser Versuchsserie nicht durchgeführt. Diese mangelhafte Reaktionsbereitschaft ist wohl teilweise auf das angewandte Analgeticum Parkesernyl zurückzuführen, das zu erheblichen EEG-Veränderungen und gruppierter neuronaler Spontanaktivität führt. Es ist außerdem möglich, daß ein Teil dieser Zellen komplexe oder „hyperkomplexe" Eigenschaften entsprechend der Nomenklatur von Hubel u. Wiesel (1965) hatte, doch läßt sich dies auf Grund der nur negativen Triggereigenschaften nicht beweisen. — Farbreaktionen wurden nicht untersucht.

Das Ergebnis der Untersuchung ist in Abb. 1 dargestellt. Die Häufigkeit der Neurone der einzelnen Klassen (Ordinate) ist als Funktion der Tiefe, gerechnet von der Cortex-Oberfläche aufgetragen. Die Maxima der einzelnen Klassen liegen an jeweils anderer Stelle. Die Mehrzahl der Neurone der Klasse 2 liegt im Bereich von 2,0 bis 3,5 mm, Neurone der 1. Klasse (CGL-Fasern) finden sich vorwiegend 2,0 bis 2,5 mm tief. Die von uns nicht durch Licht erregbaren Zellen (Klasse 3) liegen mehr an der Cortex-Oberfläche mit einem Maximum zwischen 1,0 und 1,5 mm. Diese Verteilung stimmt in den Grundzügen mit den Angaben von Hubel u. Wiesel (1968) überein, die allerdings in den mittleren Cortexschichten vorwiegend „komplexe" und in den obersten „hyperkomplexe" Zellen gefunden haben. An wachen Affen war es ebenfalls schwierig, Neurone der oberflächlichen Cortexschichten duch Lichtreize zu beeinflussen (Wurtz 1969).

Nach einer Organisation der Hirnrinde in „Säulen" wurde in diesen Versuchen nicht gefragt. Es fiel jedoch auf, daß Zellen mit ähnlicher oder gleicher funktioneller Organisation oft in Haufen zu finden waren, selbst wenn es sich nicht nur um bestimmte bevorzugte Reizausrichtungen oder Bewegungsrichtungen, sondern auch um kompliziertere binoculare Konvergenzverschaltungen handelte. Dies spricht dafür, daß nahe beieinanderliegende Zellen mit den gleichen afferenten Fasern ähnlich verschaltet sind, wie wir das ja schon früher im Katzencortex beobachtet hatten (Creutzfeldt u. Ito, 1968). Hinsichtlich anderer Charakteristika konnten bei der Untersuchung an nicht-anästhesierten Affen der zweiten Versuchsserie (s. Teil B) ohne Schwierigkeit diskrete Klassen von Neuronen mit niedriger und hoher Spontanaktivität unterschieden werden, d. h. Neurone mit weniger als 3/sec und über 15/sec. Eine zuverlässige Korrelation zur Tiefe oder zum Reaktionstyp der Neurone ergab sich nicht.

B. Reizreaktionen von nahe beieinanderliegenden Zellen

In der zweiten Versuchsserie wurden Rhesusaffen (Macacus rhesus) verwendet. Im Gegensatz zur ersten Serie waren die Tiere ohne Daueranästhesie. Sie waren jedoch paralysiert und schmerzfrei mittels einer besonderen Anordnung fixiert. Die gleichen Tiere konnten mehrere Male für je 3- bis 4stündige Sitzungen verwandt werden. Sie wurden vor jedem Versuch mit einem Kurznarkoticum anästhesiert und intubiert.

Die Augen schauten auf einen Schirm, über den sich ein einfacher schwarzweiß-Kontrast von rechts nach links und von links nach rechts, sowie von oben nach unten und von unten nach oben, mit einer Geschwindigkeit von 30°/sec bewegte. Es handelte sich also um vier verschiedene „Reize", die sowohl monocular als auch binocular geprüft wurden.

Praktisch alle abgeleiteten Neurone wurden von der Reizkombination in irgendeiner Weise beeinflußt. Die Reaktionen bestanden entweder in einer kurzen phasischen Aktivierung bzw. einer kurzen oder längeren Hemmung während der Kontrastpassage oder in einer tonischen Daueraktivierung bzw. -hemmung nach Kontrastwechsel. Mehrere Reaktionscharakteristika konnten gemeinsam beobachtet werden. Die drei folgenden Abbildungen (Abb. 2 bis 5) zeigen typische Penetrationen.

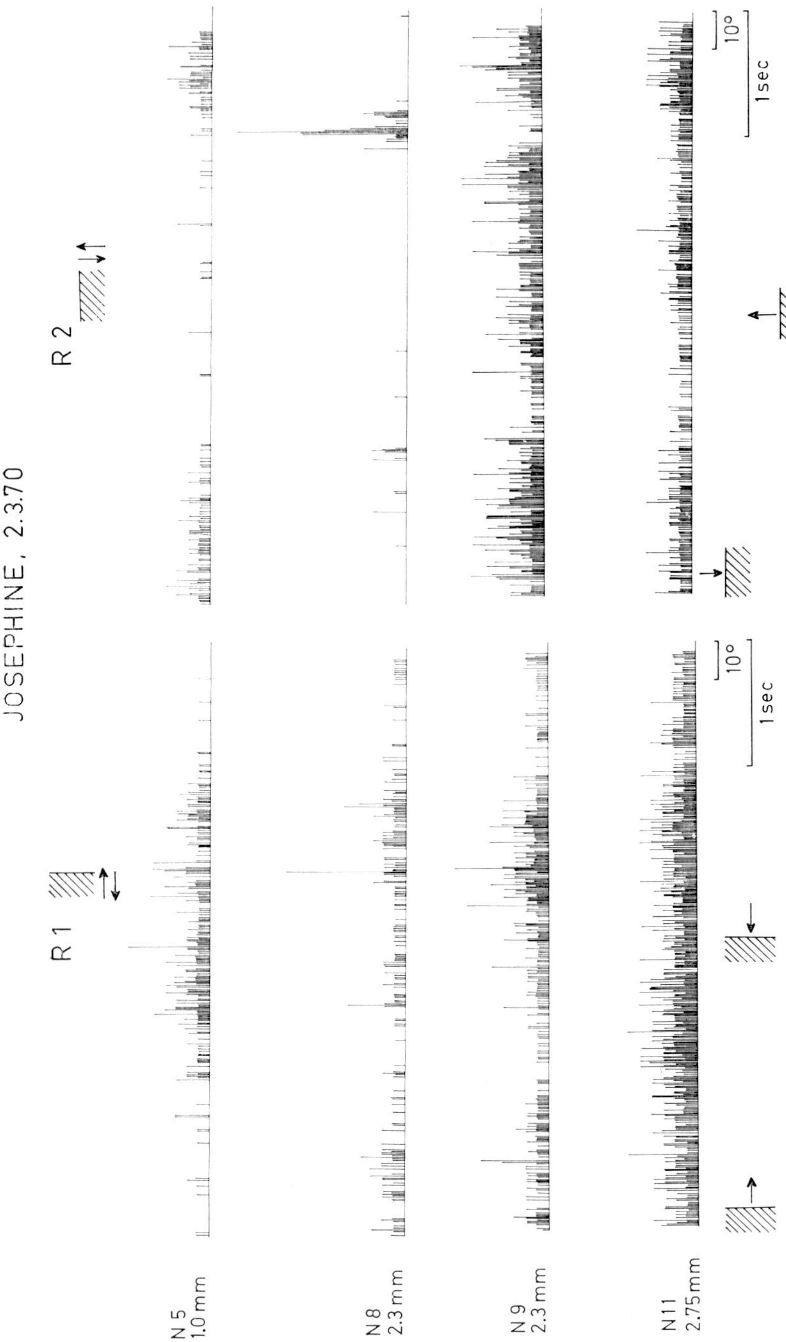

Abb. 2. (Legende siehe Seite 85)

Das zuerst abgeleitete Neuron in Abb. 2 (N 5) zeigt im wesentlichen das Verhalten eines off-Zentrum-Neurons, d. h. es wird aktiver, wenn der dunkle Reizabschnitt das rezeptive Feld bedeckt. Im Gegensatz zu einer typischen off-Reaktion eines retinalen oder genikulären Neurons findet sich jedoch keine stärkere überschießende Entladung unmittelbar, wenn der dunkle Schatten das Feld bedeckt. Das nächste Neuron (N 8) zeigt bei der Kontrastpassage über das rezeptive Feld von links nach rechts eine länger dauernde Hemmung, die bereits 10° vor Eintritt in das Feldzentrum beginnt und insgesamt etwa für 30° anhält. Bei Bewegung von rechts nach links (zweite Hälfte des linken Histogramms) kommt es zu einer abrupten Hemmung. Bei vertikaler Bewegung des horizontal gestellten Reizes (R 2) sieht man eine geringe Reaktion bei Abwärtsbewegung des schwarzen Kontrastes und eine starke Reaktion bei Aufwärtsbewegung. Dieser Reiz ist also aus der angebotenen Reizkombination der optimale Reiz. Ein unmittelbar daneben liegendes Neuron (N 9) zeigt bei horizontaler Bewegung im wesentlichen das gleiche Reaktionsmuster wie das vorherige, jedoch bei vertikaler Bewegung eine starke Hemmung während der optimalen Aktivierungsreaktion des benachbarten Neurons. Das nächste Neuron (N 11) schließlich zeigt wieder im wesentlichen ein ähnliches Verhalten wie das erste Neuron (N 5) dieser Penetration.

In Abb. 3 ist eine Penetration dargestellt, bei der nur die horizontale Reizbewegung geprüft wurde. Da das erste Neuron aus einer Tiefe von mindestens 2,45 mm, wahrscheinlich sogar tiefer (s. Legende) abgeleitet wurde, handelt es sich hier um eine Penetration von der Innenfläche des eingefalteten Cortex zur Cortexoberfläche hin. Wiederum sieht man bei einigen Neuronen (N 1, 4, 5, 6) einen breiten Hemmbereich von 30 bis 40°, der bei N 7 und 8 auch erkennbar, aber etwas nach rechts versetzt ist. Nur zwei Neurone zeigen eine starke Erregung während der Reizpassage durch das Feldzentrum, N 2 in beiden Richtungen, N 3 stärker von rechts nach links als von links nach rechts. Auffällig ist weiterhin die starke seitliche Versetzung der maximalen Aktivierungsreaktion in den verschiedenen Neuronen (N 2, 3, 5, 7). Die Verschiebung beträgt bei N 5 und 7 bei der Rechts-Links-Bewegung etwa 10°. Dies ist weit mehr, als man selbst bei stark geneigter Penetrationsrichtung und somit Lokalisation der Zellen in verschiedenen „Säulen“

Abb. 2. *Verschiedene Zellen des visuellen Cortex, die bei einer Penetration registriert wurden.* Macacus rhesus, Area 17. Binoculare Reizung. Der Reiz war ein Schwarz-weiß-Kontrast mit der dunklen Seite links und der hellen Seite rechts. Der Kontrast wurde mit konstanter Geschwindigkeit (30°/sec) von links nach rechts und wieder zurück bewegt (R 1, linke Histogramme); oder von oben nach unten und wieder zurück, wobei hier die dunkle Seite unter der hellen war (R 2, Histogramme rechts). Der Anfangspunkt der Histogramme (Bin-Weite 10 msec) ist gegeben durch den Beginn des Bewegungsreizes in der angegebenen Richtung; der Umkehrpunkt des Reizes fällt etwa zusammen mit der Mitte der Histogramme; die zweite Hälfte der Histogramme wurde bei der Rückbewegung des Reizes registriert. Links ist die Tiefe angegeben, in der die Zellen gefunden wurden. Jedes Histogramm stellt die Summe der Reaktionen auf 10 Reize dar. (Die kleinste Summationslinie entspricht einer Entladung innerhalb von 10 msec bei 10 Reizen.) Zelle N 5 hat Eigenschaften eines off-Zentrum-Neurons, d. h. sie ist aktiver, wenn der dunkle Teil des Reizes das rezeptive Feld bedeckt. Die nächste Zelle (N 8) reagiert besonders bei einer Aufwärtsbewegung des Reizes. Im selben Bereich wird N 9 gehemmt. Beide Zellen (N 8 und 9) haben einen sehr breiten inhibitorischen Bereich (30°), der am besten bei horizontaler Bewegung des Reizes zu beobachten ist. Die letzte Zelle (N 11) hat wieder im wesentlichen ein off-Zentrum ohne starke Hemmung durch Licht

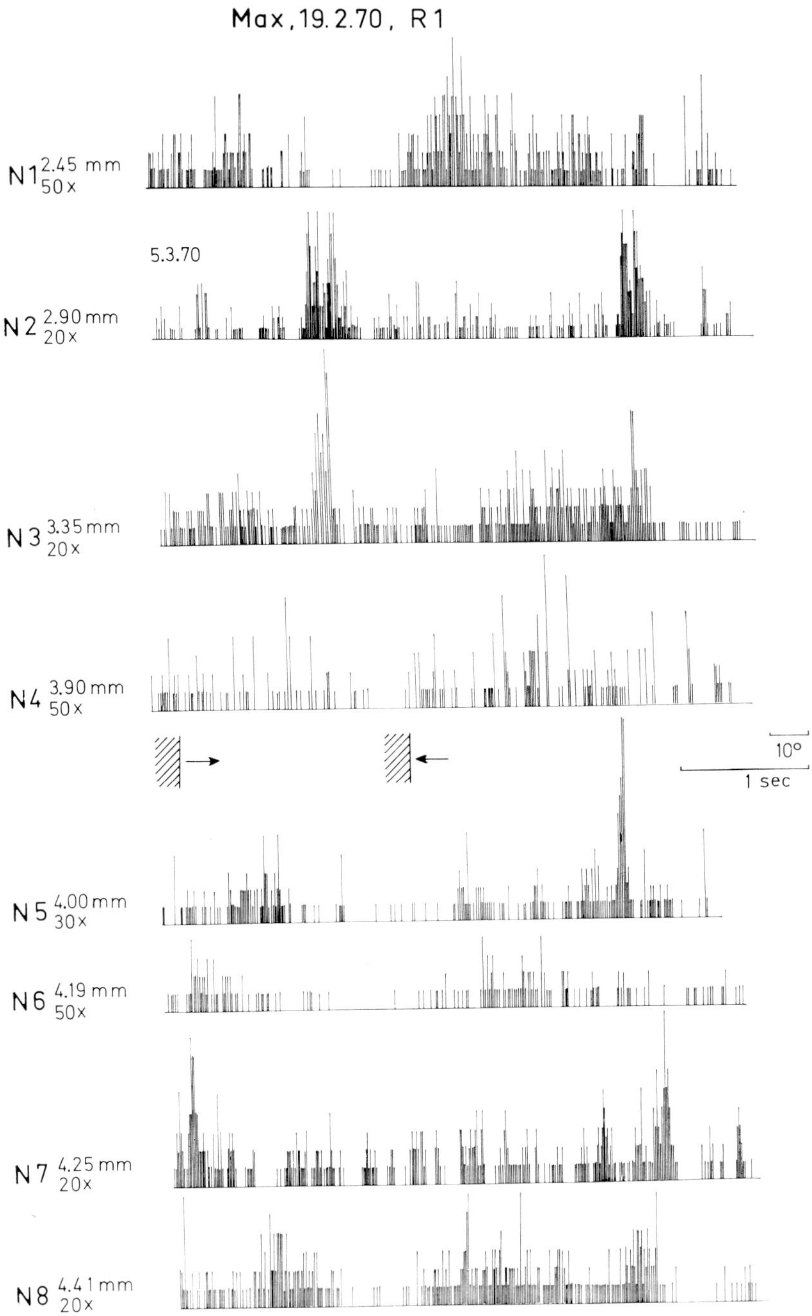

Abb. 3. (Legende siehe Seite 87)

erwarten würde. Eine solche Verschiebung des Reaktionsmaximums läßt sich jedoch einfach erklären, wenn man excitatorische Verschaltungen mit afferenten on- oder off-Fasern oder excitatorische Verschaltungen mit Fasern, die sich eine weite Strecke horizontal im Cortex ausgebreitet haben, annimmt (Creutzfeldt u. Ito, 1968).

Ein eindrucksvolles Beispiel dieser Art ist in Abb. 4 dargestellt. Auch hier stammen die Histogramme von einer Penetration. Es ist deutlich erkennbar, daß die maximale excitatorische Reaktion bei der Links-Rechts-Bewegung bei N 1 um 3° später auftritt als bei N 2, obwohl beide Neurone nur 50 μ voneinander entfernt sind. Insgesamt zeigt das Verhalten von N 1, daß die initiale Reaktion im wesentlichen derjenigen eines off-Zentrumneurons entspricht, da nach Bedeckung des rezeptiven Feldes durch den dunklen Teil des Reizes die Aktivierung noch anhält. Gleichzeitig mit der Aktivierung von N 1 ist N 2 gehemmt. Die Art der Aktivierung und die Sequenz von Erregung und Hemmung in beiden Fällen (N 1 und N 2) entspricht übrigens nicht der zu erwartenden Reaktion einer Geniculatumfaser. Bei beiden Neuronen müssen zusätzlich zu der vorwiegend excitatorischen Verschaltung mit einer off- (N 1) bzw. on-Zentrum-Faser des CGL (N 2) noch hemmende und erregende Eingänge angenommen werden.

N 3 schließlich, das 200 μ von N 2 entfernt ist, zeigt eine starke Reaktion bei der Vertikal-, und nur eine geringe bei der Horizontalbewegung. In beiden Reizsituationen entspricht die Reaktion im wesentlichen derjenigen eines on-Zentrumneurons, d. h. starke Aktivierung bei Bedeckung des rezeptiven Feldes mit dem hellen Teil des Kontrastreizes. Doch besteht ein Unterschied zwischen „on-Reaktion“ bei Horizontalbewegung und derjenigen bei Vertikalbewegung, so daß es sich auch hier nicht um eine Geniculatumfaser handeln kann.

Obwohl häufig Neurone, die auf die gleichen Reizaspekte ähnlich reagieren können, dicht beieinander liegen, gibt es andererseits immer wieder Fälle, bei denen Neurone unmittelbar nebeneinanderliegen, die jeweils auf verschiedene Aspekte der Reizkombination verschieden reagieren. Auch kann ein Neuron mit einer besonderen Triggereigenschaft (z. B. vorwiegende oder ausschließliche Reaktion auf einen bewegten Balken bestimmter Richtung) neben Neuronen mit anderen Triggereigenschaften liegen. Dies ist in der dritten Penetration (Abb. 5) gezeigt. Auch in diesem Fall wird der eingefaltete Cortex von innen nach außen penetriert. Neuron 18 war ein typisches bewegungs- und richtungsempfindliches Neuron, das nur auf die Bewegung von rechts nach links eines um 45° geneigten

---

Abb. 3. *Reaktionen von Zellen des visuellen Cortex auf einen horizontal bewegten Schwarz-weiß-Kontrast.* Macacus rhesus, Area 17. — Alle Zellen wurden während einer Penetration registriert. Der eingefaltete Cortex wurde von den tieferen zu den oberflächlichen Schichten penetriert. Die Tiefe 0,0 entspricht der ersten Zelle, die bei dieser Penetration registriert wurde; diese Zelle lag etwa 1 bis 2 mm unter der Cortexoberfläche, die nicht genau bestimmt werden konnte. Nahezu vertikale Penetration. Zur Erklärung des Reizes und der Histogramme vgl. Abb. 2. Die Zahlen unter den Tiefenangaben sind die Anzahl der Reize des betreffenden Histogramms. Binoculare Reizung. Beachte den breiten inhibitorischen Bereich in fast allen Zellen. Der Bereich maximaler Erregung ändert sich beträchtlich zwischen den Zellen. Verschiedene Zellen reagieren unterschiedlich auf den Bewegungsreiz: entweder mit Erregung auf eine Bewegung in beiden Richtungen (N 2), bevorzugt auf die Bewegung von links nach rechts (N 3), von rechts nach links (N 5, 7), oder nur mit Hemmung (N 1, 4 und 8)

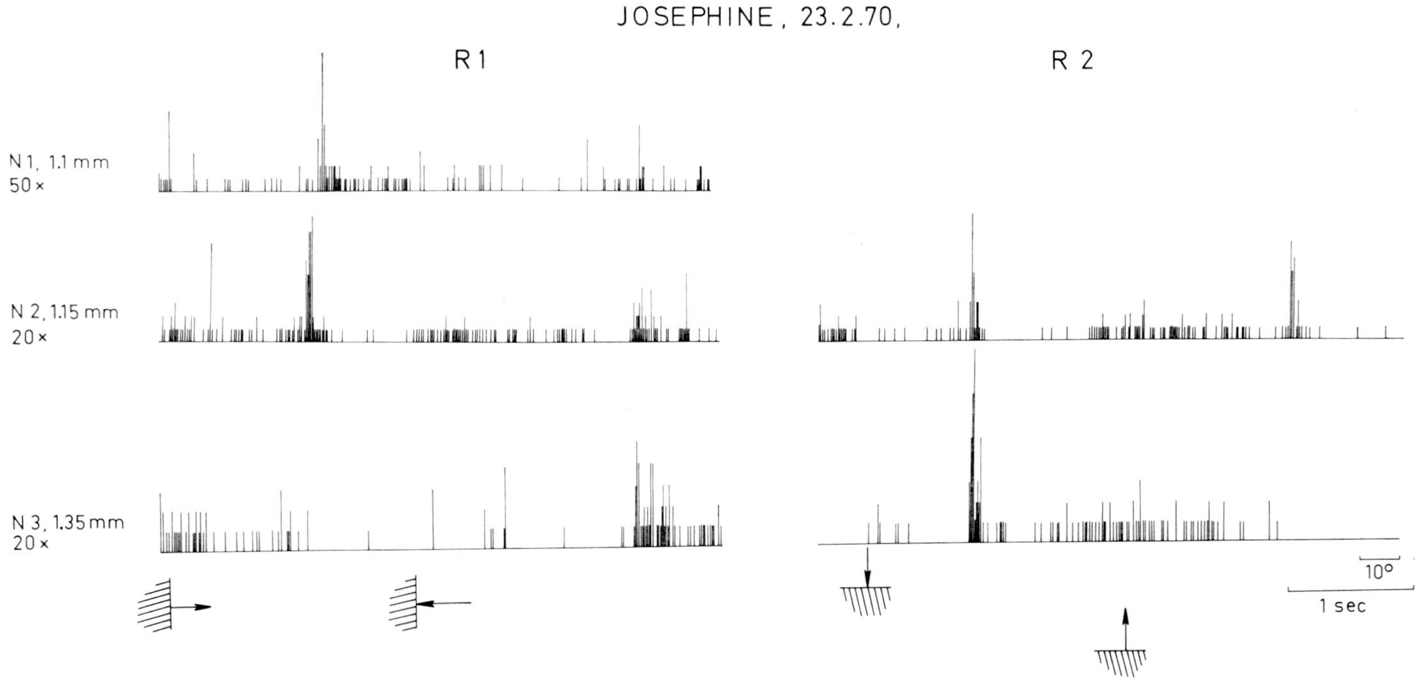

Abb. 4. *Reaktionen von drei benachbarten Zellen auf denselben Reiz.* Macacus rhesus, Area 17. Dieselbe Reizanordnung (bewegter Kontrast) wie in Abb. 2 und 3. Anzahl der Reize jedes Histogramms unter der Tiefenangabe. Die maximale Erregung der Zellen N 1 und 2 auf den horizontal bewegten Reiz unterscheidet sich um etwa 3°, obwohl beide Zellen nur 50 μm voneinander entfernt sind. Alle Zellen werden durch unterschiedliche Reizkomponenten erregt

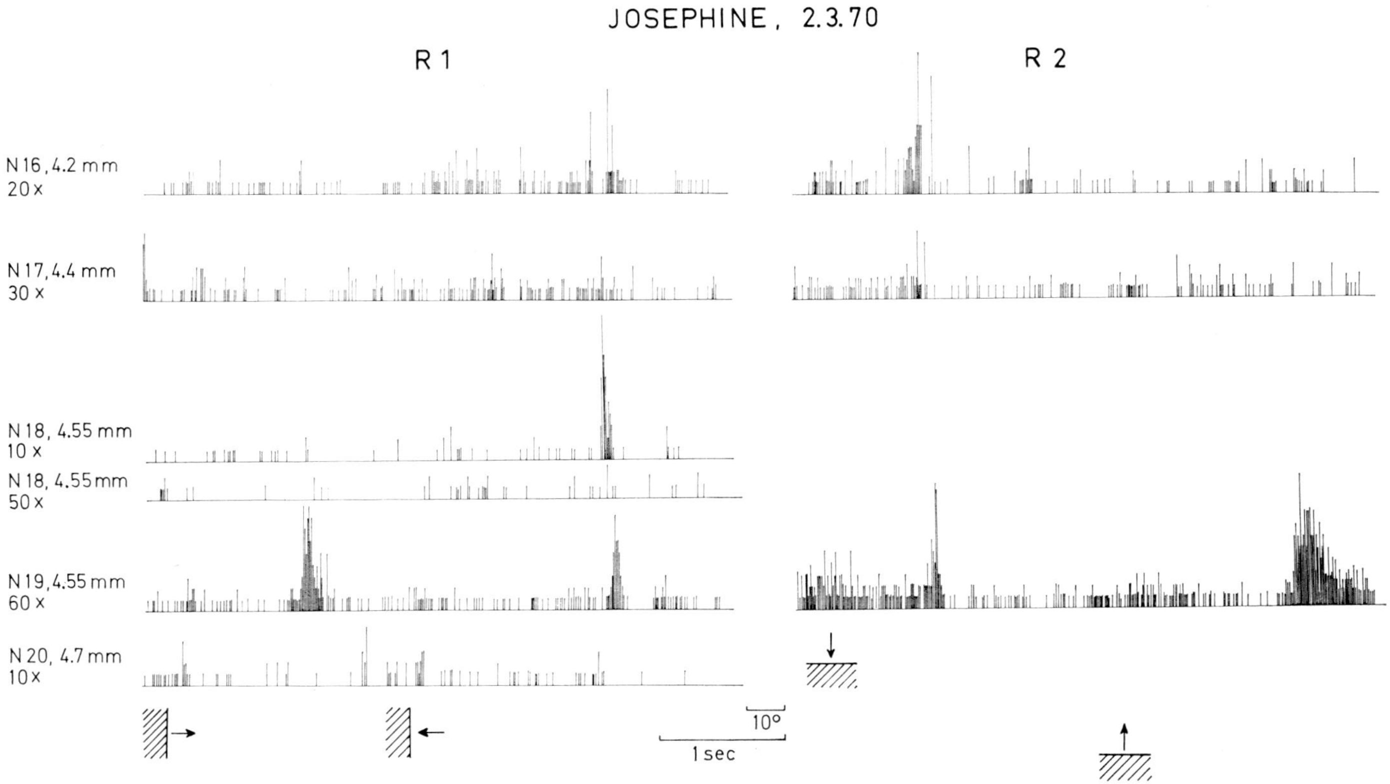

Abb. 5. *Antworten verschiedener Neurone auf bewegte Reize während einer Penetration.* Macacus rhesus, Area 17. Reizung und Histogramme wie in den vorhergehenden Bildern. Auch diese Penetration erfolgt im eingefalteten Cortexbereich und ist deshalb von innen nach außen gerichtet. N 18 war eine typische „simple cell", die am besten auf einen 1° breiten, 45° geneigten Lichtbalken reagierte (oberstes Histogramm von N 18). Das nächste Histogramm mit dem Standardreiz läßt keine Reizantwort erkennen, obgleich 50 Reize gemittelt wurden. Die übrigen Reaktionsmerkmale sind mit denen in den vorhergehenden Abbildungen vergleichbar

weißen Striches mit einer Entladung reagierte (N 18, 10 x). Bei Verwendung des Standardreizes (N 18, 50 x) findet sich praktisch keine Reaktion. 350 μ davon entfernt findet sich ein Neuron (N 16), das kurz vor und kurz nach der Maximalerregung von N 18 entlädt, währenddessen aber gehemmt ist. Praktisch an gleicher Stelle wie N 18 findet sich ein Neuron (N 19), das auf Kontrastpassage in allen vier Richtungen mit einer deutlichen Erregung reagiert; 150 μ davon entfernt ein Neuron (N 20), das wieder nur mit einer fast 40° breiten Hemmung reagiert.

Aus diesen Befunden lassen sich einige Verallgemeinerungen ablesen: 1. Praktisch alle Neurone werden in irgendeiner Weise von der Passage eines einfachen Kontrastes über ihr rezeptives Feld affiziert. Bei einigen wurde nur eine mehr oder weniger stark ausgeprägte Hemmung aber keine Erregung ausgelöst. Dieser Hemmbereich, der auch um die Erregung einer einzelnen Zelle herum nachgewiesen werden kann, beträgt 30 bis 40°. Das bedeutet, daß ein corticales Neuron aus einem großen Bereich des gesamten Gesichtsfeldes hemmende Impulse erhält. 2. Neurone mit ähnlichen optimalen Triggereigenschaften können dicht zusammenliegen, aber es kommt nicht selten vor, daß Neurone mit völlig verschiedenen Triggereigenschaften dicht nebeneinanderliegen. 3. Die excitatorischen rezeptiven Felder von dicht beieinanderliegenden Neuronen sind innerhalb weniger Winkelgrade im gleichen Netzhautbereich lokalisiert. Stärkere scheinbare Verschiebungen kommen z. T. dadurch zustande, daß einige Zellen excitatorische Verbindung mit einem afferenten on-Zentrumneuron, andere mit einem afferenten off-Zentrumneuron haben; z. T. sind auch afferente geniculo-corticale Fasern mit verschiedener retinaler Lokalisation verantwortlich. Bei einem rasch bewegten Reiz wie in der benutzten Versuchsanordnung kann es infolge dieser verschiedenartigen Verschaltungen zu teilweise erheblichen Verschiebungen des maximalen Reizortes bei dicht nebeneinanderliegenden Neuronen kommen. 4. Verschiedene Reizaspekte der gesamten Reizkombination konnten bei einem Neuron annähernd gleich stark, bei einem anderen verschieden stark beantwortet werden. Oder es wurde nur ein Aspekt beantwortet.

C. Reaktionen bei monocularer und binocularer Reizung

Wenn — was nach dem vorhergehenden bereits wenig wahrscheinlich ist — jedes Neuron invariant einen Reizaspekt herausfiltert, und wenn dies der funktionelle Sinn der optimalen Triggereigenschaften von corticalen Neuronen wäre, dürfte sich kein wesentlicher Unterschied der Reaktion finden, wenn monocular und binocular gereizt wird. Zunächst ist auffällig, und bereits von Hubel u. Wiesel (1968) bemerkt, daß die Zahl der binocular innervierten Neurone im visuellen Cortex des Affen wesentlich kleiner ist als bei der Katze. Von 22 Neuronen, die wir bisher ausführlich und quantitativ untersucht haben, zeigten nur vier eine signifikante excitatorische Reaktion von je beiden Augen. Bei keinem Neuron war die Reaktion auf die gleiche Serie von Standardreizen auf beiden Augen gleich. Aber bei den *meisten* Neuronen wurden bei binocularer Reizung die phasischen Reaktionskomponenten stärker als bei monocularer Reizung hervorgehoben. Dabei war auffällig, daß tonische Aktivität bei binocularer Reizexposition meist stark unterdrückt wurde, wie an den folgenden Beispielen gezeigt wird. Seltener fanden sich Neurone, bei denen die von einem Auge ausgelöste Reaktion durch Belichtung des anderen Auges gehemmt wurde (Abb. 8). Das Hemmfeld war in diesen Fällen relativ groß. Derartige Neurone fanden sich gehäuft in einzelnen Regionen.

Abb. 6 zeigt ein Neuron, bei dem die monoculare Reaktion bei binocularer Reizung stärker und schärfer in Erscheinung tritt. Es handelt sich um ein Neuron,

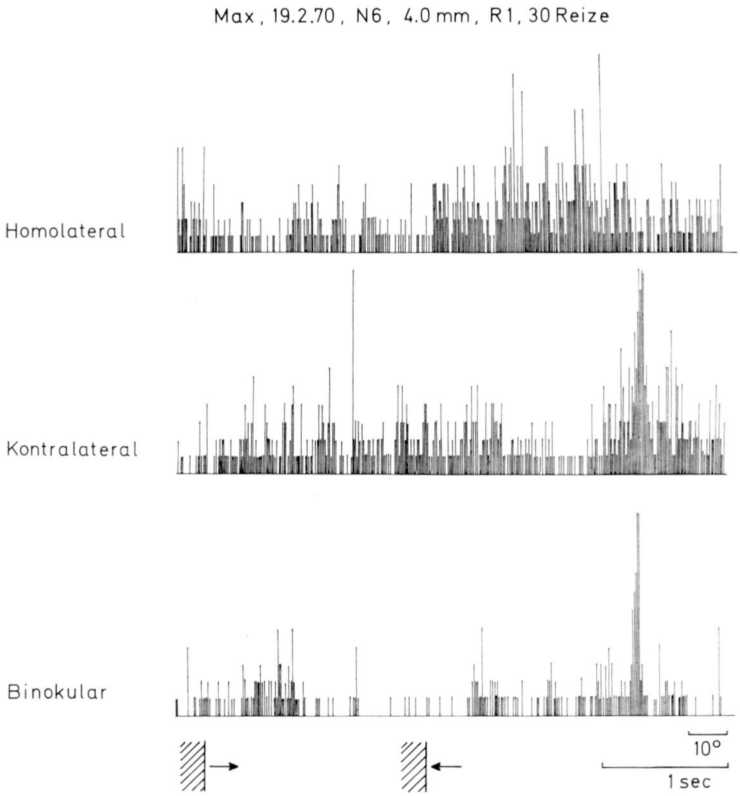

Abb. 6. *Monoculare und binoculare Reaktionen auf einen Bewegungsreiz.* Macacus rhesus, Area 17. Dieselben Reiz- und Histogrammanordnungen wie in den vorangegangenen Abbildungen. Nur die Reaktionen auf den horizontal bewegten vertikalen Kontrast sind abgebildet. Bei monocularer, kontralateraler Reizung erscheint ein breites Erregungsfeld bei rechts-links-Bewegung, dem ein inhibitorischer Bereich vorausgeht. Der nur homolateral gebotene Reiz führt zu einer leichten Hemmung im Bereich der kontralateralen Excitation. Der binocular gebotene Reiz führt zu einer starken Abnahme der tonischen Reaktion, von der sich eine starke Erregung mit einem schmalen Feld abhebt, das etwa dem mittleren Teil des breiten kontralateralen Feldes entspricht. Die maximale Erregung bei binocularer Reizung entspricht etwa der bei monocularer Reizung

das bei monocularer Reizung dominant vom kontralateralen Auge erregt wurde. Aus einer insgesamt starken Daueraktivität hebt sich bei Kontrastbewegung von rechts nach links eine Erregung deutlich hervor, deren Maximum etwa 6° im Durchmesser hat. Homolaterale Reizung allein bewirkt nur eine leichte Hemmung bei Kontrastpassage in der gleichen Richtung. Bei binocularer Reizung ist die Erregungsspitze etwa gleich groß wie bei kontralateraler Reizung allein, doch ist das Erregungsfeld nur 3° groß. Desgleichen ist die tonische Daueraktivität insgesamt vermindert. Zweifellos ist der ,,Informationsgehalt" der Aktivierung dieses Neurons bei Reizung des homo-, des kontralateralen und beider Augen zusammen

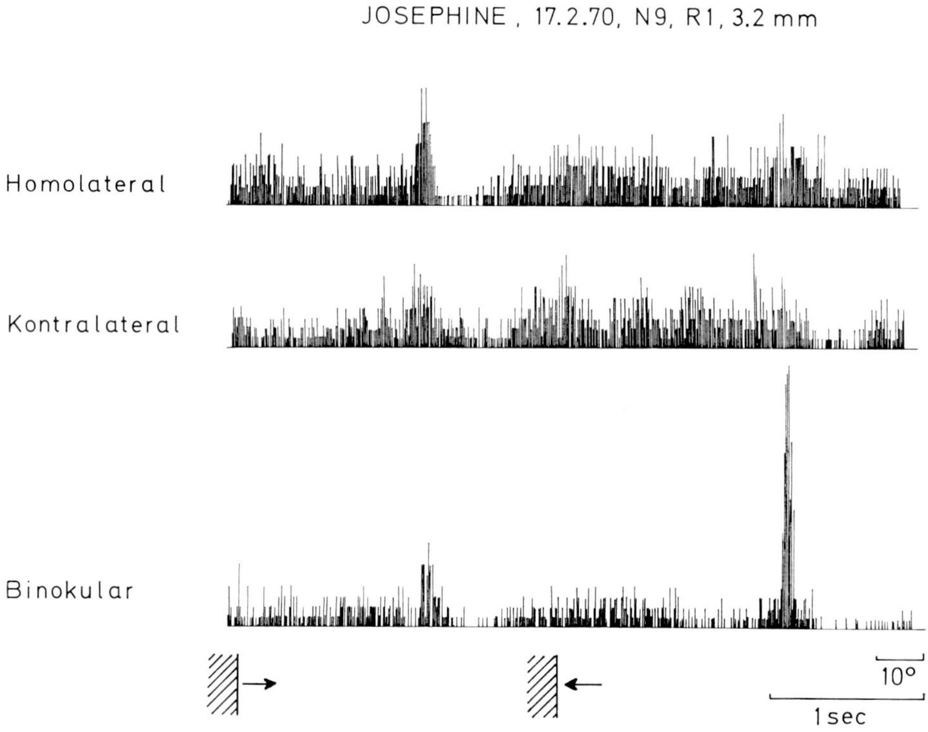

Abb. 7. *Monoculare und binoculare Antworten eines Cortexneurons auf einen bewegten Reiz.* Macacus rhesus, Area 17. Analysemethode und Reizung sind die gleichen wie in den vorigen Abbildungen. Die monocularen Reize führen nur zu geringer Erregung, wenn sich der Kontrast von links nach rechts bewegt, und zu keiner Reaktion in der anderen Richtung. Während binocularer Reizung sind tonische Reaktion und monoculare Reizantworten deutlich unterdrückt, eine starke excitatorische Reaktion erfolgt jedoch, während sich der Kontrast von rechts nach links bewegt. Diese Reaktion war während monocularer Reizung nicht nachweisbar

verschieden. Noch deutlicher ist dies bei dem Neuron von Abb. 7. Dies Neuron zeigt bei monocularer Reizung eine homolateral dominante Reaktion bei Kontrastbewegung von links nach rechts. Bei binocularer Reizung sind die gesamte tonische Aktivität und die monocularen Reaktionen weitgehend unterdrückt, und es tritt jetzt eine scharfe, wiederum auf etwa 2 bis 3° beschränkte starke Erregung bei der — monocular praktisch unwirksamen — Kontrastbewegung von rechts nach links in Erscheinung.

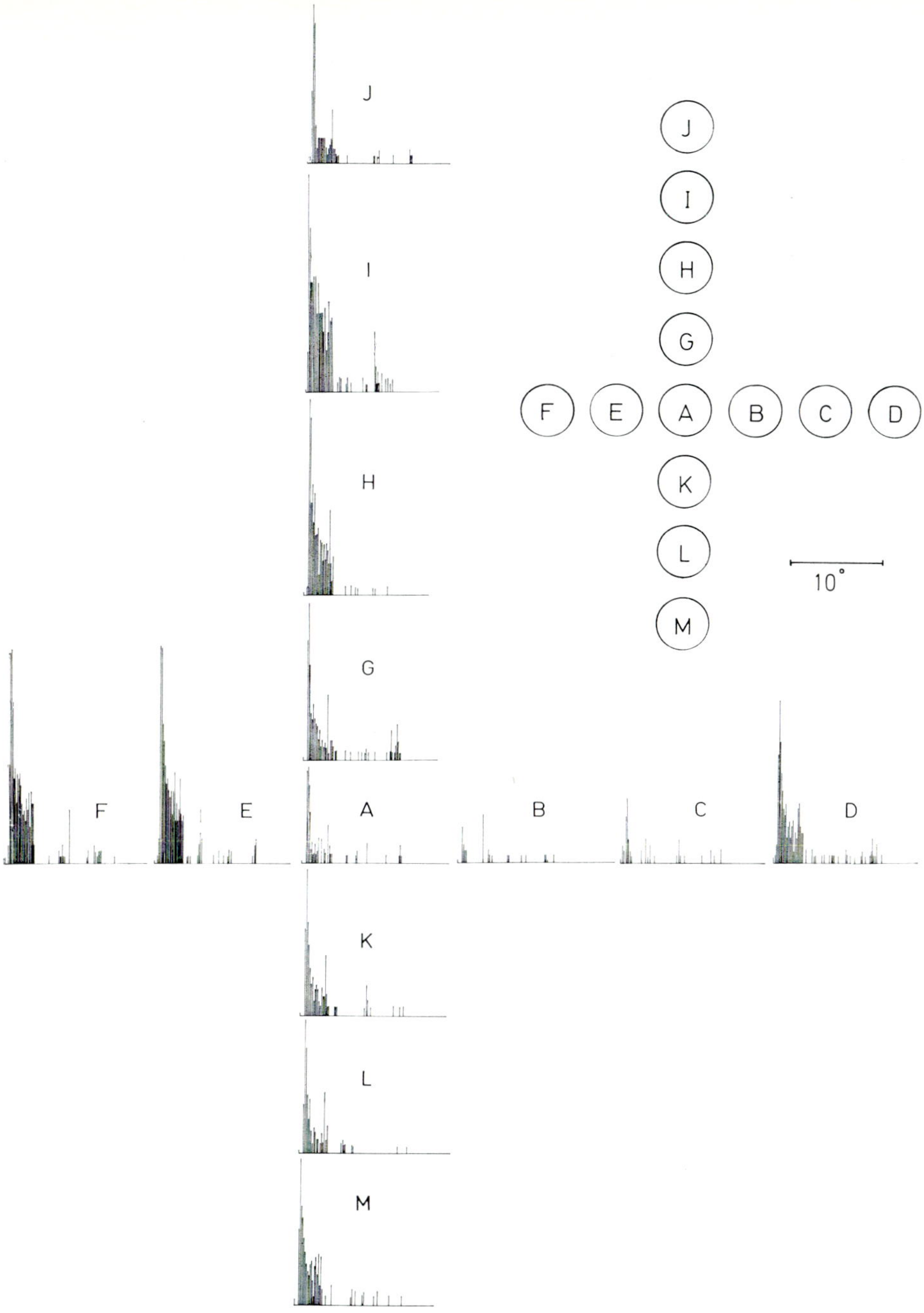

Abb. 8. *Binoculare Inhibition in Area 17.* Saimiri sciureus, Parkesernyl-Anästhesie. Antworten (PSTH) auf einen Lichtpunkt (1° Durchmesser), der in den erregenden Teil des rezeptiven Feldes dieses Neurons im kontralateralen Auge projiziert wurde. Wenn Dauerlichtreize (Punktgröße 5°) auf die rezeptiven Felder A, B, C, G, K, L des homolateralen Auges projiziert wurden, nahm die kontralaterale Antwort ab (s. Histogramme). Die Größe des homolateralen inhibitorischen Feldes beträgt etwa 15°. Sein Maximum liegt im korrespondierenden Netzhautbereich. Solche Neurone wurden an einigen Stellen der Area 17 gehäuft gefunden. Ihre binoculare Organisation wäre mit der Funktion eines kompensierenden Rückkopplungskreises für die binoculare Konvergenz vereinbar. Dauer des kontralateralen Reizes: 500 msec. PSTH: gemittelt über 10 Reize, Klassenbreite 10 msec.

Im letzten Beispiel ist eine Zelle gezeigt, die vom kontralateralen Auge erregt und vom homolateralen gehemmt wird. Derartige Zellen fanden sich wiederum gehäuft und wurden bei mehreren Experimenten bei Saimiri sciureus gefunden. Abb. 8 zeigt Reaktionen auf einen 500 msec langen Lichtreiz (1° Durchmesser), der in das erregende kontralaterale retinale Feld des Neurons geleuchtet wird. Bei gleichzeitiger Dauerbeleuchtung von verschiedenen Netzhautpunkten der homolateralen Netzhaut kommt es zu einer Unterdrückung der Reizantwort, wenn der Reiz innerhalb von ca. 15° des korrespondierenden Netzhautpunktes liegt (Punkte A, B, C, G, K und L der Reizkarte). Es läßt sich im Augenblick schwer sagen, ob es sich hier um eine besondere ,,Klasse" von Neuronen handelt, deren Aufgabe evtl. die eines Nullwertreglers für die Konvergenzschaltung der Augen wäre.

Diskussion

Die synaptische Verschaltung von afferenten geniculo-corticalen und evtl. intracorticalen Fasern an einzelnen corticalen Zellen, die zu den beobachteten Reaktionen führt, soll hier nicht diskutiert werden (s. hierzu Creutzfeldt u. Ito, 1968). Einige Gesichtspunkte wurden bereits auf S. 90 erwähnt. Vielmehr sollen nur einige allgemeine Aspekte dieser vorläufigen Untersuchung besprochen werden, die als Vorstudie für eine gründliche Untersuchung der Filtereigenschaften der verschiedenen Stationen des visuellen Systems gedacht ist. Die meisten der untersuchten Neurone sprachen auf bestimmte Aspekte der verwendeten Reizkombination besser an als auf andere. Die bisherigen Ergebnisse können aber nicht als Stütze eines Konzeptes gewertet werden, das den Neuronen des primären visuellen Cortex die Rolle von exklusiven Invariantenfiltern im üblichen Sinne zuschreibt. Der Reaktionsbereich jedes einzelnen Neurons ist sehr breit und wird vermutlich auch normalerweise bei der Mustererkennung in seiner ganzen Breite verwendet.

Bei der Verarbeitung optischer Information wird offenbar ein Kompromiß eingegangen zwischen der Notwendigkeit, überhaupt Invarianzklassen zu bilden, aber innerhalb solcher Klassen auf zu große Spezifität zu verzichten. Was wahrgenommen wird, ist nicht eindeutig durch die Reizsituation determiniert, sondern muß vom Gehirn erst interpretiert werden, indem verschiedene endogene Bereitschaften der gleichen durch die Afferenz übertragenen Information verschiedene Bedeutung zumessen können.

Es ist nicht möglich, zum jetzigen Zeitpunkt unserer Kenntnisse eine geschlossene Theorie des visuellen Cortex zu formulieren. Sicher ist *eine* wesentliche Aufgabe der Area 17, die Bilder der beiden Netzhäute in Deckung zu bringen und bei mangelhafter Konvergenz der Augen Steuerimpulse an die subcorticalen Augenmuskelkerne zu senden. Die hier kurz skizzierten Befunde über binoculare Reizeffekte an corticalen Neuronen könnten in einer neurophysiologischen Theorie des binocularen Sehens verarbeitet werden wie sie z. Z. von P. O. Bishop vorgeschlagen wird (Bishop, 1970, s. auch den Vortrag Freund in diesem Band). Dennoch muß man annehmen, daß die gleichen Elemente, die vielleicht für die Konvergenzsteuerung der Augen von Bedeutung sind, auch für die Wahrnehmung wichtig sind.

Es sind eine Reihe von Verarbeitungsprinzipien des visuellen Cortex vorgeschlagen worden, die im wesentlichen durch die Methode bestimmt sind, mit der man die corticalen Neurone untersucht. Jedes dieser Prinzipien allein schließt jedoch andere Funktionen, die der visuelle Cortex ausführt, aus. Man könnte sagen, daß der visuelle Cortex diffuses Licht verwirft und nur Kontrastlinien herausfiltert; dann ist die Wahrnehmbarkeit von Helligkeits- und Farbwerten größerer Flächen nicht möglich. Man könnte die bisher gefundenen optimalen Kontrastrichtungen von hellen und dunklen Linien als die herausgefilterte Information betrachten, doch dann wären für das Verhalten wesentliche Form- und Gestaltelemente ausgeschlossen. Wenn man die Analyse von Raumfrequenzen als corticales Verarbeitungsprinzip annimmt, würde die Wahrnehmbarkeit einer großen Menge von aperiodischen Signalen und von Flächen eingeschränkt sein.

Eine allgemeine Theorie des visuellen Cortex wird auf jeden Fall berücksichtigen müssen, daß die Reaktionen eines einzelnen corticalen Neurons nur für das Gehirn sinnvolle Information enthält, wenn viele weitere Informationen über den Reiz bekannt sind, also unter der Voraussetzung einer großen Menge von „IF-statements". Diese müssen vom Gehirn mitverarbeitet werden. Die Verschaltung der corticalen Neurone mit afferenten Fasern und untereinander, die die Grundlage für den Algorithmus des visuellen Cortex ist, ist sicher schon bald nach der Geburt — zumindest in den Grundzügen — vorhanden (Hubel u. Wiesel, 1962). Dennoch dauert es eine weite Spanne der Ontogenese, bis das jeweilige Gehirn den Symbolismus seines visuellen Cortex voll „versteht", das heißt auf den neurophysiologischen Symbolismus des artgegebenen Verhaltensrepertoires abgestimmt hat.

Summary

1. In squirrel monkeys, single units were recorded in area 17 and classified according to depth and response type (Fig. 1). The animals were anesthetized with Parkesernyl which made cells with complicated trigger features virtually unexcitable by light stimuli of any sophistication. Such unexcitable cells were mainly found between 0 to 1.5 mm below the cortical surface, geniculate fibres between 1.5 to 2.5 mm and other types (simple as well as complex cells) throughout the cortex with a maximum at 2 mm.

2. In unanesthetized rhesus monkeys (painless head fixation, artificial respiration, complete muscle relaxation), area 17 cells were stimulated with a standard stimulus combination: A dark-white contrast was moved horizontally and vertically in both directions at a speed of 30°/sec. The optimal stimulus parameter was determined only in some cells and was generally disregarded in this analysis. All neurones were affected in some way by the stimulus series. A variably strong inhibition with a large field (up to 30° in diameter) was the most consistent response. Some cells responded with excitation to only one aspect of the stimulus combination (movement from right to left or up-down), others to several aspects. Nearby units could respond to the same or to different aspects. Units in one column could show a scatter of their excitatory field by several degrees. This was due to different excitatory synaptic connections with on- or off-center input fibers (e.g. Fig. 4) or with fibers with different receptive field locations. The receptive field position of the main excitatory input of one cell could be identical to that of a circumscribed strong inhibition of nearby cells (Fig. 5).

3. Binocularly driven cells were found to be less common than in the cat. Besides the usual binocular summation effect, considerable differences could be found between monocular and binocular responses (Figs. 6—8). One type of cell not yet described received a strong inhibitory input from one eye and an excitatory input from the other. Other cells showed qualitatively different responses to monocular and binocular stimulation.

4. It was concluded that a deterministic classification of cortical neurones according to their trigger features or to the degree of stimulus abstraction is inappropriate, if one is trying to understand the function of the visual cortex. Some theoretical arguments are advanced against the hypothesis that individual neurones extract invariant classes of form or certain "Gestalt" elements.

Literatur

Bishop, P. O.: Neurophysiology of binocular single vision and stereopsis. In: Handbook of Sensory Physiology, Vol. 7. Berlin-Heidelberg-New York: Springer (im Druck).

Creutzfeldt, O. D., Ito, M.: Functional synaptic organization of primary visual cortex neurones in the cat. Exp. Brain Res. **6**, 324—352 (1968).

— Sakmann, B.: Neurophysiology of vision. Ann. Rev. Physiol. **31**, 499—544 (1969).

Hubel, D. H., Wiesel, T. N.: Receptive fields, binocular interaction and functional architecture in the cat's visual cortex. J. Physiol. (Lond.) **160**, 106—154 (1962).

— — Receptive fields of cells in striate cortex of very young, visually inexperienced kittens. J. Neurophysiol. **26**, 994—1002 (1963).

— — Receptive fields and functional architecture in two nonstriate visual areas (18 and 19) of the cat. J. Neurophysiol. **28**, 229—289 (1965).

— — Receptive fields and functional architecture of monkey striate cortex. J. Physiol. (Lond.) **195**, 215—244 (1968).

Joshua, D. E., Bishop, P. O.: Binocular single vision and depth discrimination. Receptive field disparities for central and peripheral vision and binocular interaction on peripheral units in cat striate cortex. (In press).

Wurtz, R. H.: Visual receptive fields of striate cortex neurons in awake monkeys. J. Neurophysiol. **32**, 727—742 (1969).

Sinnespsychologische Untersuchungen zur Invarianzbildung im visuellen System des Menschen

A. HAJOS, Marburg, Germany

Mit 5 Abbildungen

Die Neurophysiologie gelangte mittels eindeutiger Meßkriterien ins *sensorische* System der Tiere. An den verschiedenen Ebenen der neuronalen Organisation findet sie ihre Meßgröße, die Impulsrate, wieder. Die Neurophysiologie ist in der Lage, bei Kenntnis des Ortes der Elektrode, bei Kenntnis der zeitlichen Beziehungen zwischen Reizapplikation und Verlauf der neuronalen Antwort, (Impulsrate als Funktion der Zeit), einige Struktureigenschaften sensorischer Systeme verschiedener Organisationsebenen zu beschreiben.

Bei der Untersuchung *perzeptiver* Prozesse ist die Wahrnehmungsforschung auf Phänomene (Wahrnehmungen) angewiesen. Den Struktureigenschaften perzeptiver Systeme dienen operationalisierte Eigenschaften von Phänomenen als Meßkriterien. Für die Wahrnehmungsforschung sind Sinnesphänomene das, was die Impulsrate für die Neurophysiologie ist: nämlich Meßkriterien zur Beschreibung der Struktur von Perzeptionssystemen. Die Phänomene sind durch ihre Qualität voneinander abgegrenzt, nicht wie bei der Neurophysiologie durch den Ort des betreffenden Neurons im Nervensystem. Hinsichtlich der zeitlichen Beziehungen gilt es für die Wahrnehmungsforschung ähnlich wie für die Neurophysiologie, die Beziehungen zwischen Reizapplikation und perzeptivem Antwortverlauf zu erfassen (Methode des „black boxes").

Für die Wahrnehmungsforschung ist viel gewonnen, wenn man Phänomen- und damit Systemeigenschaften an Reizdimensionen abbilden kann. Wie die neuere Entwicklung zeigt, ist eine Abbildung perzeptiver Strukturen durch sensorische Strukturen von besonderem Vorteil. Eine solche Abbildung ist oft effektiver als eine Abbildung z. B. am Analogrechner oder an sonstigen Programmen von Computern. In diesem Sinne ist eine Abbildung von Wahrnehmungsphänomenen an neuronale Strukturen im gleichen Maße ein Analogieschluß wie die Abbildung eines Naturereignisses an einer mathematischen Formel.

Der Wahrnehmungsforschung stellt sich zunächst die Aufgabe, Phänomene zu suchen, die aus verschiedenen Organisationsebenen des perzeptiven Prozesses stammen. Hierfür dienen z. B. Kriterien, wie: ist das Phänomen auf retinale Koordinaten bezogen, ist es durch monoculare Funktionen repräsentierbar, ist es gegenüber Sinnesorganbewegungen invariant, usw. Die Wahrnehmungspsychologie hat ein reiches Inventar solcher Phänomene. So zeigt sich: kaum entdecken die Neurophysiologen eine Organisations- bzw. Invarianzstruktur, so liefert die Wahrnehmungspsychologie adäquate Phänomene. Die interdisziplinäre Bedeutung der Wahrnehmungsforschung liegt heute gerade darin, für Phänomene neuronale

Strukturen zu suchen und durch den ungeklärten Strukturteil der Phänomene Voraussagen machen. Zum Beispiel: „Suche nach Krümmungsdetektoren", oder: „Suche nach zwei Balkendetektoren, deren rezeptive Feldachsen orthogonal sind, auf verschiedene Farben reagieren und sich gegenseitig inhibieren".

Im folgenden werden zwei Phänomene diskutiert, die uns einige Schlüsse hinsichtlich *perzeptiver Invarianzbildung* erlauben werden. Es soll nochmals betont werden, daß nicht die Untersuchung dieser Phänomene das Hauptziel ist. Die ausgewählten Phänomene dienen als Meßkriterien zur Erfassung der Struktur der *perzeptiven Organisation*, die eben diesen Phänomenen funktionell zugrunde liegt (setze Intensitätseigenschaften der Phänomene mit Impulsrate gleich).

Invarianzbildung

Bevor wir die Experimente und ihre Ergebnisse besprechen, soll kurz das Problem der Invarianzbildung im perzeptiven Prozeß diskutiert werden. Invarianzeigenschaften machen den größten Teil der Wahrnehmungsorganisation aus. Im folgenden sollen *nur zwei Aspekte* der Invarianzbildung illustriert werden, die den gleichen Zweck, aber unterschiedliche Aufgaben haben.

1. Invarianzbildung hinsichtlich der Art der Aufnahme und Verarbeitung von Informationen durch sensorische Systeme. Es ist die Aufgabe der Sinnessysteme *Umweltkovarianzen* in der Wahrnehmung *invariant* gegenüber Eigenschaften sensorischer Systeme abzubilden. Umweltkovarianzen sollen in der Wahrnehmung gewissen Sinnestransformationen gegenüber invariant sein. Die Wahrnehmung wird durch Invarianzbildung *objektiviert.* Wir werden zu diesem Problem einige Ergebnisse aus Brillenexperimenten zitieren.

2. Invarianzbildung hinsichtlich partieller Signaländerungen — oder: perzeptiver Kategorienbildung. Wäre die Wahrnehmung gegenüber allen Eigenschaften der Sinneskanäle voll invariant, so würde sie etwa in atomarem Rauschen aufgehen. In der Wahrnehmung sind — als Sprache — viel mehr phänomenale Sinneskategorien gegeben. Solche Sinneskategorien erstellen die Sinne durch *Abstraktionsprozesse.* Diese sensorischen Abstraktionsprozesse setzen ein Absehen, Unberücksichtigtlassen bestimmter unspezifischer Details der Reizvariation voraus, also eine Invarianzbildung gegenüber gewissen, für die Sinneskategorie unwesentlichen Reizänderungen. Als Beispiel hierzu zitieren wir Untersuchungen zum McCollough-Nacheffekt.

Invarianzbildung gegenüber Reiztransformationen

Zwischen dem visuellen *Fernreiz* (dem äußeren Objekt) und dem *Nahreiz* (dessen Abbildung an der Retina) liegen Transformationsprozesse. Außer einer optischen Bildumkehr wirken Augen-, Kopf- und Körperbewegungen sowie Pupillenänderung und Akkomodation auf den Nahreiz. Schon auf dieser Ebene wird die doppelte Rolle der Invarianzbildung deutlich. Wie aus den Eigenschaften der Wahrnehmung ersichtlich, werden gegenüber solchen Reiztransformationen Invarianzen geschaffen; oder aber es schaffen die Transformationen Invarianzen gegenüber Details der Reizvariation (erstere: siehe Augenbewegungen und das Reafferenzprinzip; zweite: Pupillenreaktion und retinale Leuchtdichte). Uns interessiert zunächst die erste Gruppe: Invarianzbildung gegenüber Transformationen, die in der Wahrnehmungspsychologie als Konstanzphänomene bekannt sind. Wir wollen uns der Frage zuwenden: Wie entstehen solche Konstanzleistungen und nach welchen Kriterien entstehen sie?

Eine der Methoden der Wahrnehmungsforschung besteht darin, den vorhandenen Transformationen zwischen Nah- und Fernreiz eine neue, künstliche hinzuzufügen, so daß eine neue, veränderte Konstanzleistung notwendig wird. Das Entstehen der korrigierten Konstanzleistung verfolgt man mit Messungen. Dies kommt dem experimentellen Plan gleich, den Fernreiz konstant zu halten und den Nahreiz zu variieren. Die Frage ist: Ändert sich die Wahrnehmung in Richtung neuer Invarianzen? Wenn ja: wie, und nach welchen Kriterien?

Es zeigte sich bei einer Reihe von Brillenexperimenten, daß im allgemeinen drei Arten von Änderungen auftreten, wenn künstliche Transformationsmittel (Prismenbrillen, Spiegelbrillen usw.) dauerhaft auf den visuellen Eingang wirken.

1. Ein *Initialstadium*, bei welchem die künstliche Transformation sowohl auf die motorische Reaktion als auch auf die Wahrnehmung einwirkt. Motorische Reaktion und Wahrnehmung kovariieren mit der Art der Transformation.

2. Ein *Korrekturstadium*, bei welchem die künstliche Transformation nicht mehr auf die motorische Reaktion wirkt. Die Handlung ist invariant gegenüber der Transformation, die Wahrnehmung unterliegt aber immer noch der Transformation.

3. Ein *Invarianzstadium*, das bei den einschlägigen Versuchen selten erreicht wird, da die Versuche vorzeitig abgebrochen werden. Hierbei ist sowohl die Handlung als auch die Wahrnehmung invariant gegenüber der Transformation.

Diese Ergebnisse erhielt man hinsichtlich verschiedenster Transformationsarten. Man kann das Netzhautbild oben-unten, links-rechts umkehren (Kohler, 1951). Man kann es um die Sehachse rotieren, den Netzhautkoordinatenursprung um eine Konstante verlagern usw., das Ergebnis ist im Prinzip immer das gleiche. Nach kurzer Zeit korrigiert sich — bildhaft gesprochen: ,,erfolgreicht sich“ — die motorische Reaktion. Einige Zeit danach, manchmal erst nach Wochen oder Monaten, wird auch die Wahrnehmung trotz Einwirkung der künstlichen Transformation ihre Invarianzeigenschaft wiedergewinnen.

Kehrt man z. B. das Netzhautbild oben-unten und links-rechts um, so sieht die Vp ein Objekt unten, wenn es oben ist. Soll sie danach greifen, so greift sie darunter (= Initialstadium). Nach einiger Zeit, nach 2 bis 3 Tagen, ändert sich die Reaktion der Vp. Sie sieht das Objekt immer noch unten, greift aber — ohne überlegen zu müssen — nach oben und erreicht das Objekt (= Korrekturstadium). Objekt und greifende Hand werden immer noch unten gesehen. Erst nach weiteren Tagen entstehen Situationen, in denen die Vp sowohl Objekt als auch greifende Hand korrekt oben sieht (= Invarianzstadium).

Das sensumotorische, dann das visuelle System, setzen der künstlichen Transformation eine *Retransformation* entgegen. Die Retransformation erzeugt eine Invarianz gegenüber der künstlichen Transformation zwischen Fern- und Nahreiz. Die Invarianz ist zunächst eine Handlungsinvarianz. Erst später ist sie auch eine Wahrnehmungsinvarianz.

Meistens ist das Kriterium solcher Retransformationsprozesse der Erfolg des Handelns, insbesondere bei Transformationen, die örtlich-räumliche Beziehungen zwischen Sensorik und Motorik betreffen. Das Korrektursystem ist erfolgsrückgekoppelt. Es gibt noch andere Korrekturkriterien. Wenn z. B. der Mittelwert einer Klasse von Reizen nicht der subjektiven

Klassennorm entspricht, wird ein Korrekturprozeß — eine Adaptation an die neue Häufigkeitsnorm — in Gang gesetzt. Sind in der Umwelt mehr Rechts- als Linkskrümmungen vorhanden, so wird der neue Mittelwert aller Krümmungen Reiz für eine Gerade, (die Häufigkeitsnorm und ihre Rolle bei der Adaptation an Krümmungen, Schräglinien; Gibson, 1933). Als Korrekturkriterien können regelmäßige Kovarianzen zwischen Bewegungen und sensorischen Redundanzen dienen. Zum Beispiel: regelmäßig auftretende Verfärbungen der Dinge bei Blick nach links und nach rechts durch eine Farbhalbbrille (Kohler, 1951). Ein weiteres Kriterium ist ein Vergleichsfehler zwischen sensorischen und sensumotorischen (visuellen und propriozeptiven) Informationen über dasselbe Körperglied (z. B. Hand,) insbesondere wenn diese aktiv bewegt wird (reafferente Reizung, Held, 1962).

Handlungsmißerfolge, Häufigkeitsnormen, Redundanzen, Vergleichsfehler, usw. sind geeignete Kriterien für das sensumotorische, aber hernach für das visuelle System, um mit einem großangelegten *Einstellprozeß* in die Struktur der Sinneskanäle einzugreifen. Es werden Retransformationen eingestellt, die zu Handlungs- und schließlich zu Wahrnehmungskonstanz führen. Solche Einstellprozesse garantieren die Bildung sensumotorischer und perzeptiver Invarianzen gegenüber Reiztransformationen zwischen Fern- und Nahreiz.

Abgesehen von einigen Transformationen, wie z. B. beim stereoskopischen Sehen — also Transformationen bezüglich relativer Tiefenunterschiede — usw., wo keine Retransformation gemessen werden konnte (Hajos, 1962), sind Retransformationsprozesse in der Regel nicht das *Inverse* der künstlichen Transformation. Vielmehr werden Eigenheiten der Retransformationsprozesse bemerkbar und meßbar, die erkennen lassen, daß das Sinnessystem Invarianzen entsprechend seiner Invarianzstruktur schafft. Ein Beispiel hierfür wäre beim Umkehrversuch, daß ein Kirchturm mit Uhr z. B. nach etwa 8 Tagen Brillentragens aufrecht gesehen wird, die Ziffern der Uhr aber noch verkehrt (Spiegelschrift) sind. Solche Abweichungen der Retransformation vom Inversen der künstlichen ermöglichen es, Aussagen über Struktureigenschaften des Sinnessystems bei der Invarianzbildung zu beschreiben. Hierzu wollen wir einen speziellen Retransformationsprozeß näher betrachten.

Randfarben und Phantomränder

Ein Prisma zerlegt zufolge Dispersion Schwarz-Weiß-Konturen in ihre Summenspektren bzw. Halbspaltspektren (Bouma, 1951; Hajos, 1965; Hajos und Ritter, 1965; Hajos, 1969). Ein Beobachter sieht eine Schwarz-Weiß-Kontur durch ein Planprisma (ab etwa 1 Winkelmin Dispersion) mit *Randfarben* versehen. Der Konturfernreiz — ein Halbbalken — wird durch das Prisma in Randfarben zerlegt, so daß kurzwellige Lichtanteile oder langwellige Lichtanteile der Kontur, je nach Leuchtdichtegefällerichtung des Halbbalkens, örtlich verschoben und damit sichtbar werden.

Auch gegenüber dieser Transformation werden Invarianzeigenschaften des visuellen Systems ins Spiel gebracht, die wir analog zur Adaptation an Hell oder an Dunkel als Adaptation an Randfarben bezeichnen wollen. Analog zur Helladaptation zeigt sich die Adaptation an Randfarben darin, daß eine Versuchsperson — die länger und dauerhaft eine Prismenbrille trägt — mit zunehmender Dauer des Brillentragens die Randfarben immer schwächer wahrnimmt. So wie es eine spezielle Empfindlichkeit für Hell und Dunkel gibt und wie diese durch das vorhandene Leuchtdichteniveau reguliert wird, gibt es eine spezielle Empfindlichkeitsregelung und damit Invarianzbildung gegenüber redundanten Konturrandfarben. Unser Ziel ist, das System dieser Regulation mit Ergebnissen von Experimenten zu beschreiben.

Abb. 1 zeigt Adaptationsprozesse bei fünf Versuchspersonen. Die Initialrandfarben nehmen nach etwa 15 Tagen um die Hälfte ab. Der Einstellprozeß hat eine Zeitkonstante von 3 bis 6 Tagen. Wie andere Versuche — mit anderen Prismenstärken — zeigten, ist das Einstellsystem selbst nicht linear, die Zeitkonstante ist eine Funktion der Prismenstärke (Hajos, 1969).

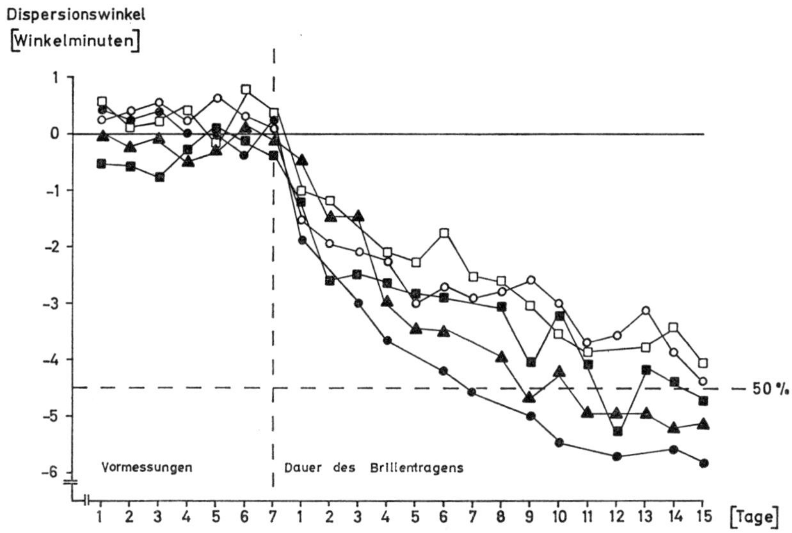

Abb. 1. Verlauf der Adaption an die Randfarben (fünf Vpn.) An der Abszisse sind die Tage (erste 7: Vormessungen, weitere 15: Messungen während des Brillentragens) aufgetragen. An der Ordinate ist der Dispersionswinkel angegeben. Das kreisförmige grau-weiße Testfeld hatte eine lotrechte Kontur und die Leuchtdichten 0,4 und 1,6 mL. Die abszissenparallele unterbrochene Linie gibt die Hälfte der Dispersionswinkel des getragenen Prismas an (Prisma: 8, 7 Winkelmin)

Die Verstimmung der Empfindlichkeit für die Randfarben erfolgt langsam. Infolge dieser Trägheit des Systems lassen sich die Nachwirkungen, sog. Nacheffekte der Randfarben, direkt beobachten, wenn die Vp im fortgeschrittenen Stadium des Versuchs die Prismenbrille abnimmt und einen Halbbalken betrachtet. Sie sieht die Kontur (Halbbalken) mit subjektiven Randfarben, mit *Phantomrändern* (Kohler, 1951), versehen. Man kann die Phantomränder, genauso wie die Randfarben, messen. Man sucht bei der Messung jene Prismenstärke, deren Randfarben bei einer gegebenen Testfeldkontur die noch vorhandenen Randfarben der Brillenprismen zu Null kompensiert, oder jene, die bei Messung beim Sehen ohne Brille die Phantomränder eliminiert. Die Beziehung zwischen der Verminderung der Randfarben und Phantomränder ist additiv. Im Betrage sind Verminderung der Randfarben und Phantomrandstärke einander gleich. Es kommt also auf das gleiche heraus, ob die Verminderung der wirksamen Randfarbenstärke der Prismenbrille oder das Entstehen der Phantomränder im Laufe des Experimentes gemessen wird.

Wenn die Empfindlichkeit des Konturrandsystems spezifisch verstimmt wird, muß sich das System dadurch verraten, daß für das System spezifische Konturvariationen mit niedrigerer Empfindlichkeit — also mit Phantomrändern — beantwortet. Dies ist das Meßkriterium für die Analyse der Systemstruktur.

Das Randfarbensystem hat *konturspezifische Ein- und Ausgänge.* Randfarben und Phantomränder treten nur dann auf, wenn Konturen am Testfeld vorhanden sind. Als weitere Spezifikation hat das Randfarbensystem *farbspezifische Ausgänge.* Je nach Richtung des Leuchtdichtegefälles eines Halbbalkens (Kontrastrichtung) haben Randfarben unterschiedliche Farbe. Bei Leuchtdichtegefälle nach links ist eine orangerote Randfarbe wahrnehmbar, bei Leuchtdichtegefälle nach rechts ist

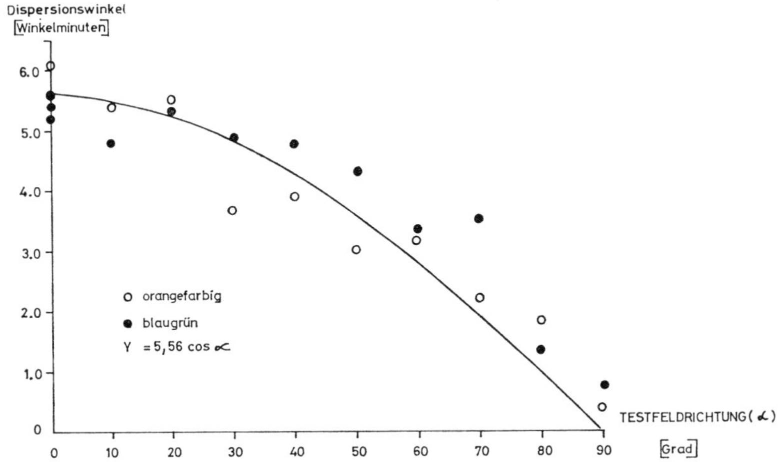

Abb. 2. Abhängigkeit der Phantomrandbreite von der Richtung der Testfeldkontur relativ zur Basisrichtung des getragenen Prismas. Abszisse: Winkel zwischen Konturrichtung des Testfeldes und Basisrichtung des getragenen Prismas. Ordinate: die Phantomrandbreite in Winkelminuten. Die ausgezogene Kurve ist eine Cosinusfunktion mit dem Mittelwert der Werte bei 0 Grad als Amplitudenmaximum

die Randfarbe blau. Die Phantomränder treten ebenfalls farbselektiv auf. Der orangeroten Randfarbe setzt das System einen blaugrünen Phantomrand entgegen. Bei blauer Randfarbe wird ein gelboranger Phantomrand erzeugt. Die verschiedenfarbigen Phantomränder werden aber nicht durch die Randfarben, sondern durch Konturmerkmale — speziell durch die Richtung des Leuchtdichtegefälles — induziert. Wir werden später sehen, daß das System eingangsmäßig zwischen Farben überhaupt nicht unterscheidet.

Mit Abnehmen des photometrischen Kontrasts nimmt die Sättigung der Randfarben ab. Das gleiche gilt für die Phantomränder. Messungen haben ergeben, daß die Sättigung der Phantomränder der Sättigung der Farbränder beim Kontrast als unabhängige Variable direkt proportional ist. Das Konturrandsystem hat einen *kontrastspezifischen Eingang.* Kontrastzunahme einer Kontur beantwortet das System am *Ausgang mit Sättigungszunahme* der Phantomränder.

Die Breite der Randfarben ist dem Kosinus des Winkels zwischen Basislinienrichtung und Konturrichtung proportional. Abb. 2 zeigt die Abhängigkeit der Phantomrandbreite vom Testkonturwinkel relativ zur Basisrichtung des Prismas (die Prismenbasisrichtung war bei unseren Versuchen parallel der Kopfachse; bei aufrechter Kopfstellung der Versuchsperson lotrecht). Die Meßwerte zeigen eine gute Annäherung an eine Kosinusfunktion (ausgezogene Linie), woraus sich eine Proportionalität der Phantomrandbreite und Randfarbenbreite bei verschiedenen Richtungen der Testkontur ergibt. Neigt die Versuchsperson den Kopf nach links oder nach rechts, so wird das Optimum der Phantomrandstärke für diejenige Kontur entstehen, die parallel zur Kopfachse, genauer: parallel zur retinalen Medianrichtung steht (s. die Wirkung der Augenrollung; Hajos, 1969). Das Konturrandsystem hat einen *konturrichtungsspezifischen Eingang*, den es mit unterschiedlich breiten Phantomrändern beantwortet. Die Konturrichtung ist auf *retinale Koordinaten* bezogen.

Wirkt ein Prisma nur auf eine Retina ein (das zweite Auge ist frei oder lichtdicht abgedeckt), so entstehen während des Brillenversuchs nur für das eine „Auge" Phantomränder; Abb. 3a zeigt den Adaptationsverlauf eines solchen Versuchs. Wirken zwei Prismen mit entgegengesetzter Basisrichtung auf die Retinae ein, so entstehen in beiden „Augen" einander entgegengesetzte Phantomränder von etwa gleicher Stärke. Abb. 3b zeigt gegensinnige Adaptationsverläufe bei einem Schielbrillenversuch (Basis der Prismen vor den Augen temporal gerichtet). Das Kontursystem hat *monoculare Eingänge* und arbeitet augenspezifisch (es sind zwei monoculare Systeme). Es konnte bei einer Reihe von Versuchen keine nennenswerte binoculare Interaktion gefunden werden (Hajos, 1965, 1969; Hajos and Ritter, 1965).

Fassen wir zusammen: Am Eingang des Konturrandsystems wirken Konturen, Kontrast, Kontrastrichtung, Konturrichtung — am Ausgang des monocularen Systems erscheinen Farben, für Kontrast, Kontrastrichtung und Konturrichtung nach Farbton und Sättigung spezifiziert.

Die Frage lag nahe, wie reagiert das System auf unterschiedliche Leuchtdichteniveaus und auf Konturen von Farbflächen? Experimente erbrachten eine denkbar einfache Antwort: auf diese Variablen reagiert das Konturrandsystem überhaupt nicht; es ist hinsichtlich dieser Variablen invariant.

Die Spektrumdichte der Randfarben in Maßeinheit Breite × Logarithmus der Sättigung auf die Sichtbarkeitsschwelle bezogen, ist eine lineare Funktion der absoluten Leuchtdichte der Konturfläche. Je höher die Leuchtdichte, um so leuchtender, intensiver sind die Randfarben. Die Phantomränder im gleichen Spektrumdichtemaß stellen bei allen photopischen Leuchtdichten eine konstante Größe dar.

An der Kontur einer monochromatischen Fläche können keine Randfarben entstehen. Demgegenüber induziert nach ausreichender Adaptation an Randfarben eine solche Kontur Phantomränder (Kohler, 1951; s. den Versuch im Natriumlicht). Messungen ergaben, daß sich das Konturrandsystem bei monochromatischen — allgemein: bei farbigen — Flächen so verhält, als ob es weiße Flächen wären (Hajos, 1969). Das gleiche gilt für Kombination zweier farbiger Flächen, so daß es Konturen gibt, die keine Phantomränder induzieren; nämlich

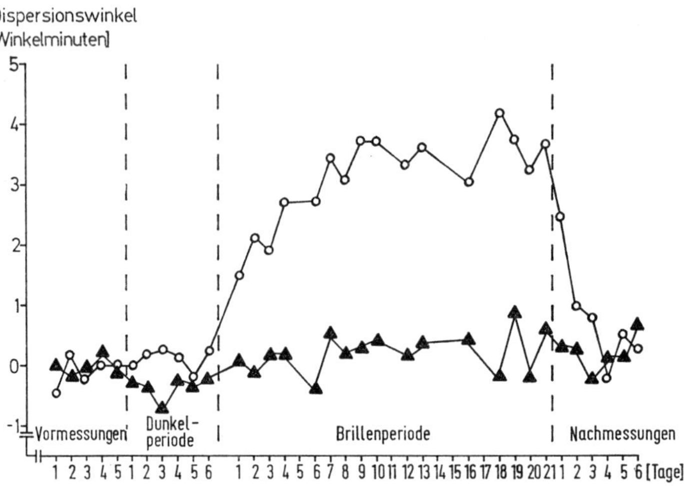

a

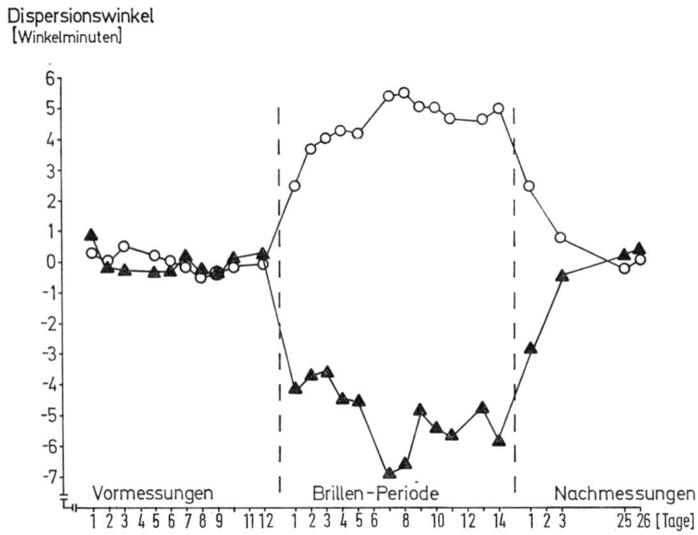

b

Abb. 3a u. b. Verlauf der Adaption an die Randfarben bei verschiedenen Brillentypen (Abszisse und Ordinate: s. Abb. 1). a Ergebnisse bei einer monokularen Brille, das zweite Auge verdeckt (Dunkelperiode = zweites Auge verdeckt, doch trug die Vp. noch kein Prisma). Kreise: Phantomränder vom Prismenauge. Dreiecke: Meßwerte vom Dunkelauge. b Ergebnisse bei einer binokularen Brille, mit temporaler Prismenbasisrichtung (Schielbrille). Je nach Prismenbasisrichtung entwickeln die „Augen" Phantomränder in entgegengesetzter Richtung (Kreise: linkes Auge; Dreiecke: rechtes Auge)

Konturen, die durch Farbunterschiede gebildet werden, wenn die Leuchtdichte der Konturflächen gleich ist (Hajos, 1969).

Das System arbeitet sehr präzise. Abgesehen von der feinen Diskrimination im Bereich von Winkelsekunden (geprüft durch stereoskopische Methoden), genügen schon geringe Farbtemperaturunterschiede, um die Unabhängigkeit des Systems von Farbdifferenzen nachzuweisen. So sind die Phantomränder nur für eine Farbtemperatur um 4500 K adäquat, d. h.: für eine solche Farbtemperatur haben die blaugrünen und orangegelben Phantomränder eine symmetrische Kompensationswirkung. Ändert sich die Farbtemperatur des Testlichtes nur um einige hundert Kelvins, so wird der eine Phantomrand seine Randfarbe wesentlich mehr kompensieren als der andere seine.

Bei dieser Präzision und Struktur könnte das System als Farbmesser dienen. Wenn es eine Transformation von Konturreizen gibt, die Wellenlängen örtlich spezifisch kodiert (siehe den Physiker beim Spektralapparat), so ist dieses System in der Lage, daraus Farbinformationen zu errechnen. Einige Tierexperimente legen nahe, daß bei manchen Tierarten solche Informationen für chromatische Unterscheidungen benützt werden (Mäuse, Igel usw.). Es bleibt offen, ob dieses System auch beim Menschen dazu benützt wird. Ein voll Protanoper konnte auf Grund solcher Informationen eine Farbtüchtigkeitsprüfung bestehen. Das System könnte die Aufgabe haben, Auswirkungen der chromatischen Aberration — die Wellenlängen örtlich kodiert — im visuellen System abzuschwächen bzw. Invarianzen für diese optischen Fehler zu schaffen.

Form- und farbspezifische Invarianzbildung

Für die folgenden Experimente wählen wir wiederum ein dynamisches Wahrnehmungsphänomen als Invarianzkriterium, den von McCollough (1965) beschriebenen *Nacheffekt* (McCollough-Effekt). Der Versuchsperson werden alternierend zwei Streifenmuster, eines mit roten, das andere mit grünen Streifen auf schwarzem Grund gezeigt. Die Streifenrichtung des grünen Musters ist z. B. waagrecht, die des roten lotrecht. Die Reizung dauert einige Minuten, bei unseren Experimenten in der Regel zwischen 30 und 45 min. Nach der Reizung erscheint der Versuchsperson ein schwarz-weiß gestreiftes Muster gefärbt. Diese Verfärbung wird als Nacheffekt (NE) bezeichnet. Maß für den NE ist die relative spektrale Farbdichte einer nichtgestreiften Scheibe, die der Versuchsperson mit der gestreiften verglichen, gleichfarbig erscheint (die „objektive" Sättigung der Vergleichsscheibe). Die NE-Sättigung betrachten wir als Kriterium für die Struktur eines Systems.

Der NE entsteht bei Reizung mit farbigen hellen Balken oder gleichwertigen Musterelementen und wird von *hellen Balken* bzw. gleichwertigen Musterelementen induziert. Die NE-Sättigung ist abhängig vom *Sehwinkel der Balkenbreite.* Wird ein NE durch ein Muster bestimmter Balkenbreite induziert, so ist die NE-Sättigung an einem Testfeld mit hellen Balken gleichen Sehwinkels optimal. Bei schmäleren oder breiteren Balken ist die NE-Sättigung geringer. Die gleiche Beziehung erhält man, wenn man statt der Balkenbreite die Betrachtungsentfernung (und damit auch den Sehwinkel) ändert. Der NE ist von der *retinalen Balkenbreite* abhängig. Im Sehwinkelbereich von 2 bis 20 Winkelmin fanden wir keinen oder nur sehr geringen NE-Sättigungsunterschied, wenn Reiz- und Testfeldbalken gleiche Balkenbreiten hatten.

Der NE ist *konturfeld- und konturrichtungsspezifisch.* Erfolgte die Reizung z. B. mit Streifenmuster grün-lotrecht und rot-waagrecht, so sieht man am schwarz-weiß Testfeld dort, wo die Streifen in lotrechte Richtung zeigen, einen purpurroten NE. Zeigt man eine Scheibe mit konzentrischen schwarz-weißen Kreisen (gleiche Balkenbreite), so färben sich jene Quadrantenteile der Scheibe purpurrötlich, deren *Streifenrichtung* annähernd der Richtung der Streifen des grünen Reizmusters entsprechen. Das gleiche gilt für Muster anderer Konfigurationsart z. B. Treppenmuster, Zick-Zack-Muster, Scheibchenmuster usw. (s. später: Forminvarianz). Der NE beschränkt sich auf die *Fläche des Auslösemusters*.

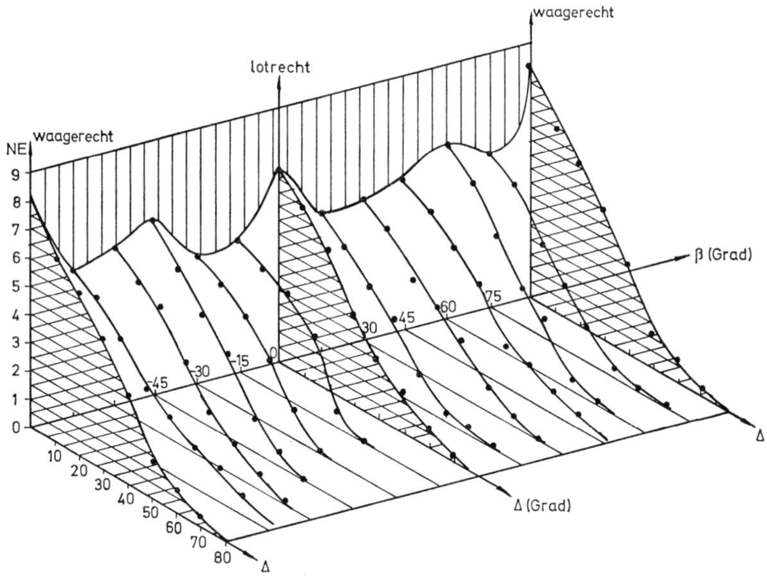

a

Abb. 4a—c. Abhängigkeit der NE-Sättigung von der Richtung der Reiz- und Testfeldstreifen. β: Winkel zwischen der Lotrechten und der Richtung der Reizfeldstreifen. Δ: Winkel zwischen der Richtung der Reizfeldstreifen und der Richtung der Testfeldstreifen. Als Reizfeld-Streifenrichtung wurde die Richtung der grünen Reizfeldstreifen gewählt. a: Darstellung im rechtwinkligen Koordinatensystem. Längsachse: β; Querachse: Δ; Ordinate: NE-Sättigung. Aus der Form des „Nacheffektkörpers" ist die Abhängigkeit von beiden Winkeln erkenntlich. b: NE-Sättigung = f (Δ); Parameter β, im Polarkoordinatensystem. Zwei der Funktionen (für 0 und 90 Grad β) sind voll eingezeichnet. Die anderen β-Richtungen sind nur durch Teilstücke — übersichtshalber — angedeutet. c: NE-Sättigung = f (β); Parameter Δ, im Polarkoordinatensystem. Radiuswinkel: β; Radiusvektor: NE-Sättigung bei verschiedenem Δ. Die Maxima-Minimastellen bleiben über Delta gut erhalten (β ist ein Amplitudenfaktor)

Der NE entsteht in Abhängigkeit von der retinalen Balkenrichtung. Diese Abhängigkeit beinhaltet zwei Funktionen: $F(\beta)$ und $F(\Delta)$. Winkel β ist die Richtung der Reizmusterstreifen relativ zur Lotrechten. Winkel Δ ist die Richtung der Testmusterstreifen relativ zur Richtung der Reizmusterstreifen. Beide Winkel verstehen sich in der Ebene, senkrecht zur Blickrichtung definiert. Sieht die Versuchsperson bei aufrechter Kopfhaltung einen optimalen NE an einem lotrechten Balken, so nimmt die NE-Sättigung rapid ab, wenn der Balken rotiert oder statt des Balkens der Kopf des Beobachters geneigt wird. Abb. 4a—c stellen die NE-

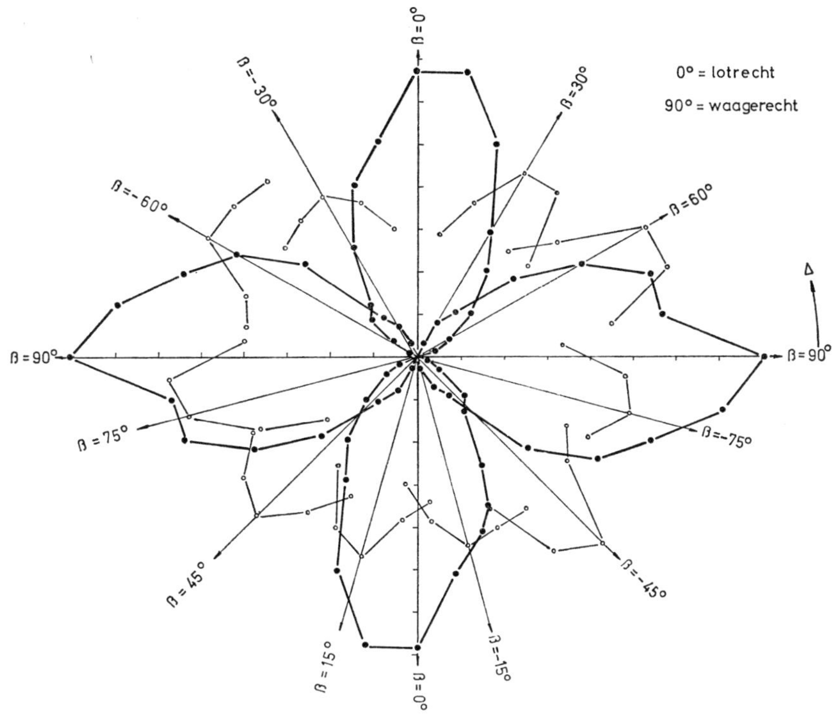

Abb. 4b

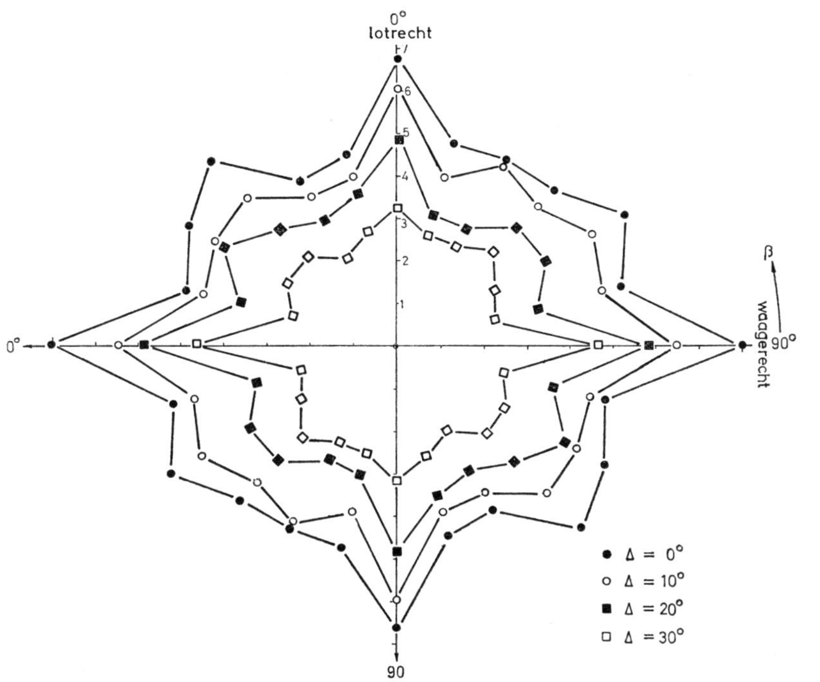

Abb. 4c. Legende siehe gegenüberliegende Seite

Sättigung in Abhängigkeit von den Winkeln Δ und β dar. Der Kopf der Versuchsperson war bei diesen Experimenten stets in Primärlage. Die Δ-Funktionen (Abb. 4b) stellen die NE-Sättigung als Funktion des Differenzwinkels zwischen Streifenrichtung des Reizfeldes und Testfeldes dar. Die zweite unabhängige Variable, β (Abb. 4c) zeigt, daß die NE-Sättigung auch von der retinalen Balkenrichtung des Reizfeldes abhängig ist. Optimale NE-Sättigungen entstehen für die retinalen Hauptrichtungen, und — etwas geringer — für die Zwischenrichtungen um $\pm$ 45 bis 55° (Asymmetrie könnte durch Augenrollung bedingt sein). Minimale NE-Sättigungen entstehen bei Reizung mit Streifen in Nebenrichtungen: $\pm$20 bzw. 70° (s. Abb. 4a und c).

Abb. 4c zeigt, daß die Funktion β ein Amplitudenfaktor ist, so daß zwei Winkelmesser angenommen werden können, die den NE voneinander unabhängig beeinflussen. Einer für Differenzwinkel (Δ) und einer für Winkel relativ zu den Hauptrichtungen [siehe F(β) bei Parameter Δ in Abb. 4c). Diese Ergebnisse entscheiden nicht über die Frage, ob es sich hier um unterschiedliche Häufigkeit der Sensoren bzw. Empfindlichkeit von Sensoren für verschiedene retinale Balkenrichtungen handelt oder ob richtungsabhängige Inhibitionsprozesse vorliegen.

Tatsächlich muß das NE-System folgende Variablen eingangsmäßig messen: Breite eines hellen Balkens, Balkenrichtung relativ zu den Netzhautkoordinaten, Differenzwinkel zwischen Balken, Farbe der Balken. Diese — und wahrscheinlich weitere — Variablen sind Eingangsgrößen für das Einstellsystem. Die Informationen dieser Variablen sind für einen spezifischen Systemausgang, die NE-Sättigung bestimmend.

Das NE-System kann man an neuronalen Strukturen abbilden. Vergleicht man diese Systemeigenschaften mit jenen corticalen Neuronen der Area 18 und 19, die von Hubel and Wiesel (1968) beschrieben wurden, so entdeckt man eine Reihe Gemeinsamkeiten. Das neuronale Modell macht einige Voraussagen möglich. So z. B. legen Hubel and Wiesel (1962, 1965, 1966) nahe, daß die rezeptiven Felder der corticalen Konturdetektoren aus den konzentrisch organisierten receptiven Feldern des Corpus Geniculatum laterale durch Zusammenfassung gebildet werden. Demnach muß unser NE an Stelle von Balken auch mit Scheibchenreihen induzierbar sein.

Dies ist der Fall. Wir verwendeten zwei Scheibchenmuster, ein grünes und ein rotes. Die Abstände der Scheibchen waren in Vorzugsrichtung geringer als in (zu dieser) senkrechter Richtung. Führt man die Reizung mit eben solchen Scheibchenmustern durch, mit roten und grünen Scheibchen, Vorzugsrichtungen senkrecht zueinander, so entstehen an einem Testmuster NE, deren Sättigung der Sättigung bei Streifenmustern nur sehr wenig nachsteht. Die Scheibchen dürfen hierzu im Durchmesser die Größe von etwa 45 Winkelmin nicht überschreiten. Eine der *Invarianzeigenschaften* (Abstraktion) des Systems zeigt sich in aller Deutlichkeit: kleine Scheibchenreihen werden wie Streifen behandelt (s. in der Gestaltspsychologie den Faktor der Nähe).

Bei Reizung mit roten und grünen Streifenmustern wären laut klassischer Farbenlehre grüne und rote NE zu erwarten. Wir sprachen bisher nur von einem purpurroten NE — ähnlich der Nachbildfarbe (pink) später Nachbildphasen —, da ein grüner NE so gut wie überhaupt nicht entsteht. Dies besonders, wenn man längere Zeit reizt und zwischen Reizung und NE-Messung etwa 5 min abwartet, um die Messung nicht durch Nachbilder zu beeinflussen. Man muß außerdem darauf achten, daß das lotrechte und das waagrechte Testmuster nicht aneinander anschließen. Sonst tritt ein NE-Kontrast (und damit die Farbe Grün) auf. Um auch grüne NE zu erhalten, hoben wir zunächst die *Leuchtdichte* des roten Musters auf das 16fache an. In einer weiteren Serie senkten wir die Leuchtdichte des grünen auf das $^1/_{16}$fache. In einer dritten Serie war schließlich das Leuchtdichteverhältnis des grünen und roten Reizmusters 1:256 zugunsten des roten Musters. Keine Leuchtdichtevariation förderte einen grünen NE zutage. Der NE ist invariant gegenüber solchen Leuchtdichteverhältnissen.

Die Frage nach Wellenlängeabhängigkeit stellte sich als nächstes. Ein grünes Streifenmuster (Interferenzfilter mit Maximum bei 546 nm) diente bei fünf Versuchsserien als Standardstreifenmuster. Als zweites, zum grünen senkrecht stehendes Muster wurde in den verschiedenen Serien jeweils ein von fünf verschiedenfarbigen Mustern (etwa gleicher Leuchtdichten) geboten. Die Zweitmuster waren: rot, orange, gelb, grün und blau (Wellenlängemaxima s. Abb. 5a). Die NE-Sättigung wurde bei den fünf Serien — in Hinblick auf die Frage der Balkeninhibition — in Abhängigkeit vom Differenzwinkel Δ gemessen. Die Richtung der Reizmusterstreifen blieb konstant, das grüne Muster (Standardmuster) stand waagrecht. Die Ergebnisse der fünf Serien sind in den Abb. 5a—d dargestellt.

In allen Serien war nur der purpurrote NE meßbar. Für den NE ergibt sich das Sättigungsmaximum für jene Streifenrichtung, in welche die Streifen des grünen Reizmusters zeigten (Δ gleich Null bzw. bei der grün-grün-Situation Null und 90 Grad).

Obwohl kein andersfarbiger NE entstand, zeigten sich differenzierte Einflüsse der Farben des Zweitmusters. Am meisten trägt das gelbe, dann das orange und rote Muster zur Sättigung des purpurroten NEs an der Maximastelle, also *senkrecht* zu ihrer Streifenrichtung bei. Das blaue Muster ist immer noch effektiver als das grüne Zweitmuster. Allgemein: Langwellige Zweitmuster — gelb bis rot — fördern einen purpurroten NE, der *senkrecht* zur Richtung der Zweitmusterstreifen entsteht. In Parallelrichtung ist es umgekehrt: Am meisten nimmt das orange, dann das rote und das gelbe Muster von der NE-Sättigung innerhalb ihres Streifenrichtungsbereiches weg. Ein langwelliges Zweitmuster dämpft (hemmt) in *Parallelrichtung* den purpurroten NE.

Inhibitionsbeziehungen zwischen Balkendetektoren dieser Art sind uns aus der neurophysiologischen Literatur derzeit nicht bekannt. Von Neuronen des Corpus Geniculatum laterale (noch konzentrisch operierend) ist die spektrale Empfindlichkeit — in groben Zügen — beim Rhesusaffen bekannt (Wiesel and Hubel, 1966). Für solche Neurone steht fest, daß On-Bereiche und Off-Bereiche der farbspezifischen receptiven Felder unterschiedliche Empfindlichkeitsmaxima für langwelliges Licht haben. Vergleiche damit die Reihenfolge der Farbwirkung des Zweitmusters in Null und 90 Grad Bereich.

Die Hypothese einer Inhibitionsbeziehung zwischen Balkensensoren lag nahe. Wenn, dann muß diese Inhibition sowohl balkenrichtungsspezifisch als auch wellenlängespezifisch sein. Das heißt: ein Balkensensor für den Wellenlängebereich 580 bis 650 nm mit medialer Orientierung der Feldachse wirkt auf einen Balkensensor für den Wellenlängebereich um 550 nm und zur Medialen senkrechten Feldachsenrichtung inhibitorisch. Wird der erstere Sensor ermüdet und fällt eine solche wellenlängen- und balkenrichtungsspezifische Inhibition weg, so kommt das Wegfallen der Inhibition einer Exzitation gleich. Bei den vorliegenden Ergebnissen nach Abb. 5a wird eine solche Beziehung deutlich. Es könnte aber sein, daß das Zweitmuster nicht richtungsspezifisch, sondern flächenhaft (z. B. retinale Verstimmung usw.) wirkt.

Um dies zu prüfen, wurde ein weiterer Versuch mit drei Sitzungen pro Versuchsperson durchgeführt. Bei der ersten Sitzung wurde der Versuchsperson nur ein grünes Reizmuster geboten. Bei der zweiten ein grünes und ein rotes Muster, Streifenrichtungen zueinander senkrecht. Bei der dritten Sitzung waren beide Muster geboten, jedoch mit einem 45°-Winkel zwischen den Streifenrichtungen. Wenn das Zweitmuster — bei diesen Experimenten rot — in senkrechter Richtung

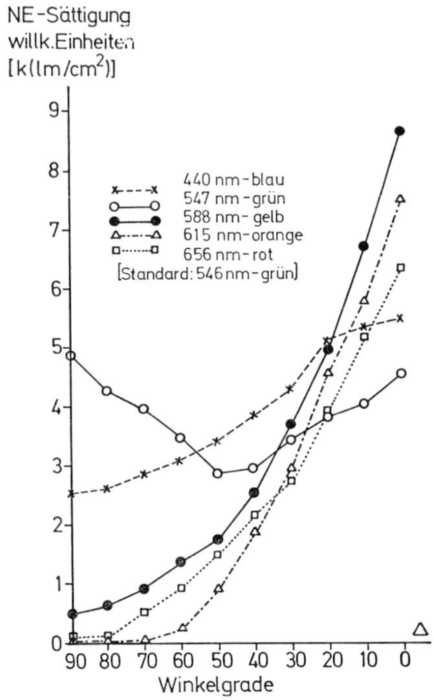
NE-Sättigung
willk.Einheiten
[k(lm/cm2)]
440 nm-blau
547 nm-grün
588 nm-gelb
615 nm-orange
656 nm-rot
[Standard: 546 nm-grün]
Winkelgrade

Abb. 5a

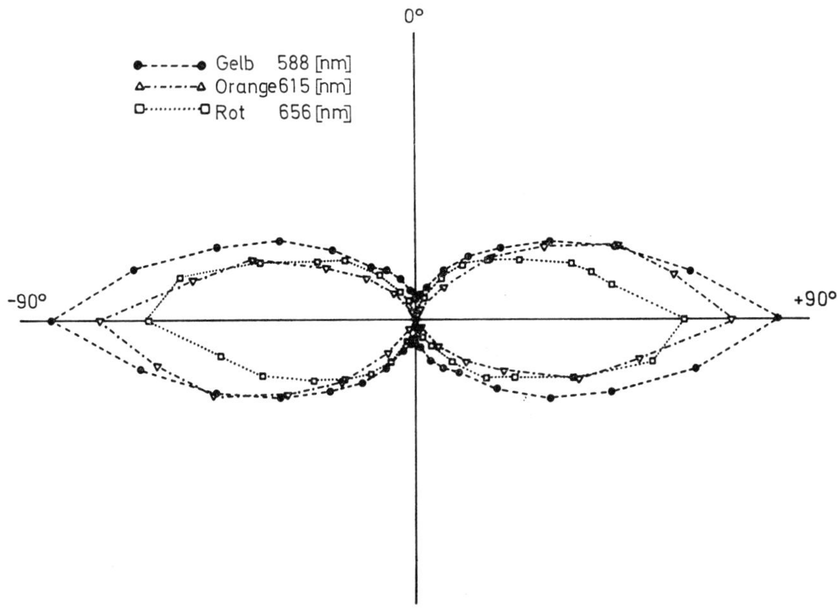
0°
Gelb 588 [nm]
Orange 615 [nm]
Rot 656 [nm]
-90°
+90°

Abb. 5b

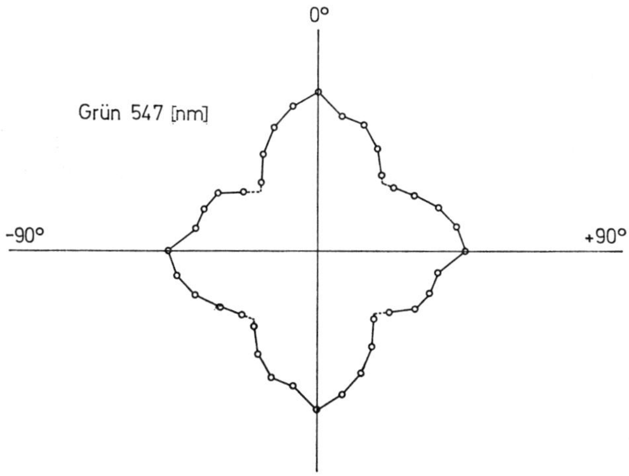

Abb. 5c

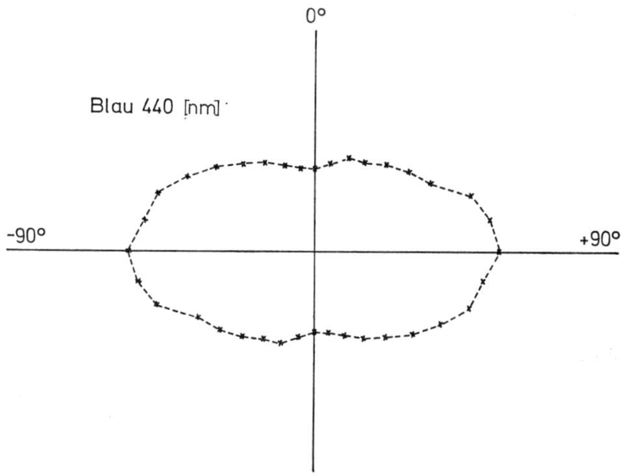

Abb. 5d

Abb. 5a—d. Abhängigkeit der NE-Sättigung von der Farbe des Zweitmusters und vom Winkel Δ. Abszisse: Winkel Δ; Ordinate: NE-Sättigung. Parameter: Wellenlänge des Zweitmusters. Beachte die Zunahme der Nacheffektsättigung im 0 Grad-Bereich in Abhängigkeit von der Wellenlänge des Zweitmusters. Auch bei Δ gleich 90 Grad (Richtung der Streifen des Zweitmusters) ist die NE-Sättigung unterschiedlich. b: NE-Sättigung in Abhängigkeit vom Winkel Δ im Polarkoordinatensystem. Zweitmuster: gelb, orange, rot. c: Wie bei b, Zweitmuster: grün. d: Wie bei b, Zweitmuster: blau inhibiert, so muß sich dies bei der 45°-Situation deutlich zeigen, entsprechend das Wegfallen der Inhibition bei − 45°.

Die von Winkel Δ abhängige NE-Sättigung zeigte mit der Inhibitionshypothese gut vereinbare Eigenschaften. Das Maximum der NE-Sättigung in Richtung der Streifen des grünen Reizmusters war etwas niedriger bei der 45°-Situation als bei der 90°-Situation. In + 45°-Richtung — in welche die Zweitmusterstreifen zeigten — war das NE-Sättigungsminimum (von 30 bis 90° kein NE). In − 45°-Richtung — also *senkrecht* zur Streifenrichtung des Zweitmusters — war die NE-Sättigung um ca. 15% höher bei der 45°-Situation als bei der 90°-Situation (die Erhöhung war im Winkelbereich von − 90 bis − 30° deutlich bemerkbar). Ähnliche streifenrichtungsspezifische Inhibition zeigen auch Streifennachbilder. Inhibitionen können als Maßnahmen zur Bildung von Relativkategorien angesehen werden.

Es wäre derzeit verfrüht, eine Beschreibung des Balkensystems zu geben, da eine Reihe von Fragen noch nicht beantwortet werden können. Eine konsequentere Abbildung des Streifennacheffektsystems an die neuronale Organisation hat heute noch zwei Schwierigkeiten. Die eine ist, daß die Neurophysiologie sehr wenig über Balkendetektoren berichten kann (das Simulationssystem ist lückenhaft). Die zweite Schwierigkeit ist, daß wir bei den NE eine integrierte Aktion einer unbekannten Anzahl von Sensoren vor uns haben (es fehlen Kenntnisse über die Elemente und ihre Charakteristiken). Dennoch führen Fragestellungen, die man bei der Untersuchung sensorischer und perceptiver Invarianzstrukturen Hand in Hand mit der Neurophysiologie ableitet, zu neuen Erfolgen.

Summary

The formation of sensory invariances is important for the various perceptual functions. Invariances from corresponding stimulus transformation were created in sensory information processing. These results are discussed in the light of spectacle experiment. Special attention is given to adaptation of prismatically induced color fringes. This is shown to be a selective adaptation process in which the contour direction, the contrast, and the direction of the illumination gradient create invariances corresponding to the transformation of the edge stimuli. No invariances were found corresponding to other variables such as illumination level and edge color.

Further illustrations of invariance in the sensory process are discussed in relation to the abstraction process through which meaningful perceptual categories are formed. Form and color specific interactions are discussed. Induced aftereffects of color stripes show the formation of invariances, through form and color specific stimulation, in relation to direction, angle and width of stripes and color of the slit (stripe) elements.

Literatur

Bouma, P. J.: Farbe und Farbwahrnehmung. Eindhoven: N. V. Philips gloeilampenfabrieken 1951.

Gibson, J. J.: Adaptation, after-effect and contrast in the perception of curved lines. J. exp. Psychol. **16**, 1—31 (1933).

Hajos, A.: Nacheffekte unter kovariierenden Reizbedingungen und deren interoculare und intersensorische Auswirkungen. In: Heckhausen, H. (Hrsg.): Ber. 24. Kongr. der DGfPs. Göttingen: Hogrefe 1965.

— Adaptationsprozesse bei Konturfarben und Farbkonturen. Habilitationsschrift, Marburg 1969.

— Ritter, M.: Experiments to the problem of interocular transfer, Acta psychol. **24**, 81—90 (1965).

Held, R.: Adaptation to rearrangement and visual-spatial aftereffects. Psychol. Beitr. **6**, 439—450 (1962).

Kohler, I.: Über Aufbau und Wandlungen der Wahrnehmungswelt, insbesondere über „bedingte Empfindungen". Österr. Akad. Wiss. phil.-hist. K. 227/1, Wien: Rohrer 1951.

Hubel, D. H., Wiesel, T. N.: Receptive fields, binocular interaction and functional architecture in the cat's visual cortex. J. Physiol. (Lond.) **160**, 106—145 (1962).

— — Receptive fields and functional architecture two nonstriate visual areas (18 and 19) of the cat. J. Physiol. (Lond.) **28**, 229—289 (1965).

— — Receptive fields and functional architecture of monkey striate cortex. J. Physiol. (Lond.) **195**, 215—243 (1968).

McCollough, C.: Color adaption of edge-detectors in the human visual system. Science **149**, 1115—1116 (1965).

Wiesel, N. T., Hubel, D. H.: Spatial and chromatic integrations in the lateral geniculate body of the rhesus monkey. J. Neurophysiol. **29**, 1115—1156 (1966).

Zum derzeitigen Stand der Psychologie der Figuralwahrnehmung

H. ERKE, Saarbrücken

Mit 6 Abbildungen

1. Invarianz und Element

Die — ohne jeden Anspruch auf wissenschaftstheoretische Differenziertheit[1] formulierte — Aufgabe der Wahrnehmung ist es, einem Individuum eine phänomenale Repräsentation von Umwelt und Organismus zu geben, die eine hinreichende Grundlage allen Verhaltens des Individuums sein kann. Die Repräsentation ist keine vollständige Abbildung der Welt, sie ist eine aktive Leistung der Sinnessysteme des Organismus und wird als spezifische Repräsentation definiert durch die Spezifitäten der Sinnessysteme bei der Reizaufnahme und Erregungsverarbeitung — sowie darüber hinaus durch die individuelle Erfahrung und den sozialen und kulturellen Zusammenhang.

Das wahrnehmende Individuum erlebt diese Repräsentation als eine selbstverständliche und unauffällige Leistung. Betrachtet man diesen Prozeß aber genauer, so wird deutlich, daß die Wahrnehmung eines Gegenstandes eine äußerst komplexe Leistung ist. Ein Gegenstand wird trotz zahlreicher Mängel in den Sinnessystemen, verglichen mit einer Erfassung durch physikalische Messungen, sehr korrekt wahrgenommen; der wahrgenommene Gegenstand erweist sich gegenüber zahlreichen Transformationen am physikalischen Gegenstand, in der Reizung sowie am und im Organismus als invariant: der wahrgenommene Gegenstand bleibt trotz Kopf- oder Augenbewegungen an seinem Ort, behält seine anschauliche Größe auch bei Änderung des Abstandes zum Beobachter, bleibt in seiner Form konstant, wenn er relativ zum Beobachter geneigt wird oder wenn sich der Beobachter neigt usw.

Diese *Invarianz* erfordert eine *Organisation* der gesamten Reizmannigfaltigkeit derart, daß bestimmte kovariierende Merkmale der Gegenstände relativ zu Variationen auf anderen Dimensionen abstrahiert werden, wobei diese anderen Variationen oft noch zu einer zusätzlichen Bestimmung der Wahrnehmungssituation herangezogen werden: der Hund, der eben noch im hellen Licht am Fenster stand, liegt jetzt in der dämmrigen Ecke.

Mit dem Problem der Organisation ist unmittelbar verbunden die Frage nach dem Gegenstand der Organisation, d. h. hier nach dem *Element*, nach der kleinsten

[1] Auf eine Bestimmung des wissenschaftstheoretischen Standortes der hier angestellten Überlegungen muß hier aus Platzgründen verzichtet werden — und es kann leicht verzichtet werden mit dem Hinweis auf Attneave (1967), Bischof [1966 (1, 2)], MacKay (1967), Metzger [1954, 1966 (1)], Ratliff (1965).

Einheit, die ein Sinnessystem aus der Reizmannigfaltigkeit analysieren kann und für die Organisation zur Verfügung stellt.

Gegenstand der Psychologie der Figuralwahrnehmung ist die *formale* Organisation der visuellen Reizmannigfaltigkeit unter weitgehender Vernachlässigung von Helligkeit und Farbe, Bewegung, Entfernung, von sozialen und persönlichkeitsspezifischen Bedingungen. Die Figuralwahrnehmung dürfte damit einen wesentlichen, wenn nicht den wichtigsten Beitrag zur Invarianzbildung liefern.

Der Gegenstandsbereich der Psychologie der Figuralwahrnehmung ist allerdings so umfangreich, daß eine vollständige Darstellung des gegenwärtigen Standes von Forschung und Theorie nicht möglich ist (vgl. dazu die Handbücher von Graham, 1965; Metzger u. Erke, 1966). Zu einer Kennzeichnung des genwärtigen Standes der Psychologie der Figuralwahrnehmung ließen sich verschiedene Forschungsbereiche herausgreifen, die sämtlich in den letzten Jahren intensiv bearbeitet wurden: der Einfluß nicht eigentlich sensorischer (z. B. sozialer, entwicklungs-, persönlichkeitspsychologischer usw.) Einflüsse auf die Wahrnehmung (Graumann, 1966); die Wahrnehmung von Relationen (Reese, 1968); das Adaptationsproblem (Rock, 1966); die informationstheoretisch orientierte Reizbeschreibung (Michels u. Zusne, 1965). Hier sollen als kennzeichnend für die gegenwärtige Entwicklung der Psychologie der Figuralwahrnehmung verschiedene ausgewählte experimentelle Ansätze zur Untersuchung elementarer Organisationsformen und Relationsbildungen dargestellt und diskutiert werden. Dieser Forschungsbereich hat eine lange Tradition. Entscheidende Einflüsse gingen in den letzten Jahren aus von der Entdeckung der verschiedenen Prinzipien der *lateralen Interaktion* (von Bekesy, Hartline, Ratliff, Riggs, Sherrington u. a.) und von den Untersuchungen der Zusammenfassung von rezeptiven und zentralen erregungsverarbeitenden neuronalen Elementen zu *rezeptiven Feldern* (Adrian u. Matthews, Barlow, Hubel u. Wiesel, Lettvin u. a.).

Auf die verschiedenen bereits vorliegenden Überlegungen zu „Korrelationen von Neuronentätigkeit und Sehen“ von R. Jung u. Mitarb. u. a. kann hier leider nicht eingegangen, sondern nur verwiesen werden [Baumgartner, 1965; Jung, 1961 (1, 2), 1965, 1966]; ebenso muß auf eine Erörterung der vergleichbaren psychologischen Standortbestimmungen auf früheren Kongressen oder Symposien weitgehend verzichtet werden (Jaeger, 1965; Jung u. Kornhuber, 1961; Rosenblith, 1961; Wathen-Dunn, 1967; weitere Angaben bei Lit, 1968).

2. Innere und äußere Psychophysik der visuellen Wahrnehmung

Das visuelle System ist, will man die konventionelle Einteilung der Wissenschaften dafür zugrundelegen, Gegenstand mehrerer Disziplinen: die *Anatomie* liefert die Beschreibung der Struktur des Gesamtsystems; die *Physik* analysiert Strahlengang und Bildentwerfung im Auge; die *Physiologie* beschäftigt sich mit den Funktionen des Systems; die *Psychologie* hätte sich mit dem visuell Wahrgenommenen zu befassen, mit Erlebtem oder Berichten über Erlebtes. Eine solcherart eingeschränkte „reine“, d. h. intraphänomenal arbeitende Wahrnehmungspsychologie erscheint zwar prinzipiell möglich und sinnvoll (vgl. Witte, 1962, 1965), unterliegt aber so vielen Restriktionen, daß sie nur begrenzt fruchtbar sein kann [Bischof, 1966 (a); Metzger, 1954]. Die Wahrnehmungspsychologie muß sowohl in ihre theoretischen Überlegungen als auch in ihr experimentelles Vorgehen

Variablen einbeziehen, die mit anderen als psychologischen Methoden meßbar sind, speziell mit Methoden der Physik und Physiologie.

Die „*Psychophysik*" (Fechner) unternimmt es systematisch, die Relationen zu bestimmen zwischen einerseits wahrgenommener Umwelt und wahrgenommenem Organismus und andererseits

— physikalisch beschreibbarer Außenwelt und anatomisch aufweisbarem Organismus (äußere Psychophysik) und
— physiologisch faßbaren, der Außenwelt bzw. dem Organismus entsprechenden Prozessen im Zentralnervensystem (innere Psychophysik).

Wenn von Psychophysik gesprochen wird, ist gewöhnlich die „*äußere*" Psychophysik gemeint: Welchem Reiz und welcher Variation des Reizes entspricht welche Wahrnehmung und welche Variation im Wahrgenommenen? Dabei empfiehlt es sich, zwischen Reizquelle und dem auf der Sinnesfläche wirksamen Reiz — kurz zwischen *distalem* und *proximalem* Reiz — zu unterscheiden. Für den Experimentator stellt sich das Problem, seine Versuchsperson zu systematischen Äußerungen über die Wahrnehmungen zu bewegen und eine ausreichende physikalische oder geometrische Definition des Reizes zu finden (etwa die Urteile „größer" oder „kleiner" bei der Variation der Länge eines sonst gleichbleibenden Gegenstandes).

Die „*innere*" Psychophysik hat es mit dem Erfassen der Gegenstandsbereiche, zwischen denen sie Relationen finden will, nicht so leicht. Man kann die physiologischen Messungen im visuellen System nicht ohne Eingriffe in den Organismus vornehmen. Untersuchungen am Menschen sind nur möglich, wenn aus medizinischen Gründen Operationen vorgenommen werden müssen. Elektroencephalographische Ableitungen von der intakten Oberfläche des Kopfes stellen nur einen groben Notbehelf dar. Zudem sind die Prozesse im psychophysischen Niveau des Zentralnervensystems so komplex, daß eine Zuordnung zu alltäglichen Wahrnehmungsinhalten — die nicht weniger komplex sind — gegenwärtig nicht denkbar ist, wenn man sich nicht mit einer sehr pauschalen Korrelation begnügen will. Leistungsfähig sind die hier skizzierten Korrelationen nur so weit, wie es gelingt (proximale und distale) Reize, neuronale Prozesse und Phänomene genau zu beschreiben.

Den bisher umfassendsten Ansatz einer Psychophysik der Figuralwahrnehmung liefert die Gestalttheorie der Berliner Schule, die durch die von Max Wertheimer begonnenen phänomenologischen und experimentellen Untersuchungen eine umfangreiche Sammlung von (intraphänomenal interpretierbaren) Ordnungsgesetzen bereitgestellt hat [Faktor der Gleichartigkeit, der Nähe, des gemeinsamen Schicksals usw., vgl. zusammenfassend Metzger, 1966 (1)]. Die zugehörigen Überlegungen zur inneren Psychophysik stellt die Köhlersche Psychophysiologie dar (das psychophysische Geschehen als ein nach dynamischen Prinzipien organisierter nicht an das neuronale Substrat gebundener Prozeß in einem quasi homogenen Elektrolyten, die Gestaltgesetze als das den Funktionsprinzipien entsprechende Korrelat, Köhler, 1920, 1951).

Das Köhlersche Modell ist in seiner ursprünglichen Form nicht mehr zu halten, weil es wichtige Ergebnisse der physiologischen Forschung nicht berücksichtigt und somit einen der Gegenstandsbereiche der Psychophysik unzureichend beschreibt. Die molare Formulierung von Funktionsprinzipien durch die Gestalt-psychologie war aber heuristisch so fruchtbar, daß es unklug wäre, sie unberücksichtigt zu lassen. Dasselbe gilt für von anderen wahrnehmungspsychologischen „Schulen" gefundene Phänomene oder phänomenale Gesetzmäßigkeiten. Ein neuer psychophysischer Ansatz müßte eine Ableitung bzw. Einbeziehung der „Gestaltgesetze" u. ä. Organisationsprinzipien erlauben, es wäre aber zu fordern, daß er die Invarianzbildung ebenso wie das Problem des „Elementes" umfaßt. Ein solcher neuer Ansatz könnte sich bei der Beschreibung der Reize auf von der Informationstheorie und von der automatischen Zeichenverarbeitung entwickelte Methoden stützen (Michels u. Zusne, 1965; von Benda, 1968) und dürfte sich durch Analogieüberlegungen die Ergebnisse der neurophysiologischen Untersuchungen des visuellen Systems von Tieren nutzbar machen können.

Für diese Art des Vorgehens hat bereits G. E. Müller [vgl. Köhler, 1920; Metzger, 1954, 1961; Bischof, 1966 (2)] postuliert, daß zwischen dem einem Subjekt phänomenal Gegebenen einschließlich aller darin vorfindbaren Relationen und den zugehörigen „psychophysischen" Zuständen und Prozessen eine (umkehrbar eindeutige) *Isomorphierelation* bestehe. Entsprechend wären die Beziehungen zwischen phänomenalen Organisationsformen und Relationen einerseits und rezeptiven Feldern bzw. — neutraler formuliert — Subsystemen des visuellen Systems andererseits zu diskutieren.

3. Phänomenale Korrelate visueller Subsysteme

Die Suche nach phänomenalen Korrelaten visueller Subsysteme findet in der alltäglichen ungestörten Wahrnehmung kaum Anhaltspunkte, sie kann aber auf eine kaum übersehbare Menge von „Phänomenen", „Effekten", „Täuschungen", „Paradoxen", „Nachwirkungen" usw. zurückgreifen. So sind in den letzten Jahren in einer Vielzahl von Arbeiten Befunde der Untersuchungen zu rezeptiven Feldern zur Interpretation von experimentellen Ergebnissen herangezogen worden; es liegen ferner Experimente vor, zu denen Hypothesen geführt haben, die aus der Physiologie abgeleitet wurden. Schließlich sind auch noch experimentelle Ansätze zu nennen, die sich weder in der Hypothesenbildung noch in der Diskussion auf physiologische Gesetzmäßigkeiten beziehen, die aber für die hier angezielten Relationen nutzbar zu machen sein dürften.

3.1 Nacheffekte

Betrachtet man Abb. 1a, so huschen über die radialen Striche kreisförmige Erscheinungen, bei Abb. 1b bewegen sich schemenhafte Radien; noch deutlicher sind diese Phänomene im Nachbild zu beobachten. An diesen Effekten versuchte MacKay bereits 1957 eine richtungsspezifische Analyse in der Figuralwahrnehmung zu demonstrieren, also bevor es entsprechende Hinweise aus physiologischen Untersuchungen gab (zusammenfassend MacKay, 1967).

Mit richtungs- und konturspezifischen Nacheffekten befaßt sich ausführlich die Arbeit von Hajos in diesem Band.

3.2 Reversible Figuren

Die Umschlaghäufigkeit von Kipp-, Umschlag- bzw. reversiblen Figuren, z. B. vom Neckerschen Würfel steigt allgemein in der ersten Minute der Darbietung

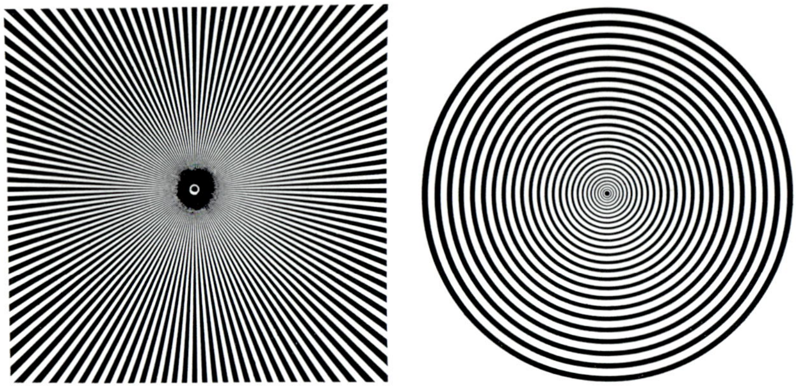

a b

Abb. 1. Vorlagen zur Erzeugung komplementärer Nachbilder (aus MacKay, 1967, s. Text)

steil an und erreicht ein Niveau, das mit einigen Schwankungen beibehalten wird, zusätzlich ist die Umschlaghäufigkeit noch spezifisch für verschiedene Reizparameter (vgl. zusammenfassend Erke u. Gräser, 1970).

Nimmt man an, daß der dem Umschlagen als zugrundeliegend vermutete Adaptationsvorgang für ein bestimmtes Substrat oder Subsystem spezifisch ist, dann müßte ein einmal erreichtes Niveau der Umschlagfrequenz erhalten bleiben bzw. fortgesetzt werden, wenn die reversible Vorlage unverändert weiter gezeigt wird; eine Änderung von Reizparametern müßte eine Übertragung der Umschlagfrequenz unmöglich machen oder beeinträchtigen.

Diese Logik des experimentellen Vorgehens findet sich erstmals bei Cohen (1959), der sie aus dem Köhlerschen Figuralwahrnehmungsmodell ableitet, ohne zurückzugreifen auf eine spezifische substratgebundene Erregungsverarbeitung. In der Möglichkeit bzw. Unmöglichkeit des Transfers der Umschlaghäufigkeit sieht Cohen eine operationale Definition der Ähnlichkeit von Figuren. In Abb. 2 sind die Ergebnisse der ersten beiden Experimente dargestellt.

Abb. 2a zeigt den Anstieg der Umschlaghäufigkeit und das Erreichen eines Niveaus bei Darbietung eines schwarz auf weiß gezeichneten Necker-Würfels; bei den Versuchen, die in Abb. 2b dargestellt sind, wurde zunächst wieder der Würfel schwarz auf weiß gezeigt (T), anschließend ein genau gleicher Würfel weiß auf schwarz (D_t), einer Kontrollgruppe wurde statt T eine homogene weiße Fläche (W) gezeigt, in der zweiten Versuchshälfte wurde hier ebenfalls der Würfel weiß auf schwarz dargeboten (D_w): D_w entspricht ungefähr T und unterscheidet sich deutlich von D_t, D_t setzt T fort, in diesem Fall ist der Transfer gelungen. Statt der Bedingung W hat Cohen in weiteren Versuchen verschiedene Variationen von Würfeln dargeboten. Er wies so nach, daß kein Transfer von rechts oder links vom Fixationspunkt dargebotenen Würfeln auf zentral dargebotene erfolgt, ebensowenig von eingebetteten oder zerlegten Würfeln oder von anderen reversiblen Figuren; von größeren oder kleineren Würfeln ist allerdings ein gewisser Transfer der Umschlaghäufigkeit auf einen mittleren Würfel möglich.

Heath u. a. (1963), Olson u. Orbach (1966) sowie Orbach u. a. (1963 bis 1966) haben die Ergebnisse von Cohen bestätigt und zusätzlich mit intermittierender

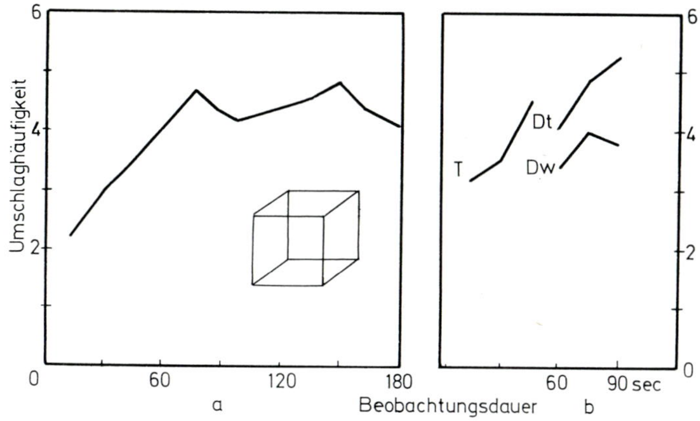

Abb. 2a u. b. Umschlaghäufigkeiten für einen Necker-Würfel in Abhängigkeit von der Darbietungszeit: a Kontrollversuch, schwarzer Würfel auf weißem Grund; b Kritischer Versuch, *T* schwarzer Würfel auf weißem Grund, *Dt* weißer Würfel auf schwarzem Grund nach Darbietung von *T*, *Dw* weißer Würfel auf schwarzem Grund nach vorhergehender Darbietung einer homogenen weißen Fläche (nach Cohen, 1959)

Darbietung des Würfels die für Auf- und Abbau der Adaptation nötigen bzw. günstigen Zeiten ermittelt und mit abwechselnder Darbietung von Originalwürfel und Teilen oder Variationen den Einfluß spezifischer Teile genauer geklärt. Sie gehen noch aus vom Köhlerschen Modell und postulieren eine orientierungsspezifische „Sättigung" innerhalb des Modells. Ökonomischer dürfte es sein, zur Interpretation der Befunde spezifische Substrate und statt der „Sättigung" eine Adaptation anzunehmen.

3.3 Stabilisierte Netzhautbilder, Nachbilder und fortgesetzte Fixation

Schaltet man durch ein Spiegelsystem oder durch eine auf den Augapfel aufgesetzte Projektionsvorrichtung die durch Augenbewegungen bewirkten Verschiebungen des proximalen Reizes relativ zur Netzhaut aus, so zeigen sich bei allen dargebotenen Vorlagen nach ganz kurzer Zeit mehr oder weniger vollständige Ausfälle; beim teilweisen Verschwinden der Bilder sind oft „sinnvolle" Teile betroffen. Nach den ersten Untersuchungen von Ratliff, Riggs u. Mitarb. sowie vor allem von Pritchard (vgl. zusammenfassend Heckenmueller, 1965) glaubten zahlreiche Autoren, mit diesen Effekten die Auswirkungen von durch Lernen aufgebauten Zellzusammenfassungen (cell assemblies) im Sinne von Hebb (1949) oder die Grundlagen der Gestaltwahrnehmung gefunden zu haben.

In Abb. 3 sind die Häufigkeiten des Verschwindens stabilisierter Netzhautbilder (in % der Darbietungszeit) bei einer Versuchsperson dargestellt; jedes eingetragene Symbol stellt das Mittel aus fünf einminütigen Versuchen dar, die horizontalen Linien zeigen das Gesamtmittel für die vier Vorlagen (aus Evans, 1965); die Verschwindenshäufigkeit nimmt mit der Elementenzahl der Figur zu.

Während bei der mechanischen Stabilisierung der Netzhautbilder immer noch Verschiebungen des proximalen Reizes relativ zur Netzhaut möglich sind, ist das bei Nachbildern nicht möglich. Evans benutzte Nachbilder als „stabilisierte Netzhautbilder" und wies mit beiden Verfahren etwa vergleichbare Ergebnisse nach [1966 (1, 2)]. Ein Beispiel für den Versuch von Evans [aus 1966 (1)], die Größenspezifität des Verschwindens — in Analogie zu rezeptiven Feldern — zu untersuchen, zeigt Abb. 4: dargestellt ist die Häufigkeit des vollständigen und teilweisen Verschwindens (in % der Darbietungszeit) in Abhängigkeit von der retinalen Größe des Nachbildes. Den Schnittpunkt der Regressionsgeraden interpretiert Evans als Hinweis für die Feldgröße.

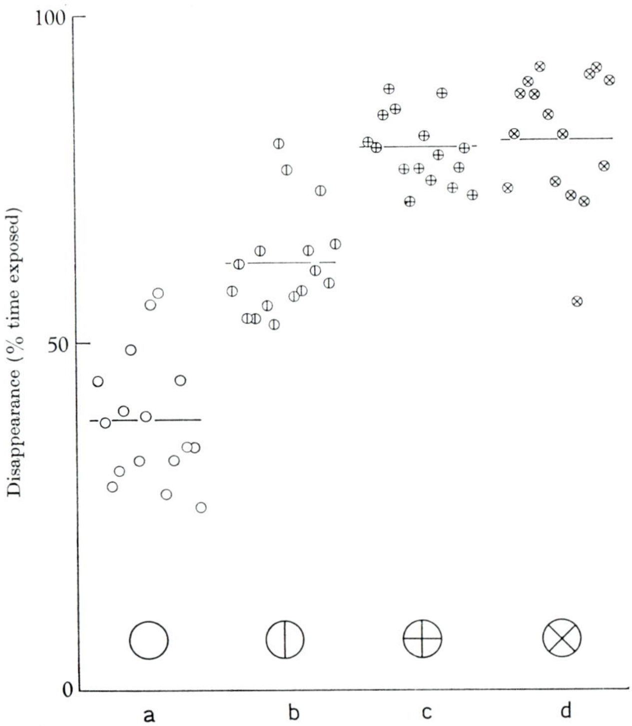

Abb. 3. Häufigkeit des Verschwindens bei stabilisierten Netzhautbildern in Abhängigkeit von figuralen Bedingungen (aus C. R. Evans, 1965)

Auch schon fortgesetzte Fixation bei der Beobachtung optischer Wahrnehmungsvorlagen führt zu ähnlichen Ergebnissen (Evans u. Piggins, 1963), Teile von Figuren verschwinden, verblassen, tauchen wieder auf usw. Erscheinungen dieser Art wurden bereits 1804 von D. Troxler für fortgesetztes Beobachten im peripheren Bereich beobachtet und in jüngster Zeit vor allem von F. J. J. Clarke u. Mitarb. (1960, 1962) als „Troxler-Effekt" untersucht; es ließen sich bereichs-, kontur- und orientierungsspezifische Adaptationseffekte mit spezifischen zeitlichen Verläufen nachweisen.

Beim längeren Beobachten von Zufallsfiguren tauchen spontan scheinbare Regelmäßigkeiten auf (Paarbildungen, Winkel, Geraden, Symmetrien), die manchmal größere Bereiche der Vorlage einbeziehen (MacKay, 1967; Zimolong, 1967).

Bei Figuren und Gruppierungen von Figuren, z. B. Dreiecken, die gerichtet aufgefaßt werden können, zeigt sich ein Umschlagen der phänomenal jeweils bevorzugten Orientierung ähnlich wie bei reversiblen Figuren (Attneave, 1968); bei diesem Umschlagen sind Orientierungsspezifitäten zu beobachten: ein um den Schnittpunkt der Mittelsenkrechten rotiertes gleichseitiges Dreieck zeigt eine

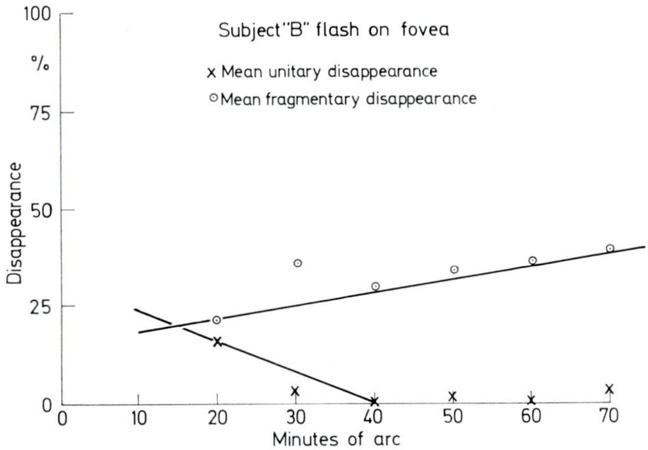

Abb. 4. Häufigkeit des Verschwindens von Nachbildern in Abhängigkeit von der retinalen Größe der Nachbilder [aus C. R. Evans, 1966 (1)]

geringere Umschlaghäufigkeit, wenn eine der Seiten mit der Horizontalen oder Vertikalen übereinstimmt als wenn alle Seiten schräg zu den Hauptkoordinaten stehen (Zimolong, 1967).

Im Abschnitt über reversible Figuren war angedeutet worden, daß das Niveau der Umschlagfrequenz Schwankungen unterliege. Schwankungen bzw. Fluktuationen sind auch aus anderen Experimenten bekannt, aus Schwellenversuchen, Größenschätzungsexperimenten usw. Die Fluktuationen haben nach den meisten Untersuchungen eine Periodenlänge zwischen 8 und 12 sec (Ekman u. Lindman, 1962; Künnapas, 1965; vgl. zusammenfassend und für die Diskussion der Beziehungen zu Makrorhythmen des EEG Stadler u. Erke, 1968).

3.4 Geometrisch-optische Täuschungen

Die geometrisch-optischen Täuschungen fordern als offensichtliche Abweichung von der „wirklichkeitsgetreuen“ Wahrnehmung jedes Wahrnehmungsmodell zu einer Interpretation heraus oder bieten sich für kritische Experimente an (vgl. Rausch, 1966).

Wallace (1969) untersuchte an der Zöllnerschen Täuschung (Änderung der anschaulichen Neigung längerer paralleler Geraden bei Überlagerung durch Scharen paralleler Geraden, die schräg zu den längeren Geraden verlaufen) die kritische Distanz für die Wirksamkeit der die Täuschung induzierenden Geraden. Wallace ließ in einem ersten Versuch (Abb. 5a) die induzierenden Geraden die Testparallelen nicht schneiden und fand bis zu einer Lücke von etwa 1° Sehwinkel noch einen deutlichen Täuschungsbetrag (Neigung der einen kritischen Parallelen relativ zur anderen in Grad; für einen Schnittwinkel von 5° = O, von 15° = +). In einem zweiten Versuch (Abb. 5b) wurde die Länge der induzierenden Linien (Schnittwinkel 15°) variiert, und es zeigte sich, daß eine Verlängerung über eine kritische Größe hinaus nicht mehr zu einer Vergrößerung des Täuschungsbetrages führt.

Wallace interpretiert seine Befunde mit einer inhibitorischen Interaktion zwischen richtungsspezifisch reagierenden corticalen rezeptiven Feldern (vgl. dazu auch Wallace u. Crampin, 1969; Robinson, 1968, und für eine zusammenfassende

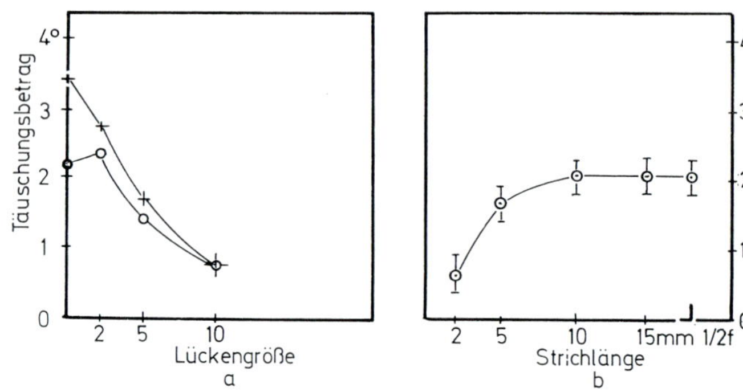

Abb. 5. Täuschungsbeträge bei der Zöllnerschen Täuschung in Abhängigkeit von der Lückengröße (a) und der Strichlänge (b) der induzierenden Parallelenscharen (nach Wallace, 1969)

Diskussion der Befunde aus Experimenten mit geometrisch-optischen Täuschungen in Beziehung zu lateraler Interaktion und rezeptiven Feldern: Nelson, 1969).

Während die meisten hier darzustellenden experimentellen Ansätze außerhalb des Labors ihre Wirksamkeit verlieren, lassen sich die geometrisch-optischen Täuschungen ohne Mühe auch in der alltäglichen Wahrnehmung demonstrieren (Metzger, 1968). So läßt sich z. B. die Horizontal-Vertikaltäuschung (Überschätzung vertikal angeordneter Reize) leicht nachweisen, wenn man aus Pfennigen einen Turm aufschichtet, der in der Höhe dem Durchmesser des Pfennigs anschaulich entspricht.

3.5 Sehschärfe und zeitliche Differenzierung

Untersuchungen zur Sehschärfe geben je nach Kriterium Aufschluß über das Auflösungsvermögen des visuellen Systems für spezifische Variationen der verwendeten Vorlagen (vgl. zusammenfassend Lit, 1968). Für die meisten Wahrnehmungsleistungen zeigt sich eine bessere Sehschärfe auf den horizontalen und vertikalen Hauptkoordinaten des Sehfeldes. Für diese Präferenzen wurden unterschiedliche Inhomogenitäten des dioptrischen Apparates und der Netzhaut verantwortlich gemacht; daß den entscheidenden Einfluß aber zentrale Faktoren haben müssen, zeigten unabhängig voneinander Campbell u. a. [1966 (1, 2)] und Mitchell u. a. (1967), indem sie als proximalen Reiz auf der Retina erzeugte Interferenzmuster verwendeten.

Speziell Untersuchungen zur Unterscheidungsfähigkeit für Neigungen einfacher Geraden (Andrews, 1967; Bouma u. Andriessen, 1968) regten zu Überlegungen an, ob die gefundenen Spezifitäten nicht in entsprechenden Spezifitäten von „Linien-Detektoren" liegen könnten. Die Orientierungssehschärfe ist auf den Hauptkoordinaten am größten, Fehler bei schräg gestellten Strichen sind nicht zufällig, sondern sind auf die Hauptkoordinaten gerichtet, bei Linien unterhalb von 9 min Sehwinkel verhält sich die Sehschärfe ungekehrt proportional zur dritten Potenz der Länge. Andrews interpretiert diese Größe als Hinweis auf die mögliche Größe der korrespondierenden rezeptiven Felder.

Die Präferenz für horizontal und vertikal orientierte Gegenstände gegenüber schräg angeordneten zeigt sich auch noch bei anderen Meßkriterien, bei Reaktionszeiten (Attneave u. Olson, 1967), bei der Feststellung der phänomenalen Gleichzeitigkeit der Darbietung (Erke, 1969) — aber auch bei sehr viel komplexeren Leistungen wie dem Erkennen und Benennen von Buchstaben und gegenständlichen Vorlagen (von Benda, 1968).

4. Figurauffassung und Auffassungsabsicht

Bei den letzten im vorangehenden Kapitel dargestellten Befunden drängt sich der Eindruck auf, daß außer sensorischen Bedingungen auch kognitive Momente wirksam sein könnten. Der Befund von Attneave u. Olson (1967), daß die Reaktionszeiten bei objektiv horizontal und vertikal angeordneten Vorlagen kürzer waren als bei schräg angeordneten, wurde auch bei Neigung des Kopfes bestätigt, so daß nach Retinakoordinaten schräg angeordnete Reize bevorzugt wurden; die Präferenz schien also an die physikalische Orientierung gebunden und von den Netzhautkoordinaten unabhängig zu sein. Die subjektiven Schwierigkeiten einiger Versuchspersonen in diesem Experiment regten an zu der Frage, wie weit die Beherrschung der Horizontal-Vertikalkoordinaten willkürlich sei. Attneave u. Reid (1968) konnten zeigen, daß die Präferenz für Horizontale und Vertikale gewöhnlich an das mit dem objektiven Bezugssystem übereinstimmende phänomenale Bezugssystem gebunden ist, daß diese Präferenz aber auch auf physikalisch schräg angeordnete Vorlagen übertragen werden kann, wenn die Versuchspersonen bei einer entsprechenden Instruktion die räumlichen Koordinaten bei Kopfneigung entsprechend den Kopfkoordinaten rotieren. Entscheidend ist also die phänomenale Festlegung der Kopfkoordinaten (die Analogie zu den Befunden von Horn u. Hill, 1969, über eine Änderung der Orientierungsspezifität rezeptiver Felder bei Kopfneigung der Versuchstiere bietet sich an, soll aber nicht weiter verfolgt werden).

Die Präferenz für horizontal und vertikal angeordnete inhaltlich definierbare und komplexere Vorlagen in Erkennungs- und Benennungsversuchen könnte ein Hinweis dafür sein, daß auch affektive Momente, Lesegewohnheiten, Erwartungen u. a. ähnlich wie rezeptive und perzeptive Bedingungen wirksam sein könnten. Es dürfte möglich — und auch wohl notwendig — sein, ein ,,perzeptives Raumkonzept" zu formulieren, das alle hier angedeuteten Beziehungen umfaßt (vgl. dazu Erke u. Wegner, 1970).

Unter dem Stichwort der ,,reizphysiologischen Paradoxien" faßt Metzger [1966 (2)] Konfigurationen zusammen, bei denen durch phänomenale Ausfüllung, Erweiterung oder Ergänzung figurale Organisationsformen entstehen, die im proximalen und distalen Reiz keine oder nur eine unvollständige Entsprechung haben. Ein Beispiel dafür zeigt Abb. 6; ein weißes virtuelles Dreieck überlagert ein Konturdreieck und drei schwarze Kreisscheiben. An dieser Vorlage (und an einigen weiteren) demonstrierte Stadler (1969) die ,,funktionale" Wirksamkeit der virtuellen Figur, indem er die figuralen Nachwirkungen auf ein senkrechtes Parallelenpaar (a) für das weiße Dreieck allein, (b) für das Konturdreieck allein und (c) für die Gesamtvorlage maß; bei Bedingung (a) und (b) sind die Nachwirkungen einander entgegengesetzt, bei (c) überwiegt der Einfluß des auch phänomenal dominanten virtuellen Dreiecks (zusammenfassende Darstellung der figuralen Nachwirkungen bei Malhotra, 1966).

Abb. 6. Vorlage (nach Kanizsa) zur Demonstration der funktionalen Wirksamkeit virtueller Figuren (nach Stadler, 1969)

Einen vergleichbaren Einfluß der Auffassungsabsicht demonstrierten Erke u. Schulte (1968). Figurale Nachwirkungen einer in eine größere Struktur eingebetteten Figur (stilisiertes Haus) gehen von der Gesamtstruktur bereits in geringem Maße aus, in voller Stärke sind sie aber erst nachzuweisen, wenn die Figur durch Auffassungsabsicht herausgehoben wurde, gleichzeitig wird dann der Einfluß der zum Grund gewordenen Struktur schwächer.

Anschließend sind noch einige experimentelle Ansätze zu nennen, die in der Wahrnehmungspsychologie eine lange Tradition haben, die aber aus mannigfachen Gründen, wegen Schwierigkeiten bei der Beschreibung der Phänomene, wegen ihrer Belastung mit zu hoch gespannten theoretischen Ansprüchen, z. Z. etwas in den Hintergrund getreten sind.

Die Wahrnehmung in der Peripherie des Sehfeldes wird bestimmt durch die geringere Sehschärfe, die schnellere Lokaladaptation, die veränderte Farbempfindlichkeit usw.; die verbal oder zeichnerisch gegebenen Darstellungen peripher wahrgenommener Vorlagen weichen aber in ihrer Gliederung von den dargebotenen Figuren in einer ganz charakteristischen Weise ab, die durch die genannten sensorischen Bedingungen nicht mehr zu erklären ist. Die Konturen verlieren an Bedeutung, die Gliederung wird weniger ausgeprägt — und zwar sowohl innerhalb von Figuren wie auch räumlich, Flächen kommt eine zunehmend größere Bedeutung für die Gliederung zu, Größenverhältnisse werden verzerrt usw. (vgl. Graefe, 1957, 1964; s. o. 3.3 Troxler-Effekt).

Unter Bedingungen reduzierter Reizung, bei kurzzeitiger, unscharfer, verkleinerter oder durch visuelles Rauschen überlagerter Darbietung zeigen sich ähnliche Figurauffassungen wie beim peripheren Sehen, auffällig ist die Tendenz zu Gliederungen entsprechend Gestaltgesetzmäßigkeiten mit einer besonderen Bevorzugung der Rechtwinkligkeit, der Abgerundetheit und der den Hauptachsen des Sehfeldes entsprechenden Orientierungen [vgl. Graumann, 1959; Metzger, 1966 (2)]. Untersuchungen dieser Art wurden von der Ganzheitspsychologie der Leipziger Schule (Sander, Volkelt) unter dem Stichwort der Aktualgenese konzipiert, um die Genese einer Figur sozusagen im Zeitlupentempo darzustellen. Dieser Ansatz hat nicht zum Erfolg geführt. Die in diesem Rahmen angestellten Untersuchungen haben aber so viel Material zusammengetragen, daß es sich lohnen würde, ihn mit neuen Variationen der Vorlagen und einer besser operationalisierten Phänomenbeschreibung aufzugreifen, etwa mit *zeitlich gestaffelter Darbietung* einzelner Figurteile (McFarland, 1967), mit *Transformation der Figur* von einer Darbietung zur anderen bei kurzen, kurz nacheinander folgenden Darbietungen (Stadler u. Trombini, 1970), mit Experimenten nach dem *Metakontrast- oder Maskierungsmodell* (Houlihan u. Sekuler, 1968; Dember u. Purcell, 1967) — nutzbar zu machen ist auch der „*binoculare Wettstreit*“, ein Ansatz mit für beide Augen getrennter simultaner Darbietung kontrolliert variierter Wahrnehmungsvorlagen (Levelt, 1968).

5. Schlußfolgerungen

In den hier zusammengestellten Experimenten haben sich durch unterschiedliche experimentelle Operationen wie reduzierte Reizung, systematische Belastung oder auch Überforderung des visuellen Systems sowie mit speziellen Wahrnehmungsvorlagen und mit bestimmten räumlichen und zeitlichen Anordnungen von einzelnen Reizen elementare Formen der Organisation und der Interaktion auf phänomenalem Niveau nachweisen lassen. Zusätzlich konnte noch gezeigt werden, daß auch kognitive Momente einen Einfluß auf die perzeptive Organisation haben. Die nachgewiesenen Organisations- und Interaktionsformen weisen eine unmittelbare Analogie zu von der Sinnes- und Neurophysiologie gefundenen Organisations- und Interaktionsformen im neuronalen Substrat auf. Die Analogie kann sich auf so zahlreiche Beispiele stützen, daß man trotz der häufig geäußerten Bedenken zunächst einmal davon ausgehen sollte, daß sie zutrifft.

Die mancherorts geäußerte Hoffnung, auf diesem Wege elementare Phänomene in dem Sinne definieren zu können, daß *einem* rezeptiven Feld *eine spezifische* Erscheinung zuzuordnen sei, hat sich allerdings nicht bestätigen lassen; sicher dürfte aber sein, daß Elementarphänomene nicht unbedingt punktuelle einfache Empfindungen sein müssen, sondern als Endprodukte eines komplexen Rezeptions- und Erregungsverarbeitungsprozesses bereits selbst eine gewisse Organisationshöhe aufweisen, also z. B. schon Ort, Richtung und Helligkeit haben. Für die elementaren Organisationsformen bietet Bischof [1966 (2), S. 353f.) das ,,Prinzip dersubspezifischen Elementarphänomene" an:

,,Die psychophysiologische Signalmannigfaltigkeit setzt sich aus einer endlichen Zahl von Elementarsignalen zusammen, deren jedes nicht einen Punkt des Wahrnehmungsraumes vollständig, sondern einen mehr oder minder ausgedehnten Bereich unvollständig spezifiziert. Die gemeinsame Verarbeitung mehrerer Elementarsignale repräsentiert sich phänomenal demgemäß nicht im Sinne eines ‚Aneinanderklebens', sondern eher eines ‚Übereinanderkopierens'; erst hierdurch werden auch einzelne Orte präzisiert, und zwar als ausgesonderte Stellen im Kontext größerer Ganzer. ‚Zerlegung' bedeutet bei Phänomenen demgemäß nicht das Auseinandernehmen *an*einander haftender Partikel, sondern die Abhebung *in*einander vorfindbarer Wesenszüge." Eine ähnliche, wenn auch sehr viel spezifischere Position der psychophysischen Theorienbildung wird auch von Erickson (1968; ähnlich für Organisationsformen in Gedächtnis und Lernen bei Pfaff, 1969) bezogen; dies geschieht in Analogie zu den neurophysiologischen Bemühungen um eine genauere Analyse von Interaktion und Organisation.

Auf diesem Wege dürften sich auch die von Metzger (1961) formulierten Aporien der Psychophysik (Unvereinbarkeit von kontinuierlicher räumlicher und zeitlicher Verteilung der phänomenalen Gegebenheiten und Diskontinuität des neuronalen Substrats, Alles- oder Nichtsgesetz gegenüber stufenloser Graduierung psychischer Intensitäten) auflösen lassen.

Die Wahrnehmungspsychologie ist nicht in der Lage ein vollständiges Modell anzubieten, das eine Interpretation der Wahrnehmung komplexer Gegenstände oder der verschiedenen Invarianzleistungen erlauben würde; sie ist durch die hier aufgezeigten ,,Interaktionen" mit der Sinnes- und Neurophysiologie entscheidend befruchtet worden — sie hat aber auch von sich aus noch zahlreiche Organisations- und Interaktionsgesetzmäßigkeiten nachweisen können, für die bisher keine physiologischen Analogien bekannt sind, deren Überprüfung auf neuronalem Niveau für eine Erweiterung des Verständnisses der Wahrnehmung aber unbedingt zu wünschen wäre.

Darüber hinaus kann die Psychologie der Figuralwahrnehmung Gesetzmäßigkeiten des Wahrnehmens und Auffassens von Figuren (und auch komplexeren Vorlagen) aufweisen, die immer dann wichtig werden können, wenn Zeichen, Instrumente, graphische Darstellungen, Geräte usw. für einen menschlichen Beobachter einzurichten sind — oder wenn ein menschlicher Auswerter am Ende einer automatischen Bildaufbereitung steht.

Summary

The psychology of form perception is concerned with the formal principles of organization and interaction in the construction of the phenomenal world. As characteristic of the current status of the psychology of form perception, some experimental procedures are described which allow operational definition and measurement of phenomena which can be related to neurophysiological principles of lateral interaction and organization (receptive fields): aftereffects, reversible figures, stabilized retinal images, afterimages, prolonged fixation, illusions, acuity, temporal discrimination, attention, voluntary control of frame of reference, figural aftereffects, peripheral vision, microgenesis, apparent form transformation, masking, binocular rivalry. The findings are discussed as evidence for a correspondence between psychological and physiological principles.

Literatur

Andrews, D. P.: Perception of contour orientation in the central fovea. I: Short lines. II: Spatial integration. Vision Res. **7**, 975—997, 999—1013 (1967).

Attneave, F.: Criteria for a tenable theory of perception. In: Wathen-Dunn **1967**, 56—67.

— Triangles as ambiguous figures. Amer. J. Psychol. **81**, 447—453 (1968).

— Olson, R. K.: Discriminability of stimuli varying in physical and retinal orientation. J. exp. Psychol. **74**, 149—157 (1967).

— Reid, K. W.: Voluntary control of frame of reference and slope equivalence under head rotation. J. exp. Psychol. **78**, 153—159 (1968).

Baumgartner, G.: Neuronale Mechanismen des Kontrast- und Bewegungssehens. In: Jaeger **1965**, 111—125.

Bekesy, G. von: Sensory inhibition. Princeton: Princeton University Press 1967.

Benda, H. von: Untersuchungen über die Abhängigkeit der Wahrnehmungsschwelle für komplexe Sehzeichen von den Parametern Zeit, Intensität und Form. I. Psychol. Beitr. **10**, 236—302 (1968).

Bischof, N.: (1) Erkenntnistheoretische Grundlagenprobleme der Wahrnehmungspsychologie. In: Metzger und Erke, **1966**, 21—78.

— (2) Psychophysik der Raumwahrnehmung. In: Metzger und Erke **1966**, 307—408.

Campbell, F. W., Kulikowski, J. J.: (1) Orientational selectivity of the human visual system. J. Physiol. (Lond.) **187**, 437—445 (1966).

— — Levinson, J.: (2) The effect of orientation on the visual resolution of gratings. J. Physiol. (Lond.) **187**, 427—436 (1966).

Clarke, F. J. J.: A study of Troxler's effect. Optica Acta **7**, 219—236 (1960).

— Belcher, S. J.: On the localization of Troxler's effect in the visual pathway. Vision Res. **2**, 53—68 (1962).

Dember, W. V., Purcell, D. G.: Recovery of masked visual targets by inhibition of the masking stimulus. Science **157**, 1335—1336 (1967).

Ekman, G., Lindman, R.: Measurement of the underlying process in perceptual fluctuations. Vision Res. **2**, 253—260 (1962).

Erke, H.: Größenänderungen optisch wahrgenommener Figuren während der Inspektionszeit. Psychol. Forsch. **31**, 63—90 (1967).

— Einige figurale Bedingungen optisch wahrgenommener Gleichzeitigkeit und Sukzession. In: Bericht über den 26. Kongreß der Deutschen Gesellschaft für Psychologie, S. 356—363. (Irle, M., Hrsg.). Göttingen: Hogrefe 1969.

— Gräser, H.: Reversibility of perceived motion: Selective adaptation of the human visual system to speed, size, and orientation. Vision Res. 1971 (Im Druck).

— Schulte, D.: Figur-Auffassung und figurale Nachwirkungen. Psychol. Forsch. **32**, 1—13 (1968).

— Wegner, D.: Reaktionstendenzen in Experimenten zur visuellen Wahrnehmung. In: Bericht über den 27. Kongreß der Deutschen Gesellschaft für Psychologie. (Reinert, G., Hrsg.). Göttingen: Hogrefe 1970 (Im Druck).

Evans, C. R.: Some studies of pattern perception using a stabilized retinal image. Brit. J. Psychol. **56**, 121—133 (1965).

— (1) Prolonged after-images employed as a technique for retinal stabilization: Some further studies on pattern perception and some theoretical considerations. No. 25. National Physical Laboratory, Autonomics Division 1966.

— (2) New approach to pattern perception. Discovery **27**, 17—21 (1966).

— Piggins, D. J.: A comparison of the behaviour of geometrical shapes when viewed under conditions of steady fixation, and with apparatus for producing a stabilized retinal image. Brit. J. physiol. Opt. **20**, 261—273 (1963).

Graefe, O.: Analyse des inneren Aufbaus einer im peripheren Gesichtsfeld wahrgenommenen Figur. Z. exp. angew. Psychol. **4**, 104—138 (1957).

— Qualitative Untersuchungen über Kontur und Fläche in der optischen Figuralwahrnehmung. Psychol. Forsch. **27**, 260—306 (1964).

Graham, C. H. (Ed.): Vision and visual perception. New York: Wiley 1965.

Graumann, C. F.: Aktualgenese. Z. exp. angew. Psychol. **6**, 410—448 (1959).

— Nicht-sinnliche Bedingungen des Wahrnehmens, S. 1031—1096. In: Metzger und Erke 1966.

Heath, H. A., Ehrlich, D., Orbach, J.: Reversibility of the Necker Cube: II. Effects of various activating conditions. Perceptual and Motor Skills **17**, 539—546 (1963).

Hebb, D. O.: The organization of behaviour. New York: Wiley 1949.

Horn, G., Hill, R. M.: Modifications of receptive fields of cells in the visual cortex occurring spontaneously and associated with bodily tilt. Nature (Lond.) **221**, 186—188 (1969).

Houlihan, K., Sekuler, R.: Contour interactions in visual masking. J. exp. Psychol. **77**, 281—285 (1968).

Jaeger, W. (Hrsg.): Ber. 66. dtsch. ophthal. Ges. **66**, München: Bergmann 1965.

Jung, R.: (1) Korrelationen von Neuronentätigkeit und Sehen. In: Jung und Kornhuber **1961**, 410—434.

— (2) Neuronal integration in the visual cortex and its significance for visual information. In: Rosenblith, **1961**, 627—674.

— Neuronale Grundlagen des Hell-Dunkelsehens und der Farbwahrnehmung. In: Jaeger **1965**, 69—111.

— Neuronal mechanisms of pattern vision and motion detection. In: 18th International Congress of Psychology, Symp. 15: Sensory Processes at the neuronal and behavioural levels, p. 1—16. Moscow 1966.

— Kornhuber, H. (Hrsg.): Neurophysiologie und Psychophysik des visuellen Systems. Berlin-Göttingen-Heidelberg: Springer 1961.

Köhler, W.: Die physischen Gestalten in Ruhe und im stationären Zustand. Braunschweig; Vieweg 1920.

— Relational determination in perception. In: Jeffres, L. A. (Ed.): Cerebral mechanisms in behaviour, p. 200—243. New York: Wiley 1951.

Künnapas, T.: Intensity of the underlying figural process. Reports of the Psychological Laboratory, No. 197. Stockholm: 1965.

Levelt, W. J. M.: On binocular rivalry. The Hague: Mouton 1968.

Lit, A.: Visual acuity. Ann. Rev. Psychol. **19**, 27—54 (1968).

MacKay, D. M.: Ways of looking at perception. In: Wathen-Dunn **1967**, 25—43.

Malhotra, M. K.: Figurale Nachwirkungen. Sammelbericht. Psychol. Forsch. **30**, 1—104 (1966).

McFarland, J. H.: Some evidence bearing on operations of "analysis" and "integration" in visual form perception by humans. In: Wathen-Dunn **1967**.

Metzger, W.: Psychologie: Die Entwicklung ihrer Grundannahmen seit der Einführung des Experiments. Darmstadt: Steinkopff 1954[2].

— Aporien der Psychophysik. In: Jung und Kornhuber **1961**, 435—444.

— Der Ort der Wahrnehmungslehre im Aufbau der Psychologie. In: Metzger und Erke **1966**, 3—20.

— Figural-Wahrnehmung. In: Metzger und Erke **1966**, 693—744.

— Optisch-haptische Maßtäuschungen an dreidimensionalen Gegenständen. Stud. psychol. (Praha) **10**, 91—103 (1968).

— Erke, H. (Hrsg.): Wahrnehmung und Bewußtsein. Handbuch der Psychologie. Band I, 1. Hälfte. Göttingen: Hogrefe 1966.

Michels, K. M., Zusne, L.: Metrics of visual form. Psychol. Bull. **63**, 74—86 (1965).

Mitchell, D. E., Freeman, R. D., Westheimer, G.: Effect of orientation on the modulation sensitivity for interference fringes on the retina. J. Opt. Soc. Amer. **57**, 246—249 (1967).

Nelson, J.: The misperception of contour. Unpublished paper. State University of New York. Stony Brook 1969.

Olson, R., Orbach, J.: Reversibility of the Necker Cube: VIII. Parts of the figure contributing to the perception of reversals. Perceptual and Motor Skills **22**, 623—629 (1966).

Orbach, J., Ehrlich, D., Heath, H. A.: Reversibility of the Necker Cube: I. An examination of the concept of „satiation of orientation". Perceptual and Motor Skills **17**, 439—458 (1963).

— — Vainstein, E.: Reversibility of the Necker Cube: III. Effect of interpolation on reversal rate of the cube presented repetitively. Perceptual and Motor Skills **17**, 571—582 (1963).

— Zucker, E.: Reversibility of the Necker Cube: VI. Effects of interpolating a non-reversing cube. Perceptual and Motor Skills **20**, 470—472 (1965).

— — Olson, R.: Reversibility of the Necker Cube: VII. Reversal rate as a function of figure-on and figure-off duration. Perceptual and Motor Skills **22**, 615—618 (1966).

Pfaff, D.: Parsimonious biological models of memory and reinforcement. Psychol. Rev. **76**, 80—81 (1969).

Ratliff, F.: Mach Bands: Quantitative studies on neuronal networks in the retina. San Francisco: Holden-Day 1965.

Rausch, E.: Probleme der Metrik (Geometrisch-optische Täuschungen). In: Metzger und Erke **1966**, 776—865.

Reese, H. W.: The perception of stimulus relations. New York: Academic Press 1968.

Robinson, J. C.: Retinal inhibition in visual distortion. Brit. J. Psychol. **59**, 29—36 (1968).

Rock, I.: The nature of perceptual adaptation. New York: Basic Books 1966.

Rosenblith, W. A. (Ed.): Sensory communication. Cambridge, Mass.: MIT Press 1961.

Stadler, M.: Figurale Nachwirkungen als Methode zur Untersuchung funktionaler Zusammenhänge im Bereich der Figural-Wahrnehmung. Studia psychol. (Praha) **11**, 23—31 (1969).

— Erke, H.: Über einige periodische Vorgänge in der Figuralwahrnehmung. Vision Res. **8**, 1081—1092 (1968).

— Trombini, G.: Die Transformationsscheinbewegung als funktionales Kriterium phänomenaler Sachverhalte. Psychol. Beitr. (1970) (im Druck).

Wallace, G. K.: The critical distance of interaction in the Zöllner illusion. Perception and Psychophysics **5**, 261—264 (1969).

— Crampin, D. J.: The effect of background density on the Zöllner illusion. Vision Res. **9**, 167—177 (1969).

Wathen-Dunn, W. (Ed.): Models for the perception of speech and visual form. Cambridge, Mass.: MIT Press 1967.

Witte, W.: Zur Wissenschaftsstruktur der psychologischen Optik. Psychol. Beitr. **6**, 451—462 (1962).

— Perzeptive Organisation als Weg zur Wahrnehmung. Bericht über den 24. Kongreß der Deutschen Gesellschaft für Psychologie, S. 92—96, (H. Heckhausen, Hrsg.). Göttingen: Hogrefe, 1965.

Zimolong, B.: Untersuchungen zur Figuralwahrnehmung bei fortgesetzter Inspektion. Münster: unveröffentlichte Vordiplomarbeit 1967.

Neural Substrates of Sensory Substitution

P. Bach-y-Rita, San Francisco*

With 1 Figure

Introduction

In a study of central sensory mechanisms, the investigation of the capabilities of one sensory system should give a strong indication of the capabilities of the amalgam of central sensory mechanisms. It is apparent that a great deal of sensory convergence occurs, and the highest sensory level appear to ignore modalities in the formation of percepts.

The creation of a situation that would test the capability of the brain to handle novel meaningful sensory information offered a promising approach to the study of a sensory system. The Tactile Vision Substitution System (TVSS) under development in our laboratories tests the capability of the cutaneous sensory system (receptors, afferent pathways and central nervous system structures and mechanisms) to assume the functions of the visual system that have been lost through injury or disease (acquired blindness) or that have been absent since birth (congenital blindness). Most of our subjects have been intelligent, congenitally blind college students. They generally had entirely erroneous concepts of visual space and cues. For example, it was difficult to conceive that a coin could look like an ellipse when rotated 45°, or like a straight line if viewed edge-on. It was even more difficult to understand that, subjectively, the object was still perceived as a coin and thus disc-shaped.

The experimental results have been detailed elsewhere [7, 8, 67] and the instrumentation aspects have recently been reviewed [17]. Thus, I will only briefly summarize them.

The TVSS consits of a TV camera, a commutator, and 400 vibrotactile stimulators one half inch apart in a 20 × 20 array, placed against the skin of the back (Fig. 1). Blind and sighted subjects manipulating the camera are first taught to recognize lines and geometric forms. After approximately 1 h of this training they begin to learn to identify objects, faces, letters, and various combinations of these. Thus, after approximately 10 to 50 h of training, blind subjects are able to accurately identify several objects placed on a table, to determine the distance between each object, and to accurately locate them spacially, utilizing "visual" cues such as monocular cues of depth, linear perspective, parallax and size constancy. They identify faces from distinctive characteristics such as length of hair and presence or absence of glasses, and can determine motion, such as describing which leg is

* This paper was prepared during a sabbatical leave at the Instituto di Fisiologia Umana, University of Pisa, supported by United States Public Health Service Research Career Award No. 8 KO 3 EY 14094, and by the Max C. Fleischmann Foundation Grant No. 2674.

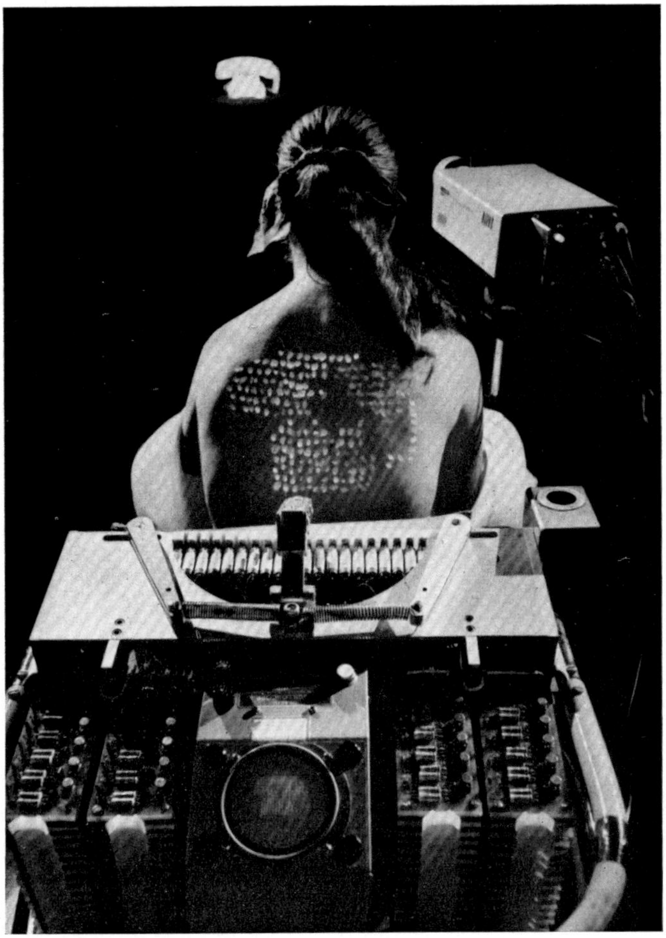

Fig. 1. *A blind subject utilizing the TVSS* — The TV camera is normally suspended by a chain from an overhead boom to enable the blind subject to hold and move it. In this illustration it is in the upper right, pointed at a telephone in the background. The 400 point image is monitored on the oscilloscope in the foreground. The subject is leaning forward, away from the tactile array which normally delivers the image to the skin of the back. In this illustration, the image has been painted on her back; each dot is located approximately in the skin region that is stimulated by a vibrotactor when she is leaning back in contact with the stimulus array. The solenoids driving the top row of stimulators can be seen in the middle of the illustration. Reprinted, with permission, from LIFE magazine

being crossed. With training, they subjectively locate the stimuli as originating in the three dimensional space in front of the camera instead of on the back.

We have evaluated electrical stimulation, in a small array, and find it extremely promising. With very brief (20 μsec) pulses the stimulus is pain free. This method of stimulation offers the potential of developing a light, portable high resolution system [17].

While awaiting the development of more refined equipment, we have been concentrating on psychophysical studies and have been comparing the tactile and visual modes of handling the same information. For example, we note that "waterfall effect" (motion after-images, discussed in [30], p. 104) in our experienced blind subjects, but only if they are controlling the camera. In general, it would appear that following training, information is handled similarly in both modes.

Several essential points emerge from our work to date:

1. With an adequate artificial receptor system, it is possible to train one sensory system to mediate information usually conveyed by another sensory system. The subjective sensations of "vision" are obtained through tactile stimulation. For example, a subject's defense reaction, ducking to avoid an "approaching" object when the zoom lens was moved without the subject's knowledge, reveals this subjective component of sensory substitution.

2. Adequate training is essential.

3. "Feedback" and "feedforward" are extremely important. The subject must control all camera movement (including lens aperture and zoom). In the absence of proprioception or of other internal means of signalling orientation of the receptor, he is otherwise unable to judge whether the camera or the field is moving. Other factors, involving the participation of motor systems in learning are also involved and will be discussed later.

4. The cutaneous display should be detailed, and pre-processing the input is not necessary. We have previously discussed the rationale for supplying the skin with a highly detailed input and allowing the brain to use its own abstracting mechanisms [5, 6, 67].

The neural substrates of sensory substitution remain largely unknown and are extremely difficult to uncover experimentally. However, a body of pertinent experimental results exists, and I will attempt to relate significant research findings to mechanisms that may underlie the behavioral and psychophysical results that we have obtained with the TVSS. Other aspects of the neural factors have previously been discussed [4, 5].

1. Cutaneous Receptors and Primary Afferent Fibers

The skin is a critical area in our approach to sensory substitution. It is the region of the man-machine interface and thus presents numerous practical instrumentation problems in addition to the neural and psychophysical aspects that are briefly mentioned here.

It is probable that the stimuli delivered to the skin of the back with our present vibrotactile system (and with the electrical stimulation system under development) utilize the hair follicle receptors, which have phasic, quickly adapting properties [18]. However, the stimuli may also be carried by (or influenced by the activity in) the "free" nerve endings, which are free only in the sense that they are not functionally dependent on the surrounding tissues [16]. Darian-Smith [18] suggests that the rapidly adapting receptors could account for the subjective detection of vibratory stimuli in the range between 5 to 300 c/s, and it could be that these are primarily responsible for transmitting the patterns of cutaneous stimuli in our system. However, as I will discuss later, the subjective aspects of the cutaneous stimuli are probably irrelevant.

All regions of the skin are densely innervated. Weddell [65] and others, have pointed out that touch with a 5 μ needle on any area of skin will encounter more than one nerve fiber. The density of the cutaneous receptors and afferent fibers is not comparable to that of the visual system; even here however, recent work by Galambos, Norton and Frommer [27] has suggested that there may be a great deal of redundancy. Indeed, selected clinical cases reveal that some individuals with extremely poor visual accuity have good visual efficiency. Potential high density skin stimulation arrays, in comparison with macular receptor density, visual angle and other related TVSS skin display factors, are described elsewhere [17].

The patterns of discharges of the cutaneous receptors, in both space and time, are of major importance in information transfer. Weddell [65] suggests that the unpleasantness associated with the pain of re-innervated areas following nerve injury is due to the fact that an unrecognizable pattern of activity reaches the nervous system; when the pattern becomes recognizable, the pain is "cured". Similarly, stimulus of the skin with the TVSS array produces patterns of activity of the cutaneous receptors and fibers which are initially unrecognizable on their arrival at the central nervous system.

A primary question is whether the skin from a circumscribed region, such as the back or trunk, can transmit patterns of sufficient complexity to enable the subtleties, as well as the gross details, to be passed on to the higher integrating areas. Von Foerster [25] stated that "Uncle Joe" entering his room presents 10^8 bits of information in the first 100 msec yet is recognizable. It is probable, as MacKay (in the discussion of [25], p. 405) pointed out, that familiar "Uncle Joe" has a low level of unexpectedness and is identified by a smaller selective process than "Uncle Joe" might be thought to require. However, the question remains, can the skin sensory system supply bulk information to the central nervous system (CNS) for these selective processes to be utilized?

Estimates of the theoretical information carrying capacity of a single nerve fiber run as high as 6000 bits/sec [54]. Rushton [57], for example, stated that a nerve could carry 30 bits in 0.1 sec. Also, Douglas and Ritchie [23] calculated that two fibers alone, each sensitive to all forms of energy, but not equally so, could theoretically provide all the information that is required by the CNS to distinguish all modalities by analyzing the ratio of activities in the two fibers. No one, however, has seriously suggested that these theoretic capabilities are utilized by the brain. However, evidently the brain utilizes very sophisticated information processing mechanisms, such as, for example, the auto-correlation and evaluation of optical inputs utilyzing Fourier components that Reichardt [56] has shown to be mechanisms employed by certain beetles.

In spite of morphological and physiological evidence that the skin contains a "rich" supply of receptors and sensory pathways, the question will have to await further experimentation before an answer is available. Our results, however, suggest that sufficient receptors and pathways do exist.

2. Spinal Cord Relays

Mechanisms exist in the spinal cord to receive the sensory information from the periphery, to transform it in the light of descending influences and of the activity in other spinal cord cells, and to relay an abstract of the sensory message to more central structures. Of particular interest to this discussion are the mechanism for selection and for integration. Descending influences can inhibit transmission even in the primary afferents and thus limit the flow to the CNS. The first spinal cord cells have wider receptive fields and thus receive inputs from several primary afferents [62]. "Novelty detectors", which have even wider receptive fields and habituate quickly, and interneurons, take part in the abstracting process [63]. Lateral inhibition apparently also plays a role; von Bekesy [9] has shown Mach band phenomena to exist in skin sensation.

Mountcastle [45] stated that one of the transformations that occur as one ascends successive synaptic relays in the afferent system is the increase in the proportion of cells which respond only, or mainly, to the transient of the stimulus and not at all, or very slowly, to the steady state of the stimulus. As Gray [29] states, the primary population must carry all the information, but the second order cells may be selective.

The patterns of nerve impulses undergo continuous filtering during transmission through successive synaptic levels, which suggested to Melzak, Wall and Weiss [41] that complex psychological properties of the skin sensory system are subserved by these properties of selection, abstraction and synthesis of nerve impulse patterns from the total sensory input.

A factor of undoubted importance for the integrating capacities of spinal cord structures is the long decay constant [57]. Gray [29] considers this a storage mechanism. It permits a higher degree of accuracy by averaging successive events in any particular pathway [14], and allows events arriving from several sources to interact. Wall comments ([29], p. 530) that the CNS may require not only the 100 msec that Gray [29] mentions, but even several seconds to examine an incoming signal. Bishop [11] considers that information transfer is low during the first 20 to 50 msec of observation and reaches maximum during the first few hundreds of msec, with little gain in information for observation times longer than 0.4 sec. He considers that during the first few hundreds of msec the information transfer rate may be as high as 5 to 10 bits/sec/cutaneous afferent fiber.

The spinal sensory pathways should be able to transmit sufficiently detailed information for a high resolution sensory substitution system. Bishop [11] suggests that the limiting link in information transfer is the first order fiber, and that central mechanisms preserve all or nearly all of what they receive.

3. Thalamic and Cortical Areas

In the thalamus the sensory information is further modified before being relayed to specific and associative areas of the cortex. A large population of thalamic and cortical cells is activated by even the most localized stimulus one can devise [43], thus indicating a large degree of interaction. Each cell has approximately 10,000 synaptic contacts with other cells [24]. Mountcastle [44] noted that information carried in the lemniscal system has not undergone much integration by the time the signals reach the first cortical areas, which suggests that a great deal of integration remains for higher levels.

As many as four separate somatotopically organized cortical somatosensory areas and a fifth sensory area have been described [12]. The excitatory receptive fields of somatosensory neurons change dramatically in size and in character as one samples at progressively rostro-medial sites starting from the "classical" sensory cortex [61], thus, sensory impulses have many opportunities to interact with and be affected by integrating mechanisms.

Cortical ablations have produced results that are difficult to interpret. In 1889 Van Gudden (quoted by Doty [22]) demonstrated "seeing" rabbits without visual cortices and with degenerated lateral geniculate nuclei. Doty [22] showed persistance of evoked and behavioral visual responses in cats without geniculostriate systems after extripation of primary visual cortex at birth. Also, Galambos, Norton and Frommer [27] produced lesions of as much as 98.5% of the optic tracts in cats and noted almost normal visual behavior after a few weeks. More surprisingly, they found the visual cortical evoked responses had also recovered to approximately preoperative amplitudes.

Pribram, Spinelli and Reitz [52] have discussed the role of specific associative cortex, which may be some distance away from the "parent" cortex. The specific visual associative cortex is in the infero-temporal (IT) region, while the parieto-occipital region contains the specific somatosensory associative cortex. These authors demonstrated that the major connections between IT and primary visual cortex are through the brain stem. Visual discrimination in monkeys was not seriously affected by virtually complete ablation of peristriate cortex, but was seriously affected by IT lesions. They suggest that IT exerts efferent, corticofugal control over subcortical visual mechanisms.

The thalamic and cortical mechanisms utilized to transmit "visual" information, via somatosensory pathways, to the higher integrating areas remain unknown. At this point it is only possible to speculate whether, for example, the specific visual associative cortex (IT) or the somatosensory associative cortex is more involved, or what the relative roles are of the primary somatosensory and visual sensory areas.

4. Mechanisms Modifying Afferent Transmission

Inhibition is a basic ingredient of sensory physiology and operates at all levels, from the receptors and primary fibers up to the highest levels of integration. Inhibition and excitation are the means by which the CNS controls sensory input.

Brainstem mechanisms can inhibit afferent transmission as far down as the first synapse [31]. The reticular formation can cause increases or decreases in the excitability of most sensory neurons [33]. Stimulation of sensorimotor cortex can produce primary afferent depolarization (PAD) [3] and facilitation of spinal reflexes [39]. The most effective areas were found by Andersen, Eccles and Sears [3] to be within the specific sensory cortex, and inhibitory effects could also be induced by cortical stimulation [31]. Other central structures, such as the basal ganglia [37] and the vestibular nuclei [50] can modify afferent transmission; the latter can influence transmission at different relay nuclei of several sensory systems [50].

Reversible cold block of descending pathways in the spinal cord has been shown by Wall [63] to modify excitation of dorsal horn cells. With this block, sustained increases in excitability of these cells occurred, evidenced as an expansion of the receptor fields of neurons in laminae V & VI. Also, some cells previously responsive only to tactile stimuli responded as well to proprioceptive inputs during the block. Wall, Freeman and Major [64] noted, in unrestrained rats, that when attention was directed to the skin region adjacent to the receptor field of the dorsal horn cell being studied, the excitability of this cell increased, but when the rat's attention was elsewhere, its excitability decreased. Wall et al. [64] suggested the presence of impulses descending from the brain acting largely at pre-synaptic sites, and suggested that in many situations the response profile of a population of neurons determines the information transmitted.

Desmedt [21] in discussing the ability of a subject to hear danger signals from one source while listening to another, suggested that "certain transformations of sensory messages in the relay nuclei may have plastic properties and may be differentially oriented by centrifugal action". Pribram [51] believes the specific associative cortex organizes and integrates sensory information, possibly utilizing brainstem mechanisms; the inflowing signals are modified to provide information that is already linked to a learned response.

Thus, descending influences on sensory transmission are undoubtedly critical in the ability to learn to utilize a sensory substitution system. They provide the means for the development, with training, of selective control over the incoming patterns of cutaneous impulses that have been induced by the TVSS, and are undoubtedly more efficient in the abstracting process than computer pre-processing.

5. Learning and Plasticity

Learning to learn is the most interesting trend through evolution: the entire course of biological evolution had had, as its main theme, the development of organisms that are more easily modified by the environment [28].

In the development of the TVSS, we have found that the motor and proprioceptive components of TVSS use are essential: with a fixed camera, learning is extremely difficult and experiences are reported only in terms of feelings on the back [67]. When the subject has control over the movements of the camera, he is quickly able not only to learn the cues for object identifications, but also subjectively to locate the objects accurately in the three dimensional space in front of the camera, without subjective reference to his back. He uses "visual" cues for this task. Von Holst and Mittelstaedt [34], and Held [32] had previously demonstrated the importance of motor and proprioceptive influences on learning, and Jung, Kornhuber and Da Fonseca [38] in a discussion of "feedback" and "feedforward", quoted MacKay's statement that there is a pre-selection of activity in response to signs of forthcoming demand. We have suggested that it is plausible that a translation of the input that is precisely correlated with self-generated movement of the sensor is the necessary and sufficient condition for the experienced phenomena to be attributed to an outside world [67]. It should be pointed out, however, that although subjects trained with the TVSS interpret the tactile patterns as "visual", when they are not using the equipment the skin of the back assumes its normal cutaneous role.

Learning and use are also necessary for functional development of normal sensory systems. Wiesel and Hubel [66] noted that when one eye of a kitten was closed at birth for three months and then opened (while the contralateral eye remained normal), only a few visual cortex cells could be driven from the newly opened eye. Normally 80% of the cells can be driven from either eye. However, studies on newborn kittens that had never seen showed a response pattern that was the same as in normal adult cats [35]. Also, studies with cats that had both eyes closed from birth for 3 months revealed that 45% of the cells were normal although the cats were behaviorly blind [66]. Wiesel and Hubel [66] suggest that the connections between the retina and the striate cortex are for the most part innate. It is, they stated, almost as though afferent pathways were competing for space in the post-synaptic membrane, some shrinking, others expanding. Szentagothai [60] has discussed the evidence for morphological changes associated with long lasting activity of neurons; hypertrophy and disuse atrophy occur at all levels and all parts of the neuron. It appears that even short term functions influence the size of the synaptic vessicles.

Blindness in infancy that is corrected by surgery in adulthood often results in subjects with "sight" but who can not "see" effectively [30]. Although psychic factors [30] and the lack of adequate training may be the major cause of the inability to "see", extensive morphological and physiological changes in the visual system may also be a factor: Wiesel and Hubel [66] have shown in cats that even late eye closure can produce atrophy of cells in the lateral geniculate body.

Bennett, Diamond, Krech and Rosenzweig [10] have shown that modifying the amount of experience in one sensory modality can specifically effect the brain regions subserving that modality. They suggested that impairment of one sensory channel leads to greater use of other modalities and thus a greater cerebral development ("compensation") in the corresponding brain areas. Specifically, if blinded or light-deprived rats are raised in a complex environment, the somesthetic area of cortex shows increases in weight and in acetylcholinesterase activity, and they suggest there may also be an increase in the number of synapses. These authors have also shown rats raised in an environment rich in stimuli had significantly thicker cortices than stimulus-deprived rats.

Schaltenbrand [58] raised the possibility that the differentiation of cortical areas may grow under the influence of biographical factors such as the amount and system of teaching. It is conceivable that training with the TVSS will produce measurable changes in specific central structures; for example, the region of the sensorimotor cortex representing the back may become larger. In normal life most of the afferent impulses from the skin of the back must be filtered out at the sensory relays because of lack of importance. If, with the TVSS, these pathways now carry patterns of impulses containing "visual" information, they would no longer be filtered out at the relays, and might produce plastic changes in the specific cortical representation as well as at other levels.

Davis [19] suggests that the simplicity of a sensation, such as the touch of a cold piece of metal, may represent merely a successful physiological abstraction. Information theorists may consider this to be a reduction in unexpectedness. In any case, the learning process accomplishes a set of changes, probably synaptic, that allow quick identification and integration of patterns of cutaneous impulses.

John and Killam [36] noted stages, during conditioning, when potentials arose in structures previously unresponsive to the stimulus, and modifications of the potentials were seen in structures initially responsive. These changes were noted in multiple brain sites, including the lateral geniculate body. Brazier, Killam and Hance [13] have raised the possibility that some changes noted during learning involve so-called "temporary connections" that are, in fact, already existing ones made evident by the conditioning process. Bures [15] found that approximately 50% of the reticular formation cells he studied could be conditioned after 10 to 20 trials, but in most cases the changes in discharge disappeared after 30 to 50 trials. He may have been observing a phenomenon similar to that described by John and Killam [36] and these might be significant clues to follow in uncovering mechanisms of learning.

Learning not to attend to stimuli is as important as learning to attend to them. Selective attention, as in the ability to listen to one conversation while many others are in progress at a cocktail party, is another example. In learning to use the TVSS, the subject must first attend to specific stimuli on his back, but with practice he no longer consciously attends to these stimuli, but has the sensation of the stimulus arising in the space in front of the camera.

The studies of Neff [46] and his co-workers on the auditory system show a remarkable degree of functional recovery within this sensory system following cortical lesions, when training is adequate. Their studies have shown that lost sensory functions within one sensory system can, in large part, be re-learned. Our studies with sensory substitution have shown that learning can also be accomplished with techniques and cues normally used by the lost sensory system and thus possibly utilizes some of the mechanisms and structures normally reserved for the system that has been lost.

Eccles [24] commented on the "amazing flexibility" of cortical synaptic power that appears to be due to frequency potentiation, greater power of inhibitory action and great potential for development of dendritic spine apparatus. Raisman [53] has demonstrated, in rats, that lesion of one of the two major inputs to the medial necleus of the septum produces degeneration followed by re-occupation of the de-afferented sites by local intact terminals.

Obrador [47] noted many deficits after hemispherectomy in man, but later found "remarkable" recovery of lower limb and facial motor functions, as well as considerable sensory recovery. The "functional plasticity" was particularly marked in children. He suggested that training and re-education will greatly favor the development of the various functions of the spared cerebral hemisphere. Woolsey commented (following [47]) that the increased functional recovery of the lower limbs may have been due to greater functional demands.

Numerous other studies demonstrating plastic changes appear in the literature and I have summarized some of these in previous publications [4, 5].

6. Highest Level of Integration and Perception

Adrian [1] stated 30 years ago, "It is difficult to avoid speculating about integrative processes of the brain because the whole of human achievement depends upon them". Penfield and Rasmussen [49] proposed that the "seat of consciousness" or the highest levels of integration must be located in the old brain, and numerous authors have suggested that the reticular formation is a likely location. However, cortical areas are involved in high levels of integration [48] and Albe-Fessard and Fessard [2] consider the absense of somatotopy to be a sign of the capacity for integration.

An important concept developed by Miller [42] may be applicable to sensory substitution systems (as well as to normal visual, auditory and other systems). It relates to the amount of information that can be handled by the higher integrating and perception mechanisms: the ability to learn to increase the number of bits of information per "chunk" of information. Although only about 6 or 8 objects can be held in the immediate memory at one time, it is immaterial whether the items represent the activity of many or a few of the organism's receptors, or whether the units (chunks) contain a few or many bits of information [42].

A given sensory neuron may contribute its input to many sensations [20], and Szentagothai [59] has suggested that the CNS has the capacity to use neural information of specific anatomical connections; for example by analysis of space-time patterns, and to lead it into the appropriate channels.

Thus, the patterns of neural activity signal the modality as well as other sensory details, and from this input the perceptual mechanisms are able to select only the information pertinent to the specific activity being performed or planned at that particular instant in time. All the rest of the information, including the identification of the modality of the stimulus, can be ignored.

Maturana [40] pointed out that some criteria have to be devised to determine which points of the mosaic of light on the retina form a unit object, which constitute the boundaries that delimit it, which are background, etc. We introduce some culturally acquired criteria for grouping the tiles of the mosaic and we organize them to see whatever we believe is depicted there. Whether we are successful and see (for example) what an artist wants to be seen, or whether we have an illusion, depends on the criteria we use to organize the mosaic [40]. Ratliff [55] pointed out that in a visual display, if only contours are present, as in a cartoon, much of the significant information is retained. There are many similarities between organization in the visual and cutaneous systems, and thus Ratliff's and Maturana's points may be equally applicable to the input from a TVSS, thus reducing the functional reorganization necessary within the CNS. However, early studies with our TVSS showed no differences in accuracy of identification between solid and edge-only presentations of geometric forms, although a 400 point display may not be sufficient for proper evaluation of this point.

How information is stored, or as von Foerster [26] suggested, whether instead of storage we should speak of changes in transfer functions, is basic to sensation and perception in general, as well as to sensory substitution. So is the way the CNS organizes the patterns of impulses, modifying them at every level and utilizing "cultural" and other learned criteria. In fact, we should go one step further, as Davis [20] suggests, and consider sensory and motor aspects in terms of a single exploring system. He considers the short term memory required for such an active exploring system as possibly the most important function of the cerebral cortex.

The neural substrates for sensory substitution must lie within the mechanisms mentioned above. It is premature to attempt to describe them more precisely. The results we have obtained to date with our TVSS, however, strongly encourage us to work towards uncovering them.

Summary

A Tactile Vision Substitution System (TVSS) has been developed to deliver "visual" information from a subject-controlled TV camera to the brain, by means of a 400 point tactile stimulus array on the skin of the back. The blind subjects learn to identify objects, words, faces, etc. and to accurately locate them spacially using cues such as linear perspective, parallax, size constancy and monocular cues of depth. With training they subjectively locate the stimuli as originating in the three-dimensional space in front of the camera instead of on the back. The evidence relating to the possible neural substrates of TVSS is evaluated. Aspects evaluated include: cutaneous receptors and afferent fibers, spinal cord relays, thalamic and cortical areas, mechanisms modifying afferent transmission, learning and plasticity, and the higher levels of integration and perception.

References

1. Adrian, E.: Sensory integration. The Sherrington lectures. Liverpool: University Press 1949.
2. Albe-Fessard, D., Fessard, A.: Thalamic integrations and their consequences at the telencephalic level. In: Brain mechanisms, pp. 115—154. (Moruzzi, G., Fessard, A., Jasper, H., Eds.). Amsterdam: Elsevier 1963.
3. Andersen, P., Eccles, J. C., Sears, T. A.: Cortically evoked depolarization of the primary afferent fibers in the spinal cord. J. Neurophysiol. **27**, 63—77 (1964).
4. Bach-y-Rita, P.: Sensory plasticity: applications to a vision substitution system. Acta neurol. scand. **43**, 417—426 (1967).
5. — Neurophysiological basis of a tactile vision substitution system. IEEE Trans. on man-machine systems. MMS **11**, 108—111 (1970).
6. — Tactile vision substitution system based on sensory plasticity. In: Visual prosthesis the interdisciplinary dialogue, 408 pp. (Sterling, T. D., Bering, E. A., Jr., Pollack, S. V., Vaughan, H., Jr., Eds.). New York: Academic Press 1971.
7. — Collins, C. C., Saunders, F., White, B., Scadden, L.: Vision substitution by tactile image projection. Nature (Lond.) **221**, 963—964 (1969).
8. — — Scadden, L., Holmlund, W., Hart, B.: Display techniques in a tactile vision substitution system. Med. biol. Illust. **20**, 6—12 (1970).
9. Bekesy, G. von: Sensory inhibition, 263 pp., Princeton, N. J.: Princeton University Press 1967.
10. Bennett, E. L., Diamond, M., Krech, D., Rosenzweig, M.: Chemical and anatomical plasticity of brain. Science **146**, 610—619 (1964).
11. Bishop, P. O.: Central nervous system: afferent mechanisms and perception. Ann. Rev. Physiol. **29**, 427—484 (1967).
12. Blomquist, A. J., Ambrogi-Lorenzini, C.: Projection of dorsal roots and sensory nerves to cortical sensory motor regions of the squirrel monkey. J. Neurophysiol. **28**, 1195—1205 (1965).
13. Brazier, M., Killam, K., Hance, A. J.: The reactivity of the nervous system in the light of the past history of the organism. In: Sensory communication, pp. 699—716. (Rosenblith, W. A., Ed.). Cambridge, Mass.: MIT Press 1961.
14. Broadbent, D. E.: Information processing in the nervous system. Science **150**, 457—461 (1965).
15. Bures, J.: Comment. In: The anatomy of memory, p. 363. (Kimble, P., Ed.). Palo Alto, Calif.: Science and Behavior Books 1965.
16. Cauna, N.: Light and electronmicroscopical structure of sensory end-organs in human skin. In: The skin senses, pp. 15—37. (Kenshalo, D., Ed.). Springfield, Ill.: Charles C. Thomas 1968.
17. Collins, C. C.: Tactile television: Mechanical and electrical image projection. IEEE Trans. on man-machine systems. MMS **11**, 65—71 (1970).
18. Darian-Smith, I.: Somatic sensation. Ann. Rev. Physiol. **31**, 417—450 (1969).
19. Davis, H.: Some principles of sensory receptor action. Physiol. Rev. **41**, 391—416 (1961).
20. — Epilogue: a chairman's comments on the neural organization of sensory systems. In: The skin senses, pp. 589—592. (Kenshalo, D., Ed.). Springfield, Ill.: Charles C. Thomas 1968.

21. Desmedt, J. E.: La neurophysiologie de la perception sensorielle. Bull. Acad. roy. Méd. Belg. **5**, 461—475 (1965).

22. Doty, R. W.: Functional significance of the topographical aspects of the retino-cortical projection. In: The visual system: Neurophysiology and psychophysics. pp. 228—245. (Jung, R., Kornhuber, H., Eds.). Berlin-Göttingen-Heidelberg: Springer 1961.

23. Douglas, W. W., Ritchie, J. M.: Mammalian nonmyelinated nerve fibers. Physiol. Rev. **42**, 297—334 (1962).

24. Eccles, J. C.: Possible ways in which synaptic mechanisms participate in learning, remembering and forgetting. In: The anatomy of memory, pp. 12—87. (Kimble, P. Ed.). Palo Alto California: Science and Behavior Books 1965.

25. Foerster, H. von: Structural models of functional interaction. In: Information processing in the nervous system, pp. 370—383, (Gerard, R., Duyff, J. W., Eds.). Excerpta Med. Found. (Amst.) 1964.

26. — Memory without record. In: The anatomy of memory, pp. 388—438. (Kimble, P., Ed.). Palo Alto California: Science and Behavior Books 1965.

27. Galambos, R., Norton, T., Frommer, G.: Optic tract lesions sparing pattern vision in cats. Exp. Neurol. **18**, 8—25 (1967).

28. Gerard, R. W.: Opening address. In: Information processing in the nervous system, pp. 3—8. (Gerard, R., Duyff, J. W., Eds.). Excerpta Med. Found. (Amst.) 1964.

29. Gray, J. A. B.: Responses of certain dorsal horn cells to mechanical stimulation of the cat's pad. in: The skin senses, pp. 534—551. (Kenshalo, D., Ed.). Springfield, Ill.: Charles C. Thomas 1968.

30. Gregory, R. L.: Eye and brain—The psychology of seeing, 251 pp. London: World University Library 1966.

31. Hagbarth, K., Kerr, D.: Central influences on spinal afferent conduction. J. Neurophysiol. **18**, 295—307 (1954).

32. Held, R.: Plasticity in the sensory-motor systems. Scient. Amer. **213** (5), 84—94 (1965).

33. Hernandez-Peon, R.: Reticular mechanisms of sensory control. In: Sensory communication, pp. 497—520. (Rosenblith, W. A., Ed.). Cambridge, Mass.: MIT Press 1961.

34. Holst, E. von, Mittelstaedt, H.: Das Reafferenzprinzip. Naturwissenschaften **37**, 464—476 (1950).

35. Hubel, D. H., Wiesel, T.: Receptive fields in striate cortex of very young, visually inexperienced kittens. J. Neurophysiol. **26**, 994—1002 (1963).

36. John, E. R., Killam, K.: Electrophysiological correlates of avoidance conditioning in the cat. J. Pharmacol. Exp. Ther. **125**, 252—274 (1959).

37. Krauthamer, G., Albe-Fessard, D.: Inhibiton of nonspecific sensory activities following striopallidal and capsular stimulation. J. Neurophysiol. **28**, 100—124 (1965).

38. Jung, R., Kornhuber, H., Da Fonseca, J.: Multisensory convergence on cortical neurons. In: Brain mechanisms, pp. 207—240. (Moruzzi, G., Fessard, A., Jasper, H., Eds.). Amsterdam: Elsevier 1963.

39. Lundberg, A.: Supraspinal control of transmission in reflex paths to motoneurones and primary afferents. In: Physiology of spinal neurons, pp. 197—221. (Eccles, J. C., Schade, J. P., Eds.). Amsterdam: Elsevier 1964.

40. Maturana, H. R.: Functional organization in the pigeon retina. In: Information processing in the nervous system, pp. 170—178. (Gerard, R., Duyff, J. W., Eds.). Excerpta Med. Found. (Amst.) 1964.

41. Melzak, R., Wall, P. D., Weisz, A. Z.: Masking and metacontrast phenomena in the skin sensory system. Exp. Neurol. **8**, 35—46 (1963).

42. Miller, G. A.: The magical number seven, plus-or-minus two, or some limits on our capacity for processing information. Psychol. Rev. **63**, 81—97 (1956).

43. Mountcastle, V. B.: Duality of function in the somatic afferent system. In: Brain and behavior, pp. 67—93. (Brazier, M., Ed.). Washington, D.C.: Amer. Inst. Biol. Sci. 1961.

44. — Some functional properties of the somatic afferent system. In: Sensory communication, pp. 403—436. (Rosenblith, W. A., Ed.). Cambridge, Mass.: MIT Press 1961.

45. — Discussion. In: Information processing in the nervous system, pp. 61. (Gerard, R., Duyff, J. W., Eds.). Excerpta Med. Found. (Amst.) 1964.

46. Neff, W. D.: Neural mechanisms of auditory discrimination. In: Sensory communication, pp. 259—278. (Rosenblith, W. A., Ed.). Cambridge, Mass.: MIT Press 1961.
47. Obrador, S.: Nervous integration after hemispherectomy in man. In: Cerebral localization and integration, pp. 133—154. (Schaltebrand, G., Woolsey, C., Eds.). Milwaukee: Univ. of Wisconsin Press 1964.
48. Penfield, W.: The excitable cortex in conscious man. The Sherrington Lectures, V., 42 pp. Liverpool: Liverpool University Press 1958.
49. — Rasmussen, T.: The cerebral cortex of man, 248 pp. New York, N.Y.: Hafner Pub. Co. 1968.
50. Pompeiano, O.: Interaction between vestibular and non-vestibular sensory inputs. In: Fourth Symposium on the role of the Vestibular Organs in Space Exploration, (Graybiel, A., Ed.). Pensacola, Fla.: NASA (in press).
51. Pribram, K. H.: The neurophysiology of remembering. Scient. Amer. **220**, (1) 73—86 (1969).
52. — Spinelli, D. N., Reitz, S.: The effects of radical disconnexion of occipital and temporal cortex on visual behaviour in monkeys. Brain **92**, 301—312 (1969).
53. Raisman, G.: Neuronal plasticity in the septal nuclei of the adult rat. Brain Res. **14**, 25—48 (1969).
54. Rapoport, A.: Information processing in the nervous system. In: Information processing in the nervous system, pp. 16—23. (Gerard, R., Duyff, J. W., Eds.). Excerpta Med. Found. (Amst.) 1964.
55. Ratliff, F.: Inhibitory interaction and the detection and enhancement of contours. In: Sensory communication, pp. 183—203. (Rosenblith, W. A., Ed.). Cambridge, Mass.: MIT Press 1961.
56. Reichardt, W.: Auto correlation, a principle for the evaluation of sensory information by the central nervous system. In: Sensory communication, pp. 307—317. (Rosenblith, W. A., Ed.). Cambridge, Mass.: MIT Press 1961.
57. Rushton, W.: Peripheral coding in the nervous system. In: Sensory communication, pp. 169—181. (Rosenblith, W. A., Ed.). Cambridge, Mass.: MIT Press 1961.
58. Schaltenbrand, G.: Comment. In: The Sherrington Lectures, V, p. 15. Liverpool: Liverpool University Press 1958.
59. Szentagothai, J.: Specificity and plasticity of neural structures and functions. In: Brain and behavior, pp. 49—66. (Brazier, M., Ed.). Washington, D. C.: Amer. Inst. Biol. Sci. 1961.
60. — Comment. In: Information processing in the nervous system, p. 443. (Gerard, R., Duyff, J. W., Eds.). Excerpta Med. Found. (Amst.) 1964.
61. Towe, A. L.: Neuronal population behavior in the somatosensory systems. In: The skin senses, pp. 575—588. (Kenshalo, D., Ed.). Springfield, Ill.: Charles C. Thomas 1968.
62. Wall, P. D.: Two transmission systems for skin sensations. In: Sensory communication, pp. 475—496. (Rosenblith, W. A., Ed.). Cambridge, Mass.: MIT Press 1961.
63. — Organization of cord cells which transmit sensory cutaneous information. In: The skin senses, pp. 512—533. (Kenshalo, D., Ed.). Springfield, Ill.: Charles C. Thomas 1968.
64. — Freeman, J., Major, D.: Dorsal horn cells in spinal and freely moving rats. Exp. Neurol. **19**, 519—529 (1967).
65. Weddell, G.: Receptors for somatic sensation. In: Brain and behavior, pp. 13—48. (Brazier, M., Ed.). Washington, D.C.: Amer. Inst. Biol. Sci. 1961.
66. Wiesel, T., Hubel, D. H.: Comparison of the effects of unilateral and bilateral eye closure on cortical unit responses in kittens. J. Neurophysiol. **28**, 1029—1040 (1965).
67. White, B., Saunders, F., Scadden, L., Bach-y-Rita, P., Collins, C. C.: Seeing with the skin. Perception and Psychophysics **7**, 23—27 (1970).

Electronic Analog Models of the Retina and the Visual System*

R. ECKMILLER, Berlin

With 4 Figures

1. Introduction

In order to interpret the extensive neurophysiological findings on the visual system of mammals, new working hypotheses are constantly being developed. These hypotheses could be tested with the aid of models of the nerve network. In contrast to simulations with large digital computers, the function of an electronic model as a kind of special purpose analog computer is evident and clearly arranged, since it consists of artificial neurons with variable parameters capable of being connected in any number of combinations.

2. Research on the Visual System as a Basis for Models

Among other things, the visual system of man can perform the following functions:

1. Recognition of contrast distribution as a character.
2. Measurement of the state of motion and distance of a moving object.
3. Perception of color.
4. Changing of the range of luminance sensitivity over at least nine decimals.

The following discussion will concern mainly optical character recognition. As shown in Fig. 1, that part of the visual system which is responsible for character recognition consists of groups of nerve cells arranged in several layers and nerve fiber bundles through which visual information is transmitted. In the photoreceptor layer, the optical contrast distribution of the character field, which is projected on the retina, is continuously being changed into electrical signals. These signals appear at the output of the photoreceptors that run a parallel check on the character field. Thus the character field is projected to the potential field of all photoreceptor outputs, which, in turn, transmit this information to the horizontal and bipolar cell layer. The following layers of amacrine and ganglion cells evaluate the potentials of the bipolar cell output in such a way, that each ganglion cell is influenced by a circular area within the photoreceptor layer. These overlapping areas influencing the ganglion cells are called *receptive fields*. A light stimulus to the center, i.e., to the inner area, of such a field elicits a response that is opposite to that elicited by the same light stimulus to the periphery area. Accordingly one differentiates between ON-fields, where excitation increases when the center is stimulated and decreases when the periphery is stimulated, and OFF-fields, where the opposite occurs (Büttner and Grüsser, 1968). According to the neurophysiolo-

* This work was supported by a grant from the Stiftung Volkswagenwerk.

gical findings up to now, the excitation, i.e., the information about the stimulus to the receptive field in question, is first changed from a voltage time function to an impulse rate time function by the ganglion cells. Thus a ganglion cell modulates its impulse rate at the resting level with the input voltage time function (Werblin and Dowling, 1969). This transformation is called pulse frequency modulation (PFM),

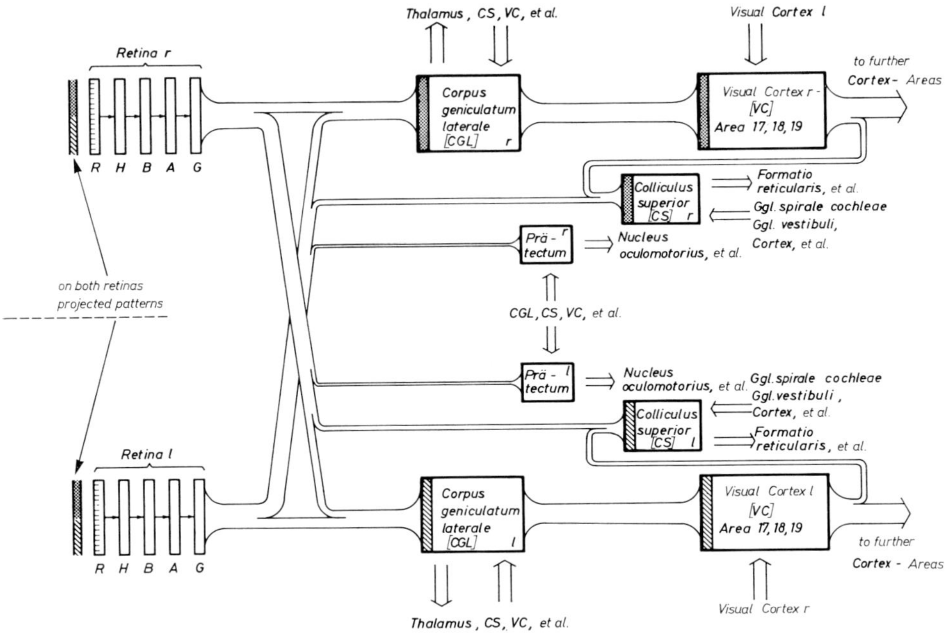

Fig. 1. A simplified diagram of the mammalian visual pathways. The optic nerve leading from the five cell layers of the retina of one eye branches off, so that the larger part of the fibers cross over to the other side, where they flow into the CGL, CS and Pretectum. It should be noted that approximately the right half of retina r and retina l, to which the same pattern has been projected, is connected with the CGL r, while the other half is connected with the CGL l. Visual information from a section of a pattern, which is observed binocularly, is conducted from both eyes to each CGL and separately evaluated in different layers. In order to maintain clarity, the signal channels which are assumed to lead from the VC back to the retina as well as those connections assumed to exist between CGL r and l, CS r and l, and Pretectum r and l, have been omitted from this diagram

whereby the modulation characteristic is bent in a manner similiar to the diode characteristic.

The nerve fibers of the ganglion cells form the optic nerve. Part of the fibers (about 50 to 70%) cross over to the opposite side and, together with the fibers remaining there, form the optic tract (Fig. 1). The greater part (about 80%) of both crossed and uncrossed fibers lead to the Corpus geniculatum laterale (CGL), a part of the thalamus. The remaining fibers, most of which are fine, pass to the Pretectum and to the Colliculus superior (CS) (Meikle and Sprague, 1964). The visual cortex receives most of its information from the multilayered CGL, which still has many uninvestigated connections to other neural centers. In turn, the structure of the visual cortex (VC) involves several layers of nerve cells (Creutzfeldt and Ito, 1968). At the present time it is still largely unknown whether and with what strategy character features are extracted, classes formed and compared with characters that have already been learned.

The function of the neural processing centers (CGL, Pretectum, CS, and VC), as shown in Fig. 1, is, for the most part, still unknown today. There is nevertheless some indication that eye movement, the signal differences during binocular observation and the degree of awakeness are of some influence in the CGL (Creutzfeldt and Sakmann, 1969), while the information for the pupil reflex is processed in the Pretectum (Polyak, 1957). The information for eye movements necessary for orientation in space is transmitted from the Colliculus superior (Meikle and Sprague, 1964). The generation of features which are necessary for character recognition could take place in the visual cortex, as does the remaining part of signal preprocessing. Supporting these assumptions are a number of neurophysiological findings (Hubel and Wiesel, 1968) which show that there are nerve cells in the visual cortex from which a maximum response is elicited when stimuli consisting of illuminated bars and angular contours are moved with certain orientations.

3. Electronic Simulation of the Visual System

3.1. General Concept

If the structure of an electronic analog model is to remain flexible enough to handle both the information received from new findings and the contradictory explanations of these findings, it is necessary to keep a few principles in mind.

1. Functional and structural features which have been verified will be simulated in as compact a manner as possible.

2. Functional and structural features which are not known will be treated as parameters which can be varied while the machine is running by means of patchboards, potentiometers, switches, and even the exchange of circuit boards.

3. The model will be so designed, that, as soon as one has established the function of hitherto unknown, i.e., variable features, these features can be simplified and reduced in size by eliminating the variability factors (principle of reduction).

4. The model will be designed to allow every necessary expansion of the basic model, if possible, by reusing elements which have become available by reduction (principle of expansion).

With due attention to the points outlined above, the electronic analog model of the nerve network can become a valuable tool for brain research, since it can be adapted to new findings. Furthermore, because of its variability, it offers the possibility of, if not clarifying, at least bringing into focus the new and contradictory hypotheses which are constantly being made.

3.2. The Elements and Their Function

The five different types of cells which can be distinguished in the retina of vertebrates are functionally connected, as shown in Fig. 2. The suitable elements for simulation are circuits which have "summation features". Summation features constitute a process which determines the output signal by constantly evaluating several input signals as positive or negative. Precisely these "summation features" justify calling the original and the model a „special purpose analog computer".

The electronic sophistication of the individual elements depends on how much is known about the individual cell type and on the extent of the nerve network model that is planned. Models of individual cell types can be quite comprehensive

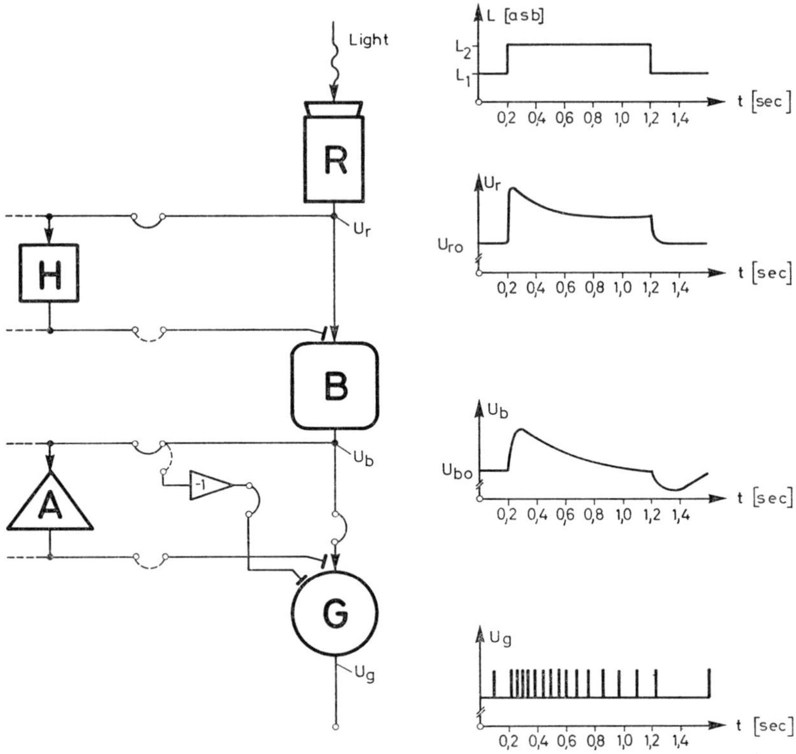

Fig. 2. Possible connections between the 5 different types of cells in the retina model. The responses that typically occur as a result of stimulating a photoreceptor with a rectangular impulse of luminance are shown on the right. Although there is a greater delay, the output signals of the horizontal (H) and amacrine (A) cells is similar to that of the bipolar cells (B). The connection of H and A with neighboring cells of a like kind, as well as other contacts which can be made, are indicated

(Jenik and Hoehne, 1966; Sperling and Sondhi, 1968), but they are nevertheless too complex for the simulation of larger collections of cells. For example, in the McDonell Douglas Corp.'s model of a pigeon's retina (Runge et al., 1968), consisting of 280 cell models, there is a photo receptor made up only of a photoresistor connected to an emitter follower. The Broadcasting Science Research Laboratories in Tokio have also announced a retina model (Yasuda and Hiwatashi, 1969). At the present time it is not known how complex the simulation of the individual cell types will be. At the Institute of Physiology at the Free University in Berlin the author, under the guidance of Professor Grüsser, developed a retina model and models of two connecting neuron layers. Each of the 115 photoreceptors here consists of a phototransistor, band-pass, and impedance converter. Each of the 115 bipolar cells is simulated with an operational amplifier as a summer followed by an AC-amplifier and a field-effect transistor, which evaluates presynaptic

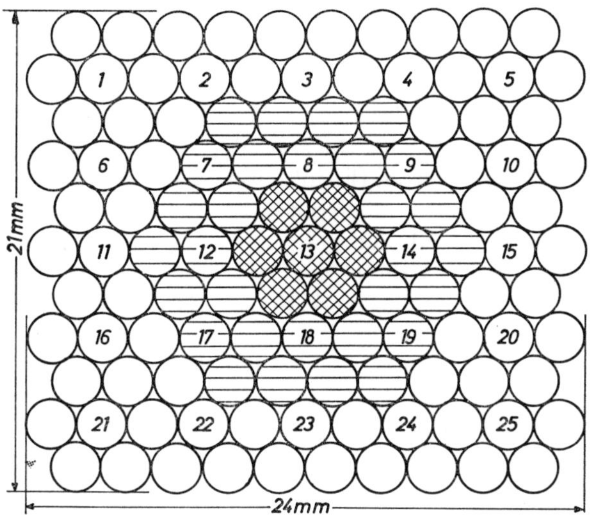

Fig. 3. Diagram of the distribution of 25 receptive fields over the surface of 115 photoreceptors. The numbers 1 through 25 designate the receptive fields. The field center belonging to ganglion cell number 13 is chequered and the field periphery indicated with horizontal lines. One can see that even the field centers overlap. In the model the surface area of the 115 photo transistors, which are fastened in a freely movable head and connected with the receptor circuits by means of a flexible cable, is 21 × 24 mm

inhibitory signals. The 25 horizontal and 25 amacrine cell models are built similarly to one another with a summer and band-pass amplifiers. An inhibiting effect occurring within the individual cell layers orthogonally to the direction of the information flow is attributed to the horizontal cells as well as the amacrine cells. Furthermore, these cells make contact with surrounding cells of the same kind. Therefore these cell models are connected to one another in such a way, that to a certain extent the output signal for each cell is conducted to the cell inputs of four neighboring cells. This arrangement can be regarded as the first approximation of a homogeneous inhibition layer (v. Seelen, 1967). The next layer in the retina model consists of 25 ganglion cells which are basically built in the same way as the bipolar cells, with the exception of the passive summing networks and the impulse generating circuits.

As indicated in Fig. 3, the receptor layer is connected with the following layers in such a way, that for the 25 ganglion cells there are 25 overlapping receptive fields. For example, the field center of ganglion cell No. 13 encompasses the seven chequered receptors, while the 30 horizontal-hatched receptors belong to the field periphery. Each of the 115 bipolar cells is attached to one photoreceptor. The bipolar cell outputs are connected with some of the 50 passive summing networks for the 25 field centers and peripheries. With the help of 25 available adding and subtracting circuits (ASS), the sign of the bipolar cell output signals can be reversed and a subtractive (postsynaptic) inhibition from the center or periphery can be simulated. In these cases the individual ganglion cell evaluates the output of one ASS. In the case of multiplicative (presynaptic) forward inhibition, where the following equation is valid:

$$U_{\text{output}} \sim \frac{U_{\text{input}}}{1+h\cdot U_{\text{inhib.}}} \quad \text{where: } h = \text{inhibition constant}$$

the ganglion cell is connected with the summing network of the stimulating part of the field, while the signals from the inhibitory part of the field are added by an ASS, or amacrine cell, and conducted to the presynaptic input for inhibitory signals. The sign of the membrane potential time function can be reversed by applying an inverter located directly at the input of the impulse generating circuit of each ganglion cell. Furthermore, the size of the resting membrane potential is adjustable, so that the following impulse generator, which functions linearly above a threshold voltage, is only modulated, for example, by the upper half-wave of a sinusoidally alternating input voltage. By adjusting the variable steepness of the conversion characteristic and the resting membrane potential, the spontaneous impulse rate can also be established. The individual impulses have an amplitude of 10 V and an adjustable width of about 1 msec.

By means of synaptical contacts, the nerve fibers of the ganglion cells conduct their signals to the different layers of nerve cells which are located either in the Corpus geniculatum, the Pretectum, or the Colliculus superior (Fig. 1). The first extension of the retina model referred to above involves the simulation of sections from two adjoining cell layers with 25 cell models each.

These 50 nerve cell models are not permanently connected with one another, so that they can also be connected in series. Each circuit of this kind generates a unit impulse, if the membrane potential has exceeded a threshold value. The threshold which increased with the impulse generation decreases exponentially to the resting level. In principle any number of synapses can influence the membrane potential. In the actual configuration each cell membrane has 7 excitatory and 7 inhibitory synapses. Since the synaptical circuits are constructed on separate printed circuit cards and the cell membrane of each cell model is available for additional synapses, the number of synapses required for a particular use can be varied. All synaptical circuits receive unit impulses as input signals and emit voltage time functions at the output, which correspond to the EPSP's and the IPSP's[1] of neurons. An EPSP originates in the first slope, whereas an IPSP originates in the second slope. Therefore the IPSP is delayed by approximately 1 msec. with respect to the EPSP. The resting level of the threshold can be adjusted in order to establish whether *one* EPSP is enough to release an impulse or whether, for example, two EPSP's occuring at the same time are necessary. Since the membrane potential is determined by the charge of a capacitor, which is slowly

[1] EPSP = excitatory postsynaptic potential; IPSP = inhibitory postsynaptic potential.

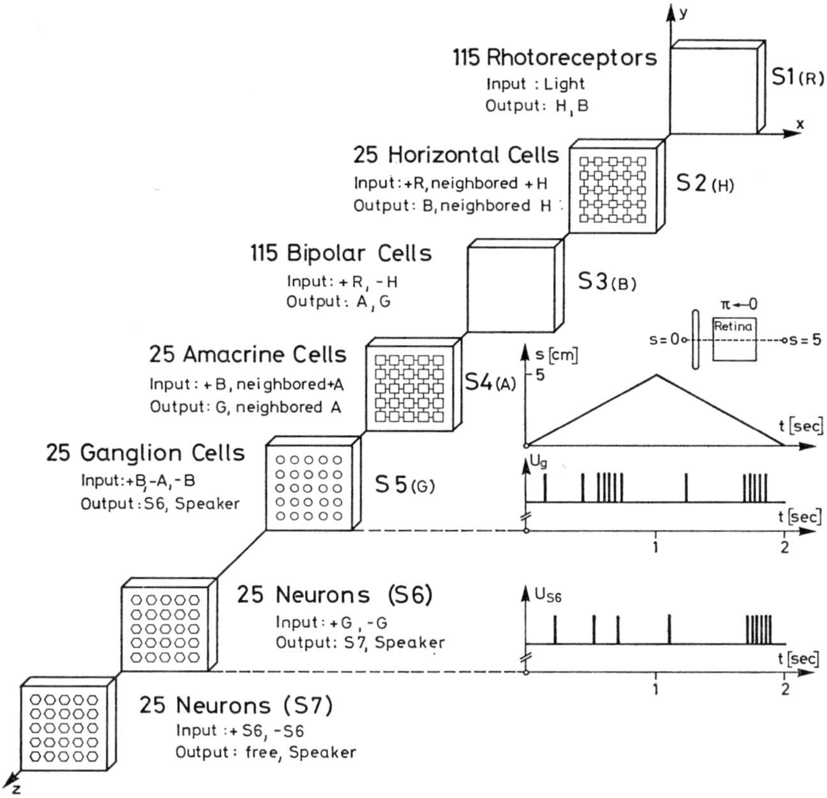

Fig. 4. The simulated nerve cells of the retina and the following two layers. The Z co-ordinate specifies the direction of signal flow. The typical impulse sequence of a ganglion cell as well as of a neuron in layer S 6 for a direction-sensitive combination ($O \rightarrow \pi$) is shown, when stimulated by a moving bar of light as wide as the cross-section of three photo transistors

discharged over a parallel resistance, it is possible that instead of just two EPSP's occurring at the same time, several EPSP's occurring with a small delay could lead to the generation of an impulse. The outputs of the ganglion cells and of the cells from layers S 6 and S 7 can be made audible by means of built-in speakers, whereby one speaker is available via a selector switch for every 5 cell outputs.

3.3. Signal Processing in the Electronic Analog Model

The signal processing that occurs in the analog model has a temporal as well as a spatial aspect, as is the case for the central nervous system and, in particular, for the visual system. The stimulation of a photoreceptor with a rectangular shaped time function of luminance not only generates an excitation which progresses from one layer to the next in the direction of the visual cortex, but the excitation also spreads out within certain layers. Thus, this excitation leads to a delayed influence on the signal flow, as well as to a decrease as the distance increases. The excitation is a function of time and of three co-ordinates in space. Marko (1969) has recently published a theoretical treatise on the treatment of homogeneous layers.

The conversion of the character field, where a character is represented as an optical contrast distribution, to a potential field at the output of the photoreceptor layer can be quite easily imagined. But already the question of the corresponding output signals in the ganglion cell layer presents many difficulties. Every ganglion cell has an antagonisticly organized area of influence for its input signals: the receptive field. The receptive fields of the different cells not only overlap, but they also have different sizes, different forms and can cause different excitation time functions. In the model it seems expedient, in view of the unavoidable complexity, to standardize the size, form and the extent to which the individual receptive fields overlap. It should be mentioned, however, that in the pigeon-retinamodel of the McDonell Douglas Corp., referred to above, very specialized distinct properties were associated with specific receptive fields, so that the individual ganglion cells function as detectors for light intensity, for contours having a particular form and motion orientation, and for patterns moved in specific directions (Runge et al., 1968).

4. Aspects of Development

The further development of analog models of the visual system can be expected to move basically in two directions. One leads to an *expansion of the extent of the model* by taking into consideration cell layers which are situated more centrally and signal flows from other areas of the central nervous system. In the other direction the *improvement of the structure of the model* and its components will be dealt with.

The extent of the model will be greatly influenced by the state of the neurophysiological research. In addition, one has to consider the goal of simulation. While at present precedence is given to the problem of pattern recognition, which is dealt with by means of theoretical models examined in some cases by computer simulation, it is most likely that in the future investigation will be focused on other areas, such as the perception of color, the control of eye movements in scanning a pattern, the measurement of the spatial and temporal functions of moving objects, or the influence of signals from the auditory and vestibular organs of the visual process, to mention only a few examples.

In order to make improvements on this type of electronic model, it is very important that the components, or "nerve cells", be further developed. It would be a great advance to develop a special, integrated circuit with the most important signal processing features of neurons. Such a circuit could realistically be expected to cost around \$ 1.00. (The material for the neuron described in 3.2 with 7 excitatory and 7 inhibitory inputs would be ten times as expensive). In addition, the patchboards could be replaced by crossbar distributors. The adjustment of parameters could be done automatically (electronically or with servopotentiometers). A continuous, temporal display of the excitation of entire cell layers is possible by means of a lamp panel or by a surface from which moving pins protrude in proportion to the excitation of the cells they are allied with. Generally, one must keep in mind that one of the main obstacles in studying the central nervous system and, along with this, the visual system, is the inability to imagine the three-dimensional and time-dependent running processes. Thus, every opportunity should be taken to make the "intermediate results" as evident as possible.

Zusammenfassung

Zur Deutung der umfangreichen neurophysiologischen Befunde vom visuellen System von Säugetieren werden immer neue Arbeitshypothesen entwickelt. Diese können an Hand von Nervennetzwerkmodellen überprüft werden. Im Gegensatz zu Simulationen auf großen Digitalrechnern bleibt die Funktion eines elektronischen Modelles nach Art eines Spezial-Analogrechners, der aus beliebig verknüpfbaren Nervenzellmodellen mit veränderlichen Parametern besteht, anschaulich und übersichtlich. Während des Betriebes des in Echtzeit arbeitenden Modelles kann der Einfluß neuronaler Erregungen und Hemmungen sowie von Veränderungen verschiedener Parameter einzelner Nervenzellmodelle auf die Informationsverarbeitung studiert werden. Es wird ein Modell vorgeführt, welches einen Ausschnitt der Area centralis der Katzennetzhaut bis zu den ersten Schichten der primären Sehhirnrinde simuliert. Die erste Schicht besteht aus 115 Photoreceptoren. In der letzten Schicht summieren 25 Nervenzellen die Signale von variabel steckbaren rezeptiven Feldern, die richtungs- oder orientierungsspezifisch oder einfache On- oder Off-Typen sein können.

References

Büttner, U., Grüsser, O.-J.: Quantitative Untersuchungen der räumlichen Erregungssummation im rezeptiven Feld retinaler Neurone der Katze. Kybernetik **4**, 81—94 (1968).

Creutzfeldt, O., Ito, M.: Functional synaptic organization of primary visual cortex neurones in the cat. Exp. Brain Res. **6**, 324—352 (1968).

— Sakmann, B.: Neurophysiology of vision. Ann. Rev. Physiol. **31**, 499—544 (1969).

Eckmiller, R.: Maschinen zur optischen Zeichenerkennung. Studium Generale **22**, 1026—1045 (1969).

Grüsser, O.-J., Grüsser-Cornehls, U.: Die Informationsverarbeitung im visuellen System des Frosches. In: Kybernetik 1968 (Marko, H., Färber, G., Hrsg.). München-Wien: Oldenbourg Verlag 1968.

— — Neurophysiologie des Bewegungssehens. Ergebn. Physiol. **61**, 178—265 (1969).

Hubel, D. H., Wiesel, T. N.: Receptive fields and functional architecture of monkey striate cortex. J. Physiol. (Lond.) **195**, 215—243 (1968).

Jenik, F., Hoehne, H.: Über die Impulsverarbeitung eines mathematischen Neuronenmodelles. Kybernetik **3**, 109—128 (1966).

Leibovic, K. N.: Some problems of information processing and models of the visual pathway. J. theoret. Biol. **22**, 62—79 (1969).

Lin, W. C., Fu, K. S.: An adaptive pattern recognition system using neuron-like elements. In: Cybernetic problems in bionics (Oestreicher, H. L., Moore, D. R., Eds.). New York: Gordon and Breach 1968.

Marko, H.: Die Systemtheorie der homogenen Schichten. I. Mathematische Grundlagen. Kybernetik **5**, 221—240 (1969).

Meikle, T. H., Sprague, J.: The neural organization of the visual pathways in the cat. Intern. Rev. Neurobiol. **6**, 149—189 (1964).

Polyak, S.: The vertebrate visual system. Univ. of Chicago Press 1957.

Rosenblatt, F.: Principles of neurodynamics. Spartan Books 1962.

Runge, R. G., Uemura, M., Viglione, S. S.: Electronic synthesis of the avian retina. IEEE Trans. BME **15**, 138—151 (1968).

v. Seelen, W.: Informationsverarbeitung in homogenen Netzen von Neuronenmodellen. Diss., TH Hannover 1967.

Sperling, G., Sondhi, M. M.: Model for visual luminance discrimination and flicker detection. J. Opt. Soc. Amer. **58**, 1133—1145 (1968).

St-Cyr, G. J., Fender, D. H.: The interplay of drifts and flicks in binocular fixation. Vision Res. **9**, 245—265 (1969).

Sutherland, N. S.: Outlines of a theory of visual pattern recognition in animals and man. Proc. roy. Soc. B. **171**, 297—317 (1968).

Werblin, F. S., Dowling, J. E.: Organization of the retina of the mudpuppy, necturus maculosus. II. Intracellular recording. J. Neurophysiol. **32**, 339—355 (1969).

Yasuda, M., Hiwatashi, K.: A model of retinal neural networks and its spatio-temporal characteristics. Bull. NHK Broadcasting Sc. Res. Lab's. Tokyo **3**, 32—41 (1969).

Die Anwendung von Inhibitionsfeldern bei der Mustererkennung im visuellen System der Wirbeltiere

W. von Seelen, Karlsruhe

Mit 4 Abbildungen

1. Einleitung

Eine der wesentlichsten Aufgaben, die das visuelle System zu lösen hat, ist die Mustererkennung, d. h. die in der Umwelt auftretenden zweidimensionalen Helligkeitsverteilungen sind auf Grund signifikanter Merkmale bestimmten vorher erlernten Bedeutungsklassen zuzuordnen. Die Lösung dieser Aufgabe zerfällt in zwei Teilschritte:

1. Die Extraktion signifikanter Mustermerkmale.
2. Die Klassifikation der Muster mit Hilfe der extrahierten Merkmale.

In der vorliegenden Arbeit wird lediglich die erstgenannte Problemstellung untersucht, da die experimentellen Befunde, die im wesentlichen am visuellen System der Katze und des Affen gewonnen wurden, die Vorverarbeitung der optischen Information betreffen.

Aus der großen Zahl der Verknüpfungsmöglichkeiten in Neuronennetzen wurden — gestützt auf eine Reihe von Befunden — drei Kopplungsprinzipien ausgewählt, um ein Funktionsschema der Vorverarbeitung im visuellen System zu erhalten: Streuung, Vorwärts- und Rückwärtshemmung. Die Abb. 1 zeigt die Verknüpfungsprinzipien, die dadurch gekennzeichnet sind, daß die Erregung an einem Neuron auch auf die lateralen Elemente entweder positiv (Pfeile) oder negativ (kleine Kreise) einwirkt. Da ein System mit Rückwärtshemmung sich — sofern es stabil ist — in ein Vorwärtshemmungssystem überführen läßt, werden nachfolgend im wesentlichen die Verknüpfungsprinzipien Streuung und Vorwärtshemmung zur Beschreibung benutzt [1].

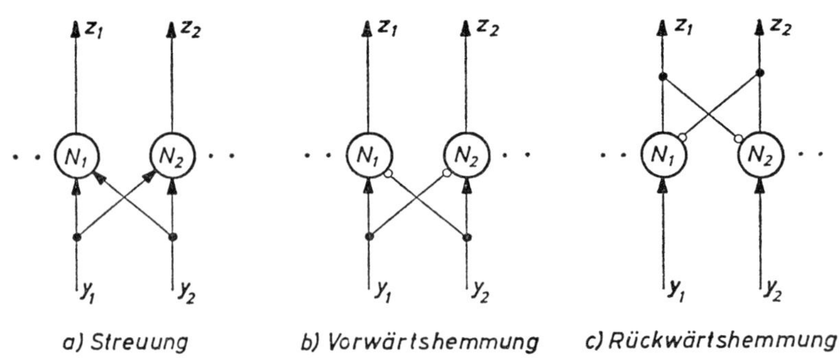

Abb. 1. Verkoppelungsprinzipien von Neuronen.

2. Beschreibungsmöglichkeiten von Nervennetzen

Ein Nervennetz, das nach den Prinzipien von Hemmung und Streuung verknüpft ist, hat im allgemeinen eine große Anzahl von Eingangs- und Ausgangsgrößen, die in nichtlinearer Weise einander zugeordnet sind. Für ein derartiges System existiert bisher keine allgemeingültige Theorie; es wird daher nachfolgend eine lineare Beschreibung benutzt. Die Linearisierung des Problems bedingt eine einfache Behandlung und ermöglicht einen Rückschluß von der Funktion auf die Struktur des Systems [1]. Bei der relativ großen Ungenauigkeit biologischer Messungen ist zwischen einem linearen und einem nichtlinearen Beschreibungsansatz häufig nur schwer zu diskriminieren.

In einem Netzwerk von flächenhaft angeordneten Neuronen ist die Ausgangsgröße des i-ten Elementes

$$z_i(t) = \sum_{j=1}^{m} b_{ij}\, y_j(t), \quad j = 1, 2, \ldots m \tag{1}$$

wenn y_j (t) die Eingeangsgrößen sind und b_{ij} deren Bewichtigungs- oder Koppelfaktoren an der i-ten Nervenzelle. Sind die Koppelfaktoren frequenzabhängig, so ergibt sich die Ausgangsgröße durch Faltungsoperationen im Zeitbereich,

$$z_i(t) = \sum_{j=1}^{m} \int_0^t g_{ij}(\tau)\, y_j(t-\tau)\, d\tau\,. \tag{2}$$

Die Größe g_{ij} (t) ist die auf den i-ten Eingang bezogene Impulsreaktionsfunktion des i-ten Neurons. Durch Laplacetransformation der Gl. (2) erhält man

$$Z_i(p) = \sum_{j=1}^{m} G_{ij}(p)\, Y_j(p) \tag{3}$$

mit der komplexen Variablen $p = \psi + i\omega$. In einem beliebig vermaschten Netzwerk mit m Eingangs- und m Ausgangssignalen ergibt sich für die Beschreibung des Gesamtsystems

$$\begin{pmatrix} Z_i\ (p) \\ \vdots \\ Z_m\,(p) \end{pmatrix} = \begin{pmatrix} G_{11}\ (p) & \ldots & G_{1m}\ (p) \\ \vdots & & \vdots \\ G_{m1}\,(p) & \ldots & G_{mm}\,(p) \end{pmatrix} \begin{pmatrix} Y_1\ (p) \\ \vdots \\ Y_m\,(p) \end{pmatrix} \tag{4}$$

Das Ziel der experimentellen Analyse des visuellen Systems ist somit die Bestimmung der das System kennzeichnenden Matrix der Übertragungsfunktionen $G_{ij}(p)$. Diese Größe ist an jedem Neuron durch die Messung der m Impulsreaktionsfunktionen für jeden der m Eingänge zu ermitteln und erfordert m^2 Messungen. Eine Vereinfachung des Problems ergibt sich, wenn man die folgenden Voraussetzungen einführt.

1. Die Netzwerke des visuellen Systems sind homogen, d. h. jedes Neuron ist auf gleiche Weise mit benachbarten Elementen verknüpft; die ortsabhängigen Werte der Bewichtungsfaktoren sind durch die Koppelfunktion bestimmt.

2. Die Besetzungsdichte des Neuronenfeldes ist unendlich groß.

Mit beiden Voraussetzungen, die nur einen geringfügigen Fehler bei der Beschreibung bedingen, erhält man an Stelle der Gl. (2)

$$z(r, s, t) = \int_0^t \iint_{-\infty}^{\infty} H(r-x, s-w, t-\tau)\, y(x, w, \tau)\, dx\, dw\, d\tau\ , \tag{5}$$

dabei beschreibt $H(r, s)$ die vom Ort (r, s) abhängige Hemmungs- bzw. Streuungsdichteverteilung. Betrachtet man die Transformationen zunächst nur im Ortsbereich, so ist der durch Gl. (5) gegebene Zusammenhang als ein Filterungsprozeß zu interpretieren, wobei sich als Impulsreaktionsfunktion

$$g(r, s) = H(r, s) \tag{6}$$

ergibt. Aus Gl. (6) folgt, daß die das Filter kennzeichnende Systemgröße $g(r, s)$ bzw. deren Fouriertransformierte $F[g(r, s)]$ — der Ortsfrequenzgang — durch den Verlauf der Koppelfunktion gegeben ist. Die Streuungsverknüpfung erzeugt ein Tiefpaß-, die Hemmungskopplung ein Hochpaßverhalten. Durch die Kombination beider Verknüpfungsarten ist ein Bandpaß für ortsabhängige Schwingungen zu realisieren. Im allgemeinen wurden bisher nicht die das System kennzeichnenden Koppelfunktion, sondern die rezeptiven Felder gemessen, die einen Schnitt durch die Koppelfunktion bei $H(r, s) = 0$ darstellen. Aus einer Reihe von Befunden ist indirekt zu schließen, daß sich die Koppelfunktionen im Ortsbereich durch

$$H(r, s) = m_1\, e^{-\frac{(r^2+s^2)}{B_1^2}} - m_2\, e^{-\frac{(r^2+s^2)}{B_2^2}} \tag{7}$$

annähern lassen [2]. Mit $B_2 = kB_1$ erhält man für $k > 1$ und $m_1 > m_2$ ein rezeptives Feld mit positivem Zentralbereich und negativem Umfeld, bei $k < 1$ und $m_2 > m_1$ sind die Verhältnisse umgekehrt.

Die dynamischen Antworten sind für das Verständnis des visuellen Systems von entscheidender Bedeutung; die Reaktionen hängen vom Verlauf der Zeitfrequenzgänge $A(p)$ der Koppelglieder ab, die nach den bisherigen Experimenten sich durch Frequenzgänge von Tiefpässen erster Ordnung annähern lassen. Die Tiefpaßzeitkonstanten sind ortsunabhängig und für Streuung (T_1) und Hemmung (T_2) unterschiedlich. Ist die Eingangsgröße eines im Ortsbereich eindimensionalen Systems

$$y(r, t) = \sigma(r) \cdot \sigma(t)\ , \tag{8}$$

so ergeben sich für $T_2 = nT_1$ mit $n > 1$ aus Gl. (5), Gl. (7) und Gl. (8) die Reaktionen nach Abb. 2 zu verschiedenen Zeitpunkten nach dem Einschalten. Durch eine Schwelle ist die Ruheantwort zu unterdrücken, so daß im angegebenen Beispiel eine On-Reaktion entsteht. Für $n < 1$ ergibt sich eine off-Antwort.

Neben den Einschaltreizen erweisen sich bewegte Muster als sehr wirksame Eingangsgrößen. Bewegt sich eine ortsabhängige Sprungfunktion mit konstanter Geschwindigkeit v über ein Neuronenfeld, so ist das Eingangssignal

$$y(r, t) = \sigma(r - vt) \tag{9}$$

Mit Gl. (7) und Gl. (9) in Gl. (5) ergeben sich unter Einbeziehung des Tiefpaßverhaltens der Koppelglieder die Bewegungsantworten nach Abb. 3; durch eine geeignet gewählte Schwelle oder durch Kombination der eingezeichneten rezeptiven

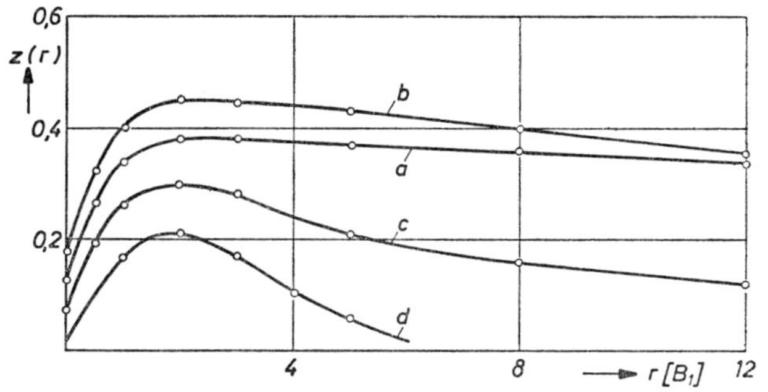

Abb. 2. Ortsabhängige Antworten eines Hemmungs-Streuungssystems für $\Gamma > 0$ auf eine orts- und zeitabhängige Sprungfunktion der Amplitude „1“ zu verschiedenen Zeitpunkten nach dem Einschalten. Die Kurven a bis d sind die Systemantworten zu den Zeitpunkten $t = {}^1/_2\, T_1$, $t = T_1$, $t = 2T_1$ und $t = 6T_1$

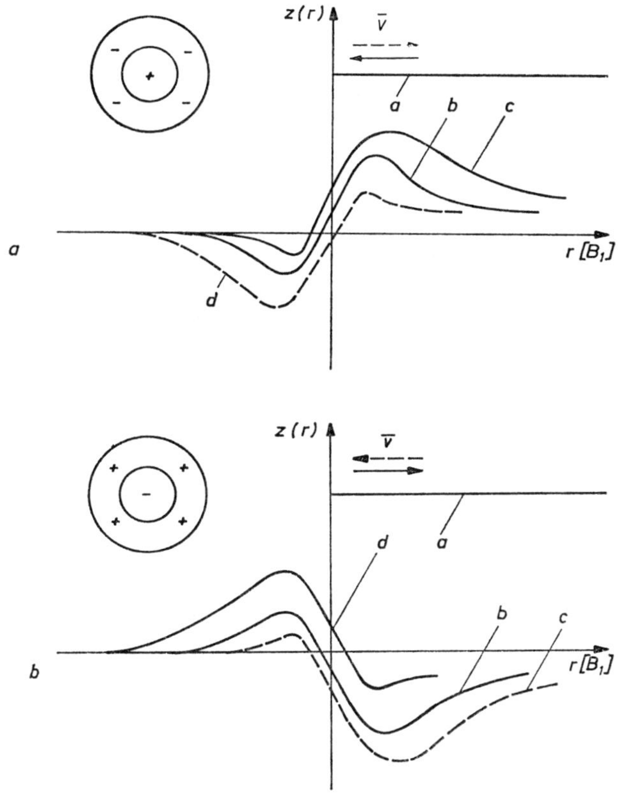

Abb. 3. Ortsabhängige Sprungantworten im zeitlich eingeschwungenen Zustand im Neuronenfeld für $k > 1$, $n > 1$ (a) und $k < 1$, $n < 1$ (b) bei bewegtem Reiz. In beiden Abbildungen kennzeichnet Kurve a den Eingangsreiz, Kurve b die Antwort bei $\overline{v} = 0$, die Kurven c und d die Antworten bei Bewegung des Sprunges nach links bzw. nach rechts

Felder läßt es sich erreichen, daß unabhängig von Richtung des Kontrastes und der Geschwindigkeit die Eingangsmuster nur bei Bewegung detektierbar sind.

Einen wichtigen Spezialfall stellen die angepaßten Filter dar, die dadurch gekennzeichnet sind, daß

$$F[g(r, s)] = F^*[y(r, s)] = F[H(r, s)] \text{ ist}, \tag{10}$$

wobei F die Fouriertransformierte charakterisiert und F^* deren konjugiert komplexen Wert. Ein derartiges Filter, bei der die Koppelfunktion der gespiegelten Signalfunktion entspricht, maximiert das Signal-zu-Rauschverhältnis und ist ein wichtiger Baustein in optimalen Detektionssystemen [2].

3. Die Retina

Die Umwelt wird auf dem Receptorenraster der Retina abgebildet; in einem nachfolgenden mehrschichtigen Nervennetz erfolgt eine Vorverarbeitung der optischen Information. Sämtliche bisherigen Messungen wurden in der funktionell letzten Schicht der Retina an den Ganglienzellen durchgeführt. Nachfolgend sind aus einer großen Anzahl von Messungen am visuellen System der Katze einige zusammengestellt, die die grundsätzliche Struktur des Systems zeigen [2].

1. Jeder Ganglienzelle ist ein annähernd radialsymmetrisches rezeptives Feld zugeordnet mit erregendem Zentralbereich und hemmendem Umfeld oder umgekehrt [3].

2. Bei Reizung des erregenden Bereiches tritt eine on-Antwort auf, bei Reizung des hemmenden Bereiches eine off-Reaktion [3].

3. Bewirkt die Beleuchtung des positiven Zentralbereichs eines Feldes bei gleichzeitiger Hintergrundbeleuchtung eine on-Antwort, so läßt sich durch Reduzierung der Hintergrundbeleuchtung bei gleichem Reiz eine on-off-Reaktion erzeugen, den gleichen Antworttyp erhält man auch bei Erhöhung der Reizstärke oder der Reizfläche und konstanter Hintergrundbeleuchtung. In negativen Zentralbereichen von rezeptiven Feldern sind die Reaktionen äquivalent [3].

4. Bei gleichzeitiger dynamischer Reizung im Umfeld und im Zentralbereich eines rezeptiven Feldes mit je einem kleinen kreisförmigen Areal unterdrückt der stärkere Reiz die dynamische Antwort der Zelle auf die schwächere Eingangsgröße [3].

5. Die mittlere Entladungsrate der Ganglienzellen bei zeitabhängigem Sinuslicht hat ein Maximum bei Feldern mit positivem Zentralbereich zwischen 10 und 15 Hz für die Erregung und 3 bis 5 Hz für die Hemmung; bei negativem Zentralbereich liegt die Grenzfrequenz für die Hemmung zwischen 8 und 15 Hz [4].

Bei Berücksichtigung der erwähnten und einer Reihe weiterer Befunde [2] lassen sich die nachstehenden Systemeigenschaften folgern.

a) Die Koppelfunktionen der Ganglienzellen bestehen im Ortsbereich im Falle eines erregenden Zentrums aus zwei Hemmungs-Streuungssystemen, die jeweils durch Gl. (7) zu beschreiben sind. Im System I ist $n > 1$, $m_1 > m_2$ und $B_1 < B_2$, im additiv überlagerten System II ist $n^* < 1$, $m_1^* > m_2^*$ und $B_1^* < B_2^*$, wobei die mit einem Stern gekennzeichneten Größen, eingesetzt in Gl. (7), das System II characterisieren. Da $m_1 > m_1^*$, $B_1 < B_1^*$ und $B_2 < B_1^*$ ist, überwiegt bei ungefähr gleichem Integral über die Koppelfunktionen beider Systeme im Zentrum des rezeptiven Feldes die On-Reaktion und im Umfeld die off-Antwort. Analysiert man die zeitlichen Verhältnisse der Reize an den Ersatztiefpässen der Koppelglieder, so ergibt sich, daß die Ausschaltreaktion des Systems I die off-Antwort des Systems II im Zentralbereich vollständig und im Randbereich partiell hemmt; die Einschaltantwort des Systems II reduziert die On-Reaktion des Systems I im Zentrum und unterdrückt sie im Randbereich [2].

b) Eine quantitative Auswertung der Befunde bei der Katze ergibt für die Tiefpaßzeitkonstante der Erregung im positiven Feldzentrum $T_1 \approx 35$ msec, die übrigen Werte sind $n \approx 3$, $n^* = \frac{T_2^*}{T_1^*} \approx 3$, $T_2^* \approx 40$ msec, $B_2 \approx 1{,}5$, B_1, $B_1^* \approx 2\,B_1$ und $B_2^* \approx 3\,B_1$. Die Größe B_1 liegt im Bereich von 1/4 bis 3°, die Werte von m_1, m_2, m_1^* und m_2^* sind an Hand der vorliegenden Befunde nur mit sehr großer Streuung zu ermitteln. Bei rezeptiven Feldern mit negativem Zentrum ergeben sich äquivalente Verhältnisse [2].

c) Durch die Eigenbewegungen der Augen in Form von Tremor und Saccaden werden nach Abb. 2 und Abb. 3 die Konturlinien der Muster unabhängig von der Kontrastrichtung betont und die Adaptationseigenschaften der Neurone eliminiert. Die Zeitfrequenzgänge der Koppelglieder sind auf diese Weise in die Ortsfilterung mit einbezogen und bestimmen entscheidend deren Eigenschaften. Die Ganglienzellen mit ihren rezeptiven Feldern, deren Zentren positiv oder negativ sind, bilden somit ein Bandpaßsystem für ortsabhängige Schwingungen. Die Grenzfrequenz im Katzenauge beträgt 1,2 Schwingungen pro Grad bei Erregung im Bereich der Sehschwelle. Das Verhältnis der maximalen Kontrastempfindlichkeit zum Wert bei Gleicherregung liegt zwischen 5 und 9. Der Ortsfrequenzgang ist durch die Differenz zweier Gaußfunktionen approximierbar. In der Katzenretina erfolgt somit eine ausgeprägte Kontrastverstärkung des Musters; Die Grundhelligkeit wird wahrscheinlich durch ein gesondertes Tiefpaßsystem ermittelt.

4. Geniculatum

Das Geniculatum ist zweigeteilt und wird von den beiden linken bzw. von beiden rechten Augenhälften inerviert. Senkrecht zur Oberfläche ist das Geniculatum bei der Katze in drei Schichten eingeteilt, wobei die obere und die untere Schicht der äußeren Hälfte des gleichseitigen Auges zugeordnet sind, während die mittlere Schicht mit der nasalen Hälfte des anderen Auges verbunden ist. Äquivalente Punkte beider Augen liegen übereinander. Die rezeptiven Felder sind radialsymmetrisch und zeigen gegenüber der Retina eingeengte Feldzentren und verstärkte Wirkung der Umfelder.

Im Geniculatum erfolgt eine weitere Ortsfilterung der Eingangsmuster, die sich vor allem in einer verstärkten Dämpfung im Bereich niedriger Ortsfrequenzen ausprägt, d. h. die Konturlinien der Muster werden stärker hervorgehoben. Der Ortsfrequenzgang des Systems Retina-Geniculatum ist durch die Differenz zweier Gaußkurven gut zu approximieren; die Grenzfrequenz beträgt im Mittel 0,9 Schwingungen pro Grad. Neben den Neuronen mit Bandpaßcharakteristik treten Zellen mit ausgeprägtem Tiefpaßverhalten im Ortsbereich auf. Die Integration im Zeitbereich erscheint im Geniculatum nur schwach ausgebildet [2].

5. Der visuelle Cortex

5.1. Die Area 17

Im visuellen Cortex erfolgen wichtige Schritte zur Vorverarbeitung der Muster. Aus der großen Anzahl der experimentellen Befunde, die im wesentlichen den Arbeiten von Hubel u. Wiesel entstammen, sind nachstehend nur einige genannt [5].

1. In den beiden Hälften der Area 17 ist die Retina in den verschiedenen Schichten des Cortex mehrfach vollständig abgebildet.

2. Die rezeptiven Felder sind rechteckförmig mit schmalem erregenden Zentralbereich und hemmendem Umfeld oder umgekehrt, häufig tritt eine unsymmetrische Verteilung von Streuung und Hemmung innerhalb der Felder auf. Die optimalen Reize dieser „einfachen Felder" sind schmale Balken bestimmter Richtung.

3. Neben den „einfachen" treten „komplexe receptive Felder" auf, die ebenfalls rechteckige Abmessungen haben, nur auf dynamische Reize reagieren und innerhalb deren Feldteile die Wirkungen sich nicht — wie bei einfachen Feldern — addieren. Komplexe Felder sind im allgemeinen größer als einfache und ihre Antwort auf optimal orientierte Balkenreize sind in bestimmten Bereichen invariant gegen Lageverschiebungen der Eingangssignale.

4. Senkrecht zur Hirnoberfläche sind in Säulen die Richtungen der rezeptiven Felder und ihre Lage bezogen auf die Retina konstant.

5. Ein kleines Areal der Retina ist im Cortex in etwa 12 bis 20 Areale abgebildet, die sich durch die Richtung der receptiven Felder voneinander unterscheiden.

a) Die einfachen receptiven Felder entstehen in zwei oder drei Schichten der Area 17 durch eine gerichtete Summation und eine dazu rechtwinklige überlagerte Hemmung. Ein kleines Areal Δf_R der Retina ist, durch 12 bis 20 Areale Δf_{ci}, repräsentiert; die Bereiche Δf_{ci} unterscheiden sich durch die Richtung der rezeptiven Felder ihrer Neurone. Die bisherigen Befunde lassen die Deutung zu, daß die Areale Δf_{ci} innerhalb eines Segmentes Δf_c, in dem der Bereich Δf_R abgebildet ist, nach Abb. 4 sechseckförmig angeordnet sind. Gegenüberliegende Areale sind bezogen auf die Retina geringfügig gegeneinander positionsverschoben. Bei Einstichen schräg zur Hirnoberfläche und fortlaufender Registrierung variiert die Richtung der receptiven Felder in einem bestimmten Drehsinn, beim Verlassen eines Segmentes erfolgt ein Wechsel des Drehsinnes (Abb. 4, I) oder ein Richtungssprung (Abb. 4, II). Aus diesen Systemeigenschaften ergibt sich für die Topologie, daß retinale Muster im Cortex diskontinuierlich abgebildet werden. In Abb. 4 ist die corticale Erregungsverteilung eines retinalen Dreiecksmusters aufgetragen. Die Strichdicke ist proportional der Ausgangsgröße der Neurone; Von dem ursprünglich flächenhaften Muster erscheint ausschließlich die Konturlinie, die in sich überlappende Tangentenelemente aufgelöst ist. Die ortsabhängige Differentiation der Eingangsverteilung erfolgt mit Hilfe der durch die Bewegung hervorgerufenen Kombination von Orts- und Zeitfilterung.

b) Die Neurone mit komplexen Feldern, die bisher nach vier Typen klassifiziert wurden, lassen sich durch Summation von Zellen mit einfachen Feldern erzeugen, dabei erstreckt sich die Summation senkrecht zur Achse der Felder [2]. Dieser Prozeß erfolgt innerhalb einer Säule der Area 17. Da die Säule ein Areal Δf_R

repräsentiert, ist die Ausgangsgröße der Zellen mit komplexen Feldern lageinvariant im Bereich von Δf_R. Interpretiert man die komplexen Zellen als auf Tangentenelemente angepaßte Filter nach Gl. (10), so hat die Säule die Struktur eines optimalen lageinvarianten Detektionssystems für diese Merkmale [2].

c) Die starke Zellenvermehrung in der Area 17 gegenüber der Retina trotz Informationsreduktion ist darauf zurückzuführen, daß Merkmalen Areale und keine Erregungsamplituden zugeordnet werden und die Invarianzklassenbildung durch gleichartige Systeme bewirkt wird, die sich in dem Parameter unterscheiden,

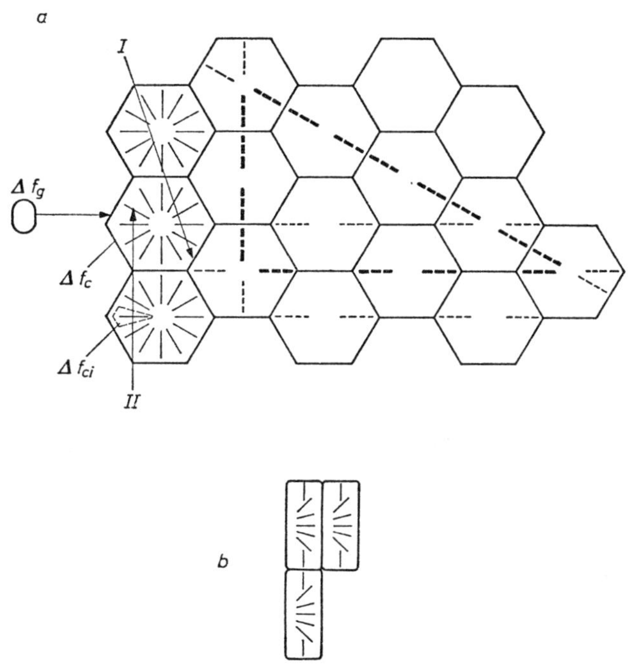

Abb. 4. Aufsicht der Anordnung von Säulen und Segmenten in der Area 17

dessen Einfluß zu eliminieren ist. Dies bemerkenswerte Verfahren ist zwar sehr aufwendig, hat jedoch einen extrem hohen Grad an Funktionssicherheit.

5.2. Area 18

Die Area 18 schließt sich an die Area 17 und wird z. T. von diesem Bereich inerviert. Von den experimentellen Befunden sind nachstehend einige genannt.

1. Die Retina ist in der Area 18 vollständig abgebildet.

2. Jedem Retinaareal Δf_R sind 12 bis 20 Säulen zugeordnet, die sich in den Richtungen der den Neuronen zuzuordnenden receptiven Felder unterscheiden. Innerhalb der Säulen haben die receptiven Felder die gleiche Richtung.

3. 90% der Zellen haben komplexe receptive Felder, 10% hyperkomplexe Felder niederer Ordnung [2]. Die Neurone antworten ausschließlich auf dynamische Reize.

Die Abbildung retinaler Muster ist in der Area 18 ähnlich derjenigen in der Area 17 (Abb. 4); der Prozeß der Lageinvarianzbildung, der beim Affen bereits in der Area 17 stattfindet, ist bei der Katze in der Area 18 lokalisiert. Darüber hinaus erfolgten weitere Verarbeitungsschritte in den Zellen mit hyperkomplexen Feldern niederer Ordnung [2]. Das gemeinsame der vier Varianten dieses Zelltyps ist die Hemmung senkrecht zur Achse der einfachen bzw. komplexen Felder, d. h. optimale Reize sind Tangentenelemente festgelegter Länge [2]. Eine Schicht bestehend aus Neurone mit hyperkomplexen Feldern niederer Ordnung eignet sich infolge der Hemmung an den Feldenden zur Detektion von Linienenden. In der Area 18 werden somit erste einfache Merkmale von Konturlinien der Eingangsmuster extrahiert. Neuronen dieses Areals sind fast aussschließlich bewegungsempfindlich. Ein Grund für diese Systemeigenschaft ist darin zu sehen, daß durch die bewegungsbedingte Einbeziehung der Zeitfrequenzfilterung in die Ortsfilterung schmalbandige Ortsbandpässe mit sehr viel geringerem Verknüpfungsaufwand realisierbar sind als in einem System mit unbewegten Mustern [2].

5.3. Area 19

Die Area 19 ist ähnlich strukturiert wie die Area 17 und 18 bezüglich der Art der Abbildung und der Säulenstruktur. Der in Area 18 begonnene Extraktionsprozeß von Linienenden wird in der Area 19 fortgesetzt. Darüber hinaus tritt ein neuer Zelltyp auf, durch den Felder unterschiedlicher Richtung — nach bisherigen Befunden beträgt der Winkelunterschied 90° — miteinander durch Summation kombiniert werden. Eine Schicht bestehend aus diesen Zelltypen, detektiert rechte Winkel und Kreuzungspunkte. Sämtliche in Area 17, 18 und 19 beschriebene Transformationen sind auf einfache Weise innerhalb eines Segmentes Δf_c durchzuführen. Linienenden lassen sich detektieren, wenn die Neuronen einer Säule erregend, die der gegenüberliegenden Säule hemmend auf eine Zelle einwirken (Abb. 4). Auf äquivalente Weise lassen sich Detektoren für beliebige Winkel durch Summation von Säulen zusammensetzen.

Der visuelle Cortex scheint so struktuiert, daß in der Ebene parallel zur Oberfläche die geometrische Abbildung des Musters erfolgt, während der dritten Koordinate des Systems bestimmte Funktionen zugeordnet werden. Eine gerichtete Erregung und eine dazu senkrecht verlaufende Hemmung wechseln sich bei der Entstehung der einfachen, komplexen und hyperkomplexen Felder mehrfach ab. Bisherige Befunde deuten darauf hin, daß die Erkennung durch eine ortsabhängige Kreuzkorrelation zwischen reduziertem Eingangsmuster und gespeichertem Muster erfolgt [2].

Summary

In this paper a mathematical model is sought for a couple of mainly electrophysiological results concerning the pattern recognition of mammals.

The retina can be considered as a band-pass filter for space-dependent oscillations. In the following network, the geniculate body, a further filtering takes place which in particular attenuates the low and the very high frequencies.

The processes in cortex regions 17, 18 and 19, where the further preprocessing of pattern recognition takes place, can be interpreted by means of the theory of matched filters. In area 17 the input pattern is reduced to the contour lines. In the two other areas the extraction of simple characteristic features such as line ends and corners occurs.

Literatur

1. v. Seelen, W.: Informationsverarbeitung in homogenen Netzen von Neuronenmodellen, Kybernetik **5**, 133 (1968).
2. — Zur Informationsverarbeitung im visuellen System der Wirbeltiere. Kybernetik **7**, 43 (1970).
3. Kuffler, S. W.: Discharge patterns and functional organisation of mammalian retina. J. Neurophysiol. **16**, 89 (1957).
4. Büttner, H., Grüsser, O. J.: Quantitative Untersuchungen der räumlichen Erregungssummation im rezeptiven Feld retinaler Neurone der Katze. Kybernetik **4**, 81 (1968).
5. Hubel, D. H., Wiesel, T. N.: Rezeptive fields and functional architecture in two nonstriate areas of the cat. J. Neurophysiol. **28** (1965).

Feature Extraction and Recognition of Handwritten Characters by Homogeneous Layers

H. GIEBEL, München

With 5 Figures

1. Introduction

Artificial systems for solving difficult problems of pattern recognition are still very inefficient compared to the human visual system — at least if we regard the error rate. On the other hand, characters are formed in such a manner that they can be easily distinguished by the human visual system which defines their meaning. It is not necessary that an artificial recognition system is constructed in the same way as neuronal systems; but if it is based on the same principles of perception — as far as they are known — it might have a better chance of performing the same recognition operation.

The visual system of vertebrates consists of many neuronal layers which are connected in many ways. The complexity of this system requires a general theory to describe its function in at least an approximate way. Such a theory, the systems theory of homogeneous layers, has been proposed in [1] and [2]. Further references may be found in these publications.

The systems theory of homogeneous layers is based on two conditions, linearity and homogeneity. Linearity generally applies with any desired accuracy to a limited range of modulation. This allows the use of the principle of superposition, e.g. superposition of several frequencies. Homogeneity signifies invariant coupling with respect to a displacement and with respect to time. Coupling between any two points is determined not by their absolute location but by their relative position.

With these fundamental conditions, multidimensional Fourier transform may be applied. The systems theory of linear networks for time-dependent signals may thus be extended to several dimensions. The impulse response, the step response and the frequency response (transfer function) may be defined in analogy to the classical systems theory.

Linear and homogeneous systems are completely described by their impulse response (which corresponds to the receptive field in neuronal systems) or by their transfer function, which is the spectrum of the impulse response. The response to an arbitrary stimulation may be calculated either in the space-time domain by multidimensional convolution of the input signal with the impulse response or by multidimensional Fourier transform of the input signal, multiplication by the transfer function and inverse Fourier transform.

A layer system for signals depending on two space coordinates and time may have forward, backward and lateral coupling. The use of block diagrams facilitates the calculation of large systems with many layers in serial or parallel connection.

A system for the recognition of handwritten characters, based on an extension of this theory, has been simulated on an IBM 1130 digital computer and is presented in this paper. The results of the simulation and methods of optimization are discussed.

2. Detection of Simple Patterns

Homogeneous layers represent filters which allow certain space- and time-dependent excitations to pass whereas others are suppressed. E.g. an excitation along a straight line has a spectrum which is also a straight line, orthogonal to the first one. We want to design a spatial filter which prefers this kind of excitation. According to the theory of optimal filters, its transfer function must be the complex conjugate of the input spectrum. In this case the receptive field corresponds to the original pattern. We obtain this filter by constant coupling in the direction of the original line.

The detection of a certain velocity is analogous. In a plane with time and linear dimension as coordinates, a constant velocity will appear as a straight line. A detector for a certain velocity can be obtained by constant coupling with increasing time delay.

Regarding the impulse response of a filter, its effect is obvious. In the case of forward coupling alone, the impulse response is identical to the coupling coefficients. If these are defined by very few discrete values, it is easy to calculate the output signal by convolution.

An example of a line detector with few coupling coefficients is shown in Fig. 1. A signal is obtained whenever the stimulation of the input layer shows the direction preferred by this filter (main direction, three elements with constant coupling

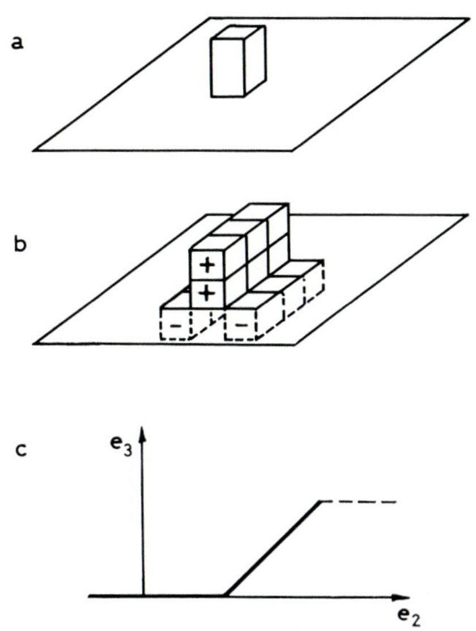

Fig 1a—c. Line detector with 3 × 3 elements. a Dirac impulse, b impulse response, c threshold operation

of + 2). In this direction it acts as a low-pass filter (integrating effect, elimination of black-outs). A thin line in the main direction yields the maximum output of + 6. Because of inhibition on both sides (six elements with − 1), we obtain a high-pass filter orthogonal to the main direction (differential effect, featuring of edges). A line orthogonal to the main direction as well as completely "black" or completely "white" areas will produce no output signal.

3. Recognition of Characters

The systems theory of homogeneous layers may also be applied to more complicated recognition problems, for example, the recognition of characters. Each class of characters has its own filter which yields high output (correlation peak) at the location of a member of its class. Because of the homogeneity, the character may appear anywhere on the input layer (sensor layer). But there is an additional restriction: at a certain location and in its vicinity only one class is allowed. Therefore the output signals of the filters have to exclude one another, and only the highest signal may remain. The technical realization is simply to use a maximum detector for this purpose. It is possible to save a great deal of calculation time if the location of a pattern is known a priori, then the output signal has to be calculated for only one element. With connected handwriting it is very hard to obtain this information, and this is one of the main reasons for many disappointing attempts to read it automatically.

A single character in a receptive field with n elements corresponds to a point in the n-dimensional pattern space. Each point in this space belongs to one and only one class. Since any multi-class problem may be reduced to several two-class problems, where one class is separated from all other classes, we will investigate this case. Fig. 2 a demonstrates the distribution of patterns belonging to classes A

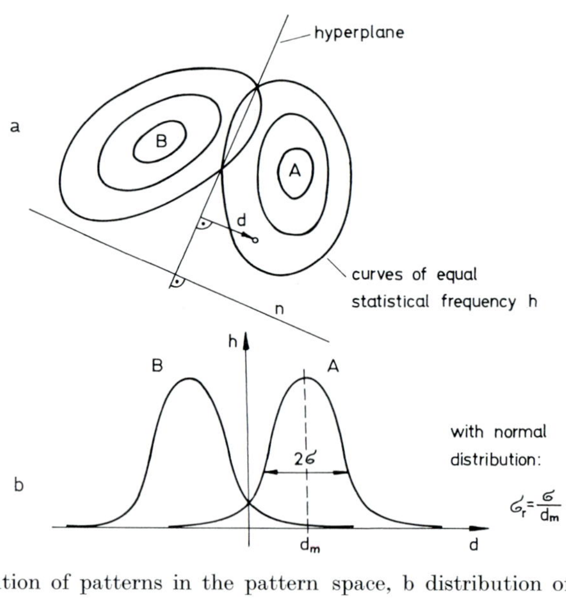

Fig. 2. a Distribution of patterns in the pattern space, b distribution of distances from a hyperplane

and B. A single homogeneous filter performs linear separation by means of a hyperplane. Output is the distance d between a presented pattern and this plane.

Typical curves for the statistical relative frequency h of the distances are plotted in Fig. 2b for patterns of the classes A and B. Although the hyperplane is in the optimal position (which can be found by a learning process or by probability calculus), the two distributions still overlap. This implies a remaining error rate.

With a small sample the error rate might be calculated incorrectly. An indirect method will yield more reliable results. Consider the average distance d_m for patterns of one class as the standard signal (d.c. component). Then deviations from this signal may be regarded as noise. In a sample of l patterns the standard deviation σ may be calculated. In many cases, especially with higher values of n, "white" noise is a fairly good approximation. This means that the distribution of distances is normal (Gaussian). Now the quality of separation is expressed by the noise to signal ratio:

$$\sigma_r = \frac{\sigma}{d_m} = \sqrt{\frac{\sum_{\lambda=1}^{l} (d_\lambda - d_m)^2}{l-1}} \; \frac{1}{d_m}$$

with

$$d_m = \frac{1}{l} \sum_{\lambda=l}^{l} d_\lambda$$

In most cases, expecially with handwritten characters, the error rate of a single homogeneous filter is intolerably high. A possible solution is filtering at several levels. In a complicated pattern, simple features should first be extracted by means of homogeneous filters, as described. After this linear operation, a nonlinearity should follow to suppress signals below a threshold (Fig. 1c) and to reduce information.

A homogeneous filter together with a threshold operation is called a stage. A stage transforms patterns into a new pattern space where separation is easier. The effect of a stage is indicated by the decrease of the standard deviation.

4. Optimization

The main problem is to choose the most profitable features. A solution is only possible if there is a known set of representative patterns to which the recognition system can be applied. It is a fact that different kinds of animals prefer different features according to their environment. In order to obtain quantitative results, some thousand handwritten characters, produced with a light pen, served as patterns. After standardization and centering they were placed in a screen of 16×15 elements.

Recognition in a single stage results in a standard deviation σ_o. In an additional input stage many filters with impulse responses of 3×3 elements have been tried (directional filters, low-pass filters, random-generated filters). It was impossible to obtain a standard deviation of less than σ_o. The way out of this difficulty is parallel connection of several filters. Fig. 3 shows the application of a filter with three central elements (z) and six elements in the periphery (p) with a medium threshold Θ. Four such filters have been employed in a parallel manner, each rotated by 45°. The standard deviation σ_r is plotted over $\varphi = \text{arc tan } (p/z)$. There are two minima:

a) $\frac{p}{z} = -\frac{1}{3}$ with positive z (e.g. $z = 3$, $p = -1$)

b) $\frac{z}{p} = -1$ with negative z (e.g. $z = -1$, $p = 1$)

Thus σ_r may be considerably less than σ_0. Patterns filtered into the four directions with filters of type a or b will be recognized with fewer errors.

The influence of the threshold Θ is demonstrated in Fig. 4 for the case of $z = 3$, $p = -1$ with the application of four filters, as above. Each single filter yields a

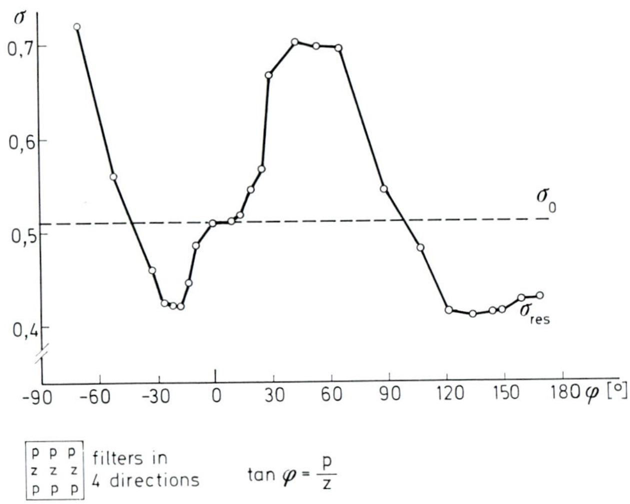

Fig. 3. Optimization of four filters

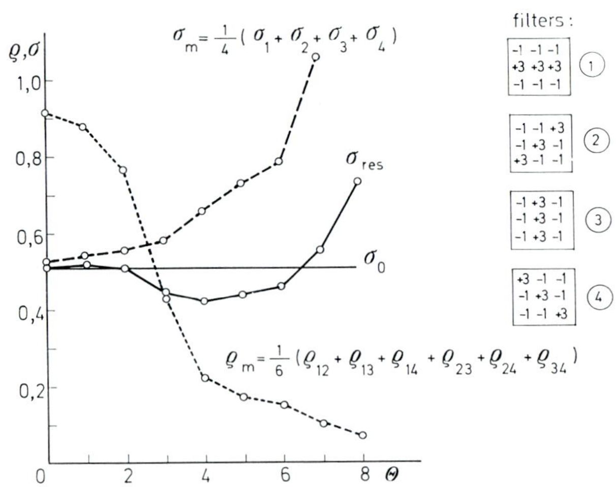

Fig. 4. Influence of a threshold

standard deviation $\sigma_\varkappa$ greater than σ_0. $\sigma_\varkappa$ increases with the threshold. On the other hand, the statistical dependence of the outputs which is expressed by the correlation coefficients $\varrho_{\mu\nu}$ decreases with the threshold. Both effects lead to a minimum of σ_r at $\Theta = 4$.

Let us now consider the more general case of combining k filters, each with a weight $\lambda_\varkappa$. The total distance d of a pattern is a linear combination of the components $d_\varkappa$.

$$d = \sum_{\varkappa=1}^{k} \lambda_\varkappa \cdot d_\varkappa \qquad \text{with} \sum_{\varkappa=1}^{k} \lambda_\varkappa = 1$$

The resulting standard deviation, divided by the mean total distance is

$$\sigma_r = \frac{\sqrt{\sum_{\mu=1}^{k} \sum_{\nu=1}^{k} \lambda_\mu \lambda_\nu \varrho_{\mu\nu} \sigma_\mu \sigma_\nu}}{\sum_{\varkappa=1}^{k} \lambda_\varkappa d_{m\varkappa}}$$

with $\varrho_{\nu\nu} = 1$ and $\varrho_{\mu\nu} = \varrho_{\nu\mu}$.

After an optimization process for the coefficients λ, the standard deviation σ_r is a minimum. Then $\lambda_\varkappa$ indicates the contribution of the filter $\varkappa$ to the recognition process.

An example may illustrate this strategy. The original pattern was used with the coefficient λ_0 in addition to the outputs of four directional filters. After optimization λ_0 was less than 0.01 which signifies that the original pattern may be neglected after filtering. All the information needed for recognition has reached the output of the first stage.

5. Structure and Error Rate

Now, it would be possible to extract some more features in a single stage directly from the sensor layer. Further filters with impulse responses not greater than 3×3 will be highly correlated with the first ones and will not get much new information out of the sensor layer. Filters with larger impulse responses for more complicated features are very specialized (narrow-banded), so that a feature can no longer be recognized if it has small distortions. We should have to provide many similar filters in parallel connection which would be far too complicated. Here we find the great advantage of a hierarchical structure using homogeneous filtering, followed by a threshold operation for reduction of information, filtering again for more complicated features, and so on until the entire pattern is recognized in the last stage.

Filters for the detection of complicated features have many parameters and it is almost impossible to test them all. Therefore it seems useful to try only those filters which might have a considerable effect. For the recognition of handwritten characters consisting mainly of lines, simple geometrical features were chosen. Filters which did not contribute very much to the recognition process are not mentioned here.

Fig. 5 demonstrates the hierarchical structure of the simulated system. After filtering into four directions as described, homogeneous layers for curvature, for endings and for right angles are applied in a second stage. Accumulations of right angles indicate intersections. Combinations of endings and intersections are used as topological features.

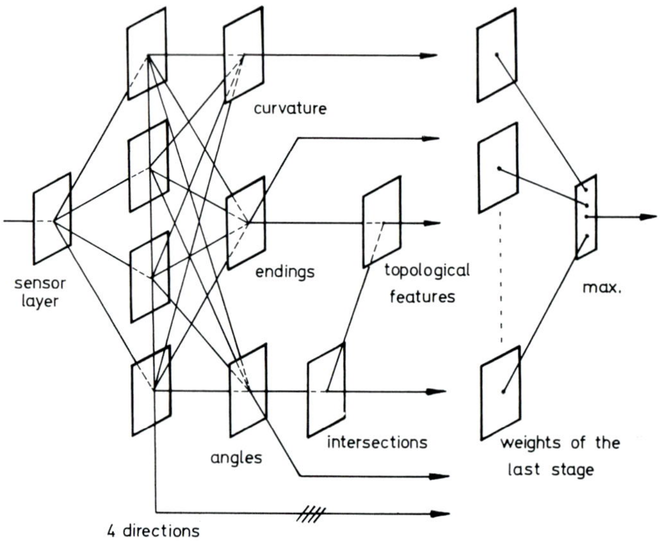

Fig. 5. Hierarchical structure of the complete system

After optimization by a learning process, the contributions of the different kinds of features were: horizontal direction 21%, positive diagonal direction 9%, vertical direction 20%, negative diagonal direction 7%, curvature 4%, endings 11%, right angles 8%, intersections 1%, topological features 19%.

The importance of the different stages is also expressed by the error rate in classifying patterns which the system has not encountered during the learning phase (the ability to generalize). A test with characters written by the same group of persons who had written the training set brought the following results: without feature extraction, that is, recognition in one stage, the error rate was about 20%. The additional use of four main directions lowered this rate to 10%. With the entire system described in this paper, it was possible to classify the same test set with only 3% error.

6. Invariance and Adaptation

As described before, pattern recognition with homogeneous layers is invariant to the position of a pattern. The correlation peak will indicate this position.

Generally there is no size invariance, no invariance to rotation, distortion or mirror image shape. A multilevel system, however, as described in this paper will tolerate limited changes in size and also some distortion or rotation. These changes produce a variation in the position of some features relative to each other, which has to be tolerated by the following stage, and so on. Higher stages have larger receptive fields, a fact which has been observed in neuronal visual systems, too. Several simulations indicated that the higher stages were less sensitive to relative position changes than the lower stages. One may take advantage of this effect to reduce the number of elements in the higher stages.

The efficiency of a recognition system is increased by additional short-term adaptation. Handwritten text has different characteristics (size, slope) according to the writer. But these characteristics remain almost constant over a long period. An adaptive system, taking into account the statistics of several characters, is achieved by nonlinear feedback in the early stages.

Summary

The systems theory of homogeneous layers describes signal transmission in linear and homogeneous layer structures using three-dimensional Fourier transform. The impulse response (depending on two space coordinates and time) and the transfer function (depending on two spatial frequencies and time frequency) are defined in analogy to the classical theory of linear networks.

The application of this theory to the recognition of handwritten characters is described. A hierarchical system has been simulated on a digital computer. Spatial filters were used to detect geometrical features in several stages, separated by thresholds for gradual reduction of information. Methods for optimizing these filters and the results of the simulation are discussed. Short-time adaptation to linear distortions increases the efficiency of the recognition system.

References

1. Marko, H.: Die Anwendung nachrichtentheoretischer Methoden in der Biologie. EIK 5 (2), 73—90 (1969). Vortrag auf dem III. Kybernetik-Kongreß der DGK in München 1968.
2. — Die Systemtheorie der homogenen Schichten. Kybernetik 5, 221—240 (1969).

The Simulation of a System of Homogeneous Layers with Coherent Light

H. PLATZER, München

With 6 Figures

The theory of homogeneous layers [1] describes the handling of signals in layer-like structures in a most effective way, as far as linearity and homogeneity in space and time can be assumed. In this case a system of layers may be described by means of a multiplication factor in the frequency domain.

In this paper a model is presented for linear filtering of two-dimensional signals e (x, y) in parallel-processing homogeneous nerve nets i.e. in nerve nets where the connections between input and output plane are the same all over the field and time function can be separated. The model performs true parallel processings of incoming signals by using an optical system with coherent light.

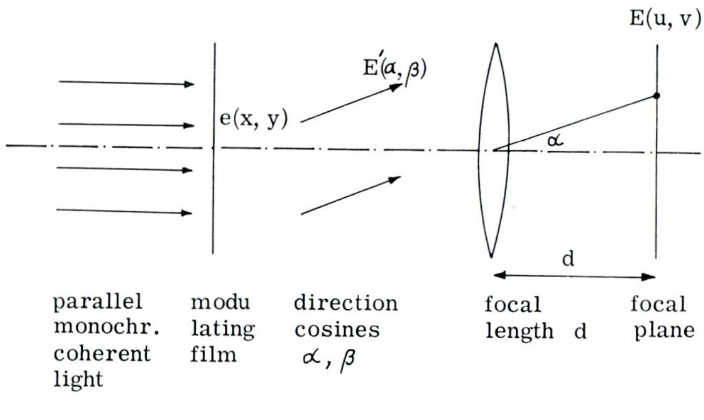

Fig. 1. Far field of modulated plane wave and imagine it in the focal plane of a lens

We will consider the propagation of a plane monochromatic coherent light wave, modulated by means of a transparency or some other modulating device. The excitation behind this transparency is e (x, y), and the far-field excitation E' (α, β) near the axis is to be computed (Fig. 1).
This given, the well-known Kirchhoff solution may be derived from Maxwell's equations [2, 3]. The result is:

$$E'(\alpha, \beta) = \iint\limits_{\substack{\text{mod.}\\ \text{area}}} e(xy) \exp\left[-j\frac{2\pi}{\lambda}(x \cdot \alpha + y \cdot \beta)\right] \mathrm{d}x\mathrm{d}y$$

A convex lens of focal length d collimates all light emerging in directions α or β in the focal plane into points with coordinates $u = \alpha \cdot d$ and $v = \beta \cdot \alpha$. So one may write $E'(\alpha, \beta) = E'\left(\frac{u}{d}, \frac{v}{d}\right)$.

The Fourier transform $E(f_x, f_y)$ of a function $e(x, y)$ is given by

$$E(f_x, f_y) = \iint e(x, y) \exp\left[-j2\pi(x \cdot f_x + y \cdot f_y)\right] \mathrm{dxdy}$$

By comparison, it is easily seen that Kirchhoff's far-field solution gives exactly the Fourier transform of $e(x, y)$. As a result the excitation $E(u, v)$ in the focal plane is the physically present Fourier transform of $e(x, y)$ with a scale factor between u and f_x resp. v and f_y:

$$u = \lambda \cdot d \cdot f_x; \; v = \lambda \cdot d \cdot f_y.$$

There, by inserting another transparency, multiplication of the Fourier transform by a factor $S(u, v)$ can be performed.

The Fourier-transforming capability of a lens may also easily be understood if one considers the Fourier transform formula and realizes that the integral operation is done by the collimating power of the lens and the phase factor is due to propagation geometry.

Among the properties of Fourier transform pairs (indicated by ●—○) some are especially important for this paper:

$$E(f_x, f_y) \exp\left[-j2\pi(x_o f_x + y_o f_y)\right] \;●—○\; e(x - x_o, y - y_o)$$

$$\frac{1}{a \cdot b} E\left(\frac{f_x}{a}, \frac{f_y}{b}\right) \;●—○\; e(ax, by)$$

$$E_1(f_x) \cdot E_2(f_y) \;●—○\; e_1(x) \cdot e_2(y)$$

$$E_1 \cdot E_2 \;●—○\; e_1 * e_2 = \iint e_1(\zeta, \eta) \cdot e_2(x - \zeta, y - \eta) d\zeta d\eta$$

(convolution)

$$E^*(f_x f_y) \;●—○\; e^*(-x, -y)$$

$$E_1 \cdot E_2^* \;●—○\; e_1 * e_2^* = \iint e_1(\zeta, \eta) \cdot e_2^*(\zeta - x, \eta - y) d\zeta d\eta$$

(correlation)

$$1 \;●—○\; \delta(xy)$$

(Dirac function).

The inverse Fourier transform

$$e(xy) = \iint E(f_x f_y) \exp\left[j2\pi(x f_x + y f_y)\right] df_x df_y$$

requires the same operations as the Fourier transform itself. So it is done by a collimating lens in the same way and the usual coherent optical signal processing system looks as shown in Fig. 2.

The filter function $S(u, v)$, which is generally complex and may be composed out of a product $S_1 \cdot S_2 \cdot S_3 \ldots$ of filter functions, describes the linear homogeneous system which is to be modeled. The theoretical details are to be found in [1] and [2].

The simplest experiments which can be done with such an optical system are bandpass filtering operations. A slight suppression of the low frequencies reinforces contrast boundaries and models the well-known Mach effects, while an amplitude transmission proportional to $\sqrt{f_x^2 + f_y^2}$ gives an output which is proportional to the gradient of the input picture — a very useful preprocessing operation.

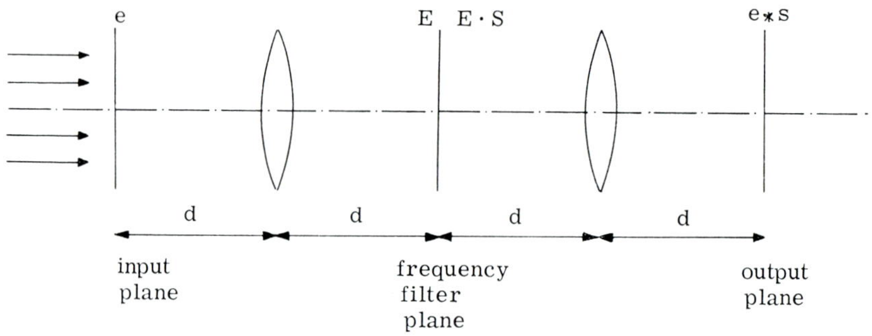

Fig. 2. Spatial filtering by Fourier transform and retransform

The Fourier transforms of lines and boundaries of a certain direction interval lie in an array perpendicular to it. By inserting a suitably shaped mask in the frequency plane, it is possible to pass only lines and boundaries of a certain interval of directions (Fig. 3).

This is also a preprocessing operation which may be helpful for character recognition.

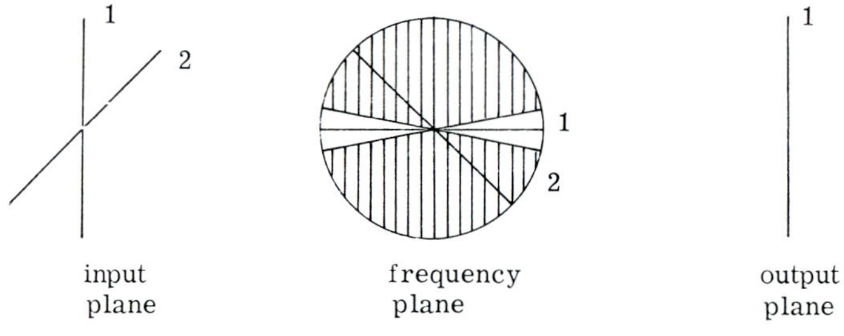

Fig. 3. Filtering of directions

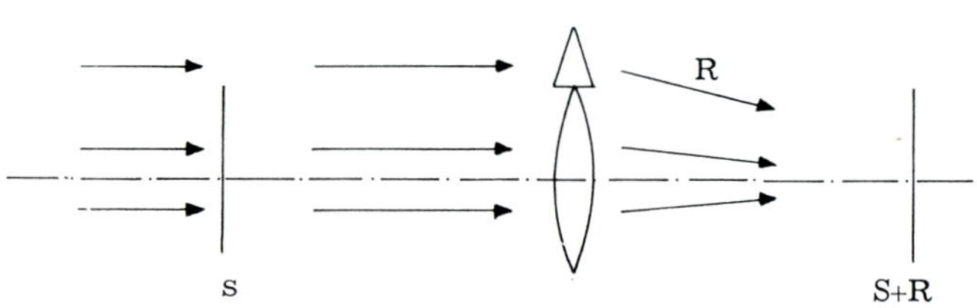

Fig. 4. Recording of phase information by superposition of reference wave R

By means of holography we are able to construct complex filters almost without any limitation. For the construction of $S(u, v)$, the Fourier transform of $s(x, y)$, the first $s(x, y)$ is recorded on film and Fourier transformed by the optical system. Our physical receivers (photomultipliers, photographic emulsion, human eye) are not capable of recording a complex function. They are quadratic receivers and therefore sensitive to $|S|^2 = S \cdot S^*$. So the phase information is lost. To record the phase information in spite of this, a coherent inclined plane reference wave R is superimposed on S, and the complex excitation in the frequency plane is now $S + R$. The quantity recorded by the inserted high resolution photo plate is

$$|S + R|^2 = (S + R) \cdot (S + R)^* = (SS^* + RR^* + SR^* + S^*R)$$

With properly chosen exposition and developing techniques [4], one uses the linear part of the exposition — amplitude transmission function. If now e is the input, the spectrum E multiplied by the developed hologram is proportional to

$$E(SS^* + RR^* + SR^* + S^*R) = ESS^* + ERR^* + ESR^* + ES^*R$$

The first and second terms are not important for the purpose discussed here. The third and fourth terms are the Fourier transform of the convolution and the correlation of e and s, both convoluted with r, or r^*, a very Dirac-like function which is not important here. The retransforms can be separated clearly from one another and from those of the first and the second terms.

From communication theory, it is well known that, in case of additive Gaussian noise, multiplication by the conjugate complex spectrum of a certain signal gives the optimum filter for detecting the point of occurrence of the signal. This holds also for the two-dimensional case. If there is no noise, apparently multiplication by the inverse spectrum $S = 1/\mathrm{T}$ gives the best filter if the location of the signal t is to be determined: the retransform of $T \cdot S =$ const. gives a Dirac function, marking the position of s in the input plane by a bright recognition spot in the output plane.

It is interesting to note that T^* and $1/T$ differ only in their amplitude functions but have a common phase function. Naturally, all stages between these two filters are possible if the photographic technique is carefully chosen or if the holograms are computed and plotted by digital computer.

A first example of complex spatial filtering is the use of a text consisting of a few thousand characters as the input signal with the holographically recorded Fourier transform of the letter g as the filter function. The places where a g is situated are clearly marked in the output plane.

In the second example S is the transform of an array of 16 character elements, namely 8 bars in 8 different directions, four semicircles of different radii open to the right and four open to the left. The 16 elements are sufficiently distant from one another to avoid overlap of the 16 correlation functions of a single character presented in the input plane and the 16 features (Fig. 5).

As a result, such a holographic filter models the processing of a pattern by a system of 16 parallel-working, parallel-processing channels.

This technique is by no means confined to filtering for a list of 16 features. There can be a set of many different alphabets. Generally, changes from one character font to another occur seldom. Therefore the search for the highest recognition peak must take place in the same array for most of the time.

As $u = \lambda \cdot d \cdot f_x$, variations in the size of the spectrum of a pattern to be recognized can be cancelled out by tuning the laser wave length λ.

A rotation of the input signal results in a rotation of the Fourier transform in the same sense. By rotating the filter plate or the image of the pattern, the input spectrum and the filter may be matched.

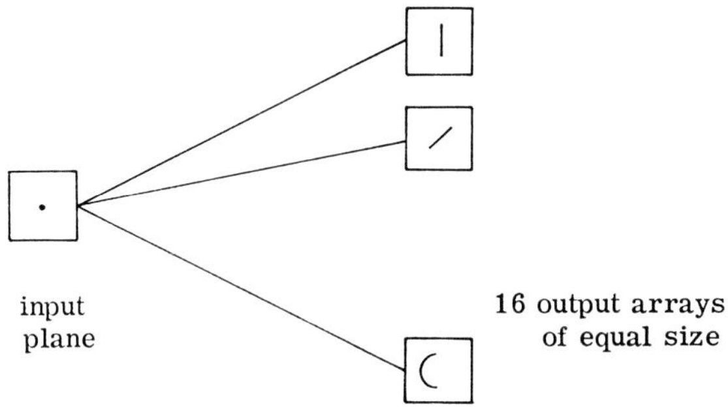

Fig. 5. A system of 16 parallel-processing property filters

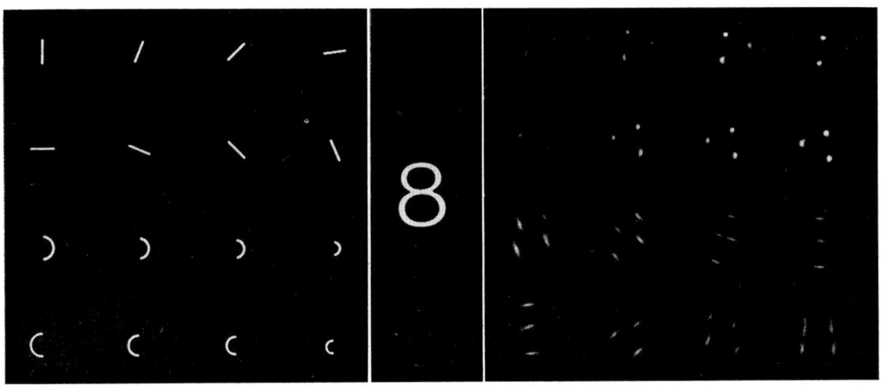

Fig. 6. Multifeature filtering applied to a character

Dilatations of a pattern can also be handled in a simple way: tilting the input plane around an axis perpendicular to the axis of the optical system and the direction of the dilatation achieves the desired dilatation of the compressed Fourier transform.

So, for each of the main transforms which a pattern undergoes in nature, there exists a simple way to perform the inverse transform by means of the optical data processing system described above; this together with the huge amount of information which can be stored in a single filter plate makes such an optical parallel computer a mighty tool for research in the field of pattern recognition.

Summary

An optical signal processing system using coherent light is described which is capable of performing complex spatial filtering on two-dimensional functions. It is a mighty tool for modelling linear signal processing in homogeneous layers. It is also capable of dealing with such transformations as size variations, rotation and dilatation.

References

1. Marko, H.: Die Systemtheorie der homogenen Schichten. Kybernetik 5, 221 (1969).
2. Stroke, G. W.: An introduction to coherent optics and holography. New York: Academic Press 1969.
3. Goodman, I. W.: Introduction to Fourier optics. New York: Mc Graw Hill 1968.
4. Kiemle, Röss: Einführung in die Technik der Holographie. Akademische Verlagsgesellschaft 1969.

Zeichenerkennung durch Rechnersimulation

J. SCHÜRMANN, Ulm

Mit 3 Abbildungen

Der Weg, den die Entwicklung der Technik genommen hat, führte vom experimentellen Studium mehr oder minder zufällig bekannt gewordener physikalischer Effekte und der Kombination solcher Effekte mit dem Ziel, bestimmte erwünschte Wirkungen zu erreichen, zu immer stärkerer Abstrahierung und Mathematisierung. Dabei hatte die Mathematik zunächst hauptsächlich eine beschreibende Funktion. Von der technisch praktischen Seite her wurde eine bestimmte Kombination von Bausteinen vorgeschlagen, die zusammen ein technisches System bilden sollten. Indem man das Verhalten der Systembausteine mathematisch formulierte, wurde es möglich, das System auf einer abstrakten Ebene zu modellieren und das Verhalten des ganzen Systems vorauszusagen, ohne es tatsächlich gebaut zu haben. Überträgt man die dazu nötigen mathematischen Operationen einer Rechenmaschine, dann tritt praktisch die mit dem geeigneten Programm geladene Rechenmaschine als Modell an die Stelle des technischen Systems. Man spricht von der Simulation des technischen Systems auf einer Rechenmaschine.

Hauptaufgabe der Simulation ist dabei die iterative Optimierung von Systemparametern, die sich nicht auf direktem Wege berechnen lassen und vor allem dann, wenn die Optimierung nicht einem einzigen, einfach formulierbaren Gütekriterium folgt, sondern wenn die vergleichende Bewertung mehrerer konkurrierender Gütekriterien den sachverständigen menschlichen Bearbeiter erfordert.

Während bei der Simulation ursprünglich der Modellcharakter im Vordergrund stand und Ausgangspunkt das wirkliche technische System war, dessen Verhalten auf der Rechenmaschine simuliert werden sollte, hat sich inzwischen eine Gewichtsverlagerung zur mathematischen Seite hin vollzogen. In zunehmendem Maße wird bereits die Aufgabenstellung, der das technische System dienen soll, abstrakt formuliert und als mathematisches Problem aufgefaßt und gelöst. Das technische System, das die für die Lösung notwendigen mathematischen Operationen praktisch vollziehen wird, tritt dabei in den Hintergrund. Der mathematische Algorithmus ist weniger die Simulation einer technischen Maschine als vielmehr die technische Maschine eine mögliche Realisierung für den Algorithmus. Es ist sogar nicht ausgeschlossen, daß das auf einer elektronischen Rechenmaschine laufende Programm selbst die endgültige Realisierung des Systems für die konkrete, technische Aufgabenstellung ist. Beispiele dafür gibt es genug. Überhaupt wird es mit der zunehmenden Anwendung von typischen Bausteinen der Rechner-Technologie immer schwieriger, zwischen einer technischen Maschine und einer mathematischen Maschine zu unterscheiden.

Man kann diese Entwicklung sehr deutlich auf dem Gebiet der Zeichenerkennung verfolgen. Hier hat die mathematische Betrachtungsweise zunehmend an

Einfluß gewonnen und als Folge davon wurde die Rechenmaschine zum wichtigsten Hilfsmittel beim Entwurf und der Dimensionierung von Zeichenerkennungssystemen. Doch bevor wir uns mit dieser Vorgehensweise näher befassen, wird es nötig, zunächst einige Begriffe zu erläutern, die im folgenden eine wichtige Rolle spielen werden.

Im Zusammenhang mit Zeichenerkennungsaufgaben treten uns Schriftzeichen mit zwei Aspekten entgegen und es ist wichtig, begrifflich zwischen ihnen zu unterscheiden.

Auf der einen Seite haben wir das *Bild* des Schriftzeichens auf dem Datenträger, das je nach Art des Druckwerkzeugs oder — bei Handschrift — nach den Gewohnheiten des Schreibenden ganz verschieden aussehen wird, und auf der anderen Seite haben wir die *Bedeutung* des Schriftzeichens, die vereinbarungsgemäß nur sehr wenige diskrete Werte annehmen kann. Bild und Bedeutung gehören zusammen. Sie sind tatsächlich nur zwei verschiedene Aspekte desselben Objektes. Wir führen nun für diese beiden Aspekte zwei mathematische Begriffe ein und beschreiben das Zeichenbild durch den *Merkmalsvektor* x und die Bedeutung des Schriftzeichens durch den *Zielvektor* y.

Üblicherweise wird für die Beschreibung des Zeichenbildes dessen quantisierte Form, ein Rasterbild, verwendet, das über das Vorhandensein von schwarz oder weiß in den Bildelementen der gerasterten Vorlagenfläche Auskunft gibt und durch eine geeignete physikalische Meßanordnung ohne Schwierigkeiten zu erhalten ist. Dabei wird jedem Rasterelement eine Komponente des Merkmalsvektors zugeordnet. Der normalerweise binäre Zahlenwert dieser Vektorkomponente gibt an, ob das entsprechende Bildelement schwarz oder weiß ist.

Der die Bedeutung des Schriftzeichens — oder seine Klassenzugehörigkeit — anzeigende Zielvektor y wird zweckmäßigerweise mit K Dimensionen vereinbart, wenn K Klassen zu unterscheiden sind. Den K diskreten Werten, die diese Variable dann annehmen kann, werden die K Basisvektoren des dazugehörigen K-dimensionalen Vektorraumes zugeordnet. Praktisch entspricht das einer 1 aus K-Codierung der zu unterscheidenden Klassen in den K Komponenten des Zielvektors y.

Während der Merkmalsvektor x durch eine physikalische Meßeinrichtung erzeugt wird, muß der Zielvektor y durch einen Menschen mitgeteilt oder wenigstens bestätigt werden, der mit den Konventionen der Schrift vertraut ist.

Mit diesen Vereinbarungen können wir die Aufgabe des Zeichenerkennungssystems als eine Prognoseaufgabe formulieren. Das Zeichenerkennungssystem soll — allein aus der Kenntnis des Merkmalsvektors x — eine, natürlich möglichst zutreffende Vermutung über die Klassenzugehörigkeit des zu erkennenden Schriftzeichens abgeben. Da dabei ein Irrtum grundsätzlich nicht auszuschließen ist, müssen wir unterscheiden zwischen dem Zielvektor y, der die wahre Klassenzugehörigkeit anzeigt, und der vom Erkennungssystem dafür erzeugten Schätzung d, die wie y allerdings wieder ein Vektor mit K Komponenten ist.

Mathematisch gesehen realisiert das Zeichenerkennungssystem eine Schätzfunktion $d(x)$, deren Argument der Merkmalsvektor x und deren Funktionswert der Schätzvektor d ist. Die Forderung, die Schätzung solle — angesichts einer gegebenen Aufgabenstellung — möglichst fehlerfrei erfolgen, macht die Herleitung einer geeigneten Schätzfunktion $d(x)$ zu einer Variationsaufgabe. Legt man jedoch die Struktur der Schätzgleichung fest und läßt in dieser Struktur eine Menge von Parametern verfügbar, dann ist die Optimierung dieser Parameter Gegenstand einer normalen Extremwertaufgabe.

Es handelt sich bei Zeichenerkennungsproblemen immer um numerisch aufwendige Aufgaben. Man muß daher sowohl bei der Festlegung der Struktur der Schätzgleichung als auch bei der Wahl des Optimierungskriteriums auf die numerische Hantierbarkeit achten. Wir geben daher für die Struktur der Schätzgleichung die Potenzreihe vor. Der Hauptvorteil dieser Vereinbarung liegt darin, daß sich dabei lineare und nichtlineare Operationen deutlich trennen lassen. Über den Grad der Potenzreihe können wir die Adaptationsfähigkeit des Zeichenerkennungssystems steuern und so den Aufwand den Erfordernissen anpassen. Auf diese Weise läßt sich eine breite Skala verschieden komplizierter Schätzfunktionen darstellen, die von den einfachen linearen Funktionen bis zu beliebig allgemeinen nichtlinearen Funktionen reicht — allerdings auch auf Kosten eines beliebig hohen Aufwandes. Auf die Notwendigkeit und die Möglichkeiten der Aufwandsbegrenzung werde ich später noch zurückkommen.

Das Optimierungskriterium für die Adaption der Systemparameter an eine gegebene Aufgabenstellung muß einerseits in möglichst guter Übereinstimmung mit der anschaulich begründeten Forderung nach zutreffender Prognose der Klassenzugehörigkeit stehen und muß andererseits auf eine mathematisch hantierbare Lösung führen. Hier bietet sich die Optimierung der Schätzfunktion im quadratischen Mittel an. Zwar deckt sich das Kriterium „kleinstes mittleres Fehlerquadrat" nicht ganz mit dem Kriterium „kleinste Fehlerrate", doch steht fest, daß, wenn das mittlere Fehlerquadrat verschwindet, auch die Fehlerrate Null sein muß.

Dafür bietet dieses Optimierungskriterium zusammen mit der Struktur der Schätzfunktion als Potenzreihe den erheblichen Vorteil, daß die Optimierung der Systemparameter auf ein lineares Gleichungssystem führt, dessen Lösung keine grundsätzlichen Schwierigkeiten bereitet.

Wenn wir der Schätzfunktion $d(x)$ die Struktur einer Potenzreihe geben, so heißt das, daß jede der Komponenten des Schätzvektors d zu einer Potenzreihe in den Komponenten des Merkmalsvektors x wird. Jede Komponente von d wird damit zu einer gewichteten Summe über Produkte und Potenzen der Komponenten von x. Sind die Komponenten des Merkmalsvektors x nur binär, dann sind die Komponenten des Schätzvektors d gewichtete Summen lediglich über Produkte der Zeichenmerkmale. Die Schätzfunktion $d(x)$ besteht damit aus zweierlei Elementen: aus Gliedern, in denen Komponenten des Merkmalsvektors x zu Produkten miteinander verknüpft sind und aus Koeffizienten für die gewichtete Summation. In den Zeichenmerkmalen ist das eine nichtlineare Gleichung, in den Koeffizienten ist sie linear.

Wir trennen bei der Bildung der Schätzfunktion $d(x)$ die lineare und die nichtlineare Operation voneinander und kommen damit zu einer Struktur für das Erkennungssystem, in der die Schätzfunktion $d(x)$ in zwei aufeinanderfolgenden Verarbeitungsstufen erzeugt wird. In der ersten Stufe realisiert der *nichtlineare Prozessor* die vorgesehenen Produktverknüpfungen aus Komponenten des Merkmalsvektors x und in der zweiten Stufe bildet der *lineare Diskriminator* die gewichteten Summen mit gespeicherten Koeffizienten. Da die Komponenten des

Merkmalsvektors binäre Variable sein sollen, sind die arithmetischen Produkte identisch mit logischen Konjunktionen[1, 2].

Für die Adaption des Erkennungssystems an eine gegebene Aufgabenstellung war die Vorgabe der Struktur und die Optimierung der in dieser Struktur verfügbar bleibenden Parameter erforderlich. Wir sind jetzt in der Lage anzugeben, was am Potenzreihenklassifikator vorgegeben werden muß und was berechnet werden kann. Vorgegeben wird der Prozessor, beispielsweise durch Festsetzung des Grades für die Potenzreihe und möglicherweise durch zusätzliche Einschränkungen, die die Anzahl der möglichen Merkmalsverknüpfungen begrenzen. Frei verfügbar bleibt der lineare Diskriminator. Die in ihm enthaltenen Koeffizienten sind die Variablen der die Adaption vollziehenden Extremwertaufgabe. Ihre Bestimmung führt über das genannte lineare Gleichungssystem [3].

Aus mathematischen Gründen bleibt allerdings auch der zunächst vorgegebene Prozessor nicht unbeeinflußt vom Optimierungsprozeß. Im allgemeinen immer vorhandene lineare Abhängigkeiten in dem aufzulösenden Gleichungssystem zwingen dazu, bestimmte Zeichenmerkmale oder Merkmalsverknüpfungen aus dem Potenzreihenansatz zu eliminieren, um die Eindeutigkeit der Lösung sicherzustellen. Man erhält dabei als das Ergebnis des Adaptionsprozesses zum einen eine Mitteilung darüber, welche Zeichenmerkmale und Merkmalsverknüpfungen, die Bestandteile des vorgegebenen Ansatzes waren, tatsächlich für die Berechnung der Schätzgleichung gebraucht werden und man erhält zum anderen die dazugehörigen Koeffizienten. Praktisch muß man daher die Vorgabe der Prozessorstruktur als Vorgabe eines Lösungsansatzes betrachten, aus dem im Verlauf des Rechenprozesses die für die vorliegende Aufgabe brauchbaren Bestandteile ausgesucht werden.

Normalerweise begrenzt die zur Verfügung stehende Rechenkapazität und Rechenzeit die Länge des Potenzreihenansatzes. Unter diesen Umständen bedeutet die Elimination überflüssiger Bestandteile aus dem zunächst zur Diskussion gestellten Ansatz die Freisetzung von Rechenkapazität. Man kann daher den Adaptionsprozeß mit einem erweiterten Ansatz für den Prozessor neu betreten.

Während die Koeffizienten der Schätzgleichung bei vorgegebener Verknüpfungsstruktur auf direktem Wege — durch Auflösung eines Gleichungssystems — berechnet werden, bildet sich so eine Iterationsschleife für die iterative Adaption des Prozessors, bei der die Verknüpfungsstruktur von Schritt zu Schritt verallgemeinert werden kann. Man wird diese Iterationsschleife zunächst mit einem Potenzreihenansatz ersten Grades betreten und nichtlineare Klassifikatoren somit auf der Basis des linearen Klassifikators entwickeln.

Die für die Adaption des Erkennungssystems an eine gegebene Aufgabenstellung notwendigen Operationen lassen sich in einem Flußdiagramm darstellen (Abb. 1). Ausgangspunkt ist dabei eine gegebene Menge von Beispielschriftzeichen, die die zu erkennenden Zeichen in allen zulässigen Variationen enthält. Die diese Stichprobe bildenden Merkmalsvektoren sind dabei jeweils mit der Angabe ihrer Klassenzugehörigkeit gekennzeichnet. In der Stichprobe treten Merkmalsvektor x und zugehöriger Zielvektor y immer zusammen als ein Wertepaar auf.

Der Adaptionsprozeß beginnt mit der Vorgabe der Struktur für den Klassifikator, praktisch mit der Vorgabe des Grades für die Potenzreihe und möglicherweise weiterer aufwandsbegrenzender Parameter. Daraus werden zunächst die Prozessordaten erzeugt, das sind Verknüpfungslisten, in denen alle die Zeichenmerkmale und Merkmalsverknüpfungen vermerkt sind, die für die Bildung der Schätzfunktionen in Betracht gezogen werden sollen. Für die Adaption des Erkennungssystems betreten wir nun den linken Zweig des Flußdiagramms. Hier werden durch ein Prozessorprogramm zunächst die in den Verknüpfungslisten geforderten Verknüpfungen realisiert und anschließend aus diesen Daten das

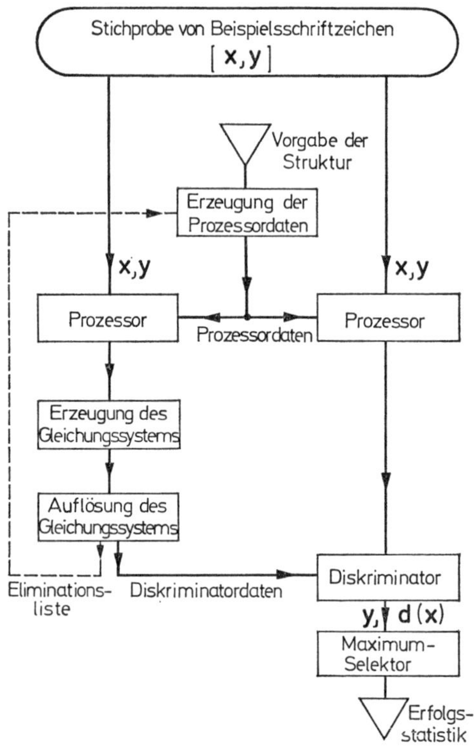

Abb. 1. Adaptionsprozeß

Gleichungssystem gebildet, das im nächsten Schritt aufgelöst werden muß. Aus der Auflösung des linearen Gleichungssystems erhalten wir die beiden vorhin genannten Arten von Ergebnissen, die Koeffizienten für den Diskriminator und die Eliminationsliste, in der vermerkt ist, welche Bestandteile des Ansatzes sich als überflüssig und störend erwiesen haben.

Mit den in der Eliminationsliste enthaltenen Informationen können wir auf dem gestrichelt eingezeichneten Weg zur Erzeugung neuer Prozessordaten zurückgehen und damit die Iterationsschleife für die Adaption der Prozessorstruktur aufbauen. Zu jedem beliebigen Zeitpunkt können wir aber auch auf den rechten Zweig des Flußdiagramms überwechseln, der durch das Stichwort Simulation gekennzeichnet ist, und mit den bis jetzt berechneten Diskriminatordaten und den dazugehörigen Prozessordaten die Schätzfunktion $d(x)$ durch die aufeinanderfolgenden Prozessor- und Diskriminatorprogramme realisieren.

Praktisch wird auf diesem Wege das Erkennungssystem simuliert. Aus dem eingegebenen Merkmalsvektor x berechnet der nichtlineare Klassifikator die Schätzfunktion $d(x)$, die nach Maßgabe unseres Approximierungskriteriums die wahre Klassenzugehörigkeit y möglichst gut wiedergeben soll. Durch den Vergleich zwischen Zielvektor y und Schätzvektor d läßt sich in jedem individuellen Fall die erreichte Übereinstimmung nachprüfen.

Wir haben uns bislang nur mit der Schätzgleichung $d(x)$ und ihrer Herleitung beschäftigt und dabei völlig außer acht gelassen, daß der Zielvektor eine diskrete Variable ist, die bei K zu unterscheidenden Zeichenklassen nur K diskrete Werte annehmen kann, die für y erzeugte Schätzung d jedoch vom Schätzprozeß als kontinuierliche Variable abgeliefert wird.

Da wir von einem Zeichenerkennungssystem im allgemeinen keine abgewogenen Vermutungen, sondern eine Entscheidung verlangen, müssen wir die als kontinuierliche Variable erzeugte Schätzung d durch eine Quantisierungsvorschrift in eine diskrete Variable zurückverwandeln. In unserem Fall ist die Quantisierungsvorschrift besonders einfach und erfordert das Aufsuchen der maximalen Komponente im Schätzvektor d.

Wir hatten den Zielvektor y als K-dimensionale Variable vereinbart und durch die 1 aus K-Codierung jede Komponente einer Klasse zugeordnet. Entsprechend gehört auch im Schätzvektor d jede Komponente zu einer der zu unterscheidenden K Klassen. Man kann nach den getroffenen Vereinbarungen jede der K Komponenten von d als eine Schätzung für die Wahrscheinlichkeit ansehen, mit der das durch den vorgelegten Merkmalsvektor x beschriebene Zeichen der entsprechenden Klasse angehört. Wegen der von uns gewählten Approximation nach dem kleinsten mittleren Fehlerquadrat sind das Schätzungen im quadratischen Mittel. Vor die Aufgabe gestellt, das zu erkennende Zeichen einer der zu unterscheidenden Klassen zuzuweisen, wird man natürlich die Klasse auswählen, der es mit der größten geschätzten Wahrscheinlichkeit angehört und dazu ist es erforderlich, das Maximum unter den Komponenten des Schätzvektors d festzustellen.

Bei praktischen Anwendungen wird meistens neben der positiven Entscheidung für eine der zu unterscheidenden Klassen auch noch die Zurückweisung des Zeichens als nicht erkennbar zugelassen. Für die Zurückweisung wird die Einführung von Zurückweisungsschwellen nötig, die beispielsweise eine Mindesthöhe für die maximale Komponente von d fordern oder einen Mindestabstand gegen die nächstgrößte Komponente.

Wir bezeichnen die Differenz zwischen diesen beiden Komponenten als die kritische Differenz. Sie wird als Maß für die Sicherheit der Entscheidung verwendet und spielt für die Beurteilung von Erkennungssystemen eine wichtige Rolle.

So kann eine während des Simulationsexperimentes geführte Häufigkeitsstatistik über diese kritische Differenz auch dann ein Urteil über zwei konkurrierende Zeichenerkennungssysteme ermöglichen, wenn beide die vorgelegte Stichprobe von Beispielsschriftzeichen fehlerfrei klassifizieren. Außerdem kann man aus derartigen Häufigkeitsverteilungen die Wirkung von Zurückweisungsschwellen voraussagen, ohne Zurückweisungsschwellen in den Simulationsprozeß einzuführen.

Die Schilderung des Konzeptes soll durch die Darstellung praktischer Ergebnisse abgerundet werden, die aus Arbeiten zur Entwicklung von nichtlinearen Erkennungssystemen für das Lesen von Handblockschrift stammen. An diesem Beispiel lassen sich auch die Notwendigkeit und die Möglichkeiten der Aufwandsbegrenzung erklären.

Bei Anwendungen dieser Art liegt die Anzahl der Rasterelemente, in die das Vorlagenfeld zerlegt wird, und damit die Anzahl der Zeichenmerkmale in der Größenordnung von mehreren 100. Wegen der mit dem Grad nahezu exponentiell anwachsenden Anzahl von Gliedern in der Potenzreihe ist daher schon ein quadratischer Klassifikator, bei dem jedes Zeichenmerkmal uneingeschränkt mit jedem anderen Zeichenmerkmal verknüpft werden dürfte, aus Aufwandsgründen nicht mehr hantierbar. Es ist unumgänglich, neben dem Grad der Potenzreihe weitere aufwandsbegrenzende Parameter einzuführen, deren drosselnde Wirkung jedoch im Verlauf der Iteration verringert werden kann.

Wir verwenden für diesen Zweck einen Reichweiteparameter, der auf die Nachbarschaftsbeziehungen der Zeichenmerkmale im Rasterfeld bezug nimmt. Bei dieser Methode darf ein Zeichenmerkmal nur dann mit einem anderen eine Verknüpfung eingehen, wenn das Abstandsquadrat zwischen den beiden dazugehörigen Rasterelementen in der Vorlagenfläche den durch den Reichweiteparameter vorgegebenen Wert nicht überschreitet. Wenn bei einem Klassifikator höheren als zweiten Grades mehr als zwei Rasterelemente miteinander verknüpft sind, dann darf in *einer* Konjunktion keines der gegenseitigen Abstandsquadrate den durch den Reichweiteparameter vorgegebenen Wert überschreiten.

Durch den Reichweiteparameter läßt sich eine sehr drastische Begrenzung des Aufwandes erreichen. Allerdings auf Kosten der Adaptionsfähigkeit des Erkennungssystems. Man wird daher in einer Folge von Iterationsschritten die durch den Reichweiteparameter gegebenen Schranken von Schritt zu Schritt weiter setzen. Dabei verallgemeinert sich von Schritt zu Schritt die Verknüpfungsstruktur. Immer weiterreichende Verknüpfungen werden zugelassen. Häufig werden enger benachbarte Verknüpfungen durch weiterreichende ersetzt.

Dieses Vorgehen soll durch Abb. 2 demonstriert werden. Hier ist die Verknüpfungsstruktur für einen quadratischen Klassifikator wiedergegeben, und zwar für drei verschiedene Reichweiten 4, 10 und 36. Die drei Teilbilder zeigen aufeinanderfolgende Zustände aus dem eben erwähnten Iterationsprozeß.

Die Darstellung ist folgendermaßen zu verstehen: Den Hintergrund bildet das hier aus 20×15 Bildelementen bestehende Rasterfeld. In diesem Rasterfeld sind durch Punkte diejenigen Bildelemente markiert, die als lineare Glieder in der approximierenden Potenzreihe vorkommen. Verbindungen kennzeichnen solche Verknüpfungen, die in der approximierenden Potenzreihe als quadratische Glieder enthalten sind. Die dargestellte Verknüpfungsstruktur gilt dabei für einen Klassifikator, der die zehn Ziffern in Handblockschrift unterscheiden soll. Sie ist nicht klassenspezifisch. Die Unterschiede zwischen den Klassen äußern sich erst in den Koeffizienten, mit denen diese Verknüpfungen im Diskriminator bewertet werden und diese Koeffizienten sind hier nicht dargestellt.

Man erkennt, wie sich bei Erhöhung des Reichweiteparameters von 4 über 10 auf 36 die Zahl der weiterreichenden Verknüpfungen stark erhöht. Dabei werden zunehmend lineare Glieder der Schätzgleichung durch nichtlineare ersetzt. Die

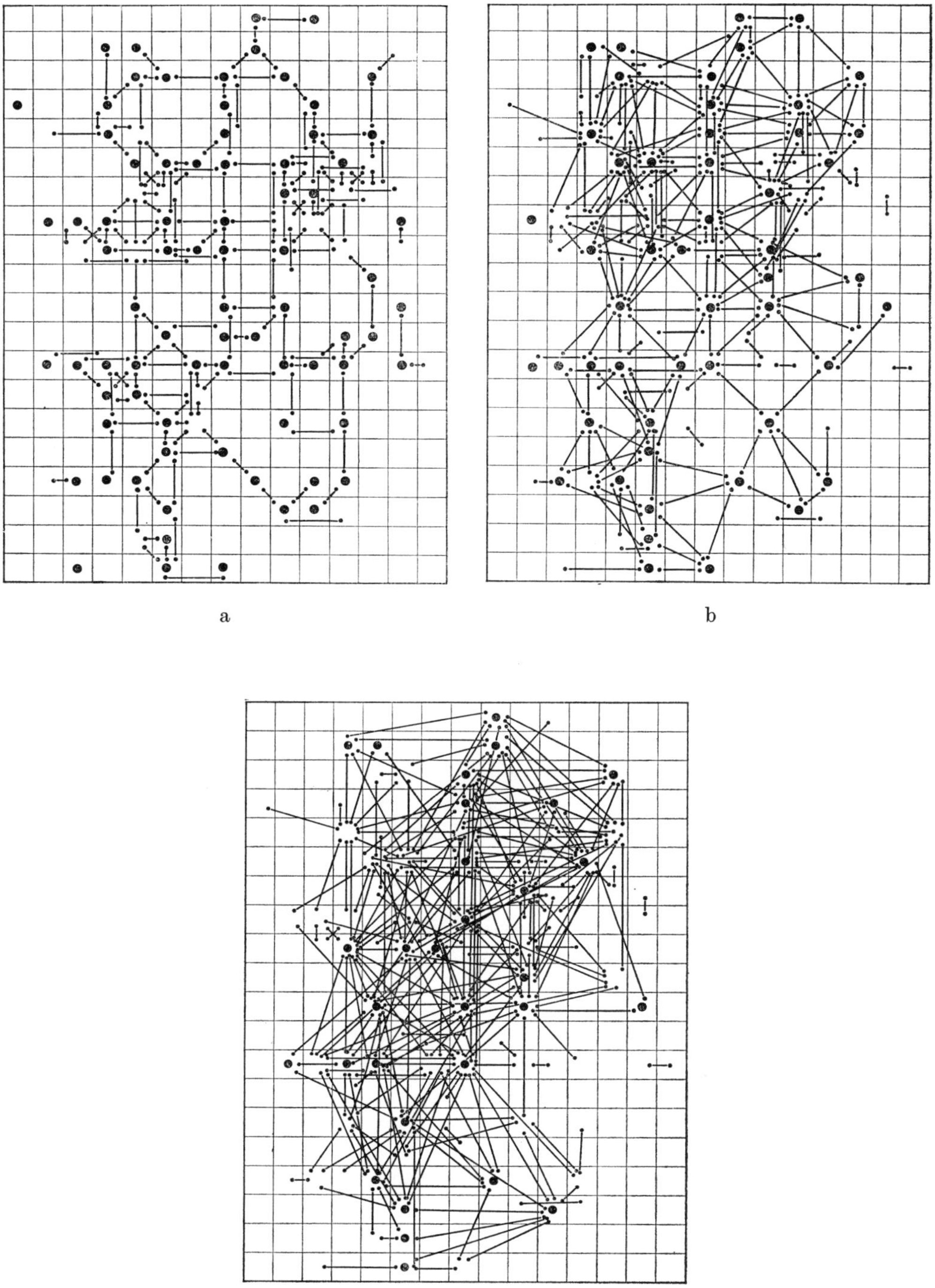

Abb. 2a—c. Änderung der Prozessorstruktur bei Erhöhung der Reichweite

Anzahl der schwarzen Punkte verringert sich deutlich von links nach rechts. Ähnlich gilt für die Verknüpfungen mit kurzer Reichweite, daß sie nach und nach durch weiterreichende Verknüpfungen verdrängt werden.

Diese Bilderfolge ist eine Veranschaulichung von Daten, die während des Iterationsprozesses auftreten und nicht das Ergebnis einer auf intuitiver Basis vorgenommenen Konstruktion. Es ist das eine Veranschaulichung von Verknüpfungslisten, die lediglich unter der Kontrolle der genannten aufwandsbegrenzenden Parameter, Grad und Reichweite, durch einen Algorithmus automatisch erzeugt und verändert werden. Sie läßt sichtbar werden, wie sich unter der Kontrolle dieser Parameter die Adaption der Prozessorstruktur an eine gegebene Aufgabenstellung vollzieht.

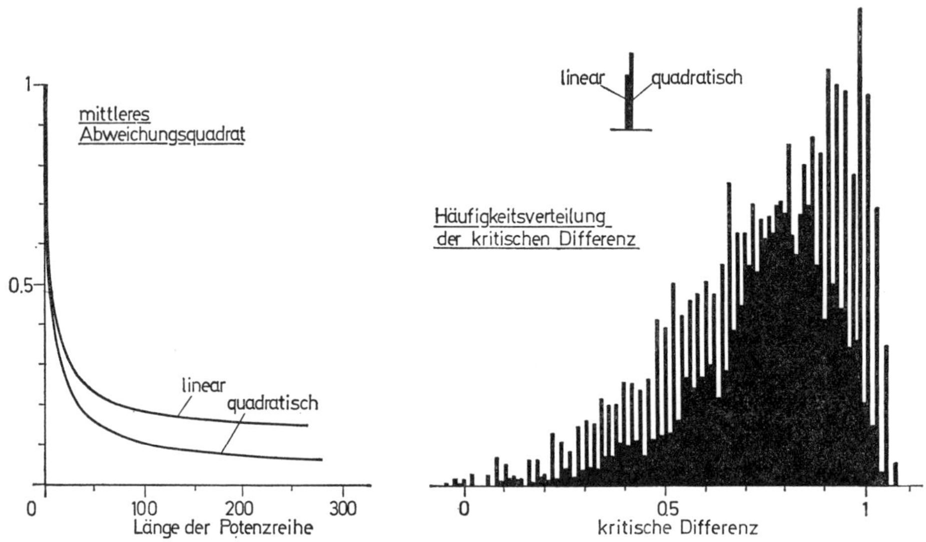

Abb. 3. Klassifizierungserfolg

Natürlich wird man von der Verallgemeinerung der Klassifikatorstruktur auch eine Verbesserung der Klassifizierungsleistung erwarten. Abb. 3 zeigt den Unterschied zwischen dem linearen Klassifikator und dem quadratischen Klassifikator, dessen Verknüpfungsstruktur in Abb. 2 ganz rechts angegeben ist, und zwar in zwei verschiedenen Darstellungen.

Die Optimierung der Schätzgleichung steht unter dem Kriterium des kleinsten mittleren Fehlerquadrates. Während des Rechenprozesses verringert sich das mittlere Abweichungsquadrat daher von Wert 1 und nähert sich asymptotisch einem Wert, der mit einer Schätzgleichung gegebener Struktur nicht unterschritten werden kann. Das linke Teilbild zeigt nun diesen Verlauf der Reststreuung für den linearen Klassifikator und für den angegebenen quadratischen Klassifikator. Die Zahlen an der Abszisse geben dabei die Länge der Potenzreihe, d. h. die Anzahl der in ihr enthaltenen Glieder an. Deutlich ist erkennbar, wie das mittlere

Abweichungsquadrat beim quadratischen Klassifikator einen wesentlich günstigeren Verlauf nimmt als beim linearen Klassifikator.

Während diese Daten direkt aus dem Adaptionsprozeß stammen, zeigt das rechte Teilbild das Ergebnis des Simulationsprozesses. Vorhin wurde bei der Beschreibung des Entscheidungsvorganges der Begriff der kritischen Differenz erklärt. Diese kritische Differenz war ein Maß für die Sicherheit des Entscheidungsprozesses. Sie sollte im Interesse einer sicheren Entscheidung möglichst groß sein. Bei kleiner kritischer Differenz wird die Entscheidung zweifelhaft und häufig in eine Zurückweisung verwandelt. Falschzuordnungen kann man als negative Differenzen führen.

Das rechte Teilbild zeigt nun die während des Simulationsexperimentes gemessene Häufigkeitsverteilung über die kritische Differenz, und zwar ineinandergezeichnet wieder für den linearen Klassifikator und für den genannten quadratischen Klassifikator. Die Verbesserung des Klassifizierungserfolges drückt sich deutlich darin aus, daß sich die Verteilung beim quadratischen Klassifikator nach rechts zu höheren Werten der kritischen Differenz verlagert hat.

Summary

The character recognition problem is seen from the viewpoint of statistical prediction. The recognition system must be made to generate estimations of class membership on the basis of certain physical measurements. From this point of view the algorithm for adapting the recognition system to a given recognition problem can be derived.

The structure of the estimating function must first be predetermined. An ordinary extreme-value problem is obtained by adapting the parameters available within this structure, and can then be solved in a direct manner. The limitations set by predetermining the structure of the recognition system can be overcome by generalizing the structure. This is done in an iterative way, starting with the simpliest nontrivial structure — the linear one.

This kind of procedure is demonstrated with some examples of the recognition of handprinted numerals.

Literatur

1. Chow, C. K.: A class of nonlinear recognition procedures. Trans. IEEE, SSC-2, No. 2, (Febr. 1966), pp. 101—109.
2. Nilsson, N. J.: Learning machines. New York: McGraw-Hill 1965.
3. Schürmann, J.: Die Adaption von Zeichenerkennungs-Systemen mit Hilfe der Regressionsanalyse. Elektr. Rechenanl. **11**, 21—28 (1969).

Merkmalfilter für ein zeichenerkennendes System

H. KELLER, Zürich

Mit 8 Abbildungen

1. Die Merkmalselektion — ein fundamentales Problem der Zeichenerkennung

Bei der Beschreibung von Zeichen, die das menschliche optische System erfaßt und denen verschiedene Individuen die gleiche Bedeutung zuschreiben, stoßen wir auf eine fundamentale Frage: Welches sind die charakteristischen Merkmale, die verschiedenen Menschen gestatten, ein Zeichen der Zeichenklasse k_i und nicht einer der Klassen k_j, $j = k_o \ldots k_{i-l}$, $k_{i+l}, \ldots k_m$, zuzuweisen, welche Parameter erlauben diese uniforme Klassifikation?

Die Antwort läßt sich nicht umfassend geben. Experimente mit Versuchspersonen, die alphanumerische Zeichen beschreiben, zeigen, daß es sehr schwierig ist, vollständige Beschreibungen zu finden. Zu allen für die verschiedenen Klassen aufgestellten Kriteriensätze kann man mit einiger Übung Zeichen konstruieren, welche durch die aufgestellten Merkmale überhaupt nicht, falsch oder mehrfach klassifiziert werden. Die entsprechende Versuchsperson und auch neutrale Beobachter weisen diese konstruierten Zeichen sofort einer in der Regel gleichen Klasse zu.

Erschwerend wirkt sich auf eine umfassende Generation von Beschreibungskriterien aus, daß ein gleichgestaltetes Teilstück bei verschiedenen Zeichen ein verschieden großes Informationsgewicht bekommen kann. Andere Teilstücke des betrachteten Zeichens, Kombinationen davon oder sogar die Klassenzugehörigkeit beeinflussen die Bedeutung des betrachteten Teilstücks. Abb. 1 zeigt zwei Ziffern, bei denen das unterste Teilstück bei einer Klassifizierung als „3“ eine Störung darstellt, hingegen für die Einteilung in die Klasse „2“ sehr informativ ist.

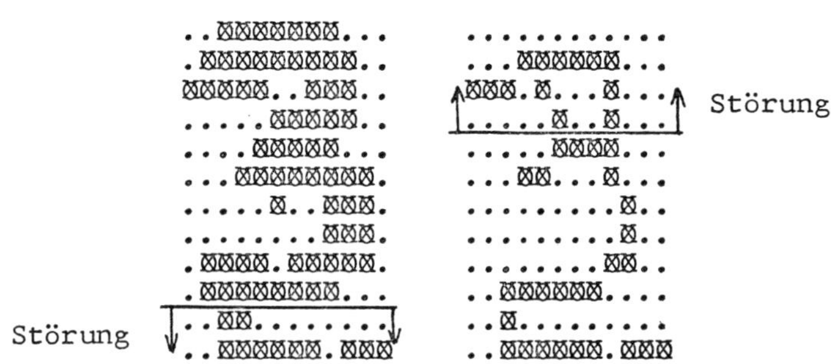

Abb. 1. Änderung des Informationsgehaltes eines gleichgestalteten Teilstücks infolge der restlichen Teilstücke des Zeichens (Kontexinformation)

Beschäftigt man sich als Einzelperson mit der Beschreibung von alphanumerischen Zeichen, so ergibt sich bald die Überzeugung, daß mit den aus der Anschauung entnommenen Merkmalen keine zufriedenstellende Klassifikation zustande kommt. Weist ein Zeichensatz eine natürliche Variationsbreite auf, so lassen sich Unterscheidungskriterien für die verschiedenen Klassen nicht, oder wenn überhaupt, nicht in vernünftiger Zeit finden. Es empfiehlt sich, ein zeichenerkennendes System auf einem schnellen Großrechner zu simulieren, hypothetische Merkmale an Hand des Lernzeichensatzes zu evaluieren und die Entscheidung — verwenden oder verwerfen — auf Grund der Evaluationsergebnisse zu fällen [10].

2. Das simulierte zeichenerkennende System

Erkenntnisse aus Anatomie, Neurophysiologie, Lernpsychologie und entsprechenden technischen Simulationen, die das optische System betreffen, lassen ein allge-

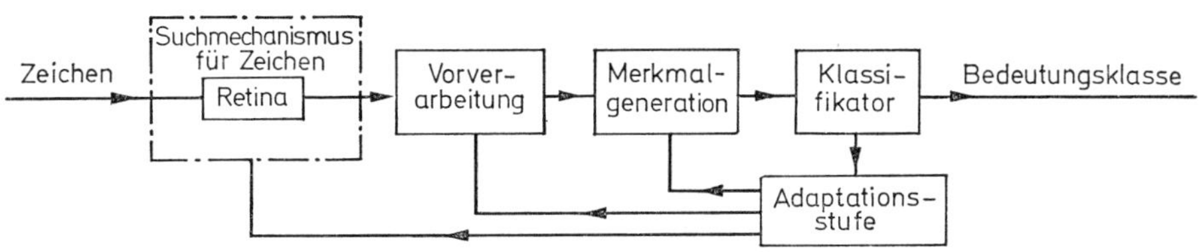

Abb. 2. Die Funktionsstufen eines künstlichen zeichenerkennenden Systems

meines artifizielles zeichenerkennendes System mit folgenden Funktionsstufen zu (Abb. 2) [2, 3, 6, 7]:

Stufe 1: Lichtempfindliche Receptorschicht, gekoppelt mit einem Suchmechanismus, welche die optisch anfallenden Signale lokalisiert, digitalisiert und z. B. binär speichert (optisch-elektrischer Wandler).

Stufe 2: Vorverarbeitungsstufe, die Teile der redundanten Information komprimiert (z. B. Strichdicke) und Störungen eliminiert (z. B. Farbspritzer).

Stufe 3: Merkmalgenerator, der die im vorangehenden und laufenden Lernprozeß als wesentlich erachteten Merkmale einer Zeichenklasse an Hand der vorverarbeiteten Information errechnet.

Stufe 4: Klassifikator; dieser soll mit den errechneten Merkmalen Entscheidungen zugunsten einer Zeichenklasse treffen.

Stufe 5: Adaptationsstufe, welche bei Fehlentscheidungen (intern oder extern detektiert) sowohl die Stufen 2, 3, 4, als auch den Suchmechanismus beeinflußt, so daß eine günstigere Entscheidung, d. h. eine dem Experimentator genehme resultiert.

Abb. 3 zeigt das verwendete System, das in Anlehnung an das allgemeine konstruiert wurde. Dabei wurde der Suchmechanismus nicht implementiert.

In der Lernphase werden an Hand der Zeichen des Lernzeichensatzes alle Merkmale des Merkmalpools errechnet und die Streuungsgrenzen bestimmt. Der Pool enthält die vom Experimentator zur Verfügung gestellte Merkmalmenge. Nach der Selektion von unterscheidungsfähigen Merkmalen tritt das System in die

Arbeits-/Testphase über, in welcher bei Fehlentscheidungen die Streuungsbreite der Merkmale verändert, versagende Merkmale eliminiert und evtl. ersetzt, oder sogar der Lernprozeß für schwierig zu diskriminierende Zeichenklassen neu initialisiert wird, wobei der Lernzeichensatz durch alle schon gesehenen kritischen Zeichen erweitert ist. Jedes bearbeitete Zeichen, das eine Intervention des Überwachers erfordert, ergänzt den Lernzeichensatz. Bei einer neuen Lernphase stehen die Zeichen des ursprünglichen Lernzeichensatzes und alle kritischen Grenzzeichen zur Verfügung.

Im folgenden werden die Funktionsgruppen des simulierten zeichenerkennenden Systems von Abb. 3 beschrieben.

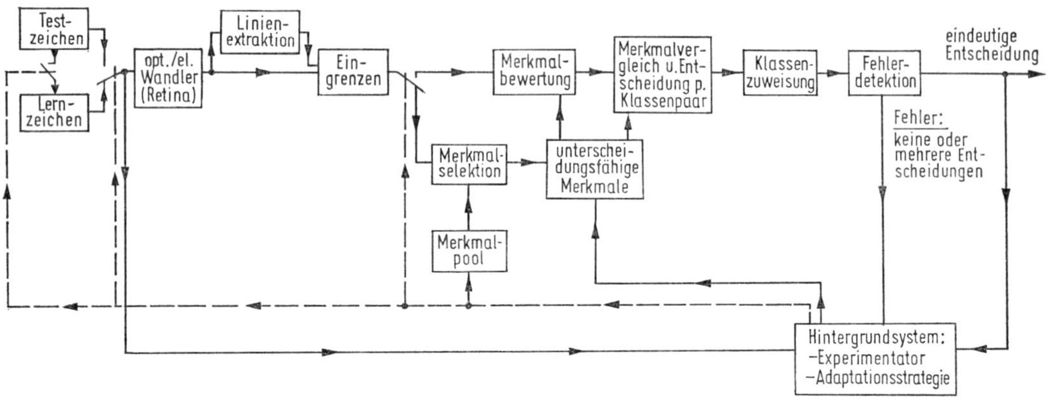

Abb. 3. Struktur des verwendeten zeichenerkennenden Systems

3. Funktionsgruppe Vorverarbeitung

3.1. Die Linienextraktion

Die Schriftzeichen innerhalb einer Zeichenklasse variieren stark in der Stricht dicke, selbst Schreibmaschinentypen liefern breitenverzerrte Zeichen. Dies hängt mit der Güte des Faıbbandes, dem verwendeten Papier sowie der Auflösung in der künstlichen Retina zusammen [1, 2, 4].

Eine gewisse Normalisierung in der Strichdicke läßt sich mit einem Extraktionsprozeß erreichen, der mit einer ersten Redundanzverminderung gekoppelt ist (Strichdicke = Redundanz). Ein Satz von starren Regeln bearbeitet die das Zeichen darstellende Punktmenge, indem mit Hilfe der lokalen Kontextinformation ein Zeichenpunkt eliminiert oder belassen werden kann [5, 9]. Die Punkte der entstehenden Linie stellen eine echte Teilmenge der Originalpunkte dar, es werden keine im Originalzeichen nicht vorhandenen Punkte eingesetzt, keine Lücken aufgefüllt.

Die starren Regeln verknüpfen eine Retinazelle mit ihren direkten Nachbarn und ändern deren Informationsgehalt auf Grund dieser lokalen Kontextinformation. Sie eliminieren solche Punkte, die

— keine Lücken entstehen lassen, die in der originalen Punktmenge nicht vorhanden waren

— keine geraden Teilstücke durch Zick-Zacklinien ersetzen.

Diese vom Gesamtzeichen unabhängigen Extraktionsregeln weisen für gewisse Fälle Nachteile auf. So können sie zufällige Unterbrüche im Zeichen vergrößern, dünne Originalzeichen bis zur Unkenntlichkeit verstümmeln. Daraus folgt für den das Zeichen beschreibenen Merkmalgenerationsprozeß, daß die originale Punktmenge und deren Extrakt diesen Prozessen zugänglich sein müssen [3].

Eine Verbesserung des Extraktionsprozesses bestünde in einer ersten Grobanalyse des Zeichens. Diese lieferte Hinweise, welche Gruppe von Verdünnungsregeln wo anzuwenden wären. Vorliegende Arbeit klammert diese Art der Vorverarbeitung aus.

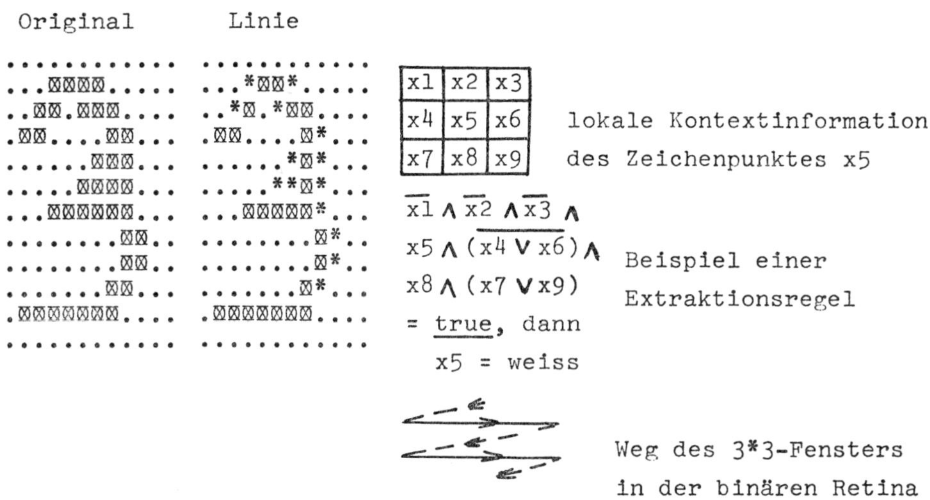

Abb. 4. Linienextraktionsprozeß mittels lokaler Kontextinformation. . weißer Informationspunkt; ⊗ schwarzer Informationspunkt; * eliminierter Originalpunkt

Abb. 4 illustriert den Extraktionsprozeß. Das 3·3-Fenster wird von links nach rechts, oben nach unten über das Zeichen geschoben. Die logische Verknüpfung der lokalen Nachbarpunkte entscheidet über das Eliminieren oder Stehenlassen eines Zeichenpunktes.

3.2. Das Eingrenzen — eine Maßnahme gegen die Größenverzerrung

Zeichenbreite und -höhe sind keine festen Größen: Bei handgeschriebenen Zeichen ist eine beliebige Größenverzerrung denkbar, bei mit Schreibmaschine getippten Zeichen weichen die Abmessungen in Breite und Höhe bis zu 40% voneinander ab [2, 3]. Bei gestörten Zeichen können diese noch größeren Schwankungen unterworfen sein, sofern nicht zuerst an Hand einer Grobanalyse abgeklärt wird, welche Stücke im gesamten Retinafeld zum eigentlichen Zeichen gehören.

Vorliegende Eingrenzprozedur beschränkt sich auf Störungen, die z. B. durch Farbspritzer, Papierinhomogenitäten oder Grenzfälle der optisch-elektrischen Wandlung zustande kommen. Sie belegen meistens nur eine Binärzelle und werden a priori als nicht zum Zeichen gehörend betrachtet, sofern sie außerhalb dem Feld liegen, das durch die meisten Schwarzpunkte definiert ist. Die Eingrenzprozedur überspringt solche Störungen. Sie grenzt das Zeichen von vier Seiten ein und definiert das Informationsfeld.

In gewissen Fällen kommt einem Einzelpunkt ein größerer Informationsgehalt zu, er gehört zum Zeichen. Dies äußert sich im Beispiel Abb. 5 dadurch, daß das primär definierte Informationsfeld in einer Abmessung stark vom mittleren

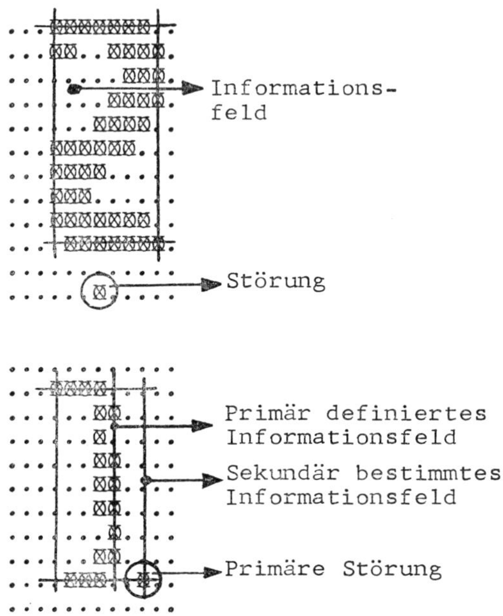

Abb. 5. Das Informationsfeld

statistischen Wert abweicht. Wird eine minimale Abmessung definiert, so bedeutet deren Unterschreitung, daß der im ersten Durchgang als Störung interpretierte Einzelpunkt doch zum Zeichen gehört. Die entsprechende Grenze wird korrigiert.

4. Funktionsgruppe Merkmalprozeduren und Klassifikation

4.1. Die Bestimmung von unterscheidungsfähigen Merkmalen in der Lernphase

Das Mehrklassenproblem (k Klassen) wird vorteilhaft in $\frac{k}{2}(k-1)$-Zweiklassenprobleme aufgespalten [8]. Dies bedeutet eine wesentliche Vereinfachung der Untersuchungen im Hinblick auf schwer zu unterscheidende Klassenpaare, die eine erweiterte Analyse erfordern. Letztere beschränkt sich auf diese kritischen Paare.

Folgende Definitionen klären einige Begriffe, die in dieser Arbeit verwendet werden.

Definition 1: Merkmal. Ein Merkmal ist eine Meßgröße mit einem Streubereich, welche von anderen Merkmalen des gleichen Zeichens oder vom gesamten Zeichen abhängt (relative Meßgröße).

Definition 2: Klassenpaar. Alle Zeichen zugehörig der Klasse k_i und alle Zeichen zugehörig der Klasse k_j bilden das Klassenpaar (k_i, k_j).

Definition 3: Unterscheidungsfähigkeit von Merkmalen. Ein Merkmal M_x heißt unterscheidungsfähig bezüglich dem Klassenpaar (k_i, k_j), wenn sich die Streubereiche der Klassen k_i und k_j nicht überlappen.

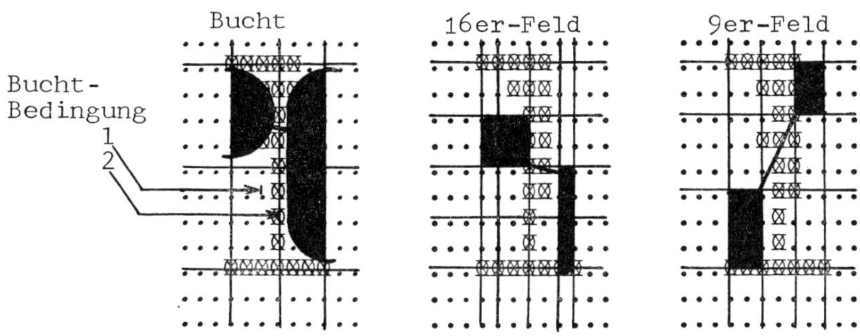

Abb. 6. Feld- und Buchtparameter

Definition 4: Merkmalfilter. Ein unterscheidungsfähiges Merkmal M_x definiert eine Entscheidungsfunktion $E_{x(i,\, j)}$ für ein Klassenpaar (k_i, k_j). Merkmal und Entscheidungsfunktion bilden ein Merkmalfilter $MF_{x(i,\, j)}$.

Definition 5: Totzone. Die Totzonen eines Merkmalfilters sind die Bereiche der Meßgröße M_x, in denen die Entscheidungsfunktion den Wert $k_n =$ „Nicht entscheidbar" hat, wo keine Entscheidung zugunsten einer Klasse des Paares (k_i, k_j) getroffen werden kann.

Pro Klassenpaar muß im Lernprozeß vom Typ „Systematisches Probieren" mindestens ein unterscheidungsfähiges Merkmal gefunden werden. Was für Merkmale sollen in diesem Prozeß zugelassen werden? Ein Merkmal beschreibt einen Teil eines Zeichens. Verschiedene Autoren verwenden eine Zelle der künstlichen Retina als Merkmal und geben ihr ein Informationsgewicht, das aus einem Lernprozeß mit Korrekturstrategie resultiert [4, 6]. Abb. 1 und Abb. 5 zeigen jedoch, daß ein Punkt oder ein Teilstück eines Zeichens in einem Fall als Störung, im anderen Fall als für die Identifikation wesentlich erachtet wird, je nachdem welche andern Teilstücke zugelassen sind. Daraus folgt, daß ein Merkmal seine Bedeutung in vielen Fällen durch andere Merkmale, oder sogar erst durch die Klassenzugehörigkeit des betreffenden Zeichens erhält. Als unterscheidungsfähig erweisen sich Parameter, die obiger Tatsache irgendwie Rechnung tragen (s. Def. 1).

Zwei Merkmaltypen wurden untersucht: Feldmerkmale und Buchtmerkmale [2, 3]. Beide Merkmaltypen hängen mit dem durch die Eingrenzprozedur definierten Informationsfeld zusammen (Abb. 6).

Die Feldmerkmale ergeben sich aus einer Aufteilung dieses Informationsfeldes in 9 bzw. 16 Teilfelder, wobei die Schwarzpunktzahl in einem Teilfeld oder einer Kombination von Teilfeldern in Relation zur Anzahl der möglichen Schwarzpunkte in diesen Feldern oder zur gesamten Zeichenpunktzahl gesetzt wird:

$$MT_x = \frac{\text{Anzahl Schwarzpunkte im Teilfeld } x}{\text{Total mögliche Schwarzpunktzahl im Teilfeld } x}$$

$$MZ_x = \frac{\text{Anzahl Schwarzpunkte im Teilfeld } x}{\text{Totale Anzahl Schwarzpunkte im Informationsfeld}}$$

Die Buchtmerkmale entstehen aus einer Viereraufteilung des Informationsfeldes und der Buchtbedingung. Letztere ist erfüllt, falls auf einer Zeile von der vertikalen Begrenzung des Informationsfeldes her ungehindert, d. h. ohne Anstoßen an einen Schwarzpunkt bis in dessen Mitte oder Mitte $\pm$ Delta vorgestoßen werden kann und nicht erfüllt in allen andern Fällen. Die Relation „Buchtmerkmal" errechnet sich zu:

$$B_x = \frac{\text{Anzahl erfüllte Buchtbedingungen}}{\text{Anzahl betrachtete Zeilen}}.$$

Die Beziehung drückt auch aus, daß einzelne Teilfelder des Informationsfeldes oder auch wieder Kombinationen davon zur Merkmalkonstruktion zugelassen sind.

Da die zum Lernprozeß zugelassenen Merkmale relative Meßgrößen sind, ihr Wert zwischen 0 und 1 liegt, können alle Merkmalfilter gemäß Abb. 7 dargestellt werden.

Total wurden 351 Merkmale für den maschinengeschriebenen Ziffernsatz von Highleyman evaluiert [1, 3]. Untersuchungen zeigten, daß sich z. B. für die Klassenpaare (0,7), (4, 7), (6,7), (3,4) bis zu 134 der 351 Merkmale als unterscheidungsfähig erwiesen, währenddem die Paare (2,3), (6,8), (5,9) schwierig zu trennen waren.

Alle wirksamen Merkmale zusammen stellen die gelernte und fürs erste brauchbare Lernerfahrung des zeichenerkennenden Systems dar.

4.2. Die Test- und Arbeitsphase

Wie funktionieren Merkmalgeneration und -vergleich in einer der Lernphase folgenden Arbeits- bzw. Testphase?

Alle Merkmale werden auf das unbekannte Zeichen angewendet, die errechneten Werte mit den gelernten Grenzwerten verglichen und eine Entscheidung für jedes Merkmal und jedes Klassenpaar getroffen gemäß:

$$E_x(i,j) = \left\{\begin{array}{lll} k_i & \text{falls } M_{ximin} \leq M_x \leq M_{ximax} & \\ k_j & \text{falls } M_{xjmin} \leq M_x \leq M_{xjmax} & \\ k_n & \text{falls } M_{ximax} < M_x < M_{xjmin} & \\ & \quad \vee \ M_{xjmax} < M_x < M_{ximin} & \\ & \quad \vee \ 0 \leqslant M_x < M_{ximin} & \wedge \ M_{xjmax} < M_x \leqslant 1 \\ & \quad \vee \ 0 \leqslant M_x < M_{xjmin} & \wedge \ M_{ximax} < M_x \leqslant 1 \end{array}\right\}$$

($\wedge$: logisch UND; $\vee$: logisch ODER)

Als Illustration zu obiger Schreibweise dient Abb. 7.

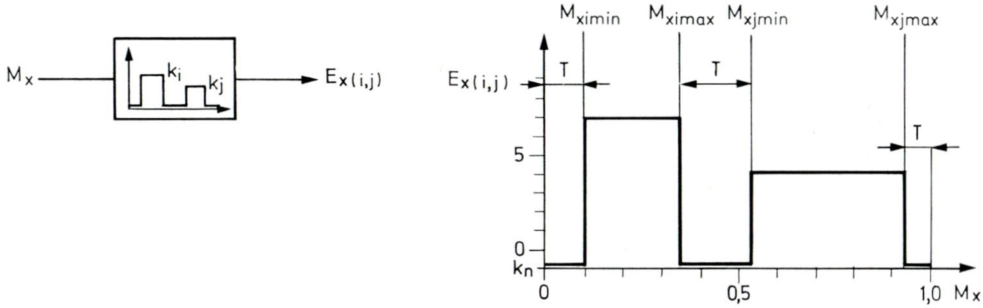

Abb. 7. Merkmalfilter mit Entscheidungsfunktion; M_x Merkmal Nr. x; $E_{x(i,\,j)}$ Entscheidungsfunktion Nr. x des Klassenpaares $(k_i,\,k_j)$; $MF_{x(i,\,j)}$ Merkmalfilter Nr. x, definiert durch M_x und $E_x(i,\,j)$; T Totzonen

Die verschiedenen Entscheidungen für ein Klassenpaar werden logisch verknüpft, in vorliegender Arbeit ist dies eine ODER-Verknüpfung, und schließlich alle Paare zusammengefaßt, die eine bestimmte Klasse k_i enthalten. Wurde bei allen diesen Klassenpaaren zugunsten der Klasse k_i entschieden, so weist das System das unbekannte Zeichen der Klasse k_i zu.

5. Funktionsgruppe Fehlerdetektion und Hintergrundsystem — Adaptation in der Testphase

Eine Zuweisung zur Klasse k_i ist nicht möglich, falls bei einem Klassenpaar die logische Verknüpfung der einzelnen Entscheidungsfunktionen keine Gesamtentscheidung für das betrachtete Klassenpaar zuläßt. Kann das Zeichen keiner der gängigen Klassen $k_o \ldots k_i \ldots k_m$ zugewiesen werden, oder erfolgt die Zuweisung zu mehr als einer Klasse, so detektiert dies die Prozedur ,,Fehlerdetektion'' und avisiert das Hintergrundsystem (z. B. den Experimentator oder die von diesem zur Verfügung gestellte Adaptationsstrategie) unter Mitteilung des Fehlers und der daran beteiligten Merkmalfilter samt den gemessenen Merkmalwerten (Fehlermeldung).

Eine wesentliche Forderung an ein zeichenerkennendes System ist die Adaptationsfähigkeit bezüglich Zeichen, die noch nie präsentiert wurden. Dabei soll die vorher gewonnene Erfahrung nicht zerstört oder so beeinflußt werden, daß eine Aussage über die Zuverlässigkeit im Erkennen von schon ,,gesehenen'' Zeichen unmöglich wird. Vielmehr soll diese Erfahrung ergänzt oder/und reorganisiert werden.

Das Hintergrundsystem kann die Adaptation mit Hilfe der Fehlermeldung auf verschiedene Arten vornehmen:

a) Entscheidungsbereiche der kritischen Merkmalfilter für eine Zeichenklasse erweitern.

b) Merkmalfilter eliminieren und evtl. durch andere ersetzen, die bezüglich dem kritischen Klassenpaar ebenfalls unterscheidungsfähig sind.

c) Neue Merkmale für das kritische Klassenpaar mit allen Zeichen des Lernzeichensatzes, erweitert durch alle Zeichen der Test-/Arbeitsphase, die eine Adaptation erforderten, auf ihre Unterscheidungsfähigkeit hin prüfen und einsetzen oder verwerfen. Hierbei muß die Lernphase nur die Zeichen des kritischen Klassenpaares erfassen, nicht die Zeichen aller Klassen zusammen.

Folgendes, in [3] vollständig illustriertes Beispiel diene zur Demonstration der Adaptationsmöglichkeit nach a):
Zeichen: Highleyman-Ziffern der Klasse „3".
Anzahl: 50
1. Testlauf: 40 Zeichen richtig identifiziert, 10 Zeichen nicht identifizierbar.
Kritische Merkmalfilter: 2LOBu2, 2LOBU13 (Systeminterne Kodierung von zwei Buchtmerkmalen).
Adaptation: s. Abb. 8.
2. Testlauf: Alle 50 Zeichen richtig identifiziert.

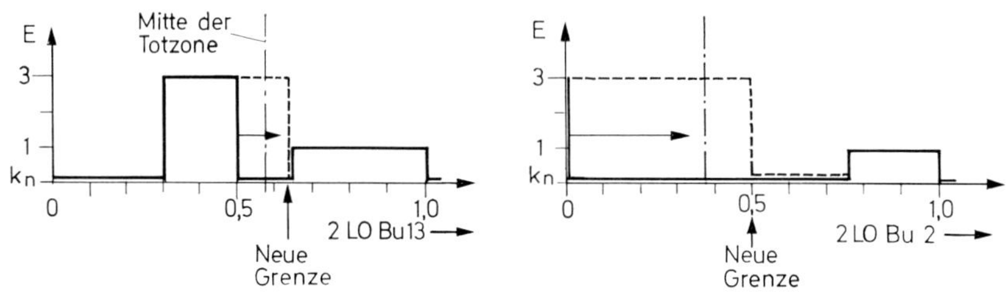

Abb. 8. Adaptation von kritischen Merkmalen

Die Adaptation zeigt, daß es sinnlos wäre, a priori die Grenze für die Entscheidung, ob das Zeichen der Klasse „1" oder „3" zugewiesen werden soll, in die Mitte der Totzone zu legen. In dieser Zone wurden während dem Lernprozeß keine „Erfahrungen" gesammelt.

Summary

A system is described that learns to classify optical patterns belonging to k different classes by selecting out of a feature pool those features that have the power to discriminate the $\frac{k}{2}(k-1)$ class-pairs.

The features can be defined as those rules which the system uses to take measurements from an input character presented on an artificial binary retina. They are independent of the dimensions of the digitized character in the following sense:

— A rectangular mask [10] drawn around the input determines the information field which is divided up into 4, 9, and 16 subfields.

— The "black" information of a subfield or a combination of subfields is set in relation to the maximum possible "black" information in the subfield(s) or the total "black" information in the whole information field.

A feature is able to discriminate the members of the two classes of a class-pair if its zones of dispersion do not overlap. A decision function can be constructed with 2 decisive and 0...3 non-decisive zones. Feature and decision function constitute a feature filter.

If a feature filter fails in a test phase with "unseen" characters, it can be adapted by expanding the decisive zone (A failure can occur when a measurement is outside a decisive zone, or if it falls into the wrong decisive zone). If the decisive zones then overlap, the filter in which this occurs must be eliminetad and may eventually be replaced. This adaption does not influence any of the other correctly working feature filters: It is possible to intervene in the store of experience of the pattern recognizing system.

Experiments show that the non-decisive zones cannot be assigned evenly to the two decisive zones with the intention of adapting to "unseen" characters. Only after the filter has failed can an adaption be made.

The system was simulated on a CDC-1604 computer, and its performance investigated with Highleyman's 407-line-printed numerals [1].

Literatur

1. Highleyman, W. H.: Data for character recognition studies. IEEE Transactions on Electronic Computers, April 1963.
2. Kazmierczak, H.: Konstruktion eines Ziffernerkennenden Automaten auf der Grundlage des Potentialverfahrens. Dissertation, TH Karlsruhe 1965.
3. Keller, H.: Ein Beitrag zur Merkmalselektion und -adaptation für das Erkennen von Alphanumerischen Zeichen. Dissertation Nr. 4262, Eidgen. Techn. Hochschule, Zürich, 1968.
4. Nagy, G.: State of the art in pattern recognition. Proc. IEEE, May 1968.
5. Narasimhan, R.: A linguistic approach to pattern recognition. University of Illinois, Digital Computer Laboratory, Report No. 121, July 1962.
6. Nilsson, N. J.: Learning machines. New York: McGraw-Hill Book Comp. 1965.
7. Polyak, S. L.: The vertebrate visual system. University of Chicago Press 1957.
8. Saraga, P.: Optische Zeichenerkennung. Philips Technische Rundschau 28. Nov. 1967.
9. Sterns, D. M., Shen, D. W. C.: Character recognition by context-dependant transformations. Proc. IEEE, Nov. 1964.
10. Uhr, L., Vossler, C.: A pattern recognition program that generates, evaluates, and adjusts its own parameters. In: Uhr, L.: Pattern recognition. John Wiley and Sons 1965.

Some Aspects of Recognition of Human Faces

L. D. HARMON, Murray Hill, N.J.

With 10 Figures

Introduction

Though machines have yet to surpass human performance in pattern recognition, the variety of problems addressed is considerable. Machines have been used to recognize print and script, craters and clouds, fingerprints and jigsaw puzzles. In most cases, however, the technology has not advanced past laboratory models having quite limited performance.

The problem of automatic analysis of human faces has received scant attention. The work begun by Bledsoe [1] is the sole attempt I know of to automate face recognition; it constitutes a hybrid man-machine system in which a computer sorts and classifies a face on the basis of fiducial mark coordinates entered on photographs by a human. This parameterization, known as the Bertillon method (the same Bertillon of fingerprint-classification fame), uses normalized distances and their ratios among such points as eye corners, mouth corners, nose tip, head top, chin point, etc. The method suffers, of course, from the fact that it is a restricted template-matching operation which depends on mask agreement for selected points in the plane. Such schemes, as demonstrated in other pattern recognition tasks, are well known to be considerably less potent than, say, feature extraction and matching.

An extension of Bledsoe's work, also a semi-automated approach, is that of Fennema and Hart [2]. Here, also, the task is to sort and classify rather than to identify uniquely. To aid automatic analysis, ingenious methods have been proposed for optically generating contour-line plots of faces [3, 4], and techniques for similar machine evaluation of skull measurements have been discussed [5], but essentially no actual development has been reported.

Questions, too, of human capability for face recognition have rarely been studied. Interest in this exceedingly common human pattern-recognition activity has been relatively casual and recent [6—8]. There appears to have been no intensive or extensive study of the topic.

Three different new experimental approaches are reported here. The first employed artist's drawings, synthesized from literal feature descriptors and from photographs, to explore human recognition and preference. The second used computer picture-processing to obtain precise blurring of portraits for identification studies. The third series of experiments explored both human and computer classification and identification using face-feature descriptor sets. The first two studies are complete and are so reported; the last is still in progress and is only briefly introduced.

Study I: Artist's Drawings

One approach to a possible solution to automatic face recognition is "analysis through synthesis". This is a procedure, often speculated upon but rarely realized, that tries to find a set of variables sufficient to synthesize a pattern class; it then uses the values of these variables as "features" for detection in subsequent recognition. For example, if one could get some insight into and precise formulation of characteristics used by an artist in drawing a face, then perhaps a useful set of properties for automatic recognition would emerge. Caricatures and faces drawn from witnesses' descriptions by law-enforcement artists may be particularly useful in the search for analysis through synthesis.

The exploratory experiment described in this section was intended to examine some of the properties which may be useful to human recognition. It employed charcoal sketches of faces made by artists in a law-enforcement agency. While the study was fairly carefully conducted, it is by no means considered to be definitive or highly defensible statistically; it was intended, and should be viewed, as a simple pilot study.

Experiment

Full-face flat-lit Polaroids were taken of six males. Artist B received the photographs of "suspects" 1, 2, and 3, while Artist A was given those of "suspects" 4, 5, and 6. Each artist then used procedures standard in his identification laboratory (the same for each) to compile written descriptions of his three suspects. These included references to facial features in a catalog of faces organized by feature type[1]. The descriptions were exchanged, and each artist then rendered a preliminary sketch from each of the three descriptions he received.

After preliminary sketches were completed by one artist, the other ("witness") artist, without re-examining his photographs, provided feedback in the form of corrective written remarks. The responsible artist then modified these sketches accordingly, completing the reconstruction part of the experiment. We shall refer to these final products as "descriptor" sketches.

Next the photographs were exchanged so that each artist was able to see (for the first time) the picture of each suspect he had rendered from literal descriptors and from catalog feature assignments. He was then required to produce a sketch while looking at the photograph. This provided a maximum possible likeness for this artist and medium. We shall refer to this sketch as a "photosketch".

An example of these products for the six suspects is seen in Fig. 1. At the upper left is shown the first rough outline made of feature parts (constructed from the descriptions and from reference to the face-type catalog). At the upper right is shown the "descriptor" sketch, made after a preliminary sketch (not shown), and a round of feedback. This represents the best that can be done, by experts, after prolonged study and careful description. The sketch at the lower left is a contour tracing made from an optical projection of the photograph, and the rendition at the lower right is the finished "photosketch".

---

[1] E.g., selections are made from stock photographs of faces having various head shapes, eye spacings, lip thicknesses, etc.

Fig. 1. Preliminary sketches and final products. Upper pair: Descriptor sketch. Lower pair: Photosketch

Both "descriptor" and "photosketch" pictures were used in these experiments. Several different photographic reproductions of those pictures were employed for reasons that are described below. This material was shown to 30 subjects independently. All subjects had seen the suspects often. The six suspects were included as subjects.

A typical experimental presentation appears in Fig. 2. The top 2 rows were shown separately, first the top and then the center. Finally, all 3 were disclosed simultaneously. The top row contains three photographs of the (same) descriptor charcoal-drawing rendition. They are made as follows: Left, normal front lighting; right, all lighting from rear (through translucent drawing paper); center, half-front and half-rear illumination[2].

[2] These reproductions suggest but do not fully convey the differences among the original prints.

Fig. 2. Top row: Descriptor sketch. Left, normal front illumination; right, all lighting from rear; center, one-half front and one-half rear illumination. Center row: Photosketch. Lighting conditions are the same as for descriptor sketch (top row). Bottom row: Left, original photo; right, first version of descriptor sketch (before corrective feedback)

The object of varying the illumination was to test whether a visual softening and gray-scale compression was preferable to a photograph normally lit (left) and conventionally used for identification. It was hypothesized that the rather harsh "normal" picture looked less like an actual photograph of a person. Hence it might be less preferable and, more important, possibly less conducive to identification. One might additionally conjecture that a blurring, softening, information-lossy operation might, paradoxically, constitute a more informative presentation for the human observer.

The center row of Fig. 2 contains photographs of the photosketch. Again left is front, center is mixed, and right is rear lit.

The bottom row contains the original suspect photograph and the preliminary (first-pass, no feedback) rendition.

Each of the 30 subjects (25 M, 5 F) was asked, first for the top row (nothing else visible) two questions: 1. "Who is depicted?", and 2. "What is your rank-order preference among the 3 pictures? That is, which one looks most realistic, most like a photograph of a person; and which looks least believable, i.e., more like a drawing?" The data taken constitute the answers to these two questions plus unsolicited side comments, introspective remarks, and, when appropriate, responses to the question, "What led you to this recognition?"

The same procedure was followed for the middle row of 3 photographs.

Finally, the bottom row was disclosed (together with top and middle) to satisfy the subject's curiosity and to elicit additional remarks about the transformation from the preliminary rendition to the final one.

Results

1. *Overall identification:* 43% of the "descriptor" pictures and 93% of the "photosketches" were positively identified[3].

2. *Identification by suspect:* The rank-order identification for the D pictures was 3, 6, 2, 5, 1/4[4] and that for the P was 3/6, 1, 5, 4, 2. That is, suspects 3 and 6 were the most frequently identified. The detailed breakdown is given in Table 1. All percentages are rounded.

3. *Distribution by Subject*:

For D,	8 subjects identified 1 suspect
	4 subjects identified 2 suspects
	12 subjects identified 3 suspects
	4 subjects identified 4 suspects
	2 subjects identified 5 suspects
	0 subjects identified 6 suspects
For P,	3 subjects identified 4 suspects
	7 subjects identified 5 suspects
	20 subjects identified 6 suspects

[3] Hereafter, "descriptor" and "photosketch" are referred to as *D* and *P* respectively.

[4] That is, suspect 3 was most frequently identified, suspect 6 next, etc.; n/m is used to designate equal values in rank for pictures n, m.

It turns out that 14 of the 30 subjects are in management. Interestingly, the data show that of the 10 poorest subjects, 8 are of administrative persuasion in contrast to the 20 better subjects where only 6 managers lie. Thus the poor face recognizers are 80% managerial while the good ones are only $33^1/_3$% managerial.

4. *Overall Rank-order Preferences:* The raw data for 30 subjects are shown in Table 2. The left, middle, and right pictures are designed F, M, and R, respectively

Table 1

SUSPECT NO.	ARTIST	% IDENTIFIED D	% IDENTIFIED P
1	A	6	96
2	A	56	80
3	A	90	100
4	B	6	86
5	B	40	93
6	B	60	100

Table 2

	RANK					
SUSPECT	FMR	FRM	MFR	MRF	RFM	RMF
1	10/4	3/1	6/4	3/4	1/2	7/15
2	6/4	1/1	6/6	4/8	2/2	11/9
3	8/4	2/4	5/8	6/3	1/0	8/11
4	4/6	5/2	5/5	3/4	6/3	7/10
5	7/9	1/1	4/4	6/6	3/1	9/9
6	4/6	4/0	8/5	1/7	4/1	9/11

(Front-lit, Mixed, and Rear-lit). The preferences for the 3 photographs in any row are designated first, second, and third choices (i.e., descending acceptance). Thus an entry for rank FMR designates the number of subjects for a given suspect whose first choice was for front lighting and who least preferred rear lighting. The entry above each diagonal line is for the D pictures and that below is for the P pictures.

These data are summarized by percentages in Table 3. This shows that for the *descriptor* pictures: The preferential first choice is R by a slight margin (23%

over F), second choice is M by a large margin ($\approx$ 80% over F and $\approx$ 130% over R), and third choice is F and R almost equally (more than twice M).

And for the *photosketch* pictures: The first choice is R (note the large margin of $\approx$ 80% over F), second choice is M by a large margin ($\approx$ 135% over both F and R), and third choice is F by a large margin (more than 5 times M and 50% over R).

Table 3

		FIRST CHOICE	SECOND CHOICE	THIRD CHOICE
D	F	31	28	41
	M	32	50	18
	R	38	22	40
P	F	23	23	54
	M	36	54	10
	R	41	23	36

Table 4

		LIGHTING			
	SUSPECT	F	M	R	RANK
D	1	43	30	27	FMR
	2	23	33	46	RMF
	3	33	37	30	MFR
	4	30	27	43	RFM
	5	27	33	40	RMF
	6	27	30	43	RMF

Table 5

		LIGHTING			
	SUSPECT	F	M	R	RANK
P	1	17	27	56	RMF
	2	17	47	36	MRF
	3	26	37	37	M/RF
	4	27	30	43	RMF
	5	33	33	33	F/M/R
	6	20	40	40	M/RF

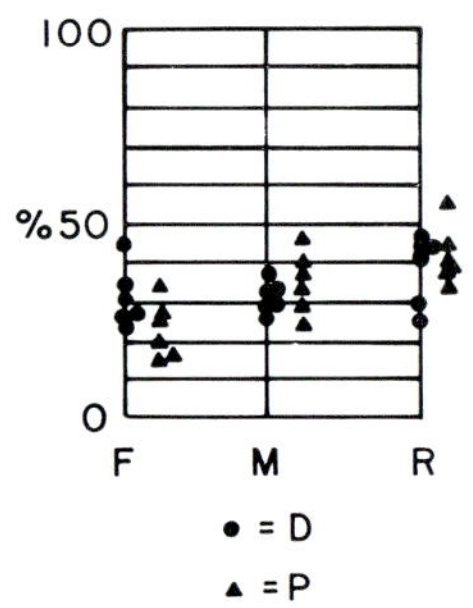

Thus, the rank order for D can be weakly stated as R, M, F[5] and for P can be strongly stated as R, M, F. This result is examined more closely by analysis of the data by suspect as shown below.

5. *Rank-order preferences by suspect:* The percentage first-choice preferences for the three illumination conditions, by suspect, are shown in Tables 4 and 5 and in the accompanying summary sketch.

[5] Rank order is represented here and subsequently in descending order of preference.

It is seen from Table 4 that in the D pictures, 4 of the 6 suspects' R pictures were preferred, and one suspect's M and one's F pictures were preferred. The average-assessment second choices (not shown in the table) were 5/6 for M and 1/6 for F. The overall least-preferred pictures were F for 3 suspects, R for 2, and M for 1. On this lumped basis the average subject's preference is for rear lighting, his second choice is for mixed illumination, and his third choice is for front lighting.

A similar analysis of the P pictures shows that (as in the descriptor pictures) rear lighting is most often preferred. And front lighting is unequivocally least preferable (Table 5).

6. *Preference-recognition relationship:* A question arises as to whether these preferences are independent of recognition. The data for first choices are displayed in Table 6 and its accompanying plot. For example, of the D pictures that were identified, 22% were F, 36% were M, and 42% were R.

Table 6

	% IDENTIFIED				% NOT IDENTIFIED			
	F	M	R	RANK	F	M	R	RANK
D	22	36	42	RMF	37	29	34	FRM
P	20	37	43	RMF	54	23	23	FM/R

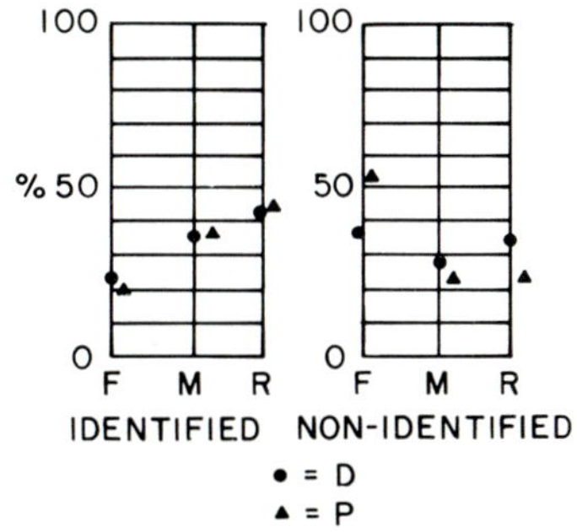

It can be seen that for both D and P the frontlit presentations are least preferred when identification occurs and are most preferred when no identification occurs. There appears to be little difference between the D and P results, particularly for the identifications.

Discussion

The summarized results of this experiment are as follows:

1. 43% of the D pictures and 93% of the P pictures were correctly identified.

2. Suspects 3 (Artist A) and 6 (Artist B) were most frequently identified. For the D pictures, these two suspects were identified $1^1/_2$ times more frequently than the next most frequently identified suspect.

3. The 30 subjects displayed various identification abilities. For the D pictures there was a 1-to-5 range. For the P pictures the spread was much less, being from 4 to 6. Overall there were 12 possible identifications; individual scores ranged from $\approx$ 42% to $\approx$ 92%. Identification ability appears to be negatively correlated with administrative position. (By use of the normal approximation to compare

two binomial distributions, $P_{expected} = 0.46$ while $P_{actual} = 0.20$; the correlation is significant at the 1% level).

4. The average subject preference was for back lighting; mixed lighting was generally second choice, and front (conventional) lighting was least preferred. These distinctions tended to be more pronounced in the P than in the D pictures. These conclusions follow both from the lumped data and for the data analyzed for individual suspects.

5. Combined first- and second-choice data (not presented) showed that mixed lighting is most preferred and front lighting least; again the distinctions become sharper in going from the D to the P presentations. This, too, holds both for the lumped data and for the "by-suspect" results. The front-lit pictures appear to be less preferred in the P renditions than in the D renditions. Another way to state this is that the rear-lit pictures are selected over front-lit ones for the photo-sketches.

6. Preference appears to be related to identification. Analysis of first-choice-alone data shows that front lighting is preferred when there is no identification, and rear lighting is preferred when identification occurs. In identification virtually no D or P distinctions are seen; in non-identification, front-lighting preferences are more strongly correlated with P than with D, though here the number of datum points is too small to have much significance.

A completely different way to look at the preference data, useful as well as interesting, is via Coombs' "unfolding" model (9, Ch. V, pp. 80 to 121). The essence of the idea is that, given a one-dimensional continuum along which, say, preference is to be established, a subject has some ideal point and ranks the alternatives by distance from the ideal.

This leads to the prediction that, given a continuum with 3 choice positions, 1, 2, and 3, two of the six possible preference patterns should not appear, namely those in which 2 is least preferred. That is, preference ranks 123, 213, 231, 321 are expected, but ranks 132 and 312 are not. Both of these "forbidden" ranks imply a non-monotonic jumping along the continuum, violating the hypothesis of ranking by distance from the ideal point.

The preference for the three lighting conditions is an example of such a choice continuum, and the data were analyzed to see how well this model fits. We would expect that the ranks FMR, MFR, MRF, RMF were permissible and that the ranks FRM and RFM should not occur. Table 7 gives the results, in numbers of occurrences[6]. The predicted result is clearly obtained.

These experiments were run for two reasons: 1. to examine lighting preference and utility in photographing artists' sketches for law-enforcement identification, and 2. to take an informal, preliminary look at some aspects of human face synthesis and analysis. The first of these purposes led to the finding that softer images are generally preferred and that they are to some degree positively correlated with recognition. This has led to the initiation of further (real world) investigation of the effect. The second purpose, that of collecting informal observations relating

[6] One might speculate that contribution to the forbidden ranks might be positively correlated with some other obvious variable. However, for the 6 subjects who had 4 or more such contributions, no clear link exists to identification performance, overall FMR preferences, sex, or occupation.

to face synthesis and analysis, led to the acquisition of a much better feel for some of the problems and to the formulation of further experiments.

Some of the miscellany of observations, facts, and questions ancillary to these experiments are noted below for general interest and provocation.

1. Suspects 3 and 6 were outstandingly identifiable. Why? The question of relative artist competence does not arise since one subject was handled by each. No doubt some people are more describable than others; certainly particular features are sometimes pronounced, and some are rare.

2. Many subjects observed that most of the faces in these sketches looked sinister, even those in the photosketches.

3. All suspects were subjects, and all but one identified his D portrait. His comment was that there was something familiar but he could not place the person.

4. Several subjects raised the subtle question of whether preference, given that identification occurs, should be based on resemblance to the subject or on resemblance to a photo of the subject. Some remarked that the greater-contrast

Table 7

	PERMITTED				FORBIDDEN	
	FMR	MFR	MRF	RMF	FRM	RFM
D	39	34	23	51	16	17
P	33	32	32	65	9	9
TOTAL	72	66	55	116	25	26

faces appeared less human. A related point is that 2 subjects offered the unsolicited comment that the photosketch for suspect no. 1 looks more like that person than does the photograph. This may possibly be explained by the artist's having emphasized or caricatured some feature or features which are particularly significant for this face. Surprisingly enough, one other subject remarked that the photosketch for this suspect doesn't look like the suspect at all. Each of these 3 subjects identified P only.

5. The descriptor sketch for suspect no. 2 was remarked as "familiar but can't place" by 4 subjects. Two subjects who identified D observed that the nose and eyes were important to identification, yet another said that the nose, mouth, and hair were good but that the eyes were not. Curiously, one subject identified D but not P.

6. Other cues subjects thought significant for D identification were the suit of suspect no. 3 (2 subjects), the hair of no. 4 (2 subjects), the tie of no. 5 (3 subjects) and his glasses (2 subjects), and the eyes of no. 6 (7 subjects) and his mouth (4 subjects). One subject remarked that the D picture of no. 6 carried the suspect's expression on someone else's face. Another subject remarked that no. 6's left eye is better in D than in P (and indeed, in P it is smaller and duller than the right one).

While introspective comments such as these do not supply rigorous tests or even definite suggestions for pattern-recognition algorithms, they are useful in helping to organize a plan of attack. The results of these experiments were used to design further exploration of both human and machine recognition of human faces. In particular, new experiments are under way to explore the classes of features useful for recognition and classification by humans. Although the ultimate utility of such studies as these is difficult to assess at this stage, they clearly bear on several interesting problems and goals, from individual identification to video bandwidth-compression.

Study II: Computer-Blurred Portraits

Another approach to human recognition of human faces is to ask how little information (in the informal sense of binary digits) is required to represent, pictorially, a face to be recognized out of a finite ensemble of faces. One way to explore this is to use precisely blurred portraits. With computer-produced image degradation, an exact measure of blurring (2-dimensional low-pass spatial filtering) is possible, unlike optical defocusing which cannot be explicitly specified and controlled with great precision.

Preliminary Procedures

A 35-mm transparency of a conventional portrait is flying-spot scanned, and the resultant analog signals are converted to digital form on magnetic tape. A conventional highspeed digital computer (GE 635) stores the high-quality dissected image (1024×1024 points, 1024 levels of gray scale). The computer fragments the picture into $n \times n$ squares and averages all the brightness values of the original samples lying in each square. Thus if the picture is to be requantized into an array of 16×16 squares, each of those 256 new squares has a brightness which is the average of $64 \times 64 = 4096$ original picture samples. The brightness of each square is next requantized into one of l levels, typically 8 or 16.

The computer reads out this information onto digital tape, and the tape controls a cathode-ray-tube monitor which then displays the computer-processed picture. A photograph taken of this display constitutes the finished product. A typical 16-level example, spatially quantized into 16×16 squares, appears in Fig. 3.

Viewed closeup, these pictures look like cubistic paintings. Viewed remotely (e.g., 30 to 40 picture diameters), faces are perceived and recognized.

These representations may be smoothed automatically[7]. The computer low-pass filters the cubistic image, blurring out the edges of each square by a local 2-dimensional spatial-integration operation. The resultant image looks like a ghostly face when seen closeup (unlike the cubistic image); viewed remotely, the face becomes recognizable. At moderately remote distances (e.g., ≈ 50 to 60 picture diameters), both representations look alike. A typical example, derived from Fig. 3, is shown in Fig. 4. Such smoothed pictures were produced solely for casual interest and were not employed in the formal experiments; only the square-array portraits were so used.

[7] This was done at the behest of several eagle-eyed observers who complained that no matter how remote their viewing distance, the sharp edges of the squares were distracting.

Preliminary experiments were run to select the coarsest spatial quantization which might be expected to yield about 50% recognition accuracy. It is well known that picture resolution of only a few thousand elements gives quite acceptable quality for some purposes (10—12). However, the limits for accurate human-face recognition have not previously been reported. Our exploratory investigation disclosed that a spatial resolution of 16 × 16 was very close to a tolerable coarseness.

Preliminary tests were also made to determine useful limits on gray-level representation. There are probably some interesting tradeoffs between spatial

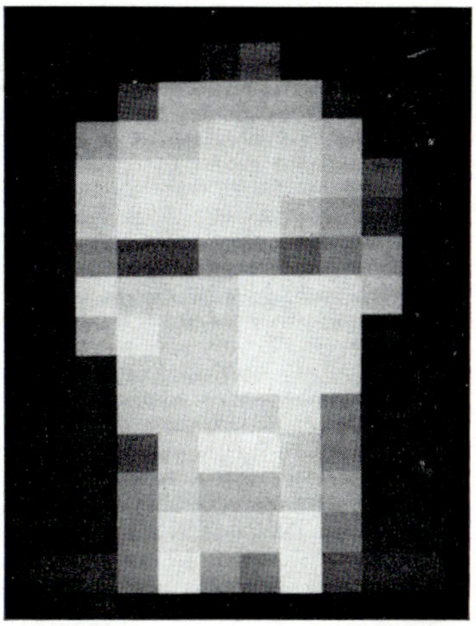

Fig. 3

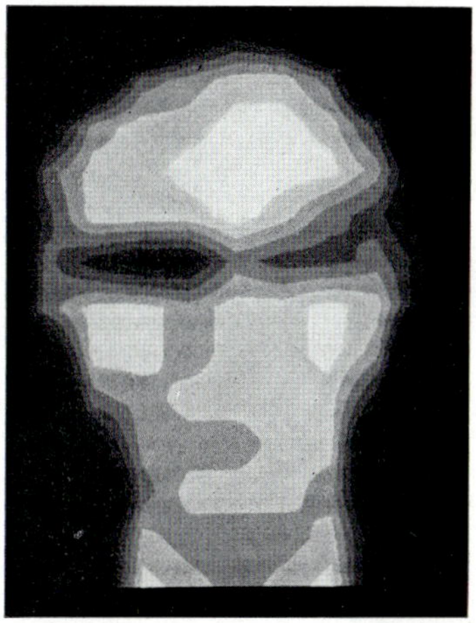

Fig. 4

Fig. 3. Computer-blurred portrait. Spatial quantization is 16 × 16; brightness quantization is 16 levels. Face is perceived and may be identified at sufficiently large viewing distance

Fig. 4. Same portrait as Fig. 3, spatially low-pass filtered. Face is perceived and recognized at somewhat less viewing distance than that for Fig. 3

and brightness quantization. However, since it was not the object of the present experiments to document such tradeoff, only a few level-quantization tests were run once the 16 × 16 spatial limits were decided upon. Early exploration revealed that for 16 × 16 portraits, either 8 or 16 levels of gray scale yielded eminently recognizable pictures; consequently our experiments used those two exclusively.

Experiment

Fourteen computer-processed portraits were shown to 28 subjects. Each subject was given a list of 28 names, 14 of which were the names of the persons depicted. The experiment was designed to investigate identification performance,

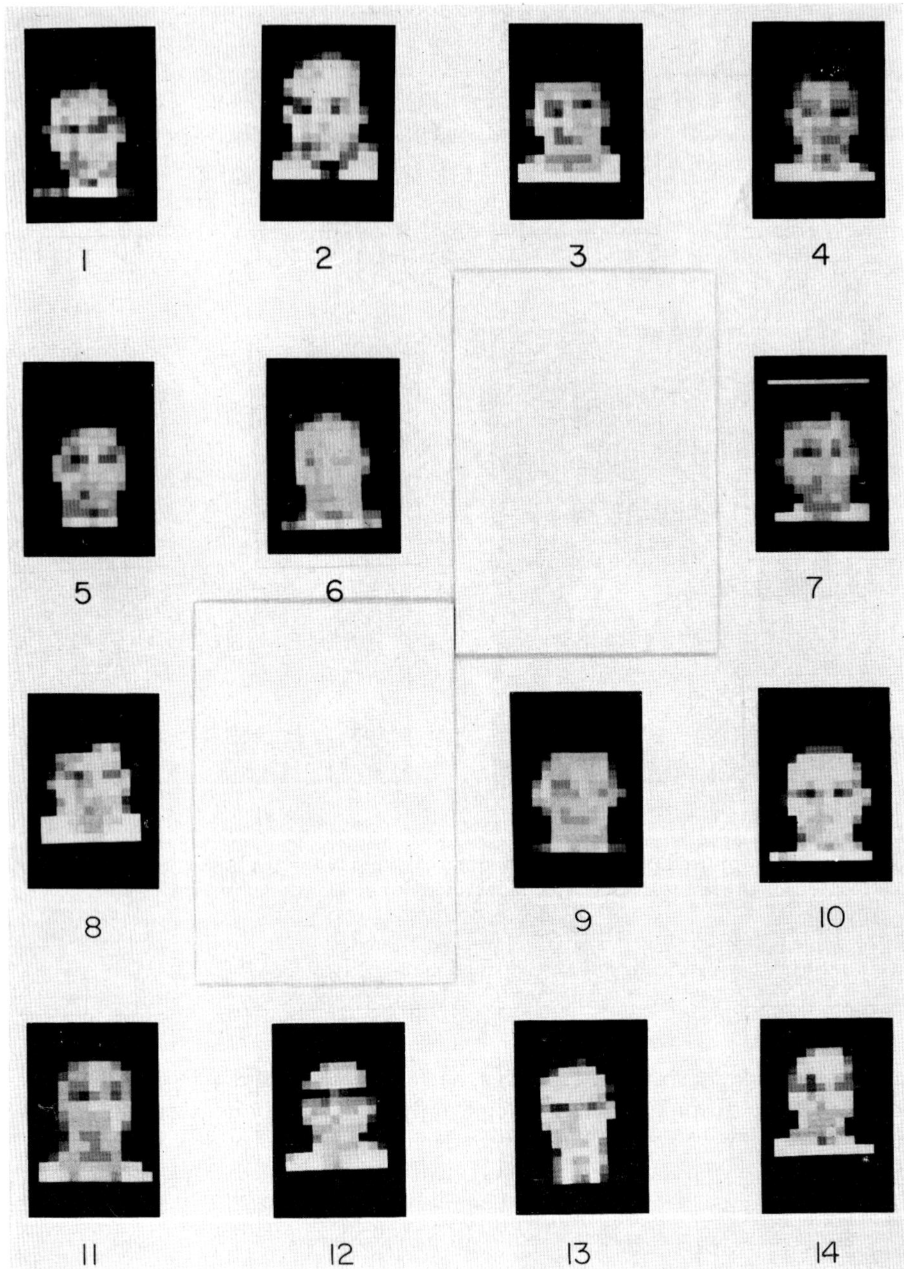

Fig. 5. Panel of 14 pictures used for identification. Brightness quantization is 16-level; spatial quantization is 16×16

effects of changing brightness quantization from 3-bit to 4-bit, and effects of learning. The subject population was divided into 4 equal groups as follows:

P_{11} were shown two posters, each containing all 14 suspects' portraits. The first used three bits of brightness quantization, and all identification possible was obtained before displaying the second poster, which used 4-bit brightness quantization;

P_{12}, the same as P_{11} except that the 16-level presentation came first;

P_{21} were shown each portrait separately, thus with no opportunity for comparisons (and no look-back permitted). Two series of 14 pictures were used; each series used all 14 suspects in sequence. The first series employed 3-bit pictures in the odd-numbered presentations and 4-bit pictures in the even-numbered positions. Thus the suspect pictures in sequence no. 1 ran 1_3, 2_4, 3_3, 4_4, 5_3,...14_4, where the subscripts refer to brightness quantization in bits. Sequence no. 2 followed immediately; it ran 1_4, 2_3, 3_4, 4_3, 5_4,...14_3;

P_{22}, the same as P_{21} except that sequence no. 2 came first.

Fig. 5 is the 16-level presentation shown to subjects in P_{11} and P_{12}. The pictures for P_{21} and P_{22} were identical prints displayed on 28 individual cards.

Each subject, run individually, was instructed to stand at any convenient viewing distance. Generally, this was about 15 feet (since the picture height was 3 inches, this corresponds to a 60 $\times$ viewing distance). Some preferred to stand closer and squint or remove their glasses, thus aiding spatial integration.

Each run was timed from start of presentation to (forced-choice) "identification" response. For P_{11} and P_{12}, this time was for the entire run of 14 guesses for each poster; that value was divided by 14 to obtain the average time per picture. For P_{21} and P_{22}, individual presentation responses were timed.

Additionally, all subjects were asked to assign a confidence measure to each judgment. The scale used was:

1 = uncertain
2 = slightly positive
3 = fairly certain
4 = quite positive
5 = certain

Results

Overall recognition accuracy was 48%, just under the 50%-level sought. The breakdown by suspect and subject group appears in Table 8. All values are rounded percentages.

It is seen from Table 8 that the range of identification over suspects is considerable, running from 10% to 96%. Some summary observations from those data are as follows:

1. Suspects no. 3 and no. 7 were always in either first or second place.

2. Suspects no. 2, 3, 5, 7, 8, 9, 11, and 13 were recognized $\geq$ 57% in the poster runs (P_{11} and P_{12}).

3. Suspects no. 3, 7, and 9 were recognized $\geq$ 57% in the separate-picture runs (P_{21} and P_{22}).

4. Suspects no. 2, 3, 4, 5, 7, 8, 9, 11, and 13 (i.e., 9 out of 14 suspects) were recognized $\geq$ 50% of the time on the average.

Subject accuracy also ranged widely, from 21% to 93%. The distribution of recognition accuracy over the 28 subjects is shown in Fig. 6.

Of the 7 suspects who were also subjects (Nos. 2, 3, 4, 5, 9, 10, 14), 5 recognized themselves. (Suspects 2 and 5 selfidentified instantly, before the experimenter had time to start his stopwatch, though neither recognized the other's picture.)

Table 8

SUSPECT	$\overline{P_{11}P_{12}}$	$\overline{P_{21}P_{22}}$	AVERAGE
1	43	0	21
2	71	50	61
3	100	93	96
4	50	50	50
5	64	36	50
6	13	7	10
7	93	93	93
8	71	28	50
9	57	57	57
10	29	7	18
11	57	50	53
12	14	21	18
13	64	50	57
14	50	22	36
AVERAGE	55	40	48

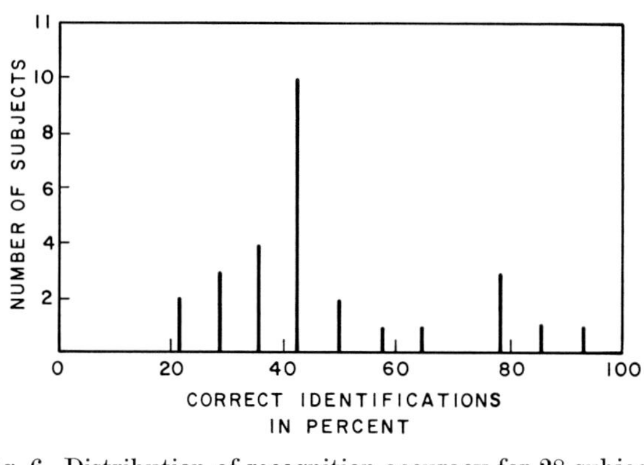

Fig. 6. Distribution of recognition accuracy for 28 subjects

Numbers 4 and 10 failed, although they, as all other subjects, had two opportunities at identification.

The average time for response in the P_{11} and P_{12} runs was 1 min. Responses to the P_{21} and P_{22} presentations were consistently faster; they averaged $^3/_4$ min. Response time and confidence were clearly related, as can be seen in Fig. 7. As confidence increased, response time decreased.

The relationship between confidence and accuracy of response is illustrated in the histograms of Fig. 8. All data are lumped. Low confidence (1) is associated

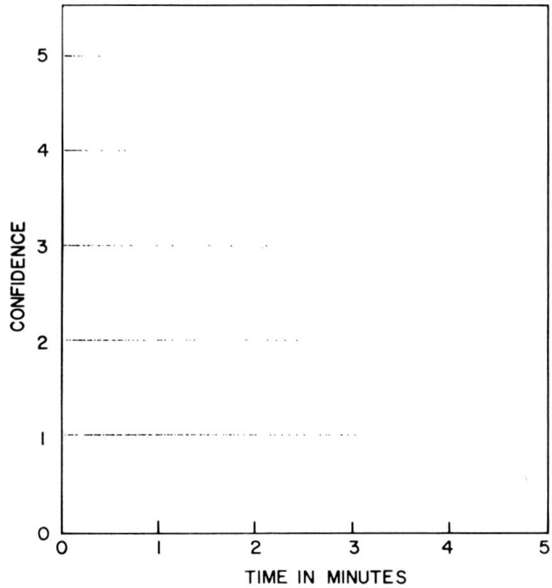

Fig. 7. Relationship of judgment confidence to response time. Computer printout of raw data; each dot represents one response

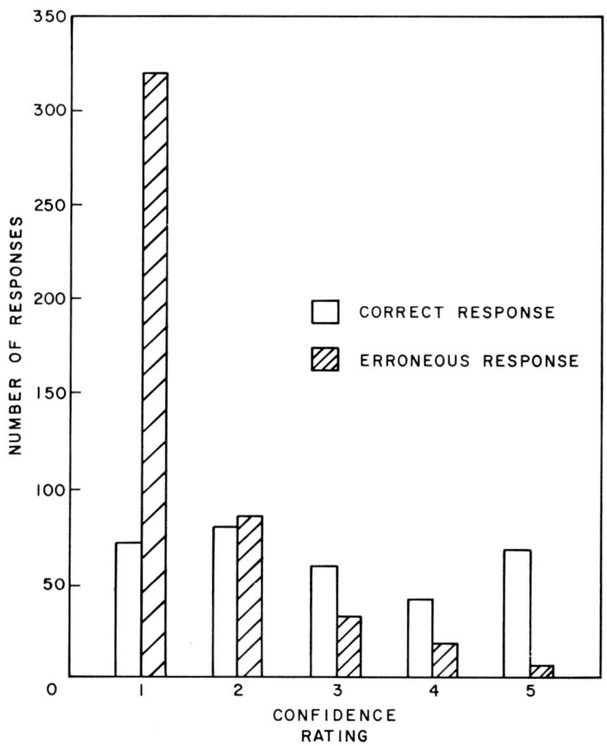

Fig. 8. Correct and erroneous responses as a function of confidence rating. Errors diminish rapidly with improved confidence

with error; the ratio of *incorrect* to *correct* responses is about 9:2. As confidence rises, errors drop precipitously, and the ratio of *correct* to *incorrect* responses rises rapidly. At high confidence (5), that ratio is 11:1.[8]

The results of practice and of 8-level *vs* 16-level presentations can be disposed of summarily: 1. Performance was unchanged with time; in both P_{21} and P_{22} the first-half and second-half scores were virtually identical; in P_{11} and P_{12} some variation was seen, but the net change was essentially zero. 2. Similarly for all 4 subject populations, there was no significant difference in accuracy between 8-level and 16-level picture identification.

Discussion

Decisions were consistently faster and less accurate in the individual presentations (P_{21}, P_{22}). Evidently comparison of simultaneously available pictures (P_{11}, P_{12}) facilitates identification, though requiring 1/3 more time.

Suspects 3 and 7 enjoyed outstanding recognition accuracy while suspects 1, 6, 10, and 12 made extremely poor showings. Why? Two possibilities suggest themselves: 1. some faces, owing to peculiar "feature" arrangements, respond either notably well or poorly to this coarse spatial quantization, or 2. the mesh position, arbitrarily thrown over a given face, may land very fortuitously or unluckily for adequate representation. This latter possibility was judged most likely and was tested by the following experiment.

Each of the 14 portraits was reprocessed by shifting the 16×16 matrix with respect to the originally processed picture. Three new pictures were made: one with a half-square shift to the right, one with a half-square shift down, and one with a half-square shift both right and down. Fig. 9. shows the 4 results for suspect no. 13. Note that all are distinctly different. The one at the lower left corresponds to the original one used.

A supplemental experiment was run using 14 posters, one for each suspect, displaying the 4 shift-positions, randomly arranged (Fig. 9 represents one such poster). Twelve subjects (who participated in the main experiment) were asked to judge each display on the basis of fidelity, given *a priori* the suspect's identity.

The were required to rank-order the 4 pictures. Table 9 displays the first-choice responses. The number entered in each block represents the number of the 12 subjects voting that shift most representative of the suspect. The circled entries indicate the picture used in the original experiment.

Note that suspects 3 and 7, those whose recognition was outstandingly high, apparently had the most fortuitous grid placement to begin with. Similarly, the original pictures for "poor" suspects, nos. 1, 6, 10, 12, leave something to be desired. For suspect 1, shift 2 is preferred over shift 1 (the original) by 2:1. The original picture for suspect 6 (shift 3) received no votes at all. Likewise, the original pictures for suspects 10 and 12 are no paragons. Thus we can see how at least the two extremes of performance can be accounted for.

---

[8] It is interesting to note that the dramatic change is due to the error data rather than to the correct-response data. While errors drop monotonically with increased confidence, there is no particular trend of correct responses with changing confidence; *accurate* identification is more or less uniformly distributed over the confidence scale.

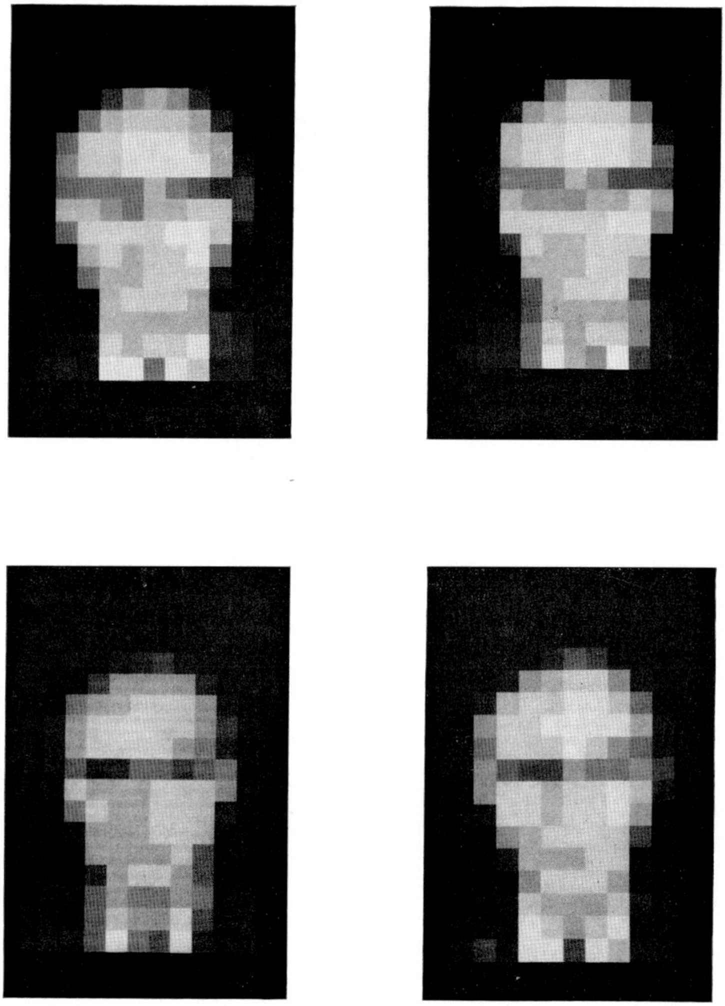

Fig. 9. Four different aspects of same picture obtained by shifting spatial grid down one-half block, right one-half block, and both down and right one-half block

Of course, even when the original-shift picture is not judged to be relatively faithful, recognition performance might still be good, as for suspect 13. In such cases, one would predict that had the best shift been used originally, performance would have been even better. Clearly, this would be expected for suspects 1, 2, 4, 5, 6, 8, 9, 11, 12, 13, and 14. Consequently, the results of the present experiment, approximately 50% overall recognition accuracy, can be said to be a lower bound; possibly with optimum grid-placement, accuracy might lie closer to 100% than to 50%. The confirming experiment has yet to be done.

An interesting conjecture, by M. E. Lesk, is that a subject might simply guess an identity and obtain a fairly good score. What might one expect, compared to our results of nearly 50% accurate identification? The precise question is this: Given 28 names, 14 of which match 14 pictures, what is the expectation of 50% accuracy given random selection? (Once a name is used, there is no replacement.) We thus must consider the average number of times there are 7 or more correct responses out of 14 responses for all possible right/wrong sequences (viz., 0, 1, 2...7 wrong guesses initially *vs* 6, 5, 4...0 correct guesses initially). The process goes to 7 right guesses, or 8 wrong guesses (whichever comes first), out of 14 total guesses, then stops.

An analytical model, for which I am indebted to M. E. Harmon, shows that the probability of at least 50% correct response is about 4 parts in a million. Consequently the experimental results are taken to be significant. Details of the analytical model are given in the Appendix.

Table 9

SUSPECT	SHIFT NO. 1	2	3	4	% RECOG.
1	④	8	-	-	21
2	⊖	2	2	8	61
3	⑨	2	-	1	96
4	⊖	4	4	4	50
5	10	1	-	①	50
6	2	3	⊖	7	10
7	-	⑦	4	1	93
8	-	④	7	1	50
9	3	-	9	⊖	57
10	3	4	③	2	18
11	7	②	1	2	53
12	1	①	2	8	18
13	-	1	①	10	57
14	7	4	1	⊖	36

As with the experiment with artists' drawings, a few of the miscellany of observations, facts, and unsolicited comments are interesting and provocative:

1. Many subjects noted that motion facilitates recognition. Viewing one of these blurred pictures being moved, or during a large shift in gaze, conveys the illusion of a normal photograph and greater reality.

2. A common observation was that once recognition was achieved, once an identification was decided upon, more apparent detail was noticed. It was as though the "mind's eye" superimposed additional structure on the coarse optical image. Recalled detail effected reconstruction so that once perceived, it was difficult to "unsee" the face. A sort of perceptual hysteresis seems to be present.

3. Many of the mis-identifications were consistent over the subject population. Particular individuals (some listed, some not) were repeatedly named for a given presentation.

Since none of these portraits fills all of the square frame formed by the 16×16 squares, there are less than 256 squares comprising each face. The average of the

14 portraits is composed of 108 squares; the range is from 92 to 128. The 8-level pictures thus require 324 bits, and the 16-level pictures require 432 bits on the average. (Actually, after all processing, the 16-level prints display only about 11 levels of tone, so approximately 375 bits are present.) This relatively small number of binary digits to represent a recognizable face out of 14 is considerably smaller than one might naively guess.

Finally, some informal testing revealed that the low-pass-filtered pictures (e.g., Fig. 4) turn out to be more identifiable than the cubistic ones at the same viewing distance. Interestingly, the information-reducing operation results in a more recognizable product, as though the human fidelity-criterion is such that less information is more informative. Actually, of course, the major effect of the filtering operation is to reduce quantizing noise, the sharp-edged artifacts of the squares.

Study III: Face-Feature Descriptors

The foregoing studies were intended to be preliminary explorations of a variety of questions related to recognition of human faces, both by humans and by computer. The next step was to examine the use of face feature-descriptors; e.g., metric statements regarding relative shapes, sizes, and positions of eyes, ears, noses, etc.

An extensive investigation of this topic is under way with several colleagues. We expect to report initial results soon, and so this will be only a very brief and sketchy introduction to the work.

We ask how well and with what (arbitrary) cues identification of human faces can occur. We seek answers both for human performance and for machine classification and retrieval.

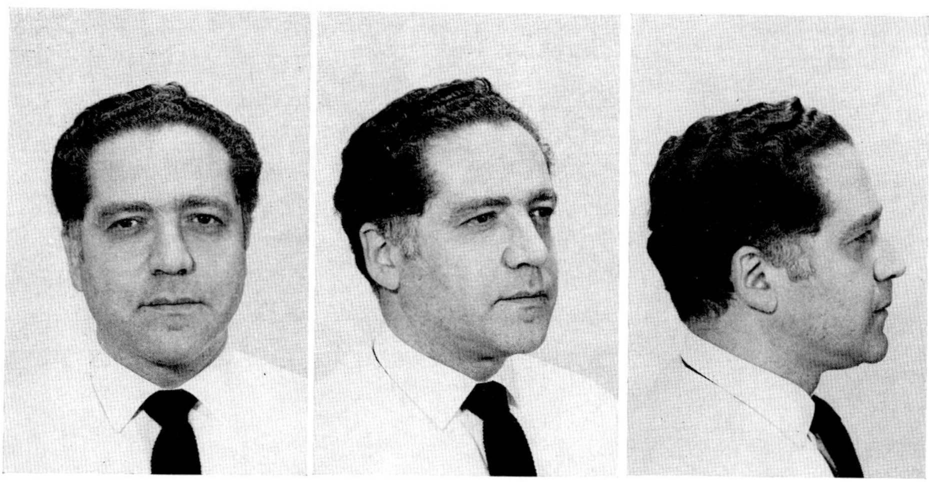

Fig. 10a

Fig. 10. a. Standardized set of three views of one of the subjects used in descriptor-identification experiments. b. Feature-assignment judgments for face shown in Fig. 10a (see p. 216)

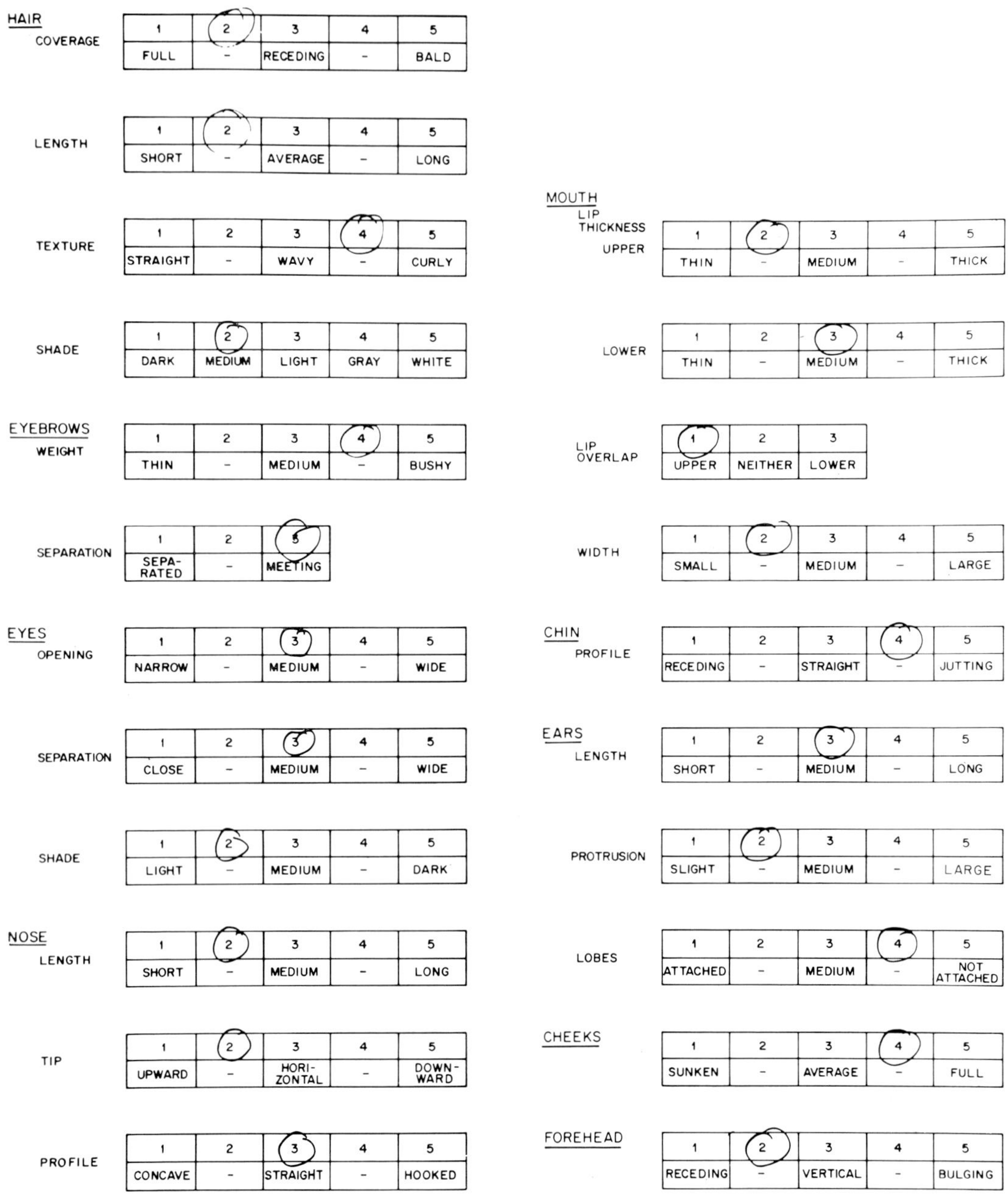

Fig. 10b

Preliminary informal experiments disclosed that relatively few face-feature designations were sufficient to obtain accurate individual identification. For example, a naive subject could reliably isolate the correct 1 out of 22 full-face portraits, given a list of only 4 or 5 feature descriptors (like wide-set eyes, long ears, etc.) compiled by another naive subject. This led us to ask how rapidly such a function grows; i.e., how does the dimension of a feature-vector expand with suspect-population size? This and related questions led us to formulate a number of preliminary research objectives, as outlined below.

1. We wish to obtain a considerable body of quantitative data on human-assigned feature values of human faces in order to run statistical analysis of features thought useful and important in the classification, recognition, and file-retrieval of faces, both by humans and by computers. This has been done. A highly refined set of 22 metric descriptors for a homogeneous population of 255 males has been prepared and analyzed. This forms a reliable data bank for experiments. A typical photo set and feature assignment is shown in Fig. 10.

2. We wish to explore new techniques for solving multifeature identification problems in the presence of "noise" (e.g., of distributions of feature assignments obtained from subjective "witnesses"). This has been done, for identification of individuals from descriptor lists, both by humans and by computer simulation of statistical models. Accurate isolation of 1 suspect from the population of 255 has been obtained with surprisingly few features. For both human selection and computer simulation, less than 10 metric-feature statements suffice.

3. Exploratory dialog via remote time-shared terminals is being used for face recognition and file retrieval. In its early stages, this system permits a person to describe features of a photograph he finds important. The tentative, preliminary results are that the computer, using stored feature statistics for the suspect population, is able to narrow down the population to less than 1% most of the time and to reach correct identification more than half the time in only 6 or 7 feature-description steps.

These experiments are being employed to refine our techniques for efficient human-face recognition. We are planning extensions of this research to establish sufficiency of feature subsets and to explore techniques of adaptive real-time man-machine interrogation.

Appendix

Suppose there are s slots to fill, without replacement, from a set C of $c \geq s$ choices, where C contains one and only one "correct" choice for each slot, plus $(c-s)$ extra choices. Selecting at random, what is the probability that at least r of the slots will be filled correctly? If an s-response is defined to be one complete "slot-filling procedure," i.e., an ordered s-tuple $(c_1, c_2, \ldots, c_s)$, $c_i \in C$, then this probability $P(s, c, r)$ is given by

$$P(s, c, r) = \frac{\sum_{j=0}^{s-r} \text{(number of s-responses in which exactly j slots are filled incorrectly)}}{\text{total number of s-responses}} .$$

Since there are c ways to fill the first slot, and once it is filled there are $(c-1)$ ways to fill the second slot, etc., then the denominator is clearly $c(c-1)(c-2)\ldots[c-(s-1)]$, or $\frac{c!}{(c\text{-}s)!}$.

The number of s-responses in which some j slots are filled incorrectly is $\binom{s}{j}$, the number of ways of selecting j slots from s $\left(\text{i.e., } \frac{s!}{[j!(s-j)!]}\right)$, multiplied by the number of ways to fill the given j slots all incorrectly. What is the latter factor? Call it T_j. Here we have j slots, all to be filled incorrectly from a reduced choice set of $c - s + j$ choices, where the remaining $s - j$ slots have been correctly filled. If the number of ways to do this is T_j, then $T_j =$ total number of j-responses — $\sum_{i=0}^{j-1}$ (number of j-responses in which exactly i slots are filled incorrectly)
and we make the (inductive) definition

$$T_0 = 1$$

$$j > 0 \Rightarrow T_j = \frac{(c-s+j)!}{(c-s)!} - \sum_{i=0}^{j-1} \binom{j}{i} T_i .$$

So we have

$$P(s, c, r) = \frac{\sum_{j=0}^{s-r} \binom{s}{j} T_j}{c!/(c-s)!} = \frac{(c-s)!}{c!} \sum_{j=0}^{s-r} \binom{s}{j} T_j .$$

In the present example, $c = 28$, $s = 14$ and $r = 7$. First calculating the T_j's we find

$$T_0 = 1$$

$$T_1 = \frac{(14+1)!}{14!} - \binom{1}{0} T_0 = 15 - 1 = 14$$

$$T_2 = 15 \cdot 16 - [1 + 2 \cdot 14] = 211$$

$$T_3 = 15 \cdot 16 \cdot 17 - [1 + 3 \cdot 14 + 3 \cdot 211] = 3404$$

$$T_4 = 15 \cdot 16 \cdot 17 \cdot 18 - [1 + 4 \cdot 14 + 6 \cdot 211 + 4 \cdot 3404] = 58501$$

$$T_5 = 15 \ldots \cdot 19 - [1 + 5 \cdot 14 + 10 \cdot 211 + 10 \cdot 3404 + 5 \cdot 58501] = 1{,}066{,}634$$

and proceeding similarly, $T_6 = 20{,}558{,}551$, $T_7 = 417{,}570{,}824$.

Then

$$P = \frac{8.7178291 \times 10^{10}}{3.0488834 \times 10^{29}} \left[\binom{14}{0} 1 + \binom{14}{1} 14 + \binom{14}{2} 211 + \binom{14}{3} 3404 + \ldots \binom{14}{7} 417{,}570{,}824\right]$$

$$= 4.280550924163 \times 10^{-6},$$

that is, the probability of $\geq 50\%$ correct responses is about 4 parts in 10^6.

Summary

Automatic recognition of human faces has rarely been explored; similarly, human ability to recognize faces has received little formal attention. This paper reports some preliminary steps to examine both. Three separate studies are described: 1. Two sets of artist's drawings, one made from literal descriptions, the other made from photographs, are used in human recognition and preference tests; 2. Precisely blurred computer-processed portraits are used in human recognition experiments; 3. Face-feature descriptor sets are tested both for human and for computer classification and identification of faces. In each study the level of performance exceeds informal *a priori* expectations.

Acknowledgements

I appreciate J. B. Kruskal's suggesting the relevance of the Coombs' unfolding model in Experiment I, the helpful suggestions of Saul Sternberg for the design of Experiment II, John Vollaro's aid with the experiment and data analysis, and the constructive criticism of an early draft of this manuscript by Newman Guttman, Ann Lesk, M. E. Kelley, and Eric Wolman.

References

1. Bledsoe, W. W.: Man-machine facial recognition: Report on a large-scale experiment. Palo Alto: Panoramic Research, August 1, 1966.
2. Fennema, C. L., Hart, P. E.: Stanford Research Institute. Personal communication, 1967.
3. Burke, P. H., Beard, L. F. H.: Stereophotogrammetry of the face. Amer. J. Orthodont. **53**, 769—782 (1967).
4. Sassouni, V.: Palatoprint, physioprint, and roentgenographic cephalometry, as new methods in human identification. J. forens. Sci. **2**, 429—443 (1957).
5. Walker, G. F.: Analysis of skull shapes by electronic methods. Annual Rept. HD 00181-02, Philadelphia: Univ. of Pennsylvania, Growth Research Center, August 31, 1966.
6. Goldstein, A. G.: Learning of inverted and normally-oriented faces in children and adults. Psychonomic Sci. **3**, 447—448 (1965).
7. Mackenberg, E. J.: Recognition of human faces from isolated facial features: A developmental study. Psychonomic Sci. **6**, 149—150 (1966).
8. Hochberg, J., Galper, R. E.: Recognition of faces: I. An exploratory study. Psychonomic Sci. **9**, 619—620 (1967).
9. Coombs, C. H.: A theory of data, New York: John Wiley & Sons 1964.
10. Graham, R. E., Kelly, J. L., Jr.: A computer simulation chain for research on picture coding. Inst. Rad. Eng. WESCON Conv. Record **2**, 41—46 (1958).
11. Schroeder, M. R.: Images from computers. IEEE Spectrum, **6**, 66—78 (1969).
12. Harmon, L. D., Knowlton, K. C.: Picture processing by computer. Science **163**, 19—29 (1969).

Classification by Cascaded Threshold Elements

F. HOLDERMANN, Karlsruhe

With 3 Figures

1. Introduction

This paper is concerned with the synthesis of networks of threshold elements to separate patterns into two classes. There exist many algorithms which determine the parameters of a classifier, when the two classes are linearly separable. But a large number of problems do not fulfill this requirement. In such cases it is necessary to generate nonlinear decision boundaries to separate the patterns.

It has been demonstrated [1, 2] that it is always possible to solve any decision problem by cascading a number of threshold elements. But if the synthesis of a network of threshold elements is accomplished in such a way that the parameters of those threshold elements which have already been determined remain unchanged during the further evaluation, in general the number of required threshold elements in the network is quite large. This paper describes a method of synthesizing a network of threshold elements by iterative computation of the parameters which requires relatively few threshold elements. Computer simulations indicate satisfactory results.

2. Separation Problem

Basically, the problem is to design a network of threshold elements which separates a given pattern set with a finite number of binary patterns with the following requirements:

1. All patterns of the pattern set must be classified correctly;

2. The computed values of the parameters (weights and threshold) of a threshold element must be integer numbers between certain limits.

With these constraints the algorithm tries to separate a given two-class problem linearly with one threshold element. To do this, the components w_j $(j = 1 \ldots n)$ of an arbitrarily chosen weight vector $\underline{W}$ must be modified systematically, so that all patterns $\underline{X}_i (1 \leq i \leq m)$ of one class A are mapped to a value 0 of an output function f and all patterns of the second class B are mapped to a value 1 of the output function (Fig. 1). This task is equivalent to the solution of the following system of inequalities.

$$\begin{aligned} &\sum_{j=1}^{n} x_{ij} w_j - T \geq 0, && f(x_{i1}, x_{i2}, \ldots x_{in}) = 1,\ \underline{X}_i \in B \\ & && i = 1 \ldots m \\ &\sum_{j=1}^{n} x_{ij} w_j - T + \varepsilon \leq 0, && f(x_{i1}, x_{i2}, \ldots x_{in}) = 0,\ \underline{X}_i \in A \\ &\qquad \varepsilon > 0 \end{aligned} \qquad (1)$$

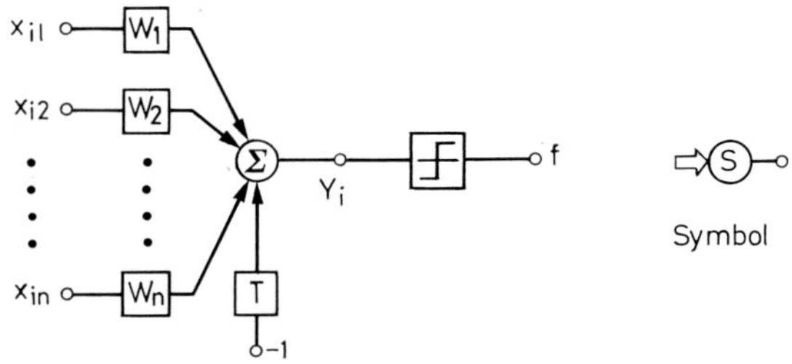

Fig. 1. Structure of a threshold element

x_{ij} are the components of a pattern $\underline{X}_i$, T is an integer called threshold and ε is a positive constant. By introducing the variables y_i, the linear separation problem becomes that of finding a weight vector $\underline{W}$, such that

$$\begin{aligned} \sum_{j=1}^{n} x_{ij} w_j - T = y_i \geq 0, \qquad & \text{if } \underline{X}_i \in B \\ & \qquad\qquad i = 1 \ldots m \\ - \sum_{j=1}^{n} x_{ij} w_j + T - \varepsilon = y_i \geq 0, \ & \text{if } \underline{X}_i \in A \,. \end{aligned} \tag{2}$$

For better agreement the subset of equations for the patterns $\underline{X}_i \in A$ is multiplied with factor -1. Then there exists a common constraint $y_i \geq 0$ $(i = 1 \ldots m)$ to the whole system of equalities.

Normally, with an arbitrarily chosen weight vector the condition $y_i \geq 0$, $i = 1 \ldots m$ in Eq. (2) is not satisfied. It is therefore the task of the training algorithm to fulfill this condition if possible by modifying the parameter values.

3. Parameter Modification

During the training period of a threshold element only the following 4 parameter modifications are allowed:

1. The value of w_j may be increased or decreased by a fixed amount Δ.

$$\begin{aligned} &\text{type } 1: w_j' = w_j + \Delta \\ & \qquad\qquad\qquad\qquad \Delta > 0 \\ &\text{type } 2: w_j' = w_j - \Delta \\ & \qquad\qquad\qquad\qquad j = 1 \ldots n \,. \end{aligned} \tag{3}$$

2. Together with a modification of a component w_j the value of the threshold can be modified by the same amount.

$$\begin{aligned} &\text{type } 3: w_j' = w_j + \Delta, \ \ T' = T + \Delta \\ & \qquad\qquad\qquad\qquad \Delta > 0 \\ &\text{Type } 4: w_j' = w_j - \Delta, \ \ T' = T - \Delta \\ & \qquad\qquad\qquad\qquad j = 1 \ldots n \,. \end{aligned} \tag{4}$$

In the simulation of this procedure the value of Δ was chosen to $\Delta = 1$.

4. Gain Function

In order to be able to estimate the improvement which can be obtained from the different parameter modifications, the following gain function is defined which must be maximized during the training process:

The normalized sum of all negative values y_i $(1 \leq i \leq m)$ shall be maximized.

$$Z = \sum_{\substack{1 \leq i \leq m \\ y_i < 0}} y_i \,/\, |\underline{W}| \text{ shall be a maximum .} \tag{5}$$

The value of Z is negative and converges to the value zero only in the case of the solution vector.

5. The Training Algorithm

The parameters of a threshold element are modified sequentially, one after the other. At the beginning of each iteration step, for all possible parameter modifications ($4 \cdot n$ possibilities) the corresponding values of the gain function are evaluated tentatively. Only that modification is actually executed which guarantees the best value of the gain function. Let us denote the value of the gain function resulting from a parameter modification of the type k at component w_j by Z'_{jk}, then Eq. (6) gives the best value Z' which can be obtained at that iteration stage by executing one of the possible parameter modifications.

$$Z' = \max_{j=1}^{n} \left[\max_{k=1}^{4} (Z'_{jk})\right] \tag{6}$$

The simulation of this method has shown, that by selecting the modifications in the described way, after a certain number of training steps the gain function converges to the value 0, in the linearly separable case, or to a maximum value in the case which is not linearly separable. This fact may be recognized by observation of the gain function with the sequential training steps and the training process has to be terminated [4]. An exact stopping condition cannot be formulated and must be determined by experience. If a given problem is not linearly separable, in a next step the classifier structure has to be extended.

6. Nonlinear Separation

One way to separate nonlinearly, is to use a cascaded structure according to Fig. 2 [4]. Regarding a general cascade, the maximal number of additional inputs increases with increasing index number of the threshold elements.

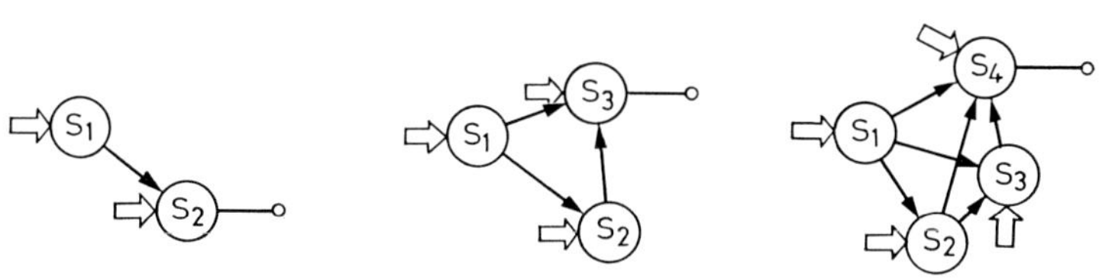

Fig. 2. General structure of a cascade with 2, 3 and 4 threshold elements

Using such a loop-free network with e threshold elements, the separation problem becomes that of finding a set of weight vectors $\underline{W}_\nu(\nu = 1\ldots e)$ such that

$$\sum_{j=1}^{n} x_{ij}w_{ej} + \sum_{\nu=1}^{e-1} f_{\nu i}\cdot w_{e,n+\nu} - T_e = y_{ei} \geq 0, \text{ if } \underline{X}_i \in B$$

$$-\sum_{j=1}^{n} x_{ij}w_{ej} - \sum_{\nu=1}^{e-1} f_{\nu i}\cdot w_{e,n+\nu} + T_e - \varepsilon = y_{ei} \geq 0, \text{ if } \underline{X}_i \in A$$

with (7)

$$f_{\nu i} = \begin{matrix}1\\0\end{matrix} \text{ if } \sum_{j=1}^{n} x_{ij}w_{\nu j} + \sum_{r=1}^{\nu-1} f_{ri}\cdot w_{\nu,n+r} - T_\nu \begin{matrix}\geq 0\\ \leq -\varepsilon\end{matrix} \qquad \nu = 2\ldots e-1$$

and

$$f_{1i} = \begin{matrix}1\\0\end{matrix} \text{ if } \sum_{j=1}^{n} x_{ij}w_{1j} - T_1 \begin{matrix}\geq 0\\ \leq -\varepsilon\end{matrix} \qquad i = 1\ldots m\,.$$

Since the decision boundary which is realized by such a network is composed of pieces of hyperplanes which correspond to the single threshold elements, this way of classifying is called piecewise linear separation.

7. Training Procedure for Piecewise Linear Separation

Like the evaluation of the parameters of a single threshold element, the determination of the parameters of a cascade may be accomplished by changing the parameter values sequentially. Since there is a large number of possibilities for modifying the parameters of a cascade, it is reasonable to make some restrictions which reduce the number of possible parameter modifications.

The training procedure for the whole cascade is subdivided into several training periods during which only the parameters of a single threshold element are modified as described under 5. The parameters of all other elements remain unchanged. In Fig. 3 the threshold elements which are modified during the different training periods are marked by a diagonal stroke. The algorithm starts with a training period of the threshold element with the highest index number e. Then the training periods of threshold elements with decreasing index number ν ($\nu = e-1\ldots.1$) follow sequentially. After the training period of the threshold element S_1 the algorithm continues with a training phase of the highest ordered threshold element S_e. The sequence of training periods of S_e, S_{e-1}, … S_1, S_e is called a training cycle. A new gain function is defined which supervises the entier cascade structure. This gain function is defined as the normalized sum of all negative distances y_{ei} to the threshold T_e. This gain function which has to be maximized is called global gain function Zg [Eq. (8)].

$$Zg = \sum_{\substack{1\leq i\leq m\\ y_{ei}<0}} y_{ei} \,/\, |\underline{W}_e| \text{ has to be maximized} \tag{8}$$

The algorithm always compares the values of the global gain function of two successive training cycles and determines, when the existing cascade structure has to be extended by an additional threshold element.

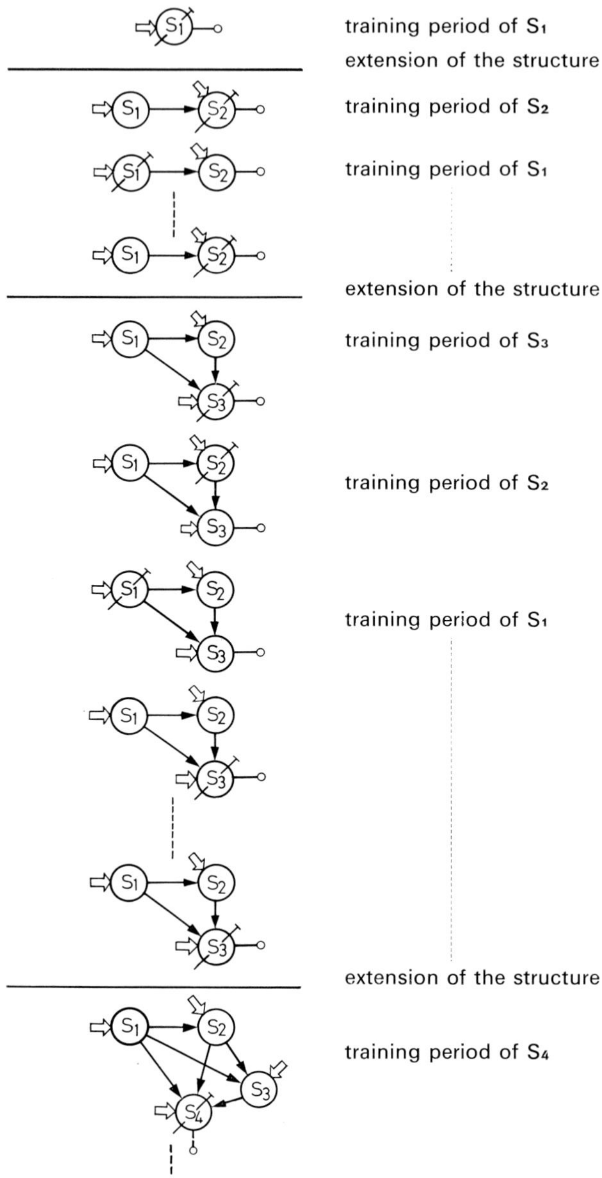

Fig. 3. Training algorithm

During the training period a of threshold element S_ν the modifications of all parameters are regarded, including the weights of the additional inputs. The output values $f_{\nu i}$ $(i = 1 \ldots m)$ of S_ν are given by:

$$\sum_{j=1}^{n} x_{ij} w_{\nu j} + \sum_{r=1}^{\nu-1} f_{ri} w_{\nu, n+r} - T_\nu \begin{array}{ll} \geq 0 & \text{then } f_{\nu i} = 1 \\ \leq -\varepsilon & \text{then } f_{\nu i} = 0 \end{array}$$

Since the weights $w_{\nu 1,\, n+r}$ of the additional inputs of higher ordered threshold elements $S_{\nu 1}$ ($\nu < \nu_1 \leq e$, $r = 1 \ldots . \nu_1 - 1$) may be positive or negative, the following correspondence does not exist:

$$f_{\nu i} \stackrel{!}{=} 1 \text{ if } \underline{X}_i \in B$$
$$f_{\nu i} \stackrel{!}{=} 0 \text{ if } \underline{X}_i \in A\,.$$

Before starting the training of S_ν it is therefore necessary to decide which value (0 or 1) of $f_{\nu i}$ ($i = 1 \ldots m$) would produce a better value of the global gain function Zg. To achieve this, the value of $f_{\nu i}$ ($i = 1 \ldots m$) which is obtained by presenting the pattern $\underline{X}_i$ to the network is negated tentatively. If the result of this test negation is such that

$$y_{ei}' < y_{ei} \text{ and } y_{ei} \leq 0 \rightarrow \Delta Zg_i = y_{ei}' - y_{ei} < 0$$

or

$$y_{ei}' < 0 \quad \text{and } y_{ei} > 0 \rightarrow \Delta Zg_i = y_{ei}' < 0$$
$$1 \leq i \leq m$$

then during the training period of S_ν the value of $f_{\nu i}$ should not be changed since the value of the global gain function cannot be improved by this modification ($\Delta Zg_i < 0$). y_{ei}' denotes the value of the distance of $\underline{X}_i$ to the threshold T_e after test negation and ΔZg_i is the corresponding difference of the values of Zg which results from this modification. If, however, the test results in:

$$0 \geq y_{ei}' > y_{ei} \rightarrow \Delta Zg_i = y_{ei}' - y_{ei} > 0$$

or

$$y_{ei}' > 0 \text{ and } y_{ei} < 0 \rightarrow \Delta Zg_i = \; - y_{ei} > 0$$
$$1 \leq i \leq m$$

then the training algorithm should try to achieve this negation of $f_{\nu i}$ by modification of the weights $w_{\nu j}$ ($j = 1 \ldots n + \nu - 1$), since it leads to an improvement of the value of Zg. In all the other cases

$$y_{ei}' \geq 0 \quad \text{and} \quad y_{ei} \geq 0 \rightarrow \Delta Zg_i = 0$$

or

$$y_{ei}' = y_{ei} \qquad \rightarrow \Delta Zg_i = 0$$
$$1 \leq i \leq m$$

a modification of $f_{\nu i}$ does not affect the value of the global gain function. During the following training period of S_ν these patterns must not be taken into consideration. The subset of training patterns therefore only contains patterns $\underline{X}_i$ with $\Delta Zg_i \neq 0$.

To achieve the best value of the global gain function during a training period of S_ν it is necessary to define a local gain function Zl which has to be minimized.

$$Zl = \sum_{\substack{1 \leq i \leq m \\ \Delta Zg_i > 0}} \Delta Zg_i \quad \text{has to be minimized.} \tag{9}$$

The allowed parameter modifications during a training period of S_ν are the same as given by Eqs. (3) and (4). Denoting the value of the local gain function after a modification of type k ($k = 1 \ldots 4$) at component w_j ($j = 1 \ldots n + \nu - 1$) by Zl'_{jk}, then Eq. (10) gives the best value Zl' of the local gain function which can be obtained by one of the allowed modifications.

$$Zl' = \min_{j=1}^{n+\nu-1} [\min_{k=1}^{4} (Zl'_{jk})] \, . \tag{10}$$

That modification is actually executed, which results in the best value of the local gain function Zl'.

By observing the values of the local gain function with the sequential training steps, it can be decided when a training period of S_ν has to be terminated [4].

If no further improvement of the global gain function can be achieved, after a certain number of training cycles the existing cascade structure must be extended. This can be done in such a way, that the general cascade with e elements is extended to a general cascade with $e + 1$ elements. In the simulation of this procedure the introduced element was the element with index number $e + 1$ in the extended structure. After the extension of the structure, the training process continues as described before, until all patterns of the set are separated correctly.

8. Simulation, Results

To test the effectiveness of this procedure several computer simulation experiments have been carried out. Problems were used where the maximal structure of the solution was known. To achieve this, binary pattern sets and general cascades were generated randomly. The cascades were only used to determine the class membership of the patterns which served as training samples.

The results shown in Table 1 demonstrate that the number of computed elements in a cascade roughly corresponds to the number of elements in the generated cascade. The variation of the weight values of the cascades was restricted to integers in the range $\pm$ 10 with $\Delta = 1$ and $\varepsilon = 1$.

As a second group of pattern sets, handwritten numerals were classified. The binary measurements were given by the elements of a 9×5 raster which was produced by a preprocessing procedure from a 64×64 raster. The classification of the

Table 1. *Results*

Pattern set No.	m	n	e_g	e_c
1	200	8	3	3
2	200	8	3	2
3	300	8	3	4
4	400	9	4	7
5	300	10	4	4
6	300	12	5	6
7	300	12	4	4
8	300	12	4	5
9	400	15	4	4
10	400	15	5	6

m = number of patterns in the set.
n = number of criteria.
e_g = number of elements in the generated cascade.
e_c = number of elements in the computed cascade.

10-class problem was subdivided into 10 two-class problems by separating one class from all remaining classes. The pattern set contained 450 patterns each with 45 criteria. The weight values were restricted to integers in the range of ± 5. The algorithm computed not more than 3 threshold elements in a cascade for one separation problem.

9. Conclusion

These examples demonstrate that the described procedure in all cases comes to a solution with a reasonable number of threshold elements in a general cascade. A further advantage of the algorithm is that the computed values of the weights and thresholds are integers within given limits, so that the threshold elements may be implemented without difficulty.

Zusammenfassung

Es wird ein Verfahren beschrieben, das aus der Kriterienbeschreibung eines gegebenen Mustersatzes die Parameter eines Klassifikators zu berechnen gestattet. Dazu wird eine Klassifikatorstruktur mit zunächst noch unbekannten Parametern vorgegeben. Es wird dabei vorausgesetzt, daß der Klassifikator bei geeigneter Wahl des Parameters in der Lage ist, das Klassifikationsproblem zu lösen. Als Grundelemente der Klassifikators werden nur Schwellwertelemente benutzt, die in einem Netz zusammengeschaltet sind. Ein solches Netz wird als Kaskadenschaltung von Schwellwertelementen bezeichnet. In einem solchen Netz sind Schwellwertelemente rückkoppelungsfrei so zusammengeschaltet, daß die Ausgänge von Schwellwertelementen als zusätzliche Eingänge bei anderen Schwellwertelementen dienen.

Das Verfahren erlaubt eine rekursive Berechnung der Schwellwertelementparameter, d. h. alle Parameter können während des Berechnungsprozesses mehrmals verändert werden. Die einzelnen Änderungen werden jeweils durch eine Zielfunktion bewertet und ausgewählt. Erweist sich bei einer gegebenen Kaskadenstruktur ein Klassifikationsproblem als nicht lösbar, so wird die Struktur um ein zusätzliches Schwellwertelement erweitert. Danach beginnt erneut eine Veränderung der Schwellwertelementparameter. Dieser Prozeß wird solange fortgesetzt, bis der gesamte Mustersatz vollständig separiert ist.

Das Verfahren wurde mit Mustersätzen getestet, von denen die zur Klassifikation maximal notwendigen Kaskadenstrukturen bekannt waren. Die Ergebnisse zeigten, daß die Anzahl der Schwellwertelemente in den errechneten Kaskaden recht gut mit der Anzahl der Elemente in den vorgegebenen Kaskaden übereinstimmte.

References

1. Cadzow, J. A.: Synthesis of nonlinear decision boundaries by cascaded threshold gates. IEEE Trans. on Computers, Dec. 1968. Vol. C-17, 12, pp. 1165—1172.
2. Hopcroft, J. E.: Synthesis of threshold logic networks. T.R. 6764-1. Stanford, Cal.: Stanford Electronics Labs. 1964.
3. Holdermann, F., Kazmierczak, H., Zorn, W.: An algorithm for adapting threshold elements by a digital computer. Proceedings of the International Conference on Pattern Recognition, Grenoble, Sept. 11—13, 1968, pp. 149—159.
4. — Separierung durch Kaskadenschaltung von Schwellwertelementen. Dissertation, Universität Karlsruhe 1969.

Informationsreduktion und Invarianzleistung bei der Bildverarbeitung mit einem Computer

H. Kazmierczak, Karlsruhe

Mit 11 Abbildungen

1. Einleitung

Die Bildverarbeitung mit dem Ziel der Muster- oder Objekterkennung wird zweckmäßig in fünf Funktionsgruppen gegliedert (Abb. 1):

Musterabtastung
Mustervorverarbeitung
Linienmusteranalyse
Merkmalbildung
Musterklassifizierung

Mit einem Lichtpunktabtaster können z. B. die Grauwerte der Bildrasterelemente, bei Vorauswertung auch die Grauwertgradienten (Abb. 1b), codiert in einen Computer eingegeben werden. Durch Vorverarbeitung der Grauwert- oder Gradientenfelder müssen einzelne Linien, Flächen einheitlichen Grauwerts und Flächen mit unterschiedlicher Grauwertstatistik lokalisiert werden (Abb. 1c). Die Linienmusteranalyse ergibt die Zusammenhänge der Linien und Flächen untereinander in Form von Listen (Abb. 1d). Aus den durch Knotenpunkten und Flächen gekennzeichneten Bereichen müssen weitere objektbeschreibende Merkmale gewonnen werden (Abb. 1e). Mit Hilfe der Erkennungsmerkmale können dann Einzelobjekte, Texturen und Details klassifiziert werden (Abb. 1f).

Die wesentliche Aufgabe bei der Mustererkennung besteht in der Reduktion der Bilddaten bei gleichzeitiger Bildung geeigneter Invarianten. Diese Aufgabe kann allgemein mit technischen Mitteln noch nicht befriedigend gelöst werden. Auch die Informations- und die mathematische Invariantentheorie bieten keine geeigneten Hilfsmittel zur Lösung des Erkennungsproblems. Die heutigen Untersuchungen auf dem Gebiet der allgemeinen Mustererkennung beschränken sich daher zunächst auf eine teilweise Bildverarbeitung innerhalb der fünf genannten Funktionsgruppen, wobei entsprechende Voraussetzungen und vereinfachende Annahmen gemacht werden.

2. Bilddatenreduktion und Invarianz

In der ersten Verarbeitungsstufe wird durch Mustervorverarbeitung und Linienmusteranalyse im wesentlichen die Bildredundanz beseitigt. Die Bildredundanz ist durch eine Abweichung in der Grauwert-Gleichverteilung und durch eine statistische Abhängigkeit der Nachbargrauwerte bedingt. Für Schwarzweißmuster sind hier mehrere Listenspeichermethoden [1] zur Datenreduktion bekannt ge-

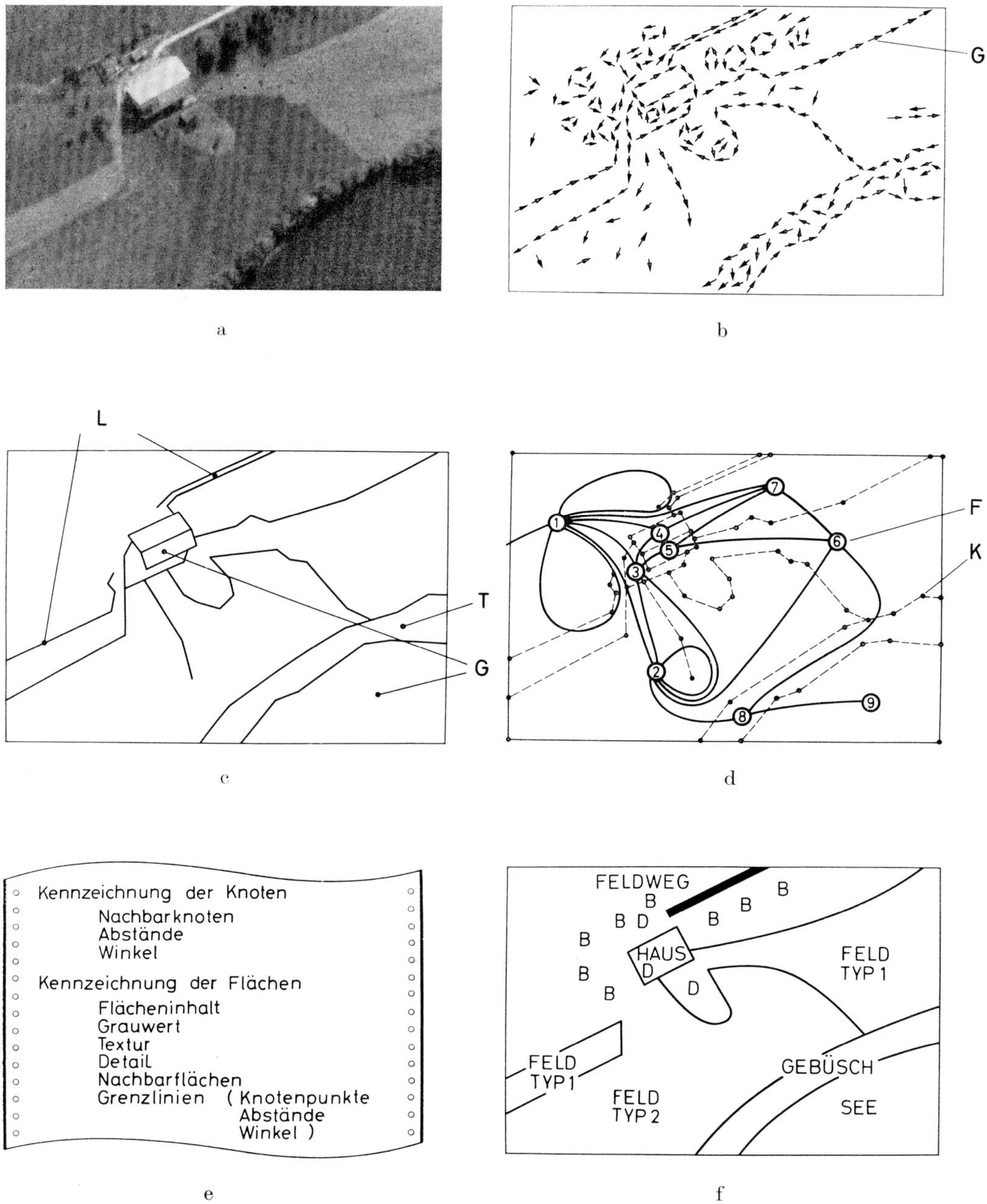

Abb. 1a—f. Funktionsgruppen bei der maschinellen Bildverarbeitung. a Luftbild als Originalmuster. b Musterabtastung (*G* Gradienten bzw. Konturstücke des Grautonbildes). c Mustervorverarbeitung (*L* Linienmuster, *T* Texturfläche, *G* Grautonfläche). d Linienmusteranalyse (*F* Fläche, *K* Knoten). e Merkmalbildung. f Musterklassifizierung (*B* Vereinzelte Laubbäume, *D* Detail)

worden, während man für Bildmuster z. B. statistische Tests zur Bestimmung der Bereichsgrenzen anzuwenden versucht [2].

In der zweiten Verarbeitungsstufe wird durch Merkmalbildung und Musterklassifizierung die eigentliche Datenreduktion durch Unterdrückung irrelevanter Bildinformationen durchgeführt. Dieser Teil der Aufgabe ist um ein Vielfaches komplexer als der erste Teil.

Die Bilddatenreduktion der ersten Verarbeitungsstufe kann als Abbildung von Mustern X der ξ, η-Ebene in Muster X' der ξ', η'-Ebene aufgefaßt werden. Die Musterabbildungen seien durch eine Gruppe G von Transformationen T darstellbar. Die Mathematik kennt r-gliedrige Transformationsgruppen, deren Transformationen r unabhängige Parameter haben (1). Größen I, die durch T nicht verändert werden, heißen Invarianten. Für $\Phi = 1$ liegt eine absolute Invariante vor.

$$\begin{aligned} \xi' &= \xi'(\xi, \eta, a_1, a_2, \ldots a_r) \\ \eta' &= \eta'(\xi, \eta, a_1, a_2, \ldots a_r) \end{aligned} \qquad I' = \Phi(a_1, a_2, \ldots a_r)\, I \tag{1}$$

Bekannte Geometrien sind die metrische, die äquiforme, die affine und die projektive Geometrie, die durch die Bewegungs-, Ähnlichkeits-, affine bzw. projektive Gruppe definiert sind. Bei der Bewegungsgruppe bleibt die Kongruenz (Länge, Winkel, Flächeninhalt), bei der Ähnlichkeitsgruppe die Gestalt (Winkel) erhalten. Bei der affinen Gruppe G_6 bilden Parallelismus und Teilverhältnis absolute und der Flächeninhalt relative Invarianten. Ineinanderliegen von Punkten und Geraden, das Doppelverhältnis und der Grad algebraischer Gleichungen bilden z. B. bei der projektiven Gruppe G_8 Invarianten bzw. invariante Beziehungen.

Die Aufgabe bei der Bilddatenreduktion besteht darin, eine erkennungsinvariante Transformationsgruppe G_e zu finden, die ein Muster in ein klassenrepräsentatives Standardmuster abbildet. Die zur Gruppe gehörenden Invarianten können entweder als Klassifikationskriterium oder als Erkennungsmerkmal dienen. Die Transformation T_e selbst ist für den einzelnen Erkennungsprozeß in diesem Fall nicht erforderlich.

Die Transformation T_e kann aber für die erste Verarbeitungsstufe zweckmäßig sein, wenn von der Gruppe G_e eine problemorientierte Transformationsgruppe G_p abspaltbar und mit bekannten mathematischen Mitteln beschreibbar ist. Bei der Luftbildauswertung kann z. B. jedes Objekt durch eine projektive Transformation entzerrt werden. Für die klassenspezifischen Störungen sei eine Transformation T_k (2) nachgeschaltet gedacht, von der wieder nur die Invarianten zur Musterklassifizierung bestimmt werden. Da hierfür keine Theorie existiert, werden im allgemeinen heuristische Methoden zur Mustertransformation T_e untersucht und benutzt.

$$G_e\colon\ T_e = T_k \cdot T_p \tag{2}$$

Die Invariantentheorie der Mathematik liefert z. B. für isolierte Linienmuster Transformationen T_p zur Musterentzerrung. Alternativ können auch Momenten-Invarianten als Erkennungsmerkmale für die Klassifizierung dienen. Für bestimmte Signal-Kontrastschwankungen kann weiter der invariante Korrelationskoeffizient als Klassifizierungskriterium benutzt werden.

3. Gestalt- und kontrastinvariante Mustervorverarbeitung

Die bekannten auf der Grundlage der Invariantentheorie beruhenden Verfahren [3, 4] sollen hier kurz skizziert werden. Die Musterentzerrung eines durch seine Grauwertverteilung $S(\xi, \eta)$ gegebenen Einzelmusters (wie z. B. ein Schriftzeichen) soll durch eine lineare Transformation T_p nach (3) dargestellt werden, die eine Lage-, Größen- und Scherungsinvarianz erlaubt.

$$T_p: \quad \xi_1 = \xi - a \qquad \xi_2 = \alpha\xi_1 + \beta\eta_1$$
$$\eta_1 = \eta - b \qquad \eta_2 = \delta\eta_1 \tag{3}$$

Ausgegangen wird von der Fouriertransformierten $S(h, k)$ der Grauwertverteilung $s(\xi, \eta)$, wobei $h = j\omega_\xi$ und $k = j\omega_\eta$ die Ortsfrequenzen des Musters bedeuten (4). Die Momente M^{ab} von der Ordnung $c = a + b$ des Grauwertmusters (5) sind abgesehen vom Vorzeichen mit den Taylor-Entwicklungskoeffizienten von $S(0, 0)$ identisch.

$$S(h, k) = \sum_c \frac{(-1)^c}{c!} \iint s(\xi, \eta)\,(\xi h + \eta k)^c\, d\xi\, d\eta \tag{4}$$

$$M^{ab} = \iint \xi^a \eta^b s(\xi, \eta)\, d\xi\, d\eta \tag{5}$$

Man kann leicht zeigen, daß eine Ortsfrequenztransformation nach (6) und eine vollständige lineare Transformation nach (3) mit $\gamma \neq 0$ den Ausdruck $\xi h + \eta k$ in (4) invariant läßt. Damit besteht die Möglichkeit, aus der Identität $S(h_1, k_1) \equiv S(h_2, k_2)$ nach Substitution von (6) durch Vergleich der Potenzglieder in h und k Beziehungen zwischen den Momenten M_1^{ab} und M_2^{ab} der beiden Koordinatensysteme ξ_1, η_1 und ξ_2, η_2 und der Parameter der Transformation herzustellen (7).

$$\begin{bmatrix} h_2 \\ k_2 \end{bmatrix} = \begin{bmatrix} \alpha & \gamma \\ \beta & \delta \end{bmatrix}^{-1} \begin{bmatrix} h_1 \\ k_1 \end{bmatrix} \quad \text{mit } \Delta = \begin{vmatrix} \alpha & \beta \\ \gamma & \delta \end{vmatrix} \tag{6}$$

$$\begin{aligned} c = 2: \quad & |\Delta|\,(\alpha^2 M_1^{20} + 2\alpha\beta M_1^{11} + \beta^2 M_1^{02}) = M_2^{20} \\ & |\Delta|\,\delta(\alpha M_1^{11} + \beta M_1^{02}) = M_2^{21} \\ & |\Delta|\; \delta^2 M_1^{02} = M_2^{02} \end{aligned} \tag{7}$$

Die Lageinvarianz folgt aus (3) und (8) durch Einführung der Schwerpunktskoordinaten ξ_1, η_1. Die Größen- und Scherungsinvarianz kann durch Festlegung der $M_2^{11} = 0$ und $M_1^{20} = M_1^{02} = 1$ erzwungen werden. Nach (7) sind damit auch die gesuchten Parameter α, β und δ bestimmt (9). Die Hilfsvariablen $\sigma_\xi^2, \sigma_\eta^2$ können als Varianzen, $\sigma_{\xi\eta}$ als Kovarianz und ϱ als Korrelationskoeffizient interpretiert werden. In Abb. 2 sind am Beispiel eines Dreiecks die Invarianzverhältnisse demonstriert.

$$a = \frac{M^{10}}{M^{00}} \qquad b = \frac{M^{01}}{M^{00}} \tag{8}$$

$$\alpha = \frac{1}{\sigma_\xi \sqrt{1-\varrho^2}} \qquad \beta = -\frac{\varrho}{\sigma_\eta \sqrt{1-\varrho^2}} \qquad \delta = \frac{1}{\sigma_\eta} \tag{9}$$

$$\sigma_\xi^2 = M_1^{20} \qquad \sigma_\eta^2 = M_1^{02} \qquad \sigma_{\xi\eta} = M_1^{11} \quad \text{und} \quad \varrho = \frac{\sigma_{\xi\eta}}{\sigma_\xi\, \sigma_\eta}$$

In entsprechender Weise können auch invariante Beziehungen für die Signalgrauwerte x_l eines Musters $X = (x_1, x_2, \ldots x_n)$ gefunden werden (Abb. 3a). Der

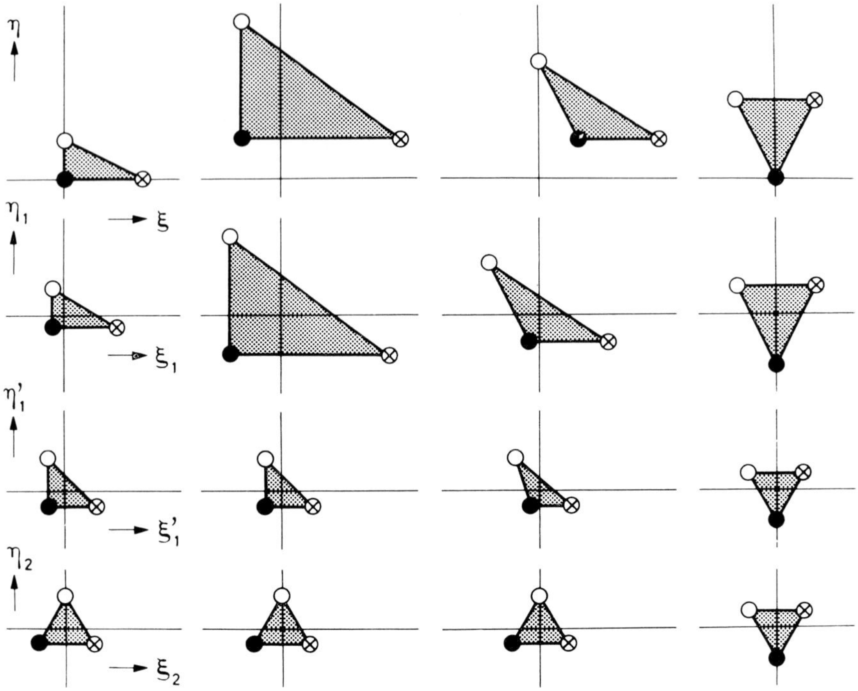

Abb. 2. Lage-, Größen- und Scherungsinvarianz bei verschiedenen 3-Punkteanordnungen

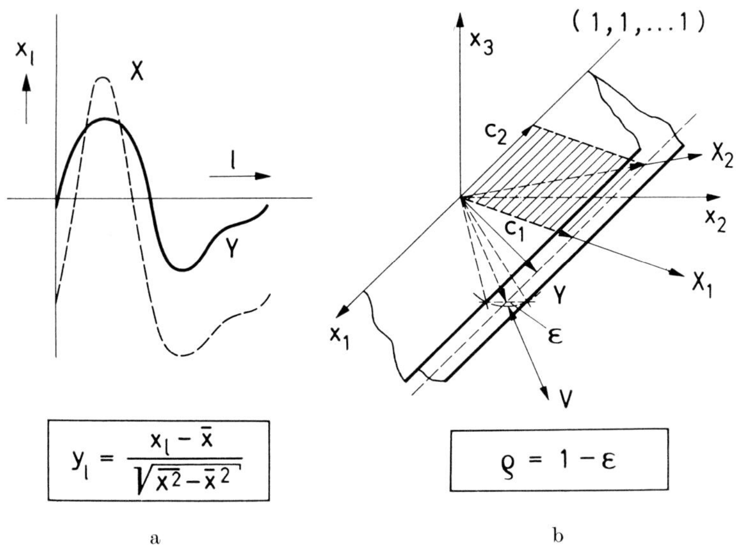

Abb. 3. a Mustertransformation für Lage- und Größeninvarianz der Signalamplituden, b Darstellung der Korrelationsprüfung $\varrho = 1 - \varepsilon$ im Merkmalraum

Korrelationskoeffizient ϱ nach (10) ist z. B. invariant gegen bestimmte affine Merkmalverzerrungen (11). Bei Prüfung auf $\varrho = 1$ kann der Korrelationskoeffizient als Klassifizierungskriterium für eine Objektklasse dienen, die durch den Musterrepräsentanten $V = (v_1, v_2, \ldots v_n)$ dargestellt wird. Wenn die Prüfung auf $1 - \varepsilon$ abgeschwächt wird und die Muster im Merkmalraum (Abb. 3b) dargestellt werden, entsteht ein Teilraum, der die Objektklasse mit entsprechender Invarianzleistung repräsentiert. Für die Erkennung können in diesem Denkmodell auch andere geeignete Invarianzen gebildet werden.

$$\varrho = \frac{\sigma_{\mathrm{xv}}}{\sigma_{\mathrm{x}}\sigma_{\mathrm{v}}} = \frac{\overline{\mathrm{vx}} - \overline{\mathrm{x}}\,\overline{\mathrm{v}}}{\sqrt{(\overline{\mathrm{x}^2} - \overline{\mathrm{x}}^2)}\,\sqrt{(\overline{\mathrm{v}^2} - \overline{\mathrm{v}}^2)}} = 1 - \varepsilon \tag{10}$$

$$y_l = c_1\, x_l + c_2 \qquad (\text{für } l = 1, 2, \ldots\, n)\,. \tag{11}$$

4. Bildverarbeitung mit dem Computer

Für die meisten praktischen Fälle werden heuristische Methoden zur Bildreduktion und Invarianzbildung angewandt. Im folgenden sollen einige Beispiele, die aus den Arbeiten der Forschungsgruppe resultieren, wiedergegeben werden.

Abb. 4a zeigt einen Ausschnitt einer Luftbildaufnahme, der nach der Abtastung im Computer gespeichert und zur visuellen Prüfung mit einem angeschlossenen Filmrecorder grauwertmäßig reproduziert wurde [5, 6]. Durch entsprechende lokale Gewichtung der Nachbargrauwerte jedes einzelnen Bildpunktes kann eine Datenreduktion erreicht werden. Abb. 4b zeigt nur noch die informationstragenden Konturen des Luftbildes. Durch entsprechende Subtraktion beider Grauwertbilder entsteht bekanntlich ein kontrastverschärftes Bild (Abb. 4c).

Eine Reduktion der Bildredundanz kann bereits durch entsprechende Vorauswertung bei der Bildabtastung erreicht werden. Abb. 5 zeigt die Display-Wiedergabe eines Grauwert-Portraits mit Hilfe der Grauwert-Gradienten. Zur besseren visuellen Prüfung werden die Vektoren um 90° in Konturrichtung gedreht [5].

Auf der Grundlage der Vektorfelder kann eine weitere Bildredundanz-Verminderung durchgeführt werden, die als Ergebnis Linienmuster liefert. Bisher wurden an Stelle echter Luftbildaufnahmen nur einfache simulierte Textur- und Straßenmodelle untersucht. Abb. 6b zeigt ein Vektorfeld eines Kreismodells, welches aus dem Grauwertfeld abgeleitet wurde (Abb. 6a). Der erste Verarbeitungsschritt zur Liniendarstellung bestand im Auffüllen von Fehlstellen und im Eliminieren von Störungen durch systematisches lokales Prüfen des Feldes mit einer geeigneten Vektormaske (Abb. 6c). Anschließend wird ein Richtungsband aufgesucht und in seiner Richtung verfolgt. Bei erfolgreichem Durchlaufen werden die Vektoren des Bandes gelöscht und das nächste Band aufgesucht. Als Ergebnis liegt ein linienverdünntes Richtungsfeld vor (Abb. 6d) [6, 7].

Eine größere Anzahl von Arbeiten befaßte sich mit der Speicherung und Verarbeitung binärer Muster auf der Grundlage lokaler und nichtlokaler Operationen. Abb. 7 zeigt die Anwendung verschiedener nichtlinearer lokaler Schwellwert- und Boolescher Operationen auf ein linienhaftes Muster. Aufbläh- und Schrumpfungsoperationen eliminieren Fehlstellen und Flecken. Durch Abschälen der Konturen von vier Seiten wird die Skelettlinie des Musters erzeugt. Hervorzuheben ist, daß die Bildprozedur „Linienverdünnung" aus einzelnen bildmatrix-verarbeitenden

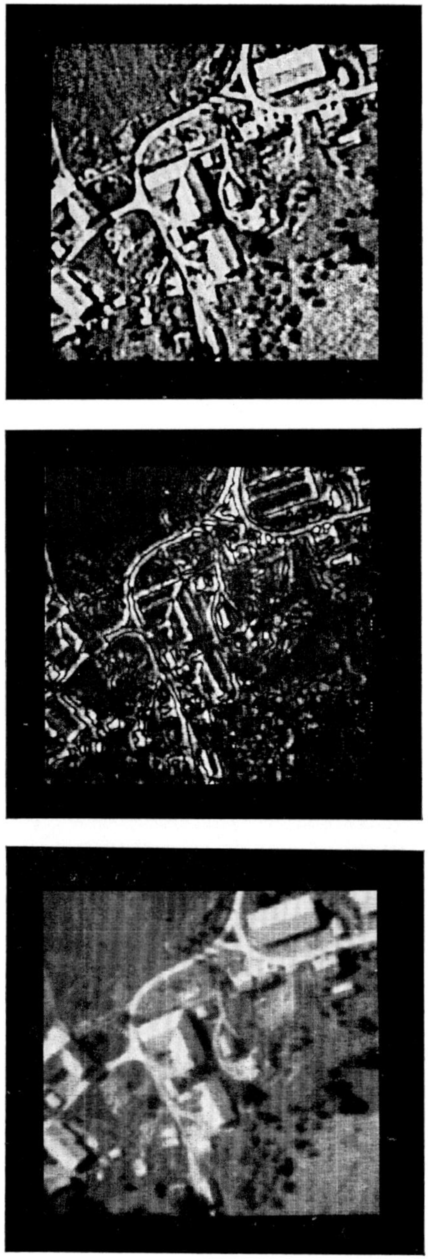

a b c

Abb. 4. a Computergespeichertes und ausgegebenes Luftbild, b konturgefiltertes Bild, c kontrastverschärftes Bild

Instruktionen in SIMPAX-Notation zusammengesetzt werden kann, welche von einem Interpreterprogramm in eine Assemblersprache übersetzt wird. Durch Konsolbedienung und Display-Kontrolle können noch Modifikationen im Programmablauf berücksichtigt werden. Dadurch ist eine experimentelle Musterverarbeitung möglich [6, 8].

Abb. 8 zeigt ein Beispiel für die maschinelle Unterscheidung zwischen linienhaftem und flächenhaftem Muster auf der Grundlage nichtlokaler Operationen. Jedes Muster wird zunächst durch Konturkoordinaten als Liste dargestellt, wobei die Kontursyntax erhalten bleibt. Dadurch können äußere, innere und eingeschlossene Konturen klassifiziert werden. Durch Vorgabe einer Flächenschwelle wird zunächst jede Konturlinie durch wenige Stützpunkte dargestellt, die man sich durch Geraden verbunden denken kann. Gleichzeitig werden Flecken und Fehlstellen eliminiert. Die als linienhaft erkannten Muster werden noch durch die

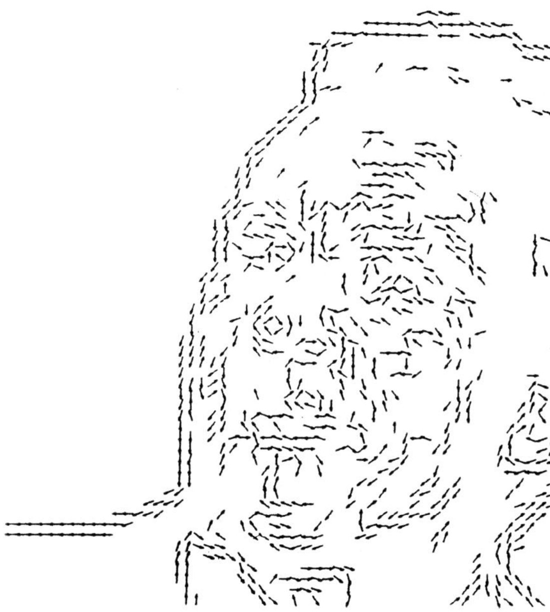

Abb. 5. Beispiel für eine Bilddarstellung (Portrait) mit Hilfe der Grauwertgradienten (die Vektoren sind um 90° in Konturrichtung gedreht)

Stützpunkte ihrer Skelettlinie dargestellt. Weiter wird geprüft, ob sich isolierte Flächen zu einem linienhaften Muster zusammensetzen lassen [6, 9, 10].

Eine nichtkonventionelle Strichfilterung sei an einem mit einem Lichtgriffel geschriebenen und in den Computer eingegebenen linienhaften Muster gezeigt (Abb. 9a). Mit Hilfe der dynamischen Optimierung werden horizontale, vertikale und diagonale Strichelemente bewertet und lokalisiert. In einer Liste werden Anfangs- und Endkoordinaten der lokalisierten einelementigen Striche dargestellt. Zur visuellen Prüfung werden die Strichelemente wieder zu einem stilisierten Muster zusammengesetzt (Abb. 9b) [11].

Abb. 10 gibt ein Beispiel für eine Linienmusteranalyse. Die gesuchten Objektklassen in der oberen Display-Zone und die darunter angeordneten zu analysierenden Linienszenen werden mit einem Lichtgriffel eingegeben. Ein entsprechendes

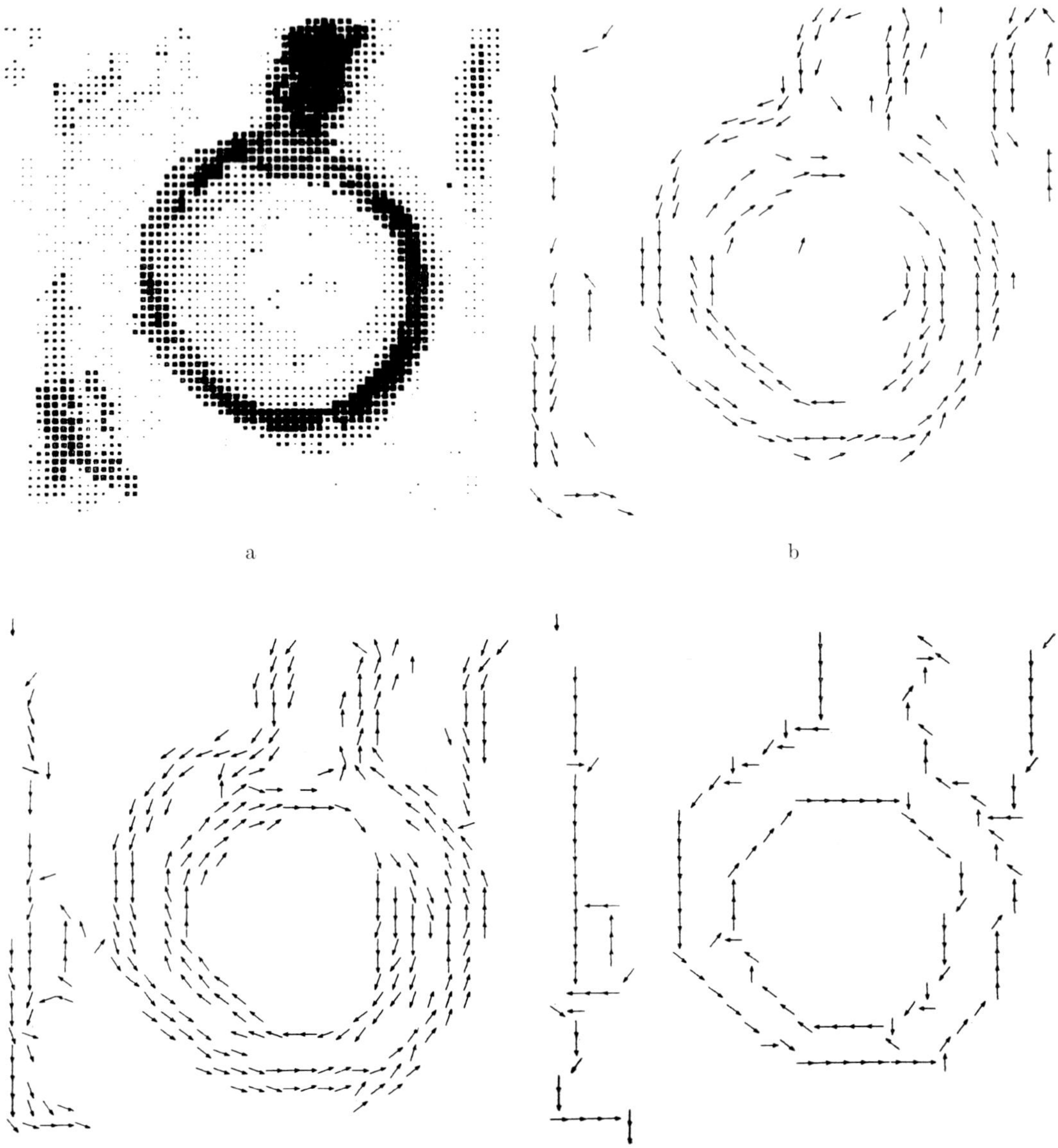

a b c d

Abb. 6a—d. Beispiel für die Vektorfeldverarbeitung. a Grauton-Kreismodell, b zugehöriges Vektorfeld, c störstellenbeseitigtes und d linienverdünntes Kreismodell

Computerprogramm analysiert die drei Objektmodelle und die Szenen bezüglich der angrenzenden Flächen und der Art der Flächenbegrenzungen. In der anschließenden Phase der Objekterkennung werden die analysierten Szenen auf Vorhandensein einer eingegebenen Objektklasse untersucht. Wenn eine Objektklasse

Abb. 7. Linienmusterverdünnung mit Hilfe lokaler nichtlinearer Operationen (SIMPAX-Anwendung)

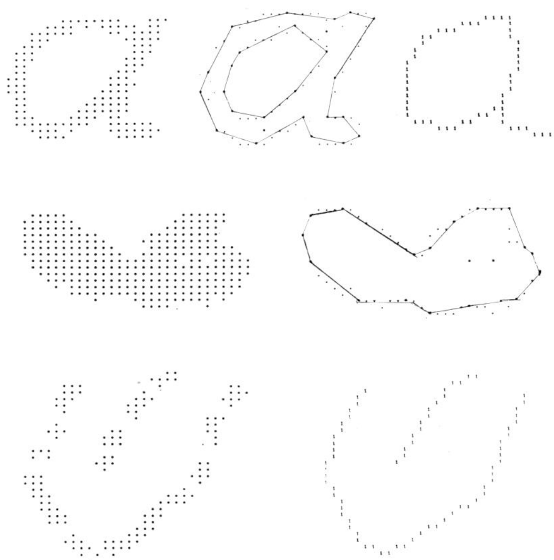

Abb. 8. Beispiel für nichtlokale Verarbeitung linien- und flächenhafter Binärmuster (Stützpunktebestimmung von Kontur- und Skelettlinien)

gefunden worden ist, wird das Objekt in größerer Leuchtdichte der Szene überlagert [12].

Schließlich seien noch zwei Verfahren erwähnt, Struktur und Parameter eines Klassifizierers automatisch aus den Mustern einer Stichprobe zu bestimmen. Als

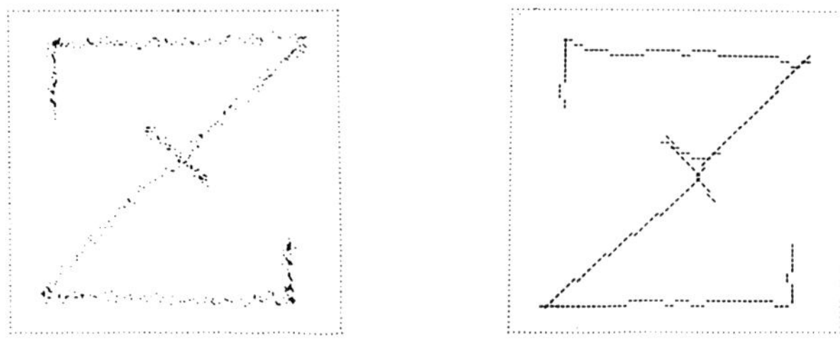

a b

Abb. 9a—b. Strichfilterung mit Hilfe der dynamischen Optimierung. a eingegebenes Muster, b strichgefiltertes Muster.

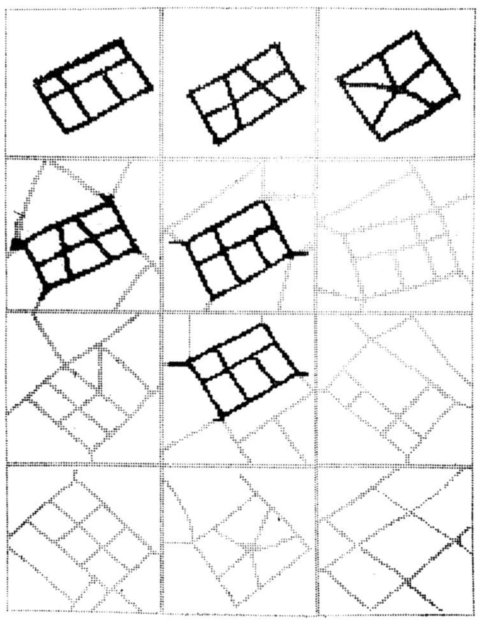

Abb. 10. Beispiel für die Szenenanalyse und Objektlokalisation

Nebenbedingung werden dabei die Toleranzen der Bauelemente vorgegeben. Ziel der Strategie ist, sämtliche Muster der Stichprobe unter Berücksichtigung einer möglichst großen Rückweisungszone richtig zu klassifizieren. Die eine Methode (Abb. 11a) benutzt für jedes Zweiklassenproblem ein Schwellwertelement und bestimmt die logische Verknüpfung der Erkennungsmerkmale und deren Gewichte [13, 14]. Die andere Methode (Abb. 11b) schaltet mehrere Schwellwertelemente zu Kaskaden zusammen [15]. Abb. 11c zeigt die positiven und negativen Gewichte, die sich z. B. bei der Klassifizierung eines alphanumerischen handgeschriebenen Zeichensatzes bei entsprechender Zeichennormierung ergeben. Das Adaptationsprogramm ist so ausgelegt, daß jedes neu angebotene und nicht oder falsch erkannte Zeichen nach Anweisung durch Struktur- oder Parametermodifikation in den richtig klassifiierten Mustervorrat aufgenommen wird.

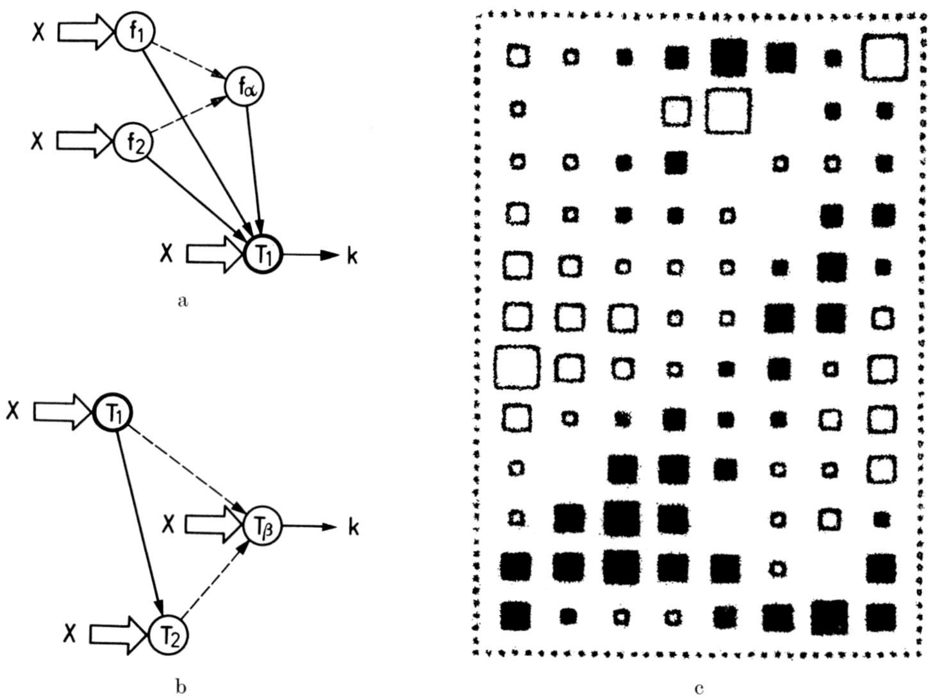

Abb. 11a—c. Automatischer Klassifikatorentwurf auf der Grundlage von Schwellwertelementen, nichtlineare Klassifikatorstruktur durch a logische Verknüpfung der Merkmale, b Kaskadierung von Schwellwertelementen und c Beispiel für eine Gewichtung der Ziffernklasse 2 (■ positive, □ negative Gewichte)

Die bisher durchgeführten Arbeiten der Forschungsgruppe dienten dazu, die grundsätzlichen Probleme der Bildverarbeitung mit einem Computer zu untersuchen. Die zukünftige Aufgabe besteht darin, gezielt Methoden zu erarbeiten, die für den Bereich „Objekterkennung und Luftbildauswertung" anwendbar sind.

Summary

First, the problems of invariances, redundancy and information reduction in picture processing and object recognition are discussed. The known invariances in mathematics are outlined, and their interpretation and conception for pattern recognition is given. For example, the known pattern transforming and classifying methods on the principle of moment invariants are demonstrated in section 3. Another elimination of pattern faults in regard to contrast variations can be formulated by the correlation coefficient. All these methods have disadvantages. Therefore, heuristics are now applied to pattern recognition. On the basis of this idea, in section 4 some examples of picture processing are demonstrated which result from the work of the research group [5, 6, 14]. The examples are: 1. Local contrast filtering of pictures, 2. Gradient scanning and vector field picture reproduction, 3. Contour following on the base of vector fields, 4. Local preprocessing by notation and interpretation of SIMPAX-instructions, 5. Skeleton and contour representation of binary pictures by straight lines and discrimination between line drawings and planar regions, 6. Stroke analysis by dynamic optimization, 7. Scene analysis and object recognition and 8. Automatic design of classifying networks with regard to structure and parameters.

Literatur

1. Rosenfeld, A.: Picture processing by computer. New York: Academic Press 1969.
2. Muerle, J. L., Allen, D. C.: Experimental evaluation of techniques for automatic segmentation of objects in a complex scene. In: Pictorial pattern recognition, (Cheng, G. C. et al., Eds.). Washington, D.C.: Thompson 1968.
3. Hu, M.-K.: Visual pattern recognition by moment invariants. IRE Trans. Vol. **IT-8**, 179—187 (1962).
4. Alt, F. L.: Digital pattern recognition by moments. In: Optical character recognition, (Fischer, G. L., et al., Eds.). Washington, D.C.: Spartan Books, McGregor & Werner 1962.
5. N. N. Automatische Zeichenerkennung. Ergebnisbericht zum Forschungsauftrag T-591-K-203 des Bundesministeriums der Verteidigung, Bonn (Forschungsgruppe am Institut für Nachrichtenverarbeitung und Nachrichtenübertragung, Universität Karlsruhe).
6. N. N. Automatische Bildauswertung und Zeichenerkennung. Ergebnisbericht zum Forschungsauftrag T-880-I-203 des Bundesministeriums der Verteidigung, Bonn (Forschungsgruppe am Institut für Nachrichtenverarbeitung und Nachrichtenübertragung, Universität Karlsruhe).
7. Schärf, R., Tröger, B.: Entwicklung eines Programms zur Reduktion von Bilddaten (Techn. Bericht der Forschungsgruppe).
8. Fink, B., Jerke, K.-H.: Anwendung von SIMPAX-Verarbeitungsroutinen auf Bildmatrizen (Techn. Bericht der Forschungsgruppe).
9. Kazmierczak, H.: Image processing and pattern recognition. IFIP Congress 68, Edinburgh (Aug. 1968), Amsterdam: North-Holland 1968.
10. — Schlageter, G.: Entwicklung eines Computerprogramms zur Störungsreduktion von Linien- und Flächenmustern (Techn. Bericht der Forschungsgruppe).
11. Görke, W.: DFG-Bericht 1970 zum Forschungsvorhaben Ste 64/22.
12. Stieß, M., Geckeler, G.: Entwicklung eines Programms zur Transformation von Graphenstrukturen (Techn. Bericht der Forschungsgruppe).
13. Zorn, W., Diem, H.: Simulation und Analyse eines geschlossenen adaptiven Systems zur nichtlinearen Klassifikation binärer Mustersätze (Techn. Bericht der Forschungsgruppe).
14. — — Adaptive Systeme und Selbstkorrigierende Schaltungen. Ergebnisbericht zum Forschungsauftrag T-590-K-203 des Bundesministeriums der Verteidigung, Bonn (Forschungsgruppe am Institut für Nachrichtenverarbeitung und Nachrichtenübertragung, Universität Karlsruhe).
15. Holdermann, F.: Separierung durch Kaskadenschaltung von Schwellwertelementen. Dissertation, Fakultät für Elektrotechnik der Universität Karlsruhe 1969.

Bildmustererkennung mit lokalen Operationen

E. Triendl, Oberpfaffenhofen

Mit 4 Abbildungen

1. Einleitung

Lokale Bildverarbeitung in biologischen Systemen ermöglicht deren hohen Informationsfluß durch Parallelorganisation der relativ langsamen neuronalen Schaltelemente.

In heute technologisch realistischen Systemen verspricht die Parallelverarbeitung schwarz-weißer Rasterbilder hohe Erkennungsraten. Aber auch bei der Realisation homogener lokaler Operationen im Computer führt deren repetitiver Charakter zu kurzen Rechenzeiten.

Durch schrittweise lokale Umcodierung eines Bildmusters können dessen Merkmale durch die Syntax der Punktanordnung im abgearbeiteten Bild dargestellt werden. Drei nebeneinander liegende Punkte, denen im ursprünglichen Muster keine weitere Bedeutung zukommt, können nach der Verarbeitung z. B. eine Linie bedeuten.

In der vorliegenden Arbeit werden am Beispiel verrauschter Buchstaben Schwarzweißbilder von Strichzeichen in Form binärer 32×32 Matrizen im Computer bis zur Merkmaldarstellung lokal verarbeitet. Für die anschließende Erkennung wird z. Z. noch eine numerische Klassendarstellung zusammen mit einem Abstandskriterium verwendet, da eine lokale Klassendarstellung noch nicht möglich war.

2. Zeichenanalyse durch lokale Bildbeschreibung

Eine Szenerie, wie sie sich der Aufnahmeoptik darbietet, besteht aus einer zweidimensionalen Verteilung von Grauwerten. Der Bildwandler hinter der Optik, wie die Retina des Auges, oder der Abtastvorgang in einer Fernsehkamera, führen eine Quantisierung ein, die einer endlichen Anzahl von Bildpunkten, z. B. 10^6 Punkten, je einen Grauwert zuordnet. Diese gewaltige Informationsmenge sagt jedoch über die Bedeutung des Bildes, die in ihm enthaltenen Objekte, zunächst wenig aus. So ersetzt denn zumindest in der biologischen Bildverarbeitung die Angabe, welche Strukturen oder Objekte sich an verschiedenen Stellen der Szenerie befinden, die Angaben der Grauwerte: Wir sehen in einem Bild Linien, Kanten, Körnigkeiten, strukturierte Flächen, bevor wir die aus diesen Elementen zusammengesetzten komplizierteren Objekte erkennen. Die Bilddarstellung auf der Retina, bei der jeder Sensorzelle ihr Grauwert zugeordnet ist, wird ersetzt durch eine hierarchische, syntaktische Beschreibung des Bildes, die Art, Größe, Orientierung usw. der Objekte und Strukturen an den verschiedenen Stellen des

Bildes angibt. Zumindest in den ersten Stufen dieser Verarbeitung werden dabei, wie physiologische Untersuchungen am optischen Trakt gezeigt haben, örtlich benachbarte Bildelemente kombiniert, die Verarbeitung ist lokaler Natur.

Da jeder Schritt lokaler Verarbeitung nur jeweils benachbarte Bildelemente erfaßt, kann eine lokale Operation leicht für das ganze Bild gleichzeitig durch parallel arbeitende Einheiten mit entsprechend erhöhter Geschwindigkeit ausgeführt werden. Im technischen Bereich läßt sich — verwendet man Metalloxyd-Feldeffekttransistoren in Großkreisintegration (MOSFET-LSI) — eine Verarbeitungsrate von 10 Gigabit/sec bequem erreichen.

Aus dem biologisch fundierten Hinweis auf syntaktisch orientierte Bildbeschreibung und aus der Geschwindigkeit lokaler Operationen leitet sich für mich die Zielvorstellung ab, mittels lokaler Verarbeitung Zusammenhänge zwischen den Bildpunkten herzustellen, deren Art eine Aussage über den Bildinhalt macht.

Bilder von Strichzeichen, insbesondere von Buchstaben, deren räumliche Kompaktheit die Verwendung grober Rasterung mit entsprechend geringem Speicherbedarf erlaubt, bilden das Material an dem heuristisch gefundene Realisationsmöglichkeiten lokaler Bildbeschreibung erprobt werden.

Es stellt sich dabei zunächst die Aufgabe, nichtlinienhafte Störungen zu beseitigen und die im Bild vorhandenen Striche verschiedener Stärke in ideale Linien zu verwandeln. Ein Skeletierungsverfahren zieht diese idealen Linien in etwa der Mitte der Striche. Dabei geht allerdings einige in der Form der Kanten enthaltene Information verloren. Nach der Skeletierung werden verschiedene Linienarten und Formen unterschieden, im beschriebenen Fall Enden, Verbindungslinien, Kreuzungen, Ecken verschiedener Orientierungen, an Hand derer das Zeichen klassifiziert wird.

3. Verarbeitung binärer Rasterbilder der Größe 32 × 32

Die Beschränkung auf binäre Bilder, deren Bildpunkte nur die Werte schwarz und weiß annehmen, ergibt schnellere Rechenzeiten und ermöglicht die Anwendung der logischen Operationen und eine übersichtliche Darstellung. Grauwerte und Farben können durch Zusammenfassen mehrerer binärer Ebenen ähnlich wie Dualzahlen aus binären Ziffern dargestellt werden.

Die Bildgröße von 32 × 32 Punkten reicht für eine hinreichend scharfe Abbildung mehrerer Buchstaben in einem Bild aus und erfordert einen mäßigen Speicherraum von 1024 bit. Von größeren Bildern wird nur ein 32 × 32 Punkte großes Fenster verarbeitet, das über dem Bild herumgeschoben wird, entweder systematisch oder vom jeweils erkannten Bildinhalt gesteuert, wie die Bewegung des Auges.

Für die Verarbeitung der gezeigten Bilder wird ein System von Bildoperationen benützt, das logische Verknüpfungen der Rasterpunkte mit ihren jeweiligen vier Nachbarpunkten ermöglicht. Jedem Bildpunkt wird dabei ein bestimmtes bit in einem Wort des Computers zugeordnet. Ein Bild besteht aus zwei Spalten von je 32 Worten à 16 bit des Prozeßrechners DDP-116.

Eine andere Darstellungsmöglichkeit des Rasterbildes und der darauf wirkenden Operationen ist der Parallel-Bildrechner, bei dem jedem Bildpunkt ein eigener rudimentärer Rechner zugeordnet ist, der etwa aus einem einzigen integrierten Schaltkreis bestehen kann.

In Abb. 1 ist ein Bild von Buchstaben gezeigt, da mit dem Lichtgriffel auf den am Rechner angeschlossenen Bildschirm geschrieben wurde und verschiedene Störungen enthält, insbesondere Störpunkte und Linienunterbrechungen. An Hand dieses Bildes wird die lokale Verarbeitung demonstriert.

Als erstes stellt sich das Problem, die Störpunkte zu eliminieren. Das geschieht mit der Operation, dargestellt durch Gl. (1), die Punkte ohne Nachbarn löscht. Das Vorhandensein von Nachbarpunkten wird dabei durch eine ODER-Verknüpfung der vier Nachbarpunkte festgestellt.

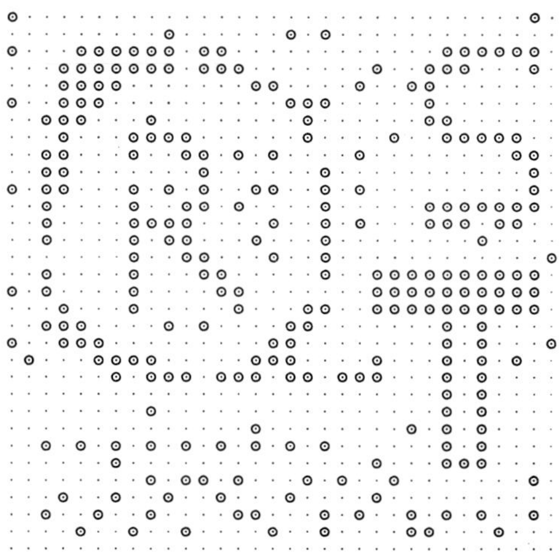

Abb. 1. Binäres Rasterbild handgeschriebener Buchstaben

$$A \Leftarrow A \wedge [(\leftarrow A) \vee (\downarrow A) \vee (\rightarrow A) \vee (\uparrow A)] \qquad (1)$$

A binäres Rasterbild.

$\rightarrow$ Verschiebung in Pfeilrichtung um eine Gitterkonstante.

Das Resultat der Anwendung von Transformation (1) ist das aus den in Abb. 2 mit Kreisen markierten Punkten bestehende Bild. Zur Ausführung dieser Operation werden auf der DDP-116 eine Rechenzeit von 20,5 ms benötigt und außer Bild A noch zwei weitere Bilder als Speicher der Zwischenergebnisse bzw. Zwischenspeicher des unverarbeiteten Originals, also zusammen 3072 bit Bildspeicher. Die Operation ist in ihrer Struktur typisch für die hier verwendeten lokalen Operationen.

Im nächsten Verarbeitungsschritt werden dem Muster seine Verbindungspunkte zugesetzt um Linienunterbrechungen zu schließen und zu dünne Linien zu verdicken. Die Verbindungspunkte sind in Abb. 2 mit x bezeichnet und durch Gleichung (2) definiert.

$$V \Leftarrow 2 < \sum_{i=1}^{8} [(S_i A) \neq (S_{i+1} A)] \tag{2}$$

V Verbindungspunkte zu Bild A.

i zyklischer Richtungsindex, der Reihe nach die Richtungen oben, rechts oben, rechts, rechts unten, unten, links unten, links, links oben, bezeichnend.

S_i Verschiebung in Richtung i.

Σ Summation, wobei logische Werte arithmetisch summiert werden.

Beseitigt man die jetzt entstandenen isolierten Löcher durch eine weitere Reinigungsoperation, so entsteht das in Abb. 3 gezeigte Muster aus kompakten,

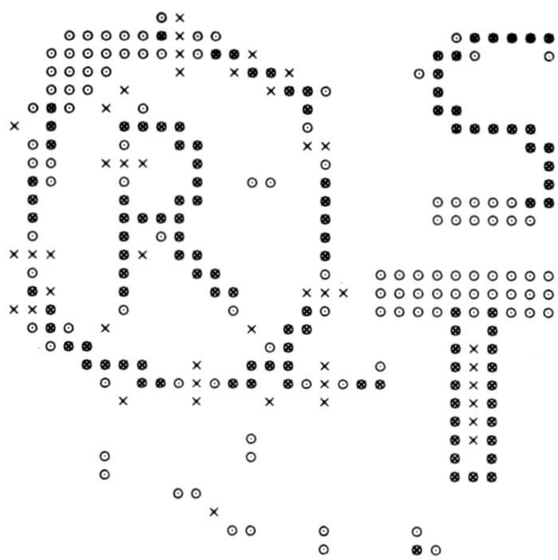

Abb. 2

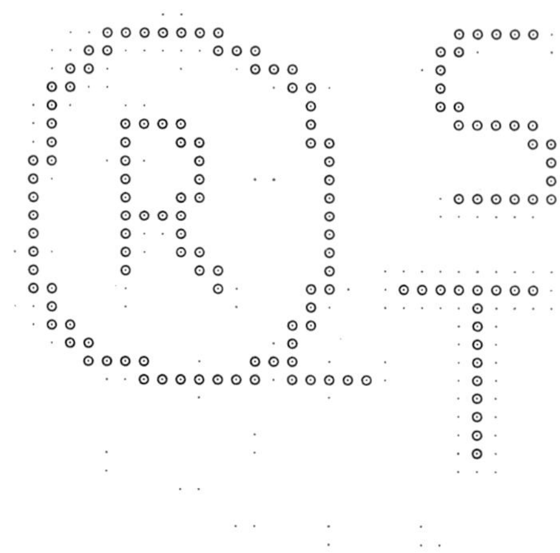

Abb. 3

Abb. 2. Kreise: Rasterbild nach dem Löschen isolierter Punkte. Kreuze: Verbindungspunkte

Abb. 3. Punkte: Rasterbild bei Beginn der Skelettierung. Kreise: Skelett

störstellenfreien Bereichen, in dem nun Punkte im Inneren und am Rand unterschieden werden können, je nachdem ob sie von vier Nachbarpunkten umgeben sind oder nicht. Diese sich abzeichnende lokale Syntax wird hier nicht in Richtung auf eine Beschreibung der Ränder des Musters weiter verfolgt, sondern es wird das Skelett des Zeichens gebildet.

In Anlehnung an das Blumsche Bild vom Grasfeuer, das an den Rändern des Musters angezündet wird, werden solange Randpunkte des Musters gelöscht, bis nur noch die für seinen topologischen Zusammenhang wichtigen Punkte, die Verbindungspunkte nach Gl. (2), übrig bleiben. Eine detaillierte Beschreibung der Skelettierung wurde bereits in [1] gegeben. In Abb. 3 sind die bei der Skelettierung gelöschten Punkte gekennzeichnet. Abb. 4 zeigt das Skelett dem Ausgangsbild überlagert. Das Skelett gehorcht einer lokalen, im Bereich der vier nächsten Rasterpunkte kurz 4-Nachbarn jedes Skelettpunktes definierten Syntax mit folgenden Regeln:

1. Ein Skelettpunkt mit einem 4-Nachbarn bildet den Endpunkt einer Linie.

2. Ein Skelettpunkt mit zwei 4-Nachbarn liegt auf einer Linie.

3. Ein Skelettpunkt mit drei bzw. vier 4-Nachbarn bildet eine Kreuzung mit 3 bzw. 4 abgehenden Linien.

4. Ein Skelettpunkt wird durch die Anordnung seiner 4-Nachbarn einer von 4 Richtungskategorien zugeordnet.

Bei Berücksichtigung einer größeren Umgebung lassen sich noch feinere Richtungsunterteilungen angeben, wie die aus einer 8-Nachbarumgebung gewonnene, an den Punkten des in Abb. 4 dargestellten Skelettes eingezeichnete, die für die Erkennung verwendet wird.

Abb. 4. Kreise: Ausgangsbild. Striche: Skelettpunkte. Die Zahl und Anordnung der von jedem Skelettpunkt ausgehenden Striche gibt einen Teil der durch die lokale Syntax ausgedrückten Klasseneinteilung und Richtungsinformation an.

4. Erkennung

Die Syntax des Skelettes ermöglicht es, durch lokale Verarbeitung Bilder zu erzeugen, die jeweils nur eine bestimmte Art von Skelettpunkten enthalten, z. B. nach links weisende Enden. Das kann, da der topologische Zusammenhang der Muster durch eine Linienfolgeoperation festgestellt wird, für jedes zusammenhängende Bildobjekt getrennt geschehen. Nach der Merkmaldarstellung in multiplen Bildern führt eine nichtlokale Zähloperation in einen numerischen Merkmalraum über, der von den Populationen der verschiedenen Arten und Orientierungen bei der Skelettierung entstandener Punkte aufgespannt wird.

Die Wahl der Merkmale und die des Separationsverfahrens wird dabei mitbestimmt durch die Absicht, die Zeichentrennung in Zukunft ebenfalls mittels lokaler Verarbeitung auszuführen und auf eine numerische Merkmaldarstellung zu verzichten. Daher werden Distanzkriterien, die die Ähnlichkeit eines Zeichens mit seiner Klasse zum Gegenstand haben, bei der Zeichentrennung gegenüber Verfahren bevorzugt, die sich auf die optimale Trennung verschiedener Klassen beziehen, wie z. B. lineare Trennebenen.

Die Angabe der Zahl der Endpunkte und Kreuzungen eines Zeichens reicht bereits aus, um die Buchstaben A, B, C, D, E unabhängig von ihrer Größe, Lage, Orientierung und Verzerrung zu unterscheiden. Daher wird in der ersten Stufe der Klassifizierung ein neu eingegebenes Zeichen der Gruppe derer mit derselben Zahl von Enden und Kreuzungen zugeordnet. In der zweiten Stufe wird das Zeichen als dasjenige erkannt, zu dem es in einem aus weiteren acht Merkmalen aufgespannten Raum den kleinsten Abstand hat.

Dieser Satz von Merkmalen:

die Summen der nach oben, rechts, unten und links weisenden Richtungskomponenten der Linienenden,

die Horizontal- und die Vertikalkomponente der mittleren Kreuzungsorientierung,

die Zahl der nach rechts bzw. nach links offenen rechtwinkligen Ecken,

enthält keine Aussage über die räumliche Anordnung der Enden und Kreuzungen, Größe und Form des Zeichens.

Der Lernvorgang ist als Lernen mit Lehrer organisiert, wobei der Lehrer die Bedeutung jedes unbekannten oder falsch klassifizierten Zeichens angibt. Da die Merkmale des gelernten Zeichens Verwendung finden, reicht dabei ein Exemplar jedes Zeichens aus; weitere werden nur gelernt, wenn sie falsch klassifiziert wurden.

Mit diesem Verfahren wurde ein Satz Großbuchstaben und Ziffern gelernt und daraufhin andere stark verzerrte und verrauschte handgeschriebene Buchstaben jeder Größe, unter ihnen auch die hier gezeigten, richtig wiedererkannt. Da die relative Lage der Enden und Kreuzungen nicht berücksichtigt wird, ist z. B. ein bestimmtes „G“ mit Querstrich identisch mit dem „T“, und das „S“ identisch mit dem waagrechten Strich „—“. Leicht verwechselt wurden S, Z, 2, 5 wegen der schlecht arbeitenden Eckenextraktion.

Die Verarbeitung bis zur Erkennung, die auf dem Prozeßrechner 1,2 sec dauert, würde auf einem parallelen Bildrechner mit 10 MHz Taktfrequenz 0,3 ms dauern.

Zusammenfassung

Verzerrte und verrauschte binäre Rasterbilder handgeschriebener Buchstaben oder anderer aus Strichen zusammengesetzter Zeichen werden mittels lokaler Operationen für die Klassifizierung vorverarbeitet.

Lokale Operationen können parallel, für alle Bildpunkte gleichzeitig, gerechnet werden, etwa durch eine Matrix von Schaltkreisen in Großkreisintegration, die von einem Kontrollrechner mit Befehlen versorgt wird und eine Erkennungsrate schneller als 1 ms pro Bild erreichte.

Die 1024 Bildpunkte großen Rasterbilder werden zuerst von Fehlpunkten gereinigt, dann werden Verbindungspunkte ergänzt, schließlich die Linien verdünnt, bis das Skelett des Zeichens, aus eine Rastereinheit breiten Linien bestehend, übrig bleibt. Das Skelett besitzt eine lokale Syntax, die die Klassifizierung seiner Punkte in Kreuzungen, Enden, Linien mit verschiedenen Orientierungen erlaubt.

Die Besetzungszahlen der verschiedenen Klassen werden, ohne Rücksicht auf räumliche Anordnung, in einem 40-bit-Merkmalvektor zusammengefaßt.

Die Klassifizierung durch Lernen mit Lehrer benützt eine zweistufige Baumstruktur mit den Kriterien der Identität und des minimalen Abstandes. Alphanumerische Zeichen werden dadurch gut erkannt, mit typischen Verwechslungen wie S—2—Z und A—R.

Literatur

Triendl, E.: Skeletonization of noisy handdrawn symbols using parallel operations. Pattern Recognition. Vol. **2**, pp 216—226 (1970).

An Economical Method of Graphic Communication

Ch. W. Burckhardt, Geneva

A. Introduction

The object of the work reported here is the development of a simple console for the input and output of graphic information. A solution is needed to the perennial problem of communication between man and machine, which is both well adapted to human comfort and inexpensive. Such a console would be particularly useful for teaching machines connected to a central computer by a digital telephone line. The new apparatus should have the following characteristics:

— Economical code, allowing digital transmission of a line drawing over a telephone line at about the speed of the writing hand.

— Real-time encoding, if possible directly from the drawing or writing hand.

— Character recognition by the computer should be made easy.

— The information received and emitted on the console should be in the form of hard copy.

— The manufacturing price of the console should be low, preferably below the $ 1000 limit.

The present paper gives some preliminary suggestions for a new type of console.

B. Cybernetic Considerations

What is the best way to encode a line drawing ? A cybernetic approach starts from the observation that the graphic material to be transmitted consists basically of drawings produced by a human hand and read by a human eye. In the case of technical drawings and printed letters, this material resembles in many respects hand-drawn material, particularly with respect to distribution of curvature.

Regarding graphical communication between men today, we note the following:

1. A graphical representation can replace a complex object. The representation is two-dimensional and there are no colours or half tones. Line drawings show in fact an enormous reduction of information as compared to the original object or even as compared to its photographic representation. — This observation justifies the subject of the present paper.

2. The transmission uses a mechanical writing device (the hand) having a certain inertia. A line drawing is produced by a moving point which glides at variable speed over the two-dimensional writing surface (it should be noted that the order in which the lines are drawn is not defined; there will always be an ambiguity in knowing in what sequence a given drawing has been made). — These remarks are generally valid for all mechanical plotters.

3. Straight lines or slightly curved lines allow a faster drawing speed than more curved lines and angles, where the writing point comes practically to a full

stop. Less information is needed for drawing a straight line than a curved line and if, in writing, the pen is governed through a channel with constant information flow, straight lines can be drawn faster. This is a quality that most of today's digital plotters do *not* have.

4. In the course of centuries, there has been an optimization of the way we represent objects by line drawings and of the symbols and letters we use for graphic communication. If an optimization has taken place, it is worthwhile asking where the bottleneck for information transmission occurs — in other words, where are the constraints that required such optimization. Even if we should like to, we cannot write faster than the maximum speed of the human hand. It seems therefore that the motor nerves and muscles of the drawing hand are the factors limiting information flow.

Consequently, in continuing our study, we investigate the coding of the motor nerves of the hand and try to gain some inspiration from there for the coding of our system.

Denier van der Gon et al. [1] have analysed the writing movement, including writing speed and pressure. In their experiments, they have varied writing size and frictional resistance of the writing means. They also have synthesized electronically particular handwritings and have so checked the validity of their observations. Although the work cited is only concerned with writing and not with drawing, the results are more or less valid for the latter also. The following are the essential results of their experiments relevant to our work:

1. In the case of rapid handwriting, the feedback mechanism via the eyes has a negligible influence.

2. There is physiological evidence that the writing movement is composed of two vectors, more or less perpendicular to each other.

3. The shape of a written word is given by the timing of muscular contractions and not by the magnitude of the forces involved.

For a further analysis, it is important to notice that the influence of position feedback on the eyes is negligible with regard to those aspects of writing and drawing which concern the speed of the pen and the distribution of curvature, i.e. the factors which are important for the coding considerations.

The work of Denier van der Gon et al. on the synthesis of handwriting shows clearly that acceleration pulses of unit size operating on a system having inertial mass are a good basis for a handwriting model. Furthermore they allow an estimation of the hand's information transmission capacity. This capacity is about 1000 bit/sec.

C. Principle of Economical Coding of Graphic Material

Consideration of the specifications cited in the introduction leads us to envisage a mechanical plotting device. All such devices necessarily have inertial mass analogous to the writing hand and we chose the code to be the equivalent of the signal in the motor nerves of the hand. The plotting motion is decomposed in the direction of two coordinates and there will be two independent channels, one governing the X the other the Y direction. Quantization is the best way to ensure high accuracy without feedback and therefore not only pulse heights are quantized but also their time of occurrence. As a result, in both channels X and Y, there will be unit pulses + 1 or − 1, or 0, at well defined intervals.

The signals are acceleration pulses, so they can be chosen as rectangles in function of time having a duration approaching the length of time intervals. Thus, a given drawing will be presented as a succession of parabolic segments.

The curve produced by the plotter is the result of two double integrations in the X and Y directions. These double integrations can be carried out in different ways:

— If the pen is driven by two stepping-motors, the first integration can be performed electronically. The outputs of the two integrators are made proportional to the frequencies of the currents used to drive the two stepping-motors, which perform the second integration (e.g. Zip Mode, Calcomp [2]).

— As an alternative solution, the first integration can be carried out by a stepping-motor or a similar electromechanical transducer and the second by a mechanical wheel-and-disc integrator. Drift in the output of the mechanical integrator is avoided by making it digital, which means providing a firm engagement between the wheel and the disc by teeth or similar means.

An important result which is gained by the use of the code described is a system where the bandwidth of transmission is made about equal to that of the writing hand, and there is the possibility of real time encoding directly by the writing or drawing hand.

It happens that the three bottlenecks for graphic information transmission between a brain and a central computer: "hand — electromechanical transducer — digital telephone line" have an information transmission capacity of the same order of magnitude, namely about 1000 bit/sec.

D. Plotter and Encoder

The new coding principle allows the construction of devices which correspond to the specifications defined in the introduction. A plotter consists essentially of a mechanical writing table in which both coordinates are under the control of the output of two separate double integrators. The mechanical transmission can be done in the usual way by a roller and string mechanism. A conventional mechanism controls the lifting and lowering of the writing pen.

As we have shown, *real time encoding* is an important feature. The hand produces drawings and signs just as the encoder requires them, i.e. straight lines are drawn fast and writing speed diminishes for drawing details. The proposed encoder consists of a three-point following controller: the hand moves a stick over the paper as if it were a pen. The force of the muscles of the hand on the stick is detected by an elastic mechanical connection between the stick and the actual writing tip. The system of the stick and the writing tip comprises five electrical switches which have the following control functions:

— acceleration in X direction
— deceleration in X direction
— acceleration in Y direction
— deceleration in Y direction
— lowering of the pen (Z direction).

By the arrangement described, the pen only carries out what is being transmitted and the drawing actually produced on the paper is the receipt which can be continuously checked by the eye of the person drawing. Even if the whole system between writing stick and writing pen should have some strange behaviour from the control stability point of view, the operator will adapt rapidly to it.

E. Character Recognition

The use of an encoding device of the kind described means that the drawing or writing hand has to undergo certain constraints in its movements. On the other hand the feedback over the writer's visual system ensures that the transmitted information corresponds to the writer's will.

The advantage of using a console of the type described for introducing signs into a computer is that the output of the console is in digital form and that the information quantity per sign is much smaller than in usual methods of encoding. Further studies of the operations to be carried out for character recognition are being made.

F. Conclusions

A new concept for transmitting graphical material has been developed which seems to have many possibilities.

The applications range from high-performance curve plotters to inexpensive consoles which anyone can afford and which might become an inseparable part of the telephone, with prospects of worldwide graphical communication.

A small team within TEST Technical Studies Limited, Geneva, is developing a first prototype for the digital integrator and the drawing device. It is certain that a lot of work has still to be put into the development of the new device before it becomes a commercial proposition.

Zusammenfassung

Es soll ein billiges graphisches Kommunikationsmittel zwischen Mensch und Maschine geschaffen werden. Das System soll sich speziell für über einen digitalen Telefonkanal an einen zentralen Rechner angeschlossene Lernmaschinen eignen. Texte, Formeln und Strichzeichnungen sollen ausgegeben und Zeichen und einfache Figuren manuell eingegeben werden können. Das Schreibsystem soll elektromechanisch sein und auf gewöhnliches Papier schreiben.

Die wichtigste Frage ist diejenige des zu verwendenden Codes. Es wird zunächst folgender Kanal hinsichtlich seines Informationsflusses untersucht: Hirn I — Hand — Zeichnung — Auge — Hirn II. Die Auswertung veröffentlichter Arbeiten zeigt, daß die schreibende Hand über die Nerven im wesentlichen durch Beschleunigungsimpulse gesteuert wird. Ferner haben die drei möglichen Informationsengpässe eines technischen Systems „Hand — digitaler Telefonkanal — elektromechanischer Umsetzer" etwa die gleiche Kapazität von 1000 bit/sec.

Das Vorangehende führt auf eine Codierung, bei welcher für beide Koordinaten eines Schreibstifts Beschleunigungsimpulse $+1$, 0 oder -1 in regelmäßigen Zeitintervallen übertragen werden. Eine Strichzeichnung kann so bei beschränktem apparativem Aufwand mit einem Minimum an Information übertragen werden. Ein Gerät umfaßt für beide Koordinaten je zwei Integratoren, wobei entweder der erste Integrator elektronisch ist und der zweite ein elektromechanischer Umsetzer oder der erste Integrator durch den elektromechanischen Umsetzer gebildet wird, gefolgt von einem digitalen mechanischen Integrator.

References

1. Denier van der Gon, J. J., Thuring, J. Ph.: The guiding of human writing movements. Kybernetik **2**, 145—148 (1965).

— — Strackee, J.: A handwriting simulator, Phys. in Med. Biol. **6**, 407—414 (1962).

2. Cal Comp 700 series plotters. California Computer Products, Inc., June 1961, IEEE Trans. on Electronic Computers, EC-10, 260—268.

The IBM 1275 Recognition System and Its Development

H. VAN STEENIS, Uithoorn, Netherlands

With 4 Figures

Introduction

Magnetic Ink Character Recognition (MICR) was developed about 10 years ago for the automation of cheque and transfer processing in banks and Postgiro's. In the U.S.A. the E-13B type fount was developed and in Europe CMC-7; their general characteristic is eight characters per inch printing pitch, special printing equipment and a fairly high degree of print quality control. In continental Europe, MICR has not been applied extensively and there is a strong trend noticeable towards Optical Character Recognition (OCR). The primary reason for this is a ten character per inch printing pitch which allows for the use of regular printers, e.g. high-speed printers. It is felt that OCR can provide a better balance between document preparation and reading costs. The subject recognition system was developed specifically with this reasoning in mind. Details of this development are given below.

Environment and Implications

In order to develop a reader, one must know what its application is going to be. For economic reasons the design must be tailored to its intended purpose, in a way comparable to the specialization that is found in animal vision. The following is a brief summary of starting points that have been used and the consequences for the reader design.

1. Type Fount

The use of a common type fount allows for document interchange between financial institutions. The obvious choice was between ISO-A and ISO-B. It was decided to develop both (size I numerals and symbols as in Fig. 1), leaving the choice open.

2. Fast, Single-line Reading

The OCR information can be put on a line and read by a single pass through the machine. A high transport velocity (6.7 meter per second) is used because of the large volume of documents to be processed and the need for sorting in financial institutions. A fixed silicon line scanner was selected for various reasons. The height of the integrated photo-diode element must cover a band of approximately three times the character height to compensate for printing and cutting tolerances.

3. Wide Printing Tolerances

The great variety of printing devices at a large number of locations promised little control over print quality. Therefore a rather powerful reader was required for an optimum printer/reader solution.

4. Reading Reliability

The practical throughput of the machine is at least 60,000 150-mm long documents per hour. If we assume that for a certain operation 30 characters are read from every document, this means at least 1,800,000 characters read per hour. Hence reading reliability has to be very good indeed.

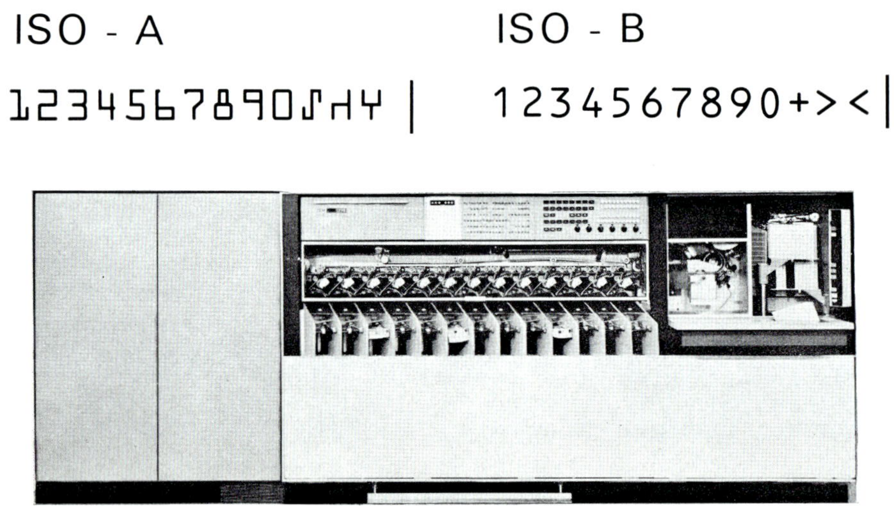

Fig. 1. The IBM 1275 optical reader/sorter and an illustration of the two available type founts

From these starting points, the IBM 1275 recognition system was developed for the transport of the IBM 1419 MICR Reader-Sorter. The complete machine is shown in Fig. 1; the extension on the left contains the recognition logic. Documents are loaded on the right side and scanning takes place in the adjacent compartment. In the middle section 12 pockets are visible for decimal sort or program sort, and a thirteenth pocket is the reject pocket. Switches above the pockets allow the operator to set various functions and checking circuits; for details see reference 1.

Read and Recognition System

Five basic elements can be distinguished in the 1275 read and recognition system (Fig. 2). The *scanner* converts variations in reflected light into small electrical signals. The *video circuits* amplify these signals and quantize them into black/white grid points. The *matrix* is a register where the incoming grid points are assembled to form an electrical image of the part of the line which has just been scanned, as illustrated in Fig. 3. The *extraction logic* analyses the electrical image continuously and accumulates at the appropriate time a measure of fit between the character pattern in the matrix and each of the character classes to be recognized. Finally, the *decision logic* inspects these measures of fit and decides whether a particular class should be recognized or whether the pattern should be rejected. These five elements will now be discussed in detail.

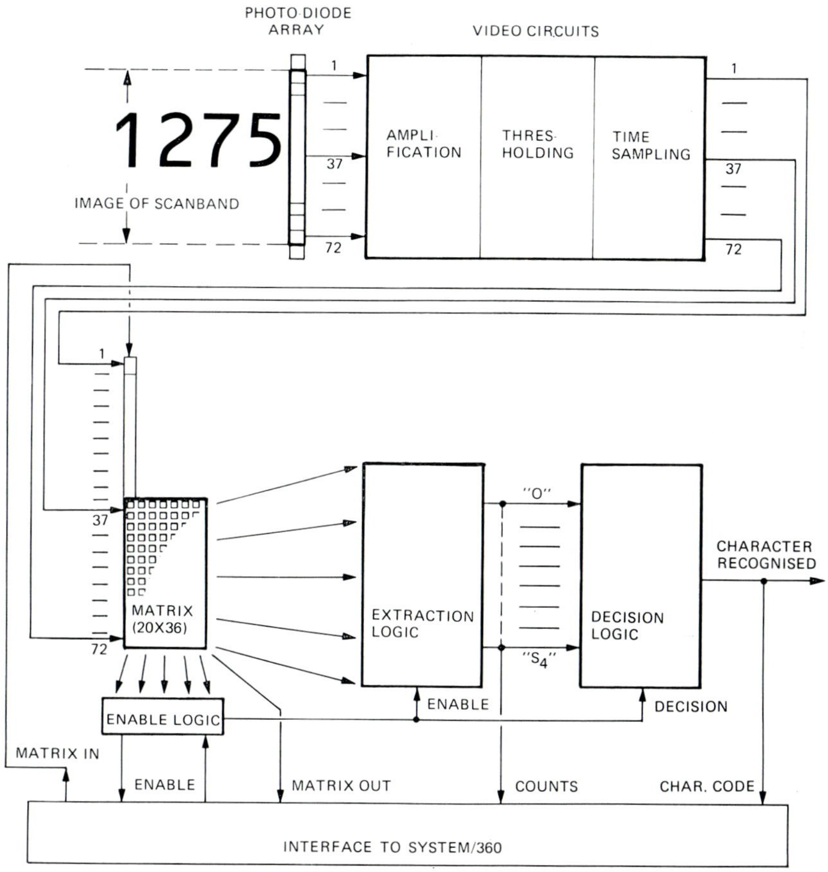

Fig. 2. Block diagram of IBM 1275 read and recognition system, including connections to S/360 interface

Scanner

The *scanner* configuration is conventional. Two tungsten filament lamps illuminate the area where the print line on the document will pass by. The reflected light is collected by a lens and imaged on a vertical line array of 82 photo-diodes; their pitch is 127 μm referred to the document. Of these photo-diodes, 72 span the height of the so-called scan band (9.1 mm) through which the OCR characters must pass. Five additional photo-diodes at both the top and bottom of the array monitor irregular conditions, such as cancellation stamps in the print line or a skewed print line that runs out of the scan band, to reject improper documents.

An advantage of the silicon photocell/tungsten lamp combination is that the spectral sensitivity lies in the very near infra-red, making the *scanner* blind to light safety-tinting yet sensitive to certain dyes used in fabric ribbons. Other dyes are not seen by the scanner, e.g. the brown dye stamping in Fig. 3A.

Fig. 3. Actual printing samples and the resulting matrix patterns (Enable Time is shown at the bottom)

Video Circuits

The 72 read track or *video signals* are amplified in parallel. Each track contains a logarithmic amplifier, a dynamic thresholding circuit and a sampling circuit.

The significant feature of a logarithmic amplifier is that the differential output voltage is a function only of the contrast seen, virtually independent of illumination and photo-diode sensitivity. And, by clamping the "white" side of the amplified differential voltage against a certain level, we achieve a.c. as well as d.c. uniformity between reading tracks.

The parallel thresholding circuits convert the analog read track signals to binary black/white signals. Each signal is continuously compared with a dynamic threshold and, depending on the polarity of the result, judged black or white. The output of the threshold circuit thus is binary in amplitude and analog in time.

The dynamic threshold must of course be properly established. To achieve a faithful reproduction of the printed character in the matrix, the threshold must vary with contrast seen. In our case the dynamic threshold is influenced by the contrast in a number of adjacent tracks (weighted according to proximity) and the weighted contrast history (RC-integration). Furthermore, the maximum black signal found over the entire array influences the threshold. Hence the vital importance of the uniformity between tracks for proper thresholding mentioned earlier. Last but not least, the threshold cannot fall below a minimum level in order to prevent paper noise from being read. The weighting factors used were established experimentally to achieve the most faithful reproduction under realistic circumstances. The results are illustrated in Fig. 3B, C, D, and E; the printing in Fig. 3C, which is difficult to reproduce exactly, is just below the limit.

The last function of the video circuits is quantization in time. The signal in each track is sampled every 19 μsec., corresponding to 127 μm of document movement. For 72 tracks the resulting output of the video circuits is a column of 72 binary grid points per sample. These bits are sent to the *matrix* register, sample after sample. In theory each bit represents an area of 127 μm × 127 μm on the paper — the effective area is slightly wider due to the systems response.

Matrix

Bits from the *video circuits* are continuously assembled (= serialized) in a *matrix* register, forming an electronic image of the 2.5 mm space just read. This electronic image of a complete character space can be inspected by the *extraction logic*, to decide whether a character is present and what the character class is.

The *matrix* is a long serial shift register (operated at about 1,900,000 shifts per second) which brings the patterns to be recognized into all possible translation positions. This 720-bit shift register can be thought to consist of 20 columns (corresponding to the 20 samples over 2.54 mm) and 36 rows (half the number of 72 tracks). Since the character can cover only one third of the tracks, the top half of the pattern is superimposed on the bottom half. This superposition takes place continuously in the parallel-to-serial assembly circuits at the input to the shift register (see Fig. 2).

Enable and Extraction Logic

Two functions must be distinguished. The first function is to extract relevant information about the character class from the pattern. The second function is to enable this information extraction, i.e. to indicate whether a valid character pattern is being read and if so, when information extraction can best take place (horizontal registration). The *Enable Logic* is very vital. It must not be fooled by dirt spots, yet always detect thin characters with parts missing. In addition, it must generate the proper Enable Time period, even when characters are thin, heavy, have parts missing and/or are touching (Fig. 3F). The details of the rather complex logical circuits will not be given here — it is only mentioned that the Enable Time period can vary between 6 to 13 scans, depending on the width of the pattern and the proximity of the next character. For comparison, the nominal character width occupies 14 scans and the nominal character pitch corresponds to 20 scans.

The *Extraction Logic* consists of logical statements (one for each character class), which are matched against the pattern in all shift positions during Enable Time. For an Enable Time of 9 scans the matching takes place during $9 \times 36 = 324$ shifts.

The *Decision Logic* accumulates the number of matches (= measure of fit) for each character class, from which the recognition decision is made. The consequences of this two-dimensional integrating recognition concept are discussed after the logic descriptions. It is only mentioned here that the accumulating counters form the integrating elements.

The object of each logical statement is to find as many matches as possible with the proper patterns and as few matches as possible with patterns belonging to other character classes. First of all, it was decided to use an OR-AND-OR-AND-OR type of Boolean expression, which has sufficient flexibility and is easily implemented with standard logic circuits. The first OR is at the matrix bit level and the last OR combines a group of alternative statements. Because of the very degraded print quality we found it very useful to design these alternative statements for specific types of degraded patterns. In general, there are five alternative statements for each character class, designed to match patterns of characters with a missing top, a missing bottom, a missing right side, a missing left side and a very heavy stroke width. The advantage of this is that the designer can select the alternative statement he wants to solve the problem at hand, instead of going through the entire statement. We found that this subdivision into five groups worked entirely satisfactorily with other printing defects; some borderline patterns are shown in Fig. 4.

Decision Logic

The *Decision Logic* accumulates the number of matches in counters (i.e. the measure of fit) during Enable Time; there is one counter for each character class and the maximum count is 32 matches. At the end of Enable Time the various counts are inspected and the decision is made whether to recognize or to reject the pattern.

There are two criteria for positive recognition:

A. The highest match count must exceed a certain value, in our case at least four matches, and

B. The difference between the highest and next highest match count must also exceed a certain value, which in our case again turned out to be four matches. In principle, the two numbers could be different.

If both criteria are satisfied, the counter which contains the highest count indicates the character class recognized. The pattern is rejected if one of the two criteria is not satisfied. In the latter case one can still distinguish between a conflict (A satisfied but not B) and a true reject (A not satisfied).

In order to judge these count criteria, it can be said that typically the highest count is between 12 and 16 with sometimes 1 or 2 counts for other classes. Light patterns produce a lower match count but the chance of other statements matching is very low. Heavy patterns produce a higher match count so that stray counts do not matter. The real benefit of this method, of course, is in handling difficult cases. Counts (in brackets) and decisions are illustrated in Fig. 4.

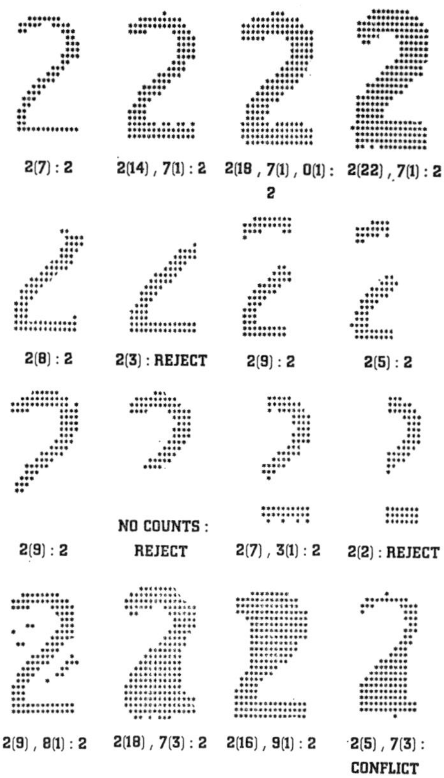

Fig. 4. Various patterns of character "2" (ISO-B) together with the resulting counts and decisions

Discussion of Integrating Recognition Logic

In order to better appreciate the features of this two-dimensional integrating recognition logic scheme, a comparison with conventional matrix recognition is useful. In these conventional systems (eg. the IBM 1418 and 1428, ref. 2) a single match between pattern and logical character statement is sufficient for recognition. If two character statements are matched on the same pattern, a conflict is detected and the pattern must be rejected.

The first improvement on such a conventional system is to add counters which count the number of matches. In this way we can only hope to resolve conflicts, since the statements have not changed. This was tried on the 1418 and we found that 80% of the conflicts could indeed be resolved by count inspection, without creating substitutions. The second improvement is to use a new objective in statement design. Instead of designing exclusive statements which will only match on correct patterns, we must now design statements that produce high counts and high count differences. This certainly simplifies that part of the statement which must prevent improper patterns from matching, because one or two stray matches need not be suppressed.

A feature of the type of decision used is that the reject-to-substitution ratio can be varied quite easily by varying the two count criteria, without changing the *Extraction Logic.* Raising the count criteria decreases the substitution rate and increases the reject rate, while lowering the count criteria causes the opposite. Optimum count criteria for the 1275 were established in view of the relative costs of correcting rejects and substitutions.

The results obtained with the described recognition system have been very satisfactory. It is impossible to quote meaningful results without accurately describing the quality of the documents used. Performance depends mainly on exceptional conditions which would take a novel to explain in detail. Suffice it to say that in actual operating circumstances print quality alone is no longer the major factor determining total performance. In other words, large paper defects, stamps, incorrect codeline position or format and so on will mainly determine the actual performance.

The prime factors contributing to this success we feel to be:

— The wide range of the video circuits and the high resolution in the matrix needed for accurate reproduction of very degraded printing.

— The recognition method, which does not require accurate pattern registration and in which recognition is based on a two-dimensionally integrated measure of fit.

However, it must also be mentioned that such a system could not have been developed without appropriate tools.

Instrumentation System

A good instrumentation system is indispensable for the development of a recognition system and this is especially true when dealing with wide variations in print quality. In our development we have used an instrumentation system very similar to that used for the IBM 1975 multifont page reader (US Social Security Administration, see ref. 3).

Statement design was accomplished as an iterative optimization process under the control of a human statement designer. His tool is the instrumentation system through which he experiments, compiles performance statistics, decides on the next experiment and so on, until he is satisfied.

In the beginning only small volumes of characters need be processed. But as the statements become more refined the volume must increase, fairly soon to millions of characters. Besides flexibility, the efficiency and accuracy of the instrumentation system become vital.

A computer system (System/360, Model 40 with 256 K bytes of memory) is the executive part of the instrumentation system used. Attached to it is a complete 1275 reader, equipped with a special interface that connects the computer directly to various parts of the recognition system (see Fig. 2).

Over this interface we can collect bits directly from the read head together with recognition decisions to store them on magnetic tape. The matrix bits on these magnetic tapes can be played back through the matrix, collecting counts, Enable Status and recognition decisions on a per scan basis.

Besides this hardware, a series of programs has been developed to perform the various operations, to compile statistics, to edit data, to check the hardware and so on. A recognition simulation program was developed which behaved exactly the same as the hardware recognition, with the statements on punched cards.

The use of the instrumentation system can best be described by following a typical statement design iteration. The starting point is a large test run with the latest iteration in the 1275, using several ribbon-life document batches; the batches contain printing from over and beyond the normal printing life of a ribbon, taken off different printers. These documents are run, statistics are compiled and the patterns of recognition failures are written on tape, edited and printed. A problem list is then established and design modifications can start.

These modifications are first tested against the failure tapes and later against more extensive, previously compiled problem tapes. This program simulation continues until a satisfactory design is found. That design is then implemented in the 1275 hardware. In the meanwhile interesting patterns are added to the problem tape library and so-called diagnostic pattern are generated from the new statement cards. These diagnostic patterns are used to check out the modified recognition system by comparing program simulation results with hardware results. This speeds up the checkout tremendously and assures correct operation during the following large test run. A similar diagnostic program will later be used to check out installed readers.

Conclusion

Recognition machines are specialized to do a particular job. This job and its limits must be defined before development can start, to allow for an integrated system design. In this paper the development of the IBM 1275 Optical Reader/Sorter is described where the emphasis was put on the ability to handle the very wide print quality range found in an uncontrolled environment.

Acknowledgements

The reader was developed in Uithoorn, in cooperation with the IBM Systems Development Division laboratories in Rochester, Minnesota and Endicott, New York, USA. Because so many people in the three Laboratories made significant contributions to the development, I am unable to name specific individuals.

Summary

The IBM 1275 Optical Reader/Sorter is designed to read numerals and symbols of either the OCR-A or the OCR-B type fount, allowing for wide print-quality tolerances. A brief discussion of the environment for this reader and the consequences for its design is given first. The two-dimensional integrating recognition logic concept and philosophy are then treated in more detail. The paper ends with a short description of the computer simulation and techniques used.

References

1. IBM 1275 Optical Reader/Sorter. IBM Systems Reference Library form A 19—0034.
2. Leimer, J. J.: Design factors in the development of an optical character recognition machine, IRE Transaction on Information Theory, **I T-8,** 167—171 (1962).
3. IBM J Research and Development, **12**, 346—371 (1968).

Psychophysische Grundlagen des Binocularsehens

E. AULHORN, Tübingen

Mit 13 Abbildungen

Alle in den vorhergehenden Sitzungen angesprochenen Fragen der Zeichenerkennung betreffen nur das monoculare Sehen. Tatsächlich ist zur Erkennung von ebenen Konturen und Mustern auch nur ein Auge notwendig. Das zweite Auge bringt hierbei keine zusätzlichen Informationen. Und doch ist um den Tatbestand nicht herumzukommen, daß sämtliche Tiere, bei denen die optische Orientierung eine wichtige Rolle spielt, *zwei Augen* haben. Wir wissen, daß erst diese Zweiäugigkeit die Voraussetzung für das querdisparate Stereosehen und damit für das vollkommen räumliche Sehen gibt. Nur durch diese Zweiäugigkeit ist also die spontane Orientierung in allen drei Dimensionen der Umwelt möglich.

Der Erwerb dieser hohen Qualität der optischen Orientierung bringt nun andererseits die Notwendigkeit von komplizierten physiologischen Mechanismen mit sich, die beim Monocularsehen überhaupt nicht erforderlich wären. Trotz des Sehens mit zwei Augen, also trotz des Entstehens von *zwei* Bildern im peripheren Organ, darf nur *ein* einheitlicher Bildeindruck zum Bewußtsein kommen. Sonst würden wir über unsere Umwelt eine Fehlorientierung bekommen. Die beiden zentral eintreffenden Erregungsmuster müssen also zu einem einfachen Bildeindruck verschmolzen werden.

Damit der Regelmechanismus, der bei jeder Blickrichtung und bei jedem Objektabstand diese sensorische Bildverschmelzung ermöglicht, verständlich wird, ist es notwendig, zunächst auf den für das Beidäugigsehen so wichtigen Begriff der *korrespondierenden Netzhautstellen* einzugehen: Jeder Netzhautstelle eines Auges entspricht ein Ortswert, der durch den Abstand der Netzhautstelle von der Stelle des schärfsten Sehens, der Fovea centralis gegeben ist. Objekte, die auf der Fovea centralis abgebildet werden, haben für den Beobachter den Ortswert: „In Blickrichtung liegend“ oder besser noch: „So liegend, daß ich direkt darauf gucke.“ Die parafovealen Netzhautstellen vermitteln — je nach ihrer Lagebeziehung zur Fovea — den Ortswert: dicht rechts, links oben oder unten neben dem angeblickten Objekt liegend. Je weiter die Netzhautstelle, auf der sich das Sehding abbildet, von der Fovea centralis entfernt liegt, um so größer erscheint im Objektraum der Abstand zwischen Objekt und angeblicktem Punkt.

Die Unterscheidungsfähigkeit für solche im Dingraum liegenden Abstände in frontoparalleler Ausdehnung ist außerordentlich hoch. So kann das gesunde Auge mit der Fovea centralis bei Noniusmustern (Abb. 1) noch Abstände von wenigen Winkelsekunden erkennen und in der Richtung deuten. Diese Zuordnung von Ortswerten zu jeder kleinsten Einheit des funktionellen Rasters ist u. a. ja die Voraussetzung für die monoculare Erkennung von Konturen und Mustern.

Netzhautstellen beider Augen mit *gleichem* Ortswert nennen wir „korrespondierende Netzhautstellen“. Wird ein Objekt der Umwelt auf beiden Augen auf *nicht* korrespondierenden Netzhautstellen abgebildet, so erscheint es dem Betrachter zweimal — entsprechend den unterschiedlichen Ortswerten auf beiden Netzhäuten. Wir haben dann das sog. Doppelbild vor uns, das für den Augenarzt stets ein alarmierendes Zeichen ist, weil es eine Schielsituation anzeigt. Nur wenn die beiden Bilder eines Objektes auf korrespondierenden Netzhautstellen liegen, sind die Voraussetzungen für eine zentrale Verschmelzung zu einem einfachen Bildeindruck gegeben. — Eine gewisse Ausnahme von dieser Gesetzmäßigkeit

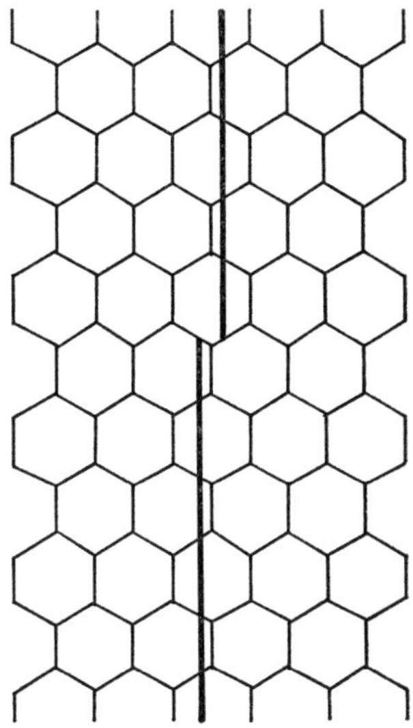

Abb. 1. Skizze des Sehzeichenbildes auf der Netzhaut bei Sehschärfeprüfung mit der „Nonius-Methode“

kommt nur im Bereich des querdisparaten Stereosehens vor, über das aber erst später gesprochen werden soll.

Beim natürlichen Sehvorgang sind die Augen fast immer in Bewegung, d. h. die Blickrichtung wird ständig geändert. Außerdem werden in schnellem Wechsel mal ferne und mal nahe Gegenstände der Umwelt betrachtet. Damit die Sehdinge nun beim natürlichen Sehvorgang stets auf korrespondierenden Netzhautstellen abgebildet werden können, muß also die Stellung der Augen zueinander — je nach Abstand des Sehdinges vom Beobachter und je nach der Blickrichtung des Beobachters — sehr häufig wechseln (Abb. 2). Der motorische Anteil des Fusionsmechanismus, der die Stellung der beiden Augen zu einander so regelt, daß die Bilder eines Objektes auf korrespondierende Netzhautstellen fallen, muß also sehr schnell reagieren können, wenn die Wahrnehmung von Doppelbildern vermieden werden soll.

Suchen wir nun nach dem Reiz, der die notwendige Stellungsänderung der Augen zueinander bewirkt, so erweist sich als solcher: der Zustand, in dem ein

Sehding auf *nicht*-korrespondierenden Netzhautstellen beider Augen abgebildet ist — oder — was damit stets verbunden ist — der Zustand, in dem korrespondierende Netzhautstellen unterschiedliche Bilder bekommen. Dieser für das normale Binocularsehen untragbare Zustand löst nun reflektorisch sofort eine

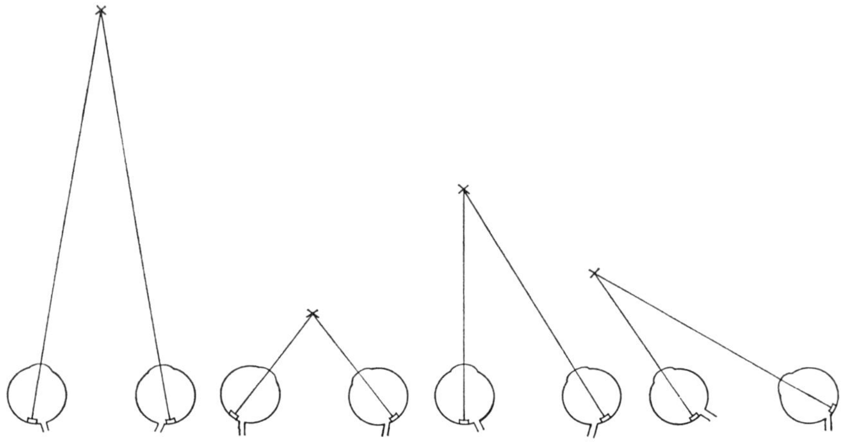

Abb. 2. Änderung der Stellung der Augen zueinander bei verschiedener Lage des Fixationsobjektes im Außenraum. Auf den beiden linken Skizzen liegt symmetrische, auf den beiden rechten Skizzen asymmetrische Konvergenz vor

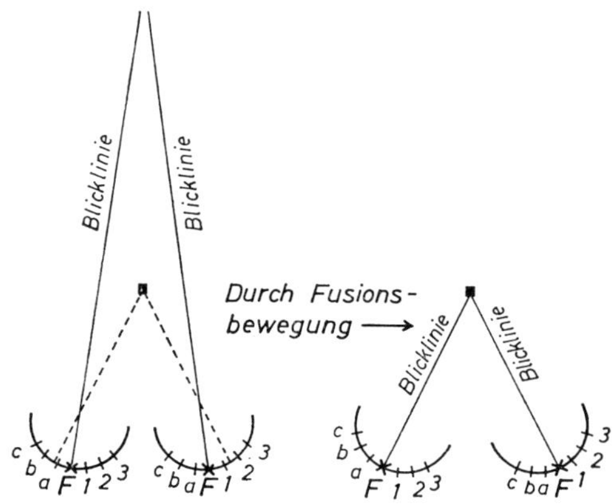

Abb. 3. Änderung der Lage der Netzhautbilder durch eine Fusionsbewegung. — In der linken Skizze ist das Sehobjekt auf nicht korrespondierenden, in der rechten Skizze auf korrespondierenden Netzhautstellen abgebildet

Korrektur der Stellung der beiden Augen zueinander aus. Es setzt eine Fusionsbewegung ein (Abb. 3).

Vor und während dieser Stellungskorrektur kommt es nicht zur Wahrnehmung von Doppelbildern. Das ist um so erstaunlicher, als die Bildeindrücke von beiden Augen ja zunächst so weit in der Sehbahn zentralwärts weitergeleitet werden müssen, bis sie miteinander konfrontiert werden können, was frühestens im Corpus geniculatum laterale, wahrscheinlicher aber erst in der Sehrinde erfolgen kann. Erst hier kann die vorübergehende Hemmung der Eindrücke *eines* Auges ausgelöst werden, die vor und während der jetzt einsetzenden Stellungskorrektur die Wahrnehmung von Doppelbildern verhindert.

Die Fusionsbewegung erfolgt außerordentlich schnell und für den Betroffenen unbemerkbar. Sie muß beim normalen Sehvorgang ständig ablaufen, wenn die normale binoculare Bildverschmelzung nicht unterbrochen werden soll. Sie kann durch Intoxikationen, Müdigkeit, Trunkenheit, Gehirnerschütterung oder Hirnverletzungen beeinträchtigt werden. Dann kommt es sofort zur Wahrnehmung von Doppelbildern. Der Regelmechanismus und das vorläufig noch ganz hypothetische cerebrale Fusionszentrum, von dem diese Regelung ausgeht, sind eben außerordentlich empfindlich für mechanische und chemische Störungen.

Findet die Stellungskorrektur nicht statt, oder nur in unzureichendem oder falschem Ausmaß, so kommt es zum Schielen. Daß bei länger bestehendem frühkindlichen Schielen auf die Dauer meist keine Doppelbilder wahrgenommen werden, hat seinen Grund in sensorischen Anpassungsvorgängen an die Schielsituation und darf uns nicht etwa als Beweis dafür dienen, daß unsere Überlegungen über die Stellungskorrektur und ihre Auslösung beim normalen Binocularsehen nicht zuträfen. Die sensorischen Anpassungsvorgänge beim Schielen können von zweierlei Art sein: Bei einer großen Gruppe von Schielern handelt es sich dabei um dauernde Hemmung der Eindrücke eines Auges, entweder unilateral oder wechselseitig auf dem rechten oder linken Auge; bei der zweiten Gruppe um die sog. „Anomale Korrespondenz", bei der diejenigen Netzhautstellen beider Augen miteinander korrespondierend werden, auf denen sich in der Schielstellung die Gegenstände der Umwelt abbilden.

Obwohl die mit dem Schielen einhergehenden sensorischen Anpassungsvorgänge wichtige Einblicke in die Funktion des gestörten Binocularsehens erlauben, kann an dieser Stelle aus Zeitmangel darauf nicht eingegangen werden, denn ich sehe meine Aufgabe darin, Sie mit den wichtigsten Grundtatsachen im Bereich des *normalen* Binocularsehens vertraut zu machen.

Wenn es zur Abbildung *einer* Kontur der Umwelt auf korrespondierenden Netzhautstellen kommt, so werden genau so *alle* Konturen der Umwelt, die in gleichem Abstand vom Auge liegen, auf korrespondierenden Netzhautstellen abgebildet werden, nicht aber Konturen, die einen größeren oder geringeren Abstand vom Auge haben. So werden auch bei Gegenständen der Umwelt, die eine Tiefenausdehnung haben, immer nur entweder die dichter zum Auge hin oder weiter entfernt vom Auge liegenden Teile eines solchen Gegenstandes auf korrespondierenden Netzhautstellen abgebildet werden, während die anderen Anteile mit einer mehr oder weniger starken Querdisparation auf den Netzhäuten des rechten und linken Auges zur Abbildung kommen. Ist diese Querdisparation nur sehr gering, so kommt es trotzdem noch zu einer Bildverschmelzung, die dann aber das besondere Merkmal der Empfindung einer Tiefenausdehnung des Gegenstandes besitzt. Für das räumliche Sehen ist es also geradezu notwendig, daß Teile eines Bildes auf korrespondierenden und Teile auf querdisparaten Netzhautstellen abgebildet werden (Abb. 4). Würden alle Teile des Bildes auf querdisparaten Netzhautstellen abgebildet, so würde eine motorische Fusionsbewegung erfolgen, die bewirkt, daß alle Teile wieder auf korrespondierenden Netzhautstellen abgebildet werden. Dann käme keine räumliche Empfindung zustande.

Es ist deshalb anzunehmen, daß das eigentlich auslösende Moment für die Stereoempfindung der nicht gelöschte Impuls zur Fusionsbewegung ist; er bleibt bestehen, weil Teile des Bildes auf nicht korrespondierenden Netzhautstellen liegen; die notwendige Fusionsbewegung kann aber nicht ausgeführt werden, weil andere Teile des Bildes ja bereits auf korrespondierenden Netzhautstellen abgebildet sind.

Für das Zustandekommen der räumlichen Empfindung durch den beschriebenen Mechanismus darf die Querdisparation ein bestimmtes Maß nicht überschreiten. Beim freien Blick in den in die Tiefe gestaffelten Raum gibt es jedoch sehr viele Konturen in der Umwelt, die weit vor oder hinter dem fixierten Umweltpunkt liegen, deren Bilder also auf dem rechten und linken Auge wegen zu starker

Abb. 4. Bildvorlage zur Erzeugung einer Tiefenwahrnehmung. Wenn jedes der beiden Bilder nur einem Auge dargeboten wird, so kann die Fusionsbewegung entweder so erfolgen, daß nur der Mann oder daß alle anderen Konturen des Bildes auf korrespondierenden Netzhautstellen abgebildet werden. Die übrigen Konturen projizieren sich dann auf nicht korrespondierende Netzhautstellen

Querdisparation nicht verschmolzen werden können. Es müßte dabei eigentlich zur Wahrnehmung von Doppelbildern kommen. Tatsächlich empfinden wir aber beim freien Blick in den Raum im allgemeinen keine Doppelbilder. Hier ist offenbar wieder ein ähnlicher Hemmungsmechanismus am Werke, wie wir ihn schon beim Fusionsvorgang kennengelernt haben.

An dieser Stelle unserer Überlegungen möchte ich Sie mit einem kleinen Versuch vertraut machen, der uns Einblick in den Mechanismus der durch Doppelbilder hervorgerufenen einseitigen Bildunterdrückung geben kann.

Es handelt sich um den sog. Rosenbachschen Visierversuch: Bei Blick auf einen weit entfernt liegenden Umweltpunkt wird ein in ca. 20 cm Abstand vor die Augen gehaltener Gegenstand (Bleistift oder Finger) naturgemäß doppelt gesehen. Fordert man nun die Versuchsperson auf, diesen Gegenstand so zu halten, daß er den fixierten Umweltpunkt zu verdecken scheint, so wird der Gegenstand entweder in die Blicklinie des rechten oder linken Auges gebracht. Das Bild des Gegenstandes vom jeweils anderen Auge wird meist ganz unterdrückt. Bei manchen Versuchspersonen bleibt es auch als Doppelbild bestehen, das aber in seiner Erscheinungsform gegenüber dem Bild des anderen Auges so wenig eindringlich ist, daß es die gezielte Einstellung des Gegenstandes in eine der beiden Blicklinien nicht stört. Bei Wiederholung des Versuchs wird der Gegenstand immer wieder in die Blicklinie des gleichen Auges eingestellt. Die Ursache für diese Erscheinung ist, daß offenbar die Bilder eines der beiden Augen leichter unterdrückt werden können als die des anderen. Dasjenige Auge, dessen Bild in einer solchen Situation nicht unterdrückt wird, dessen Bildeindruck also die Einstellung des Gegenstandes bestimmt, nennen wir das führende oder dominante Auge. Die Angaben aus der Literatur zeigen, daß bei etwa 70 bis 80% der Versuchspersonen das rechte Auge dominant ist, bei ca. 20 bis 30% das linke Auge und nur bei einem geringen Prozentsatz sich keine eindeutige Dominanz feststellen läßt.

Die vorübergehende vollständige oder teilweise Hemmung der Eindrücke eines Auges ist ein physiologischer Mechanismus, der im Dienste eines ungestörten Binocularsehens an verschiedenen Stellen eingesetzt wird. Er begegnet uns häufig noch in einer anderen Situation, nämlich dann, wenn die beiden Augen ganz unterschiedliche Bilder bekommen: z. B. beim einäugigen Mikroskopieren oder Ophthalmoskopieren, wenn das nicht benutzte Auge frei in den Raum gerichtet ist. Auch im Kino oder Theater kommt diese Situation vor, wenn sich auf der Retina des einen Auges die Bühne abbildet, auf der des anderen der Kopf und Hut eines Vordermannes, der sich im Gesichtsfeld dieses Auges befindet. In all diesen Fällen kommt nur der Bildeindruck desjenigen Auges zum Bewußtsein, in dem das Objekt unserer Aufmerksamkeit abgebildet ist. Der Bildeindruck des anderen Auges wird gehemmt.

Alle bisher beschriebenen binocular ausgelösten, monocular wirksamen Hemmungen sind für ein ungestörtes Binocularsehen unerläßlich. Sie zeichnen sich durch eine außerordentliche Labilität aus, so daß sie im Experiment schwer quantitativ zu erfassen sind. Bietet man z. B. korrespondierenden Netzhautstellen auf einer homogenen Fläche ganz ungleiche nicht vereinbare Bilder an, so daß das Bild eines Auges unterdrückt wird, und versucht diese Zone der vorübergehenden Unempfindlichkeit, dieses sog. Skotom, mit Hilfe eines nur für dieses Auge sichtbaren Prüfpunktes auszumessen, so verschwindet das Skotom sofort. Der bewegte helle Prüfpunkt ist nämlich seinerseits ein neuer, die Aufmerksamkeit an sich reißender Reiz, der die Hemmung auf diesem Auge zunichte macht. Es entstehen jetzt Doppelbilder oder die Hemmung geht auf das andere Auge, dem kein Prüfpunkt dargeboten wird, über. Da diese Art der Hemmung also durch Aufmerksamkeitszuwendung stark beeinflußt werden kann, muß man annehmen, daß die Hemmung in sehr hochgelegenen Zentren des Sehorgans zustande kommt.

Ob diese Hemmungen gleicher Natur sind, wie die, die uns in dem sog. binocularen Wettstreit begegnen, ist schwer zu entscheiden. Hierbei handelt es sich um eine Hemmung, die rhythmisch von einem Auge auf das andere überwechselt. Diese alternierende Hemmung ist eigentlich nur im Experiment zu erzeugen, wenn an korrespondierenden Netzhautstellen ganz gleichwertige aber unterschiedliche Bilder dargeboten werden, von denen das eine die Aufmerksamkeit nicht stärker an sich reißt, als das andere. Da auch dieser Wettstreit außerordentlich labil ist, ist er experimentell nur schwer in seinem quantitativen Ausmaß zu erforschen.

In eigenen Versuchen habe ich diese Schwierigkeit dadurch umgangen, daß ich mit einem künstlich provozierten Wettstreit gearbeitet habe, der durch Aufmerksamkeitszuwendung oder Unachtsamkeit nicht so stark beeinflußt werden kann. Ich habe nämlich zunächst nur einem Auge ein Bild dargeboten und kurz danach dem anderen Auge an korrespondierender Netzhautstelle ein zweites, fast gleichartiges aber vom ersten unterscheidbares Bild, so daß jetzt auf beiden Retinae gleichzeitig ein Bild dargeboten wurde. Im Moment der Zweitdarbietung wird nun regelmäßig das erste Bild für kurze Zeit unterdrückt. Der „Zweitreiz“

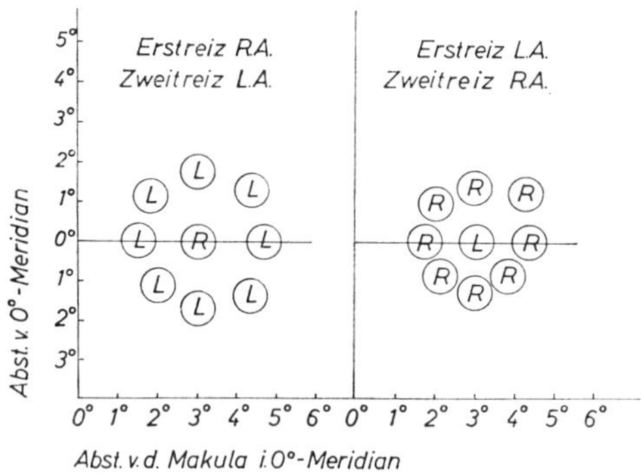

Abb. 5

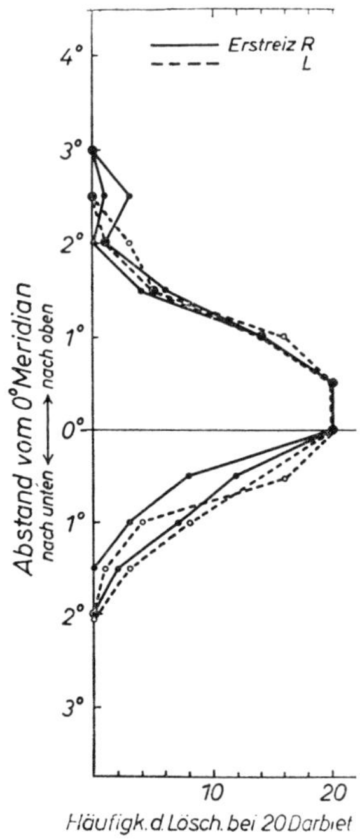

Abb. 6

Abb. 5. Binoculares „Löschfeld“ für eine Netzhautstelle 3° rechts vom Fixationspunkt. Linke Bildhälfte: Das Bild des rechten Auges Ⓡ wird durch Darbietung des Bildes für das linke Auge Ⓛ bis zu den eingezeichneten Abständen „gelöscht“. Rechte Bildhälfte: Das Bild des linken Auges wird durch Bilddarbietung R nur aus geringeren Abständen gelöscht. Es besteht bei dieser Vp. also ein Unterschied in der Löschfeldgröße beider Augen

Abb. 6. Darstellung der Löschbereitschaft im Vertikalmeridian des binocularen Löschfeldes. Abszisse: Anzahl der Löschungen bei 20 Darbietungen. Ordinate: Vertikaler Abstand des Zweitreizes vom Erstreiz. Zweimalige Untersuchung einer Vp.

löscht den „Erstreiz“. Dieses „Löschphänomen“ kann man sehr leicht an jeder beliebigen Netzhautstelle untersuchen.

Das Ergebnis zeigt eine deutliche Gesetzmäßigkeit: Es können nämlich nicht nur korrespondierende Netzhautstellen einander „löschen“, sondern auch Netzhautstellen, die einen gewissen Abstand von den korrespondierenden Netzhautstellen haben (Abb. 5). Jeder Netzhautstelle eines Auges entspricht also ein „Löschfeld“ bestimmter Größe auf dem anderen Auge. Innerhalb des Löschfeldes ist die Löschbereitschaft nicht an jeder Stelle gleich groß, am stärksten ist sie an den korrespondierenden Netzhautstellen — also im Zentrum des Löschfeldes — und von dort aus nimmt die Löschbereitschaft zur Peripherie des Löschfeldes hin kontinuierlich ab. Außerhalb der eingezeichneten Löschfeldgrenzen vermag ein Auge gar keinen löschenden Einfluß mehr auf das Bild des anderen Auges auszuüben (Abb. 6).

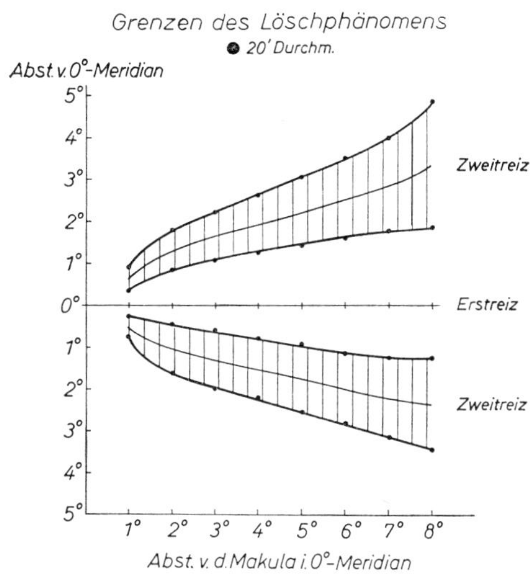

Abb. 7

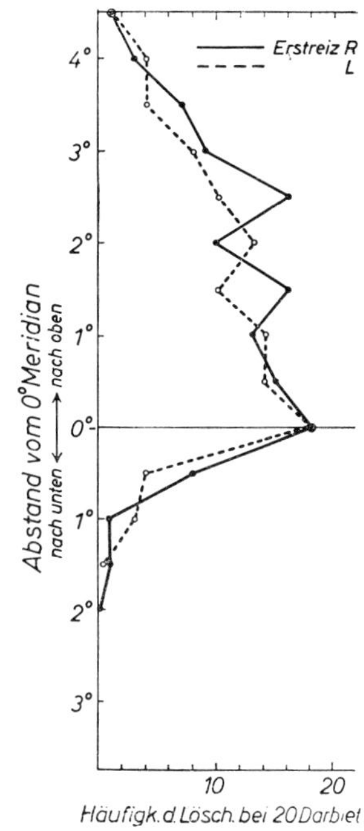

Abb. 8

Abb. 7. Größe des Löschfeldes in seinem vertikalen Durchmesser bei Untersuchung des Phänomens in zunehmendem Abstand von der Netzhautmitte im 0-Grad-Meridian der Netzhaut. Standardabweichung für 30 Vpn.

Abb. 8. Anzahl der Löschungen bei 20 Darbietungen im Vertikal-Meridian eines binocularen Löschfeldes. Die auch in Abb. 6 und 7 erkennbare Differenz der Löschfeldausdehnung nach oben und unten ist bei dieser Versuchsperson besonders deutlich. Das Löschfeld ist nach oben fast viermal größer als nach unten

Die Löschfelder nehmen zur Peripherie hin an Größe zu und erreichen dort eine beachtliche Ausdehnung (Abb. 7). Die Löschfeldgrenzen geben die Grenzen der binocularen Interaktionsmöglichkeit an. Sie sind sehr viel größer als die Grenzen, in denen beim querdisparaten Tiefensehen noch eine echte Bildverschmelzung auftreten kann, und haben offenbar mit diesen Grenzen gar nichts zu tun.

Auffällig ist, daß die Ausdehnung der Löschfelder nach unten hin immer geringer ist als nach oben (Abb. 7 u. 8). Wie weit dieser Befund mit der Tatsache zusammenhängt, daß grundsätzlich die untere Gesichtsfeldhälfte für die Orientierung im Raum ungleich wichtiger ist als die obere Gesichtsfeldhälfte, ist schwer zu entscheiden. Sicher ist, daß die starke Hemmungsbereitschaft eines Auges zwar den Sehvorgang ungestörter vor sich gehen läßt, daß aber die optische Information dadurch an „Warnfunktionen" verliert. Bei geradeaus gerichtetem Blick befinden sich tatsächlich fast alle Konturen, die für die eigene Orientierung und für eine sichere Fortbewegung im Raum notwendig sind, in der unteren Gesichtsfeldhälfte. Gerade die stark querdisparat abgebildeten Konturen, vor allen Dingen diejenigen, die sehr viel dichter am Beobachter liegen als der angeblickte Punkt, spielen für die Orientierung im Raum eine wichtige Rolle, die sie nicht ausüben können, wenn sie durch einseitige Hemmung weder stereoskopisch noch als Doppel-

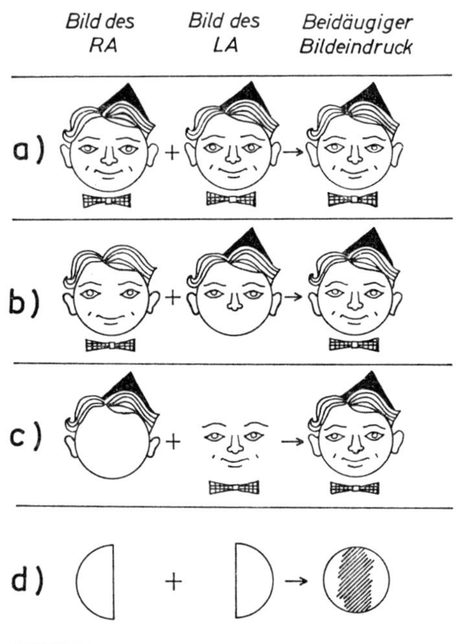

Abb. 9. Beidäugige Bildverschmelzung bei vier verschiedenen Arten der unterschiedlichen Bilddarbietung für beide Augen

bilder erscheinen und dadurch ihren „Warncharakter" verlieren. Mir ist bewußt, daß es sich bei diesen Gedankengängen über die Bedeutung der geringeren Löschfeldausdehnung in der unteren Gesichtsfeldhälfte um Spekulationen handelt. Weitere Untersuchungen müssen zeigen, welche Bedeutung solchen Gedankengängen zukommt.

Fassen wir noch einmal unsere bisherigen Überlegungen zusammen, so erkennen wir, daß binocular bedingte Hemmungsvorgänge immer dann einsetzen, wenn die auf korrespondierenden oder benachbarten Netzhautstellen liegenden Bilder jedes Auges so unterschiedlich sind, daß sie nicht zu einem Bild verschmolzen werden können. Völlig gleichartige Bilder auf beiden Augen führen zunächst eine motorische Fusionsbewegung herbei und werden dann sensorisch zu einem Bildeindruck verschmolzen (Abb. 9a). Auch unterschiedliche Bilder können verschmolzen werden, wenn sie nur wesentliche Teile gemeinsam haben (Abb. 9b). Haben die Bilder keine einzige Kontur gemeinsam, fügen sich aber dem Bildinhalt nach leicht zu einem gemeinsamen Bild zusammen (Abb. 9c u. 9d), so kommt es auch noch zu einem einheitlichen Bildeindruck, der allerdings sehr labil ist und leicht zerfällt. Haben die Bilder keine einzige gemeinsame Kontur und ist außerdem aus ihrem Bildinhalt nicht zu erkennen, daß sie zusammengehören, so fügen sich Einzelbilder auch dann nicht zu einem Gesamtbild zusammen, wenn dieses letztere bei Verschmelzung einen erkennbaren Bildinhalt haben würde (Abb. 10).

Abb. 10. Die binoculare Bildverschmelzung tritt nicht ein, wenn keine gemeinsamen Konturen in den beiden Einzelbildern sind und monocular kein erkennbarer gemeinsamer Bildinhalt vorhanden ist

Für eine gute Bildverschmelzung ist also nicht nur eine möglichst große Zahl von gemeinsamen Bildteilen auf beiden Augen notwendig, sondern es spielt auch eine Rolle, ob der Bildinhalt der Einzelbilder eine Verschmelzung sinnvoll macht. Die Verschmelzung der Einzelbilder beider Augen muß sich also in so hoch liegenden Zentren abspielen, daß die Erfassung des Bildinhaltes einen Einfluß haben kann.

Der Einfluß der Bildunterschiede auf die binoculare Bildintegration kann beim natürlichen Sehvorgang eine Rolle spielen, wenn die beiden Augen des Beobachters unterschiedlich sind. In diesem Falle sind nämlich die Bilder eines Gegenstandes aus dem Objektraum auf beiden Augen nicht gleich und in diesen Fällen kommt es, wie jeder Augenarzt in der täglichen Sprechstunde erfährt, häufig zu teilweisen oder ganzen Bildunterdrückungen auf einem Auge. Auch die Größe der beiden Einzelbilder spielt für die Bildverschmelzung eine wichtige Rolle. Wir sprechen bei Bildgrößenunterschieden auf beiden Augen von einer „Aniseikonie“. Die Toleranz gegen die Aniseikonie ist von Mensch zu Mensch sehr verschieden. Ihre häufigste Ursache ist eine unterschiedliche Refraktion auf beiden Augen. Wie Abb. 11 zeigt, kann sowohl ein Refraktionsunterschied, der bei gleicher Augapfellänge besteht, wenn er durch ein Brillenglas korrigiert ist, wie auch ein solcher, der durch unterschiedliche Augapfellänge entstanden ist und durch eine

Haftschale korrigiert ist, Aniseikonie erzeugen. Liegt eine stärkere Aniseikonie vor, kommt es fast regelmäßig zur Unterdrückung der Bilder eines Auges.

Die Bilder auf beiden Augen können sich außer durch ihren Abbildungsort auf der Retina und außer Form und Größe auch noch durch ihre Helligkeit und ihre Farbe unterscheiden. Helligkeitsunterschiede kommen beim natürlichen Sehvorgang gelegentlich vor, wenn die brechenden Medien eines Auges weniger lichtdurchlässig sind als die des anderen. Es erheben sich dann zwei Fragen:

1. Können Bilder ungleicher Leuchtdichte verschmolzen werden?
2. Wenn ja, wie ist der Helligkeitseindruck des verschmolzenen Bildes?

Die erste Frage ist zu bejahen. Helligkeitsunterschiede stören das Binocularsehen weniger als Unterschiede in Lage, Form oder Größe der beiden Einzelbilder. Die zweite Frage ist von verschiedenen Autoren experimentell angegangen worden, mit recht unterschiedlichen Ergebnissen, was zum größten Teil wohl methodisch

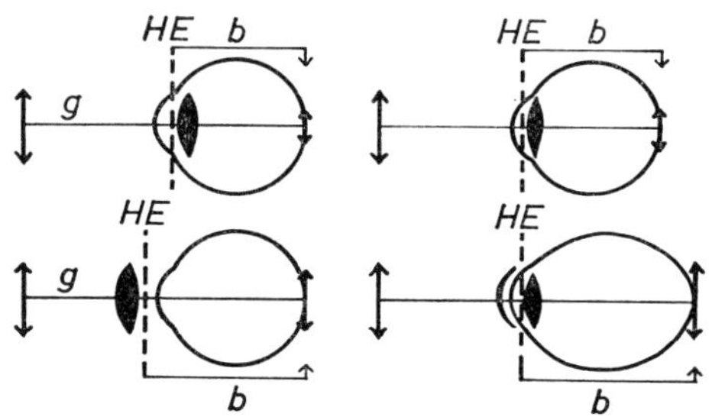

Abb. 11. Skizze der Entstehung einer Aniseikonie durch ungleiche Brechkraft beider Augen (linke Bildhälfte) und durch unterschiedliche Augapfellänge (rechte Bildhälfte). *g* Gegenstandsweite, *b* Bildweite, *HE* Hauptebene. Die Bildgröße auf der Retina ist durch die senkrechten Pfeile angedeutet. Die Skizze unten links zeigt ein Auge, bei dem die Linse operativ entfernt ist (Staroperation) und durch Brillenkorrektur (Starbrille) ersetzt ist

bedingt ist. In jüngster Zeit hat in Tübingen Eisert in Zusammenarbeit mit mir entsprechende Versuche durchgeführt, deren Ergebnisse wegen einer günstigen Methodik außerordentlich gut reproduzierbar sind. Es zeigt sich dabei, daß bei geringen Leuchtdichteunterschieden die binoculare Helligkeitsempfindung für das verschmolzene Bild der mittleren Leuchtdichte der beiden Einzelbilder entspricht, also

$$Ld_{\text{bin}} = \frac{Ld_r + Ld_L}{2} \text{ (Abb. 12).}$$

Wird der Leuchtdichteunterschied größer als eine halbe logarithmische Einheit, so wird die binoculare Helligkeitsempfindung mehr und mehr durch die Helligkeitswahrnehmung desjenigen Auges bestimmt, dem das hellere Bild dargeboten wird.

Übersteigt der Leuchtdichteunterschied eine logarithmische Einheit, so ist eine echte Bildverschmelzung nicht mehr möglich, es deutet sich für aufmerksame Beobachter ein Wettstreit zwischen beiden Augen an, der aber nicht so ausgeprägt ist, daß es nicht doch noch dabei zu einer binocularen Helligkeitswahrnehmung

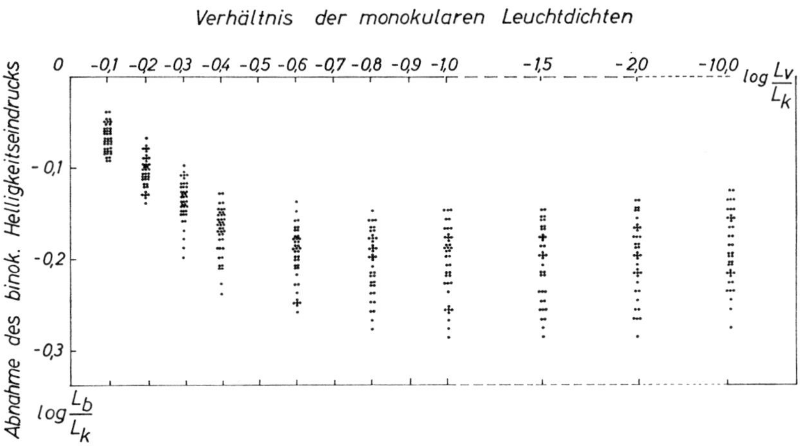

Abb. 12. Binocularer Helligkeitseindruck (Ordinate) bei Darbietung von Feldern unterschiedlicher Leuchtdichte für beide Augen (Abszisse)

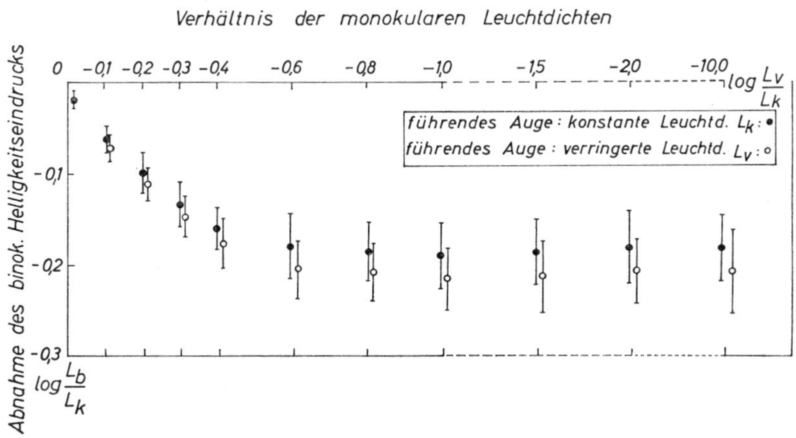

Abb. 13. Gleiche Untersuchungsbedingungen wie bei Abb. 12, nur wurde die verringerte Leuchtdichte einmal dem in der Richtungslokalisation führenden Auge dargeboten (○) und einmal dem nicht führenden Auge (●), während die Leuchtdichte für das andere Auge konstant blieb

kommen könnte. Diese ist dann stets etwas geringer als die des heller belichteten Auges allein.

Eisert konnte nachweisen, daß bei ungleicher Bildhelligkeit auf beiden Augen der binoculare Helligkeitseindruck bei einem Teil der Versuchspersonen heller ausfällt, wenn das rechte, bei dem anderen Teil, wenn das Linke Auge das hellere Bild erhält. Es gibt also auch in bezug auf die binoculare Helligkeitsempfindung eine Art Dominanz eines Auges, die man hier wohl als eine rein sensorische Dominanz ansprechen muß. Nur in 24 von 40 Fällen deckte sich diese Dominanz mit der schon beschriebenen Dominanz in der Richtungslokalisation (Abb. 13). Man kann also nicht ganz allgemein von *der* Dominanz sprechen, sondern muß zwischen verschiedenen Qualitäten der Dominanz unterscheiden.

Farbunterschiede in den Bildern beider Augen kommen beim natürlichen Sehvorgang nur äußerst selten vor, nämlich dann, wenn ein Auge eine gelbliche oder bräunliche Linsentrübung aufweist, das andere Auge aber nicht. Dieser Farbunterschied ist also meistens mit einem starken Unterschied in der Bildhelligkeit verbunden, der die binoculare Wahrnehmung sehr viel stärker beeinflußt als die unterschiedliche Farbe. Im Experiment kann man sich aber durch Vorsetzen von Farbgläsern sehr leicht Farbunterschiede bei gleicher Helligkeit der Bilder herstellen. Dabei zeigt sich, daß ein Wettstreit entsteht, sobald die Farbunterschiede stärker werden. Bei geringen Farbunterschieden resultiert im binocularen Eindruck meistens die Mischfarbe oder auch die Farbe des führenden Auges.

Als letzte Möglichkeit der Ungleichheit ist jetzt noch die zeitliche Darbietung zu nennen. Was geschieht, wenn die beiden Augen ihre Bilder nicht gleichzeitig sondern abwechselnd bekommen? Solange die Frequenz der abwechselnden Darbietung: „erst rechts, dann links" über der monocularen Verschmelzungsfrequenz liegt, ist naturgemäß nichts anderes zu erwarten, als bei der *gleichzeitigen* Bilddarbietung für beide Augen, denn bei der gegebenen Trägheit unserer Augen stellt eine über der Verschmelzungsfrequenz liegende Flimmerfrequenz für das Sehorgan den gleichen Reiz dar wie eine kontinuierliche Bilddarbietung. — Wie wird aber die binoculare Empfindung, wenn man die Wechselfrequenz geringer als die Verschmelzungsfrequenz wählt? — Über diese Fragen habe ich in der Literatur des Binocularsehens keine Antwort gefunden, und habe deshalb einen Versuch durchgeführt, dessen Ergebnis sehr eindeutig und für mich sehr überraschend war: Sowohl die einfache Bildverschmelzung wie auch die höchste Qualität des Binocularsehens: das querdisparate Stereosehen — bleiben auch bei niedrigen Wechselfrequenzen in vollem Ausmaß erhalten. Selbst bei einer Frequenz von 5 hz tritt noch keine Änderung ein. Erst wenn bei einem Absinken der Frequenz unter 5 Hz auch das monoculare Bild vollständig zerfällt, zerbricht auch das Binocularsehen und der Stereoeffekt. Dies Ergebnis zeigt, daß es für ein ungestörtes Binocularsehen keinesfalls notwendig ist, daß die korrespondierenden Netzhautstellen ihre Bilder gleichzeitig erhalten. Solange die Wechselfrequenz nicht unter ca. 4 hz absinkt, genügt es, wenn die Bilder abwechselnd dem rechten und linken Auge dargeboten werden. — Bei unseren Untersuchungen war die alternierende Darbietung auf beiden Augen immer gleich lang. Es muß noch untersucht werden, was geschieht, wenn die Darbietungszeiten für die beiden Augen ungleich gewählt werden.

Die bisher besprochenen, für das Binocularsehen wichtigen Fakten möchte ich abschließend folgendermaßen zusammenfassen:

Eine vollkommene Bildverschmelzung kommt zustande, wenn die Bilder auf dem rechten und linken Auge in Größe, Form, Farbe und Helligkeit gleich sind und ihre Lage so ist, daß korrespondierende Netzhautstellen betroffen sind. Dabei ist es gleichgültig, ob die Bilder den beiden Augen gleichzeitig oder abwechselnd angeboten werden, solange die Frequenz der alternierenden Darbietung nicht unter ca. 5 hz sinkt.

Bei geringen Unterschieden in den Bildern beider Augen in bezug auf Größe, Form, Farbe und Helligkeit ist eine Bildverschmelzung noch möglich, sie läßt erst nach oder zerfällt ganz, wenn die Unterschiede ein bestimmtes Maß überschreiten. Dann setzt eine unilaterale oder eine alternierende Bildunterdrückung ein. Das Ausmaß, der zum Zerfall des Binocularsehens führenden Bildverschiedenheit ist individuell verschieden.

Bestehen Unterschiede in der Bildlage, fallen die Bilder also auf nicht korrespondierende Netzhautstellen, so versucht der Organismus diesen das Binocularsehen unmöglich machenden Zustand — bei sonst gleichartigen Bildern — sofort reflektorisch durch die Fusionsbewegung der Augen zu korrigieren. Fehlt diese Korrekturbewegung oder führt sie nicht zum Erfolg, so werden Doppelbilder wahrgenommen oder der Eindruck von einem Auge wird unterdrückt.

Wir sehen, daß das vollkommene Binocularsehen eine labile, durch viele Einflüsse störbare Funktion des Sehorgans ist. Treten Störsituationen auf, so hat das Zentralnervensystem zur Verhinderung einer Bildkonfusion die Möglichkeit der einseitigen Bildhemmung zur Verfügung. Diese an sich zweckmäßige Kompensation der Störung geht allerdings mit dem Verlust des querdisparaten Stereosehens einher, der einzigen Sehfunktion, die allein auf der Basis eines vollkommenen Beidäugigsehens möglich ist.

Zusammenfassung

Die zweifache Abbildung der Umwelt in den beiden Augen eines Menschen führt nur dann zu einem einfachen Bildeindruck, wenn eine Reihe von sensorischen und motorischen Voraussetzungen erfüllt wird. Diese Voraussetzungen werden im Einzelnen erörtert. Es wird beschrieben, in welcher Weise die Bildeindrücke sich ändern, wenn einzelne oder mehrere Voraussetzungen nicht erfüllt sind. Dabei wird vor allem auf die binokular ausgelösten, monokular wirksamen Hemmungsvorgänge eingegangen.

Size-Distance Transformations*

W. Richards, Cambridge, Mass.

With 6 Figures

The perceptions of size and distance are intimately linked. For example, a change in the apparent distance of an object almost invariably leads to a corresponding change in its apparent size. These changes need not be optical, but often reflect an internal change of state, for they may occur with invariant retinal images such as after-images. Two kinds of neuronally-induced size-distance transformations may be distinguished: "voluntary" transformations correlated with changes in convergence of the eyes (i.e. micropsia), and "involuntary" transformations based upon changes in the relative disparities of objects in the visual field. In the voluntary case, the convergence of the eyes leads to a reduction in the apparent size of a retinal image, as if the oculomotor command "to converge" generates a correlated efferent signal that modifies the incoming afferent information about object size (von Holst and Mittelstaedt, 1950). This centrifugal effect occurs early in the visual pathway, before binocular interaction and probably at the level of the lateral geniculate (Richards, 1970). As will become obvious in the forthcoming discussion, the act of converging affects both size and distance perception, and complicates the prediction of size transformations.

In addition to the "voluntary" effect of convergence upon the size-distance relations, "involuntary" transformations in size may be induced merely by altering the relative disparities of objects in the visual field. For example, if the disparities of objects seen in a stereoscope are reversed, then there will be no change in the sizes of the retinal images, but clear changes in apparent size will correlate with the altered disparities between the objects. Thus, if a frontal plane is made to appear farther away, then objects on that plane will appear larger. As will be seen shortly, this simple rule applies to both involuntary and voluntary changes in apparent size, with major changes in apparent size occurring only when apparent distances are also altered. This dependency suggests that a clear understanding of the mechanisms underlying depth perception is necessary before size-distance transformations can be adequately interpreted. In order to show this dependency clearly, however, we must first examine the size-micropsia effects in more detail.

1. Size Micropsia

Size micropsia is the reduction in size associated with convergence. Many estimations of this effect have been made (see review by McCready, 1965), with the

* Supported by the AFOSR under contract No. F 44620-69-C-0108. Dr. John Foley provided valuable criticisms and stimulation that influenced the development of some of the ideas presented here.

magnitude of the effect ranging from about 20 to 80% reduction in apparent size over the full range of convergence. The wide range in the estimates is due both to individual differences as well as to differences in experimental techniques and instructions. Apparent size may be measured in several ways. In a reduced cue situation, where only one luminous object is seen in the dark, apparent size may be reported in terms of its *angular extent*, or alternatively, by making a judgment of *absolute size* (i.e., by referring to a metric such as centimeters or inches). If the apparent distance to the object were known, hypothetically one could translate apparent angular size into apparent absolute size by simple geometry. Regardless

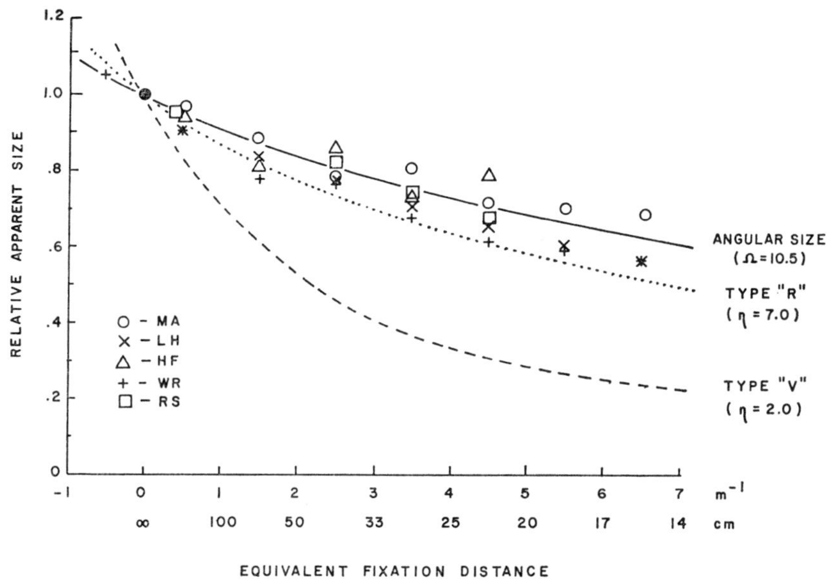

Fig. 1. The effect of convergence upon the apparent size of two pinpoints of light separated by two degrees

of whether or not this translation is possible, however, it is clear that the perception of absolute size may be dependent upon perceived distance. Thus, measurements of apparent *angular* size provide the least contaminated index of the actual magnitude of size scaling (or remapping) performed by the visual system during convergence.

A simple procedure for measuring these size-scaling effects is to compare the separation of two pairs of pinpoints of light seen in the dark, with each pair set at a different fixation distance. One pair of pinpoints remains at a fixed distance (200 cm), and the separation of this pair may be adjusted to match the apparent separation of the second pair that always subtends 2°, but which is seen at different fixation distances (induced by placing prisms and lenses before the eyes). Only one pair of lights is visible at a time. The points in Fig. 1 show the results of such matches after they have been translated to ratios that are normalized to 1.0 at infinity.

The solid line describes the average decrease in apparent angular size associated with increased convergence[1]. The magnitude of this basic size-scaling effect is disappointingly small, and amounts to only 30% over a seven diopter range of vergence. Furthermore, the estimate may be overblown, for the agular size of cortical scotomata changes by only half as much over the same range (Richards, 1969). Thus, even though some rearrangement in the visual pathway must occur during convergence, the effect is nowhere near large enough to account directly for the observed changes in apparent size.

2. Apparent Distance of Frontal Planes

Even though judgments of angular size are, in principle, less contaminated by extraneous factors than estimates of absolute size, the absolute size judgment is easier and more natural. Furthermore, because apparent distance would be expected to influence apparent absolute size, any decrease in perceived distance with convergence should produce larger size-scaling effects. Thus, if convergence of the eyes reduces apparent distance, then apparent absolute size should also decrease, and at a faster rate than the decrease in angular size that is supposedly independent of apparent distance.

The dotted and dashed lines labelled Type "R" and Type "V" in Fig. 1 indicate typical decreases in relative absolute size correlated with convergence. Each curve represents a different class of observers and the differences between the curves indicate part of the range of individual variations. As expected, these curves of apparent absolute size fall faster than the angular size curve, suggesting that increased convergence has decreased apparent depth. If this inference is correct, then the decrease in apparent depth for the type "R" observers (dotted) curve) is much less than that for the type "V" observers (dashed curve).

Fig. 2 shows that these two curves (Type "R" and Type "V") represent the means of two sub-groups of the population, rather than merely samples from a unimodal distribution. In Fig. 2, the apparent distance of a light in the dark is plotted against the amount of convergence. The technique for measuring "apparent" distance has been described fully elsewhere and is similar to that for measuring apparent size, except in this case apparent distances are matched instead of apparent sizes (Richards and Miller, 1969). The task is such that if convergence per se does not alter the apparent distance of a fixated object, then the subject will always indicate an apparent depth of 200 cm (dashed line in Fig. 2). On the other hand, if convergence provides a cue that alters the distance of the plane of fixation, then the "apparent" distance should decrease along the dotted line in Fig. 2.

The data of four observers are given on the graph. The two observers identified by open symbols show that convergence did not change apparent depth, whereas when the other pair of observers converged, the depth was changed markedly (filled symbols). A group of 31 subjects were examined at one convergence condition, as indicated by the arrow. The apparent distances for this random sample are plotted on the inset to the right. Clearly, the distribution is bimodal, with the means of the two modes labelled "R" and "V".

[1] A quantitative description of this curve is given by: relative size $= \Omega/(\Omega + F)$, where $\Omega = 10.5$ and F is the fixation distance in diopters. See: Kybernetik **4**, 146—156 (1968).

Thus, there are marked individual differences in the effects of convergence upon absolute apparent size. These differences suggest two populations of observers, identified as Type "R" or Type "V". For the subgroup "R", the apparent distance of the frontal plane of fixation does not change with convergence, and in this case absolute and angular size are almost identical (Type "R" curve in Fig. 1). On the other hand, the majority of observers (Type "V"), show marked changes in the apparent distance of the frontal plane as the eyes converge. For this majority, as

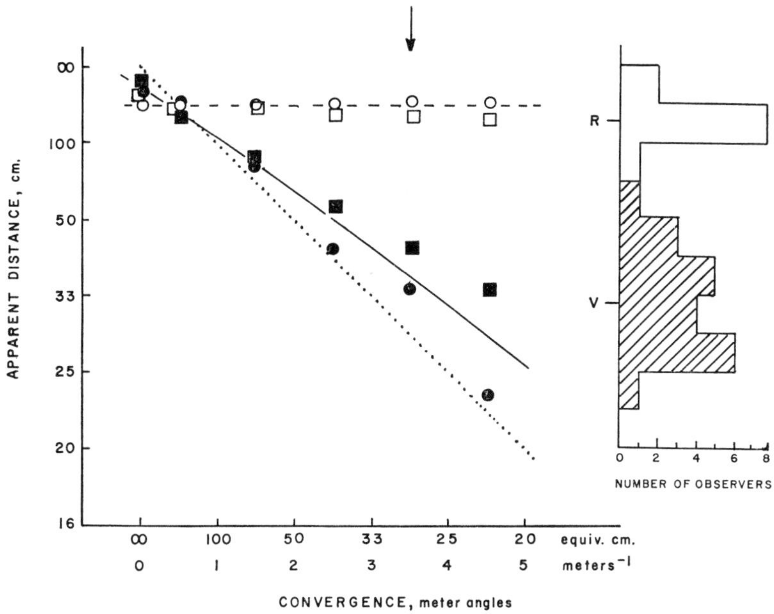

Fig. 2. The effect of convergence upon the apparent distance of a single light fixated in the dark. For two observers (open symbols), the apparent distance remained the same, regardless of the degree of convergence. Two other observers (filled symbols) localized the light near the true position of convergence of their eyes (indicated by the dotted line). The graph at the right shows how a sample population of observers differ in their individual effects of convergence upon apparent distance, based upon the results of the one test condition indicated by the arrow

the eyes converge, absolute size decreases much more rapidly than angular size. This additional size transformation—almost 4 $\times$ over the full range of convergence — presumably is attributable to the decreasing apparent distance of the frontal plane. Thus, the differences between the two groups suggest that when convergence causes an object of fixed angular size to appear nearer, then it will appear smaller.

Such a reduction in apparent size attributable to a nearer frontal plane need not depend upon convergence. In fact, the most common instance of this kind of size transformation is schematized in Fig. 3. In this figure, the three horizontal bars inside the square cut-out will all subtend the same visual angle. Yet, if the middle segment is made to appear much nearer by introducing disparity cues, then this segment will appear greatly reduced in size, particularly when compared with its two neighbors if they are made to appear behind the surround. These transformations in apparent size induced by the disparity cues may be quite large, with the size change presumably roughly proportional to the change in apparent distance of the frontal planes. Unfortunately, however, no one has yet examined the extent of this kind of size-distance transformation in detail.

In summary, the most important single aspect of size transformations is the change in position of the plane onto which the object is localized. If this plane is made to move in or out, either by disparity cues or by convergence, then apparent size will change. Predictions of size transformations thus require first a description

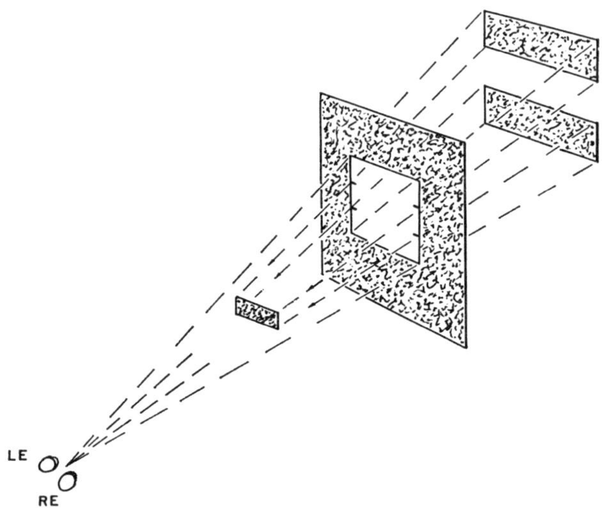

Fig. 3. A perspective view showing how disparity cues may alter the apparent distances and sizes of objects (of fixed retinal size) when viewed in a stereoscope

of the apparent position of frontal planes. Yet, no classical model can provide an adequate description of the apparent distance or depth of these planes. Any description based upon disparity alone will fail, for there is no one-to-one relation between disparity and depth. The relation may be modified by various manipulations, such as convergence (Foley, 1967) or additional cuing (Gogel, 1969). The nature of depth perception becomes still more complex when individuals are compared with each other. The differences between individuals are gross, and include not only the type "R" and type "V" distinctions mentioned above, but also individual failures to see any depth at all in some displays. Yet these failures tend to form a pattern, which together with available neuroanatomy, suggest a radically new model for depth perception — a model proposing that the basis for depth is not disparity detection.[2]

[2] This statement does not preclude the strong possibility that stereoacuity may be based upon physiologic disparity.

3. Stereopsis and Stereoblindness

Consider again the display schematized in Fig. 3. Such a display can easily be constructed for viewing in a stereoscope, with the disparity cues such that the center bar should appear in front, and the adjacent two bars to be localized behind. Clearly, gross changes in apparent size require such differential localizations in depth. Yet, if no vergence movements are allowed and with appropriate fixation, approximately 20% of the observers will fail to see the bars correctly in-front or behind the fixation plane. Instead, the bars not localized properly in depth will appear as part of the surround on the plane of fixation. These observers are apparently unable to utilize all of the disparity cues provided. The difficulties suggest that some individuals may lack disparity detectors that signal when a stimulus has a crossed (uncrossed) disparity, but possess detectors that correctly report uncrossed (crossed) disparities.

In order to examine the possibility that some individuals lack detectors responding differentially to crossed (or uncrossed) disparities, approximately 75 members of the M.I.T. community were asked to differentiate between crossed, uncrossed, and monocular stimuli that had varying degrees of disparity. The procedure is described fully elsewhere (Richards, 1970). Briefly, the subject merely had to identify whether a particular stimulus, flashed for 80 msec while he was fixating, appeared "in front", "behind", or "on" the plane of fixation. These responses were then compared with the disparity and size of the stimuli.

Because there are three stimulus conditions, there are eight possible combinations of correct vs. incorrect stimulus-response relations. Let "f", "o", and "b" represent correct responses to the crossed (*f*ront), zero (*o*n) and uncrossed (*b*ehind) disparities, and let x indicate chance performance. The possible response combinations are therefore: fob, xob, fxb, fox, xxb, fxx, xox, xxx. If the losses of disparity detectors are independent, then all eight combinations should be found in a large enough sample of observers. In fact, all of these categories have been found[3], with the most common being fob (33%) and the least common xxx (about 3%). Thus, a rather large percentage of the population is stereoblind in that they are unable to process correctly all disparity cues. Furthermore, when such failures in disparity detection occur, they seem to occur over a wide range of disparities, suggesting that not one disparity but rather a whole class of disparity detectors is missing (i.e., such as all uncrossed disparities). Thus, these missing classes can be identified in a preliminary manner by the three kinds of discrimination deficits.

Unfortunately, because the identification of classes of stereoblindness may be limited by the range of the stimuli, there is no assurance that further anomalies in the processing of disparity do not occur. Thus, even though the present data demonstrate that there must be at least three general classes of disparity detectors (roughly corresponding to the crossed, uncrossed, and zero disparities), the data do not entirely preclude the possibility of the presence of additional classes. The sufficiency of only three general classes, however, is suggested by recent neuroanatomy of the geniculo-striate pathway.

[3] In 1956, Westheimer and Tanzman reported on forced choice discriminations of disparity, using a procedure similar to the present one. Of interest is that one of their six observers clearly could not differentiate between large crossed disparities.

4. Possible Anatomical Substrate

Approximately 1 year ago, Hubel and Wiesel (1969) made the important discovery that the contralateral and ipsilateral projections from the lateral geniculate to striate cortex in monkey are not coincident, but rather are staggered in the manner

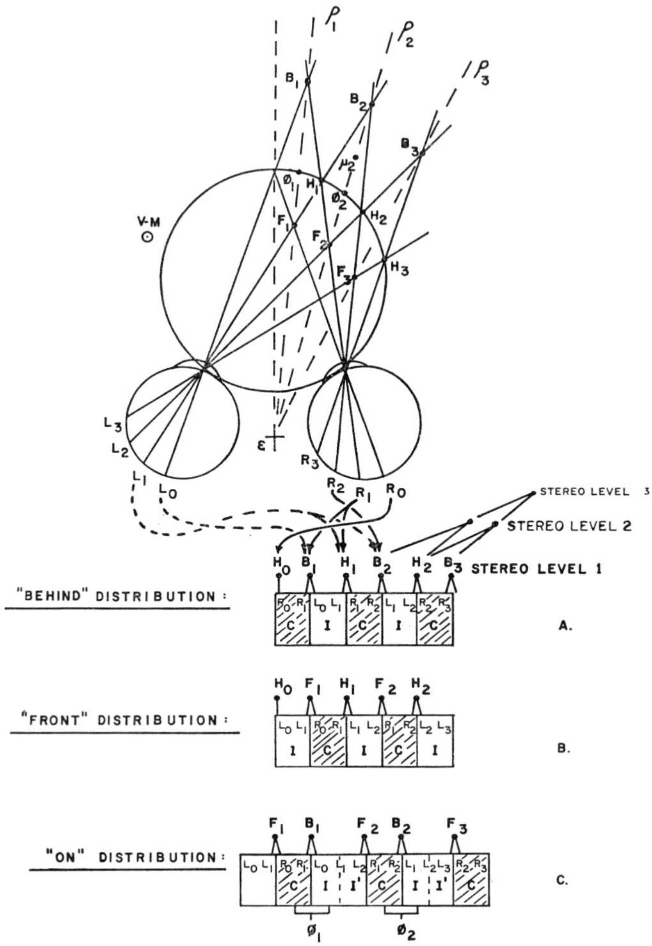

Fig. 4. Three possible arrangements for the contralateral (C) and ipsilateral (I) geniculate projections to the cortex. Binocular units F_i, ϕ_i, and B_i have colinear positions in visual space as indicated in the upper portion of the figure

schematized in Fig. 4. In this figure, the contra- and ipsilateral projections are differentiated by the cross-hatching of the contralateral areas. Even though the neuroanatomical finding did not assign retinal locations to the "slabs", an important functional property of the staggered cortical arrangement may be inferred by assuming that each "slab" represents a different, but ordered retinal projection. Such an ordering of the staggered projection from each eye leads to a double representation of certain retinal positions in the cortex. These positions are the ones that lie on the edges of the "slabs". Thus, R_1 may appear on both sides of the $L_0 - L_1$ ipsilateral "slab", as indicated by the arrangement labelled "Behind" Distribution. The net result of such a staggered projection of "slabs" would be to correlate one retinal position in one eye (e.g., R_1) with two retinal regions of the other eye (e.g. L_0 and L_1).

If binocular units now lie next to this staggered projection, then presumably these units will be innervated according to a mean sampling position along the projection layer. For example, the unit labelled B_1 will be innervated by retinal positions R_1 and L_0, whereas unit H_1 will be activated by positions R_1 and L_1, etc. Such an arrangement would lead to a distribution "B_i", of corresponding points in visual space, whereby all binocular positions would be behind or on the Vieth-Müller circle through the fixation point.

However, consider the effect of altering the order of the same ipsilateral and contralateral projections. If the ipsilateral projection now begins the sequence, then there will be a second distribution of binocular units, "F_i", all of which are stimulated by positions in visual space lying nearer than the Vieth-Müller circle.

Finally, the organization of the six geniculate laminations in man suggests the possibility of a third arrangement of "slabs" wherein two ipsilateral "slabs" are adjacent. The result of such an arrangement is the creation of a third distribution of binocular units, "Φ", which are innervated by positions lying on and to *both* sides of the Vieth-Müller circle. (In man, this third distribution is, in fact, necessary in order to explain certain individual anomalies in stereopsis.) The three distributions in Fig. 4 show these three arrangements for the contralateral and ipsilateral projections.

The net result of having three separate staggered arrangements of the same contralateral and ipsilateral geniculate projections is indicated in the top portion of Fig. 4. In addition to binocular units located adjacent to the joints between the contra- and ipsilateral "slabs", we must also expect other units to be off these joints. In this case, the unit will now have a receptive field whose position is located off the principal direction ray[4], ϱ_i. The sampling of visual space may be further elaborated by an additional hierarchy of binocular integration, as suggested by the three stereolevels. The major constraint upon the coding of binocular disparity, however, will still reside in the nature of the initial staggering of the contra- and ipsilateral projections from the geniculate.

5. A Model for Stereopsis

The implication of the staggered geniculostriate projections is that there must be at least two and possibly three arrangements for pairing the same contralateral and ipsilateral projections. Depending upon the order of the pairing, binocular units innervated by the two (or three) arrangements will have receptive fields located

[4] Note that if lines are drawn connecting the receptive field locations of corresponding B_i and F_i positions, then these lines can be shown to intersect at the mid-point of the line joining the nodal positions of the two eyes (Richards, 1969). This point, ε, would then represent the center of the space for visual direction.

either in front of or behind the plane of fixation. For any given arrangement, the total range of disparities that will have cortical representations will depend upon several factors, such as the size of the dendritic fields of the binocular units, or the number of stages of integration. If these variables are distributed approximately normally, then there will be a "mean" disparity that is most commonly represented, with the extremes occurring less frequently. A stimulus of a given disparity, therefore, will elicit varying amounts of binocular activity, depending upon its relation to the "mean" cortical disparity. Fig. 5 schematizes this relation between the disparity of the stimulus and the total amount of binocular activity that it will

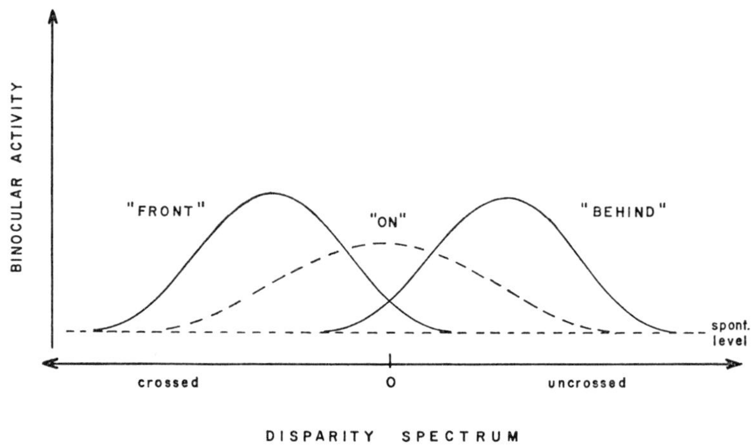

Fig. 5. Proposed distributions of binocular activity. Each distribution represents an independent sampling of the disparity spectrum, with the major constraint upon the sampling being the arrangement of the geniculo-striate projection

produce. The three distributions labelled "Front", "On", and "Behind" correspond to the three arrangements of the "slabs" described in the preceding figure. Thus, the total binocular activity resulting from a binocular stimulus will be disproportionately divided among the three distributions of disparity detectors, depending upon the disparity of the stimulus. In essence, the "Front", "On", and "Behind" distributions may be considered as filters that sample a portion of the disparity spectrum, just as the three cone pigments sample the visible region of the electromagnetic spectrum. Thus, continuing the analogy, if the "Front" arrangement of contra- and ipsi-"slabs" is missing or defective, an observer would be expected to have an impaired ability to detect crossed disparities — he would be stereoanomalous, and even more so if both the "Front" and "On" arrangements were absent. All together, we would expect eight different combinations of present and absent distributions: FOB, XOB, FXB, FOX, XXB, FXX, XOX, XXX. These combinations presumably provide the physiological basis for the similar categorization of responses observed on the psychophysical tests described earlier.

If the analogy between color and depth perception is carried still further, then depth would be based upon a comparison of the activities of the three distributions[5]. Thus, the depth assigned to a given disparity would depend upon the relative activities of the "F", "O", and "B" distributions. Such a hypothesis leads to a very strong prediction: depth is a non-monotonic function of disparity, with the depth associated with very large crossed or uncrossed disparities decreasing toward zero as the stimulus disparity is further increased. This prediction may be more obvious from Fig. 5, where at the extreme disparities all distributions approach the level of spontaneous activity indicated by the dashed lines.

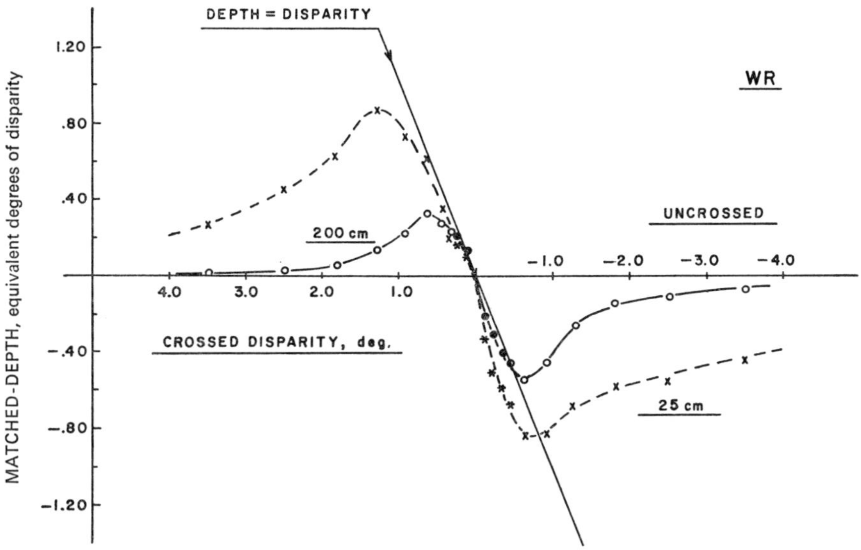

Fig. 6. The relation between depth and disparity for observer WR (Type R). The filled circles and stars indicate "fusion". Fixation was either at 200 cm (circles) or 25 cm (crosses)

The method used to test the prediction of a non-monotonic relation between depth and disparity was to flash stimuli of varying degrees of disparity while holding fixation. The apparent depth seen in these flashes (80 msec) was then matched by a probe of adjustable distance that was viewed with free eye movements in a disparity-rich context.

Fig. 6 is a plot of the results for one observer, showing that apparent depth is indeed a non-monotonic function of disparity, with the depth decreasing toward zero as the stimulus disparity increases beyond approximately 1 degree. Other observers generate similar curves, providing they have a full complement of

[5] Alternately, the "F", "O", and "B" activities may be compared with the activity of "monocular" units. Such a comparison avoids the difficulty of finding an "opponent" distribution to pair with a single isolated binocular distribution.

disparity detectors. Observers with missing classes of disparity detectors, however, produce only a flat curve over the range of anomalous processing.

In retrospect, the decrease in apparent depth (and size) as the stimulus disparity becomes very large should not be surprising, for stimuli having such large disparities appear double, and are well beyond the limits for fusion. Perhaps more surprising is the fact that the limits for single vision (i.e., fusion) are considerably less than the disparity that produces the greatest depth. In Fig. 6, these stimuli seen as single are indicated by the filled circles and stars. Clearly, depth is still increasing with increased disparity well beyond the limits of single binocular vision. However, this result is consistent with the hypothesis that the appropriate correlate of depth is the pooled activity received from clusters of disparity detectors.

The final point shown in Fig. 6 is the effect of convergence upon the relation between depth and disparity. When the eyes are converged to 25 cm (crosses), a given disparity may elicit up to 10 times as much depth compared with fixation at 200 cm (circles). This large effect of convergence further reinforces the fact that relative depth is not a function of disparity per se, but may be explained if depth is based upon a comparison of classes of activites (one being depressed or enhanced by convergence). As expected, these large changes in depth also lead to changes in apparent size, in the direction predicted from Fig. 3. All of these manipulations that alter depth provide potent transformations of apparent size. Hopefully these new insights into depth perception will provide a more suitable framework for interpreting size transformations.

Summary

The perceptions of size and distance are strongly coupled. An object of fixed angular extent may be made to appear grossly different in size by merely altering its apparent distance, either by converging the eyes or by changing its disparity relative to other parts of the field. Thus, an adequate prediction of apparent size must be preceded by a better understanding of the localization of objects in depth. The problem appears further complicated by the fact that there are gross individual differences in depth perception and in abilities to process disparity. Yet a possible solution to the problem of depth perception lies in the nature of these individual differences: The differences suggest that depth perception may be based upon the activities of three classes of disparity detectors. Each class would represent a different subset of detectors that sample the disparity spectrum. Depth might then depend upon a comparison of the activities of the classes available, with some individuals lacking one or more of the three classes. Such a mechanism would explain why depth is generally a non-monotonic function of disparity. Furthermore, the mechanism would permit relatively minor changes in binocular activity to yield major transformations in apparent size.

References

Foley, J. M.: Disparity increase with convergence for constant perceptual criteria. Percept. and Psychophys. **2**, 605—608 (1967).

Gogel, W. C.: Equidistance effects in visual fields. Amer. J. Psychol. **82**, 342—349 (1969).

Holst, E. von, Mittelstaedt, H.: Das Reafferenzprinzip. Naturwissenschaften **37**, 464—476 (1950).

Hubel, D. H., Wiesel, T. N.: Anatomical demonstration of columns in the monkey striate cortex. Nature (Lond.) **221**, 747—750 (1969).

McCready, D. W., Jr.: Size-distance perception and accommodation — convergence micropsia — a critique. Vision Res. **5**, 189—206 (1965).

Richards, W.: Spatial remapping in the primate visual system. Kybernetik **4**, 146—156 (1968).

— The influence of oculomotor systems on visual perception. Final Report, AFOSR 69-1934TR, 1969, pp. 122.

— Oculomotor effects upon binocular rivalry. Psychol. Forsch. **33**, 136—154 (1970).

— Stereopsis and stereoblindness. Exp. Brain Res. **10**, 380—388 (1970).

— Miller, J. F.: Convergence as a cue to depth. Percept. and Psychophys. **5**, 317—320 (1969).

Westheimer, G., Tanzman, I. J.: Qualitative depth localization with diplopic images. J. opt. Soc. Amer. **46**, 116—117 (1956).

The Neuronal Basis of Binocular Vision

E. R. Wist*, H. J. Freund**, Freiburg

With 6 Figures

This paper is concerned with the neuronal mechanisms which make binocular fusion and space perception possible. Since our present knowledge of these mechanisms is largely due to the work of the research groups of Bishop and Barlow during the last 4 years, this paper will draw heavily on the work of these authors. Furthermore, our discussion will be divided into two parts. The first will deal with spatial factors affecting binocular fusion and stereopsis and will concern itself with the neuronal mechanisms underlying Panum's areas, the horopter and the retinal disparity cue for depth perception. The second part will deal with temporal factors which have been as yet scantily studied but which, as will be shown in a discussion of some psychophysical experiments, can contribute to the understanding of the neuronal basis of binocular vision.

Spatial Factors

A highly developed capacity for binocular vision and space perception first occurs phylogenetically in the mammals. Presumably, the partial decussation of the optic nerves at the optic chiasm is related to this capacity. In phylogenetically lower animals, this decussation is complete. Each half of the brain receives information from one eye only. Binocular integration for these species is probably based on a comparison of monocular "images". (Mello, 1966) Particularly in carnivores, apes, and man, the partial decussation of fibers makes available information from each eye to both hemispheres and perhaps, therefore, gives an entirely different but more efficient method of extracting information about the location of biologically relevant objects in space. A point-for-point comparison of the inputs from the two eyes is possible. In these species, when a visual object is fixated, all points which lie on a curved surface containing the fixation point, the horopter, are projected on exactly corresponding retinal points and are presumably seen as single points, that is, binocularly fused.

The investigations of Bishop and Barlow and their coworkers have used the technique of microelectrode recording of the activity of single cells in the visual cortex which receive projections from the two retinas to study the binocular interactions possible. Their experiments involved pharmacologically paralyzed cats which were therefore incapable of voluntary eye movements. Since the optic axes deviate appreciably in such a preparation, a procedure had to be developed in order to determine the locus of corresponding retinal points. This method involves

---

* USA National Institutes of Health, Post-Doctoral Fellow.

** Paper given by H. J. Freund.

mapping the blind spots and the areae centrales of the two eyes onto the surface of a projection screen. Afterwards, the receptive fields of each eye are determined using appropriate visual stimuli while recording from single cortical neurons. The horizontal and vertical distances of these fields from the centers of the blind spots are then determined, and Risley double prisms placed before the eyes of the cat enable binocular fusion to be attained, thus approximating normal viewing conditions. Receptive fields are stimulated both monocularly and binocularly, and the responses under these two conditions are compared to obtain evidence for binocular summation. For many cortical neurons, binocular summation of discharges was found when exactly corresponding retinal points were stimulated. Receptive fields were then measured for each eye with an appropriate stimulus, which usually consists of a slit of light or a dark bar oriented properly and moving through the receptive field at an appropriate speed. In studies of binocular vision and stereopsis, the location of the centers of the receptive fields is important since the distance between these centers in the two eyes is needed as a measure of the correspondence of the retinal points stimulated. Barlow, Blakemore, and Pettigrew (1967) developed the concept of the *minimal response field* which nicely serves this end. An appropriately oriented slit or bar is moved through the receptive field at a proper speed, and the onset and offset of a neuron's response to this stimulus are marked on the projection screen. Then the stimulus is displaced laterally in the direction of its orientation and moved through the field. Such lateral displacements are repeated in both directions until the neuron fails to respond. The result is a rectangular-shaped receptive field whose center can be used in calculations of receptive field disparities between the two eyes. By stimulating the receptive fields in the eyes thus measured, both monocularly and binocularly, and comparing the responses of the neuron under these two conditions, the nature and degree of binocular interaction could be assessed. For many neurons binocular summation was found when exactly corresponding retinal points were stimulated. For other neurons, however, this was not the case. Slightly noncorresponding retinal points had to be stimulated to produce maximal binocular summation. If one arbitrarily sets the positions of all receptive fields in the right eye equal to zero, then all the disparity differences can be reflected in the left eye. Fig. 1 B shows the distribution of vertical and horizontal disparities obtained for 54 neurons by this procedure. The maximum deviation from correspondence was a little over one degree for both horizontal and vertical disparities. With normal convergence and fixation of the eyes, all points which lie on the horopter are portrayed on exactly corresponding points on the retinas. As can be seen in part A of Fig. 1, most of the binocular neurons have their receptive field centers on corresponding retinal points. The disparities of these neurons are normally distributed, with larger disparities increasingly less frequent. Bishop (1969) has noted that the scatter of receptive field disparities has exactly the same magnitude as the variation in receptive field position in the columns of cortical cells having the same trigger features. Because of this he assumes that the scatter of corresponding receptive fields comes about through random couplings between neurons in neighbouring cell columns in the visual cortex.

It should be emphasized that the data of this figure do not represent "depth interval" detectors analogous to orientation, movement, or contrast detectors.

Activation of a single such binocular neuron in isolation provides no information concerning the depth relation between points in space. Such information is derived from the activity of large aggregates of such neurons and therefore involves a population effect. The neurophysiological theory of stereopsis put forward by Joshua and Bishop (1970) proceeds from the evidence that the greatest number of neurons will be binocularly activated when their receptive fields overlap on the

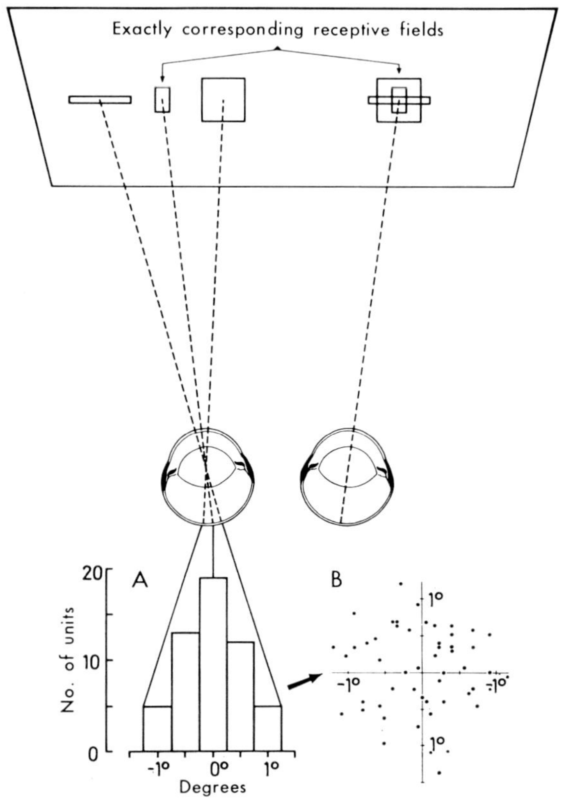

Fig. 1. Method used to obtain quantitative measure of receptive field disparities. A. Distribution of horizontal receptive field disparities of 54 binocular receptive field pairs. B. Scattergram of the horizontal and vertical receptive field disparities of the same units as in A. Data for A and B from Nikara, Bishop, and Pettigrew [1968 (2)], Figure from Bishop, 1971

surface of the horopter. Objects in space located on this surface which contains the fixation point will activate the largest number of neurons binocularly. With increasing distance from the horopter surface, fewer and fewer neurons will be binocularly activated. Stimulation by objects at greater distances away from the horopter surface will result either in double images or suppression of the input to the non-dominant eye. Corresponding retinal points and corresponding receptive fields, it should be emphasized, are related but not identical. The former are defined geometrically, the latter in terms of maximum binocular facilitation. Furthermore retinal disparity is defined geometrically, while receptive field disparity is defined in terms of the functional neural connections between the retina and cells in the visual cortex.

A given binocular unit will be activated by the same object in space because the receptive fields of the two eyes have the same trigger features. This neuron will be

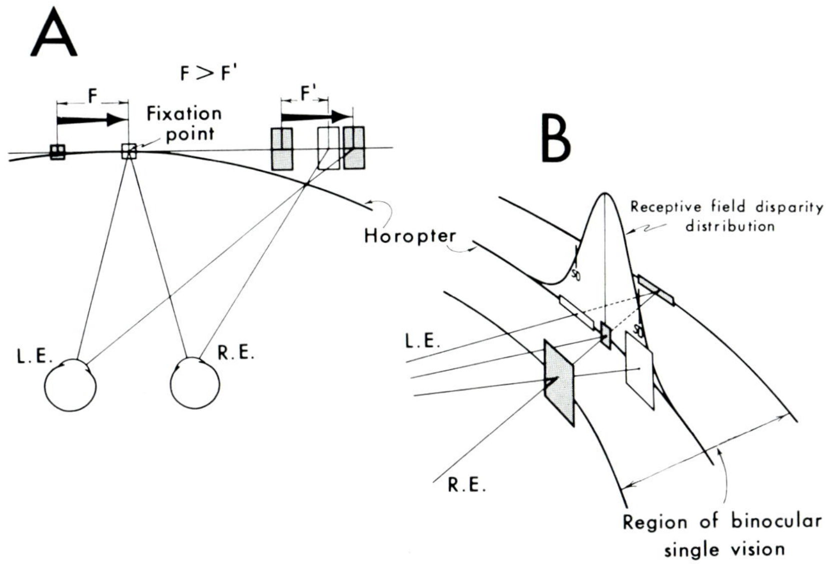

Fig. 2. Constructions for the horopter and "Panum's fusional area" in the cat. A. Decrease in mean receptive field separation with increasing retinal eccentricity (F > F′) causes the horopter to be concave towards the animal. B. Construction of a region of binocular single vision in the cat analogous to Panum's fusional area in man. The limits of the region of binocular single vision are set by ± one standard deviation of receptive field disparity about a number of selected points on the horopter (from Joshua and Bishop, 1970)

binocularly activated, however, only when the visual object is at a distance from the eyes or from the horopter at which its receptive fields superimpose. Joshua and Bishop (1970) propose that stereoscopic depth depends upon the receptive field disparities of such neurons with the horopter serving as a reference surface.

It is also possible to account neurophysiologically for the existence of Panum's area, a region of single vision which exists in the region in front of and behind the horopter surface such that binocular fusion occurs even though noncorresponding points are stimulated (Ogle, 1962, see Fig. 2). If fixation is maintained on a point in the plane of the horopter and a binocular stimulus is moved away from or toward the observer, a decreasing number of binocular neurons will be activated. At the same time, an increasing proportion of neurons will be monocularly activated, since the increasing receptive field disparities will increasingly exceed the optimal disparities required for binocular activation. A critical image disparity will be reached, according to Bishop, at which the number of binocularly activated neurons required for single vision will be exceeded. At this point, binocular fusion will break down, and diplopia is experienced, although a sufficient number of binocularly actived neurons may exist to form the basis for stereopsis with double images. In Fig. 2 B this region of binocular single vision, or Panum's fusional area, is arbitrarily defined as plus or minus 1 standard deviation of the distribution of receptive field disparities in the plane of the horopter.

This neuronal theory of binocular vision also provides a neural criterion for the control of fixation movements of the eyes (Bishop, 1969). These eye-movements are so controlled by the oculomotor centers that the greatest number of binocular neurons will be activated. With such a criterion the eyes can be positioned so as to maintain fixation on an object in visual space, except, of course, for small spontaneous involuntary movements. Movements of the eyes away from the fixation point, result in a reduction of spike activity in this neuronal system. The result is the release of rapid corrective movements, the so-called "flicks". It is worth noting that the amplitude of these correctional movements is well within the scatter range of the disparities of receptive fields. Thus with this mechanism, single vision can be continuously maintained. However, because of the continuous corrective movements, it is possible that the sharpness of spatial resolution is somewhat attenuated. The actual location of the visual axes has the form of a two-dimensional probability distribution about the fixation point. The horopter surface which is maintained in the interest of optimal correspondence and binocular neural activity represents that surface relative to which depth discrimination occurs. Retinal disparity of stimulation ensues for those receptive field pairs which do not lie on the horopter surface.

The findings of Joshua and Bishop (1970) afford a neurophysiological account of the curvature of the horopter. When the distance, F, separating the receptive field pairs of binocularly activated neurons is measured for a large number of neurons of varying retinal eccentricity, the result is that the distance, F, decreases linearly from the area centralis toward the periphery. The consequence of this finding can be seen in Fig. 2 A. When a convergent movement of the eyes occurs in order to superimpose corresponding receptive fields (left eye fields are gray; right eye fields white), this movement must have an amplitude, F. The neurons with receptive field pairs which lie on the same frontoparallel plane (which are illustrated in the figure prior to the occurrence of a fixation movement) are somewhat closer together. This is because the average receptive field separation is smaller in the peripheral retina. A corrective eye movement with amplitude, F, which is exactly correct in magnitude for the central field is too large for the alignment of the receptive fields of neurons activated by stimulation of the peripheral retina. Thus when a fixation movement occurs which brings central receptive fields into correspondence, the peripheral fields will be positioned so as to produce a crossed disparity. In order for their fields to be brought into correspondence, the stimulus object must be located in a plane closer to the eyes. If this reasoning is applied to all receptive field pairs, the result is a neurophysiologically determined horopter which corresponds to the psychophysiological account of the Hering-Hildebrand deviation from the Vieth-Müller circle.

The assumption of Ogle (1962) that the spatial distribution of corresponding points changes with fixation distance does not receive any neurophysiological support. The findings of Flom and Eskridge (1968), however, are supported. Using an after-image technique, they determined the shape of the horopter psychophysically and found that retinal correspondence varied within a range of 6 min arc or less when the fixation distance was varied between 20 and 600 cm.

It is necessary to discuss briefly the special problems created for binocular fusion and stereopsis when stimulation occurs in the region of the vertical meridians

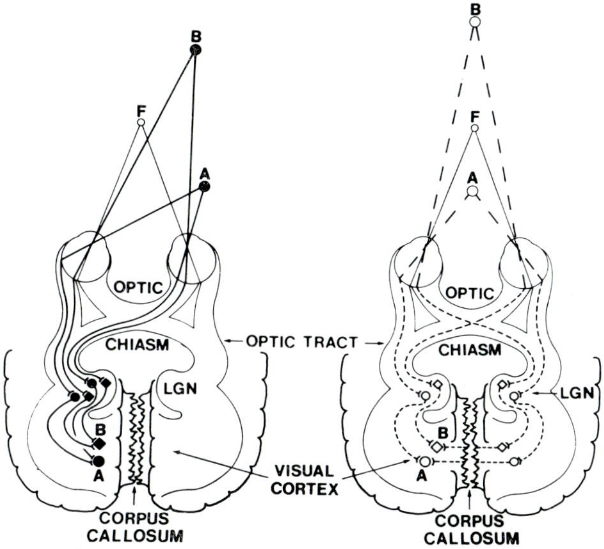

Fig. 3. The possible neural system for binocular depth discrimination in the split-brain human under two viewing conditions. To the left is the condition in which the visual objects A and B lie to the right of the fixation point F. All information projects to the visual cortex of the left hemisphere. Inputs from both eyes project to the neurons labeled A and B. Depth perception is possible here. To the right is the condition in which the visual objects A and B lie in the median plane in front of and behind the fixation point F. Here convergence of discharges from the two eyes on the cortical neurons A and B is prevented by the severed corpus callosum. (Figure from Mitchell and Blakemore, 1970)

of the retinas. The fibers of the optic nerve coming from the nasal hemiretinas cross the optic chiasm while the fibers from the temporal retinas reach the visual cortex without crossing. As can be seen on the left in Fig. 3, with this arrangement all visual objects in the right visual field will be represented in the left visual cortex, objects in the left visual field in the right visual cortex. Furthermore, as can be seen on the right in this figure, visual objects lying in front of or behind the fixation point fall on different hemiretinas and therefore project to different cerebral hemispheres. With as much neural circuitry as just described, binocular fusion and stereopsis would not be possible in the vertical meridian. To explain how binocular fusion and stereopsis can occur in this region two additional anatomical features are necessary. First, the border between the nasal and temporal portions of the hemiretinas is not sharp. There is an overlapping zone on both sides of the vertical meridian which has been verified histologically. Stone (1966) obtained evidence that retinal ganglion cells overlap in the region of the vertical hemispheres. This overlap zone is sizable in cats but probably smaller in apes and man. Second, the two cerebral hemispheres are joined together by the corpus callosum which joins the two cerebral hemispheres. This makes it possible for projections to the two cerebral hemispheres to interact. Blakemore and Mitchell (1970) have shown that for a patient with a severed corpus callosum, it was not possible to spatially fuse visual objects lying in the median plane. Depth discrimination was possible only for eccentrically located stimuli whose binocular fusion was not dependent on a transfer between the cerebral hemispheres. Westheimer and Mitchell (1969) found in a study of the eye-movements of this same patient that fixation movements could only be produced when the trigger stimulus appeared on homonymous hemiretinas. Thus there is available for the vertical meridians of the visual field a second, indirect, compensating, binocular integration system.

In order to round out this review of the functional organization of binocular vision, it is necessary to describe some of the details of the behavior of binocularly sensitive simple and complex cortical neurons.

Using diffuse light, Grüsser and Grüsser-Cornehls (1965) have classified cortical neurons of area 17 into six groups, monocular, monocular-dominant, three groups of binocularly sensitive neurons, and a group responding to neither binocular nor monocular stimuli.

With patterned illumination Pettigrew, Nikara, and Bishop (1968) have recently shown three kinds of interaction for the simple striate neurons of layer IV of the visual cortex: occlusion, summation, and inhibition. They have further shown that almost all these neurons are binocularly influenced. The earlier findings of Hubel and Wiesel (1962, 1968), which suggested that there exist cortical neurons which are purely monocular, appear to be the result of the particular stimulus conditions employed. With a different stimulus program and more refined quantitative analyses, these neurons have been shown to be mostly binocularly influenced.

According to Bishop (1969) these simple cells fire under two conditions: 1. When the appropriate stimulus is located at the position in depth at which the excitatory region for the dominant eye is in exact correspondence with the subliminal excitatory region of the non-dominant eye. 2. When the excitatory region of the dominant eye is stimulated and it lies outside the inhibitory region of the non-dominant eye. This condition is actually equivalent to occluding the non-dominant eye. This tendency for inhibition by the non-dominant eye when the alignment of stimuli over the receptive fields is not appropriate is regarded by Bishop as possibly playing an important role in stereopsis. When the stimulus conditions are such that non-corresponding but overlapping receptive fields are stimulated, the results is an inhibition of the response. Thus these neurons act as gates, inhibiting the response from regions in the visual field which would otherwise produce double images. The size of this zone of inhibition is about the same as that of the spread of receptive field disparities and relates to Panum's fusional areas.

Pettigrew, Nikara, and Bishop (1968) have investigated two types of complex cells. One shows binocular facilitation over a relatively narrow range of receptive field disparities. Low amplitude stimulus movements anywhere within the receptive field were adequate stimuli as long as the appropriate orientation was maintained. This behaviour can be explained by assuming that complex cells receive inputs from a number of simple cells all having the same trigger features (Hubel and Wiesel, 1962). Other complex cells show binocular facilitation over a wide range of receptive field disparities. This finding suggests that these complex cells received inputs from a number of simple cells varying widely in the optimal stimulus disparities required for activation. They show considerable generalization for visual direction and retinal disparity of stimulation.

Temporal Factors

In 1966 Wist and Gogel reported that, with binocular fixation of a standard stimulus, an interocular delay of stimulation of the two eyes with a comparison stimulus resulted in a change of the perceived depth interval between the two stimuli when the inter-ocular delay interval was greater than 32 msec. Later experiments confirmed this result (Wist, 1968, 1970). In 1969, Bishop and his coworkers reported that binocular summation in individual neurons remains complete as long as the binocular stimuli are presented with a delay interval of 32 msec or less. With longer delay intervals, they found decrease or failure of binocular summation. In both experiments, is was also found that the total temporal range of effectiveness of an interocular delay in stimulation was about 100 msec.

This suggestive parallel between the Bishop and Wist and Gogel findings, one neurophysiological and the other psychophysical, makes necessary a description of the details of procedure of the latters' experiments. Fig. 4 shows an overhead view of the stimulus display. The standard stimulus, a luminous square, was 7 meters away from the subject's eyes, and the comparison stimulus, a luminous circle, was located 5 deg to the left of the standard stimulus. Both stimuli subtended a visual angle of 14 min arc. The comparison stimulus was seen intermittently with an appropriate interocular-delay interval. By delaying the onset of stimulation in the two eyes, it was possible to delay the arrival at the visual cortex of discharges from the two eyes. It was hypothesized that if simultaneous arrival of discharges at the visual cortex was a necessary condition for stereopsis, then, as the interocular delay interval (IDI) exceeded the visual cortex's "simultaneity threshold", the depth location of the comparison object ought to become indefinite, since retinal disparity could no longer operate as an effective cue to depth.

The task of the subjects was as follows: the subject adjusted the position in depth of the comparison object so that it appeared equidistant to the standard stimulus. This was done repeatedly both when there was no IDI and with IDIs of various durations.

The results of our first experiment published in 1966 are shown in Fig. 5. On the abscissa the IDI in milliseconds is indicated, and on the ordinate is shown the magnitude of the "depth shift" which is the difference in sec arc between the adjusted depth position with the various IDIs indicated on the abscissa. For

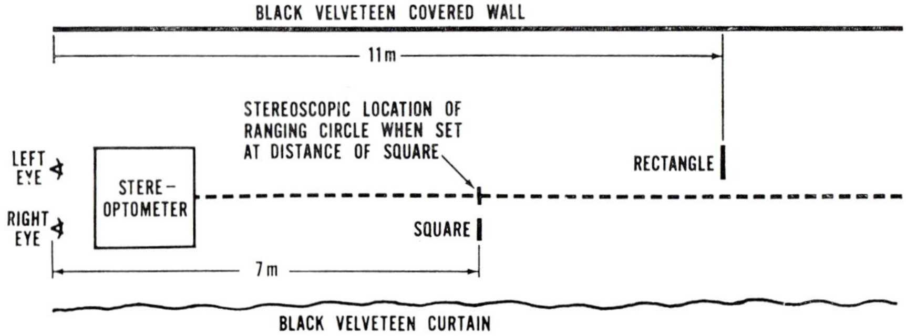

Fig. 4. Overhead view of stimulus arrangement for depth shift experiments. Subject is seated at left and views standard stimulus (labeled "square") and comparison stimulus (labeled "ranging circle") through stereoptometer which is used to generate the latter stimulus. The dashed line represents the median plane. The rectangle is not relevant to the experiments described (Figure from Wist and Gogel, 1966)

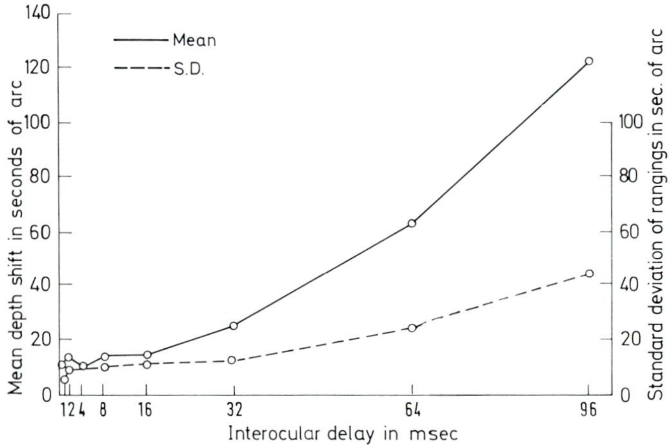

Fig. 5. Mean shift in perceived depth of comparison stimulus as a function of inter-ocular delay interval (left ordinate). Shifts are measured with reference to perceived depth location of comparison stimulus with 0 inter-ocular delay. Right ordinate: Mean standard deviation of repeated measures of depth location of comparison stimulus as a function of inter-ocular delay interval. Data from 4 subjects are averaged in this graph (Figure from Wist and Gogel, 1966)

example on the solid line the point directly over 64 msec on the abscissa means that the comparison object appeared approximately 60 sec arc further away from the subject in depth with a 64 msec IDI than it did with a 0 msec IDI.

The solid line indicates that up to an IDI of 32 msec no depth shifts occurred. But between 32 and 64 msec a significant shift in depth occurred even though only a temporal disparity and not a retinal (spatial) disparity of stimulation existed. With an IDI of 96 msec, the comparison stimulus appeared even further behind the standard stimulus, although with a delay this large binocular fusion was no longer possible. The subject saw two successive flashes of the comparison object rather than a single, temporally fused flash. Thus the results in this figure indicate three temporal regions; the first from 0 to 32 msec in which no depth shifts occurred and in which stereopsis was veridical, the second, between 32 and 64 msec in which a depth shift occurred but in which binocular fusion was maintained, and the third in which further depth shifts occurred but with double images.

The lower, dashed line in this figure shows another finding of this study. On the right-hand ordinate is plotted the standard deviation of repeated adjustments of the comparison object to the depth position of the standard object. The standard

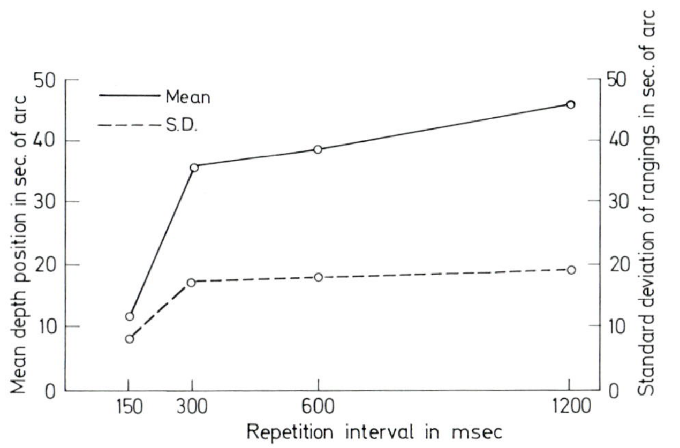

Fig. 6. Mean shift in perceived depth of comparison stimulus (left ordinate) and standard deviation of repeated measures of depth location (right ordinate) as a function of repetition interval. Data from 4 subjects are averaged in this graph (Figure from Wist and Gogel, 1966)

deviation or its reciprocal is a standard measure of stereoscopic acuity. In this figure the larger the standard deviation, the poorer the stereo-acuity. This line shows that up to a delay of 32 msec, stereoscopic acuity was unaffected. As the IDI increased above 32 msec, stereo-acuity became progressively poorer. It should be pointed out here that the depth shift phenomenon is critically dependent on flash luminance and duration. As flash luminance or duration increases, the magnitude of the depth shift decreases. In the above experiment flash duration was 4 msec. In a later experiment it was found that flash durations of 20 and 40 msec resulted in no depth shifts (Wist, 1970).

Fig. 6 shows the effect of repetition interval, defined as the time interval between successive pairs of flashes, on the magnitude of depth shifts. The solid line shows that with a repetition interval of 150 msec there is hardly any shift in depth at all. Depth shift magnitude increases sharply at a repetition interval of 300 msec and increases only slightly more for repetition intervals of 600 and 1200 msec. This finding is perhaps most easily accounted for by assuming that for very short repetition intervals temporal summation of successive stimuli delivered to a given eye occurs. This temporal summation breaks down between 150 and 300 msec, and thereafter the inter-ocular delay in stimulation is no longer overridden by this temporal summation. The dashed line in this figure shows the effect of repetition interval on stereo-acuity. The result is analogous to that obtained for depth shifts.

These results on the effect of repetition interval are especially interesting with regard to the experiments on the effect of intermittent illumination on stereopsis mentioned by Aulhorn in which it was found that stereopsis was not possible when the frequency of intermittent stimulation was less than 5 HZ. These results are compatible with the earlier experiments of Richards (1951) and Effron (1957). One major, and extremely important difference between these experiments and the depth shifts experiments, is that in the latter a continously visible binocular fixation point was present which served to maintain alignment of the two eyes during the dark interval between flash pairs. We have seen that a repetition interval of 150 msec, which is equivalent to almost 7 Hz, produced no depth shifts, presumably because of temporal summation of discharges within the two retinas which "masked" the effect of interocular delays in stimulation. Only when the repetition interval was at least 300 msec (3.33 Hz) did depth shifts appear. Further decreases in frequency below 2 Hz had no further effect on depth shifts. The most plausible explanation as to why stereopsis broke down in these other experiments is that vergence changes during the dark intervals resulted in double images which were too disparate to produce stereopsis.

On the basis of the neurophysiological findings described earlier, it would appear that the neuronal basis of the depth shift phenomenon involves the failure of binocular summation at the cortical neural level as the interocular delay increases beyond 32 msec. Binocularly activated neurons which would ordinarily discharge when a given retinal disparity of stimulation is present under normal, simultaneous stimulation of the two eyes, do not respond as vigorously when a sufficiently large inter-occular delay in stimulation occurs. The predicted perceptual result is that the delayed test object is not seen in its "true" position but is, rather, indefinitely located in space. As the IDI is further increased beyond the threshold for complete binocular summation, the apparent position in space of the test object should become increasingly indefinite. Under these circumstances it would be expected that stereoscopic acuity would be reduced, and this is exactly what was found in our psychophysical experiments.

What is not clear on the basis of the neuronal data to date is why in addition to decreases in stereoacuity, depth shifts take place with sufficiently large IDIs. Rearward depth shifts would be explainable if neuronal evidence existed that neurons normally signalling larger rearward deviations from the fixation plane were activated by interocular delays greater than 32 msec. On the basis of the neurophysiological experiments on binocular vision reported thus far, however, there is no reason to expect anything but a reduced effectiveness for activating retinal disparity-sensitive cortical neurons with stimuli delayed interocularly by more than 32 msec.

One possible account of the rearward depth shift phenomenon is suggested by the important experiments of Richards (see p. 281). His experiments on stereoblindness suggested that three groups of depth difference detectors, "in front", "zero", and "behind", exist in the visual cortex. It is possible that rearward depth shifts occur because the "behind" detectors are more sensitive to temporal disparity of stimulation than the other two classes. Depth shift experiments performed with subjects who are either "in front" or "behind" stereoblind should result in sizable depth shifts for the latter, and no depth shifts (or perhaps forward depth shifts) for the former group. As we have already seen, Bishop and Barlow and their coworkers have discovered binocularly activated neurons whose response is affected by stimuli falling on non-corresponding retinal points. As was realized by Hering (1864), however, there are two tasks that the nervous system faces in assessing depth relations in visual space, 1. detection of retinal disparity, 2. determination of direction of disparity. The first is an answer to the question: Do objects A and B lie in the same depth plane? If the answer to this question is "no", then the second question is: Which of the two objects, A or B, is nearer (or farther) from the fixation plane (or from the observer)? Clearly a mechanism for answering the first question has been provided by Bishop, Barlow and their coworkers. Furthermore, an answer to the second is suggested by the fact that different neuron populations are activated when crossed or uncrossed retinal disparities of stimulation are present. These neuronal populations furthermore must have their locations in different cell columns in the visual cortex, since there exists a topographical projection to the cortex even though its "grain" is not as fine as earlier believed. Further neuronal studies are, of course, necessary in order to relate the locus of specific units in the cortex to specific points in visual space. Such units would provide a neuronal basis for the three disparity detector groups inferred by Richards. One possibly fruitful line of neuronal investigation would be to employ the stimulus program of Wist and Gogel (1966) and Wist (1970) to investigate the sensitivity of single binocular cortical neurons. Variation of IDI would answer the question as to whether both classes of cortical neurons have identical sensitivities to temporal disparity. Variation of repetition interval would provide direct evidence relating to the hypothesis of temporal summation within retinas and to the effect of intermittent illumination on stereopsis. If the results of such experiments paralleled those obtained in the psychophysical experiments of Wist and Gogel, then additional evidence will have been obtained supporting Julesz's contention that stereopsis is a simpler process occurring earlier in the visual system than form perception (Julesz, 1964).

One final word should be said about the implications of the neuronal and psychophysical results described here for suppression theories of stereopsis as illustrated by that of Verhoeff (1935). Verhoeff proposed that binocular fusion of simultaneous inputs to the two eyes does not occur, but rather, some portion of the input to one eye is suppressed as the time that a portion of the input in the corresponding position in the other eye is being seen. Binocular fusion never occurs; instead at the level of the visual system where binocular integration occurs, there is available at any moment in time a discharge from only one member of each pair of corresponding points. The neurophysiological findings of Bishop and Barlow and their coworkers clearly do not support such a view, nor do the psychophysical results of Wist and Gogel (1966) and more particularly Wist (1970) in which evidence for suppression was directly sought but failed to appear.

Summary

The recent microelectrode investigations of Bishop, Barlow and their associates on binocular vision in cats are described and their relevance as a basis for a neurophysiological theory of binocular vision discussed. An account of Panum's areas, stereopsis and the horopter is given in terms of the model of Joshua and Bishop. Recent psychophysical experiments on the effect of interocular delays in stimulation on binocular vision in man are described and compared with recent neurophysiological findings on the cat. Finally, there is a discussion of the relationship of these results to several neurophysiological models of stereopsis.

References

Barlow, H. B., Blakemore, C., Pettigrew, J. D.: The neural mechanism of binocular depth discrimination. J. Physiol. (Lond.) **193**, 327—342 (1967).

Bishop, P. O.: Neurophysiology of binocular single vision and stereopsis. Handbook of sensory physiol. VII (Jung, R. Ed.) (In print).

Efron, R.: Stereoscopic vision I. Effect of binocular temporal summation. Brit. J. Ophthal. **41**, 709—730 (1957).

Flom, M. C., Eskridge, J. B.: Change in retinal correspondence with viewing distance. J. Amer. opt. Ass. **39**, 1094—1097 (1968).

Grüsser, O. J., Grüsser-Cornehls, U.: Neurophysiologische Grundlagen des Binocularsehens. Arch. Psychiat. Nervenkr. **207**, 296—317 (1965).

Hering, E.: Zur Lehre vom Ortsinne der Netzhaut. Leipzig: Engelmann 1884.

Hubel, D. H., Wiesel, T. N.: Receptive fields, binocular interaction, and functional architecture in the cat's visual cortex. J. Physiol. (Lond.) **160**, 106—154 (1962).

— — Receptive fields and functional architecture of monkey striate cortex. J. Physiol. (Lond.) **195**, 215—243 (1968).

Joshua, D. E., Bishop, C. O.: Binocular single vision and depth discrimination. Receptive field disparities for central and peripheral vision and binocular interaction on peripheral units in cat striate cortex. Exp. Brain Res. (1971) (in press).

Julesz, B.: Binocular depth perception without familiarity cues. Science **145**, 356—362 (1964).

Mello, N. K.: Concerning the interhemispheric transfer of mirror-image pattern in the pigeon. Physiol. Behav. **1**, 293—300 (1966).

Mitchell, D. E., Blakemore, C.: Binocular depth perception and the corpus callosum. Vision Res. **10**, 49—54 (1970).

Nikara, T., Bishop, P. O. and Pettigrew, J. D.: Analysis of Retinal Correspondence by Studying Receptive fields of Binocular Single Units in Cat Striate Cortex. Exp. Brain Res. **6**, 353—372 (1968).

Ogle, K. N.: The optical space sense. In: The eye. **4**, Part. II, pp. 211—417. (Davison, H., Ed.). New York and London: Academic Press 1962.

Pettigrew, J. D., Nikara, T., Bishop, P. O.: (1) Responses to moving slits by single units in cat striate cortex. Exp. Brain Res. **6**, 373—390 (1968).

— — — (2) Binocular interaction on single units in cat striate cortex: simultaneous stimulation by single moving slits with receptive fields in correspondence. Exp. Brain Res. **6**, 391—410 (1968).

Richards, W.: The effect of alternating views of the test object on vernier and stereoscopic acuities. J. exp. Psychol. **42**, 376—383 (1951).

Stone, J.: The naso-temporal division of the cat's retina. J. comp. Neurol. **126**, 585—600 (1966).

Verhoeff, F. H.: An new theory of binocular vision. Arch. Ophthal. **13**, 151—175 (1935).

Westheimer, G., Mitchell, D. E.: The sensory stimulus for disjunctive eye movements. Vision Res. **9**, 149—156 (1969).

Wist, E. R.: The influence of the equidistance tendency on depth shifts resulting from an interocular delay in stimulation. — Percept. and Psychophys. **3**, 89—92 (1968).

— Do depth shifts resulting from an interocular delay in stimulation result from a breakdown of binocular fusion? — Percept. and Psychophys. (1970) (in press).

— Gogel, W. C.: The effect of inter-ocular delay and repetition interval on depth perception. Vision Res. **6**, 325—334 (1966).

Binocular Depth Perception in Man — A Cooperative Model of Stereopsis

B. JULESZ, Murray Hill, New Jersey

With 9 Figures

Under ordinary conditions the world appears very similar to us whether we view it with both eyes or one eye alone. Except for a slight increase in plasticity — owing to stereopsis (stereoscopic depth perception) — the contours and textures of objects seem unchanged. Because of this similarity between the monocular and binocular views it was commonly believed that understanding binocular vision must await the understanding of monocular vision. What is more, since the binocular percept exhibits an attribute — three-dimensionality — that is missing in the left and right vertical projections, it was widely accepted that seeing with two eyes is more complex than seeing with one eye. For example Sherrington (1906), the leading physiologist of his time, concluded "that during binocular regard ... each uniocular mechanism develops independently a sensual image of considerable completeness. The singleness of binocular perception results from union of these elaborated uniocular sensations." This opinion prevailed (and became even more exaggerated by the Gestaltist school) until the invention of random-dot stereograms in 1959.

Such a random-dot stereogram is shown in Fig. 1 (Julesz, 1960 [1, 2]). When viewed with one eye alone the left and right arrays appear as a random assemblage of dots devoid of all form and familiarity cues. However, when stereoscopically fused a diamond shaped area is perceived hovering above the background in vivid depth. Where monocularly only randomness was perceived, in the binocular view forms and contours can be experienced. What is important, the left and right arrays separately do not contain the diamond form. It is only the *relation* between the two arrays that contains this information. In Fig. 1 both the background and the diamond are covered with the same textures, except that the diamond is horizontally shifted in one array in the nasal direction as if it were a solid sheet. The use of a digital computer and a high resolution plotting device assures that no monocularly perceivable gaps or other cues will spoil this perfect camouflage. Of course, instead of a diamond any desired form can be portrayed such that this form does not exist on the anatomical retinae and is first portrayed at a stage where the two monocular views are combined.

This demonstration thus showed that monocular form recognition is not necessary for stereopsis. A later demonstration by Julesz (1966, 1967) showed that molecular forms clearly seen by one eye can be scrambled in the binocular view. This is shown in Fig. 2 where the bilateral symmetry along the horizontal

Fig. 1. Random-dot stereogram. When stereoscopically fused a diamond appears in vivid depth above the randomly textured surround (Courtesy of University of Chicago Press, "Foundations of Cyclopean Perception" by B. Julesz)

axis is apparent in the left array, yet in the binocular view it cannot be perceived. Thus, whenever binocular fusion occurs it dominates monocular vision.

As a result of these findings it is now clear that the Sherringtonean view is incorrect, what is more, paradoxically its opposite is true. Binocular vision (when restricted to binocular localization) is simpler than monocular vision. While in monocular vision the enigmatic processes of form recognition must operate in order to separate complex objects from their backgrounds, in binocular vision objects can be separated without having to recognize them first. This simplification of problems brought about by random-dot stereograms has been realized by the neurophysiologists as emphasized by Bishop (1969) and as attested by the

Fig. 2. Random-dot stereogram, in which the monocularly apparent bilateral symmetry (across the horizontal axis) in the left view is scrambled in the stereoscopic view

recent emphasis on finding the physiological basis of binocular depth perception (Barlow, Blakemore and Pettigrew, 1967; Pettigrew, Nikara and Bishop, 1968; Hubel and Wiesel, 1970).

The implications of random-dot stereograms for binocular vision are manyfold. First of all, although Wheatstone (1838) — by inventing the stereoscope — showed that binocular disparity is a basic depth cue, quite recently many researchers (for instance Gibson, 1950, and Ittelson, 1952) regarded disparity of minor importance. They assumed that the many other monocular depth cues from retinal gradient of texture to movement parallax are more powerful. However, as Fig. 3 demonstrates, in the absence of any monocular depth or familiarity cue a surface of great

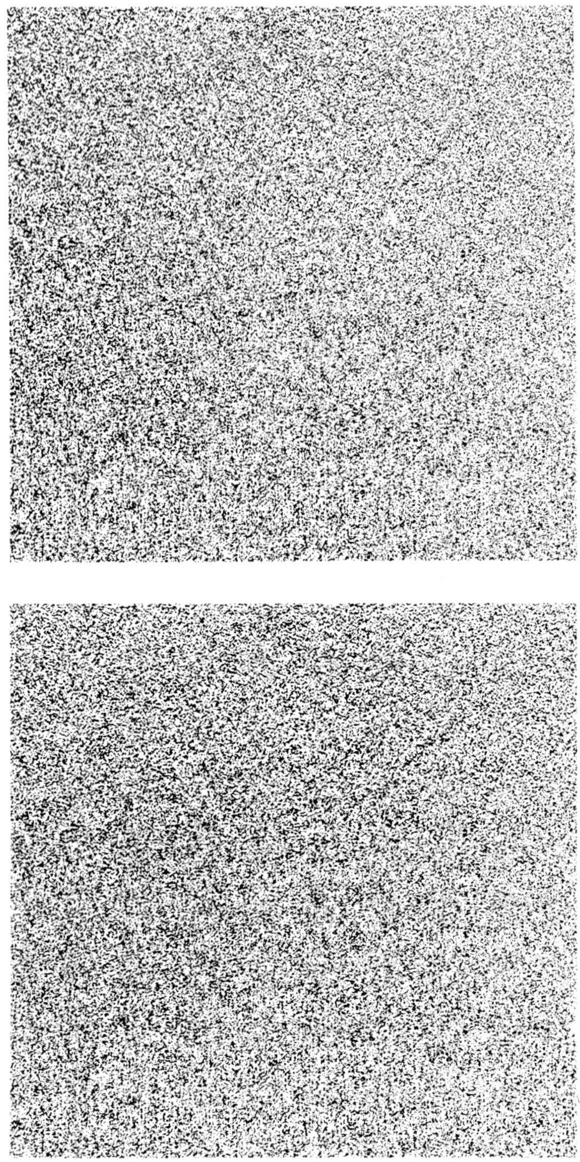

Fig. 3. Random-dot stereogram which when monocularly viewed appears uniformly random yet when stereoscopically fused portrays a spiral surface in depth

complexity can be perceived using binocular disparity as a single cue. Were not binocular disparity such a powerful depth cue, how could we understand why the highest animal forms sacrificed panoramic vision and developed stereopsis instead. In order to obtain stereopsis, the two eyes' views had to overlap (thus reducing the panoramic visual field by half) and complex processes of head movement and eye-coordination had to evolve. Obviously, stereopsis had to offer substantial advantages over monocular movement parallax and the other depth cues.

Many researchers believe that stereopsis enables predators to judge the distance of their prey while motionless, while animals that rely on monocular movement parallax must be in motion (and thus less easy to hide). However, this argument is not very powerful, since stereopsis gives only the sense of *relative depth*. In contributing to *absolute depth* judgments, stereopsis is just one of the many depth cues. There must be some other reasons why stereopsis evolved and the previous demonstrations can give a possible answer. Since time immemorial animals developed camouflage and easily blended with the background. It is possible to hide successfully under monocular vision and the predator has to possess complex form recognition to see, say, a moth on a tree when both are covered with similar textures. However, as Figs. 1 and 3 demonstrate even under *ideal* monocular camouflage, the hidden objects jump out in depth when stereoscopically viewed. What is more, this object separation does not necessitate any familiarity with the stimulus, and therefore stereopsis could evolve at a relatively early stage in the hierarchical processing chain of vision.

The previous lecture summarized some of the recent findings on the neurophysiological basis of stereopsis. These findings were obtained in the cat and monkey. Bough (1970) demonstrated stereopsis in the macaque monkey by using random-dot stereograms. With this development much of the psychological findings on human stereopsis can now be related to physiological evidence. One of the advantages of random-dot stereograms is that they provide an objective and unfakeable test for stereopsis. We are not asking the subject whether he perceives depth per se, but simply what does he see. If an animal is first taught to discriminate between a cross or a circle, and then these figures are portrayed by random-dot stereograms, then transfer of discrimination to these stimuli establishes stereopsis.

This unfakeable aspect of random-dot stereograms is very important Besides providing an objective test for stereopsis in humans, random-dot stereograms can help to test some enigmatic abilities which previously belonged to the realm of anecdotal accounts. Let us briefly review such a feat that took place during my sabbatical stay at the Psychology Dept. of MIT. Stromeyer and Psotka (1970) presented one image of a random-dot stereogram to one eye of a 23 year old woman, who possessed eidetic imagery (photographic memory). She would build up the eidetic image of the array by scanning it for a few minutes. Then a day later the other image would be presented to her other eye. She was able to fuse her eidetically stored image with the physically presented one and correctly reported a square in depth and accurately pointed to its corners. This study alone would deserve several pages, but here it should suffice that stereopsis and random-dot stereograms established the existence of a detailed texture memory for arrays 1000×1000 in size lasting for days (at least for one eidetiker). Whether the rest of us have the same detailed memory as an eidetiker only without being able to recall it remains to be seen.

In recent years neurophysiologists found many units in the visual cortex that respond to stimulation of both eyes. These binocular units fire for edges of the same orientation that cast on the two retinae (Hubel and Wiesel, 1962). However, in Area 17 of the cat (Barlow et al., 1967) and in Area 18 of the monkey (Hubel and Wiesel, 1970) there are units that also require a very specific binocular disparity for optimal firing. Both facilitation and inhibition can be obtained in very narrow disparity ranges (Bishop, 1969). In spite of these very important physiological findings, I think they represent only the first steps in the understanding of binocular localization.

In order to understand the basic problem of binocular localization one must realize that the visual system is confronted with ambiguities. This becomes obvious from Fig. 4. Here four objects (having the same ordinates) cast their projections on the left and right retinae. If these objects are similar (having the same brightness, color, shape, and orientation) it is ambiguous which projected object in one view belongs to which projection in the other eye's view. In case of four objects already 16 localizations are possible out of which only four are correct

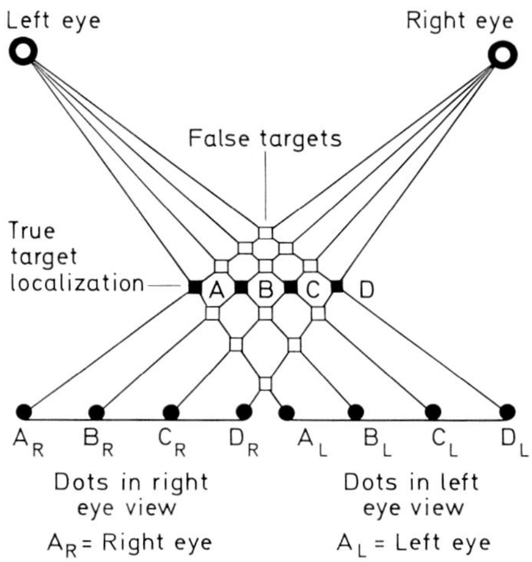

Fig. 4. Illustration of how ambiguous localization arises in binocular vision

while 12 are "phantom" targets. With increased number of objects the probability of false localization quickly becomes unity.

This problem of how the visual system selects the real solution from millions of false possible localizations is particularly severe for random-dot stereograms. Hundreds or thousands of identical dots lie on the same horizontal line in the left and right arrays. There are millions of ways the dots could be localized. Already by chance alone, half of the black and white dots are in alignment at zero disparity. Similarly at one unit disparity (in the nasal or temporalward direction), again owing to chance, half of the stimulus points are in registration. Why does the visual system ignore these solutions at small disparity values and searches for the diamond at a large disparity value? The answer is simple, the stereopsis mechanism searches for the *densest* possible solution. Instead of stopping at a 50% localization it searches for a disparity shift such that near 100% of the stimulus point in an area should become aligned. If by various horizontal shifts each area of the left and right arrays can be brought in near perfect alignment the visual system regards this the solution of the binocular localization.

Present neurophysiology has found only the first stage of this mechanism, the *local* disparity extractors. However, the next required stage, which evaluates all the outputs of these local units and selects that *global* solution which has the densest cluster of firing, units with the same disparity, has not been found yet. In 1962 I tried out such a simple model of stereopsis using computer simulation (Julesz, 1962). In this model (called AUTOMAP-1) the left and right arrays were horizontally shifted with respect to each other, and after each increasing shift the difference between the two arrays was taken. Then these difference fields (with increasing shifts) were stacked above each other. In some of these difference fields clusters of adjacent dots with minimum values were formed. These clusters corresponded to the cross-sections of the original objects. I do not want to go into the details and refinements of this model, since it could not cope with some other basic phenomena. For instance, a 15% expansion of one image of Fig. 1 still retains stereopsis [Julesz, 1960 (1, 2)]. Such an invariance under expansion-dilation is not *inherently* incorporated in the model. Furthermore, some recently discovered phenomena by Fender and Julesz (1967) shed light on a basic aspect of stereopsis that cannot be explained by any simple model. Before a new model of stereopsis will be described, we have to summarize a few new psychological findings.

The first such finding was obtained under binocular retinal stabilization (Fender and Julesz, 1967). Before this work, it was assumed that Panum's fusional limit was a rigid 6 min arc disparity value in the fovea, above which the fused image would break apart and appear as double. Indeed, under binocular retinal stabilization (using the usual contact lenses and mirrors but for both eyes) the subject cannot fuse the images, which move together with the retinae, until they are actually shifted on the retinae within 6 min arc alignment. Then they suddenly coalesce. However, after fusion the images can be slowly pulled apart by large amounts in the horizontal direction without losing fusion. The limit of pulling depends on the stimulus. For classical targets (a vertical line) the limit is about 40 min arc, whereas for random-dot stereograms it is in excess of 120 min arc. After this limit is reached the fused images suddenly break apart and have to be brought back again within 6 min arc to fuse again. For random-dot stereograms this hysteresis phenomenon of fusion is shown in Fig. 5.

The importance of this finding is that stereopsis is clearly a *cooperative* phenomenon. Cooperative phenomena in physics exhibit hysteresis (a lag between cause and effect — a primitive type of memory) and the amount of this hysteresis depends on the number of elements that participate. The finding that a simple line fails to stimulate the entire stereopsis mechanism while complex stereograms do, has many consequences. Moreover any advanced model of stereopsis must also account for whether two points are "corresponding points" or not according to their past history.

Another fact that a model of stereopsis has to explain is the long "learning" required for some stereograms that portray complex surface. While Fig. 1 can be perceived in depth almost immediately, Fig. 3 initially requires several seconds. It often takes a minute or more till the percept stabilizes and reaches its final extent. But once such a complex stereogram has been fused, at a second trial it can often be fused very rapidly.

A third finding is of interest too. We have seen how the stereopsis mechanism seeks for a solution that gives the densest surface. What would happen if stereograms could be generated that contained more than one dense surface ? In case of such an ambiguity what factors might influence the final percept ? That ambiguous stereoscopic depth percepts exist is demonstrated by the classically known "wallpaper-effect". When one views a periodic structure (e.g., an old radiator, or bathroom tiles) it is possible to fuse the images at several disparity values, (integral multiples of the periodicity). The result is that a plane can be perceived at different depth levels. Would it be possible to generalize the wallpaper-effect and instead of multiple planes have two (or more) surfaces of *any shape*.

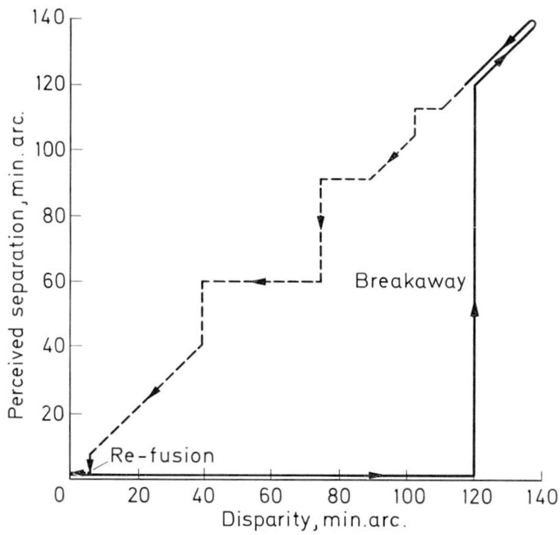

Fig. 5. Hysteresis phenomenon of binocular fusion during binocular retinal stabilization (Fender and Julesz, 1967). Abscissa: physical pulling; ordinate: perceived separation

This problem was solved as illustrated by Fig. 6 [Julesz and Johnson, 1968 (1,2)]. In the case of ordinary random-dot stereograms, the surfaces can be speckled with random dots without any restriction; for ambiguous stereograms this is not true. When we select the color of a dot on surface "A" as P_A, this selection constrains P_B on surface "B" to take the same color. However, since P_B can be viewed by the other eye as well, the line of sight through P_B will intersect surface "A" in P_A which has to be identical to P_B and in turn to P_A. This reasoning must continue and a single dot will force its color on a set of points. Theoretically this set has infinite points, but with finite resolution, the set has finite numbers of elements. The result is a "holistic" organization where each element is coupled to the rest. Surface "A" can be the front surface of an object, while surface "B" can be the back (hidden) surface. With such a stereogram one can view the surface from the front or from behind at will. Instead of physically moving around the object (as is the case with holograms) the viewer can sit still and let his mind do the wandering.

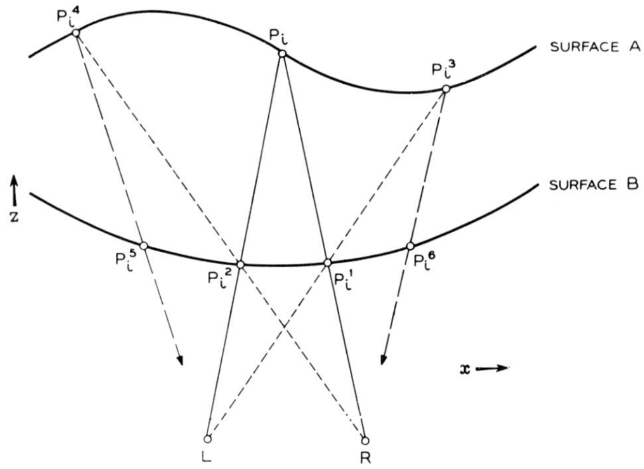

Fig. 6. Algorithm for generating ambiguous stereograms portraying two surfaces (Julesz and Johnson, 1968)

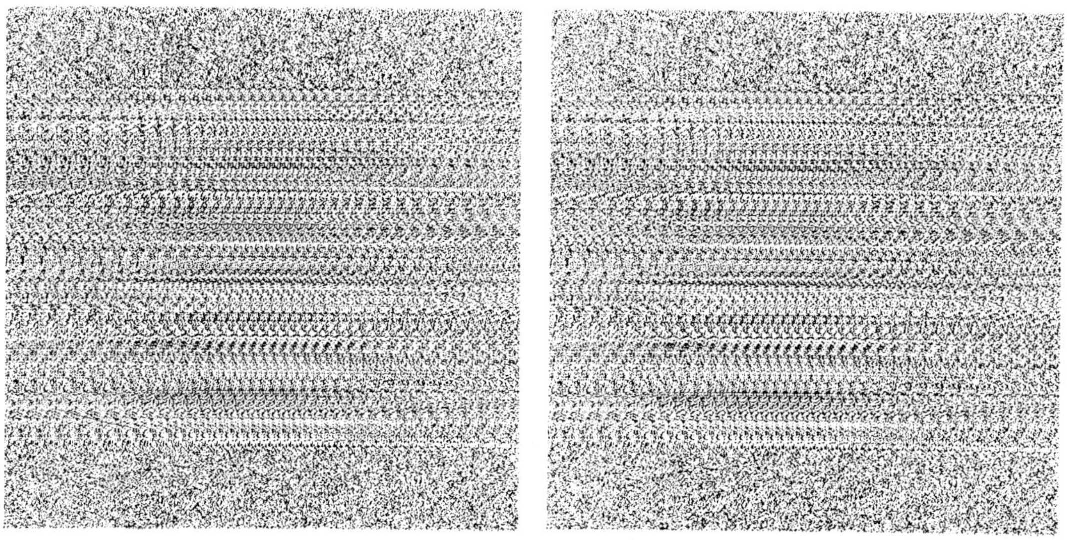

Fig. 7. Ambiguous stereogram portraying two surfaces. One is a sinusoid cylinder, the other a sinusoid cylinder with less amplitude and half wavelength. A top and bottom margin of the unambiguous surfaces aids in perceptual reversal (Julesz and Johnson, 1970)

Such an ambiguous stereogram is shown in Fig. 7. The stereogram contains two surfaces: "*A*" a sinusoidal cylinder, and "*B*" another sinusoidal cylinder with lesser amplitude and half period. In order to help fusion, the top and bottom margins of the two surfaces are unambiguously portrayed. If one looks up, one organization prevails; if one looks down, the entire area (except the top margin) changes into the other surface. Without the unambiguous margins it is difficult to switch organizations. Whichever of the organizations has been obtained (either by chance or some natural bias) will tend to prevail, and in order to change to the other surface one has to destroy the state in which he is in by a quick convergence movement or some other means. In Fig. 7 the two organizations are relatively easy to change. One can notice, that after prolonged viewing the prevailing organization weakens and for some time both surfaces can be seen one behind the other. But then the old percept wanes and the new one becomes dominant. A satisfactory model must also explain these observations.

After these preliminary findings, I shall review the model. The model was first formulated in a book "*Foundations of Cyclopean Perception*" to be published (Julesz, 1971). It is a spring-coupled, magnetic-dipole model. For cybernetics the model has two useful properties. Since stereopsis does not require *semantics* (familiarity cues) the model can be much simpler than models used in cognition. At the same time, since it is a cooperative model it has many interesting and unexpected states that are usually missing in models of sensory psychology.

This model of stereopsis uses only such simple elements as magnets and springs. A model should not only be isomorphic to the real phenomenon (or an important aspect of it) but should also be better matched to human thought processes than the real phenomenon. Mechanical models are closer to human intuition than any other kind, and though coupled oscillators with frequency shifts may have provided a more modern version, I prefer the mechanical-magnetic model. I also wish to refrain from neurophysiological models, because we do not possess adequate physiological evidence for a global model of binocular depth perception.

The model is shown in Fig. 8. A two-dimensional array of magnetic dipoles is mounted in ball-joint bearings such that the dipoles can rotate out of the plane of the array. A black or white dot cast on the retina would correspond to a south (S) or north (N) pole turned towards the reader. One such oriented dipole array corresponds to the cortical state that results from stimulating one retina. The other array corresponds to the cortical state elicited by stimulating the other retina. The two arrays should be imagined in close vicinity sliding over each other. If the patterns on the retina are identical and the two arrays overlap then the S and N poles of corresponding dipoles *interlock*. Identical arrays of interlocked dipoles in one dimension are shown in Fig. 9a.

The essence of the model, however, is the spring-coupling of each dipole to its adjacent neighbors. This coupling of all dipoles through their neighbors is essential for hysteresis. (Such coupled dipoles are used in Ising's model of ferromagnetism and were used in brain modeling in some other connotation; Cragg and Temperley, 1954.) The importance of this coupling becomes apparent when we try to explain the fusion of Fig. 1. Before the arrays are fused, by chance 50% of the dipoles become interlocked. Because of the spring-coupling the other 50% of dipoles are forced to face the corresponding dipoles in the other array with *opposite* polarities. This is shown in Fig. 9b. Thus 50% of the dipoles attract each other, and 50% repel each other thus between the arrays the global attraction force is zero. Because of no attraction the arrays can easily be slid into any other position. However in a totally interlocked array the pulling of the arrays causes the dipoles to turn, as shown in Fig. 9c. In order to fuse the arrays of Fig. 1 we first align, say, the background areas. This shift which is larger than Panum's fusional limit, is achieved by the convergence-divergence movements of the eye; within Panum's limit the shifts are neurally executed. In the model the arrays are physically moved with respect to each other in the horizontal direction. Thus, when the two arrays are exactly aligned, the corresponding dipoles in the background area (with zero binocular disparity) will interlock. Once interlocked they exert a large force of attraction between each other. The center area, however, that has a diamond shape (with *non-zero* disparity) contains dipoles that partly attract and partly repel each other as shown in Fig. 9d. When, as the second step, we shift the center areas into alignment, the magnets of the center area will

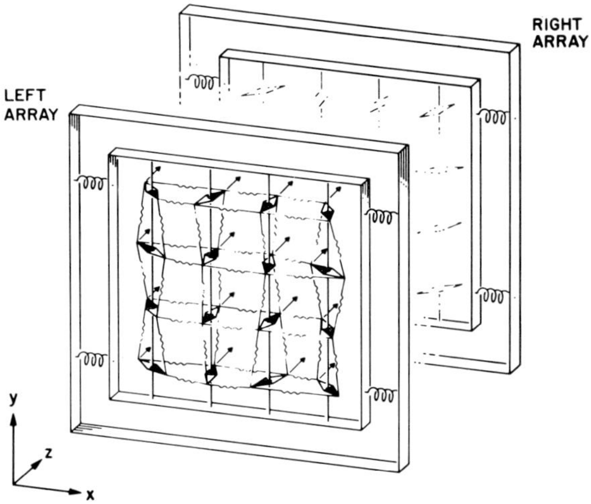

Fig. 8. A spring-coupled, magnetic-dipole model of stereopsis. (Courtesy of University of Chicago Press, "Foundations of Cyclopean Perception" by B. Julesz)

interlock, however, — and this is the crucial aspect of the model — the already interlocked dipoles of the diamond *remain* interlocked but turn (Fig. 9e). If finally, we assume that the two dipole arrays are suspended in a spring loaded frame (as shown in Fig. 9f), after the two areas are interlocked they will be in an equilibrium position.

We now postulate that sensing the degrees of rotation in the horizontal direction corresponds to local stereopsis. The dipoles, of course, can also turn in the vertical direction but this rotation is not sensed. The limit of horizontal rotation that still gives rise to stereopsis is Panum's fusional limit.

We are now in a position to understand most of the phenomena of stereopsis. For instance, if we expand one array by 15% the dipoles across their ball-joints will turn and try to face their corresponding dipoles. It also explains the hysteresis-effect of Fender and Julesz. After the dipole array becomes interlocked it exerts a great force which will cause the springs in Fig. 9f to give way (at least for 120 min arc displacement), but only if the pulling is slow. When the pulling of the stimuli proceeds at a fast rate, the inertia of the springs will cause the arrays to move away from each other, and after a critical distance is reached the dipoles become unlocked. With proper masses, spring constants and frictions this model can be built and can be regarded as an analog computer.

Space does not permit me to go into all the details of this model. The interested reader is referred to my book (Julesz, 1971). However, let me note how the model

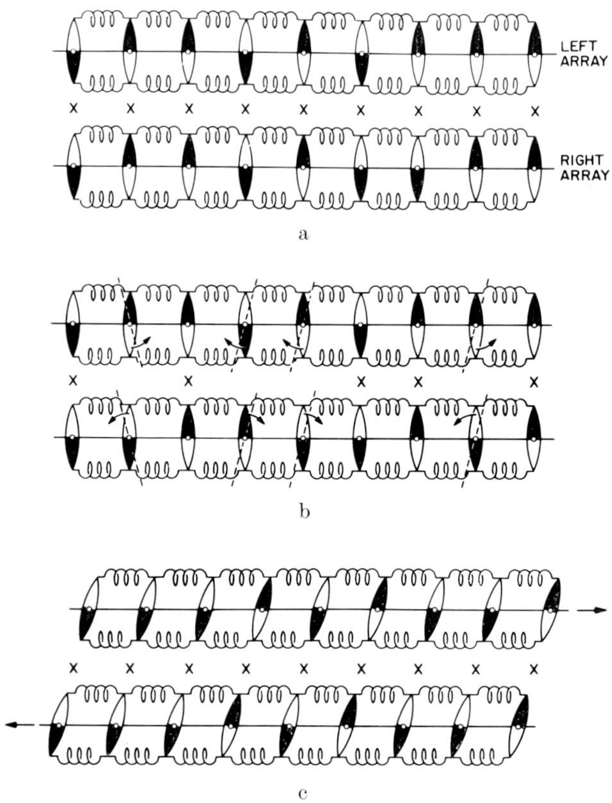

Fig. 9. Explanation of how the spring-coupled, magnetic-dipole model works for various stimulus conditions (Courtesy of University of Chicago Press, "Foundations of Cyclopean Perception" by B. Julesz)

can clarify the problem of perceptual learning of fusion. When the stereograms are simple, such as Fig. 1, there are only two steps required for fusion: first aligning the background, and then trying a nasal or temporal shift in order to find the other depth plane. If by chance the center area is fused first, a quick cortical shift will fuse the background as well. The only ambiguity is due to the dichotomy of performing a nasal or temporal shift. However, for stereograms that contain complex surfaces (having many depth planes) this dichotomous decision has to be made for each depth plane. In case of a wrong decision a false localization can be obtained, and often one has to backtrack several decisions and start it from scratch. Nevertheless, if this decision-tree (of nasal-temporal forks) is learned, refusion becomes greatly facilitated.

Finally, the model explains the problem of ambiguities, too. If a solution is reached, that is all dipoles became interlocked, it is impossible to obtain another global solution until the interlocked state is destroyed by some drastic way. The

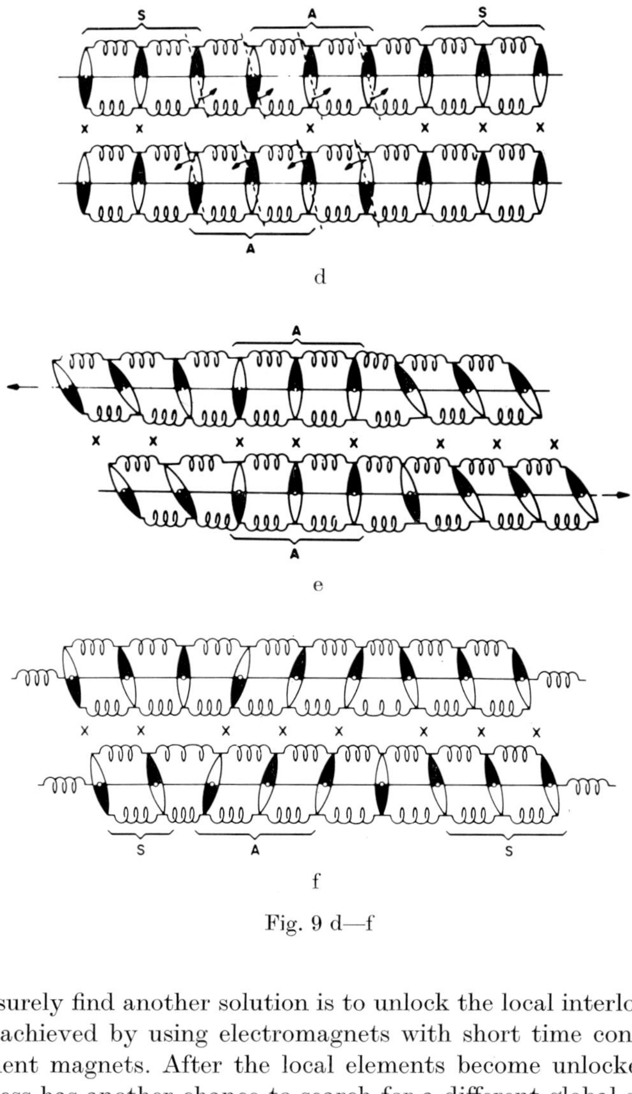

Fig. 9 d—f

only way to surely find another solution is to unlock the local interlocked dipoles. This can be achieved by using electromagnets with short time constants rather than permanent magnets. After the local elements become unlocked the global fusional process has another chance to search for a different global solution. This explains why in the central nervous system adaptation to stimuli occurs at very early stages! Were adaptation a highly central phenomenon we would never be able to "shake" an obtained global solution. On a higher level, we would never be able to enjoy a pun or a good joke which is based on ambiguous meanings. I am confident that binocular depth perception involves more than localizing objects in depth.

This model of stereopsis could be generalized to cope with some other perceptual processes, perhaps even with cognitive processes. Yet, let me finish my talk with another thought. Random-dot stereograms and stereopsis permit the portrayal of almost any form, such that the early processing stages are operationally "skipped" and the global information is presented in Area 18 or even higher in the visual cortex (Hubel and Wiesel, 1970). Since the stimulus information is not even physically presented on the anatomical retinae, but only at some central site where the two monocular views become combined, one can use random-dot stereograms to separate central processes from peripheral ones. In the last 2 years, I started to "repeat" the known phenomena of visual perception by random-dot stereograms and similar techniques. From optical illusions to aftereffects I tested the location of the processes. For instance, if Fig. 1 instead of a diamond portrays the well-known Müller-Lyer illusory figures, and as is the case, the illusion is not diminished, one knows that the illusory process takes place after the site of global stereopsis. Thus we can trace the information flow of the visual system without opening the black-box. I devoted an entire book to this "psycho-anatomical" investigation (Julesz, 1971). Here it should suffice, that stereopsis and some modern stimulus techniques permit us to go much beyond the study of binocular depth perception into the study of perceptual processes in general. Thus, stereopsis is not only helping us to localize objects in space but permits us to localize processes inside our brains.

Summary

After the creation of random-dot stereograms a decade ago it became clear that stereoscopic depth perception is a simpler process than previously assumed, since the many enigmatic cues of form recognition are not necessary for stereopsis. The demonstration by Fender and Julesz (1967) that a hyteresis phenomenon exists (i.e., after alignment of the random-dot stereoscopic images, they can be pulled apart by 120 minutes of arc on the retinae before the fused percept breaks apart) implies a simple memory mechanism. Furthermore, the experimental finding that the extent of this pulling increases with stimulus complexity implies cooperative phenomena at work. Besides these findings, random-dot stereograms portraying complex surfaces sometimes take minutes to be perceived but in repeated trials are immediately fused. This perceptual learning together with the previous phenomena must be explained by a satisfactory model. Present work poses a spring-coupled magnetic dipole model which exhibits most of the known psychophysical results and can be further generalized. It explains many of the local and global phenomena of stereopsis and has several implications for some recent neurophysiological findings.

Acknowledgement

I thank University of Chicago Press for permitting me to use Figs. 1, 8 and 9 which will be published in *Foundations of Cyclopean Perception* by B. Julesz.

References

Barlow, H. B., Blakemore, C., Pettigrew, J. D.: The neural mechanism of binocular depth discrimination. J. Physiol. (Lond.) **193**, 327—342 (1967).

Bishop, P. O.: Neurophysiology of binocular single vision and stereopsis. Handbook of sensory physiology, Vol. 7. (Jung, R., Ed.). Berlin-Heidelberg-New York: Springer 1969 (in press).

Bough, E. W.: Stereoscopic vision in the macaque monkey: A behavioural demonstration. Nature (Lond.) **225**, 42—44 (1970).
Cragg, B. G., Temperley, H. N. V.: The organization of neurons; a cooperative analogy. Electroenceph. clin. Neurophysiol. **6**, 85—92 (1954).
Fender, D. H., Julesz, B.: Extension of Panum's fusional area in binocularly stabilized vision, J. opt. Soc. Amer. **57**, 819—830 (1967).
Gibson, J. J.: The perception of the visual world. Boston: Houghton Mifflin 1950.
Hubel, D. H., Wiesel, T. N.: Receptive fields, binocular interaction and functional architecture in the cat's visual cortex. J. Physiol. (Lond.) **160**, 106—154 (1962).
— — Stereoscopic vision in macaque monkey. Nature (Lond.) **225**, 41—42 (1970).
Ittelson, W. H.: The Ames demonstrations in perception. New Jersey: Princeton Univ. Press 1952.
Julesz, B.: (1) Binocular depth perception of computer generated patterns. Bell Syst. Techn. J. **39**, 1125—1162 (1960).
— (2) Binocular depth perception and pattern recognition. Information theory. Fourth London Symposium 1960 (Cherry, C., Ed.). London: Butterworth 1961.
— Towards the automation of binocular depth perception (AUTOMAP-1). Proc. IFIPS Congress, Munich 1962. (Popplewell, C. M., Ed.). Amsterdam: North-Holland Publ. 1963.
— Binocular disappearance of monocular symmetry. Science, **153**, 657—658 (1966).
— Suppression of monocular symmetry during binocular fusion without rivalry. Bell Syst. Techn. J. **46**, 1203—1221 (1967).
— Foundations of cyclopean perception. To be published by University of Chicago Press 1971.
— Johnson, S. C.: (1) Stereograms portraying ambiguously perceivable surfaces. Proc. nat. Acad. Sci. (Wash.) **61**, 437—441 (1968).
— — (2) Mental holography: Stereograms portraying ambiguously perceivable surfaces. Bell Syst. Techn. J. **49**, 2075—2083 (1968).
Pettigrew, J. D., Nikara, T., Bishop, P. O.: Binocular interaction on single units in cat striate cortex: Simultaneous stimulation by single moving slit with receptive fields in correspondence. Exp. Brain Res. **6**. 391—410 (1968).
Sherrington, C. S.: Integrative action of the nervous system. New Haven: Yale Univ. Press 1906.
Stromeyer, C. F., Psotka, J.: The detailed texture of eidetic images. Nature (Lond.) **225**, 346—349 (1970).
Wheatstone, C.: On some remarkable, and hitherto unobserved, phenomena of binocular vision. Philosophical Trans. Royal Soc. London **128**, 371—394 (1838). Reprinted (pp. 371—377, 386—387). In Visual Perception: The Nineteenth Century. (Dember, W., Ed.). New York: Wiley 1964.

Auditorische Zeichenerkennung
Auditory Pattern Recognition

Neurophysiological Basis of Hearing: Mechanisms of the Inner Ear

R. KLINKE, Berlin

With 6 Figures

The purpose of this paper is to give an introduction to pattern recognition in the peripheral auditory system. The discussion is limited to the findings from experiments with mammals, since the inner ear in humans probably operates on the same principles. The superiority of the human auditory system can probably be attributed mainly to the fact that information transmitted by the auditory nerve can be processed much better in the central nervous system of humans.

Introductory Remarks

Sound waves in the air strike the tympanic membrane. From there they are passed on to the ossicular chain, which performs impedance matching. This is important, since the sound waves must pass from a medium with a lower acoustical resistance to one with a higher acoustical resistance, i.e., from the air to the fluid in the inner ear. The inner ear consists of three canals: the scala vestibuli, the scala media and the scala tympani. The 3 canals are filled with fluid and spiral-shaped, hence the name cochlea ("snail"). At the upper end of the cochlea, by the so called helicotrema, there is a connection between the scala vestibuli and the scala tympani. These two scalae are filled with perilymph, whereas the scala media contains endolymph, which has a different chemical composition. Fig. 1 shows a cross-section of these canals. One sees that the scala media is surrounded by the Reissner membrane and the basilar membrane. Thus it separates the scala vestibuli from the scala tympani and therefore is also called the cochlear partition. The organ of Corti is situated on the basilar membrane and contains the receptor cells and supporting cells, both of which are covered by the tectorial membrane. The basilar membrane is narrower at the basal end near the stapes and increases in width towards the helicotrema. The receptor cells have hairs and thus are also called hair cells. A distinction can be made between inner and outer hair cells. The cilia are embedded in the tectorial membrane (Kimura, 1966; Spoendlin, 1966, 1969). This finding was debated for a long time and is of particular functional significance (Harris, 1968).

The receptor cells themselves are so called secondary sensory cells, i.e., they do not form nerve fibers, but rather are innervated by nerve fibers of other nerve cells. By means of an electron microscope one can find two different types of nerve endings at the basal region of the receptor cells: those which have nonvesiculated endings and represent afferent nerve fibers, and those which have vesiculated nerve endings and represent efferent fibers. The afferent fibers, which carry information to the central nervous system, originate from the bipolar nerve cells of the spiral ganglion and form the auditory nerve. According to Spoendlin (1966, 1969), 80% of the auditory nerve fibers innervate the inner hair cells and are referred to as inner radial bundles, while the rest, called external spiral fibers, innervate the outer hair cells. They branch in such a way that the ends of the branched fibers lead towards the stapes. As Spoendlin showed (1966, 1969), the outer spiral fibers only innervate a region about 0.6 mm in length and not a large part of the cochlea, as was assumed earlier. It remains

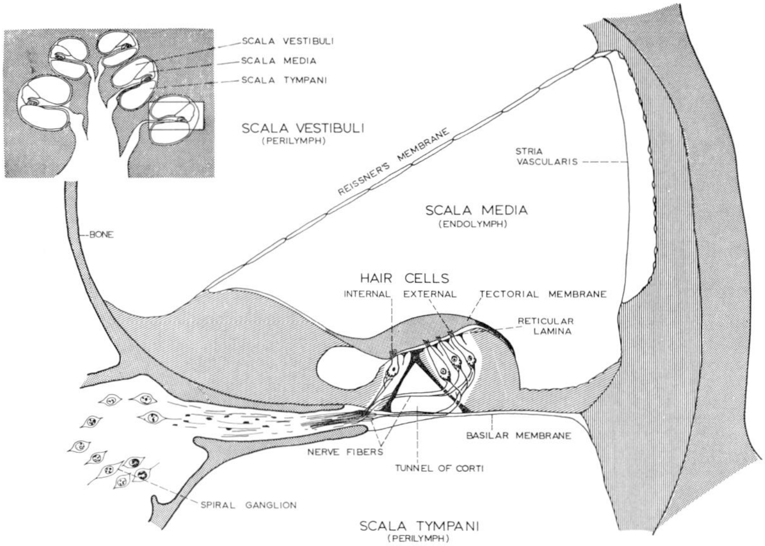

Fig. 1. Cross-section of the inner ear, modified from Davis (1953)

an established fact, however, that every one of the inner hair cells is innervated by many different nerve fibers and, conversely, one nerve fiber innervates a large number of outer hair cells. Altogether there are about 20,000 hair cells, about 30,000 to 40,000 afferent nerve fibers and approximately 500 efferent nerve fibers. For further information, see Spoendlin (1966) and Iurato (1967). The numbers deviate somewhat depending on the kind of animal being investigated. Up until now anatomical investigations have not been able to show that there are any neuronal connections between the individual afferent nerve fibers inside the cochlea. Therefore, at this point there is no reason to believe that some type of process causing lateral inhibition occurs in the auditory nerve. The inner ear fluids have characteristic chemical compositions. The endolymph is particularly rich in potassium and in this respect is similar to the intra-cellular fluid, whereas the perilymph is similar, although not identical, to the extra cellular fluid (see Rauch, 1964).

In the inner ear of living animals so-called resting potentials can be measured. It has been found that, relative to the scala vestibuli, the scala media has a strong positive charge (+ 80 mV). In the area surrounding the receptor cells or supporting cells there is a strong negative potential of about − 40 mV. The scala tympani shows a weak negative potential (von Bekesy, 1960; Butler, 1965). A strong negative potential can also be registered within the stria vascularis.

Transformation of the Acoustical Stimulus into Nervous Activity

Hydrodynamics of the Cochlea

When the ear is stimulated with a sound, the auditory ossicles begin to vibrate. The stapes, one of the ossicles, transmits these vibrations to the perilymph. DuVerney (1683) and later Cotugno (1760) supported the view that certain parts in the inner ear resonate when stimulated with sound. This resonance hypothesis was elaborated on by Helmholtz (1863). It was assumed that the basal membranes, like taut piano wires, resonate when acted upon by suitable frequencies. To begin with, the hypothesis was generally accepted. Then in 1905 Wien raised an objection which, although strictly speaking not entirely valid, nevertheless gave much impetus to further research. Experiments which v. Bekesy performed from 1928 on showed that no true resonance could actually be observed, but that a sound stimulus caused travelling waves to pass along the cochlea partition from the stapes to the helicotrema. He could observe that the wavelength decreased as the distance from the stapes increased and that, according to the stimulus frequency, a maximum amplitude developed at different parts of the cochlear partition. The maximum amplitude formed near the stapes when a stimulus with a high frequency was used, and formed near the helicotrema with low frequencies. Furthermore, he found a phase shift between the stimulus and the vibrations of the cochlea partition which was greater than 3π. This finding, in particular, cannot be reconciled with the resonance hypothesis. According to v. Bekesy's observations, the envelope of the vibration pattern in the cochlea partition showed a slope of 6 dB/oct. on the low-frequency side and a slope of 20 dB/oct. on the high-frequency side. If one takes these figures as a basis, certain neurophysiological findings, which will be described later, can hardly be explained. Meanwhile, the vibration pattern of the basilar membrane was investigated again by Johnstone and Boyle (1967), and Johnstone (1970), utilizing the Mössbauer technique. The authors found the slopes to be significantly steeper, namely 12 to 15 dB/oct. on the low-frequency side and 70 to 95 dB/oct. on the high-frequency side. As opposed to v. Bekesy, these authors could take measurements at a lower sound pressure level (60 to 95 dB SPL) and thus have worked within the range of physiological values. If one were to extrapolate the value for the amplitude of the motion of the cochlea partition at the auditory threshold from the values measured, which can only be done with reservation, then one finds an amplitude of motion of 10^{-8} to 10^{-10} cm, which is an extremely small value (the diameter of a H atom is 10^{-8} cm).

A decrease in the stiffness of the basal membrane is necessary before travelling waves can occur and form a maximum amplitude whose position is dependent on the sound frequency. The stiffness decreases from the stapes to the helicotrema at a ratio of 100:1. Furthermore, according to Ranke [1950 (1, 2)] hydrodynamic aspects are of great importance. These aspects lead to a damping of the wave energy on the low-frequency side of the amplitude maximum. Nevertheless, there is no general consensus of opinion concerning the theory of cochlear motion. Huxley (1969) showed that, if certain assumptions are made, it would still be possible to have resonance within the cochlea, e.g., if one takes into consideration the spiral form of the cochlea and a longitudinal compressive stress. He considered the possibility that one was only able to observe travelling waves because the boundary conditions were changed by opening the cochlea. Nonetheless this seems quite unlikely, since Evans (1970) was able to show that the activity of the afferent nerve fibers does not change with respect to a sound stimulus if the cochlea is opened.

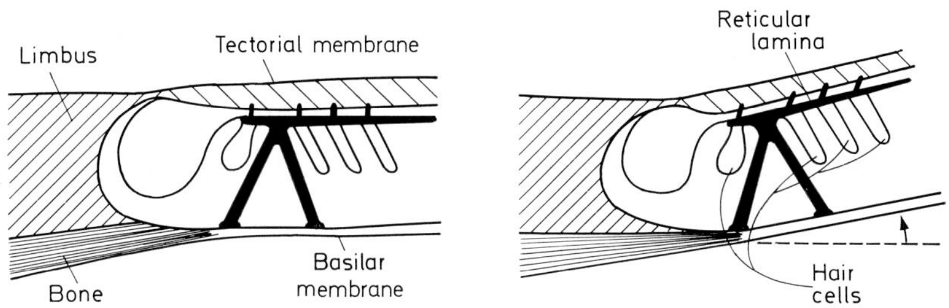

Fig. 2. The vibration of the cochlear partition leads to a shearing motion of the cilia, thus stimulating the receptor cells. (From Davis, 1956)

Summarizing, one can say that the different frequencies contained in a complex sound are mapped on different parts of the basilar membrane. A maximum amplitude of the travelling wave forms on different parts of the cochlea partition according to the frequency of the sound stimulus. The high frequencies are mapped near the stapes and the low frequencies near the helicotrema. This property is called the *place principle* (see Whitfield, 1967).

If the ear is stimulated, the cochlea partition vibrates up and down, so that it is elongated towards the scala vestibuli and the scala tympani. Since the cilia are embedded in the tectorial membrane, a shearing motion of the hairs occurs (see Fig. 2). This shearing motion is the adequate stimulus for the hair cells according to what is known about the related receptor cells in the vestibular organ. Judging from this analogy, a motion of the basilar membrane towards the scala vestibuli (rarefaction at the ear drum) would lead to an activation of the receptor cells. It should be mentioned, however, that an actication of the cells by shearing motion in the longitudinal direction has also been discussed (Tonndorf, 1960).

The attachment of the cilia to the tectorial membrane seems to have a great functional significance. First it leads to the adequate stimulation of the receptor cells, as discussed above, and secondly the motility of the cilia is restricted. Thus the Brownian motion of the cilia is reduced and the value which we find for the threshold of hearing is accounted for (Harris, 1968).

Electrophysiological Findings

1. *The resting potentials have already been mentioned.*

2. *Potentials following acoustic stimuli:* Three potentials are found — the so called microphonic potential, the summating potential and the action potential of the nerve fibers of the auditory nerve. The microphonic potentials reflect to a high degree the shape of the stimulating wave form. They show no latency, no refractory period, no adaptation and no fatigue. Up to now the origin of the microphonic potentials is controversial. At any rate they originate from the hair cells near or at the cilia. They can even be found in animals no longer living, although the voltage is markedly lower. It appears that in living animals the microphonic potential is produced by a change of the membrane resistance between the hair cells and the endolymphatic space, synchronous with the stimulating pattern. Since there is a great potential difference (at least 140 mV) between the endolymphatic space and the inside of the receptor cells, a current will result. This is referred to as the battery hypothesis by Davis (1960). The conductivity of the cell surface seems to be changed by the deformation of the cilia, but it is not known which microstructures are responsible for this effect. One possible explanation is that mucopolysaccharides, which show the so-called displacement potentials when displaced, induce first a slight potential change and second an increase in the conductivity of the membrane (Christiansen, 1964). Yet this hypothesis is controversial and other possible explanations of this effect are still being debated. Recent findings by Necker and Schwartzkopff (1969) and Necker (1970) indicate that the microphonic potential might not be a symmetrical process, since during anoxia the positive half wave of the microphonics is less sensitive than the negative one. These findings were from experiments with birds, but in the meantime we have been able to show this in cats, too (Klinke and Galley, 1970). The summating potential is a DC shift during an acoustic stimulus which seems to be caused by non-linearities of the cochlear microphonics (Whitfield and Ross, 1965; Johnstone and Johnstone, 1966). For further details see Whitfield (1967).

The action potential of the cochlear nerve can be recorded as a compound action potential, for example, with one electrode located at the round window or as single fiber discharges from the auditory nerve. The compound action potential is not very interesting in our context, but something should be said about the generation of the single action potentials. The microphonic potential appears to be the first step in transducing the acoustic stimulus to a neuronal discharge. At least a part of the microphonic potential seems to act as a generator potential (Harris, Frishkopf and Flock, 1970). This potential liberates a transmitter substance at the basal end of the receptor cells just opposite the afferent nerve ending. Although the transmitter substance is not yet known, it might be epinephrine or some similar compound (Osborne and Thornhill, 1970). The transmitter leads to a depolarization of the afferent nerve terminal and this in turn leads to the generation of an action potential of the single fiber, which probably occurs at the first node of Ranvier.

Coding in the Auditory Nerve

The information found in an acoustical event is contained in the time function of the sound wave. For didactic reasons we will divide this into three parameters: a) the duration of an acoustic stimulus, b) the frequencies which compose this stimulus and c) the intensity of the stimulus.

The duration of the stimulus is coded by the duration of the activation of the auditory nerve fibers. The following chapters will show the principles according to which this activation works.

Frequency Coding

Stimulation with clicks: The fibers of the auditory nerve exhibit a spontaneous activity of from one discharge every few seconds to about 100 discharges per second. The interval histogram shows approximately a Poisson distribution.

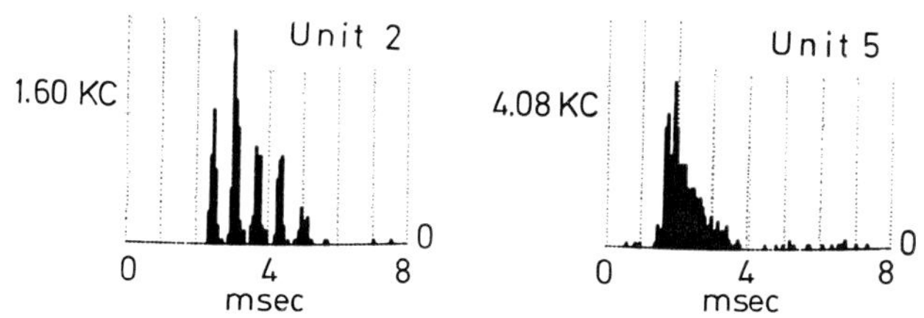

Fig. 3. Post-stimulus-time histogram of two different auditory nerve fibers stimulated with identical clicks. Unit 2 has a characteristic frequency of 1.6 kHz, unit 5 a characteristic frequency of 4.08 kHz. (From Kiang, 1965)

Since the fibers exhibit a refractory period, very short intervals cannot be found in the histogram. The refractory period is that period of time (about 1 msec) directly following a discharge during which another discharge cannot occur.

When stimulated with clicks, the fibers can be activated. This activation can be adequately evaluated by a PST histogram (post-stimulus-time histogram or peri-stimulus-time histogram). The computer that is used to gather information is triggered by the onset of a stimulus and the activity of the fiber is summed within time-bins following the stimulus onset. The width of the bins are some fractions of a msec. Such a PST histogram shows several peaks, while the times between the peaks show a characteristic value for each neuron (see Fig. 3). This time is the reciprocal of the so-called characteristic frequency, which will be explained below.

The first peak in the histogram is normally not the highest peak. The first peak occurs earlier when rarefaction-clicks are used. These are clicks which cause a rarefaction at the eardrum. As described above, a rarefaction at the eardrum leads to an upward deflection of the basilar membrane and thus to a shearing motion of the cilia in an outward direction. When using condensation clicks, the peaks in the PST histogram occur in the middle of the troughs of the histogram acquired with rarefaction clicks. Further, if a condensation click is used, the spontaneous activity of the fiber in question is suppressed immediately before the first peak in the PST histogram occurs. From these findings one has to conclude that the basilar membrane acts as a filter which is forced by the clicks to vibrate. The probability of eliciting a neuronal discharge is greater when the basilar membrane performs a motion towards the scala vestibuli. With neurons having a characteristic frequency higher than 4 to 5 kHz, the periodicity of the PST histogram cannot be seen. This, however, is not a fundamentally new phenomenon. It is likely that the periodicity is blurred by some random process.

Stimulation with pure tones: When the ear is stimulated by pure tones of different frequencies, individual neurons show different sensitivities to these frequencies. Each neuron has a frequency it responds to best, which is called the

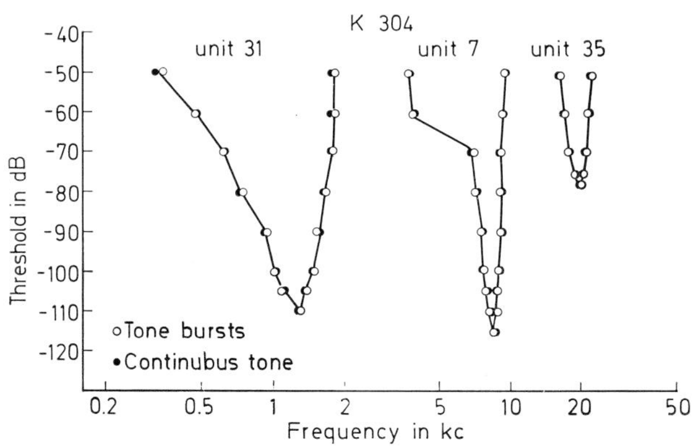

Fig. 4. Tuning curves of three different fibers of the auditory nerve. The tuning curve gives the thresholds of a fiber when different stimulus frequencies are applied. (From Kiang, 1965)

characteristic frequency (CF). The neuron can be activated with this characteristic frequency at a lower sound pressure level than with any other frequency. If the ear is stimulated with frequencies other than the characteristic frequency, higher sound pressure levels are necessary to activate the fiber in question. By investigating what sound pressure levels are needed to activate the fiber with different frequencies, one can determine the so called tuning curve (Fig. 4). The characteristic frequency corresponds to the vibration pattern of the cochlea and thus corresponds to the place principle. The slope of the tuning curve is about 20 to 40 dB/oct. on the low-frequency side and 100 to 300 dB/oct. on the high-frequency side. These slopes are much greater than those found for the mechanical vibration pattern of the cochlea described by v. Bekesy (1960) and Johnstone and Boyle (1967) and Johnstone (1970). But it should be pointed out that the slopes of the tuning curves and the slopes of the envelope of the vibration of the cochlear partition cannot be directly compared, as is often done. These two curves do not correspond to each other. As seen from Fig. 5, the amplitude (A) of the vibration of the cochlear partition is a function of the sound pressure level (L) at the eardrum, i.e., $A = f(L)$. But this function is as yet unknown. Moreover, the figure shows that the tuning curve is situated in the L-f plane, whereas the amplitude of the vibration pattern of the cochlear partition is situated in one A-f plane (see legend). The slope of the tuning curve and the slope of the cochlea vibration can only be compared if the function A = f(L) is linear. As long as this function is not known, one can only speculate about the comparison of these two slopes. This problem is further complicated by the fact that the hair cells, and thus the afferent nerve fibers, are obviously not stimulated directly by the movement of the cochlear partition, but rather by the relative movement between the basilar membrane and the tectorial membrane (see fig. 2). Up to now, however, there are no experimental data dealing with the relative movement between the tectorial membrane and the basilar during an acoustical stimulus.

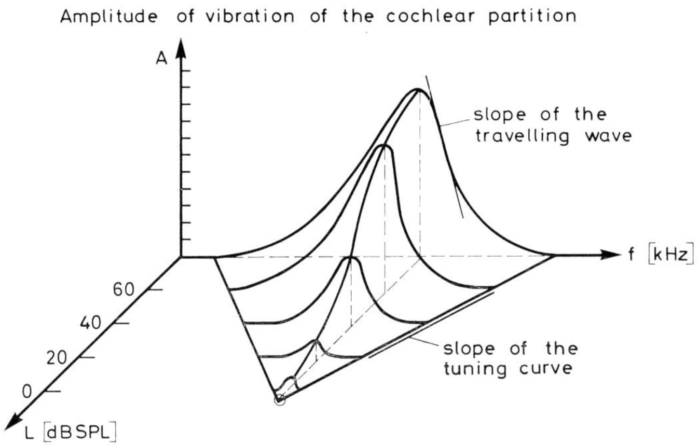

Fig. 5. Amplitude of the vibration for one point of the cochlear partition with different frequencies and different intensities (arbitrary scale). If one assumes that the left and right hand ends of the vibration curves show the exact threshold of a nerve fiber leading from the same point of the cochlear partition, then the tuning curve of this fiber can be seen in the L-f plane. One can easily see that the slopes can only be compared if certain conditions exist

The threshold of the different fibers varies over a range of about 50 dB. The most sensitive neurons correspond to the threshold of hearing as determined by behavioural studies. For details see Kiang (1965).

Phase-locked discharges: The basilar membrane vibrates up and down and this motion is combined with a shearing motion of the cilia. An upward deflection of the cochlear partition probably leads to an activation of the afferent fibers. It is therefore not astonishing that the probability that a spike will occur is correlated to the phase of the acoustic stimulus. This is also true when the unit in question is not stimulated with the characteristic frequency. But this phenomenon is only to be found with stimulus frequencies below 5 kHz. These phase-locked discharges can also be shown with complex stimuli (Rose et al., 1967; Brugge et al., 1969). The functional significance of this very interesting finding is still controversial (Whitfield, 1970).

Two-tone inhibition (Sachs and Kiang, 1968; Sachs, 1969): When a neuron is activated with sound stimuli having its characteristic frequency, the discharges may be inhibited, if a second tone of a lower or higher adjacent frequency is applied. This phenomenon seems to occur inside the cochlea and is not to be confused with the mechanisms responsible for the inhibition found in the receptive fields of optic nerve fibers. In primary fibers from the auditory nerve a single tone can never cause an inhibition, even when the single tone has the frequency which, in two-tone inhibition experiments, would lead to an inhibition. Thus two-tone inhibition cannot explain the narrow tuning curves of primary auditory fibers recorded with pure tones, although this phenomenon may play an important role with complex sound stimuli.

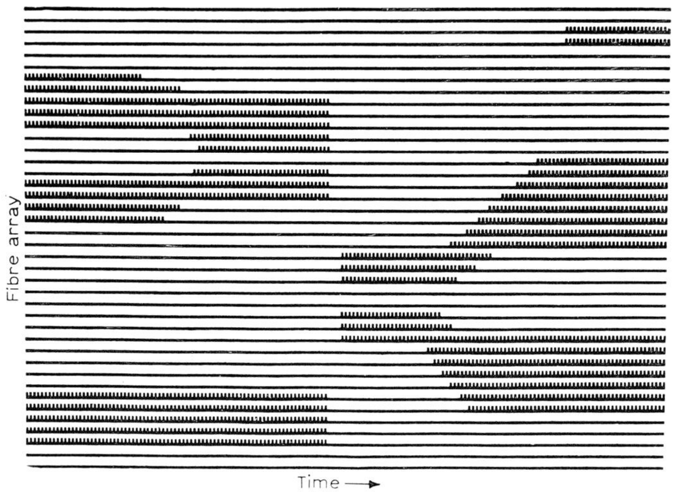

Fig. 6. Distribution of the activity of auditory nerve fibers. The positions of these groups of fibers change with time as the frequency of the signal changes. Thus the activity pattern closely resembles recordings of so called "visible speech". (From Whitfield, 1967)

Coding of the Intensity of Sound

Sound stimuli lead to an activation of the single fibers, i.e., the mean discharge rate increases. This is a monotonic function of the sound pressure level. The dynamic range is not very high (usually less than 40 dB). With high values of sound pressure level, the discharge rate reaches a value of saturation. When higher values of the sound pressure are applied, more neurons having the same characteristic frequency, but with higher thresholds, are activated. At the same time neurons whose characteristic frequencies are slightly different are also activated, since with higher stimulus intensities a wider range of the cochlear partition vibrates considerably.

It should be mentioned that the discharges of primary afferent fibers show adaptation, i.e., during the very first msec of the stimulus the discharge rate is higher than during the following time.

In all cases the properties of the afferent fibers of the auditory nerve do not show a clear bimodal distribution from which one might assume that the two modes represent the fibers coming from the inner or outer hair cells. Bimodal distributions can only be seen in the slope of the dynamic range and in spontaneous activity (Katsuki et al., 1962; Kiang, 1965).

Summarizing, one can state that when the array of fibers belonging to the auditory nerve is stimulated by a complex sound consisting of many different frequencies, these fibers are activated in a pattern closely resembling pictures of visible speech (Fig. 6). The following paper by Dr. Evans will give you an idea of how the information transmitted in the auditory nerve is further evaluated in higher stations of the auditory pathway.

It is not yet known to what extent the behavior of the afferent fibers, as described, can be changed by efferent innervation. The sensitivity of the inner ear can probably be altered by efferent control. That could occur when one is listening intently, for example, or when one is speaking, so that the ear is not burdened too much by the individual's own voice. This last hypothesis is supported by experiments with the related vestibular organ (Klinke, 1970), which showed that the sensitivity of the vestibular organ is also changed by efferent influence during active body movements.

Summary

The inner ear consists of three spiral-shaped canals placed one upon the other and separated from one another by membranes (basilar membrane and Reissner's membrane). A sound stimulus causes travelling waves to form on the membranes, in particular, the basilar membrane. Depending on the frequency of the sound stimulus, these waves form a maximum amplitude on different parts of the membrane, i.e., different frequencies are mapped on different parts of the basilar membrane. The receptor cells located on the basilar membrane are most strongly stimulated where the maximum amplitude occurs. It is likely that a mechanical deformation of certain parts of the receptor cells causes this stimulation. The region stimulated with a particular frequency increases as the sound intensity increases. The excitation of the receptors in turn causes a chemical transmitter substance to be released. By means of this substance the excitation is transmitted to the ends of neighboring afferent nerve fibers. Since an afferent nerve fiber only innervates receptors within a small restricted area, a certain frequency range is associated with each nerve fiber. The nerve fibers can transmit the information concerning the intensity of the stimulus with the help of pulse frequency modulation. As the intensity increases, the pulse frequency (neuronal discharge rate) also increases. Moreover, in the low and mittle ranges of sound frequencies there is a correlation between certain phases of the acoustical stimulus and the probability that a discharge will occur.

I wish to thank Miss B. Cook for the preparation of the English manuscript.

References

I. Survey publication

Von Békésy, G.: Experiments in hearing. New York: McGraw-Hill Book Comp. 1960.

Iurato, S.: Submicroscopic structure of the inner ear. Oxford: Pergamon Press 1967.

Kiang, N. Y. S.: Discharge patterns of single fibers in the cat's auditory nerve. Research Monograph No. 35, Cambridge/Mass.: The M.I.T. Press 1965.

Plomp, R., Smoorenburg, G. F. (Eds.): Frequency analysis and periodicity detection in hearing. Leiden: A. W. Sijthoff 1970.

Rasmussen, G. L., Windle, W. F. (Eds.): Neural mechanisms of the auditory and vestibular systems. Springfield/Ill. USA: Ch. C. Thomas-Publisher 1960.

Rauch, S. (Hrsg.): Biochemie des Hörorgans. Stuttgart: Thieme 1964.
De Reuck, A. V. S., Knight, J. (Eds.): Hearing mechanisms in vertebrates. A Ciba Foundation Symposium, London: J. and A. Churchill Ltd. 1968.
Spoendlin, H.: The organization of the cochlear receptor. Fortschr. Hals-, Nas.-Ohrenheilk. **13**, (1966).
Tobias, J. V. (Ed.): Foundations of modern auditory theory, Vol. I. New York, London: Acad. Press 1970.
Whitfield, I. C.: The auditory pathway. London: Edward Arnold Publishers 1967.

II. Original works

Brugge, J. F., Anderson, D. J., Hind, J. E., Rose, J. E.: Time structure of discharges in single auditory nerve fibers of the squirrel monkey in response to complex periodic sounds. J. Neurophysiol. **32**, 386—401 (1969).
Christiansen, J. A.: On hyaluronate molecules in the labyrinth as mechanoelectrical transducers, and as molecular motors acting as resonators. Acta oto-laryng. (Stockh.) **57**, 33—49 (1964).
Davis, H.: Initiation of nerve impulses in cochlear and other mechano-receptors. In: Physiological triggers and discontinous rate processes. (Bullock, T., Ed.). Amer. Physiol. Soc. (1956).
— Mechanisms of excitation of auditory nerve impulses. In: Neural mechanisms of the auditory and vestibular systems. pp. 21—39. (Rasmussen, G. L., Windle, W. F., Eds.). Springfield/Ill. USA: Ch. C. Thomas-Publisher 1960.
— — Acoustic trauma in the guinea pig. J. acoust. Soc. Amer. **25**, 1180—1189 (1953).
Evans, E. F.: Narrow "tuning" of the responses of cochlear fibres emanating from the exposed basilar membrane. J. Physiol. (Lond.) **208**, 75—76P (1970).
Harris, G. G.: Brownian motion in the cochlear partition. J. acoust. Soc. Amer. **44**, 176—186 (1968).
Von Helmholtz, H.: Die Lehre von den Tonempfindungen als physiologische Grundlage für die Theorie der Musik, 5. Auflage. Braunschweig: Friedrich Vieweg und Sohn 1896.
Huxley, A. F.: Is resonance possible in the cochlea after all? Nature (Lond.) **221**, 935—940 (1969).
Johnstone, B. M., Taylor, K.: Mechanical aspects of cochlear function. In: Frequency analysis and periodicity detection in hearing (Plomp, R., Smoorenburg, G. F., Eds.). Leiden: A. W. Sijthoff 1970.
— Boyle, A. J. F.: Basilar membrane vibration examined with the Mössbauer technique. Science **158**, 389—390 (1967).
Johnstone, J. R., Johnstone, B. M.: Origin of summating potential. J. acoust. Soc. Amer. **40**, 1405—1413 (1966).
Katsuki, Y., Suga, N., Kanno, Y.: Neural mechanism of the peripheral and central auditory system in monkeys. J. acoust. Soc. Amer. **34**, 1396—1410 (1962).
Kimura, R. S.: Hairs of the cochlear sensory cells and their attachment to the tectorial membrane. Acta oto-laryng. (Stockh.) **61**, 55—72 (1966).
Klinke, R.: Efferent influence on the vestibular organ during active movements of the body. Pflügers Arch. **318**, 325—332 (1970).
— Galley, N.: Unpublished data 1970.
Necker, R.: Zur Entstehung der Cochleapotentiale von Vögeln: Verhalten bei O_2-Mangel, Cyanidvergiftung und Unterkühlung sowie Beobachtungen über die räumliche Verteilung. Z. vergl. Physiol. **69**, 367—425 (1970).
— Schwartzkopff, J.: Entstehungsort und räumliche Verteilung der Mikrophon- und Summationspotentiale im Vogelohr. Naturwissenschaften **56**, 92 (1969).
Osborne, M. P., Thornhill, R. A.: To be published, personal communication by O. Lowenstein 1970.
Ranke, O. F.: (1) Theory of operation of the cochlea: A contribution to the hydrodynamics of the cochlea. J. acoust. Soc. Amer. **22**, 772—777 (1950).
— (2) Hydrodynamik der Schneckenflüssigkeit. Z. Biol. **103**, 409—434 (1950).
Sachs, M. B.: Stimulus-response relation for auditory nerve fibers: Two-tone stimuli. J. acoust. Soc. Amer. **45**, 1025—1036 (1969).

— Kiang, N. Y. S.: Two-tone inhibition in auditory-nerve fibers. J. acoust. Soc. Amer. **43**, 1120—1128 (1968).

Rose, J. E., Brugge, J. F., Anderson, D. J., Hind, J. E.: Phase-locked response to low-frequency tones in single auditory nerve fibers of the squirrel monkey. J. Neurophysiol. **30**, 769—793 (1967).

Tonndorf, J.: Shearing motion in scala media of cochlear models. J. acoust. Soc. Amer. **32**, 238—244 (1960).

Whitfield, I. C.: Central nervous processing in relation to spatio-temporal discrimination of auditory patterns. In: Frequency analysis and periodicity detection in hearing (Plomp, R., Smoorenburg, G. F., Eds.). Leiden: A. W. Sijthoff 1970.

— Ross, H. F.: Cochlear-microphonic and summating potentials and the outputs of individual hair-cell generators. J. acoust. Soc. Amer. **38**, 126—131 (1965).

Wien, M.: Ein Bedenken gegen die Helmholtzsche Resonanztheorie des Hörens. Festschrift für A. Wüllner, S. 28. Leipzig 1905.

Central Mechanisms Relevant to the Neural Analysis of Simple and Complex Sounds

E. F. Evans, Keele, England

With 5 Figures

1. Introduction

This paper will attempt to summarize some of the neurophysiological findings judged to be pertinent to the problem of pattern recognition in the auditory system. The field will be restricted to single neurone (micro-electrode) studies in the mammalian nervous system, and will concentrate on those neural mechanisms central to the cochlear nerve, extending to the primary auditory cortex (Fig. 1). The vast majority of the data are from the cat unless otherwise specified. More complete reviews of auditory physiology are to be found elsewhere (e.g. [80; 68]).

Until relatively recently, investigations of auditory nervous activity have concentrated on an examination of the responses to pure tonal stimuli. Such studies, particularly when detailed and quantitative (e.g. [48]) have proved of great value in assessing the responses of the auditory system to tonal stimuli, and have been a powerful stimulus to systems modelling, particularly at the level of the cochlear nerve (e.g. [77; 69; 8]). It is evident however, that quantitative studies of this kind become increasingly difficult at higher levels of the auditory pathway, on account of the increasing complexity of responses to pure tones encountered as one procedes from the cochlear nerve through the main cell stations: Fig. 1; (e.g. [46; 80; 20]). Furthermore, at higher levels, the conditions of the experimental preparation (e.g., the presence or absence of anaesthesia) and the nature of stimulation (e.g., temporal factors; previous exposure) become important in conditioning the response patterns obtained. Finally, the enormous complexity of interconnections between and within the nuclei of the auditory pathway almost defies functional investigation. In consequence, pure tone studies of the higher levels of the auditory system present a considerably more confused picture than those at the lowest level.

In the last decade, a number of investigators have turned their attention to the results of stimulation by stimuli more complex than pure tones. These experiments have thrown a not insignificant light on an otherwise confusing situation, as predicted by at least one earlier reviewer [2]. They have shown that neural mechanisms of the higher auditory system appear to favour the analysis of complex sounds, particularly the range of sounds normally encountered in the life of the organism (at least outside the auditory laboratory!). Such findings (reviewed: [20, 21, 36, 70]) may well parallel the well established finding of stimulus specific neural organisations in the visual system (e.g. [51, 44]) and therefore may play an essential role in pattern recognition.

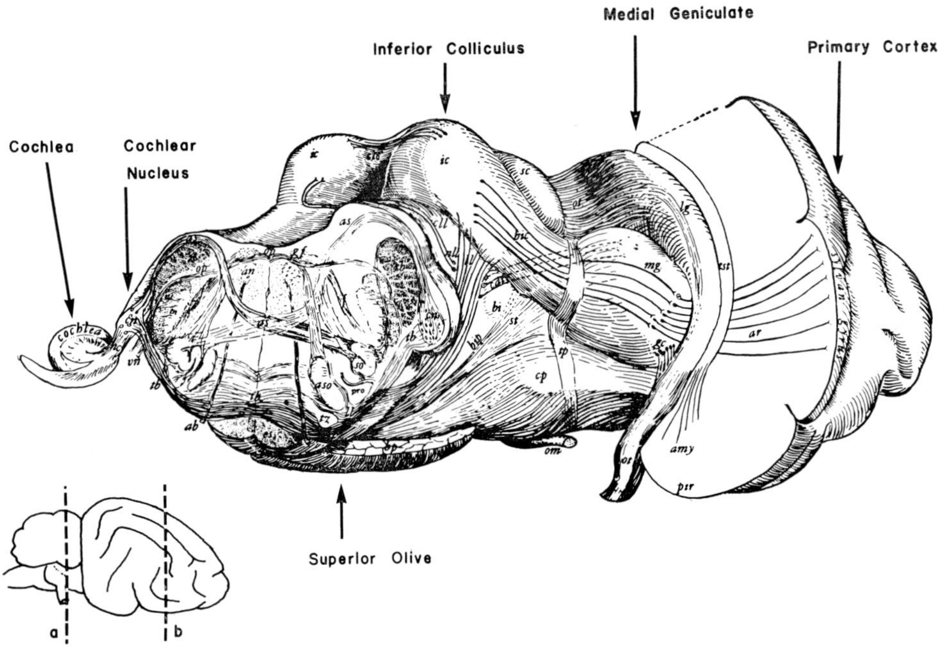

Fig. 1. Simplified diagram of the ascending auditory pathways in the partially dissected brain of the cat, viewed from the right postero-lateral aspect. Inset: right lateral aspect of cat brain. In the main figure the brainstem has been transsected at the level a), and between a) and b) the cerebellar and cerebral hemispheres have been removed to expose the brainstem and midbrain nuclei. The internal divisions and fibre connections of the cochlear nuclei are not shown, nor are the cross-connections occurring between the lateral lemnisci (*ll*) of both sides. The major components of the pathway are: Cochlea; cochlear nerve (*nc*); cochlear nucleus (*cn*): *dorsal* cochlear nucleus via dorsal acoustic path or stria (*as*) to medial part of lateral lemniscus (*ll*) and its nuclei (*nll*) (connections not shown in diagram) to inferior colliculus; *ventral* cochlear nucleus via ventral acoustic path or trapezoid body (*tb*) to ipsilateral and contralateral superior olivary complex (*so* s-segment; *aso* accessory nucleus); via lateral part of lateral lemniscus to: Inferior colliculus (*ic*); brachium of inferior colliculus (*bic*); medial geniculate nucleus (*mg*); acoustic radiation (*ar*) to primary auditory cortex (sylvian gyrus). (Modified from Papez, J. W., 1967 Comparative Neurology. Hafner Publ. Co. N.Y.)

2. Analysis of Steady Tonal Stimuli

A number of generalisations may be made on the responses of neurones at the level of the cochlear nerve [48, 30] and these will serve as a basis for a brief survey of the responses at higher levels: Most neurones are spontaneously active, that is, they discharge action potentials (termed 'spike discharges') in the absence of sound stimuli at rates varying from fibre to fibre from one every few seconds to 100 to 200 spikes per second. Their discharge is accelerated ('excitation') by a tone lying within the frequency-intensity domain termed the threshold-frequency response area (see Fig. 4). This area is significantly narrower than the measured mechanical frequency response of the cochlea [47, 22]. The response is maintained for the duration of the tone, to be followed by a transient reduction or cessation ('off suppression') of the spontaneous discharge (see Fig. 2a). The response discharge

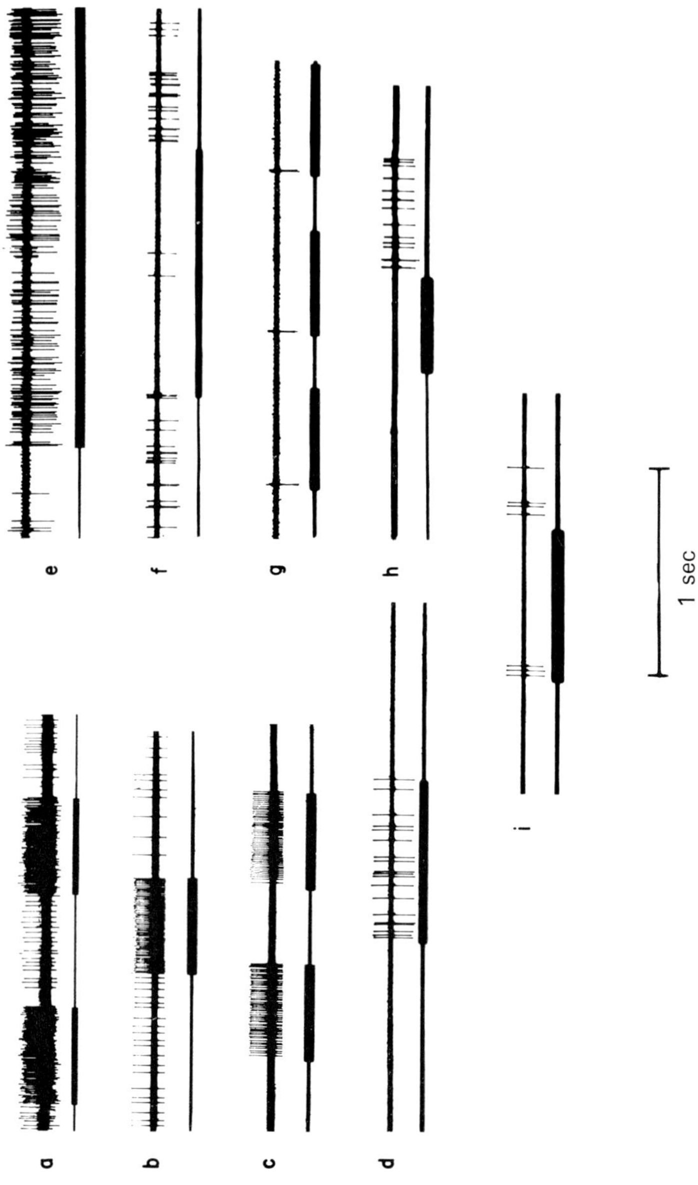

Fig. 2. Typical responses of auditory neurones in the cat. Upper line of each pair of oscillograph traces shows the neural 'spike' potentials recorded by an extracellular microelectrode. Lower line denotes tonal stimulus. Time bar: 1 sec. for all traces, excepting, h where = 2 sec. a) sustained excitatory responses of ventral cochlear nucleus, typical also of cochlear nerve and superior olivary complex. Note spontaneous activity, and transient 'off suppression' following stimulus. b) and c) excitatory response of dorsal cochlear nucleus (anaesthetized with pentobarbitone) showing 'off suppression' of long duration eliminating spontaneous firing at higher repetition rates (c). b) 0,5 sec tone, 1 per 3 sec; c) identical tone, 1 per 0,8 sec. [Inhibitory response of dorsal cochlear nucleus as in (f)]. d) to i): unanaesthetized primary auditory cortex. d) sustained excitation showing adaptation of response rate, with absence of spontaneous discharge. e) two component excitation: initial rapid transient burst followed, after a silent period, by slower sustained firing. f) sustained inhibitory response. g) 'on' response. h) 'off' response. i) 'on-off' response

rate is generally related monotonically to the tone intensity, but the dynamic range of the response is limited to 20 to 40 dB above threshold. The response of some neurones curiously drops below the saturation level over a restricted range of high intensities. The thresholds of fibres subserving a common 'characteristic frequency' (see Fig. 4) do not differ by more than 10 to 20 dB. For low frequency tones (below 3 to 4 KHz), individual spike responses are time-locked to cycles or multiples of the cycle of the stimulus (e.g. [62]). In all, there is a high degree of homogeneity in the cochlear nerve.

This pattern of activity is transmitted to the brain stem in a highly ordered fashion in terms of frequency. Thus is established a cardinal principle of functional organisation of the lower auditory centres: tonotopic organisation. In this way, the neurones of the cochlear nucleus are highly ordered according to their characteristic frequencies; as in the cochlea, log frequency is represented in linear distance in a dorso-ventral direction through the nucleus. This organisation is preserved within the 3 major divisions of the cochlear nucleus [63], in the superior olivary complex [72], and in the inferior colliculus, [64]. However, it has evaded investigators in the medial geniculate body, and despite earlier reports to the contrary it is not present in the auditory cortex; at least not in any form which could have functional significance for frequency analysis (reviews: [21, 37]).

It is in the cochlear nucleus that the first functional 'division of labour' becomes evident in the auditory system. Neural information takes (at least) two major paths through the nucleus: a simply organized direct ventral path, and a complex, indirect dorsal route.

The *ventral path* originates in the projection of the cochlear nerve into the ventral division of the nucleus, the neurones of which transmit the information relatively unmodified to the superior olivary complex [60, 73]. The responses of neurones in this ventral pathway are thus very similar to those of the cochlear nerve (see Fig. 2a); in particular, the temporal correlation of the discharges with the stimulus convey the information necessary for the comparison of interaural time and intensity differences in the accessory nucleus of the superior olive (see section 4 below). Tsuchitani and Boudreau [73] have quantified some of the parameters of the neural response to frequency and intensity, in the S segment of the superior olive. In contrast to the cochlear nerve, the majority of neurones (admittedly in the anaesthetized state) are silent in the absence of stimulation. The response magnitude, however, is again a motononic function of intensity; for every 1 dB increase in stimulus intensity, the response discharge rate increases by an average of 8.3 spikes/sec. In addition, for intensities within 10 and 50 dB above threshold, the bandwidth of a neuron increases by about 70% of the 10 dB value for every 10 dB increase in stimulus intensity. Over the population of neurones, their bandwidths obey an approximate power law function of the characteristic frequency, with an exponent of about 0.65. In other words, while the bandwidth expressed in KHz increases with characteristic frequency, it decreases when expressed in octaves. This appears to be a characteristic of most neurones in the auditory pathway [28]. The S-segment, like the accessory nucleus, receives an inhibitory input from the contralateral ear [74].

The *dorsal pathway* arises in the morphologically complex dorsal division of the cochlear nucleus, receiving its input at least in part by way of intranuclear connections from the ventral division [25]. Even in the anaesthetized state the properties of neurones of the dorsal division deviate significantly from those of the ventral [60, 23], and in the unanaesthetized state the differences are dramatic [20, 26]. The excitatory frequency response regions of the cochlear nerve fibres are translated into regions of inhibitory response (as Fig. 2f), or inhibitory regions flanking narrow excitatory areas. The latency of response is significantly longer than that of the ventral nucleus, and the response itself can be an extremely complex temporal sequence of excitation and inhibition dependent upon stimulus

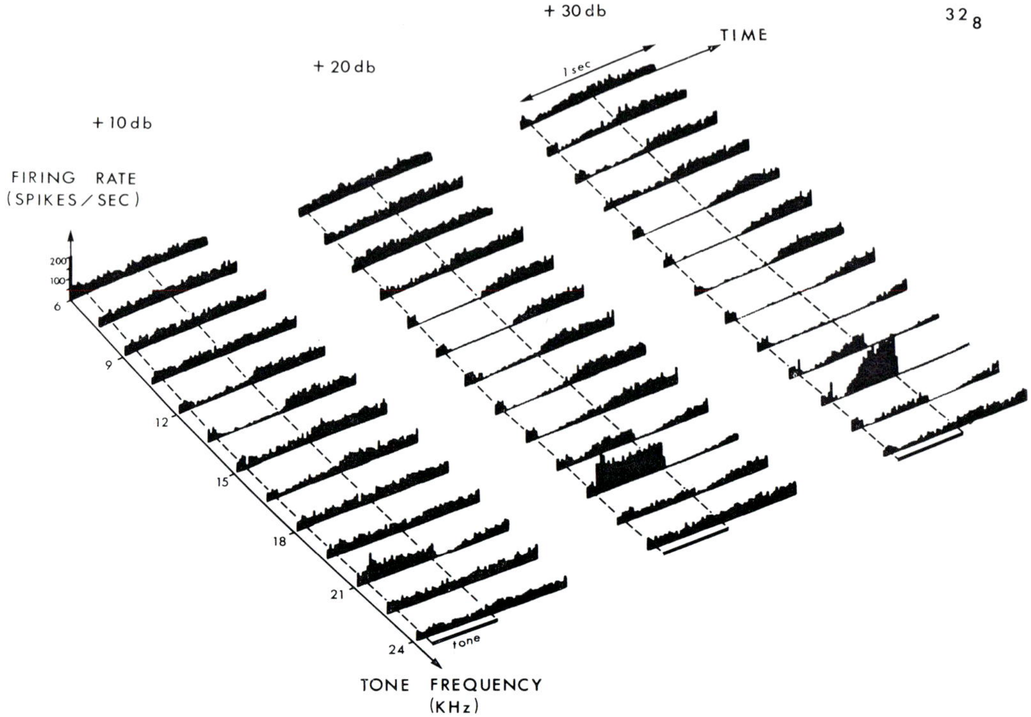

Fig. 3. Analysis of responses of a neurone in the dorsal cochlear nucleus, (anaesthetized with chloralose, but typical of the unanaesthetized state) to 0.5 sec tones as a function of frequency, time and intensity. Each of the three perspective arrays was obtained from an automatic analysis at the indicated intensity above threshold: 10, 20, 30 dB. Each component of an array represents a time histogram (P.S.T.), i.e. the response rate (strictly probability of discharge) as a function of time (in the z axis) before, during (indicated between the interrupted lines), and following the tone stimulus. Duration of histogram: 1 sec. Each histogram is the average of 10 tone presentations. (The computer (LINC) tested for the return of the neurone's spontaneous discharge to the pre-stimulation level before proceeding with the next tone). The histograms are arranged according to tone frequency in the x axis. Note: predominant response is a 'sea' of inhibition extending from about 10 KHz to 24 KHz within which a narrow 'island' of excitation occurs (at 21 KHz); complex time course of 'excitatory' response at 21 KHz, + 30 dB; the 'off-inhibition' extends over a wide range of frequencies (15 to 22.5 KHz, + 30 dB) including those *outside* the excitatory region. (Evans, E. F., Nelson, P. G., unpublished data)

frequency and intensity (Fig. 3), and repetition rate (Fig. 2b, c) [39, 23, 53]. Thus a monotonic relationship with the input is lost early in this pathway. The complex time-dependent properties appear to result at least in part from inhibitory interactions of long time course which can be cumulative over repeated stimuli [23].

The suppression of spontaneous discharges following a stimulus is a general property of neurones in the lower levels of the auditory system, and as Fig. 2b, c indicates, it can serve a most useful purpose in a system faced with the analysis of repetitive events: it can improve the 'signal-to-noise ratio' [20].

The dorsal and ventral pathways converge in the lateral lemnisci to project to the higher levels of the system. It is not surprising, therefore, that the responses of the inferior colliculi (e.g. [64]), medial geniculate nuclei (e.g. [3]) and the primary auditory cortex (e.g. [28, 38]) should show great variety and complexity (e.g. Fig. 2d—i).

The emphasis at the level of the primary auditory cortex is in transient responses to tones ('on' and 'off' responses Fig. 2g—i). Many of the neurones

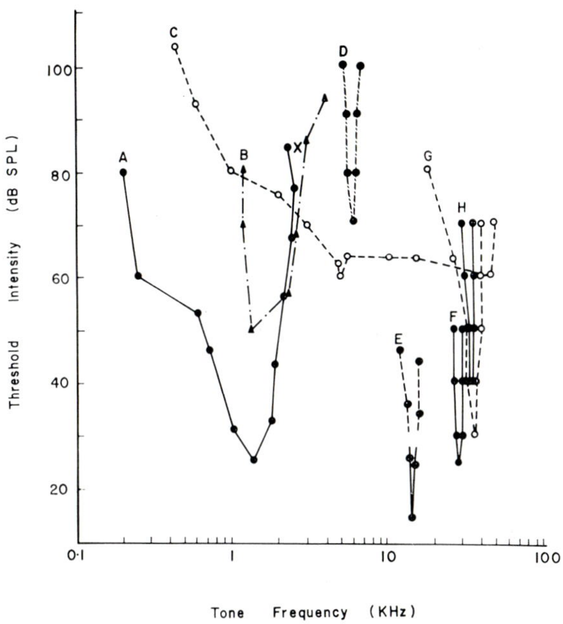

Fig. 4. Examples of threshold frequency response areas of neurones in the unanaesthetized primary auditory cortex of the cat. *A*, *F*, *H*: sustained excitatory neurones. *B*: 'on-off' neurone. *C*: wide-band sustained inhibitory neuron. *D*: neurone responding only to frequency-modulated tones. Response area plotted with modulation depth of 9%. *E*: neurone exhibiting sustained excitatory responses at low intensities (continuous boundary) and 'on' responses at higher intensities (interrupted boundaries). *G*: neurone exhibiting 'on-off' and sustained inhibitory responses

even in the unanaesthetized awake cat are silent in the absence of stimulation (Fig. 2d). The responses are labile and habituate (decrement) readily with repeated presentation of the same tonal stimulus. Indeed, for many cortical neurones, steady tones are weak stimuli and for others they are completely ineffective. The response patterns are not only different from neurone to neurone (even for adjacent neurones) but in a given neurone may differ as a function of tone frequency, intensity, and repetition rate and may even change spontaneously in the awake animal [19].

The responses of neurones at high levels of the auditory system can long outlast the stimulus, and can even be periodic in nature, with a 'reverberation' unrelated to the stimulus (e.g. [4, 15]).

In spite of early claims to the contrary, it appears that the frequency response areas of neurones at the higher levels of the auditory system are not significantly narrower than those of the cochlear nerve. Indeed, at the auditory cortex [28, 38] some of these areas are extremely broad, covering a very high proportion of the animal's frequency range (e.g. Fig. 4c). These response areas can be exceedingly complex in the excitatory-inhibitory domains they contain, (Fig. 4e, g) and there have been a few reports of neurones having more than one peak of frequency sensitivity [58, 38, 45], suggesting convergence upon these neurones of the activity from other neurones which have widely spaced frequency ranges.

3. Analysis of Complex Stimuli

It is when complex stimuli are used that the differences between upper and lower levels of the auditory system become most marked and to some extent explicable in terms of functional significance (e.g. [9, 28, 20, 21, 36]). Whereas all neurones at the lower levels of the system can be stimulated by pure tonal stimuli, this is not so at the upper levels. Even in the unanaesthetized, awake cat, only about half to three quarters of primary cortical neurones could be made to respond to pure tones, and many of these only as a result of time-varying manipulations as will be described later. The finding that many cortical neurones are specifically sensitive to certain complex stimuli has suggested analogies with feature detection mechanisms; these neuronal specificities will be described below.

a) Clicks and Noise

About a fifth of the neurones at the cortical level responded *only* to very complex sounds such as clicks, noise, and such sounds as 'kissing noises' and the jangling of keys [28]. These kinds of stimuli were in fact optimal for most cortical neurones, in terms of threshold and certainty of response. In contrast, these stimuli were only effective at lower levels of the auditory system by virtue of their spectral energy content. The thresholds of neurones in the cochlear nerve to noise stimuli are therefore predictable from the frequency response areas (i.e. their filtering characteristics; [29]).

b) Stimuli with Multiple Frequency Components

In spite of their analogy with speech sounds, multiple tone stimuli have been relatively little used in neurophysiological investigations. Two tone stimuli however, have been used extensively to examine "lateral interactions" between auditory neurones. Such interactions are generally inhibitory ("two tone inhibition"). This phenomenon is present even at the level of the cochlear nerve (e.g. [67]) although there is some controversy as to its nature (e.g. [43]) and functional value. Quantitative analyses of the responses to two harmonically and non-harmonically related tones have so far been limited to the cochlear nerve (e.g. [62, 10]). The aural combination tone: $2f_1 - f_2$ has also been studied at this level [35].

Multiple peak spectral noise stimuli have been used recently by Wilson, Evans and Rosenberg [85] to investigate the response of the lower levels of the system to such complex stimuli which in man evoke the sensation of 'reflection tone' pitch (e.g. [83]). These 'acoustic grating' stimuli are analogous to the luminosity gratings studied in the visual system by Campbell and others (e.g. [11]). Our experiments on the cochlear nerve indicate that this level can achieve the spectral resolution indicated by psychophysical measurements. This is compatible with other psychophysical observations using these stimuli [84] which suggest that the pitch heard relates to a spectral analysis by the ear. Complex multi-tone patterns can therefore be spectrally resolved by the cochlea and passed on to the nervous system.

Whether the higher level neurones which have multiple frequency response sensitivities such as those mentioned in section 2 could be involved in the further analysis of these stimuli remains to be shown.

c) Temporal Patterning of Tones

One striking feature of cortical neurones is the brevity and the lability of their response to continuous pure tones. Many neurones however, could be stimulated consistently by certain temporal patternings of the tonal stimuli (e.g. [21]). Some required frequently repeated stimuli; most however habituated rapidly to the same stimulus. Some ('off' neurones) required short duration stimuli for response, whereas others responded most vigorously to tones of long duration. In the neurones of the dorsal cochlear nucleus, some degree of sensitivity to the temporal pattern (repetition rate) of the tonal stimulus is already apparent [53].

d) Amplitude-modulated Tones

The effects of these stimuli have been investigated particularly in the cochlear nucleus [24, 34]. Glattke made the important observation that neurones sensitive to low frequencies could not be stimulated by high frequency tones modulated at those low frequencies. A neurone's spectral requirements (frequency response area) had to be satisfied before modulation of the tone could be effective. Under these conditions, Evans and Nelson showed that the great majority of neurones in the dorsal and ventral divisions of the cochlear nucleus gave responses to a modulated tone which could be qualitatively predicted simply from data on the steady tone responses as a function of intensity and time. In fact, the discharge rate of the neurone simply reflected the amplitude envelope of the stimulus. Many of the neurones in Glattke's study could 'follow' the amplitude envelope up to modulation frequencies of 200 Hz in a one-to-one manner. This may relate to the perception of 'auditory flutter' [52].

e) Frequency-modulated Tones

These stimuli have produced results of considerable interest at a number of levels in the auditory system. Bogdanski and Galambos [9] were the first to discover certain neurones in the auditory cortex of the unanaesthetized cat that were *specifically* sensitive to these tonal stimuli; that is, they were not sensitive to steady tones. Evans and Whitfield [28, 79] studied these neurones in detail in the cat auditory cortex, and Suga (e.g. [71]) has studied the influence of these stimuli on neurones in the inferior colliculus and the auditory cortex of the bat.

In the primary auditory cortex of the unanaesthetized cat neurones responding specifically to frequency change were found to amount to about 10% of the total number of neurones responding to tones [28]. These neurones, and the many others which responded to steady tones but most consistently to frequency modulated tones, were all sensitive to the direction and to some extent the rate of the frequency change (Fig. 5). Thus neurones were found which would respond only when the frequency was changing in an upward direction, and others which would respond only when it was changing in a downward direction. These responses were obtained within a relatively restricted range of modulation frequencies (compared with the responses at lower levels to modulated stimuli). The range was between about 0.5 to 20 Hz with sinusoidally modulated stimuli (Fig. 5). When non-periodic, intermittent ramp modulations were used, however, it was clear that these neurones responded to instantaneous changes of frequency in the appropriate direction (Fig. 5, [79]). Frequency modulated stimuli could produce in some cortical neurones a heightened sensitivity to the boundary of the frequency response areas; in others, the boundary would be greatly extended by the modulated tones ([79]: classes (a) and (c)).

Watanabe and Ohgushi [76] and Suga [71] have obtained similar findings from the cat and the bat respectively. These authors went on to attempt to correlate the preferred direction and rate of frequency change with the stimuli to which these animals are normally exposed. The sonogram of the cat's vocalizations shows frequency (formant) changes which are slow in the downward direction and rapid in upward and downward directions. In the bat, the supersonic orienting cries comprise frequency-modulated components, and Suga has described in detail neurones in both the inferior colliculus and the cortex which are sensitive to these stimuli.

Feher and Whitfield [31] have examined the effects of more complicated stimuli still on the responses of the unanaesthetized cortex in an attempt to activate the significant proportion of neurones insensitive to steady modulated tonal stimuli. They found that a combination of a steady and a modulated tone was effective in driving a small number of neurones.

In contrast to the situation at the cortical level, neurones responding *specifically* to frequency modulated tones have not been found in the cochlear nerve or cochlear nucleus ([24, 21, 76, 18]; [54] in the rat). The response of most neurones at this level could be simply predicted from their responses to steady tones as a function of frequency and time. However, a small proportion of neurones in the cochlear nucleus, particularly in the dorsal division, exhibit a *preference* for the direction in which a tone's frequency is changing [26]. Similar preferences have been observed at the level of the superior olive [76], in the inferior colliculus [57] and in the medial geniculate nucleus of the cat where some F.M. specific neurones have been found [76].

The relationship between frequency modulated stimuli and certain components of human speech sounds has not gone unrecognised. Winter and colleagues have recently turned their attention to the vocalizations of the squirrel monkey. These have been spectrographically and socially characterised [86]. Winter, Funkenstein and Nelson (personal communication) have very recently detected neurones in the presumed auditory cortex of the awake squirrel monkey which appear to be specifically sensitive to certain of the voice sounds. If this result is verified it would indicate the strong possibility that the human brain might be similarly organised to recognise components of human speech. Whether this is an inbuilt feature or is acquired of course remains to be settled.

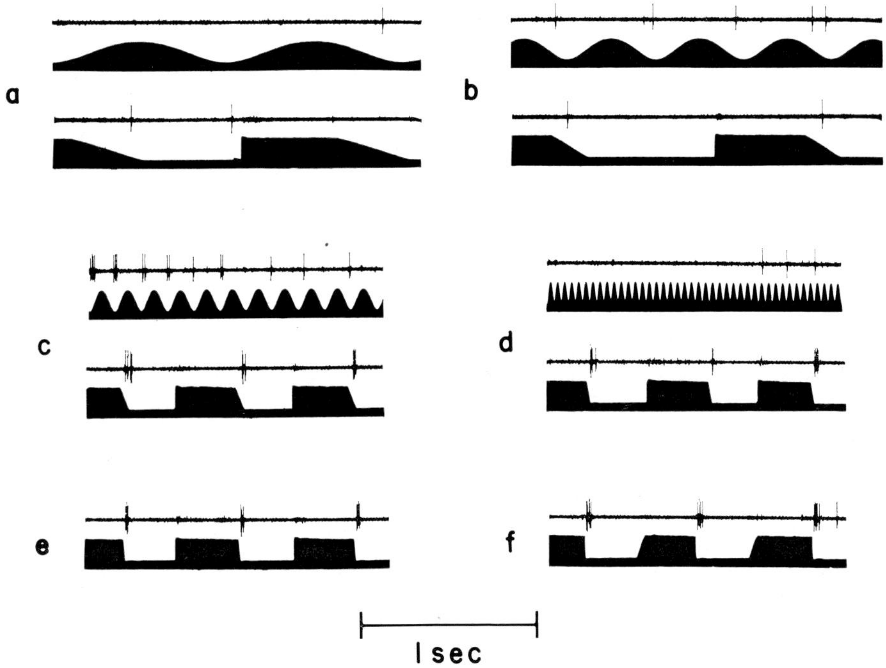

Fig. 5. Unanaesthetized primary auditory cortex of cat. Examples of response of a neurone selective to the downward direction of frequency change: comparison of different rates of frequency change with sinusoidal, or intermittent linear modulation waveforms. Envelope of lower trace in each pair indicates the excursions of tone *frequency*. Tone: 15 KHz; 50 dB above threshold; modulation depth: 9.5%. a) sinusoidal modulation rate of 1 Hz compared with 400 msec. 'ramp'. b) 2 Hz vs. 200 msec. c) 7 Hz vs. 50 msec. d) 25 Hz vs. 20 msec. e) 10 msec. ramps, equivalent to sinusoidal modulation of 50 Hz. f) 'instantaneous' frequency change at 'fly-back' of ramps (50 msec. upward-going ramp; downward 'fly-back'). Time bar: 1 sec.

4. Analysis of Spatial Localisation of Sound Source

Only a brief account is possible here.

It is well established that neurones of the nucleus in the brain stem on which fibres from both ventral cochlear nuclei first converge — the superior olivary complex — are extremely sensitive to small interaural time and intensity differences [33, 55, 40, 74, 75]. The neurones of the accessory nucleus are particularly well fitted to assess the difference in activity coming from the two ears, and obey the 'time-intensity trading' relation which has been observed psychophysically (e.g. [40]). Neurones with similar properties exist at higher levels: in the inferior colliculus (e.g. [17, 65, 5]), and the medial geniculate nucleus (e.g. [3, 6]). At these levels, almost half of the neurones are stimulated by binaural stimuli and show differential responses to time and intensity differences between the two ears. Altman has made the highly interesting observation that 10 to 20% of the neurones in the inferior colliculus and medial geniculate nucleus are sensitive to the *direction* in which a sound source moves.

Cortical neurones are similarly sensitive to the position of the sound source. Hall and Goldstein [41] found that the majority of neurones in the primary auditory cortex exhibited some form of binaural interaction to simultaneously presented stimuli. In the free-field situation, Evans [21] found about 50% of a small sample specifically or preferentially sensitive to the location of the sound source about the cat's head. Some of the neurones of the latter study were extremely sensitive to sound sources in the midline sagittal plane of the head, and were facilitated by visual input. These could represent neurones previously thought to be sensitive to changes in the animal's 'attention' (see [21], for discussion).

5. Descending Systems

No mention has been made of the presence of a neural system which runs in the opposite direction to the classical ascending pathway. The existence of such a descending projection from higher auditory levels to all levels of the auditory system is now well established (see [80] for review).

While the effect of the descending system appears to be inhibitory in the cochlea (e.g. [32]) it has been shown to be both facilitatory and inhibitory in the cochlear nucleus [14].

The precise role of this projection system is as yet unknown. In spite of a number of equivocal experiments, it does appear that modulation of the neural activity at a number of nuclei can result from changes in the behavioural state of the animal (e.g. conditioning; habituation; sleep) probably via this descending pathway (see [68, 80] for reviews). Capps and Ades [12] cut the descending pathway in the monkey and found a somewhat decreased ability to discriminate frequencies. However, in view of the gross nature of the discriminatory task, too much weight should perhaps not be placed on these findings. Whitfield [80] has suggested that the efferent, descending system may act as a gate on more peripheral structures, particularly for the pathways between sensory input and effector mechanisms mediating conditioned responses to sounds.

Inhibitory projections to the cochlear nucleus from the contralateral ear have been detected physiologically by a number of workers (e.g. [59, 49, 50]). These inhibitory effects can be frequency specific and can occur at low intensity levels. They could conceivably play some role in the frequency analysis of binaurally received sounds.

6. Conclusions for Pattern Recognition

Is is clear that the upper levels of the auditory system, and particularly that part of the cortex to which experimental attention has so far been given — the primary auditory cortex — exhibit an enormous complexity and diversity of stimulus specificity and response pattern. This situation contrasts with that at the lowest levels of the system where neurones and their responses are organised relatively simply on the basis of the frequencies to which they respond. Between these two anatomical and functional extremes we find a differentiation of the system into two pathways with quite different properties. These ventral and dorsal paths, may, as Poliak [61] first suggested, relate to reflex and discriminative function respectively. To the former we can add localising function; to the latter, perhaps we can speculatively add pattern recognition. This division of the ascending auditory system into two anatomically and functionally separate pathways may turn out to be analogous to the well established division of the visual system into two distinct 'subsystems'. In the visual system, these subsystems appear to process respectively the information relating to the *position* of a stimulus, and to its *form* [42].

The relative roles if any played by 'place' (frequency) and 'time' mechanisms in the determination of pitch, is still a matter for argument (e.g. [7, 82]). However, as far as frequency and intensity discriminations are concerned, there is evidence that the limitations on the overall response of the auditory system appear to exist already at the level of the cochlear nerve. Whitfield [78, 81] has proposed, on qualitative grounds, a scheme whereby frequency and intensity are encoded in the position and extent of a block or population of active fibres. The 'boundaries' of the active array become more and more well defined (not narrower) by means of inhibitory processes as the array ascends the auditory system. The anatomical substrate for such a model undoubtedly exists in terms of the tonotopic organization of the auditory pathway, at least below the medial geniculate nucleus. Since such a frequency selective array does not exist at the cortical level, [27], and indeed the cortex is not essential to frequency discrimination in the cat (e.g. [56]), and possibly in man also [66], it would appear that frequency discrimination is accomplished at subcortical levels.

Siebert [69] has proposed a somewhat similar model but which quantitatively takes into consideration the threshold of cochlear nerve fibres as a function of frequency, the rate-intensity functions of individual fibres, and their asymmetrical frequency response areas. The model can predict the frequency and intensity discrimination properties of the human ear (i.e. the difference limina). On this view, the central auditory system acts as an 'ideal detector', assessing the weighted sum of the fibre discharges in the cochlear nerve. The learning or training phase in discrimination would involve the establishment of the appropriate weights.

The 'grating acuity' of the auditory system on the other hand (the ability to resolve component frequencies in a complex sound) appears to be correlated with the *effective bandwidths* of the cochlear nerve fibres [85]. These correspond to the 'critical bands' of psychophysical measurements (e.g. [87]) of the ear's frequency resolving power.

The analysis of complex sounds, on the other hand, appears to be facilitated or made possible by the presence, at the upper levels of the auditory system, of neurones specifically or preferentially sensitive to certain complex sounds or features of a complex sound which are of behavioural significance. This conclusion finds support from observations that removal of the primary auditory cortex is monkeys deleteriously affects the discrimination of speech sounds [16]. Thus, cortical neurones are capable of providing specific items of information such as: the stimulus is on, it is off, the frequency is changing, it is changing in a certain direction, at a certain rate, there is a certain repetition rate, and so on. The similarity between the sensitivities of these auditory neurones and those of the upper levels of the visual system invites analogy. It seems possible that these neurones could act as feature detectors, sensitive to those features of a complex stimulus which have biological meaning to the animal. That the analogy should not be pushed too far however, is suggested by the apparent absence of an analogous cortical 'functional architecture' in spite of attempts to define such an arrangement [1]. However, many of these neurones are also sensitive to other stimulus parameters, such as the location of the sound source in space (and some to movement of the source). Thus, it is conceivable that the auditory cortex (and other levels) may contain representations of the stimulus in such a way that many of the 'questions' about a stimulus can be 'answered' simultaneously in the same neurone or group of neurones. If this surmise is correct, then it may go some small way towards our understanding of the binaural aspects of the neurophysiological mechanisms involved in the most complex pattern recognition task of the auditory system — the cocktail party [13].

Summary

The sensory information presented by the cochlea to the central nervous system appears to be relatively simple. The temporal vibration patterns of the basilar membrane are retained in the discharge patterns of the cochlear nerve. Although intensity information is not so simply represented at this level, the frequency selectivity of the basilar membrane is very significantly 'sharpened'.

The so-called acoustic 'relay' nuclei of the brainstem are far from passive in nature. At the level of the nucleus cochlearis, for example, the sensory input is processed in at least two functionally and anatomically distinct pathways.

The 'place' representation of frequency is maintained at all levels of the auditory system up to the colliculus inferior, which appears to be essential for frequency discrimination. Thereafter, at the geniculate and cortical levels this information appears to be 'lost' in terms of frequency selectivity and of a tonotopic organization of neurones which could subserve frequency analysis.

Neurones of the auditory cortex are much less sensitive to pure tone stimuli than to complex, time varying, and 'natural' stimuli. An enormous richness of variety of sensitivity, specificity, and response exists at the upper levels of the auditory system. The similarity between this situation and that shown to exist in the visual system suggests that analogous 'abstractive' mechanisms may be involved in auditory pattern recognition.

References

1. Abeles, M., Goldstein, M. H. Jr.: Functional architecture in cat primary auditory cortex: columnar organization and organization according to depth. J. Neurophysiol. **33**, 172—187 (1970).
2. Ades, H. W.: Central auditory mechanisms. In: Handbook of physiology, Vol. 1., Sect. 1., Chap. 24. American Physiological Society 1959.
3. Adrian, H. O., Lifshitz, W. M., Tavitas, R. J., Galli, F. P.: Activity of neural units in medial geniculate body of cat and rabbit. J. Neurophysiol. **29**, 1046—1060 (1966).
4. Aitkin, L. M., Dunlop, C. W.: Inhibition in the medial geniculate body of the cat. Exp. Brain Res. **7**, 68—83 (1969).
5. Altman, J. A.: Are there neurones detecting direction of sound source motion? Exp. Neurol. **22**, 13—25 (1968).

6. — Syka, J., Shmigidina, G. N.: Neuronal activity in the medial geniculate body of the cat during monaural and binaural stimulation. Exp. Brain Res. **10**, 81—93 (1970).
7. Békésy, G. von: Hearing theories and complex sounds. J. acoust. Soc. Amer. **35**, 588—601 (1963).
8. Boer, E. de.: Reverse correlation II. Initiation of nerve impulses in the inner ear. Proc. Konikl. Nederl. Akad. v. Wetenschap. **72**, 129—151 (1969).
9. Bogdanski, D. F., Galambos, R.: Studies of the auditory system with implanted electrodes. In: Neural mechanisms of auditory and vestibular systems, Chap. 10, (Rasmussen, G. L., Windle, W. F., Eds.) (1960).
10. Brugge, J. F., Anderson, D. J., Hind, J. E., Rose, J. E.: Time structure of discharges in single auditory nerve fibres of the squirrel monkey in response to complex periodic sounds. J. Neurophysiol. **32**, 386—407 (1969).
11. Campbell, F. W., Robson, J. G.: Applications of fourier analysis to the visibility of gratings. J. Physiol. (Lond.) **197**, 551—556 (1968).
12. Capps, M. J., Ades, H. W.: Auditory frequency discrimination after transection of olivocochlear bundle in squirrel monkeys. Exp. Neurol. **21**, 147—158 (1968).
13. Cherry, C.: On human communication: a review, a survey and a criticism. New York: MIT Press and John Wiley. 1957.
14. Comis, S. D., Whitfield, I. C.: Influence of centrifugal pathways on unit activity in the cochlear nucleus. J. Neurophysiol. **31**, 62—68 (1968).
15. David, E., Finkenzeller, P., Kallert, S., Keidel, W. D.: Reizfrequenzborrelierte "untersetzte" neuronale Entladungsperiodizität im colliculus inferior und im corpus geniculatum mediale. Pflügers Arch. **309** (1969).
16. Dewson, J. H. III., Pribram, K. H., Lynch, J. C.: Effects of ablation of temporal cortex upon speech sound discrimination in the monkey. Exp. Neurol. **24**, 579—591 (1969).
17. Erulkar, S. D.: The responses of single units of the inferior colliculus of the cat to acoustic stimulation. Proc. roy. Soc. B. **150**, 336—355 (1959).
18. — Butler, R. A., Gerstein, G. L.: Excitation and inhibition in cochlear nucleus. II. Frequency-modulated tones. J. Neurophysiol. **31**, 537—548 (1968).
19. Evans, E. F.: Behaviour of neurones in the auditory cortex. Ph. D. Thesis, University of Birmingham 1965.
20. — (1) Upper and lower levels of the auditory system: a contrast of structure and function. In: Neural networks, pp. 24—33, (Caianiello, E. R., Ed.). Berlin-Heidelberg-New York: Springer 1968.
21. — (2) Cortical representation. In: Hearing mechanisms in vertebrates, pp. 272—287. (de Reuck, A. V. S., Knight, J., Eds.). London: Churchill Ltd. 1968.
22. — Narrow 'tuning' of cochlear nerve fibre responses in the guinea pig. J. Physiol. (Lond.) **206**, 14—15 P (1970).
23. — Nelson, P. G.: (1) Behaviour of neurones in cochlear nucleus under steady and modulated tonal stimulation. Fed. Proc. **25**, 463 (1966).
24. — — (2) Responses of neurones in cat cochlear nucleus to modulated tonal stimuli. J. acoust. Soc. Amer. **40**, 1275—1276 (1966).
25. — — An intranuclear pathway to the dorsal division of the cochlear nucleus of the cat. J. Physiol. (Lond.) **196**, 76—78P (1968).
26. — — In preparation.
27. — Ross, H. F., Whitfield, I. C.: The spatial distribution of unit characteristic frequency in the primary auditory cortex of the cat. J. Physiol. (Lond.) **179**, 238—247 (1965).
28. — Whitfield, I. C.: Classification of unit responses in the auditory cortex of the unanaesthetized and unrestrained cat. J. Physiol. (Lond.) **171**, 476—493 (1964).
29. — Wilson, J. P., Rosenberg, J.: The effective bandwidth of cochlear nerve fibres. J. Physiol. (Lond.) **207**, 62—63P (1970).
30. — — — Unpublished data.
31. Feher, O., Whitfield, I. C.: Auditory cortical units which respond to complex tonal stimuli. J. Physiol. (Lond.) **182**, 39P (1966).
32. Fex. J.: Auditory activity in centrifugal and centripetal cochlear fibres in cat. Acta. physiol. scand. **55**, (Suppl. 189), 1—68 (1962).

33. Galambos, R., Schwartzkopff, J., Rupert, A.: Microelectrode study of superior olivary nuclei. Amer. J. Physiol. **197**, 527—536 (1959).
34. Glattke, T. J.: Unit responses of the cat cochlear nucleus to amplitude-modulated stimuli. J. acoust. Soc. Amer. **45**, 419—425 (1969).
35. Goldstein, J. L., Kiang, N.Y-s.: Neural correlates of the aural combination tone $2f_1—f_2$. Proc. I.E.E.E. **56**, 981—992 (1968).
36. Goldstein, M. H. Jr.: Single unit studies of cortical coding of simple acoustic stimuli. In: Physiological and biochemical aspects of nervous integration, p. 131—151. (Carlson, F. D., Prentice-Hall Inc., Ed.) 1968.
37. — Daly, R. L., Abeles, M., McIntosh, J.: Functional architecture in cat primary auditory cortex: Tonotopic organization. J. Neurophysiol. **33**, 188—197 (1970).
38. — Hall, J. L. II., Butterfield, B. O.: Single unit activity in primary auditory cortex of unanaesthetized cats. J. acoust. Soc. Amer. **43**, 444—455 (1968).
39. Greenwood, D. D., Maruyama, N.: Excitatory and inhibitory response areas of auditory neurones in the cochlear nucleus. J. Neurophysiol. **28**, 863—892 (1965).
40. Hall, J. L. II: Binaural interaction in the accessory superior olivary nucleus of the cat. J. acoust. Soc. Amer. **37**, 814—823 (1965).
41. — Goldstein, M. H. Jr.: Representation of binaural stimuli by single units in primary auditory cortex of unanaesthetized cats. J. acoust. Soc. Am. **43**, 456—461 (1968).
42. Held, R., Ingle, D., Schneider, G. E., Trevarthen, C. B.: Locating and identifying: two modes of visual processing. A symposium. Psychol. Forsch. **31**, 44—51, 52—62, 299—337, 338—348 (1967/68).
43. Hind, J. E., Rose, J. E., Brugge, J. F., Anderson, D. J.: Two-tone masking effects in squirrel monkey auditory nerve fibres. In: Frequency analysis and periodicity detection in hearing, 1970.
44. Hubel, D. H.: Integration processes in central visual pathways of the cat. J. Opt. Soc. Amer. **53**, 58—66 (1963).
45. Kallert, S., David, E., Finkenzeller, P., Keidel, W. D.: Two different neuronal discharge periodicities in the acoustical channel. In: Frequency analysis and periodicity detection in hearing, 1970.
46. Katsuki, Y.: Neural machanisms of auditory sensation in cats. In: Sensory communication, pp. 561—583. (Rosenblith, W. A., Ed.). New York: M.I.T. Press and Wiley and Sons 1961.
47. Kiang, N. Y-s., Sachs, M. B., Peake, W. T.: Shapes of tuning curves for single auditory nerve fibres. J. acoust. Soc. Amer. **42**, 1341—1342 (1967).
48. — Watenabe, T., Thomas, E. C., Clark, L. F.: Discharge patterns of single fibres in the cat's auditory nerve. Cambridge, Mass.: M.I.T.Press 1965.
49. Klinke, R., Boerger, G., Gruber, J.: Studies on the functional significance of efferent innervation in the auditory system. Pflügers Arch. **306**, 165—175 (1969).
50. Mast, T. E.: Binaural interaction and contralateral inhibition in dorsal cochlear nucleus of chinchilla. J. Neurophysiol. **33**, 108—115 (1970).
51. Maturana, H. R., Lettvin, J. Y., McCulloch, W. S., Pitts, W. H.: Anatomy and physiology of vision in the frog (Rana pipiens). J. gen. Physiol. **43**, 129—175 (1960).
52. Miller, G. A., Taylor, W. G.: The perception of repeated bursts of noise. J. acoust. Soc. Amer. **20**, 171—181 (1947).
53. Møller, A. R.: Unit responses in the cat cochlear nucleus to repetitive transient sounds. Acta physiol. scand. **75**, 542—551 (1969).
54. — Unit responses in the cochlear nucleus of the rat to sweep tones. Acta physiol. scand. **76**, 503—512 (1969).
55. Moushegian, G., Rupert, A., Whitcomb, M. A.: Brain stem neuronal response patterns to monaural and binaural tones. J. Neurophysiol. **27**, 1174—1191 (1964).
56. Neff, W. D.: Behavioural studies of auditory discrimination: localization of the sound source in space. In: Hearing mechanisms in vertebrates, pp. 207—231. (de Reuck, A. V. S., Knight, J., Eds.) 1968.
57. Nelson, P. G., Erulkar, S. D., Bryan, J. S.: Responses of units of the inferior colliculus to time-varying acoustic stimuli. J. Neurophysiol. **29**, 834—860 (1966).
58. Oonishi, S., Katsuki, Y.: Functional organization and integrative mechanism on the auditory cortex of the cat. Jap. J. Physiol. **15**, 342—365 (1965).

59. Pfalz, R. K. J.: Centrifugal inhibition of afferent secondary neurones in the cochlear nucleus by sound. J. acoust. Soc. Amer. **34**, 1472—1477 (1962).
60. Pfeiffer, R. R.: Classification of response patterns of spike discharges for units in the cochlear nucleus: Tone-burst stimulation. Exp. Brain. Res. **1**, 220—235 (1966).
61. Poliak, S.: The connections of the acoustic nerve. J. Anat. (Lond.) **60**, 465—469 (1926).
62. Rose, J. E., Brugge, J. F., Anderson, D. J., Hind, J. E.: Patterns of activity in single auditory nerve fibres of the squirrel monkey. In: Hearing mechanisms in vertebrates, pp. 144—157. (de Reuck, A. V. S., Knight, J., Eds.). London: Churchill 1968.
63. — Galambos, R., Hughes, J. R.: Microelectrode studies of the cochlear nuclei of the cat. Johns Hopk. Hosp. Bull. **104**, 211—251 (1959).
64. — Greenwood, D. D., Goldberg, J. M., Hind, J. E.: Some discharge characteristics of single neurones in the inferior colliculus of the cat. I. Tonotopic organization, relation of spike counts to tone intensity, and firing patterns of single elements. J. Neurophysiol. **26**, 294—320 (1963).
65. — Gross, N. B., Geisler, C. D., Hind, J. E.: Some neural mechanisms in the inferior colliculus of the cat which may be relevant to localization of a sound source. J. Neurophysiol. **29**, 288—314 (1966).
66. Sa, G. de.: Audiologic findings in central nerve deafness. (St. Louis) Laryngoscope **68**, 309—317 (1958).
67. Sachs, M. B., Kiang, N. Y-s.: Two-tone inhibition in auditory nerve fibres. J. acoust. Soc. Amer. **43**, 1120—1128 (1968).
68. Schwartzkopff, J.: Hearing. Ann. Rev. Physiol. **29**, 485—512 (1967).
69. Siebert, W. M.: Stimulus transformations in the peripheral auditory system. In: Recognizing patterns, pp. 104—133. (Kolers, P. A., Eden, M., Eds.). Cambridge: M.I.T. Press 1968.
70. Suga, N.: Analysis of frequency-modulated and complex sounds by single auditory neurones of bats. J. Physiol. (Lond.) **198**, 51—80 (1968).
71. — Classification of inferior collicular neurones of bat in terms of responses to pure tones, F. M. sounds and noise bursts. J. Physiol. (Lond.) **200**, 555—574 (1969).
72. Tsuchitani, C., Boudreau, J. C.: Single unit analysis of cat superior olive S-segment with tonal stimuli. J. Neurophysiol. **29**, 684—699 (1966).
73. — — Encoding of stimulus frequency and intensity by cat superior olive S-segment cells. J. acoust. Soc. Amer. **42**, 794—805 (1967).
74. — — Stimulus level of dichotically presented tones and cat superior olive S-segment cell discharge. J. acoust. Soc. Amer. **46**, 979—988 (1969).
75. Watenabe, T., Liao, T., Katsuki, Y.: Neuronal response patterns in the superior olivary complex of the cat to sound stimulation. Jap. J. Physiol. **18**, 267—287 (1968).
76. — Ohgushi, K.: F. M. sensitive auditory neuron. Proc. Jap. Acad. **44**, 968—973 (1968).
77. Weiss, T. F.: A model of the peripheral auditory system. Kybernetik **3**, 153—175 (1966).
78. Whitfield, I. C.: Electrophysiology of the central auditory pathway. Brit. med. Bull. **12**, 105—109 (1956).
79. — Evans, E. F.: Responses of auditory cortical neurons to stimuli of changing frequency. J. Neurophysiol. **28**, 655—672 (1965).
80. — (1) The auditory pathway. London: Arnold 1967.
81. — (2) Coding in the auditory nervous system. Nature (Lond.) **213**, 756—760 (1967).
82. — Central nervous processing in relation to spatio-temporal discrimination of auditory patterns. In: Frequency analysis and periodicity detection in hearing, (Plomp, R., Smoorenburg, G. F., Eds.). Leiden: Sijthoff 1971.
83. Wilson, J. P.: Obstacle detection using ambient or self-generated noise. Nature (Lond.) **211**, 218 (1966).
84. — An auditory after-image. In: Frequency analysis and periodicity detection in hearing, p 304. (Plomp, R., Smoorenburg, G. F., Eds.). Leiden: Sijthoff 1971.
85. — Evans, E. F., Rosenberg, J.: In preparation.
86. Winter, P., Ploog, D., Latte, J.: Vocal repertoire of the squirrel monkey (Saimiri sciureus), its analysis and significance. Expl. Brain Res. **1**, 359—384 (1966).
87. Zwicker, E., Flottorp, G., Stevens, S. S.: Critical band-width in loudness summation. J. acoust. Soc. Amer. **29**, 548—557 (1957).

Beiträge höherer Hörbahnanteile der Katze zur Mustererkennung*

E. David, P. Finkenzeller, S. Kallert, W. D. Keidel, Erlangen

Mit 2 Abbildungen

Die Untersuchung der einzelnen Hörbahnkerngebiete mit Mikroelektroden liefert eine große Zahl charakteristischer Entladungsmuster, die sich besonders übersichtlich in Histogrammschreibweise darstellen lassen. Aus den reizzugeordneten Entladungsmustern der einzelnen Neurone lassen sich z. T. Schlüsse hinsichtlich funktioneller Leistungen im Rahmen der Informationsverarbeitung ziehen, während man in anderen Fällen zunächst nur die Entladungsmuster beschreiben kann, ohne ihre funktionelle Bedeutung für die Informationsverarbeitung zu erkennen.

Abb. 1 zeigt eine Auswahl solcher Muster[1] aus dem geniculatum mediale, wie sie in tieferen Kerngebieten nach den bisherigen Untersuchungen nicht vorkommen. Als neu gegenüber den Entladungsmustern tieferer Gebiete sind folgende Merkmale auffallend:

* Vortrag gehalten von E. David.

[1] Die Reizgestaltung und Auswertung wurde mit einem LINC-8-Rechner durchgeführt, der die Reizsteuerung über zusätzliche DA-Wandler und damit gekoppelten Modulatoren vornahm. Zur Gewinnung der Frequenzantwortkurven wurden diskrete Frequenzschritte vorgebbarer Schrittweite benutzt, wobei im allgemeinen erst eine Übersichtsaufnahme über einen großen Frequenzbereich, danach entsprechende Kurven für interessierende Teilbereiche aufgenommen wurden. Dabei wurden jeweils Frequenzantwortkurven für verschiedene Zeitabschnitte relativ zum Reiz (Vorlauf, on-Effekt, Dauerentladung, off-Effekt, Nachentladung) gleichzeitig getrennt aufgenommen und dargestellt. Auch die Frequenzmodulation wurde von LINC gesteuert. Es war darüber hinaus möglich mit einem Mischpult alle Reizformen (weißes Rauschen, gefiltertes Rauschen, Sinustöne und frequenzmodulierte Töne) miteinander wahlweise zu kombinieren. Als Versuchstiere dienten mit Nembutal narkotisierte Katzen. Weitere Einzelheiten der Methodik sind bei David et al. 1968 beschrieben.

Abb. 1a—d. Reizfolgehistogramme einzelner Neurone im corpus geniculatum mediale der Katze. a Reverberierende Entladungsform. 1. nach Reizende (Click); 2. während der Dauer des Reizes (Sinusbursts); 3. während der Dauer des Reizes und danach. b Neuron mit Dauerentladung während des Reizes. Nach einer Anfangsentladung (on-Effekt) deutliche Pause (silent period) von 200 ms und nachfolgende Dauerentladung. c Reizfolgehistogramme eines Neurons, das auf unterschiedliche Frequenzänderungsgeschwindigkeit und Frequenzänderungsrichtung anspricht. Für steigende und fallende Frequenzänderung erfolgt die Entladung bei drastisch unterschiedlichen Frequenzen. Aus den der Entladung zugeordneten Frequenzen (steigend bei 2,6 kHz, fallend bei 3,3 kHz) wird deutlich, daß sich der Frequenzunterschied nicht durch Latenzzeiten erklären läßt. d Reizfolgehistogramme eines Neurons bei gleichem Reiz zu unterschiedlichen Zeiten aufgenommen

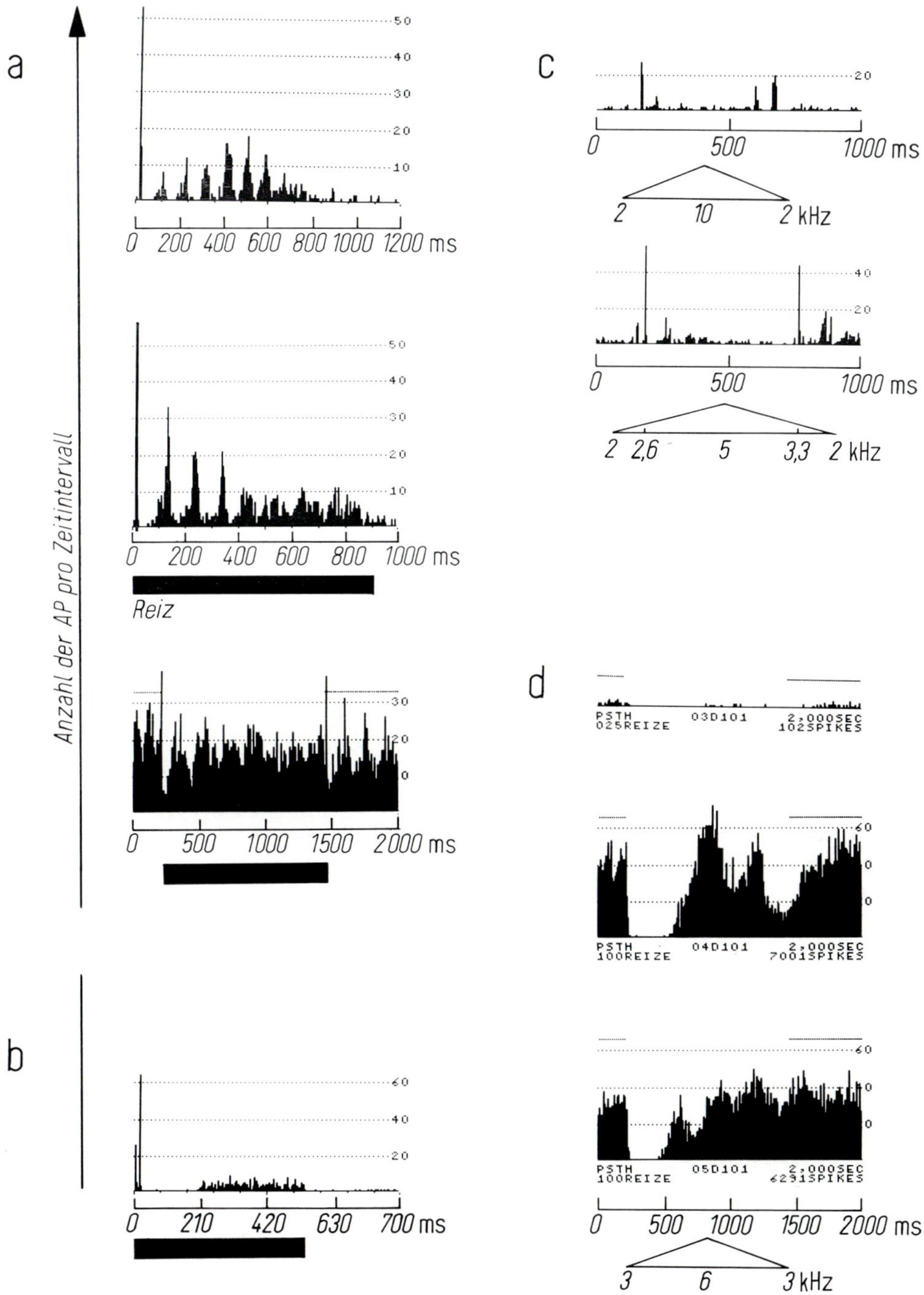

Abb. 1a—d. (Legende siehe Seite 344)

a) Periodische Entladung mit einer Periodenlänge von 100 bis 200 ms, die entweder schon während des Reizes oder aber nach Reizende auftritt (reverberierende Entladungsform) (Aitkin et al., 1966, 1969).

b) Eine besonders lange Dauer der "silent period" (50 bis 400 ms) (Dunlop et al., 1969) gegenüber denen tieferer Kerngebiete, wo sie in der Regel weniger als 50 ms (Rose et al., 1963) beträgt.

c) Es gibt Neurone, die auf Sinusreize fester Frequenz nicht reagieren, dagegen auf Frequenzmodulation Entladungen zeigen, die deutlich von der Modulationsrichtung oder von der Frequenzänderungsgeschwindigkeit abhängen können. In tieferen Hörbahnanteilen reagieren Neurone, die auf Frequenzmodulation empfindlich sind, in der Regel auch auf Sinusreize geeigneter fester Frequenz (Erulkar et al., 1968), allerdings sind vom colliculus inferior auch schon kompliziertere Reizentladungszuordnungen beschrieben (Nelson et al., 1966).

d) Obwohl die meisten Neurone eindeutiges Reizentladungsmusterverhalten zeigen, gibt es im geniculatum mediale auch solche mit auffallender Flexibilität hinsichtlich der definierten Reizen zugeordneten Entladungsmuster. Das drückt sich besonders darin aus, daß bei Reizwiederholungen zunächst eindeutig zuordenbare Muster sich drastisch verändern oder daß das Neuron nicht mehr auf den Reiz mit Entladungen reagiert.

e) Ähnlich wie im Cortex (Evans et al., 1964) erfolgt auf Sinusreize nur selten Dauerentladung (Brugge et al., 1969; Dunlop et al., 1969) ganz im Gegensatz zu allen tieferen Kerngebieten einschließlich colliculus inferior. Dagegen lassen sich heftige Dauerentladungen auslösen, wenn man nicht mit einem Ton (eine Frequenz), sondern mit einer geeigneten Tonkombination (Frequenzkombination) reizt.

f) Die Frequenzantwortkurven sind zum großen Teil mehrgipflig, wobei die einzelnen Gipfel steile Flanken haben. Mehrgipflige Tuningkurven wurden auch im Cortex schon beschrieben [Katsuki, 1966 (1, 2)].

Während z. B. die Muster a und b schwer hinsichtlich einer funktionellen Leistung zu deuten sind, auch wenn man sich das Zustandekommen etwa mittels hemmender Interneurone im Sinne von (Andersen et al., 1964) erklärt, legen e und f eine funktionelle Deutung nahe.

Geht man nämlich davon aus, daß für die Katze Reize fester Frequenz im allgemeinen keine große Bedeutung haben, dagegen alle sie interessierenden Reize normalerweise komplexer Natur sind und sich durch Frequenzkombination (im Sinne von Phonemen) oder durch Frequenz- und Amplitudenmodulation (im Sinne von Transients) auszeichnen, so darf man erwarten, daß im Rahmen akustischer Mustererkennung das ZNS der Katze komplexe Schallreize diskriminieren können muß.

Von allen Kerngebieten unterhalb des geniculatum mediale zeigen die Frequenzantwortkurven jeweils eine Bestfrequenz und häufig Dauerentladung bei Reizung mit Sinustönen oder Rauschen. Noch im colliculus inferior ebenso wie in tieferen Hörbahnanteilen läßt sich oft aus der Entladungsform der Reizcharakter erkennen, etwa durch statistische Entladungsverteilung bei Reizung mit Rauschen und periodische Entladung bei Sinusreizen, wobei sich die Entladungsperiode als untersetzte Reizperiode ergibt (David et al., 1969; Keidel, 1969; Hind et al., 1967; Moushegian, 1967; Rose et al., 1967). Den Reiz derartig widerspiegelnde Entladungsmuster wurden bisher im geniculatum nicht gefunden.

Im geniculatum mediale sind Dauerentlader (Neurone, die während des ganzen Reizes oder nach einer silent period Dauerentladung zeigen) außerordentlich selten, wenn man mit einem Ton fester Frequenz reizt (Brugge et al., 1969; Dunlop et al., 1969). Besteht der Reiz aus einer geeigneten Frequenzkombination, so läßt sich heftige Dauerentladung erreichen, obwohl keine der Einzelfrequenzen, aus denen die Kombination zusammengesetzt ist, Dauerentladung auszulösen ver-

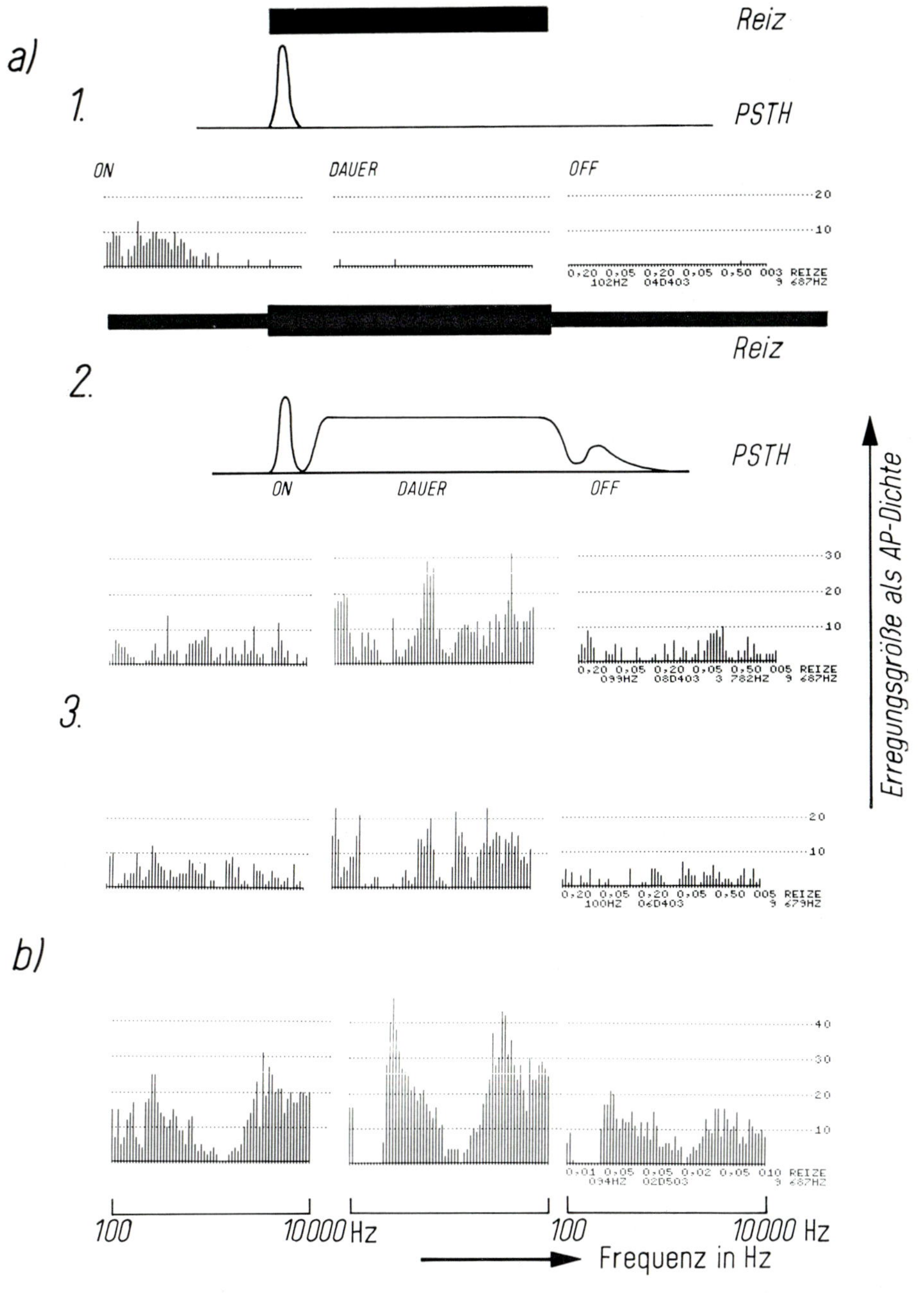

Abb. 2. a Reizfolgehistogramme und zugehörige Frequenzantwortkurven für Reizfrequenzen (von 100 Hz bis 10000 Hz) eines Neurons. Als Reize dienten: 1. reine Sinusbursts; 2. Kombination von Dauersinus (2893 Hz) und Sinusbursts; 3. Kombination von gefiltertem Dauerrauschen (Mittenfrequenz 1424 Hz, Bandbreite 50 Hz) und Sinusbursts. b Mehrgipflige Frequenzantwortkurve eines Neurons bei Reizung mit reinen Sinustönen von 100 Hz bis 10000 Hz

mag. Dieses Verhalten im Zusammenhang mit den mehrgipfligen Frequenzantwortkurven (Abb. 2) legt nahe, daß hier das elektrophysiologische Korrelat für die Erkennung komplexer Schallmuster (Frequenzkombination im Sinne von Phonemen) vorliegt. Das wäre durch einfache Konvergenzschaltung von Neuronen des colliculus inferior mit eingipfligen Frequenzantwortkurven denkbar.

Diese Vorstellung hinsichtlich der Diskrimination komplexer Schalle wird dadurch gestützt, daß es im geniculatum mediale Neurone gibt, die auf frequenzmodulierte Reize nicht reagieren, auf Sinusreize fester Frequenz ebenfalls nicht reagieren, auf geeignete Kombination beider dagegen heftige Entladung beim Durchgang durch einzelne Frequenzbereiche zeigen. Dies könnte mit der Diskrimination komplexer Schallreize im Sinne der Transients zusammenhängen.

Früher wurden schon Entladungsmuster aus dem geniculatum mediale beschrieben (Keidel, 1969; David et al., 1969), die als elektrophysiologisches Äquivalent für die Konsonanzwahrnehmung zu deuten sind.

Nachdem Goldberg et al. (1961) durch Abtragung von akustischem cortex und geniculatum mediale zeigen konnten, daß Frequenzdiskrimination schon unterhalb des geniculatum mediale stattfinden muß, wäre es interessant, ob entsprechende Abtragungsversuche für das geniculatum mediale die hier dargestellten Vorstellungen bestätigen würden.

Da die hier beschriebenen Untersuchungen an Katzen in flacher Narkose durchgeführt wurden, ist evtl. durch Untersuchungen mit implantierten Mikroelektroden weitere Aufklärung möglich. Sicher ist die Funktion des geniculatum mediale noch wesentlich vielfältiger, wie die noch nicht interpretierbaren Entladungsmuster und vor allem das flexible Verhalten mancher Neurone zeigen.

Summary

In opposition to deeper nuclei of the auditory pathway, only a few neurons in the medial geniculate body show sustained discharge after stimulation with pure tones or noise, whereas with complex stimuli a strong sustained discharge is caused. Likewise in opposition to deeper nuclei of the auditory pathway, many neurons of the medial geniculate body show multi-peak frequency response curves. It is suggested that the discrimination of complex sound stimuli (in the sense of phonemes and transients) is made in the medial geniculate body whereas frequency discrimination already takes place in deeper parts of the auditory pathway.

Literatur

Aitkin, L. M., Dunlop, C. W.: Inhibition in the medial geniculate body of the cat. Exp. Brain Res. **7**, 68—83 (1969).

— — Webster, W. R.: Click-evoked response patterns of single units in the medial geniculate body of the cat. J. Neurophysiol. **29**, 109—123 (1966).

Andersen, P., Eccles, J. C., Sears, T. A.: The ventrobasal complex of the thalamus: types of cells, their responses and their functional organisation. J. Physiol. (Lond.) **174**, 370—399 (1964).

Brugge, J. F., Dubrovsky, N. A., Aitkin, L. M., Andersen, D. J.: Sensitivity of single neurons in auditory cortex of cat to binaural tonal stimulation; effects of varying interaural time and intensity. J. Neurophysiol. **32**, 1005—1024 (1969).

David, E., Finkenzeller, P., Kallert, S., Keidel, W. D.: Die Bedeutung der temporalen Hemmung im Bereich der akustischen Informationsverarbeitung. Pflügers Arch. ges. Physiol. **298**, 322—335 (1968).

— — — — Reizfrequenzkorrelierte „untersetzte" neuronale Entladungsperiodizität im colliculus inferior und im corpus geniculatum mediale. Pflügers Arch. **309**, 11—20 (1969).

Dunlop, C. W., Itzkowic, D. J., Aitkin, L. M.: Tone-burst response patterns of single units in the cat mediale geniculate body. Brain Res. **16**, 149—164 (1969).

Erulkar, S. D., Butler, R. A., Gerstein, G. L.: Excitation and inhibition in cochlear nucleus II. Frequency modulated tones. J. Neurophysiol. **31**, 537—548 (1968).

Evans, E. F., Whitfield, I. C.: Classification of unit responses in the auditory cortex of the unanbesthetized and unrestrained cat. J. Physiol. (Lond.) **171**, 476—493 (1964).

Goldberg, J. M., Neff, W. D.: Frequency discrimination after bilateral section of the brachium of the inferior colliculus. J. comp. Neurol. **116**, 265—290 (1961).

Hind, J. E., Anderson, D. J., Brugge, J. F., Rose, J. E.: Coding of information pertaining to paired low-frequency tones in single auditory nerve fibers of the squirrel monkey. J. Neurophysiol. **30**, 796—816 (1967).

Katsuki, Y.: Neural mechanisms of hearing in cats and monkeys. In: Progress in brain research, Vol. 21A, pp. 71—97. (Tokizane, T., Schadé, J. P., Eds.). Elsevier 1966.

— Integrative organization in the thalamic and cortical auditory centers. In: Symposium on the thalamus, pp. 349—362. (Purpura, D., Yahr, M. D., Eds.). Columbia: University Press 1966.

Keidel, W. D.: Informationsphysiologische Aspekte des Hörens. Studium Generale **22**, 49—82 (1969).

Moushegian, G., Rupert, A. L., Langford, T. L.: Stimulus coding by medial superior olivary neurons. J. Neurophysiol. **30**, 1239—1261 (1967).

Nelson, P. G., Erulkar, S. D., Bryan, J. S.: Responses of units of the inferior colliculus to time-varying acoustic stimuli. J. Neurophysiol. **29**, 834—860 (1966).

Rose, J. E., Brugge, F. J., Anderson, D. J., Hind, J. F.: Phase-locked response to low-frequency tones in single auditory nerve fibers of the squirrel monkey. J. Neurophysiol. **30**, 769—793 (1967).

— Greenwood, D. D., Goldberg, J. M., Hind, J. E.: Some discharge characteristics of single neurons in the inferior colliculus of the cat. I. Tonotopical organization, relation of spike counts to tone intensity and firing patterns of single elements. J. Neurophysiol. **26**, 294—320 (1963).

A Program for Automatic Speech Recognition

E. ZWICKER, München

With 2 Figures

1. Introduction

The transmission system for speech consists of source, transmission path and receiver. The human organ for speech production always constitutes the source, even if a recording system is used. The transmission path for direct communication is the distance through the air, to which an electrical line with connected networks may be added for telecommunication. The receiver of speech information is — so far — the human ear.

Experiments in automatic speech recognition were started first with tools from electronics. Speech waves were picked up from the transmission path and the components in the different frequency ranges were recorded as functions of time. The patterns composed by this method are known as visible speech [1]. Many experiments have been undertaken to correlate the patterns with the speech sounds or syllables but these attempts have not been very succesful, despite the use of complex apparatus.

The source of the speech transmission system was studied next, especially the analysis of the way in which speech sounds are generated in the speech-producing organs, and this led to results which are useful for speech recognition. The flow of information in the sequence of motor commands which control the human vocal tract, for example, is remarkably small compared to the information flow of speech sound waves. If it were possible to derive the sequence of motor commands from the speech sound, as attempted by some of the proposed "analysis by synthesis techniques" [2], an effective step towards automatic speech recognition could be made.

The most important of all pattern recognition tasks is to reduce the flow of information while preserving its distinctive features. Without this reduction, it is hardly possible to design a useful computer program for speech recognition which works in real time. A telephone line, for example, can carry an information flow of more than 10^4 bit/sec. From the information theory point of view, the flow contained in the speech sound is of the same magnitude. On the other hand, the sequence of motor commands to the vocal tract contains an information flow of probably not more than 50 bit/sec. Similarly, when a shorthand writer perceives speech sound and writes it down, the flow of information is also less than 50 bit/sec. These considerations make it clear that speech recognition involves a reduction of information flow by a factor of almost 1000.

The human hearing mechanism performs this reduction in a superb fashion; it can perceive and understand speech easily, even in the presence of noise and severe distortions. The ear is capable of excluding information which is redundant for recognition. From the point of view of evolution, it seems that the relatively young human speech has adapted itself to the capabilities of the human ear.

Many of the ear's receiver characteristics are already known in terms of psychoacoustic results [3]. Thus it appears possible to succed in speech recognition by imitating these characteristics. The following sections describe this purpose and the basic concept will be discussed in more detail.

2. Concept

The basic idea is simple: the ear recognizes speech; therefore a technical system imitating the functional scheme of the ear should be capable of speech recognition.

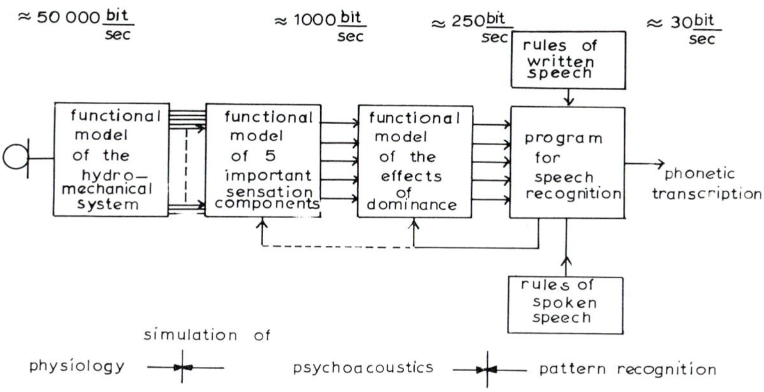

Fig. 1 Summarized block diagram of automatic speech recognition

The term "ear" includes the whole human hearing system, comprising sound-receiving parts, information-processing parts and pattern-recognizing parts. A subdivision into these three groups seems to be suitable because they correspond to the three scientific disciplines: physiology, psychophysics and digital signal processing. The basic question as to the operation of the ear, or more precisely, as to how the flow of information is reduced, should be answered in all three fields. Once the answers or at least some approximations to them are known, a model of the functional scheme can be traced out and realized. In Fig. 1 a simplified block diagram of the whole scheme is shown, which will be discussed in more detail in the next sections.

2.1. Sound Receiving System of the Human Ear

The speech sound is transferred by the outer ear through the ear canal to the eardrum. The latter sets the middle ear ossicles, the transmission path to the inner ear, in vibration. The stapes, the last middle ear ossicle, is connected to the oval window, the input to the inner ear. This transmission system from the outer ear to the oval window operates linearly for the sound pressures produced during normal speech communication. The system has only a frequency-dependent attenuation which is known, but which does not play an important role in speech recognition.

The inner ear as a hydrodynamic system was quite extensively explored by von Békésy [4]. The manner in which different frequency ranges are correlated to certain places along the inner ear was deduced from the displacement of the basilar membrane. The displacement is produced by travelling waves which stimulate the hair cells in the organ of Corti located along the basilar membrane. According to this process, the inner ear system seems to work as a kind of filter set, which has one input (the oval window) and many outputs with different but overlapping frequency responses. Corresponding to the movements of the basilar membrane, this filter would operate linearly, too. The filter bandwidth measured at the outputs should be of the order of $1^1/_2$ octaves on the basis of the displacement patterns of the basilar membrane. The linearity as well as the bandwidth disagree in some details with the psychoacoustical findings:

a) Within narrow frequency ranges, the ear seems to operate extremely non-linearly [5, 6];

b) the frequency selectivity of the ear seems to be sharper by a factor of 5 than the displacement pattern of the basilar membrane. The selectivity can be expressed in terms of critical bands [3].

This discrepancy raises the question of whether the higher frequency selectivity is due to the hydrodynamic system of the inner ear or whether it is produced within the nervous system, e.g. by lateral inhibition. The actual stimulation of the hair cells in the organ of Corti is still more or less unknown. Therefore we started some experiments to clarify the anatomical situation in the neighbourhood of the hair cells. Using models, we hope to determine quantitatively in particular the directions of vibration, the displacement differences and the shearing forces which occur between the hairs of the sensory cells and the tectorial membrane covering them. The first results of our experiments on the inner ears of mammals produced some doubt regarding the common conception of the size and form of the tectorial membrane. This membrane seems to be much larger than it is often depicted in the literature, especially in the middle turns of the cochlea and even more so near the helicotrema. Thus, when the "adequate stimulus" of the sensory cells is discussed, the tectorial membrane should be taken into consideration.

At the moment it is not clear whether hydrodynamics or lateral inhibition is responsible for the critical bandwidth. Several statistical evaluations of nerve impulses picked up at low levels near the first ganglion cells nevertheless have shown that the hearing system behaves at these low levels like a critical band filter set [12]. Thus, the division of the audible frequency range into critical bands seems to be a good approximation for a functional model. This is important for speech recognition, because the inherent reduction of information flow is considerable.

2.2. Information Processing of Sound

Information contained in sound is transmitted as vibrations until it reaches the "adequate stimulus" of the sensory cells. There it is transformed into nerve impulses. This kind of transmission is maintained up to the cortex. Neurophysiology has produced very interesting results which give a first impression of the extremely complicated events involved in information processing within the nervous system up to the cortex. But it cannot be expected within the next 10 years that the exploration of information processing in the nervous system will yield more than small hints about the process of speech recognition. This seems even more doubtful in view of the fact that quantitative rather than qualitative results are needed.

Considering these difficulties, a possible solution may be found in the results produced by psychoacoustic measurements. Such measurements tell us very little about the details of the recognition process. But the results of these measurements reveal correlations between the presented sound stimuli and the corresponding sensations. When suitable methods are used, quantitative results can be produced. Thus the initial question as to the details of the operation of the ear is intentionally replaced by another: What is the final result of auditory processing? or: Which sensations are elicited by a given sound? This last question could be asked specifically for our problem dealing with speech sounds. But speech is a very complex sound and there may be great differences between sounds from different speakers, even when the verbal information is the same. A quantitative statement of the relationship between the speech sound stimulus and the sensations it elicits is difficult to obtain because of the multiplicity of stimuli, unless the measurements are limited to sustained vowel sounds. A quantitative statement of the sensations produced by a speech sound is especially difficult for subjects, since, paradoxically, there appear not to be enough words available to describe the sensations. Comparison measurements may circumvent some of these difficulties, but these measurements can only be carried out at the expense of a restriction in the variability of stimulus parameters. Like any sound stimulus, the speech sound produces not only a total sensation but also components of this total sensation which can be separated, especially if attention is paid to only one of them. In this manner, for example, any speech sound can be given a pitch, a loudness, a roughness, a timbre and a subjective duration. Such attributes, to which one can pay attention and which one can judge separately from the other components, have been called sensation components (Empfindungsgrößen). This is the case for the above-mentioned properties. It has not been proved, nor has it been claimed, that the sum of the sensation components is identical with the total sensation. Actually this is generally impossible, as becomes clear if we think of a crying baby. On the other hand, it seems very likely that the sensation components produced by speech sounds play an important role in the formation of the total sensation. In other words, the sensation components may be considered a necessary condition for the formation of the total sensation. To what extent this hypothesis is effective, remains to be seen from the results of experiments in which the relations between sound stimuli and sensation components are used for automatic speech recognition. Such experiments, however, are exactly the project we have in mind and on the conception of which I wish to report.

Of the five sensation components mentioned, three have been studied to some extent: loudness [3], roughness [7], pitch and also periodicity pitch [8] which is most important for speech sound. The relation between sound stimuli and these sensation components has been clarified to the extent that it was possible to construct functional schemes. These schemes are block diagrams which show how the sensation components are composed functionally out of the stimuli. For loudness, this functional scheme has already been realized with electronic circuits. Such a realization is a functional model which in the case of loudness performs a precise loudness level measurement. The concept underlying the functional scheme of loudness is that total loudness is built up out of loudness sections by summation over the total length of the organ of Corti in the inner ear. The loudness structure at the same time yields several criteria for the concept of a larger functional scheme which is valid for all five sensation components mentioned. Such a model is shown in Fig. 2 in a very simplified form. The loudness meter, i.e. the functional

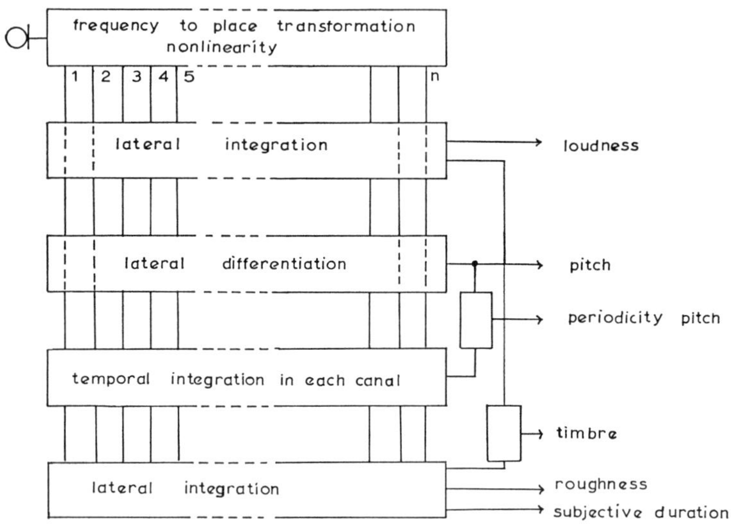

Fig. 2 Simplified functional scheme valid for five sensation components

model of loudness formation, produces at its output a time-varying voltage which, in good approximation, is proportional to the loudness sensation. Similarly, the larger functional model would produce five time-dependent voltages, which are in good approximation proportional to the various sensation components.

As far as we know — the experiments on subjective duration [9] and on timbre have not yet been completed — it can be assumed that such a larger functional model will considerably reduce the information flow of the incoming speech sound from about 50000 bit/sec to a total information flow at the five outputs of about 1000 bit/sec. Furthermore, when two or more sensation components are varied simultaneously, the ear frequently selects only one of the variations. In other cases, both variations are heard but the important role is played by only one, the dominant variation [10]. This can be used to reduce the information flow even further.

More experiments have to be done, before a functional scheme of the dominance behaviour of the five sensation components can be established. Using the results known so far, we may expect a reduction of the information flow by a factor of 3 to 5.

3. Pattern Recognition

Nearly nothing is known physiologically about the recognition of sound patterns in vertebrate animals, especially in mammals. It is very unlikely that physiologists will find out in the near future how the human hearing system recognizes in the cortex the sequence of spoken phonemes. For our problem of automatic speech recognition, this means that we have to use our own concept to design a computer program which will recognize the phoneme sequence from the information at the outputs of the functional model of dominance. At that point we must also make an effort to take into consideration the laws of written and spoken language. This problem is discussed in the following paper.

Summary

The concept of the program described for automatic speech recognition is summarized in the scheme shown in Fig. 1. The estimated information rates are also given in this figure. According to this scheme, the speech sound is processed by the functional models of the hydrodynamic system, the five important sensation components and the dominance. This is accomplished in a way that allows the remaining information to be fed into a computer at a reasonable rate, so enabling it to recognize the sequence of phonemes in real time with the additional aid of the rules of spoken and written language.

The functional models are complicated electronic networks, most of which are not available commercially, thus they have to be developed and built with our own facilities. The functional models are basically no more than special-purpose analog computers which facilitate the task of the pattern-recognizing digital computer. Since the latter is available, one might suggest its use for simulation of the functional model. However, this simulation would involve extensive digital processing so that the demand for real time recognition would be difficult to meet.

Preliminary experiments have encouraged us to undertake this larger program extending over several years. In a much simpler functional model, models of the critical bands, the loudness function and a certain lateral inhibition have been realized. Using this model together with a relatively slow digital computer, we have been able to recognize spoken German digits with an error of only 5% [11]. The numbers were spoken by more than 50 speakers and the time needed for recognition was about 7 sec per number.

This research program is being carried out within the „Sonderforschungsbereich Kybernetik (München) der Deutschen Forschungsgemeinschaft". The Institutes of Data Processing, Electroacoustics and Electronic Systems are co-operating in the project.

References

1. Flanagan, J. L.: Speech analysis synthesis and perception. Berlin-Heidelberg-New York: Springer 1965.
2. Paul, A. P., House, A. S., Stevens, K. N.: Automatic reduction of vowel spectra: An analysis-by-synthesis method and its evaluation. J. acoust. Soc. Amer. **36**, 303—308 (1964).
3. Zwicker, E., Feldtkeller, R.: Das Ohr als Nachrichtenempfänger, 2. erw. Auflage. Stuttgart: Hirzel-Verlag 1967.

4. Békésy, G. v.: Experiments in hearing. New York: McGraw-Hill Book Comp., Inc. 1960.
5. Zwicker, E.: Der kubische Differenzton und die Erregung des Gehörs. Acustica **20**, 206—209 (1968).
6. Helle, R.: Amplitude und Phase des im Gehör gebildeten Differenztones 3. Ordnung. Acustica **22**, 74—87 (1969).
7. Terhardt, E.: Über akustische Rauhigkeit und Schwankungsstärke. Acustica **20**, 215—224 (1968).
8. Walliser, K.: Über ein Funktionsschema für die Bildung der Periodentonhöhe aus dem Schallreiz. Kybernetik **6**, 65—72 (1969).
9. Zwicker, E.: Subjektive Dauer von Schallimpulsen und Schallpausen. Acustica **22**, 214—218 (1969/70)
10. Terhardt, E.: Über ein Äquivalenzgesetz für Intervalle akustischer Empfindungsgrößen. Kybernetik **5**, 127—133 (1968).
11. Zwicker, E., Hess, W., Terhardt, E.: Erkennung gesprochener Zahlworte mit Funktionsmodell und elektronischer Rechenanlage. Kybernetik **3**, 267—272 (1967).
12. de Boer, E.: Synchrony between acoustical stimuli and nerve-fibre discharges. Paper at International Symposium on Frequency Analysis and Periodicity Detection in Hearing. June 23—27, 1969, Driebergen (to be published).

The Role of Speech Sounds in the Perception and Recognition of Words

E. Paulus, München

With 2 Figures

Introduction

As regards the perception of noisy or distorted speech signals, it is commonly known that intelligibility is much higher for words than for meaningless sequences of phonemes. Likewise, correct recognition of phrases or sentences is easier than the identification of words spoken in meaningless order. It is obvious that a decision based on a larger unit is more reliable than consecutive decisions based on small units. There is no doubt that this improvement of a listener's perception is due to his knowledge of the language — his competence. This paper deals with some features of language that may account for an increase of recognition performance.

Any of the possibilities investigated will raise two questions that should be carefully distinguished: Is it utilized in speech perception ? and Can it be exploited for automatic speech recognition at reasonable expenditure ? A feature which plays an important role in perception may have little technical application, and likewise technical feasibility alone is no criterion for the operation principles of the perceptive process.

In line with most of the publications on related topics, we here consider only the units for two levels of linguistic encoding, namely, phonemes and words (sometimes different allophones of a phoneme have been treated separately). Of course, there are many other linguistic units that may be of importance in speech perception. However, an exhaustive treatment is impossible and some special properties of phonemes and words may justify the restriction.

In the classification of speech sounds, the phoneme or rather the allophone seems to be closely related to the smallest possible decision unit. It does not carry a meaning but serves to distinguish words of different meanings. Though consecutive classification of speech sounds into phonemes does not seem to be the basic operation principle of the perception process, a phoneme will be crucial if there is any doubt about e.g. a word, and if it actually constitutes the only difference between one or several alternative words. In experimental research, listeners may be forced to perform phoneme classification, e.g. by presenting an isolated speech stimulus or a stimulus embedded in a meaningless but known spoken environment.

The word constitutes the smallest possible sample of a meaningful speech message. This does not mean that words generally are the basic decision units in speech perception. Depending on the task assigned to the listener, there may be smaller units as well as considerably larger ones [1]. However, in experimental investigations, larger units can be excluded by presenting single words or isolated words spoken in meaningless order.

In speech recognition there are many possible ways to utilize knowledge about language. Two of these are treated in this paper. A large section will be dedicated to the restriction which vocabulary imposes upon the number of alternative phonemes in cases of perceptive uncertainty. This is an intrinsic feature of language, the scope of which may very well exceed perception.

It is also possible to restrict alternatives merely by considering low-order transition probabilities between the phonemes of a language. Experimental evidence reported in the literature [2] suggests that second-order probabilities do not contribute to the perception of English words while the listener's familiarity with the vocabulary does. However, other authors [3] have succeeded previously with the use of second-order probabilities in reducing error rates in the automatic recognition of some of the phonemes of English.

Before turning to vocabulary constraints, we consider another question which is restricted rather to audio speech perception where the processing of a speech stimulus is influenced by environmental stimuli. Most other authors have investigated the influence as a consequence of mere juxtaposition of the speech stimuli and of their physical properties (references below). In this study, some part of the influence is assumed to be a matter of language as well.

Some interesting results concerning the mutual effects of neighbouring speech stimuli are reported in the literature. Thus, evidence is given of a short-time adaptation process that equalizes the physical differences of vowels due to coarticulation or different speaking rates [4]. A similar adaptation process to equalize the physical differences of plosives due to different age and sex of the speaker is also reported [5]. This process is an example of the listener's inference of the physical characteristics of the individual speech source which is fundamental to a satisfactory recognition performance. Accordingly, it will be necessary to support automatic speech recognition by automatic source inference. The source characteristics which are to be assessed also include dynamic behaviour along with special speaking habits.

The listener's adaptation to the characteristics of the speaker is hypothesized here as being aided by language features. Thus many of the sounds of a spoken message can be uniquely classified into phonemes just by considering vocabulary constraints. Here the question is investigated as to whether the physical properties of such sounds are the preferred references for the classification of following speech sounds.

Experiments in Perception

This section deals with the design of experiments to look for a supposed influence of language upon the listener's adaptation to the characteristics of the speaker. The task imposed on the listener is to decide between two alternative words. By special selection of these words and by specially tailoring the stimuli, there is always just one of the speech sounds that calls for a decision between two alternative phonemes. The influence of certain environmental speech sounds on the listener's decision is to be investigated. The idea of the experiments and the possible role of language is explained by reference to an example which is presented along with a few of the first results.

The German vowels /a:/ and /o:/ were to be discriminated. The question concerned the influence of certain previously perceived /a:/ and /o:/. The stimuli to be judged by the subjects consisted of eleven different synthetic vowel sounds. The physical characteristics that were accounted for at synthesis comprised three formant frequencies. The formants of the stationary parts of the vowel sounds were chosen along a straight line between natural /a:/ and /o:/ in formant space. The eleven stimuli divided the distance between /a:/ and /o:/ into ten sections of equal length. In the following the stimuli are numbered from 1 to 11, starting at /a:/. The formant frequencies of natural /a:/ are at $F_1 = 780$ cps, $F_2 = 1260$ cps and $F_3 = 2420$ cps, and those of natural /o:/ at $F_1 = 380$ cps, $F_2 = 860$ cps, and $F_3 = 2140$ cps. All of the synthetic vowel sounds had a fourth formant at $F_4 = 3500$ cps.

Each of the synthetic vowel sounds was fitted into the German word /ta:ten/ replacing the natural vowel /a:/ : /tVtən/. Thus, practically, the subjects had to decide among the words "Taten" and "Toten". Except for the synthetic vowels /V/, any other distortions of the speech signals were avoided so as to achieve correct recognition of all the natural speech sounds.

First of all, the boundaries between /a:/ and /o:/ were determined for 18 subjects without providing reference stimuli. The experimental procedure to determine the boundaries involved a sequence of 55 presentations of /tVtən/. Within this sequence 5 samples of each of the eleven synthetic vowel sounds occupied random positions. For each stimulus the /a:/ responses were scored. The boundary was assumed to divide the straight line between /a:/ and /o:/ in the formant space into two regions — namely an /a:/ region and an /o:/ region, with as many vowel stimuli judged /a:/ in the /o:/ region as there are stimuli judged /o:/ in the /a:/ region. Pooling the data of all subjects yields an average boundary at 6.6 i.e. between the two synthetic vowel sounds numbered 6 and 7 respectively (Fig. 1).

Next, the determination of the boundaries was repeated four times. Each time another of four reference stimuli was involved. The four stimuli were the natural vowel /a:/ contained within the natural reference word /ga:bəl/, the natural vowel /o:/ contained within the natural word /gəbo:t/, a synthetic vowel sound /V_n/ at the average boundary of 6,6 replacing natural /a:/ in /ga:bəl/ and the same /V_n/ replacing /o:/ in /gəbo:t/. In the presentation, each stimulus that was to be judged was preceded by the reference word. The reference words are chosen so as to meet the condition that they contain one of the alternative phonemes without permitting the other. Thus the German word /ga:bəl/ contains /a:/ while it does not permit /o:/ to replace /a:/. The replacement would yield /go:bəl/ which is not a valid word in German. In a similar way /gəbo:t/ contains /o:/ which cannot be replaced by /a:/.

The question was, to what extent do the subjects take the physical characteristics of a stimulus which unambiguously corresponds to either /a:/ or /o:/ as a reference for later required decisions between /a:/ and /o:/. A first inspection of the experimental results gives evidence that considerable boundary shifts are effected by the reference stimuli. Fig. 1 shows average boundary shifts ΔL for three groups each of 6 subjects. The three groups differed with respect to their unshifted average boundaries L_i. For the first group an average unshifted boundary of $L_1 = 6.6$ has been determined and this is identical to the average of all the 18 subjects. The corresponding values for the second and third groups are $L_2 = 5.8 < 6.6$ and $L_3 = 7.3 > 6.6$, respectively. Different boundary shifts can be observed for different reference stimuli. In Fig. 1 the distance ΔN of the reference stimulus

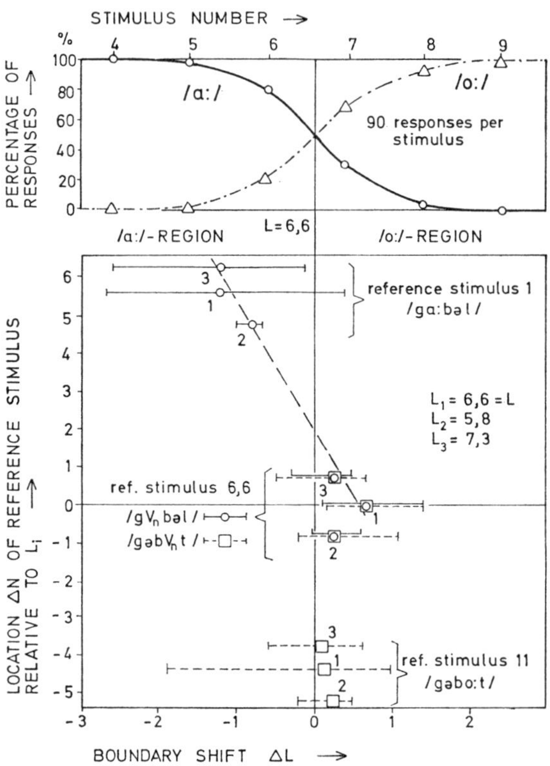

Fig. 1. Average unshifted boundary for 18 subjects and ranges and averages of boundary shifts ΔL for 3 groups of 6 subjects each

from the average unshifted boundary is considered for each of the three groups of subjects. A $\Delta N > 0$ means that the reference stimulus belongs to the /a:/ region. A $\Delta L > 0$ means that the boundary is shifted so as to enlarge the /a:/ region. For each of the average boundary shifts the range covered by the 6 individual results is also shown in Fig. 1.

As long as the reference stimulus clearly belongs to the /a:/ region, a reduction of this region is effected by /ga:bəl/. The subjects make their /a:/ decisions more carefully. Accordingly, though less distinctly, a reduction of the /o:/ region is effected by /gəbo:t/ if the reference stimulus clearly belongs to the /o:/ region. The subjects then make their /o:/ decisions more carefully.

If the reference stimulus is near the boundary, the /a:/ region is enlarged by the reference word /gV_nbəl/. This could mean that the reference word really defines /V_n/ as a reference for /a:/ though its physical characteristics are ambiguous. The boundary shift is the more distinct the closer /V_n/ comes to the boundary. It might be expected that the shift would be even greater when /V_n/ already belongs to the /o:/ region. But the experimental results do not confirm this expectation. It seems that the listener places little reliance on a reference whose physical characteristics conflict with his experience.

In view of the interpretation of the experimental results tried thus far, the reference word /gəbV_nt/ with /V_n/ close to the boundary should elicit an enlargement of the /o:/ region. As can be seen from Fig. 1, the experimental results do not conform to this expectation. Instead of the /o:/ region, the /a:/ region is enlarged and the boundary shifts effected by /gəbV_nt/ are not significantly different from those effected by /gV_nbəl/. The question is raised whether language, i.e. the special choice of the reference words, has at all influenced the outcome of the experiments. Presenting the reference stimuli in isolation instead of fitting them into a reference word might have produced the same experimental results. The question cannot be answered at the moment. Further experiments are necessary. Anyhow, the results so far achieved do not exclude any influence of language. Indeed, it is possible that the subjects accepted the reference for /a:/ as established by /gV_nbəl/, but did not accept the reference for /o:/ as established by /gəbV_nt/. Their different behaviour may be due to the fact that /V_n/ in /gV_nbəl/ resembles a genuine /a:/ much more closely than /V_n/ in /gəbV_nt/ resembles a genuine /o:/.

Further experiments will certainly need some refinements. Interpolation of stimuli along a straight line between the two alternative vowels in formant space is likely to be replaced by more sophisticated interpolation techniques. It seems to be most important to avoid unwanted conflict between the subject's experience and the physical characteristics of the stimuli. For experimental convenience the stimuli will always be synthetic, but it should also be possible to produce the stimuli by speaking. Therefore, the interpolation should be based on the physics of human speech production. Other refinements may consist of raising the number of interpolated stimuli and the number of stimulus presentations. The distances between any two adjacent stimuli should be made perceptively rather than physically equal.

As regards the physical characteristics of speech sounds, the refined experiments will also yield limens for changes that can be tolerated without endangering human recognition performance. As far as vowel characteristics are concerned, it is very likely that these limens may turn out to be considerably larger than those reported [1] for the just discriminable changes. Thus it will be possible to re-estimate the precision which is required in the measurement and transmission of vowel characteristics.

When it comes to the identification of a speech sound as a certain phoneme, it has been assumed in this study that the listener's adaptation to the characteristics of the speaker is extensively based on previously perceived speech sounds which unquestionably represented the particular phoneme. Thus it was assumed that the listener will decide that a vowel sound represents the vowel /a:/ if it resembles the vowel /a:/ as previously perceived. But it must not be excluded that classification of a certain speech sound also depends on environmental speech sounds that do not belong to the same phoneme class, and which are not perceptively similar to the sound in question. Thus, in the literature an experiment is reported [5] concerning discrimination among synthetic plosives. Perception was influenced by presenting natural reference words that did not contain any plosives. In spite of this fact, discrimination was shown to depend on the age and sex of the speaker of the reference word. This is certainly another indication of future difficulties in the experimental isolation of the influence of language in the listener's source inference.

A Statistical Investigation of Language

Considering the vocabulary of the German language, this section deals with the restriction of the number of possible alternatives to the phonemes occurring within a speech message. The concepts employed in the investigations are not restricted to German. Thus this section is intended to give an overall view of these concepts rather than to present results. A thorough treatment including the presentation and discussion of detailed results will be published elsewhere [6].

First, it was asked how frequently a single phoneme constitutes the only difference between one word and one or several alternative words. Such phonemes that are opposed to alternative phonemes offer the possibility of errors that cannot be detected — a confusion among the phonemes immediately implies a confusion among words. Thus the confusion between /i:/ and /e:/ can e.g. turn the German word "Gebiet" (/gəbi:t/) into "Gebet" (/gəbe:t/). As "Gebet" belongs to the vocabulary of German, the confusion is not obvious. Here, only vocabulary is considered. Possible error indications which may be due to the context of a message, are not taken into account. A confusion between a vowel and a consonant also is beyond the scope of this study.

The next question to be investigated refers to errors that can be detected but not corrected by a special dictionary look-up procedure. It is assumed that an obviously wrong sequence of phonemes is replaced by the most frequently occurring valid word that differs from the phoneme sequence with respect to just one phoneme. Admitting a confusion of only one phoneme per word, this procedure will correct a certain number of detectable errors. For the remaining errors, correction will fail. It was investigated how frequently a phoneme offers the possibility for an error that can be detected but cannot be corrected. Considering e.g. the confusion between /a:/ and /o:/, the German words "Faden" and "Schale" (/fa:dən/ and /ʃa:lə/) may be turned to the meaningless sequences of phonemes /fo:dən/ and /ʃo:lə/ respectively. These sequences are replaced by the German words "Boden" and "Schule" (/bo:dən/ and /ʃu:lə/) respectively, because "Boden" is used more frequently than "Faden", and "Schule" more frequently than "Schale". Thus the vowel /a:/ in "Faden" and the same vowel in "Schale" offer the possibility of a confusion among words due to a confusion among phonemes. In this case, the confusion among the words is produced by a failure of the correction procedure and is not due to an opposition between phonemes.

The investigations are based on a rank-order dictionary of German [7]. This dictionary does not simply contain the vocabulary of German; it also gives the frequency of occurrence for each word. The dictionary was compiled from literary German as used at the end of the 19th century. Unfortunately, extensive data about modern spoken German are not available. Anyhow, none of the results to be achieved here will be based on just one word. There will always be contributions from several words of rather different occurrence frequencies. Thus details of the rank order of the words may be of minor importance. As the results were to apply to spoken German, the dictionary had to be phonetically transcribed. The transcription was performed according to the standards stated in Dudens "Ausspracheworterbuch" (Pronouncing Dictionary). The necessary repertoire of speech sounds comprised 19 vowels and 20 consonants. In a few cases this repertoire separately considers certain different allophones of a phoneme. As digital computer processing was intended, the phonetic transcription had to be suitably encoded for punching on cards. In order to reduce the effort necessary for the acquisition of the data, only the 8000 most frequently used words were considered. This relatively small vocabulary accounts for about 86% of "running text". Details of data acquisition and a discussion of the consequences of the vocabulary restriction will be given elsewhere [6].

In order to demonstrate vocabulary constraints, a few results are summarized. More than half the words of the vocabulary, namely 56%, do not contain any phonemes that are opposed to alternative phonemes. However, within running text these words account for only 23% of all word occurrences. As many as 90% of the phonemes that occur within the vocabulary are not opposed to any alternative phonemes. Within running text, however, the equivalent percentage is only 63%. Anyhow, the mean number of alternatives to a phoneme occurring within running text is less than one, namely 0.87. A phoneme occurring within the vocabulary is in the mean opposed to a still smaller number of alternatives, namely 0.17.

Special attention was paid to a separate treatment of each of the phonemes of the repertoire. Moreover, for each particular phoneme the possibility of confusion with each of the other phonemes of the repertoire was considered separately. (As stated above confusions between a vowel and a consonant were not taken into account.) Thus several matrices of occurrence frequencies

$$P(a_i, a_j)$$

were compiled from the data, with a_i denoting the original phoneme and a denoting the outcome of the confusion.

First of all, confusions were considered that immediately result in a confusion between words. Thus the occurrence frequencies

$$P(a_i, a_j) = D_j(a_i)$$

of the phoneme a_i opposed to the alternative phoneme a_j were determined. Next, confusions that can be detected but not corrected were studied. Their occurrence frequencies are

$$P(a_i, a_j) = I_j(a_i).$$

Let $P(a_i)$ denote the overall occurrence frequency of a_i. Note that

$$P(a_i, a_j) = N_j(a_i) = P(a_i) - D_j(a_i) - I_j(a_i)$$

is the frequency of a_i, occurring in positions that allow for detection and correction of a confusion between a_i and a_j.

Each of the matrices introduced above was compiled twice by separately considering vocabulary and running text. Note that only one of the resulting six matrices exhibits symmetry: considering vocabulary

$$D_j(a_i) = D_i(a_j),$$

while considering text

$$D_j(a_i) \neq D_i(a_j).$$

Instead of presenting the rather extensive numerical results, two applications in the field of automatic speech recognition will be demonstrated. First, an estimate is given of the reduction of error rate which can be achieved by dictionary look-up procedures. The scope of the estimate is assumed to extend beyond the particular procedure that strictly was considered here. Finally, it will be shown that learning strategies can be modified to achieve a small number of errors that cannot be corrected instead of a small total error rate.

An Estimate of Error Correction Performance

An idealized system for automatic recognition of speech sounds is assumed in this section. Inputs to the system are words spoken in isolation. Subdivision of the speech signals into segments that correspond to phonemes is performed without errors while classification of the segments is characterized by randomly occurring confusions. A confusion matrix of the system is known. This matrix contains the probabilities

$$P(a_j \mid a_i)$$

for an occurring phoneme a_i to be turned to a_j. According to the scope of the investigation these probabilities are assumed to be zero whenever one of the phonemes a_i and a_j is a vowel and the other is a consonant. Finally, it is assumed that most of the errors are single errors. The term "single error" applies when all but one of the phonemes of an occurring word have been identified correctly. As the average length of a word occurring within running text is 4.4 phonemes, the last condition is met in practice if at least 90% of all occurring phonemes are identified correctly.

The total error rate F of the system can be estimated by evaluation of

$$F = \sum_i \sum_{j \neq i} P(a_i)\, P(a_j/a_i).$$

Remembering

$$P(a_i) = D_j(a_i) + I_j(a_i) + N_j(a_i),$$

F can be written as

$$F = \sum_i \sum_{j \neq i} D_j(a_i)\, P(a_j/a_i) + \sum_i \sum_{j \neq i} I_j(a_i)\, P(a_j/a_i) + \sum_i \sum_{j \neq i} N_j(a_i)\, P(a_j/a_i)$$

The first of the three terms is an estimate of the rate of errors that cannot be detected, the second term is an estimate of the rate of errors that can be detected but not corrected, and the third term is an estimate of the rate of errors that can be corrected.

The formula has been evaluated for two different types of confusion matrices. In the first type the total probability of confusion is equal for all the phonemes in the repertoire. Moreover, all possible confusions of a particular phoneme have equal probabilities. Denoting the total probability for confusion of a particular phoneme by f, the probability of confusion between any two vowels is f/18, and between any two consonants is f/19. The second type involves distances or similarities between the phonemes of the repertoire. The distances have been determined with respect to a familar system of "distinctive features" of the phonemes of German. It has been assumed that, the smaller the distance between two phonemes, the more likely are confusions between them. Details will be described elsewhere [6].

In spite of the fact that the two types of confusion matrices are significantly different, the evaluations of the error rates yield exactly the same results for both types. Hence errors that cannot be detected amount to 5% of the total error rate. Another 10% of the total rate is accounted for by errors that can be detected but not corrected. This means that the correction procedure will succeed for 85% of all errors. Correction performance could even be improved if the information conveyed by the confusion matrix is utilized in addition to the rank-order dictionary. Thus 85% corrected errors can be considered the lower limit of what can be achieved. It is assumed that this figure is a characteristic feature of the language rather than of a particular correction procedure.

Thus far only phoneme confusions have been considered. Perfect segmentation has been assumed. However, at the moment the problem of segmentation is far from being solved. Thus the scope of the investigation of single errors should be extended to include missing as well as additional phoneme occurrences. Some preliminary results along these lines can already be presented: hence, 13% of all missing and 38% of all additional phoneme occurrences will yield errors that cannot be detected. These figures apply if there is an equal probability of loss for each phoneme occurring within running text, and if there is an equal probability of additional occurrence at each location of running text and for each phoneme of the repertoire.

Possibility of Reducing the Rate of Errors that Cannot be Corrected

In order to optimize the decision criteria to be employed in automatic pattern recognition, usually some sort of automated learning is used. Learning is based on a known set of pattern samples and aims at a reduction of the error rate that can be expected in future recognition performance. As has been shown, in speech recognition an error correction procedure may follow the classification of speech segments. In this case the intended reduction should concern the rate of errors that cannot be corrected rather than the total error rate. This aim can be considered in the design of the learning phase.

The idea can be demonstrated by referring to a simple theoretical example: the task is to discriminate between two classes of patterns. The "patterns" comprise only one scalar characteristic x. The probability density of x occurring together with a particular class is known for both classes. The two densities are assumed to overlap (see Fig. 2). As is known, in this case the best possible decision rule states a boundary between the two classes at a value of x where the two density curves intersect. Thus an x close to the boundary is equally likely to occur together with one of the classes as with the other. However, in speech a class may occur in two kinds of context: one that allows for correction of a confusion, and one that does not allow for correction. The occurrence of a class in the latter context will here be called a critical occurrence. Only critical occurrences should be taken into account when stating the condition for the boundary. Thus an x close to the boundary must be as likely to occur together with a critical occurrence of one class as with the other. As can be seen from Fig. 2, the boundary that meets this condition may differ considerably from the boundary that is based on all occurrences.

For example, the occurrence frequency of the vowel /u:/ about equals that of the vowel /o:/. Each of the two vowels accounts for about 0.9% of all phoneme occurrences in running text. However, /u:/ occurrences that are critical with respect to confusion with /o:/ are much less frequent than /o:/ occurrences that are critical with respect to confusion with /u:/. The first account for only 0.13%, while the latter account for 0.44% of running text.

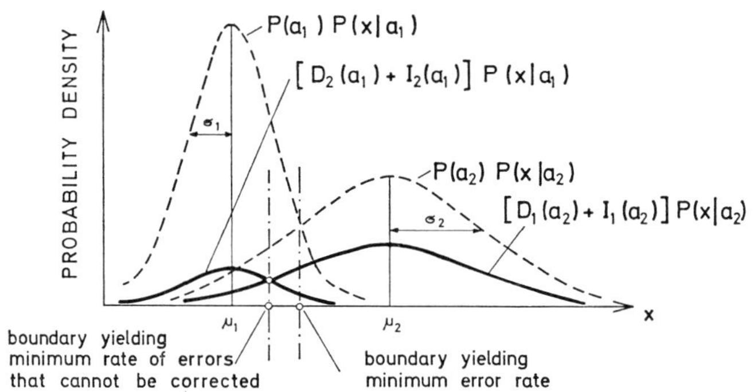

Fig. 2. Discrimination of two sounds a_1 and a_2 based on the single parameter x

This difference was utilized in an experiment concerned with automatic discrimination between /u:/ and /o:/. As opposed to the theoretical example, there are no known probability distributions. Instead, learning will be based on a set of samples. To provide these samples, 120 vowels /u:/ and 120 vowels /o:/ were recorded. These vowels had not been spoken in isolation but were embedded within specially selected words. Six sets, each of which contained 40 vowels, were recorded. Thus there were 40 vowels /u:/ opposed to /o:/ and 40 vowels /o:/ opposed to /u:/. There were 40 vowels /u:/ and 40 vowels /o:/ appropriate for a confusion which can be detected but not corrected. Finally, there were 40 vowels /u:/ and 40 vowels /o:/ appropriate for a confusion which can be corrected. Thus the complete sample set contained 80 critical occurrences of /u:/ and as many of /o:/. Five different speakers, each contributed 8 vowels to each of the sets of 40 vowels. From all the different words that can contribute a vowel to a particular set, the 12 most frequently used had been selected. Each word was spoken with a frequency proportional to its frequency of occurrence. The total vocabulary involved in the experiment contained 72 words. In all applications of the samples, the six sets are considered with different weightings. Each weighting corresponds to the total occurrence frequency of the vowels exhibiting the feature characteristic of a particular set. With respect to the two vowels /u:/ and /o:/ the complete set of all weighted samples can thus be considered representative of running text.

For each vowel, a discrete short-time amplitude spectrum of its stationary part was computed using fast Fourier transform. An average spectrum of all /u:/ spectra was determined as well as an average spectrum of all /o:/ spectra. The characteristic x of a vowel to be used for discrimination is the scalar product of the vowel spectrum and the difference between the two average spectra. Within the sample set the mean value of x for the vowel /u:/ amounts to 87.2 while the standard deviation is 28.9; the corresponding values for /o:/ are 194.5 and 63.4 respectively. (The scale involved in these figures is irrelevant.)

The recognition strategy employed is an "estimate of class according to least-mean-square deviations", as described in the literature [8]. The strategy was considered in a very simplified way because the experiment involves only patterns of one dimension and only discrimination between two classes. The set of 240 vowel samples yields a boundary at $x = 141$. If the boundary is applied to the set, a total error rate of 13.9% is achieved. At the same time the rate of errors that cannot be corrected is 6.9%. For further testing of the boundary, the set was extended to 384 vowels, the additional vowels originating from three additional speakers. With this a total error rate of 13.3% was observed while the rate of errors that cannot be corrected was 5.8%.

If learning is based on a reduced sample set that contains only the critical occurrences of the two vowels, the boundary falls at $x = 90.5$. As the reduction of the sample set considerably changed the relation between the weightings of the /u:/ occurrences and /o:/ occurrences, a change of boundary was to be expected. If the new boundary is applied to the original sample set, a total error rate of 19.5% is observed. At the same time the rate of errors that cannot be corrected is 3.2%. Thus the change of the boundary has increased the total error rate but at the same time has reduced the rate of errors that cannot be corrected by a factor of about two. This result was also confirmed by testing the new boundary along with the extended sample set. There a total error rate of 20.5% and a rate of errors that cannot be corrected of 2.9% were achieved.

Changing the weightings within the sample set utilized during the learning phase has considerably reduced the rate of errors that cannot be corrected. The significance of this result certainly is not restricted to the very simple patterns that were employed in the experiments. Patterns of only one dimension were used in order to keep the demonstration as simple as possible.

Conclusions

Some problems concerning the possible role of language in speech perception and in automatic speech recognition have been investigated. As far as perception is concerned, more questions have been raised than have been answered. On the other hand, significant results that apply to automatic speech recognition have been achieved. Thus, it has been shown that more than 85% of all confusions occurring among phonemes can be corrected by exploiting the vocabulary constraints of German. To reduce the rate of errors that cannot be corrected, automated learning of the classification of speech sounds into phonemes can be supported by language statistics. For that purpose statistics provides special weightings that are introduced into the training set of speech samples during the learning phase. The simple example demonstrated yields a reduction in the rate of errors that cannot be corrected by a factor of about two. At the same time the total error rate was increased. But since there will be subsequent correction of confusions among phonemes, the increase in the total error rate is of minor importance.

With regard to speech perception, little is known about the mutual effects among units that belong to different levels of linguistic encoding. Nevertheless, many investigators claim that in automatic speech recognition small units, such as phonemes, must be decided first and larger units, such as words, should then be compiled from the smaller ones. This is considered the most reasonable way to overcome the necessity for severe vocabulary restrictions. But there can be no satisfactory realization of the concept until the problem of automatic segmentation of speech signals is solved.

Summary

Out of a variety of aspects of speech recognition, two are selected:

1. As regards the perception of spoken words, the classification of speech sounds into phonemes is expected to exhibit some dependence upon neighbouring words and speech sounds. The question is. what is the nature of this dependence.

Most of the other investigators analysed this dependence relative to the purely physical juxtaposition. In this study language is also taken into account. An outline of experimental research is presented together with a few preliminary results concerning vowel perception.

2. To what extent can mistaken, missing or additional phonemes lead to a confusion among the words of the German language? Some results of a statistical investigation of this question are presented, based on a phonetic transcription of a rank-order dictionary.

In the light of these results, a few problems are reviewed that concern the automatic recognition of spoken words from a large or even unrestricted vocabulary of a language:

1. The use of statistical constraints to detect and correct confusion of phonemes and wrong segmentation of the speech signal.

The feasible reduction of the error rate is estimated on the basis of the intrinsic vocabulary constraints of the German language.

2. Automated learning to classify speech sounds into phonemes.

The new aim of the learning phase should be a low rate of errors that cannot be detected or corrected.

References

1. Flanagan, J. L.: Speech analysis, synthesis and perception. Berlin-Heidelberg-New York: Springer 1965.
2. Boothroyd, A.: Statistical theory of the speech discrimination score. J. acoust. Soc. Amer. **43**, 362—367 (1968).
3. Fry, D. B., Denes, P.: On presenting the output of a mechanical speech recognizer. J. acoust. Soc. Amer. **29**, 364 (1957).
4. Lindblom, B. E. F., Studdert-Kennedy, M.: On the role of formant transitions in vowel recognition. J. acoust. Soc. Amer. **42**, 830—843 (1967).
5. Fourcin, A. J.: Speech source inference. IEEE Trans. AU-**16**, 65—67 (1968).
6. Paulus, E.: Statistische Untersuchung über die Verwechselbarkeit der Wörter der deutschen Sprache bei fehlerhafter Unterscheidung zwischen Sprachlauten. (To be published).
7. Meier, H.: Deutsche Sprachstatistik. Olms paperbacks 31, Hildesheim 1967.
8. Schürmann, J.: Die Adaption von Zeichenerkennungs-Systemen mit Hilfe der Regressionsanalyse. Elektron. Rechenanl. **11**, 21—28 (1969).

Computergesteuerte Spracherzeugung

W. Giloi, M. Krause, C. E. Liedtke, Berlin*

Mit 9 Abbildungen

1. Einleitung

Der immer intensivere Einsatz von Computern in den verschiedensten Wirtschaftszweigen führt dazu, daß in immer größerem Maße Menschen den Computer benutzen, die dazu nicht speziell ausgebildet worden sind.

Der Ort, an dem man mit einem Computer arbeiten kann, beschränkt sich nicht mehr alleine auf die Räumlichkeiten eines Rechenzentrums. Mit Hilfe von Modems können heutzutage Terminals von jedem Ort über Telephonleitungen an einen Rechner angeschlossen werden und zur Eingabe von Daten und Befehlen an den Rechner verwendet werden. Andererseits ist auch die Ausgabe des Computers nicht mehr lediglich an Fernschreiber oder Schnelldrucker gebunden. In vielen Fällen ist es sogar günstig, wenn man auf derartig teuere Peripheriegeräte verzichten kann und die Ausgabe in Form gesprochener Worte über das Telephonnetz und ein serienmäßiges Fernsprechgerät dem Benutzer akustisch hörbar machen kann. Das findet beispielsweise Anwendung in der automatischen Börsenkursdurchsage oder der computergesteuerten Überprüfung eines Lagerbestandes. In diesen genannten Fällen, in denen lediglich ein Standardtext ausgegeben werden muß, bleibt das Wortrepertoire, das der Rechner beherrschen muß, auf wenige Worte beschränkt.

Im folgenden sollen nun die Überlegungen beschrieben werden, die im Zusammenhang mit der Erstellung einer derartigen Sprachausgabevorrichtung für einen mittleren Digitalrechner gemacht wurden.

Der Wortschatz soll beispielsweise aus 100 Worten a $^1/_2$ sec Dauer bestehen. Das entspricht insgesamt 50 sec Sprache. Der gesprochene Text könnte beispielsweise im Rechner auf einem Tonband seriell gespeichert vorliegen. Damit die mittlere Zugriffszeit in vernünftigem Rahmen bleibt, müßte eine sehr schnelle Umspul- und Suchvorrichtung gebaut werden, die zu einer starken mechanischen Belastung des Magnetbandes führen würde. Eine bessere Lösung des Problems ergibt sich dagegen, wenn die 100 Worte auf 100 parallelen Tonspuren einer Trommel gespeichert würden. Die Zeit für eine Umdrehung der Trommel müßte gerade 0,5 sec betragen, damit der Wortvorrat von 50 sec Sprache gespeichert werden kann.

Bei einer so konzipierten Sprachausgabe ist man dann allerdings auf eine Wortlänge von $^1/_2$ sec Dauer beschränkt. Will man längere Worte beispielsweise aus mehreren Bestandteilen zusammensetzen, so muß man im Mittel mit Unterbrechungen bis zu 0,25 sec zwischen den Teilen eines Wortes rechnen.

---

* Vortrag gehalten von M. Krause.

Wesentlich günstigere Voraussetzungen für den Entwurf einer Sprachausgabe ergeben sich, wenn es gelingt, die Redundanz der menschlichen Sprache entscheidend zu verringern und im wesentlichen nur den Informationsgehalt des auszugebenden Textes zu speichern. Weiterhin muß dann die Möglichkeit geschaffen werden, aus der gespeicherten, von ihrer Redundanz weitgehend befreiten, wieder verständliche Sprache zu erzeugen. Solche Analyse-Synthesesysteme, die auch Vocoder genannt werden, sind schon seit langer Zeit bekannt.

Es gibt eine Vielfalt verschiedener Vocoderprinzipien und die Aufgabe lautet, den Vocodertyp herauszufinden, der für das vorliegende Problem am geeignetsten ist.

Verschiedene Vocodersysteme werden in diesem Zusammenhang am Lehrstuhl und Institut für Informationsverarbeitung der Technischen Universität Berlin simuliert. Die Simulation wird dabei auf dem am Institut vorhandenen Hybridsystem CAE 90-40/RA 770 durchgeführt.

Im folgenden sollen drei der möglichen Vocodertypen näher besprochen werden.

2. Kanal- und Formantvocoder

2.1. Natürliche Spracherzeugung und Simulation

Die menschlichen Sprachlaute kann man ganz grob in stimmhafte und stimmlose Laute unterteilen. Die „Quelle“ für die stimmhaften Laute liegt an der Stimmritze. Diese sendet mit quasikonstanter Frequenz Luftpulse in den Vokaltrakt.

Stimmlose Laute werden auf verschiedene Art und Weise erzeugt. Die „Quelle“ kann in diesem Falle aus einer Konstriktion im Vokaltrakt bestehen, durch die Luft gepreßt wird. Die „Quelle“ gibt ein Zischen ab. Eine andere Möglichkeit für die Entstehung stimmloser Laute ist die, daß der Trakt zunächst an einer Stelle geschlossen wird und sich hinter dieser ein Druck aufbaut. Der Druck entweicht plötzlich, wenn die Stelle des Traktes kurzzeitig geöffnet wird.

Die „Quelle“ regt den Vokaltrakt zu Schwingungen an.

Der Vokaltrakt besteht im wesentlichen aus den Mund-, Nasen- und Rachenhöhlen. Die Übertragungseigenschaften des Traktes lassen sich durch Bewegung des Unterkiefers, der Zunge, der Lippen und des Velums variieren.

Mathematisch läßt sich die Spracherzeugung durch die folgende Gleichung beschreiben:

Im Frequenzbereich gilt:

$$P(s) = S(s) \cdot T(s) \tag{1}$$

bzw. im Zeitbereich gilt:

$$p(t) = s(t) * t(t) \tag{2}$$

In Gl. (1) bedeuten

1. $P(s)$ das Spektrum des Drucks im Schallfeld eines sprechenden Menschen.
2. $S(s)$ das Spektrum der Quelle.
3. $T(s)$ die Übertragungsfunktion des Vokaltraktes.

Die Faktoren in Gl. (2) stellen die Zeitverläufe bzw. Impulsantworten dar, und der Stern deutet die Faltung an.

Will man künstliche Sprache erzeugen, so kann man dies dadurch erreichen, daß das menschliche Spracherzeugungssystem simuliert wird.

Das bedeutet folgendes: Man muß sich zunächst eine Quelle erzeugen, die entweder Pulse zur Erzeugung stimmhafter Laute oder Rauschen für stimmlose Laute liefern kann. Zur Steuerung dieser sehr einfachen Quelle sind zwei Parameter notwendig. Der erste, hier LQF genannt, gibt die sog. Pitchfrequenz an, das ist die Frequenz des Pulsgenerators, und der zweite Parameter, der hier LVU heißt, bestimmt, zu welchem Zeitpunkt die Quelle Rauschen und zu welchem sie Pulse abgeben soll.

Die Quelle wird auf ein Filter geschaltet, das in jedem Augenblick die Übertragungseigenschaften des Vokaltraktes aufweist.

Aus dem gesagten ergibt sich, daß folgende Schritte zur Erzeugung künstlicher Sprache notwendig sind:

Im ersten Schritt wird „echte“ Sprache auf ihre Eigenschaften untersucht. Die Ergebnisse dieser Analyse sind die Steuerparameter der Quelle und die Übertragungseigenschaften des Vokaltraktes.

Im zweiten Schritt werden diese Angaben für die Synthese künstlicher Sprache verwendet.

2.2. Syntheseteil des Kanalvocoders

Sowohl beim Kanalvocoder wie beim Formantvocoder wird ein Filter benötigt, das in jedem Augenblick den Frequenzgang des Vokaltraktes nachbildet. Die Phaseninformation der Übertragungsfunktion $T(s)$ wird dabei vernachlässigt. Das ist zulässig, da Versuche die relativ geringe Bedeutung der Phaseninformation für die Verständlichkeit von Sprache nachgewiesen haben. Ein typisches Beispiel für den Frequenzgang des Vokaltraktes stellt G_{dB1} in Abb. 1 dar.

Beim Kanalvocoder wird der Frequenzbereich des Vokaltraktes durch eine sog. Filterbank in n-Abschnitte unterteilt. Die Filterbank besteht aus n parallelgeschalteten Bandpässen. Die oberen und unteren Grenzen der benachbarten Bandpässe werden gerade so gewählt, daß sie sich in ihrem 3 dB-Abfall überschneiden. Das Blockschaltbild eines Kanalvocoders zeigt Abb. 2. Wird auf die Eingänge sämtlicher Bandpässe (in Abb. 2 rechts vom Übertragungskanal) ein Puls gegeben, so schwingen alle Bandpässe mit gleicher Amplitude aber unterschiedlicher Frequenz, denn jeder Bandpaß schwingt mit seiner Mittenfrequenz. Würde man die Ausgangssignale B_1 bis B_n aufsummieren, erhielte man eine Zeitfunktion, die sämtliche (Mitten-)Frequenzen gleichmäßig überträgt.

Bewertet man die Ausgänge der Bandpässe z. B. durch Koeffizienten C_i, deren Größe man aus Abb. 1 im logarithmischen Maßstab als C_{dBi} entnehmen kann, dann werden im Summensignal $p(t)$ nicht mehr alle Frequenzen gleich stark vertreten sein, sondern die einzelnen Frequenzen werden je nach Bewertung durch die C_i erscheinen. Damit überträgt die Filterbank nicht mehr gleichmäßig, sondern sie stellt ein Filter dar, dessen Frequenzgang sich durch die Koeffizienten C_i als Treppenkurve $G_{dB}{}^*$ (s. Abb. 1) einstellen läßt. So kann man jeden Frequenzgang approximieren. Die Approximation wird um so besser sein, je mehr Bandpässe vorliegen, d. h. auch je schmalbandiger die Filter werden.

Ein Kanalvocoder dient dazu, bei der Übertragung eines Sprachsignales die Redundanz der Sprache zu verringern. Die Information der Sprache liegt außer

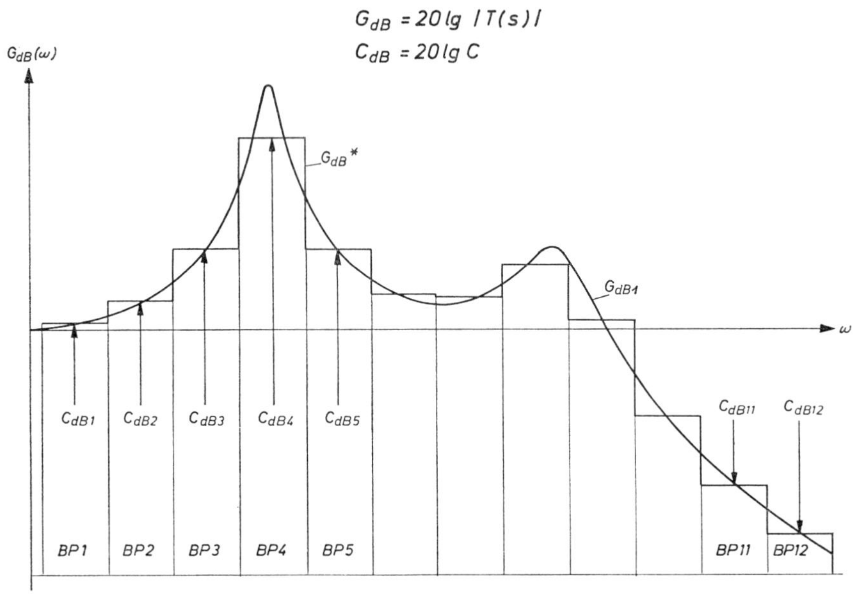

Abb. 1. Approximation des Frequenzganges durch eine Treppenkurve beim Kanalvocoder

in den Parametern — LQF — der Pitchfrequenz und — LVU —, der Stimmhaft-Stimmlosentscheidung für die Quelle in den Koeffizienten C_i des Filters. Will man eine hohe Sprachkompression erreichen, d. h. nur wenige Bit zur Charakterisierung der Sprache verwenden, darf man auch nur wenige Kanäle, d. h. Bandpässe, verwenden.

Im Zusammenhang mit der vorliegenden Arbeit wurde ein Kanalvocoder auf dem Digitalrechner simuliert, der aus 15 Kanälen besteht.

2.3. Analyseteil des Kanalvocoders

Mit der oben beschriebenen Syntheseschaltung läßt sich ein Filter aufbauen, das in jedem Augenblick den Frequenzgang des Vokaltraktes nachbilden kann unter der Voraussetzung, daß auch für jeden Augenblick die Parameterkombination C_i bekannt ist. Die Analyseschaltung ist in Abb. 2 links von den Übertragungskanälen zu sehen. Die Sprachzeitfunktion, die z. B. durch Abtastung einer Mikrophonspannung gewonnen werden kann, wird auf eine Filterbank gegeben. Die Filterbank ist genauso aufgebaut wie die, die bereits in der Syntheseschaltung beschrieben wurde. Die Ausgänge der Bandpässe werden gleichgerichtet und durch Tiefpässe geglättet. Die Ausgangssignale A_i sind dann zu jedem Augenblick dem Betrag des Spektrums im Durchlaßbereich des entsprechenden Bandpasses proportional. Da die Bandpässe aber den ganzen Frequenzbereich lückenlos überstreichen, stellen die Ausgänge A_i die Approximation des Spektrums durch eine Treppenkurve dar, wie es in Abb. 1 als $G_{dB}*$ dargestellt wurde. Daraus ergibt sich, daß die A_i gerade die Koeffizienten sind, die als Parameter c_i zur Steuerung des Syntheseteils benötigt werden.

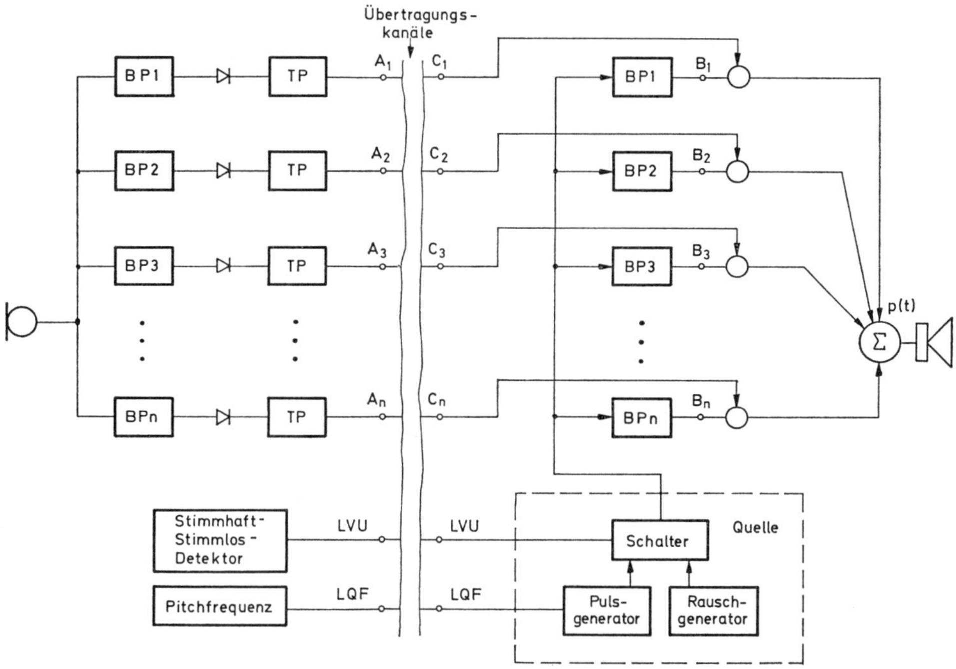

Abb. 2. Kanalvocoder

2.4. Darstellung des Vokaltrakts durch Formanten

Die Übertragungsfunktion des Vokaltraktes, $T(s)$, ist eine reelle Funktion und läßt sich daher durch konjugiert komplexe Nullstellen- und Polpaare bzw. einfach reelle Nullstellen und Pole beschreiben. Wird die Funktion so normiert, daß $T(0) = 1$ ergibt, erhält man die Schreibweise

$$T(s) = \prod_{i=1}^{n} \frac{s_{pi} \cdot s_{pi}^*}{(s - s_{pi})\,(s - s_{pi}^*)} \prod_{j=1}^{n} \frac{(s - s_{zj})\,(s - s_{zj}^*)}{s_{zj} \cdot s_{zj}^*} \tag{3}$$

Ein Polpaar mit der Übertragungsfunktion

$$G(s) = \frac{s_p \cdot s_p^*}{(s - s_p)\,(s - s_p^*)} \qquad \text{wobei} \quad \begin{aligned} s_p &= -\sigma_p + j\omega_p \\ s_p^* &= -\sigma_p - j\omega_p \end{aligned} \tag{4}$$

wird als Formant und ein Nullstellenpaar mit der Übertragungsfunktion

$$H(s) = \frac{(s - s_z)\,(s - s_z^*)}{s_z \cdot s_z^*} \qquad \text{wobei} \quad \begin{aligned} s_z &= -\sigma_z + j\omega_z \\ s_z^* &= -\sigma_z - j\omega_z \end{aligned} \tag{5}$$

ist, wird als Antiformant bezeichnet. Die Übertragungsfunktion nach Gl. (3) läßt sich als Produkt von Formanten und Antiformanten deuten. Die logarithmische Darstellung, die nach der Gl. (6)

$$T_{dB}(\omega) = 20 \cdot \lg \left| T(s) \right| \tag{6}$$

eingeführt wird, führt zur Gl. (7)

$$T_{dB}(\omega) = \sum_{i=1}^{n} G_{dB}(\omega) + \sum_{j=1}^{m} H_{dB}(\omega) \tag{7}$$

Abb. 3 zeigt, wie sich der Frequenzgang $G_{dB}(\omega)$ leicht durch die beiden Formanten $G_{dB1}(\omega)$ und $G_{dB2}(\omega)$ darstellen läßt. Es hat sich gezeigt, daß sich der Frequenzgang des Vokaltraktes bei nichtnasalen, stimmhaften Lauten gut durch die ersten drei Formanten beschreiben läßt. Da jeder Formant durch zwei Parameter, nämlich die Dämpfung σ_p und die Polfrequenz ω_p charakterisiert ist, braucht man zur Approximation der Übertragungsfunktion des Vokaltraktes weitaus weniger Parameter (im Beispiel 6 Parameter gegenüber den 15 beim Kanalvocoder) und erreicht dadurch eine höhere Sprachkompression.

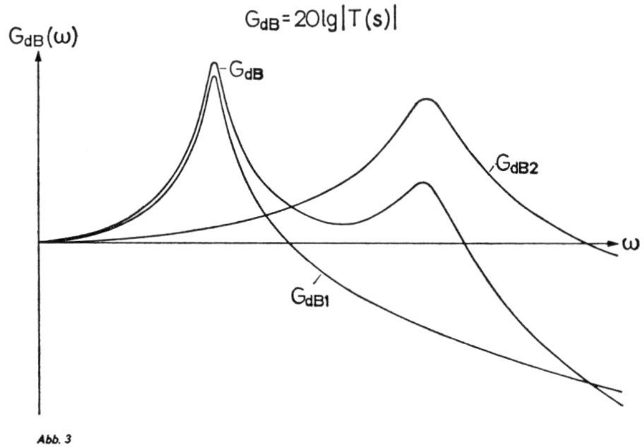

Abb. 3. Approximation des Frequenzganges G_{dB} durch zwei Formanten mit den Frequenzgängen G_{dB1} und G_{dB2}

2.5. Aufbau des simulierten Formantvocoders

Es wurde ein vollständiger Formantvocoder simuliert. Das Blockschaltbild der Syntheseschaltung zeigt Abb. 4.

Die Quelle des Formantvocoders besteht aus einem Rauschgenerator mit nachgeschaltetem Tiefpaß und einem Pulsgenerator mit nachgeschaltetem Pulsformnetzwerk.

Der Tiefpaß begrenzt die Rauschquelle auf den interessierenden Bereich bis ca. 3500 Hz. Das Pulsformnetzwerk formt aus den Diracstößen des Pulsgenerators einen dreieckförmigen Verlauf, der etwa dem Zeitverlauf der Luftpulse an der Glottis entspricht. Als Pulsformnetzwerk wird ein Polpaar verwendet, bei dem die Dämpfung gerade doppelt so groß wie die Polfrequenz ist. Das entspricht gerade dem aperiodischen Grenzfall. Die Polfrequenz wird proportional zur Pitchfrequenz variiert. Die beiden Potentiometer mit den Parameterbezeichnungen MFRI und MVOC regulieren die Amplituden der beiden Generatorzweige.

Mit dem Schalter kann entweder der Rauschgeneratorzweig oder der Pulsgeneratorzweig auf das sich anschließende Formantnetzwerk geschaltet werden.

FLANAGAN berechnet einen Vokaltrakt für die Vokalerzeugung nichtnasaler Laute unter den folgenden Voraussetzungen.

1. Der Vokaltrakt hat über seine ganze Länge l einen konstanten Querschnitt.

2. Er wird in Richtung Mundöffnung durch den Strahlungswiderstand belastet, der klein gegen die Impedanz des Traktes ist.

3. Der Trakt wird von der Glottis durch einen ,,Schnelle-Generator" erregt, dessen innerer Widerstand groß gegen den Eingangswiderstand des Traktes ist.

Die mathematische Behandlung des verlustbehafteten Vokaltraktes führte zu dem Ergebnis, daß die Übertragungsfunktion des Vokaltraktes durch eine unendliche Anzahl konjugiert komplexer Polpaare charakterisiert wird[1]. Es treten keine Nullstellen auf.

Bei dem simulierten Formantvocoder sollen aber nur die ersten drei Polpaare F1, F2 und F3 verändert werden können. Es muß aber außer den drei ersten Formanten eine Korrektur für die fehlenden Polpaare durchgeführt werden. Bei einem digitalen Formantcovoder ist die Korrektur besonders einfach, da

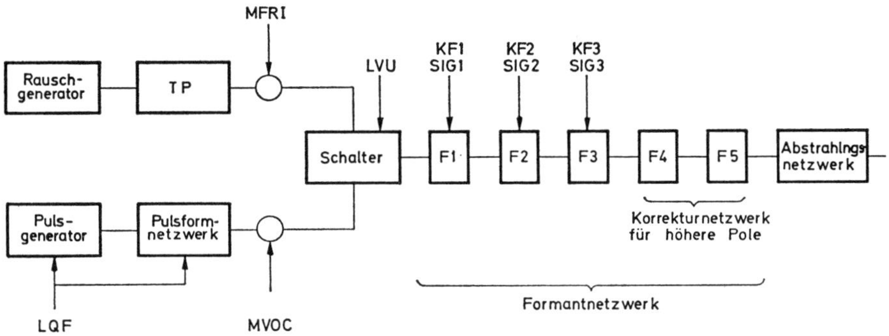

Abb. 4. Blockschaltbild für den Syntheseteil des simulierten Formantvocoders

automatisch zu den eingeführten Formanten alle zur halben Samplingfrequenz und deren Vielfachen spiegelbildlich liegenden Formanten ebenfalls enthalten sind. Es braucht deshalb nur ein vierter und fünfter Formant mit den Polfrequenzen von 3500 Hz und 4500 Hz zur Korrektur der höheren Pole hinzugeführt zu werden. Die zugehörigen Bandbreitewerte von 175 Hz und 281 Hz wurden für eine Samplingfrequenz von 10 kHz von L. R. Rabiner übernommen.

Die Berechnung des Schallfeldspektrums nach Gl. (1) enthält nur die beiden wichtigsten Glieder, die Eigenschaften der Quelle, $S(s)$, und die des Traktes $T(s)$. Will man die Abstrahlung des Schalls noch berücksichtigen, dann muß das Glied $R(s)$ hinzugefügt werden.

$$P(s) = S(s) \cdot T(s) \cdot R(s) \tag{8}$$

Approximiert man die Abstrahlung durch die Strahlung einer schwingenden Kugel, so ergibt sich als normalisierte Impedanz

$$z = \frac{jka^2}{1 + jka} \qquad k = \frac{\omega}{c} \tag{9}$$

[1] Flanagan, S. 177, Gl. 6.5.

[2] Flanagan, S. 33, Gl. 3.37.

Gl. (9) läßt sich in der komplexen Ebene durch einen Pol auf dem negativen Teil der reellen Achse und eine Nullstelle im Ursprung darstellen. Als Poldämpfung wurde $\sigma_p = 3500$ Hz gewählt. Das Filter, das die Abstrahlung berücksichtigt, wird in Abb. 4 mit Abstrahlungsnetzwerk bezeichnet.

Das gesamte Syntheseprogramm ist flexibel aufgebaut und läßt sich durch den Einbau von Nullstellen, weiteren Formanten und Filtern beliebig erweitern.

Zur Steuerung des vorliegenden Formantvocoders sind 4 Parameter für die Quelle und 6 Parameter für das Formantnetzwerk notwendig. Damit ermöglicht der Formantvocoder eine höhere Sprachkompression als ein vergleichbarer Kanalvocoder.

2.6. Formantbestimmung[3]

Es wurde ein Verfahren entwickelt, bei dem die Formantbestimmung von einem Operateur über ein Display überwacht und gesteuert werden kann. Das Verfahren basiert auf der Analyse des Kurzzeitspektrums, dessen logarithmische Darstellung

$$T_{dB}(\omega, t) = 20 \cdot \lg |T(s, t)| \tag{10}$$

im folgenden mit „Frequenzgang" bezeichnet werden soll. Betrachtet man den Frequenzgang eines einzelnen Formanten mit der Polfrequenz ω_2 und der Dämpfung σ_2, so weist dieser ein Maximum bei der Frequenz

$$\omega_m = \sqrt{\omega_2^2 - \sigma_2^2} \tag{11}$$

auf.

Außerdem läßt sich eine Bandbreite

$$B = \frac{\omega_o - \omega_u}{2\pi} \tag{12}$$

definieren, wobei ω_o und ω_u die Frequenzen sind, bei denen der Frequenzgang vom Maximum 3 dB abgefallen ist. Unter der Voraussetzung $\omega_2 \gg \sigma_2$, dem Fall, der in der Praxis der wichtigste ist, ergibt sich aus Gl. (11) und mit Zwischenrechnung aus Gl. (12):

$$\begin{aligned} \omega_2 &\approx \omega_m \\ \sigma_2 &\approx \pi \cdot B \end{aligned} \tag{13}$$

ω_2 und σ_2 stellen einen ersten Schätzwert für die Lage des Formanten dar.

Für die folgenden Betrachtungen wird zunächst einmal angenommen, daß die Übertragungsfunktion $T(s)$ nur einen Formanten enthält. Der Formant habe die Pole s_{p1} und s_{p1}^*. Die ermittelten Schätzwerte ω_2 und σ_2 für die Polkreisfrequenz und die Dämpfung seien ungenau. Es sei zwar $\omega_2 = \omega_1$ aber $\sigma_2 > \sigma_1$. Dann ergibt sich statt des analysierten Frequenzgangs G_{dB1} in Abb. 5 der Verlauf von G_{dB2} bzw. die Differenz $G_{dB1} - G_{dB2}$. Die Differenzkurve, die ein Maximum bei ω_m aufweist, und bei der der Betrag des Minimums bei 0 dB liegt, ist ihrerseits charakteristisch dafür, daß zwar die Polkreisfrequenz ω_2 richtig, die Dämpfung σ_2 aber zu groß bestimmt wurde.

Abb. 6 zeigt einen komplizierteren Fall. Der vorgegebene Frequenzgang, der analysiert werden soll, ist G_{dB1}. Die Abschätzung der Lage der zugehörigen Pole s_{p1} und s_{p1}^* führt nach Gl. (13) zu den falschen Werten s_{p2} und s_{p2}^*. Berechnet man

[3] Liedtke, Pole-Zero-Determination...

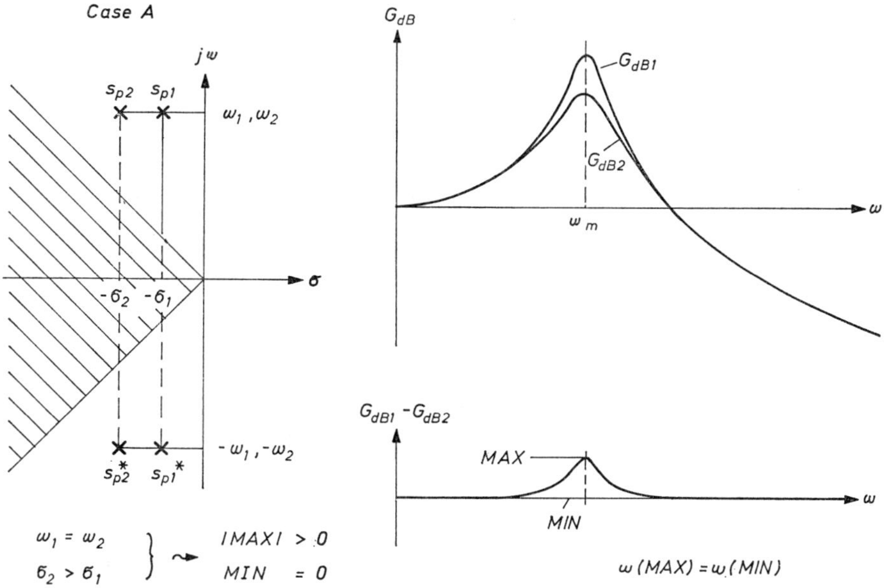

Abb. 5. Frequenzgänge zweier Formanten unter den Bedingungen $\omega_1 = \omega_2$ und $\sigma_2 > \sigma_1$ sowie der Verlauf der Differenzkurve

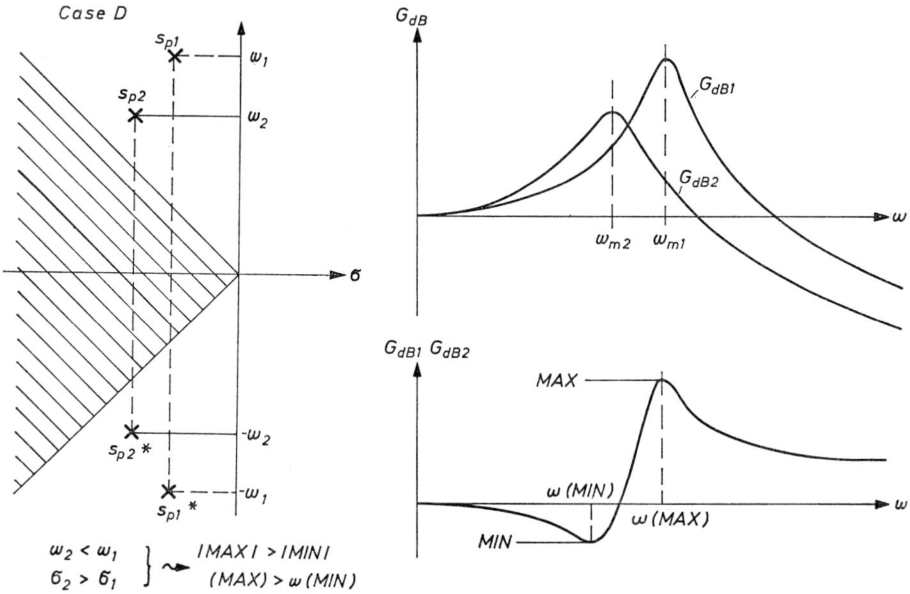

Abb. 6. Frequenzgänge zweier Formanten unter der Bedingung $\omega_2 < \omega_1$ und $\sigma_2 > \sigma_1$ sowie der Verlauf der Differenzkurve

Case				
A	$\lvert \max \rvert > 0 \quad \min = 0$	$\omega(\max) = \omega(\min)$	$\omega_2 = \omega_1$	$\sigma_2 > \sigma_1$
B	$\max = 0 \; \lvert \min \rvert > 0$	$\omega(\max) = \omega(\min)$	$\omega_2 = \omega_1$	$\sigma_2 < \sigma_1$
C	$\lvert \max \rvert > \lvert \min \rvert$	$\omega(\max) < \omega(\min)$	$\omega_2 > \omega_1$	$\sigma_2 > \sigma_1$
D	$\lvert \max \rvert > \lvert \min \rvert$	$\omega(\max) > \omega(\min)$	$\omega_2 < \omega_1$	$\sigma_2 > \sigma_1$
E	$\lvert \max \rvert < \lvert \min \rvert$	$\omega(\max) < \omega(\min)$	$\omega_2 > \omega_1$	$\sigma_2 < \sigma_1$
F	$\lvert \max \rvert < \lvert \min \rvert$	$\omega(\max) > \omega(\min)$	$\omega_2 < \omega_1$	$\sigma_2 < \sigma_1$
G	$\lvert \max \rvert = \lvert \min \rvert$	$\omega(\max) < \omega(\min)$	$\omega_2 > \omega_1$	$\sigma_2 = \sigma_1$
H	$\lvert \max \rvert = \lvert \min \rvert$	$\omega(\max) > \omega(\min)$	$\omega_2 < \omega_1$	$\sigma_2 = \sigma_1$

Abb. 7. Zur Charakterisierung aller möglichen Differenzkurven

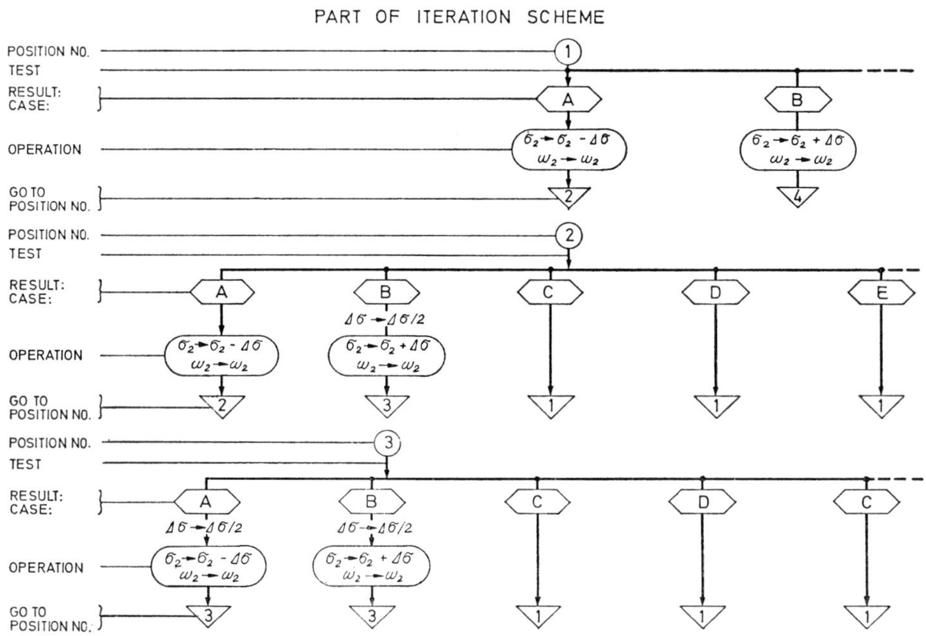

Abb. 8. Ausschnitt aus Iterationsschema zur Korrektur der Schätzwerte

die Differenz des zu analysierenden und des aus den Schätzwerten berechneten Frequenzgangs, so erhält man eine Kurve, die die folgenden Merkmale aufweist: Der Betrag des Maximums ist größer als der Betrag des Minimums und der zum Maximum gehörende Frequenzwert liegt bei höheren Werten als der zum Minimum gehörende. Man kann aus diesem charakteristischen Verlauf der Differenzkurve zurückschließen, daß die Polkreisfrequenz ω_2 zu klein und die Dämpfung σ_2 zu groß bestimmt wurden.

Alle möglichen charakteristischen Fälle für den Verlauf der Differenzkurve sind in der Tabelle nach Abb. 7 zusammengestellt und mit den Buchstaben A bis H gekennzeichnet. Mit Hilfe dieser Tabelle läßt sich jetzt ein Algorithmus herleiten, der sagt, in welchem Sinn die Schätzwerte ω_2 und σ_2 variiert werden müssen, um ein besseres Ergebnis zu erzielen.

Ein Ausschnitt des Iterationsschemas ist in Abb. 8 dargestellt. Die einzelnen Teile des Iterationsschemas sind durch Positionsnummern gekennzeichnet. Die Positionsnummern laufen von 1 bis 16 und geben einen Hinweis darauf, welche Iterationsschritte für den zu analysierenden Formanten bereits durchgeführt worden sind.

Der Ausgangspunkt für das Iterationsschema ist die Positionsnummer 1. Hier liegen bereits die Schätzwerte nach Gl. (13) vor. Es wird zunächst mit diesen Schätzwerten die Differenzkurve berechnet und aus der Tabelle nach Abb. 7 der Fall herausgesucht, für den die Differenzkurve charakteristisch ist. Dieser Vorgang wird in Abb. 8 mit „Test" bezeichnet. Das Ergebnis des Tests ist z. B. Fall A. Aus der Tabelle nach Abb. 7 ergibt sich, wie die Frequenz- und Dämpfungswerte geändert werden müssen. Die Schätzwerte werden nach der Vorschrift variiert und ein neuer Zustand des Iterationsprozesses wird durch die neue Positionsnummer 2 angezeigt. Anschließend wird mit den verbesserten Werten erneut der Test durchgeführt und die Werte dann weiter verbessert usw.

Die Iteration wird abgebrochen,

a) wenn die Differenz $|MAX| - |MIN|$ kleiner als 0.1 dB ist

b) wenn die Schrittweiten $\Delta\sigma$ und $\Delta\omega$ kleiner als 0.1 Hz sind

c) wenn die Anzahl der Iterationen größer als 20 ist

d) wenn der Schätzwert kleiner oder gleich 0.0001 Hz ist.

Das oben genannte Verfahren wurde mit bekannten Frequenzgängen getestet. Die Formantfrequenzwerte konnten dabei mit weniger als 0,5% und die Dämpfungswerte mit weniger als 5% Abweichung von den richtigen Werten bestimmt werden.

3. Sprachentwicklung nach vorgegebenen Funktionen

3.1. Prinzip

Im folgenden soll eine völlig andere Möglichkeit der Sprachanalyse—Sprachsynthese beschrieben werden, die sich aus der Betrachtung des Zeitverlaufs einer Sprachschwingung ergibt. Der Zeitverlauf möge in Segmente endlicher Länge zerlegt werden. Man kann dann die eindeutige Zuordnung der Spannungswerte eines Mikrophons zu den Zeitwerten mathematisch als Funktion $f(t)$ auffassen und versuchen, diese durch einen Satz vorgegebener Funktionen g_i anzunähern, so daß sich

$$f(t) = \sum_{i=1}^{n} a_i\, g_i(t - t_i) \tag{14}$$

ergibt. Die Güte der Approximation wird beeinflußt durch günstige Segmentierung und die Wahl geeigneter Funktionen g_i. Zunächst ein Wort zu „Wahl geeigneter Funktionen". Eine besonders rasche Approximation ist dann zu erwarten, wenn die Funktionen g_i bereits von sich aus einen ähnlichen Verlauf wie eine Sprachschwingung haben. Sie müssen in dem betrachteten Bereich dem Betrag nach endlich bleiben, mehrere Nullstellen aufweisen und für große Argumente gegen Null konvergieren. Schließlich, wenn man an eine hardwaremäßige Synthese denkt, soll sich ihr Zeitverlauf möglichst einfach durch eine Rechenschaltung auf dem Analogrechner darstellen lassen. Diesen Anforderungen genügen beispielsweise die Gaußschen Funktionen. Es soll daher das Verfahren an diesem Beispiel erläutert werden.

Die Anregung zur Wahl der Gaußfunktionen geht zurück auf eine Veröffentlichung von J. A. Howard u. R. C. Wood. In der vorliegenden Arbeit wurde ein von Howard u. Wood unabhängiger Weg für die Darstellung stimmhafter Laute durch Gaußsche Funktionen beschritten, der im folgenden beschrieben werden soll.

Die Gaußschen Funktionen i-ter Ordnung G_i sind die Lösungen der Differentialgleichung

$$G_i'' + t \cdot G_i' + (i + 1)\, G_i = 0 \tag{15}$$

Die Praxis zeigt, daß Gaußsche Funktionen bis zur 5. Ordnung benötigt werden.

3.2. Segmentierung, Nullpunktsbestimmung und Koeffizientenberechnung

Der erste Schritt in der Analyse ist die Aufspaltung der Zeitfunktion in die Bereiche, in denen die eigentliche Analyse stattfinden soll. Die Peak-Struktur stimmhafter Laute kommt der Segmentierung sehr entgegen, wenn man als Länge eines Segmentes gerade eine Pitchperiode der Sprache nimmt. Es wurde deshalb zunächst eine Markierung der Sprache nach D. R. Reddy vorgenommen. Der Abstand zweier aufeinanderfolgender „Significant Maximum Peaks", die im folgenden mit SMP abgekürzt werden sollen, entspricht ja gerade einer Pitchperiode. Der Bereich von einem SMP zum nächsten eignet sich jedoch nicht zur Entwicklung nach Gaußfunktionen, da die Gaußfunktionen gerade und ungerade Funktionen sind, die zu positiven und negativen Argumenten abfallen. Man muß deshalb auch den Analysebereich so wählen, daß das absolute Maximum, das hier durch den SMP gekennzeichnet ist, ebenfalls mehr in die Mitte des Analysebereichs verlegt wird.

Der Nullpunkt der Gaußfunktionen muß auch geeignet definiert werden. Die genaue Wahl des Nullpunktes hängt von der Umgebung des SMP ab, und er wird ebenso wie die Ordnungszahl i nach einem heuristischen Verfahren bestimmt.

Die Berechnung des Koeffizienten A_i erfolgt nach Gl. (16).

$$A_i = \frac{\int_{t_1}^{t_2} f(t) \cdot G_i(t)\, \mathrm{d}t}{\int_{t_1}^{t_2} [G_i(t)]^2\, \mathrm{d}t} \tag{16}$$

mit

$$f(t) = g[k(t - t_i)]$$

Dabei bedeuten g die zu approximierende Zeitfunktion,
G_i Gaußfunktionen i-ter Ordnung,
k den Maßstabsfaktor für die Argumente und
t_i die Lage des Nullpunktes.

Weil die Funktionswerte außerhalb des betrachteten Intervalls als Null angenommen wurden, braucht die Integration nur über die Intervallgrenzen t_1 bis t_2

durchgeführt zu werden. Nach der Bestimmung von A_i wird von der Funktion f die mit A_i multiplizierte Gaußfunktion G_i subtrahiert.

Die gesamte Berechnung wird insgesamt dreimal durchgeführt. Es bleibt noch zu untersuchen, ob dieses Verfahren mit Sicherheit konvergiert. Als Maß für die Güte der Approximation wird die Norm nach Gl. (17) eingeführt:

$$||f|| = \sqrt{\int_{-\infty}^{+\infty} [f(t)]^2 \,\mathrm{d}t} \tag{17}$$

Es sei außerdem

$$(f, g) = \int_{-\infty}^{\infty} f(t)\, g(t) \,\mathrm{d}t \tag{18}$$

Mit Gl. (17) läßt sich Gl. (16) wie folgt schreiben:

$$A_i = \frac{(f, G_i)}{(G_i, G_i)}$$

Nach Subtraktion der gefundenen Gaußfunktion von der ursprünglichen Funktion berechnet sich die Norm der neuen Funktion folgendermaßen:

$$0 \leq ||f - A_i G_i||^2 = (f - A_i G_i, f - A_i G_i)$$

$$\begin{aligned}(f - A_i G_i, f - A_i G_i) &= (f, f) - 2 A_i (f, G_i) + A_i^2 (G_i, G_i) \\ &= ||f||^2 - 2 \frac{(f, G_i)^2}{(G_i, G_i)} + \frac{(f, G_i)^2}{(G_i, G_i)^2} (G_i, G_i) \\ &= ||f||^2 - \frac{(f, G_i)^2}{(G_i, G_i)} \end{aligned} \tag{19}$$

$$||f||^2 > 0, \qquad (f, G_i)^2 \geq 0, \qquad (G_i, G_i) > 0 \tag{20}$$

Unter der Voraussetzung $(f, G_i) \neq 0$, d. h. mit der Annahme, daß ein von Null verschiedener Koeffizient A_i berechnet wurde, ergibt sich, daß in jedem Fall die Norm der neuen Funktion geringer und damit die Approximation verbessert wird.

Das oben skizzierte Analyseverfahren zur Darstellung von Sprache durch vorgegebene Funktionen wurde in FORTRAN II für den Digitalrechner CAE 90-40 des Instituts für Informationsverarbeitung geschrieben. Die Sprachsynthese wurde auf dem gleichen Digitalrechner simuliert. Abb. 9a zeigt in dem Zusammenhang einen Ausschnitt einer Sprach-Zeitfunktion, die nach dem oben beschriebenen Verfahren analysiert wurde. Abb. 9b zeigt die Synthese für den Fall, daß die Zeitfunktion innerhalb eines Analysebereiches durch drei Gaußfunktionen approximiert wird. Da die rein digitale Simulation sehr zeitraubend ist, wird im Augenblick daran gearbeitet, die Synthese mit dem am Institut vorhandenen Hybridsystem durchzuführen. Eine weitere Möglichkeit Funktionsverläufe nach anderen Funktionen zu entwickeln ist dann gegeben, wenn es sich um ein orthogonales Funktionssystem handelt. Vom mathematischen Standpunkt ist die Entwicklung nach orthogonalen Funktionen übersichtlicher und eleganter, jedoch ist man dann an bestimmte Funktionsverläufe gebunden. Außerdem muß unter Umständen die zu approximierende Funktion aus einer größeren Anzahl Teilfunktionen zusammengesetzt werden, als es bei dem oben beschriebenen Verfahren der Fall ist.

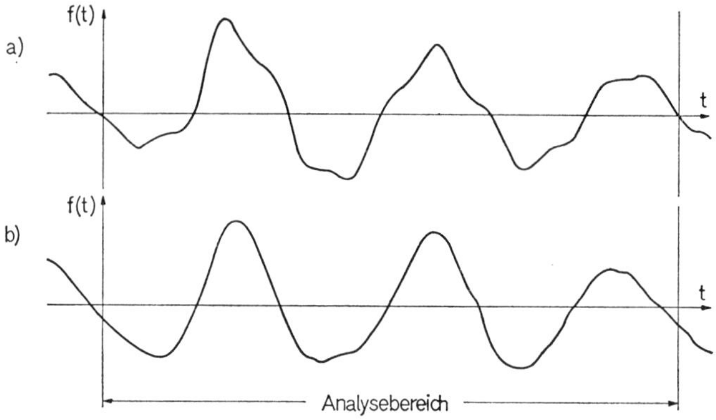

Abb. 9. a Originalverlauf der Sprach-Zeitfunktion. b Approximation durch drei Gauß-funktionen innerhalb eines Analysebereiches

Summary

An economic speech output for digital computers requires a bandwidth reduction of the stored speech in order to save memory space. The wellknown VOCODER principles can be applied for the analysis and bandwidth reduction of speech-records as well as for subsequent synthesis.

However, a digital computer permits the application of other techniques which take advantage of its "computing power" which a vocoder does not have.

Three possible approaches and their simulation on a hybrid computer system are discussed.

Literatur

Flanagan, J.: Speech analysis synthesis and perception. Berlin-Heidelberg-New York: Springer 1965.

Howard, J. A., Wood, R. C.: Hybrid simulation of speech waveforms utilizing a Gaussian wave function representation. Simulation, Sept. 1968.

Liedtke, C.-E.: Pole-Zero-determination of the vocaltract transfer function. International Seminar on Digital Processing of Analog Signals, Zürich 1970.

Rabiner, L. R.: Digital-formant-synthesizer for speech-synthesis studies. J. acoust. Soc. Amer. **43**, No. 4 (1968).

Reddy, D. R.: Pitch period determination of speech sounds. Communications of the ACM, **10**, No. 6 (1967).

Zeichenproduktion mit Datensichtgerät und Rechner

F. SCHREIBER, München

Mit 7 Abbildungen

1. Einleitung

Die Benutzer eines Teilnehmer-Rechensystems führen von zahlreichen, fernangeschlossenen Stationen einen freizügigen Dialog mit dem gemeinsamen Großrechner: Auskünfte aus Datenbänken oder einem zentralen Bildspeicher, Aufbau und laufende Ergänzung persönlicher Datenkarteien, satzweise Fernprogrammierung und Benutzung bereits bestehender Programme für Berechnungen aller Art [1].

Der wichtigste Typ einer Dialogstation ist neben dem Datenfernschreiber das Datensichtgerät, auf dessen Bildschirm größere Informationsmengen in Text- oder Graphikform schnell und geräuschlos dargestellt werden können. Abb. 1 zeigt den grundsätzlichen Aufbau des Systems mit der zentralen Datenverarbeitungsanlage und einer abgesetzten Unterzentrale, an die mehrere Datensichtgeräte angeschlossen sind. Die auf dem Bildschirm darzustellende Information wird lokal am Ort der Station durch eine Tastatur, Lichtgriffel oder dgl. erzeugt, oder sie stammt aus dem Großspeicher der DVA bzw. aus einem zentralen, der

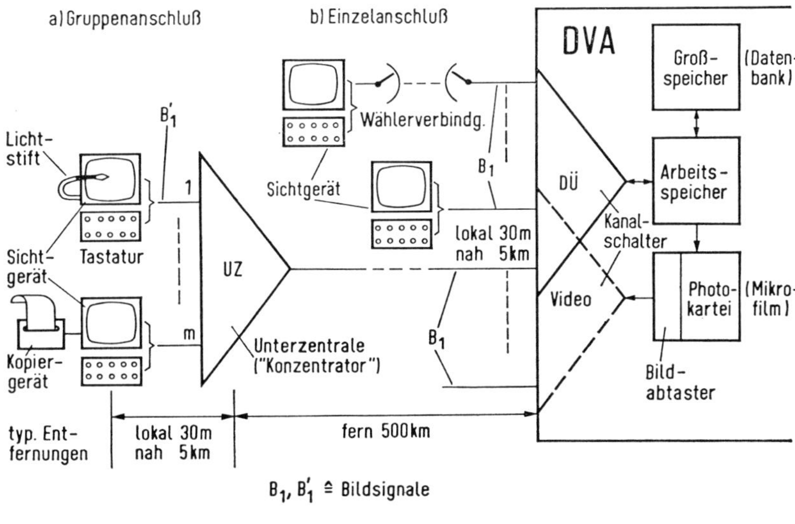

Abb. 1. Teilnehmer-Rechensystem mit Gruppen- oder Einzelanschluß verschiedenartiger Sichtgeräte

DVA zugeordneten Mikrofilm-Bildspeicher, der hier als Photokartei bezeichnet wird. Bei Bedarf wird das Bild ganz oder im Auszug auf Papier kopiert.

Für den Vergleich verschiedener Systemanordnungen interessiert das zwischen DVA und Sichtgerät bzw. Unterzentrale zu übertragende *Bildsignal B* und die darin enthaltene *Datenmenge je Bild* Q_B, die von der technischen Ausführung des Systems und von der gewünschten Bildart abhängig ist.

2. Bildarten

Wenn das Bild einen *alpha-numerischen* Text darstellt, kann man die Buchstaben, Ziffern usw. als Zeichen auffassen, aus denen das Bild zeilenweise aufgebaut wird. Entsprechend gibt es bei der Bildart *Symbolgraphik* verschiedenartige Zeichen bzw. Zeichengruppen, die für einen bestimmten Anwendungsbereich als

Bildart			alpha-num. Text	Symbol-	Kurven-graphik	Photo
Zeichenart		Buchstabe, Ziffer	t	} t	} m, a	
		allg. Symbol				
	elementar	Vektor			t	
		Bogen			a	
		Punkt			m	t
Zeichenvorrat			64 oder 96	>100	8 bis >100	1
Intensität		Stufen	1 oder 2			8 bis >100
Farbe		Anzahl	1 bis 3			1 oder 3
		Mischung				t
3-dim. Darstellung					a	a
Aussenstation		Sichtgerät	t	m	m	
		SAP	m	t	t	
		Faksimile-Empf.				t
Verkehrsart		nur Auskunft	m	m		t
		Dialog	t	t	t	a

SAP ≙ Schirmbildarbeitsplatz t ≙ typisch; m ≙ möglich; a ≙ anzustreben

Abb. 2. Kennzeichnung verschiedener Bildarten

Symbole benötigt werden, z. B. Widerstände, Kondensatoren, Gattersymbole usw. zum Aufbau von Netzbildern in der Nachrichtentechnik. Bei der weiteren Bildart *Kurvengraphik* benötigt man elementare Zeichen zum Bildaufbau: Vektoren verschiedener Länge und Richtung und/oder Bogenstücke verschiedener Krümmung und Orientierung; bei der Bildart *Photo* schließlich, die durch Intensitätsstufen (Grauwertstufen) 8 bis > 100 gekennzeichnet ist, liegt ein Grenzfall vor: das Zeichen in seiner Bedeutung als Bildaufbauelement wird auf den Bildpunkt reduziert.

In Abb. 2 sind für diese Bildarten die wichtigsten Kennwerte zusammengestellt. Bei den Text- und Graphikbildarten hat man im allgemeinen nur eine Intensitätsstufe „dunkel-hell" bzw. „schwarz-weiß"; nur in besonderen Fällen verwendet man zwei Stufen, um Teile der Darstellung hervorzuheben. Für den gleichen Zweck können auch bis zu drei Farben verwendet werden, die aber im Unterschied zu der Bildart Photo bzw. Farbphoto im allgemeinen nur als diskrete Farben (nicht gemischt) wichtig sind.

Bezüglich der Verkehrsart zwischen Außenstation und Zentrale ist hervorzuheben, daß die Photokartei in Abb. 1 nach dem heutigen technischen Stand nur Auskunftsdienst leistet, d. h. Bilder nach außen abgibt, im Unterschied zu den Datenbänken jedoch nicht zur laufenden Ergänzung auf den neuesten Stand von den Außenstationen Bilder aufnehmen kann.

3. Der Bildschirm

Für die elektronische Bilddarstellung werden z. Z. vorzugsweise die bekannten Elektronenstrahlsysteme verwendet, bei denen mittels elektrostatischer oder

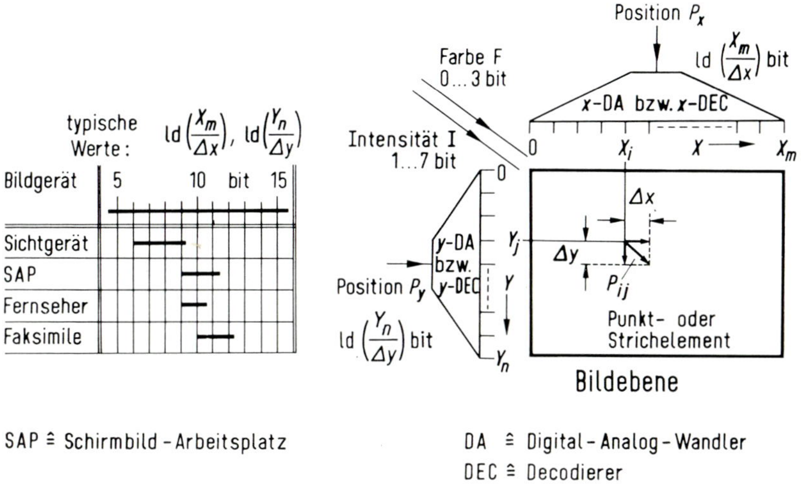

Abb. 3. Allgemeine Ersatzschaltung eines 2-dimensionalen Bildschirms

magnetischer Ablenkung der Strahl über einen mit Lumineszens-Phosphoren belegten Schirm geführt wird; mittels besonderer Maßnahmen kann das Bild mehrere Minuten lang auf dem Schirm sichtbar gespeichert werden [2].

Auf Grund zahlreicher physikalisch-technologischer Fortschritte in den letzten Jahren werden eine Reihe neuer Bildschirmtypen untersucht: Verfahren zur 2-dimensionalen Ablenkung von Laser-Lichtstrahlen [3]. Matrix-Bildschirme mit einer großen Zahl von diskreten, lichtemittierenden Zellen, die über eine durchsichtige Leiterbahnmatrix einzeln erregt werden können; die Zelle kann z. B. ein gasgefüllter Typ [4] oder eine GaAs-Leuchtdiode [5] sein. Bei einem anderen Verfahren wird eine passive Zelle mit Flüssigkristallen verwendet, die je nach Erregung auffallendes Licht durchläßt oder zerstreut und damit ein Kontrastverhältnis bis 1:20 erzielt [6]; ein besonderes Problem ist hierbei, die für die Matrixansteuerung notwendige Erregungsschwelle der Zellen darzustellen.

Für die weiteren Betrachtungen über Zeichenproduktion kann man von der Ausführung des Bildschirms ganz absehen und die allgemein gültige *Ersatzschaltung für den 2-dimensionalen Bildschirm* nach Abb. 3 verwenden; folgende Größen werden benötigt:

3.1. Geometrieabhängige Größen

— Abmessungen der Schirmfläche x_m, y_n;

— Rasterbreite Δx, Δy für den kleinsten noch unterscheidbaren und ansteuerbaren Bildteil: das Punkt- oder Strichelement p_{ij} an der Stelle x_i, y_j;

— Bildauflösung $x_m/\Delta x$, $y_n/\Delta y$; z. B. ist beim Fernsehbild nach CCIR-Norm nominell $y_n/\Delta y = 625$. In Anbetracht der Auflösungsgrenzen des menschlichen Auges ist eine Auflösung > 3000 im allgemeinen nicht sinnvoll;

— Positionssignale P_x, P_y in dualcodierter Form, die je nach Art des Bildschirms über Digital-Analogumsetzer oder Decodierer den Bildort bestimmen; ihr Informationsinhalt beträgt $\mathrm{ld}(x_m/\Delta x)$ bzw. $\mathrm{ld}(y_n/\Delta y)$ bit; in Abb. 3 sind hierzu für vier wichtige Bildgeräte Wertbereiche angegeben.

3.2. Lichtgrößen

— Intensitätssignal I mit 1..7 bit, das in jedem Augenblick die Leuchtintensität bzw. den Kontrastwert des durch P_x, P_y bestimmten Bildteils angibt.

— Farbsignal F mit 0..3 bit; im Fall 3 bit Mischung von drei Farbkomponenten.

Bei den meisten Sichtgeräten gilt I: 1 bit und F: 0 bit, d. h. es gibt nur ein Dunkel-Hellsignal für eine Farbe. Die von der Anwendung abhängigen absoluten Intensitätswerte und die Farbauswahl sowie das dynamische Verhalten des Bildschirms sollen hier nicht betrachtet werden.

4. Ein einfaches Sichtgerät

4.1. Abb. 4 zeigt die Prinzipschaltung eines grundlegend einfachen, vielseitigen Sichtgerätes mit Speicherbildschirm ähnlich [7].

Das von der DVA zum Sichtgerät übertragene Bildsignal B_1 besteht aus einzelnen 7-Schrittzeichen, die nacheinander in ein Empfangsregister geschoben und zur Vektorzeichnung auf dem Schirm ausgewertet werden: Schritt Nr. 1 bestimmt die Intensität (dunkel oder hell). Schritt Nr. 2 bis 4 stellen die x-, y-Richtungsschalter ein und bestimmen damit eine von 8 Richtungen; Schritt Nr. 5 bis 7 bestimmen eine von 8 Längenänderungen Δx, Δy, die z. B. mit geometrischer Progression abgestuft sind; die zugehörigen Signale ΔP_x, ΔP_y kann man sich als eine der Länge proportionale Impulszahl vorstellen, die in die x-, y-Register in pos. oder neg. Richtung eingezählt werden.

Die nacheinander empfangenen Vektoren bewirken Positionsänderungen ΔP_x, ΔP_y, d. h. einen *inkrementalen* Bildaufbau; die x-, y-Register speichern die jeweils zuletzt erreichte Position P_x, P_y, der Speicherschirm selbst die gesamte bisherige, von der Grundstellung[1] $x = y = 0$ ausgehende Vektorfolge als sichtbares Bild.

[1] Die Grundstellung wird durch ein spezielles 7 Schritt-Steuerzeichen eingestellt, durch ein weiteres Steuerzeichen kann der Schirm gelöscht werden.

Die vom Benutzer gewünschten Einwirkungen auf das Bild werden als 7-Schrittzeichen von der Tastatur über ein Senderegister zur DVA übertragen; über das Anwenderprogramm kann z. B. ein Programmteil „Kurvengenerator“ angesprochen werden, um aus Zahlenwerten eine Vektorfolge zur Approximation der zugehörigen Kurve einschließlich der Koordinatenachse zu generieren; darzustellende Buchstaben, Ziffern und andere Symbole werden mittels des Programmteils „Symbolgenerator“ in eine geeignete Vektorfolge umgesetzt.

4.2 Das einfache Datensichtgerät eignet sich gut für Kurvengraphik, bei der nur wenige Beschriftungszeichen oder sonstige Symbole vorkommen.

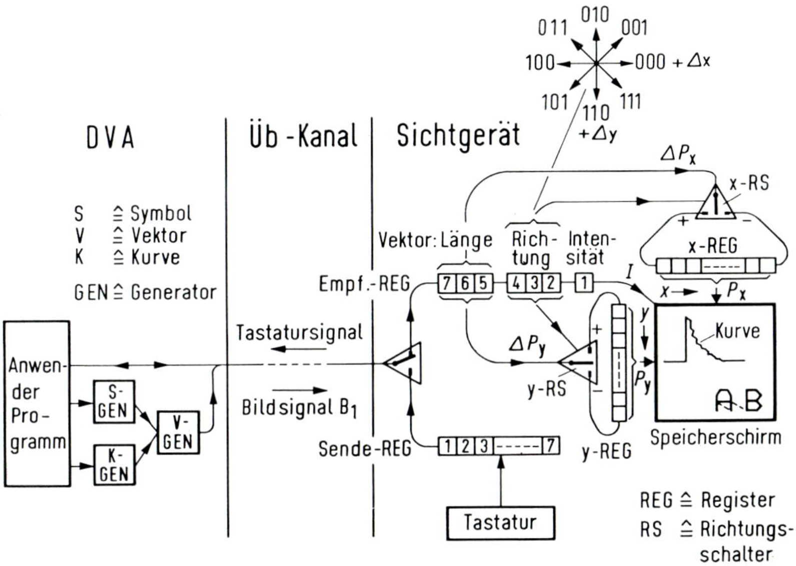

Abb. 4. Übersichtsschaltung eines einfachen Datensichtgerätes mit Speicherbildschirm

Bei echtem Textverkehr jedoch mit z. B. 10^3 Buchstaben/Bild muß man im Mittel etwa 10 Vektoren je Buchstaben übertragen, d. h. ein Bildsignal B_1 von insgesamt 10^4 7-Schrittzeichen; mit Anlauf-, Paritäts- und Sperrschritt[2] ergibt das eine Datenmenge $Q_B = 10^5$ bit/Bild. Bei einer Übertragungszeit $T_B \lesssim 10$ s ($=$ Bildaufbauzeit), wie man sie in Realzeitsystemen benötigt, muß daher eine Üb-Geschwindigkeit von mindestens 10^4 bit/s verfügbar sein; dieser Wert ist nach Abb. 7 beim gewählten bzw. gemieteten Telephonkanal nicht bzw. nur als Grenzfall mit aufwendigen Übertragungsmitteln erreichbar. Der Betrieb des Gerätes ist daher bei Textverkehr eingeschränkt auf den Anschluß über Ortskabel, die eine Üb-Geschwindigkeit je nach Entfernung von 10^5 bis 10^6 bit/s erlauben [8].

In diesem Fall könnte man sogar die Übertragungszeit auf 0,1...1 s senken und mit Vorteil bei jeder, über die Tastatur vorgenommenen Veränderung eines

[2] Die Annahme von insgesamt $7 + 3 = 10$ Schritten je Üb-Zeichen wird allen Berechnungen dieser Arbeit zugrunde gelegt.

bestehenden Bildes dieses löschen und neu schreiben; hierdurch wird die Veränderung sofort sichtbar und kann beurteilt werden.

4.3 Der gleiche Vorteil ist gegeben, wenn man auf die Speichereigenschaft des Schirms in Abb. 4 verzichtet, statt dessen das Bild in einer Unterzentrale nach Abb. 1 umlaufend speichert und von dort über das Kabel mit einer Frequenz von 20 bis 60 Bilder/s ständig wiederholt (stehendes Bild wie beim Fernsehen), s. Abb. 7. Die Prinzipschaltung Abb. 4 bleibt auch für diese Variante gültig.

5. Sichtgerät mit erweiterten Funktionen

Das Sichtgerät nach Abb. 5 enthält gegenüber dem einfachen Gerät nach Abb. 4 mehrere Einrichtungen, die erweiterte Funktionen und zugleich eine Senkung der je Bild zu übertragenden Datenmenge Q_B ermöglichen.

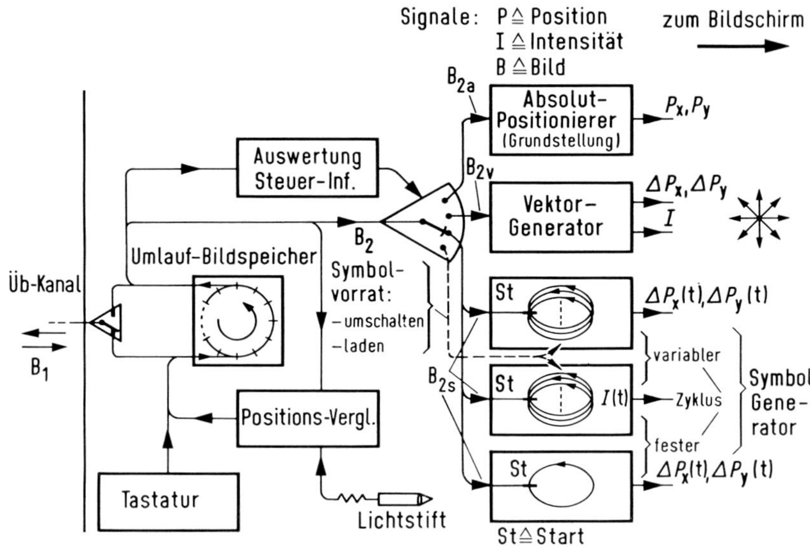

Abb. 5. Übersichtsschaltung eines vielseitigen Datensichtgerätes mit Umlauf-Bildspeicher und Symbolgenerator

5.1 Der *Umlauf-Bildspeicher* nimmt die von der DVA nur einmal übertragene Bildinformation auf, z. B. 10^3 7-Schrittzeichen im CCITT-Code Nr. 5 oder mit freier Codezuordnung. Mittels Tastatur oder Lichtstift kann diese Information geändert bzw. es können neue Bilder erzeugt und aus dem Speicher an die DVA gesendet werden. Die Ein/Ausgänge des Bildspeichers zum Üb-Kanal werden z. B. mit 4,8 kbit/s betrieben; die Übertragungs- bzw. Bildaufbauzeit für 10^3 Zeichen beträgt dann $T_B = 2{,}1$ s.

Es wird angenommen, daß der Bildschirm nicht wie im Fall 4.1 permanent speichert, sondern nur eine kurze Nachleuchtdauer von max. 50 ms hat. Das Bild wird daher lokal mit einer Frequenz von 20 bis 60 Bildern/s wiederholt und erfordert im Bildsignal B_2 bei 10^3 Zeichen/Bild mit je 7 bit eine Datengeschwindigkeit von 140...420 kbit/s.

5.2 Zwischen Bildspeicher und Bildschirm befinden sich Einrichtungen, die in Abhängigkeit von der im Bildsignal enthaltenen Steuerinformation (Steuerzeichen u. a.), die ihnen zugeordneten Teile des Bildsignals aufnehmen und in die zur Bilddarstellung erforderlichen Positions- und Intensitätssignale umsetzen:

5.2.1 Der *Absolut-Positionierer* bestimmt durch Auswertung des Signalteils B_{2a} die Position auf dem Schirm für den nächsten Schreibvorgang. In einfachen Fällen kann sich dieser Vorgang darauf beschränken, nur die Grundposition herbeizuführen, von der aus das Bild wie in Abb. 4 inkremental aufgebaut wird; der Signalteil B_{2a} hat dann den Charakter eines Rückstell- bzw. Bildsynchronisationssignals.

5.2.2 Der *Vektor-Generator* ermöglicht den inkrementalen Aufbau von Kurvengraphik und gegebenenfalls speziellen Symbolen, die im allgemeinen Symbolvorrat des Gerätes nicht vorgesehen sind; die Grundfunktion ist die gleiche wie in Abb. 4 dargestellt. Es wird angenommen, daß die Berechnung der Vektorfolge B_{2v} aus vorgegebenen Zahlenwerten einschließlich Interpolationen, Bemessung der Achsenkreuze usw. durch das Kurven-Generatorprogramm in der DVA vorgenommen wird, vgl. Abb. 4.

5.2.3 Als wesentliche Erweiterung gegenüber Abb. 4 ist ein *Symbol-Generator* vorgesehen, der den Bildsignalteil B_{2s} für die Darstellung von Schriftzeichen und allgemeinen Symbolen auswertet. Für jedes Symbol wird im Signal B_{2s} ein bestimmtes 7-Schrittzeichen angeboten, das der Symbol-Generator in eine Positionsfolge mit Vektoren, Punkten oder dgl. umsetzt; hierzu sind in Abb. 5 mehrere Möglichkeiten angegeben:

a) die Art und Anzahl der Elemente in der Positionsfolge wird dem betreffenden Symbol zugeordnet, so daß die Schreibdauer je Symbol von der Komplexität des Symbols abhängig ist: *variabler Schreibzyklus*. Wie in Abb. 5 angedeutet ist, startet hierzu jedes Bildsignalzeichen aus B_{2s} ein bestimmtes Mikroprogramm für die Positionsfolge $\Delta Px(t)$, $\Delta Py(t)$ und für das zugeordnete Intensitätssignal $I(t)$; die Anzahl der Mikroprogramme bestimmt den verfügbaren Symbolvorrat; Beispiele: Griffelverfahren mit Vektoren [9] oder Lissajou-Elementen [10], s. Abb. 6d, e.

b) die Positionsfolge $\Delta Px(t)$, $\Delta Py(t)$ ist festgelegt und wird bei jedem Symbol in stets gleicher Weise mit konstanter Schreibdauer je Symbol durchlaufen: *fester Schreibzyklus*. Die ein Symbol bestimmende Information liegt jetzt ausschließlich im Intensitätssignal $I(t)$, das entsprechend dem jeweiligen Mikroprogramm abläuft; Beispiele: Abb. 6a, b, c [10, 11].

Im Fall b) ist im Vergleich zu a) die mittlere Schreibdauer eines Schriftzeichens etwa 1,5...2fach größer; wegen der begrenzten Schreibgeschwindigkeit bei Kathodenstrahlschirmen ist daher die Höchstzahl der darstellbaren Zeichen um den gleichen Faktor niedriger.

5.2.4 In der Regel enthält der Symbol-Generator als Hauptbestandteil einen Festwertspeicher, der die Mikroprogramme für Intensität und gegebenenfalls Positionierungsfolge enthält; dieser Festwertspeicher (englisch: ROM $\triangleq$ read only memory) kann sehr verschiedenartig realisiert werden: als Elektronenstrahlsystem in Form des Monoscope [10], als magnetischer Fädelspeicher [10] oder neuerdings als hochintegrierter ROM-Halbleiterspeicher in MOS-Technik.

Wenn mehr Symbole dargestellt werden sollen als durch die im Signal B_2 enthaltenen Zeichen darstellbar sind, dann kann man mit einem oder mehreren festgelegten Umschaltezeichen den Symbolvorrat gruppenweise umschalten, vgl. Buchstaben/Ziffernumschaltung des CCITT-Codes Nr. 2 und [12].

5.2.5 Man kann auch den Festwertspeicher im Symbol-Generator ganz oder teilweise durch einen freiprogrammierbaren Speicher ersetzen, der in einer besonderen Arbeitsphase des Sichtgeräts mit einem beliebigen Symbolvorrat von der DVA geladen wird. Auf diese Weise kann man im Fall „Symbolgraphik" das Sichtgerät leicht auf ganz verschiedenartige Anwendungsbereiche umstellen, die jeweils einen spezifischen Symbolvorrat benötigen. Diese Flexibilität muß durch den höheren Aufwand des freiprogrammierbaren Speichers erkauft werden.

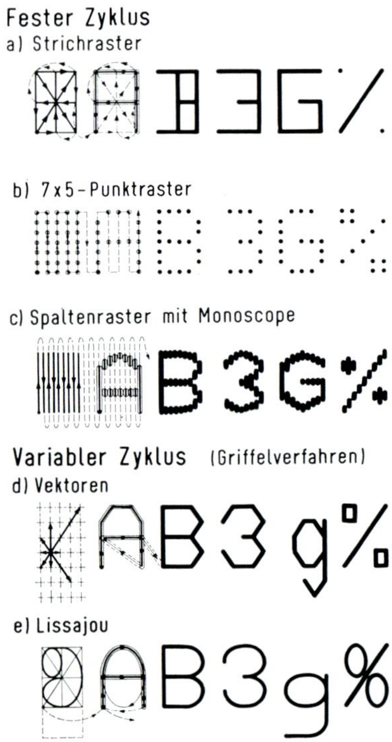

Abb. 6. Schreibverfahren für alpha-numerische Zeichen und Symbole

Abb. 5 ist im wesentlichen auch gültig für den *Schirmbildarbeitsplatz* und für Sichtgeräte, die im Anzeigeteil nach einem genormten *Fernseh-Zeilenrasterverfahren arbeiten* [11]. Im letzten Fall werden die Symbole z. B. im 7 × 5-Punktraster nach Abb. 6b dargestellt und der Symbol-Generator beschränkt sich auf die Erzeugung des Intensitätssignals $I(t)$; dazu müssen alle Symbole einer Schriftzeile siebenmal bzw. r x siebenmal nacheinander dem Symbol-Generator zugeführt werden ($r = 2 \ldots 4$ Fernsehzeilen je Punktrasterzeile). Die Positionssteuerung

$\Delta Px(t)$, $\Delta Py(t)$ mit festem Zyklus wird hierbei durch den üblichen Zeilenkippgenerator mit zeilenweiser Synchronisation dargestellt.

6. Übertragungsgeschwindigkeit als Vergleichskriterium

In dem Diagramm Abb. 7 sind für verschiedene Bilddienste typische Bereiche für die Datenmenge Q_B und für die erforderlichen Übertragungszeiten je Bild T_B

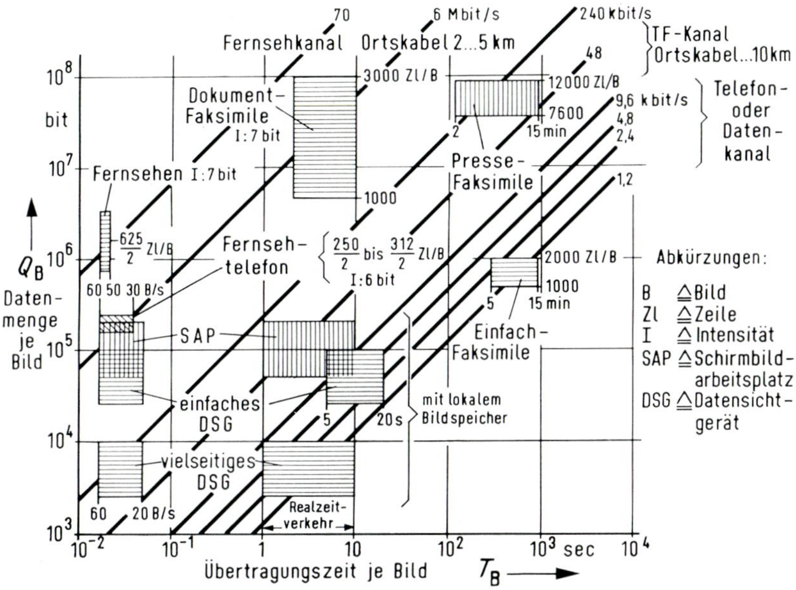

Abb. 7. Zusammenhang zwischen Datenmenge sowie Übertragungszeit je Bild und Datengeschwindigkeit verschiedener Übertragungskanäle

angegeben; das Verhältnis $Q_B/T_B =$ const ergibt die eingetragenen Geschwindigkeitsgeraden verschiedener Übertragungskanäle.

6.1 Bei dem *vielseitigen Sichtgerät* nach Abb. 5 werden etwa 200...1000 Symbole bzw. Vektoren für einfache Kurvengraphik dargestellt; mit $7 + 3$ bit je Symbol ist daher die Datenmenge $Q_B = 2 \cdot 10^3 \ldots 10^4$ bit. Bei dem *einfachen Sichtgerät* nach Abb. 4 steigt Q_B etwa um den Faktor 10, wenn man vorwiegend Textdarstellungen annimmt, vgl. 4.2. Beim Schirmbildarbeitsplatz sind umfangreiche graphische Darstellungen vorherrschend und die typische Datenmenge liegt daher im Bereich $Q_B = 5 \cdot 10^4 \ldots 2 \cdot 10^5$ bit.

Bei diesen Sichtgeräten möchte man mit dem Rechner-Dialog führen, d. h. unter sog. Realzeitbedingungen innerhalb weniger Sekunden auf jede Eingabe eine Bildausgabe als Reaktion des Rechners erhalten; dementsprechend muß auch die Übertragungszeit in dieser Größenordnung liegen: $T_B = 1 \ldots 10$ s, beim einfachen Sichtgerät bis 20 s. Man entnimmt aus Abb. 7, daß das vielseitige Datensichtgerät mit eingebautem Symbol-Generator die Kapazität des Telephon- bzw. Datenkanals wesentlich weniger beansprucht als das einfache Sichtgerät mit Programm-Symbol-Generator in der DVA; hierbei ist zu beachten, daß über gewählte Telephonverbindungen z. Z. nur 1,2 kbit/s möglich ist und daß 9,6 kbit/s einen Grenzwert darstellt, der nur bei Standverbindungen mit erheblichem Aufwand erreicht werden kann [13]; für ein geplantes neues Datenwählnetz [14] sind u. a. Stufen von 2,4 und 9,6 kbit/s als max. Kanalgeschwindigkeit vorgesehen.

Für den *Schirmbildarbeitsplatz* ist im allgemeinen ein breitbandiger Anschluß über Ortskabel (bzw. Koaxkabel) oder über TF-Kanal erforderlich.

6.2 Der lokale Bildspeicher (Speicherschirm in Abb. 4 oder Umlaufspeicher in Abb. 5) kann entfallen, wenn man das Bild über den Kanal nicht einmal, sondern mit 20 bis 60 Bildern/s laufend überträgt; die erforderliche Übertragungsgeschwindigkeit verschiebt sich dann beim vielseitigen Sichtgerät in den Bereich $>$ 100 kbit/s, beim einfachen Sichtgerät ohne lokalen Symbol-Generator und Schirmbildarbeitsplatz in den Bereich $>$ 1 Mbit/s, vgl. 4.3. Da jetzt der Kanal ständig benötigt wird, solange das Bild dargestellt werden soll, kommt aus wirtschaftlichem Grund nur der Anschluß an eine Unterzentrale über Orts- oder Koaxkabel in Frage; die Unterzentrale nach Fig. 1 enthält dann einen umlaufenden Bildspeicher für mehrere Bildschirme, der z. B. als Trommelspeicher ausgeführt ist.

6.3 Außer dem Bildspeicher kann man in der Unterzentrale auch einen Symbol-Generator vorsehen, der aus dem rechnerkonformen Bildsignal B_1 in Abb. 1 das Bildsignal B_1' in der Fernsehnorm für übliche *Fernsehempfänger* ohne UHF-Träger erzeugt; in diesem Fall benötigt man ein Koaxkabel für ca. 70 Mbit/s zum Anschluß an die Unterzentrale [15].

In ähnlicher Weise kann auch in Zukunft das *Fernsehtelephon* als Bildschirmanzeige für Rechnerdaten benutzt werden. Auf Grund der relativ niedrigen Zeilenzahl können jedoch nur bis 500 Zeichen dargestellt werden; die Übertragungsgeschwindigkeit von ca. 6 Mbit/s kann von üblichen Ortskabeln über Entfernungen bis 2 km geleistet werden; später sollen auch Fernkanäle zur Verfügung stehen. Die Unterzentrale zur Speicherung und Umwandlung des rechnerkonformen Bildsignals B_1 in das Fernsehbildsignal B_1' kann in diesem Fall über Wählvermittlungen, insbesondere Fernsprech-Nebenstellenanlagen erreicht werden [16].

Die Anzeigeverfahren mit Fernsehraster erreichen im allgemeinen nicht die Darstellungsqualität der Sichtgeräte, die ihre Bilder aus Vektoren zusammensetzen.

6.4 In Abb. 7 ist ferner unter der Bezeichnung *Dokument-Faksimile* der Bildauskunftsdienst aus der rechnergesteuerten Photokartei in Abb. 1 eingetragen. Wie beim Fernsehbild ist eine Punktabtastung erforderlich, jedoch mit einem Auflösungsvermögen bis 3000 Zeilen/Bild und ohne Bildwiederholung; der Empfänger muß daher einen Speicherbildschirm oder einen hochauflösenden Elektronenstrahlspeicher [2] enthalten, der eine lokale Bildwiederholung ermöglicht. Die geforderten Übertragungszeiten sind beim Dokument-Faksimile wie bei anderen Realzeitaufgaben in der Größenordnung $<$ 10 s, nicht zuletzt auch deshalb, weil die zentrale Photokartei möglichst schnell für die nächste Auskunft freigestellt werden muß; der Geschwindigkeitsbedarf um 6 Mbit/s liegt in der gleichen Größenordnung wie beim Fernsehtelephon.

Zur Abgrenzung sind in Abb. 7 noch zwei weitere bekannte Bilddienste aufgeführt, die nicht oder nur indirekt mit Rechnersystemen zusammenhängen. Bei dem *Presse-Faksimile* für das Fernsetzen von Zeitungen können durch die sehr hohe Auflösung bis 12000 Zeilen/Bild die Feinheiten verschiedener Schriftarten und Grauwerte durch die Schraffurdichte wiedergegeben werden; der Empfangsbildschirm belichtet einen Film, der später auf eine Druckplatte kopiert wird.

Bei dem als *Einfach-Faksimile* bezeichneten Gerät ist im allgemeinen kein Bildschirm vorhanden, sondern das Bild wird direkt auf Papier geschrieben; die Übertragungszeit bis 15 min ist hier durch die Geschwindigkeitsgrenzen des Telephon-Wählnetzes gegeben.

7. Schlußfolgerungen

7.1 Für den Dialog Mensch-Rechner wird in den nächsten Jahren der auf dem Bildschirm darstellbare *alpha-numerische Text* bei weitem die größte Bedeutung haben, weil diese universelle Informationsform in den verfügbaren Großspeichern bei Zugriffszeiten < 1 s günstig gespeichert und geändert werden kann und weil eine redundanzarme Übertragung über den Telephon- bzw. äquivalenten Datenkanal möglich und voll ausreichend ist; Voraussetzung ist hierbei, daß die Zeichenproduktion nach Abb. 5 im Datensichtgerät vorgenommen wird.

7.2 Die *Symbol- und Kurvengraphik* wird sich zu einer wichtigen Ergänzung der alpha-numerischen Informationsdarstellung entwickeln, wobei als wichtiger Beitrag Programmbausteine für Graphik erarbeitet werden müssen. Neben den aufwendigen Schirmbildarbeitsplätzen wird man hier bei beschränkter Komplexität und Genauigkeit der Graphik vor allem auch relativ einfache Sichtgeräte über den Telephon- bzw. Datenkanal im Fernbereich betreiben; dabei wird der Graphikaufbau mit codiert übertragenen Inkrementvektoren typisch sein, vgl. Abb. 4.

7.3 Systeme für rechnergesteuertes *Dokument-Faksimile* sollen den Gang in die Fachbibliothek und in andere Papierarchive ersparen: aus der Ferne kann man die als Mikrofilm gespeicherten Dokumente auf dem Bildschirm betrachten und dabei seitenweise vor- und zurückblättern. Dieser Bilddienst befindet sich noch in einem frühen Stadium: Bildspeicher mit kurzer Zugriffszeit und einfachen Änderungsmöglichkeiten sind z. Z. noch nicht verfügbar.

Als Hauptproblem muß die Punktraster-Bildabtastung betrachtet werden, die nach Abb. 7 bei Text und einfacher Strichgraphik, d. h. bei den häufigsten Informationsdarstellungsarten in technisch-wissenschaftlichen Dokumenten, eine um vier bis fünf Zehnerpotenzen größere Kanalkapazität benötigt als das Sichtgerät mit Symbol- und Vektorgenerator nach Abb. 5; durch besondere Codierungsverfahren (z. B. Längenangabe von Strecken konstanter Intensität) kann man die erforderliche Kanalkapazität um den Faktor 3 bis 6 senken [17]; das ist aber oft verbunden mit einer sichtbaren Qualitätsminderung der Darstellung.

Auf Grund dieser Probleme wird man sich in den nächsten Jahren bei Literaturauskünften mit einem Datenbanksystem begnügen müssen, das als Antwort auf eingegebene Deskriptoren eine Liste mit Autoren, Titeln usw. sowie kurzen Inhaltsangaben ausgibt; als Ausgabegerät dient ein normales Sichtgerät vom Typ Abb. 5.

7.4 Als Alternative zu Dokument-Faksimile mit Mikrofilmabtastung ist folgender Weg zu prüfen:

Bei jeder Publikation, die für diesen Bilddienst bestimmt sein soll, werden Texte sowie Symbol- und Kurvengraphik von vornherein in einer allgemein genormten rechnerkompatiblen Form dargestellt und sowohl zur Steuerung der Setzmaschinen als auch nach Eingabe in den Massenspeicher der DVA für den Dokument-Auskunftsdienst verwendet; für die Bildwiedergabe können jetzt normale Sichtgeräte vom Typ Abb. 5 verwendet werden und der Umweg über Mikrofilm und Redundanz erzeugende Punktrasterabtaster wird vermieden. Grauwertphotos bzw. Farbphotos müßten soweit möglich in stilisierte, das Wesentliche hervorhebende Liniengraphik umgesetzt werden [18], wobei auch Schraffuren verschiedener Dichte benutzt werden können; nur wo diese Umsetzung nicht möglich ist, müßte man bei Bedarf die gedruckte Darstellung der Photos in der Publikation zur Hand nehmen.

Aus den vorstehenden Überlegungen folgt, daß ein Datensichtgerät vom Typ Abb. 5 mit eigener Zeichenproduktion die universelle Außenstation für den Dialog Mensch – Rechner werden kann; das gilt insbesondere, wenn es auf Grund weiterer, aufwandsenkender, technologischer Fortschritte gelingt, einen über den Rechner änderbaren Symbolvorrat als normalen Bestandteil der Geräte einzuführen, vgl. 5.2.5.

Fortschritte der Übertragungstechnik, die zu höheren Datengeschwindigkeiten führen als beim heutigen Telephonkanal, sollten in erster Linie dazu benutzt werden, die Übertragungszeit je Bild zu senken; damit wird eine der wichtigen Bedingungen verbessert, um den Dialog zwischen einer stark wachsenden Anzahl von Sichtgeräten und dem zentralen Rechner nach den Gesetzen der Verkehrstheorie befriedigend durchführen zu können.

Summary

In time-sharing systems, many data terminals communicate over random distances with a centrally located computer. Man-machine communication using visual representation of the information such as messages, symbol and curve graphics as well as stationary black-and-white or color displays on the screens of display terminals are highly important in such systems.

In each type of display, characteristic basic patterns called characters, from which the displays are made up, can be distinguished. These characters may be letters, figures, special symbols and, in other cases, elementary vectors of varying length and direction and curve or dot elements. Various types of character generator converting the primary information, which is either put out by the computer or entered via keyboard, light pen, etc., are used to generate the man-readable characters.

Depending on the application, the character generator and the character storage may be arranged in different locations: in the computer itself, in a sub-center, or in the data display terminal. The location determines among other matters, the transmission speed required on the data channels. Quantitative relationships are given for some important applications. It is shown that a display unit with built-in character generator whose character set can be changed whenever required is particularly suited for a variety of interactive applications.

Der Verfasser dankt Herrn Prof. Dr. E. Berger, Berlin, und Herrn Ing. H. Baumgartner, München, für Diskussionsbeiträge zu dieser Arbeit.

Literatur

1. Teilnehmer-Rechensysteme, NTG-Fachtagung 20.—22. 9. 1967, Tagungsbericht. München-Wien: R. Oldenbourg Verlag 1968.
2. Kazan, B., Knoll, M.: Electronic image storage. New York-London: Academic Press 1968.
3. Fowler, V. J., Schlafer, J.: Survey of laser beam deflection techniques, Appl. Opt. **5**, 1675—1682 (1966).
4. Bitzer, D. L., Slottow, H. G.: The plasma display panel — a digitally addressable display with inherent memory. Proc. F.J.C.C. **29**, 541—547 (1966).
5. Electronics **41**, 51—52 (1968).
6. Heilmeier, G. H., Zanoni, L. A., Borton, L. A.: Dynamic scattering: a new electrooptic effect in vertain classes of nematic liquid crystals. Proc. IEEE **56**, No. 7 (1968).
7. Miller, J. C., Wine, C. M.: A simple display for characters and graphics. IEEE Trans. C-**17**, 470—475 (1968).
8. Schreiber, F.: Außenstationen und Unterzentralen in Teilnehmer-Rechensystemen, Elektron. Rechenanl. **10**, 18—26 (1968).
9. Rauch, W., Forstmeyer, U.: Eine Datensichtstation als Außenstelle in Datenverarbeitungsanlagen, Elektron. Rechenanl. **10**, 286—291 (1968).
10. Groll, H.: Ein Vergleich verschiedener Darstellungen alpha-numerischer Zeichen auf Kathodenstrahlröhren, Nachrichtentechn. Z. **16**, 403—413 (1963).
11. The computer display review. Adams Associates, 1966.
12. Zemanek, H.: Gedanken zu einem 8 bit-Code, Elektron. Rechenanl. **9**, 65—67 (1967).
13. Bocker, P.: Datenübertragung über Fernsprechverbindungen. Nachrichtentechn. Z. **21**, 681—687 (1968).
14. Gosslau, K. H., Bacher, A.: Das Elektronische Datenvermittlungs-System EDS, ein System für den Datenverkehr, Nachrichtentechn. Z. **22**, 444—463 (1969).
15. Rose, G. A.: Intergraphik, a mircoprogrammed graphical interface computer, IEEE Transact. EC-**16**, 773—784 (1967).
16. Bell Lab. Record **47**, 134—188 (1969).
17. Kabiersch, W. D.: Bildbandbreitenkompression, Bericht über Symposien in New York und Boston. Nachrichtentechn. Z. **22**, 496—498 (1969).
18. Kazmierczak, H.: Informationsreduktion und Invarianzleistung bei der Bildverarbeitung mit einem Computer. Kybernetik-Kongreß, Berlin 1970.

A Proposed Language for the Definition of Arbitrary Twodimensional Signs

F. Nake, Stuttgart

With 4 Figures

1. Signs

According to Ch. S. Peirce [7], we consider a sign s to be an element of a triadic relation,

$$s = (m, o, i) \varepsilon M \times O \times I .$$

The 3 components M, O, and I of the relation are the sets of media, objects, and interpreters respectively. A sign establishes a triadic relation of its medium to its object for its interpreter.

Our concern will be only with "graphic" signs. Their medium is any kind of twodimensional surface (paper etc.) covered entirely or partially with lines and spots of color. Of the 3 aspects of signs treated by semiotics (syntactics, semantics, pragmatics), we will consider only syntactics. Syntactics investigate the M-component of signs alone (shape, structure, relations to other signs).

We will give a first report on a formal language for the definition of syntactics of signs in this paper. It has to be emphasized that this work is still in progress. So one or the other facet of the language developed so far might be changed due to changes of other parts. Since I favor the idea of open-endedness, this fact is no disadvantage in my opinion.

We must be careful with the term syntactics. It is used in two meanings here. The objects of the language we are going to describe are the syntactics of signs, and we restrict our attention to this aspect; this does not affect the existence of syntactics, semantics, and pragmatics for the language itself.

It is important to notice that "sign" is a very general notion. Whatever we declare to be a sign, is a sign (Bense [1]). Here we are interested in pictures which we conceive of as collections of low level signs defining new signs of a higher level, the entire picture. In any application, it is up to us to determine the lowest (elementary, atomic, primitive) level of signs. It can be the smallest elements of our perception, it can be lines or gestalts.

In section 2, we outline the objectives of the proposed language whose major concepts are described in section 3. A few details are defined formally in section 4, and two examples are given to illustrate their use.

2. Objectives

The rapidly expanding research in computer graphics gives birth to an increasing number of languages (for a survey from a linguistic point of view, see [6]). Is it reasonable to develop even more? A major reason for this Tower of Babel seems to be the lack of a canonic encoding of pictorial data. Many of the published graphic languages try to find such a coding for special types of graphic information. Though, by the progress of list data structures and of English-like programming languages, we are getting closer to a convention on a picture notation, in my opinion there are still some unifying concepts to be developed. Thus I am convinced that it is worthwile to try out as many approaches to a general graphic language as possible. By this we might hope to eventually find the prevailing concepts; the others will not have been in vain.

We can distinguish 4 components of pictures: line-drawing, raster pictures, painted pictures, text. Though maybe artificial in some cases, in terms of data structures and languages these distinctions definitely exist. By "line-drawing" we mean parts of pictures composed of thin lines of equal (or slightly varying) widths; "raster pictures" have a (standard) grid whose cells are occupied by signs (shades of grey e.g.); "painted components of pictures" are evenly covered by colors; "text" consists of lines of alphameric characters.

Many languages process only pictures of one of these types. It is one objective of the language proposed here to incorporate all four of them. Usually, different data structures are defined for the various picture types. We suggest using one data structure only and pushing the difference down to the coding of primitive signs.

It has been emphasized by several authors that graphic languages should describe, analyze, and generate pictures (see e.g. [6]). I share this view. Therefore, a second objective of our language is the capability of giving rise to both a picture recognizer and a generator. These two functions are linked by the definition capability (being developed in the present stage of the proposal).

In designing the language I keep in mind users who are not necessarily computer specialists, but designers, artists, and aestheticians. They naturally have at their disposal signs (they might prefer to say symbols), which they select from large repertoires and arrange them to make pictures. So their terminology should not be too far away from ours.

Independence of the source of graphic information is another aim. This might be a light pen, keyboard, card deck, core memory, or explicit definition in a text of the language. It should be possible to mix pictures from such different sources. This requires a certain amount of high-level-language features, so we embed the proposed language in a host language (like PL/I, ALGOL, FORTRAN,...) which we do not specify. We leave some terms of the syntax undefined assuming they are known to the host language.

Since this project is still in progress, I do not find it necessary to coin a name for the proposed language. For brevity, I refer to it as "L".

The place of L in the family of graphic languages seems to fall between Kulsrud's model for a general-purpose graphic language [3], and Hurwitz et al.'s GRAF, a graphic extension of FORTRAN [2]. For L is intended to be of general application, contains most of the features of Kulsrud's system, and is embedded in a higher-level language.

3. Main Concepts

The central notion of L is a "sign". A sign is a class of objects equivalent in some sense. ("Object" does not denote the object o in the sign s = (m, o, i)!). The equivalence relation is given by the particular application. E.g. "CIRCLE" may be used for the class of all circles, "RED CIRCLE" for the subclass of CIRCLE whose members have a fixed color. Each circle actually drawn is a representative of CIRCLE.

The objects of L, the signs, are identified by names. They have two attributes, a "syntactics" and a "valuation". For each sign, the attributes have specified values. The values, in turn, are objects (of one or more components) and have attributes and values. In L, the name of a sign stands for the class of signs having the same syntactic structure, but varying valuation. Numeric specification of the valuation determines a subclass of signs. Signs can be assembled to repertoires. The basic notions of L may be depicted by

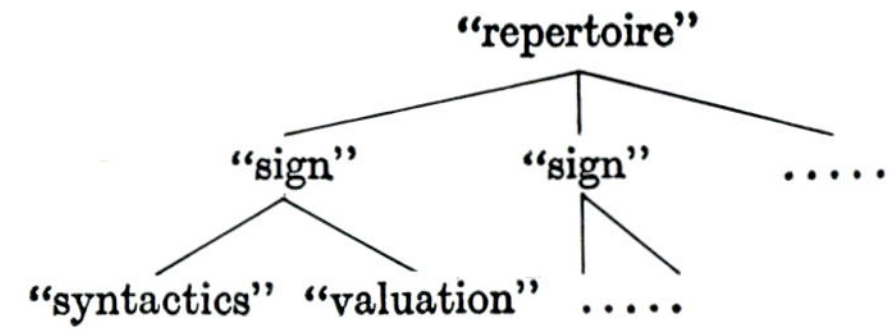

The syntactics of a sign may be defined by using other signs, which complicates the picture. The descriptions of the syntactics and the valuation follow fixed procedures. Each syntactics is accompanied by an abstract "sign-field" (frame), in which all the constituents of the syntactics are placed. The sign-field is the unit square.

A sign is defined by "evaluation", i.e. attaching a valuation to a syntactics. The valuation is a vector of six numbers having the meanings location, size, angle, color. They are "applied" to the abstract sign-field. Fig. 1 shows dotted (for "abstract") the sign-field and the structure of a triangle. Application of a valuation moves the center to (x, y), rotates it by a, sizes the concrete sign-field to size (dx, dy), and draws the triangle in color c.

A major problem in graphic data processing still awaiting an elegant solution is the concatenation of 2 signs. Which kinds should be allowed, which ones are needed? (For two interesting linguistic approaches see [5, 8].) The main concatenation in L is the superposition of the sign-fields of two evaluated signs to define a new syntactics. (In the result, not in the approach, this is the concatenation of pictures in L. Mezei's package SPARTA.) E.g. the assignment

TTRIAN = TRIAN + TRIAN (0.75, 0, 0.6, 0.5, − 90, C);

defines the sign represented in Fig. 2. The + symbol stands for superposition (union of sets). The first occurence of TRIAN has no valuation, so default valuation is inserted. The value C for color delays its determination to a higher level. The colors of the two triangles of TTRIAN are not considered a part of the syntactics of TTRIAN, whereas their relative positions and sizes are.

There are 4 "primitives" in L: BLANK, DOT, LINE, AREA (see Fig. 3 for their meanings). They would suffice to define most other signs of interest.

For convenience, there is a set of "built-in signs", like TRIAN, SQUARE, CIRCLE, etc. Characters and symbols from a standard font are built-in signs, too, used to handle text components. Primitives and built-in signs are the constants of L; they can never appear on the left-hand side of statements.

There is a syntactic variable whose value is a hierarchic structure of signs. A variety of syntactic operations is required to facilitate the definition of signs (ITERATE, WINDOW, FRAME, TRANS, etc.).

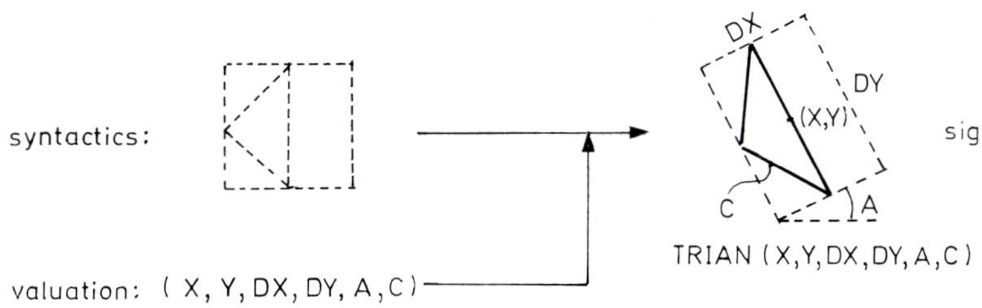

Fig. 1. For explanation see text

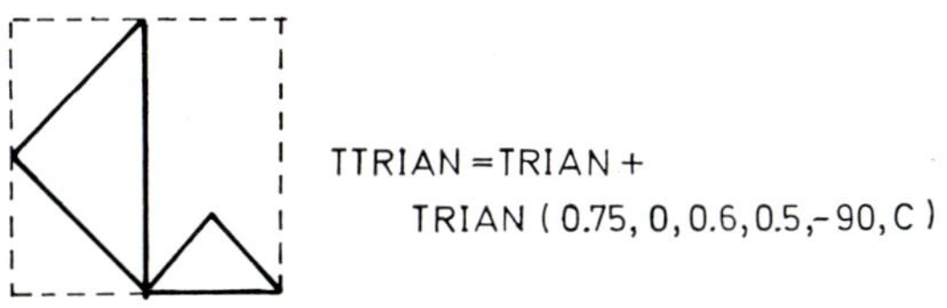

Fig. 2. For explanation see text

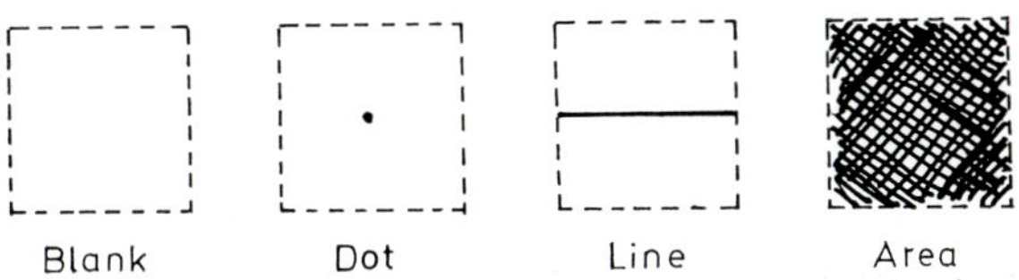

Fig. 3. For explanation see text

The components of valuation vectors can be arithmetic expressions and some built-in random or raster functions. E.g. 'U' means a sample from a random variable with uniform distribution in (0, 1); 'R' (M,N,I,J) is location (I, J) in an (M by N)-raster. This raster facility is introduced for the definition of raster components of signs. The various random variables are to be used in a more English-like version, where it should be possible to talk of THE UPPER RIGHT CORNER or A LITTLE TO THE LEFT etc.

In order to cope with the loss of flexibility caused by the decision to have valuation vectors of constant meaning, valuation-extractors can be used in arithmetic expressions. A reference to XLOC(S), e.g., yields the value of the x-component of the valuation of sign S.

4. Some Detailed Definitions

We give a few of the production rules of the syntax of L in BNF. The metalinguistic symbol ⟨⟨ ⟩⟩ is used to denote the nonterminals common to L and its host language H. They do not lead to terminals in the grammar of L. Terminal symbols of L may be adjusted to the notation of H (like the assignment symbol = or :=, etc.).

Syntactics

⟨primitive synt.⟩ ::= BLANK | DOT | LINE | AREA

⟨built-in synt.⟩ ::= ⟨one char. text⟩ | TRIAN | SQUARE | CIRCLE | ARC | PARAB | ATRIAN | ACIRCLE | ...

⟨one char. text⟩ ::= ⟨⟨letter⟩⟩ | ⟨⟨digit⟩⟩ | ⟨⟨symbol⟩⟩

⟨declaration of synt.⟩ ::= DECL SYNTACTICS ⟨list of synt. var.⟩;

⟨synt. var.⟩ ::= ⟨⟨identifier⟩⟩

⟨synt. assignment⟩ ::= ⟨synt. var.⟩ = ⟨synt. expr.⟩;

⟨synt. expr.⟩ ::= ⟨synt. primary⟩ | ⟨synt. primary⟩ ⟨binary synt. operator⟩ ⟨synt. expr.⟩ | ⟨⟨two-dimensional array⟩⟩

⟨synt. primary⟩ ::= ⟨unary synt. operator⟩ ⟨valuated synt.⟩ | (⟨synt. expr.⟩)

⟨unary synt. operator⟩ ::= ⟨⟨empty⟩⟩ | WINDOW (⟨rectangle⟩) | VSYM (⟨⟨arithm. expr.⟩⟩) | ...

⟨binary synt. operator⟩ ::= + | ÷ | − | ...

Remark: WINDOW cuts off all items outside ⟨rectangle⟩. VSYM mirrors the sign on a vertical axis. The + is juxtaposition of signs; ÷ "connects" 2 syntactics, i.e. inserts a line joining the centers of sign-fields; − means "erase".

Valuation

⟨valuation⟩ ::= (⟨x-comp.⟩, ⟨y-comp.⟩, ⟨dx-comp.⟩, ⟨dy-comp.⟩, ⟨alfa-comp.⟩, ⟨color-comp.⟩) | ⟨valuation var.⟩

⟨x-comp.⟩ ::= ⟨loc. value⟩

⟨y-comp.⟩ ::= ⟨loc. value⟩

⟨loc. value⟩ ::= ⟨numeric value⟩ | ⟨random value⟩ | ⟨loc. raster value⟩ | ⟨don't care value⟩

⟨numeric value⟩ ::= ⟨⟨empty⟩⟩ | ⟨⟨number⟩⟩ | ⟨valuation comp. var.⟩

⟨valuation comp. var.⟩ ::= ⟨⟨identifier⟩⟩

⟨valuation comp. assignment⟩ ::= ⟨valuation comp. var.⟩ = ⟨⟨arithm. expr.⟩⟩;

⟨random value⟩ ::= 'U' | 'U' (⟨U-par.⟩) | 'G' | 'G' (⟨G-par.⟩) | ...

⟨loc. raster value⟩ ::= 'R' (⟨loc. R-par.⟩)

⟨don't care value⟩ ::= *

Remark: ⟨⟨empty⟩⟩ is used for default. U = uniform, G = Gaussian distribution. * may be used if a component is irrelevant, or for recognition of signs.

Valuated Syntactics or Signs

⟨valuated syntactics⟩ ::= ⟨synt. name⟩ (⟨valuation⟩) | ⟨synt. name⟩
⟨synt. name⟩ ::= ⟨primitive synt.⟩ | ⟨built-in synt.⟩ | ⟨synt. var.⟩ | ⟨sub synt. name⟩
⟨sub synt. name⟩ ::= ⟨synt. var.⟩ [⟨index list⟩]
⟨index list⟩ ::= ⟨⟨arithm. expr.⟩⟩ | ⟨⟨arithm. expr.⟩⟩, ⟨index list⟩

Remark: The sub syntactics facility is essential for a reference to parts of signs. E.g. S[2, 4] is the 4th subsign of the 2nd subsign of S.

5. Two Examples

To demonstrate briefly the use of some of the concepts, we give two simple examples (see Fig. 4).

Example 1

```
DECL SYNTACTICS S;
S= DOT(0,0)÷DOT(0.1, 0.6)÷DOT(0.6, 0.8)÷DOT(0.8, 0.5)÷DOT(0.5, 0.2);
S= S+ (S[1]÷S['LAST']);
DO I= 1 BY 2 TO 5; DO J= I+ 4 BY 2 TO 9;
S= S+ (S[I]÷S[J]);
END; END;
```

Remark: It is feasible to omit a "tail" of a valuation. The components of S after the first 2 statements are 5 DOTs and 5 LINEs, alternating. It should be noted that S contains actual dots, not just abstract points. Replacing DOT by BLANK, or using DOT(X,Y,0,0), yields points.

Example 2

```
DECL SYNTACTICS AS, T;
AS= SQUARE(0.25, 0.5, 0.354, 0.354, 45, 1)+ AREA(0.6, 0.3, 0.2, 0.1, 0, 2);
T= VSYM(0.5) AS; T= AS+ T(0.7, 0.5, 0.6, 0.6);
```

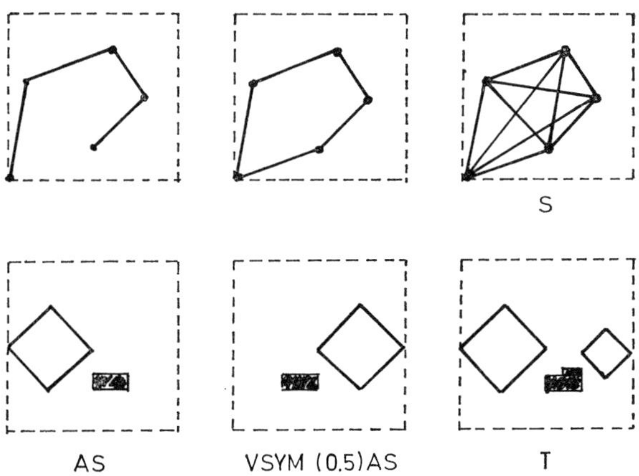

Fig. 4. Example 1 (top), example 2 (bottom). For explanation see text

Zusammenfassung

In der Computergraphik werden ebene Bildvorlagen voll- oder halbautomatisch durch vorgegebene Programme hergestellt. Zur Durchführung dieses Prozesses braucht man in jedem Fall ein Programmsystem, das den Computer mit dem Visualisierer (Plotter, Display Unit, . . .) verbindet. Beim Entwurf eines solchen Programmsystems kann man sich beschränken auf das Allernotwendigste, was dem Benutzer fast nichts abnimmt außer der unmittelbaren Kodierung seines Bildes für den Visualisierer (Bsp.: man stellt nur Programme zum Positionieren und Linienzeichnen bereit). In diesem Fall hat der Benutzer noch alle Freiheiten für die Art, in der er die Datenstruktur seines Bildes definiert; er hat dann aber auch alles bis zu dieser Stufe vorzubereiten.

Oder man entschließt sich zu einem Programmsystem, das die Datenstruktur aller in ihm formulierbaren Bilder stärker vorbestimmt und damit — neben dem Freiheitsverlust — die Möglichkeit einfacherer und abstrakterer Programmierung bringt.

Hier soll über einen Versuch der zweiten Art berichtet werden. „Zeichen" sind dabei aufzufassen etwa im Sinne von Ch. S. Peirce, wobei hier eine Beschränkung im „Mittelbezug" auf ebene visuelle Zeichen stattfindet und nur die „syntaktische Zeichendimension" behandelt wird.

Ein Zeichen wird definiert als ein Paar der Art (⟨syntactics⟩, ⟨qualities⟩). Die ⟨syntactics⟩ bestimmen die „generellen" Merkmale eines Zeichens (etwa: aus wievielen Linien in welchen Lagen zueinander das Zeichen besteht). Sie legen das Zeichen abstrakt als eine Klasse fest. Die ⟨qualities⟩ bestimmen die „singulären" Merkmale eines Zeichens (etwa: wie groß es ist, von welcher Farbe, an welchem Ort es auftritt). Sie legen das Zeichen konkret als materielles wahrnehmbares Signal fest.

Das Programmsystem wird definiert unter Benutzung von Sprachelementen, wie sie in höheren Programmiersprachen (PL/I, ALGOL) auftreten. Es ist daher als Erweiterung solcher Sprachen zu einer Sprache, in der es „graphische Variable" gibt, zu verstehen.

References

1. Bense, M.: Semiotik. Baden-Baden 1967
2. Hurwitz, A., Citron, J. P., Yeaton, J. B.: GRAF, graphic additions to FORTRAN. Proc. Spring Joint Comp. Conf. 1967, pp. 553—557.
3. Kulsrud, H. E.: A general purpose graphic language. Comm. ACM **11**, 247—254 (1968).
4. Mezei, L.: SPARTA, a procedure oriented programming language for the manipulation of arbitrary line drawings. Proc. IFIP Congress 1968, pp. 597—604.
5. Miller, W. F., Shaw, A. C.: A picture calculus. In: Secrest, D., Nievergelt, J. (Eds.): Emerging concepts in computer graphics. New York-Amsterdam 1968.
6. — — Linguistic methods in picture processing — a survey. Proc. Fall Joint Comp. Conf. 1968, pp. 279—290.
7. Peirce, Ch. S.: Collected papers, Vol. 8. Harvard: University Press 1958.
8. Pfaltz, J. L., Rosenfeld, A.: Web grammars. Proc. Int. Joint Conf. Art. Intell. Washington, D.C. May 1969, pp. 609—619.

Namenverzeichnis – Author Index

Die gewöhnlich gesetzten Ziffern weisen auf die entsprechende Stelle im Text und die *kursiven* Seitenzahlen auf das Literaturverzeichnis hin.

Sachverzeichnis – Subject Index